"十三五"国家重点研发计划项目基金资助

空气净化装备

杜 峰 主编

科学出版社

北 京

内 容 简 介

我国经济的高速发展大大提高了人民的生活水平，随之而来的环境污染问题，尤其是空气污染问题日渐凸显。本书针对民用、医用、工程、畜牧业及工业等领域的空气污染治理技术特点，结合学术界及产业界的最新发展方向，系统介绍这些领域空气污染治理所涉及的检测、监测及治理装备。同时对该领域空气污染治理的基本原理和重要国内外空气污染治理标准进行阐述，并提出合理化建议。

本书不仅适合从事空气污染治理行业的专业技术人员和高校科研机构的师生参阅，而且适合民众科普阅读。

图书在版编目（CIP）数据

空气净化装备/杜峰主编. —北京：科学出版社，2018.12
ISBN 978-7-03-059681-9

Ⅰ.①空… Ⅱ.①杜… Ⅲ.①气体净化设备 Ⅳ.①TU834.8

中国版本图书馆 CIP 数据核字（2018）第 263783 号

责任编辑：惠 雪 邢 华/责任校对：杨聪敏
责任印制：师艳茹/封面设计：许 瑞

科学出版社 出版
北京东黄城根北街 16 号
邮政编码：100717
http://www.sciencep.com
文林印务有限公司 印刷
科学出版社发行 各地新华书店经销
*
2018 年 12 月第 一 版　开本：720×1000　1/16
2018 年 12 月第一次印刷　印张：30 3/4
字数：615 000
定价：199.00 元
（如有印装质量问题，我社负责调换）

前　言

现代工业和城市文明的快速发展，催生了社会进步和物质丰富，随之而来的空气污染也与日俱增，空气污染不断威胁着人类的生存环境。最新发布的《2018全球环境绩效指数报告》指出，中国空气质量全球排名为第 177 位，空气污染已经成为制约我国经济发展、危害人民身体健康的主要因素之一，空气污染治理刻不容缓。

空气污染治理，离不开空气清洁标准的建立，离不开空气检测、监测、治理装备的开发和应用。本书系统研究了当前我国民用、医用、工程、畜牧业及工业等领域的空气污染特点，深入解析各领域空气污染治理的基本原理和治理标准，对治理各领域空气污染的检测、监测、治理装备做了详尽的介绍。全书准确概括了当代空气净化装备的技术原理、性能指标和发展趋势，剖析了各装备的优势和不足，对空气净化装备的性能改善提出了合理化建议。

本书引文权威，数据准确，内容丰富，逻辑严谨，表述规范，旨在让读者全面了解我国各生产领域空气污染的特点，掌握空气污染治理的技术路线和治理标准，通晓主流空气净化装备的性能指标，为科学运用空气净化装备提供了必要的认知基础。本书学术性和实用性兼备，既是空气净化装备的大众科普阅读资料，又是从事空气污染治理行业的技术人员和高校科研机构师生的专业参阅资料。

全书由绪论（第 1 章）、民用空气净化检测监测装备（第 2 章）、民用空气净化装备（第 3 章）、民用工程及作业用空气净化装备（第 4 章）、畜牧业空气净化装备（第 5 章）、工业废气净化检测监测装备（第 6 章）、工业废气净化装备（第 7 章）、工业废气治理装备评价（第 8 章）构成。全书由杜峰负责书稿架构、统稿编辑。第 1 章、第 3 章、第 4 章和第 7 章由杜峰编写；第 2 章由沈浩编写；第 5 章由马兵编写；第 6 章由邹巍巍编写；第 8 章由涂睿编写。潘志刚、毛淑滑等参与书稿文献的搜集和书稿润色，在此一并表示感谢。

由于空气净化装备涉及面广，加之受编者学术水平、时间及经验所限，书中可能有疏漏和不当之处，敬请广大读者批评指正。

杜　峰

2018 年 6 月于南京

目　录

前言
1 绪论 ··· 1
　1.1　背景介绍 ··· 1
　　1.1.1　固态污染物 ··· 2
　　1.1.2　气态污染物 ··· 4
　　1.1.3　微生物污染 ··· 11
　1.2　国内外空气污染防治标准 ·· 12
　　1.2.1　大气污染物排放标准体系 ·· 12
　　1.2.2　大气污染物排放标准的特点及问题 ·· 13
　　1.2.3　室内空气污染物标准 ·· 15
　1.3　空气净化装备及其发展 ··· 16
　　1.3.1　空气净化装备概念 ··· 16
　　1.3.2　空气净化装备发展 ··· 18
　参考文献 ··· 24
2 民用空气净化检测监测装备 ·· 28
　2.1　空气中颗粒物检测监测装备 ·· 28
　　2.1.1　空气中典型颗粒物取样装置分类及范围 ·· 28
　　2.1.2　颗粒物取样装置工作原理及计量标准 ··· 32
　　2.1.3　空气中常见颗粒物检测装置分类及工作原理 ····································· 37
　　2.1.4　国内外空气颗粒物检测技术标准对比 ··· 41
　　2.1.5　其他检测监测方法与设备 ·· 45
　2.2　空气中有害气体检测监测装备 ··· 46
　　2.2.1　典型有害气体取样装置分类及应用范围 ·· 46
　　2.2.2　空气中常见有害气体检测方法与装置 ··· 49
　　2.2.3　国内外有害气体检测技术标准 ··· 62
　2.3　空气中生物菌类检测监测装备 ··· 64
　　2.3.1　微生物气溶胶的采样仪器及原理概述 ··· 64
　　2.3.2　空气中典型生物菌类取样装置分类及范围 ·· 67
　　2.3.3　生物菌类取样装置工作原理及计量标准 ··· 71

  2.3.4 空气中常见生物菌类检测装置分类及工作原理 ·················· 84
参考文献 ··· 86
3 民用空气净化装备 ··· 89
3.1 引言 ·· 89
3.2 家用空气净化器 ·· 90
  3.2.1 空气净化器应用领域 ·· 90
  3.2.2 空气净化器工作原理与结构 ·· 93
  3.2.3 空气净化器主要净化技术 ·· 126
  3.2.4 空气净化器性能评价 ·· 133
  3.2.5 空气净化器选择存在问题及优化 ·· 136
3.3 空调过滤器 ··· 136
  3.3.1 空调过滤器基本概念 ·· 136
  3.3.2 空调过滤器工作原理 ·· 137
  3.3.3 空调与空气净化功能复合技术 ·· 137
  3.3.4 空调空气净化性能评价 ··· 139
  3.3.5 发展存在问题及优化 ·· 140
3.4 新风系统 ·· 140
  3.4.1 新风系统概念及应用范围 ·· 140
  3.4.2 新风系统结构工作原理 ··· 141
  3.4.3 新风系统国内外研究及发展现状 ·· 143
  3.4.4 新风系统空气净化性能评价 ··· 145
  3.4.5 新风系统空气净化意义及存在问题 ······································· 145
3.5 医用空气净化器 ·· 146
  3.5.1 医用环境空气质量调查分析 ··· 146
  3.5.2 医用空气净化器概念及原理 ··· 148
  3.5.3 医用空气净化器技术简介 ·· 149
  3.5.4 医用空气净化器性能评价 ·· 150
  3.5.5 医用空气净化器发展前景 ·· 150
3.6 学校用空气净化装备 ·· 151
  3.6.1 学校环境空气质量调查分析 ··· 151
  3.6.2 学校用空气净化装备介绍 ·· 154
  3.6.3 学校用空气净化装备种类使用进展 ······································· 154
  3.6.4 学校用空气净化装备性能评价 ·· 155
  3.6.5 学校用空气净化装备发展存在问题及优化 ····························· 156
3.7 个人呼吸防护用空气净化装备 ·· 157

3.7.1 个人呼吸防护装备概念 157
3.7.2 国内外个人呼吸防护装备技术发展与应用分析 158
3.7.3 个人呼吸防护装备评价 160
3.7.4 新型呼吸防护装备研究及发展前景 161
参考文献 162

4 民用工程及作业用空气净化装备 166
4.1 典型工程用空气净化装置及设备 166
4.1.1 工程用空气净化装置分类及技术原理 166
4.1.2 应用领域 168
4.1.3 工程用空气净化装备性能评价 192
4.2 典型作业用空气净化装置及设备 196
4.2.1 作业用空气净化装备分类及技术原理 196
4.2.2 作业用空气净化装备性能评价 208
4.2.3 国内外作业用空气净化装备性能标准对比 212
参考文献 229

5 畜牧业空气净化装备 232
5.1 畜牧业空气净化背景 232
5.1.1 我国畜禽场空气污染及危害分析 232
5.1.2 畜牧业产固废及废气治理技术概要 239
5.2 畜牧业空气净化装备 242
5.2.1 畜牧业粉尘净化治理装备介绍 242
5.2.2 畜牧业恶臭气体净化治理装备介绍 244
5.3 畜牧业空气质量检测监测设备 260
5.3.1 畜牧场 PM 检测监测技术及设备 260
5.3.2 畜禽场恶臭气体检测监测技术及设备 263
5.3.3 畜牧场病原微生物检测监测技术及设备 273
5.4 畜牧业空气污染物净化控制标准 275
5.4.1 畜牧业污染物排放政策分析 275
5.4.2 污染物达标排放关键指标 278
5.4.3 国外畜牧业污染物排放法规 279
5.5 畜禽舍空气净化装备选择、使用与维护 280
参考文献 281

6 工业废气净化检测监测装备 291
6.1 废气中颗粒物检测监测装备 291
6.1.1 典型颗粒物取样装置分类及应用范围 291

6.1.2 颗粒物取样装置工作原理及计量标准·····291
6.1.3 常见颗粒物检测装置分类及工作原理·····297
6.1.4 国内外颗粒物检测相关标准·····303
6.1.5 颗粒物在线监测装备类别·····305
6.2 废气中有害气体检测监测装备·····311
6.2.1 典型有害气体取样装置分类及应用范围·····311
6.2.2 有害气体取样装置工作原理及计量标准·····315
6.2.3 国内外有害气体检测技术标准·····319
6.2.4 有害气体在线监测装备类别·····321
6.3 放射性污染物检测监测装备·····324
6.3.1 放射性污染物产生源及种类·····324
6.3.2 放射性污染物取样装置类别、工作原理及应用范围·····326
6.3.3 放射性污染物检测装置分类及工作原理·····327
6.3.4 国内外放射性污染物检测技术标准·····338
6.3.5 放射性污染物在线监测装备类别·····342
参考文献·····342

7 工业废气净化装备·····345
7.1 工业废气净化治理技术·····345
7.1.1 固态污染物治理技术·····345
7.1.2 气态污染物治理技术·····349
7.1.3 放射性污染物治理技术·····358
7.2 工业废气净化治理材料研究现状·····362
7.2.1 固态污染物治理材料·····362
7.2.2 气态污染物治理材料·····366
7.2.3 放射性污染物治理材料研究现状·····369
7.3 工业废气污染物净化治理装备·····370
7.3.1 固态污染物治理装备·····370
7.3.2 有机废气污染物治理装备·····381
7.3.3 无机废气污染物治理装备·····384
7.3.4 放射性污染物治理装备·····400
7.4 工业废气净化装备运行管理与维护·····405
7.4.1 机械除尘器的运行管理和维护·····405
7.4.2 袋式除尘器的运行管理和维护·····407
7.4.3 静电除尘器的运行管理和维护·····409
7.4.4 湿式除尘器的运行管理和维护·····410

      7.4.5 SCR 脱硝装置的运行管理和维护 ··················· 412
      7.4.6 燃煤烟气湿法脱硫设备的运行管理和维护 ··········· 414
      7.4.7 循环流化床烟气脱硫设备的运行管理和维护 ········· 417
   参考文献 ··· 417
8 工业废气治理装备评价 ···································· 423
   8.1 工业废气治理质量标准 ····························· 423
      8.1.1 废气排放指标类别及内涵 ························ 423
      8.1.2 国内不同来源工业废气排放标准 ·················· 424
      8.1.3 国外不同来源工业废气排放标准 ·················· 437
      8.1.4 国内外工业空气净化装备能效分析 ················ 449
   8.2 工业废气净化设备市场准入 ························· 458
      8.2.1 工业废气净化现状及发展趋势 ···················· 458
      8.2.2 标准制定与产品认证 ···························· 464
   8.3 工业废气治理装备经济效益 ························· 471
      8.3.1 脱硫工程 ····································· 471
      8.3.2 脱硝工程 ····································· 474
      8.3.3 除尘工程 ····································· 476
   参考文献 ··· 478

1 绪 论

1.1 背景介绍

空气污染通常是指由人类活动或自然过程引起某些物质进入大气中,呈现出足够的浓度,达到足够的时间,并因此危害了人类的舒适、健康或环境的现象[1, 2]。换言之,只要是某一种物质其存在的量、性质及时间足够对人类或其他生物、财物产生影响,就可以称其为空气污染物;而其存在造成的现象,就是空气污染[3-5]。

空气污染物是指由人类的活动或自然过程直接排入大气或在大气中新转化生成的对人或环境产生有害影响的物质。空气污染物按其存在状态可以分为两大类,一种是气溶胶状态污染物,另一种是气体状态污染物。气溶胶状态污染物主要有粉尘、烟、雾、降尘、飘尘、悬浮物等;气体状态污染物主要有以二氧化硫为主的硫氧化物,以二氧化氮为主的氮氧化物,以二氧化碳为主的碳氧化物以及碳、氧结合的碳氧化合物。大气中不仅含有无机污染物,而且含有有机污染物,主要污染物是大气气溶胶、二氧化硫、二氧化氮、一氧化碳、氯气和光化学烟雾,随着人类不断合成新的物质,空气污染物的种类和数量也不断增加。空气污染的种类很多,有煤烟型污染、光化学烟雾污染、混合型污染等。煤烟型污染主要是指燃烧煤炭排放出的二氧化硫、二氧化氮、一氧化碳、碳氢化合物和烟尘等造成的空气污染。光化学烟雾污染主要是指大量的汽车排放的废气中的一氧化氮和碳氢化合物造成的空气污染。这些物质在阳光照射下会同有机烃、氧发生一系列化学反应,产生一些有毒物质。混合型污染是指煤炭和石油在燃烧或加工过程中产生的混合污染物以及企业排放的各种混合污染物造成的空气污染[6, 7]。

迄今为止,从环境空气中已识别出的人为空气污染物超过2800种,其中90%以上为有机化合物(包括金属有机物),而无机污染物不到10%。常见的空气污染物主要有13种,分别是二氧化硫、悬浮颗粒物(如粉尘、烟雾、$PM_{2.5}$、PM_{10})、氮氧化物NO_x(如NO、NO_2等)、一氧化碳、挥发性有机化合物(volatile organic compound,VOC,如苯、碳氢化合物)、光化学氧化物(如臭氧)、有毒微量有机污染物(如多环芳烃、多氯联苯、二噁英、甲醛)、重金属(如铅、镉)、有毒化学品(如氯气、氨气)、氟化物、难闻气体、放射性物质、温室气体(如二氧化碳、甲烷、氯氟烃)。燃料燃烧是污染源,尤其是机动车,排放出大约500种组分的污染物。城市中影响健康的主要空气污染物是二氧化硫、悬浮颗粒物（烟雾、灰尘、$PM_{1.0}$、$PM_{2.5}$、PM_{10}）等，对人体的慢性危害，主要包括中毒、致癌、致畸以及刺激眼睛和呼吸道。它增加了人体对病毒感染的敏感性而易于患上肺炎、支气管炎，同时还加重了心血管疾病。许多情况下空气污染物还具有协同效应，例如，二氧化硫的危害会因颗粒物的存在而成倍增加。城市地区的呼吸道疾病很大程度上是空气污染的结果之一[8-10]。

空气污染的形成包括自然因素和人为因素两种，且以后者为主，空气污染的主要来源是工业、生活炉灶和采暖锅炉、交通运输等；影响空气污染范围和强度的因素有污染物的性质（物理和化学）、污染源的性质（源强、源高、源内温度、排气速率等）、气象条件（风向、风速、温度层结等）、地表性质（地形起伏、粗糙度、地面覆盖物等）。防治方法很多，根本途径是改革生产工艺，综合利用，将污染物消灭在生产过程之中；全面规划，合理布局，减少居民稠密区的污染；在高污染区，限制交通流量；选择合适厂址，设计恰当的烟囱高度，减少地面污染；在最不利气象条件下，采取措施，控制污染物的排放量。国家已颁布《中华人民共和国环境保护法》，并制定废气排放标准，以减轻空气污染，保护人民健康[11]。

1.1.1 固态污染物

固态污染物主要指悬浮颗粒物。悬浮颗粒物不是一种单一成分的污染物，而是由各种各样的人为源和自然源排放的大量成分复杂的化学物质所组成的混合物，并在粒径、形貌、化学组成、时空分布、来源、大气过程及寿命等方面均具有很大的变化。目前大气环境科学所研究的悬浮颗粒物的空气动力学直径通常都为 $0.1\sim100\mu m$。悬浮颗粒物的粒径是描述颗粒物的一个重要指标。空气中的悬浮颗粒物通常分为总悬浮颗粒物（TSP，指空气动力学当量直径$\leqslant 100\mu m$的颗粒物）、PM_{10} 和 $PM_{2.5}$（PM_{10} 是指空气动力学当量直径$\leqslant 10\mu m$的颗粒物，$PM_{2.5}$ 是指空气动力学当量直径$\leqslant 2.5\mu m$的颗粒物）[12-14]。大气悬浮颗粒物对空气质量、人体健康、大气能见度、酸沉降、云和降水、大气辐射平衡、全球气候变化、平流层和对流层大气化学过程等均产生重要的影响。可以说，大气悬浮颗粒物正在深刻地改变着地球环境。

根据悬浮颗粒物污染源划分：工业污染源包括火电、钢铁、建材、化工、炼油、冶金、各种锅炉、窑炉、垃圾焚烧装置等；移动污染源包括机动车、机动船舶等；生活污染源包括饮食业、干洗业、家庭厨房、取暖煤炉、生活垃圾和城建废弃物、露天焚烧等[15]。

悬浮颗粒物是目前室外空气常见污染物之一，也是雾霾天气的元凶。空气中的悬浮颗粒物主要包括固态和液态两种形态,主要来源于两个方面[16, 17]:一是各种污染源和发生源向空气中直接释放的细颗粒物,包括烟尘、粉尘、扬尘、油烟、油雾、细菌微生物和花粉等;二是具有化学活性的气态污染物在空气中发生反应后生成的细颗粒物,这些活性污染物包括 SO_2、NO_x、VOC 和 NH_3 等。

《环境空气质量标准》(GB 3095—2012)规定,总悬浮颗粒物是指 100μm 以下的微粒,即小于 10μm 的飘尘及大于 10μm 的降尘的总称,大家习惯称它为"粉尘"。长期吸入高浓度粉尘可产生不良影响,其中最严重的是尘肺。由于尘肺纤维化病变有进行性和不可逆性,迄今为止,尚未找到有效的治疗方法。因此,尘肺严重影响劳动者的劳动能力和寿命,据某地调查,接触沙尘工人的平均寿命为 55 岁,较一般居民的平均寿命短 10 年以上。粉尘在呼吸道会沉积下来,虽然人体对粉尘有清除的功能,但若吸入粉尘量过大或者长期吸入粉尘,鼻黏膜、气管、支气管纤毛上皮受损,吞噬粉尘的巨噬细胞数量相对不足,或巨噬细胞吞噬过多粉尘而不能移动,或细胞中毒崩解死亡,而使清除功能受损,导致肺内粉尘沉积量逐渐增加,从而引起各种肺病[18-20]。

不同行业有不同的排放标准,要求也不尽相同,有的以单位体积的粉尘含量来控制,一般用每立方米排放物中的尘含量表示,即单位为 g/m^3;有的则以时间计,一般是控制单位时间内排出的粉尘总量,即单位为 kg/h,理解为每小时最大允许排粉尘总量不许超过该值[21-23]。表 1-1 是《大气污染物综合排放标准》(GB 16297—1996)关于粉尘的要求[22],表 1-2 是《工业炉窑大气污染物排放标准》(GB 9078—1996)关于粉尘的要求[24]。

表 1-1 《大气污染物综合排放标准》关于粉尘的要求

污染物	最高允许排放浓度 /(mg/m³)	最高允许排放速率			无组织排放监控浓度限值	
		排气筒高度/m	二级 /(kg/h)	三级 /(kg/h)	监控点	浓度/(mg/m³)
颗粒物	22(炭黑尘、染料尘)	15 20 30 40	0.6 1.0 4.0 6.8	0.87 1.50 5.90 10.00	周界外浓度最高点	肉眼不可见
	80(玻璃棉尘、石英粉尘、矿渣棉尘)	15 20 30 40	2.2 3.7 14.0 25.0	3.1 5.3 21.0 37.0	无组织排放源上风向设参照点,下风向设监控点	2.0(监控点与参照点浓度差值)
	150(其他)	15 20 30 40 50 60	4.1 6.9 27.0 46.0 70.0 100.0	5.9 10.0 40.0 69.0 110.0 150.0	无组织排放源上风向设参照点,下风向设监控点	5.0(监控点与参照点浓度差值)

表1-2 《工业炉窑大气污染物排放标准》关于粉尘的要求

设置方式	炉窑类别	无组织排放烟（粉）尘最高允许浓度/(mg/m³)
车间厂房	熔炼炉、铁矿烧结炉	25
	其他炉窑	5
露天（或有顶无围墙）	各种工业炉窑	5

常见的除尘装备技术有机械式除尘、过滤式除尘、湿式除尘、静电除尘，表1-3是常见不同除尘装备技术的对比[25]。每一种除尘技术及装备均存在一定的优缺点，应根据实际需要选择合适的除尘技术。

表1-3 常见不同除尘装备技术对比

技术方法	原理	特点
机械式除尘	通过质量力的作用达到除尘目的	适用于非黏性及非纤维性粉尘的去除，对大于5μm以上的颗粒具有较高的去除效率，且可用于高温烟气的净化。缺点是对细小尘粒（<5μm）的去除效率较低
过滤式除尘	使含尘气体通过多孔滤料，把气体中的尘粒截留下来，使气体得到净化	属于高效除尘器，除尘效率大于99%，对粉尘有很强的捕集作用，对颗粒性质及气量适应性强。缺点是不适于处理含油、含水及黏结性粉尘，同时也不适于处理高温含尘气体
湿式除尘	也称洗涤除尘。用液体（一般为水）洗涤含尘气体，使气体得到净化	除尘效率高，在处理高温、易燃、易爆气体时安全性好，在除尘的同时还可去除气体中的有害物。缺点是用水量大，易产生腐蚀性液体，产生的废液或泥浆须进行处理，并可能造成二次污染。在寒冷地区和季节，易结冰
静电除尘	利用高压电场产生的静电力（库仑力）作用实现固体粒子或液体粒子与气流分离，使气体得到净化	对细微粉尘及雾状液滴捕集性能优异，除尘效率达99%以上，阻力小、能耗低、处理气量大，可应用于高温、高压的场合。缺点是设备庞大，占地面积大，投资费用高

1.1.2 气态污染物

1.1.2.1 挥发性有机化合物

挥发性有机化合物（VOC）是一类普遍存在于室内外空气中的污染物。VOC在美国的ASTM D3960—1998标准中定义为任何能参加大气光化学反应的有机化合物；美国环境保护署（Environmental Protection Agency，EPA）将VOC定义为除一氧化碳、二氧化碳、碳酸、金属碳化物、金属碳酸盐和碳酸铵外，任何参加大气光化学反应的碳化合物；世界卫生组织（WHO）在1989年认为总挥发性有机化合物（TVOC）为熔点低于室温且沸点为50~260℃的VOC的总称。

VOC的成分比较复杂，主要包括烃类、醇类、酯类、醛类、酮类、卤代烃以及低沸点的芳香族化合物等。工业上，其来源主要包括石油化工、造纸、纺织、制药等行业排放的有机废气[26]。建筑材料、室内装饰材料、生活用品、办公用品等是室内 VOC 的主要产生源,同样如计算机、打印机等设备及烹饪过程等也会产生一部分 VOC 污染。

VOC 污染较重时对生态环境和人类健康都会造成严重的危害[27, 28],主要表现在:某些 VOC 在紫外线的激发下,能与大气中的 NO_x 发生光化学反应,形成毒性更大的光化学烟雾;某些 VOC 对人体的毒性很大,一定浓度的 VOC 对呼吸道、眼、鼻等人体器官有刺激性,容易造成急性或慢性中毒,甚至可致癌或引发突变。长期处在 VOC 污染环境中,将导致机体免疫水平失调,影响中枢神经系统功能,出现头晕、头痛、嗜睡、无力、胸闷等自觉症状;还可能影响消化系统,出现食欲不振、恶心等,严重时可损伤肝脏和造血系统[29]。为此,针对 VOC 污染,《室内空气质量标准》(GB/T 18883—2002)以 TVOC 限量指标规定居室空气 VOC 浓度不得超过 0.60mg/m^3。

低沸点芳香族化合物苯、甲苯、二甲苯等是与甲醛并重的 VOC 中的典型污染物,该污染物也称苯系物污染,源于油漆、涂料、胶黏剂、防水材料等的释放与富集,装饰程度较高的轿车等常为苯系物污染重灾区。因为具有脂溶性的特点,可以通过完好无损的皮肤进入人体,对皮肤有刺激作用,能诱发人的染色体畸变,世界卫生组织已经把苯系物定为强烈致癌物质。浓度很高的苯蒸气具有麻醉作用,短时间内可使人昏迷,发生急性中毒,甚至可导致生命危险。长期吸入高浓度的苯系物蒸气,会破坏人体的循环系统和造血机能,导致白血病。此外,妇女对苯系物的吸入,反应格外敏感,妊娠期妇女长期吸入苯系物会导致胎儿发育畸形和流产[30]。鉴于苯系物的危害性巨大,《室内空气质量标准》(GB/T 18883—2002)分别对苯、甲苯和二甲苯浓度做了限定,分别不得超过 0.11mg/m^3、0.20mg/m^3 和 0.20mg/m^3。

1.1.2.2 甲醛

甲醛是 VOC 中最为典型的有害气体,它是一种全身性毒物,是室内环境污染的罪魁祸首之一。1995 年甲醛就被国际癌症研究机构确定为可以致癌物,在我国有毒化学品优先控制名单上高居第二位,已经被世界卫生组织确定为致癌和致畸形物质,是公认的变态反应源,也是潜在的强致突变物之一。甲醛污染多见于室内,主要来源于室内装饰的胶合板、细木工板、中密度纤维板和刨花板等人造板材,甲醛黏合剂,含甲醛组分并可能释放的其他各类装饰材料,香烟、燃料及有机材料燃烧等[31-33]。

甲醛不仅能引发眼刺激、头痛、咳嗽、过敏性鼻炎和支气管炎,造成肝脏、心肌、肺和肾脏神经毒性损伤,还会导致失眠、精神不集中、记忆力下降、情绪反常、食欲不振、流产和不孕等,甚至能引发鼻咽癌、结肠癌、脑瘤等疾病,还是一种典型的气道和眼部的刺激性气态污染物。甲醛是学术界公认的多重化学物敏感症的化学致敏物,是一种环境致敏原,可引起皮肤致敏化,甲醛诱导性哮喘已经成为我国一种典型疾病。甲醛能降低机体各个器官的抗氧化能力,导致器官的氧化损伤，浓度越高损伤越严重。甲醛可以与空气中的离子型氯化物产生致癌物（二氯甲基醚）。不仅如此，甲醛也被证实对生殖系统有一定副作用，长期接触可引发受孕推迟、孕妇流产等问题，并具有遗传毒性，可引起 DNA 损伤。在所有接触者中，老人、小孩和孕妇所受危害最大[34]。

鉴于甲醛污染的普遍性、长久性及较大的危害性，甲醛一直是室内空气污染管控的重点，我国《室内空气质量标准》（GB/T 18883—2002）规定居室空气中甲醛卫生标准（最高容许浓度）为 $0.1mg/m^3$，而《民用建筑工程室内环境污染控制规范》（GB 50325—2010）中规定居室空气中甲醛最高容许浓度为 $0.08mg/m^3$。

总的来说，VOC 的处理方法主要有两类[35]：一类是回收法。回收法是通过物理方法，在一定温度、压力下，用选择性吸附剂和选择性渗透膜等方法来分离 VOC，主要包括活性炭（AC）吸附法、变压吸附法、冷凝法和生物膜法等。另一类是消除法。消除法是通过化学或生物反应，用光、热、催化剂和微生物等将有机物转化为水和二氧化碳，主要包括热氧化法、催化燃烧法、生物氧化法、电晕法、等离子体分解法、光分解法等。对于每一种方法，其适用范围、去除性能、投资运行费用等多方面因素，皆制约了单元处理技术的应用。目前，除了推广有机物的单元处理技术，重点是开发不同处理技术的组合，以达到提高去除效率、降低去除成本、减少二次污染的目的。

1.1.2.3 酸性气体

酸性气体是指煤转化过程中产生的硫氧化物（SO_x）、氮氧化物（NO_x）、硫化氢（H_2S）及二氧化碳（CO_2）等气体。酸性气体能与碱作用生成盐。有些酸性气体对人类是有害的，例如，空气被污染情况下，其中就含有二氧化硫（SO_2）、三氧化硫（SO_3）等，这些气体在下雨天生成强酸性化学物质，具有强腐蚀作用，对地面的物体产生腐蚀，这就是酸雨。酸雨对树木的影响最大，可以致死，严重影响人类生存环境，所以受到全世界特别关注。人们已制定许多措施来减少生产污染空气的工厂，同时发展绿色经济，倡导绿色生活[36, 37]。

1）氮氧化物

空气氮氧化物（NO_x）污染主要以 NO 和 NO_2 为主。室内空气中的 NO_x 主要源于烹饪过程中煤气的燃烧、液化石油气的燃烧、煤炭的燃烧、吸烟以及室外 NO_x 扩散入内等[38-40]。

NO_2 在室温下为有刺激性气味的红棕色气体，易溶于水，易损害呼吸道。吸入 NO_2 气体初期仅有轻微的眼及上呼吸道刺激症状，如咽部不适、干咳等。经长时间潜伏后会发生迟发性肺水肿、成人呼吸窘迫综合征，出现胸闷、呼吸窘迫、咳嗽、咯泡沫痰、发绀等，可并发气胸和纵隔气肿。儿童暴露在 NO_2 中，对其肺功能和呼吸系统的危害更大。NO 则为无色无味、难溶于水的有毒气体。NO 化学性质非常活泼,在空气中很快转变为 NO_2 产生刺激作用,高浓度 NO 可致高铁血红蛋白血症。NO_x 不仅对人体伤害极大,对生态环境也有着极大的危害,可以生成光化学烟雾、形成酸雨、破坏臭氧层等[41-43]。

为有效控制 NO_x 的排放,降低其对大气、环境造成的污染,我国在《环境空气质量标准》(GB 3095—2012)中具体规定了 NO_2 的排放浓度一级标准,日均浓度不得高于 $80\mu g/m^3$。《大气污染物综合排放标准》(GB 16297—1996)中强调硝酸、氮肥、炸药等企业应对 NO_x 排放采取控制措施,明确废气中 NO_x 浓度≤$0.15mg/m^3$;《室内空气质量标准》(GB/T 18883—2002)则规定室内空气中 NO_x(以 NO_2 计)1h 均值最高容许浓度为 $0.24mg/m^3$ [44-46]。

2)二氧化硫

二氧化硫(SO_2)是无色气体,有强烈刺激性气味,是大气主要污染物之一。大气中 SO_2 的产生既来自天然释放又来自人为污染。天然源的 SO_2 主要来自陆地和海洋生物残体的腐解和火山喷发等;人为源的 SO_2 主要来自化石燃料的燃烧,如煤炭、石油、天然气等。室内 SO_2 主要来自厨房与取暖设备所用的矿物燃料与石油液化气燃烧,这是由于煤和石油通常含有硫化物,燃烧时会生成 SO_2,因此燃煤、燃气、燃油、取暖等成为室内 SO_2 的主要来源。尤其是冬季,我国北方的家庭,取暖的同时密闭室内空间,以及我国农村地区燃煤比较普遍,都造成室内 SO_2 浓度较高。其次,含硫杀虫剂、杀菌剂、漂白剂和还原剂等,常用于家庭清洁用品及食物防腐剂,也是室内 SO_2 的来源之一[47]。

SO_2 对人体健康产生影响主要通过两种途径:一是 SO_2 气体本身刺激,二是 SO_2 易被湿润的黏膜表面吸收生成亚硫酸、硫酸,对眼及呼吸道黏膜有强烈的刺激作用。轻度中毒时,发生流泪、畏光、咳嗽、咽、喉灼痛等;严重中毒时可在数小时内发生肺水肿。长期暴露于室内 SO_2 中可导致人体呼吸系统慢性疾病,严重时促使肺功能急性降低[48-52]。

为此,SO_2 作为室内污染物之一被列入管控范围,我国《室内空气质量标准》(GB/T 18883—2002)规定居室空气中 SO_2 容许浓度为 $0.50mg/m^3$。

3)硫化氢

硫化氢(H_2S)气体是一种无色、高毒的酸性有害气体。它能在空气中燃烧,与空气混合可形成爆炸物,对人体有剧毒,对金属设备有腐蚀性。H_2S 污染钻井时使 pH 迅速降低、钻井液发生絮凝。H_2S 很少用于工业生产中,一般作为某些化学反应和蛋白质自然分解过程的产物;H_2S 作为某些天然物质的成分或杂质,经常存在于多种生产过程及自然界中,如采矿、提炼铜、镍、钴等(尤其是硫化矿)、煤的低温焦化、含硫石油的开采和提炼;橡胶、人造丝、鞣革、硫化染料、颜料、甜菜制糖、动物胶等工业中都有 H_2S 的产生;开挖整治沼泽地、沟渠、水井、下水道、隧道,以及清除垃圾、污物、粪便等作业都会产生 H_2S [53-55]。

有报告称人的嗅觉阈为 0.012～0.03mg/m³ 或 0.14mg/m³,远低于引起危害的最低浓度。起初臭味的增强与浓度的升高成正比,当浓度超过 10mg/m³ 时,浓度继续增高而臭味反而减弱,在高浓度时很快引起嗅觉疲劳而不能觉察 H_2S 的存在,故不能依靠臭味强烈与否来判断有无危险浓度的存在[56]。

H_2S 能够直接妨碍机体对氧的摄取和运输,从而造成细胞内呼吸酶失去活力,造成细胞缺氧窒息死亡。H_2S 的毒性很强,人的绝对致死浓度为 1000mg/m³。当空气中的 H_2S 浓度为 10～15mg/m³ 时,人会出现中毒症状,国家标准《工作场所有害因素职业接触限值 第 1 部分:化学有害因素》(GBZ 2.1—2007)中明确指出 H_2S 最高容许浓度为 10mg/m³[57]。

净化酸性气体一般有以下 3 种方法[58, 59]:①化学吸收法,即通过化学吸收剂与酸性气体进行化学反应而达到吸收的目的。这类方法一般不受操作压力的限制,对 SO_2 等酸性气体的净化度高,但其通常对杂质的适应性小,溶剂解吸时所需的能量大。②物理化学吸收法,采用两种以上溶剂的混合物作为吸收剂,既有化学反应过程,又有物理吸收过程。③物理吸收法,采用极性有机溶剂作为脱除剂。物理溶剂一般依据有机溶剂的极性性能来吸收酸性杂质,它们之间不发生化学反应,因而溶剂在解吸时所需能量极少,同时,物理溶剂不存在化学平衡状态,吸收酸性杂质的容量与其分压成正比。目前已被工业应用的众多的物理溶剂方法皆不尽如人意,要么在低温下才能充分显示其经济效益,工艺流程复杂,设备费用高;要么溶液有毒、价格昂贵;要么溶剂损耗大,对 H_2S 选择性不好,使其应用范围受到了限制。

1.1.2.4 碱性气体

引起空气污染的碱性气体是氨气(NH_3)。NH_3 是一种无色而具有强烈刺激性恶臭味的气体,比空气轻,人体可感受嗅阈值浓度为 5.3mg/m³,按毒理学分类属于低毒类化合物。其污染多来源于建材及添加剂、日用美容美发产品(以美容美发店为代表)、生物排泄物(以养殖场、厕所为代表)等,除此之外,工业场所的生产活动或泄漏也可导致严重的 NH_3 污染。室内 NH_3 的主要来源是建筑施工中使用的混凝土外加剂。许多建筑都使用了高碱混凝土膨胀剂或者含尿素的混凝土防冻剂,这些含有大量氨类物质的外加剂随着环境因素的变化而还原成 NH_3 从墙体中缓慢释放出来,造成室内空气中 NH_3 的浓度不断升高[60, 61]。

NH_3 对皮肤组织和上呼吸道有腐蚀和刺激作用。NH_3 可以吸收皮肤组织中的水分,使组织蛋白变形,破坏细胞膜结构;它还能麻痹呼吸道纤毛和损害黏膜上皮组织,使病原微生物易于侵入,降低人体对疾病的抵抗力。由于 NH_3 的溶解度极高,所以常被吸附在皮肤黏膜和眼结膜上,从而产生刺激和炎症。而一旦 NH_3 通过肺泡进入血液,就会与血红蛋白结合从而破坏运氧功能,严重时会引起肺气肿和呼吸窘迫综合征。研究表明,浓度超过 40μg/m³ 的室内 NH₃ 对人体健康可能存在影响,而长期接触低浓度的 NH₃,会导致上呼吸道损害、慢性支气管炎和中毒性肝损害等疾病,可破坏人体正常的组织细胞结构,减弱人体对疾病的抵抗能力。此外,高浓度的 NH₃ 容易导致孕妇妊娠流产,还会引起心脏骤停和呼吸停止等严重后果[62, 63]。

为了改善室内环境,保护居住者的身体健康,我国于 2001 年颁布了《民用建筑工程室内环境污染控制规范》(GB 50325—2001),2002 年颁布了《室内空气质量标准》(GB/T 18883—2002),都明确规定居室空气中 NH₃ 的最高允许浓度为 0.20mg/m³[64, 65]。

目前治理 NH₃ 污染的方法主要有吸附法、化学氧化还原法、排气稀释法和光催化氧化法等。吸附法存在饱和吸附值,净化效果随使用时间而下降。化学氧化还原法一般效率低,且易产生二次污染等问题。排气稀释法在靠近污染源的地区容易引入室外污染物,去除效果不好。光催化氧化法因具有节能、高效、污染物降解彻底、易操作、无二次污染等优点,已成为一种重要的治理污染气体的技术,但光催化氧化法有时也会因污染物浓度过低,使光催化氧化材料与污染物的有效接触概率减小,导致光催化氧化效率较低。

1.1.2.5 臭氧

大气中臭氧(O_3)属于二次污染物,主要是由大气中的 NO_x、碳氢化合物(HC)等在特殊的气象条件下,经过一系列复杂的光化学反应生成的,但其浓度相对较低,不足以达到致害风险。室内空气中的 O_3 主要来源于复印机、静电式空气清洁机、O_3 消毒机及其他家用电器等,多由运行时高压放电、紫外高能辐照所产生,具有浓度高、产生速度快等特点,极易造成较大的身体危害[66, 67]。O_3 可以通过接触呼吸系统管道而对人体造成损害,且由于 O_3 在水中的溶解度很低,因此可以通过呼吸达到呼吸道的深处,进入肺的周边区域和最细小的空气通道。O_3 浓度为 0.43mg/m³ 时能让人闻到气味,21.8mg/m³ 时容易引起肺气肿,长时间待在 1mg/m³ 的室内环境中会引起慢性中毒,引起肺组织癌变。O_3 还会造成神经中毒,产生头晕头痛、视力下降和记忆力衰退等症状。O_3 对人体皮肤中的维生素 E 起破坏作用,致使人的皮肤起皱、出现黑斑。O_3 还能够破坏人体免疫机能,诱发淋巴细胞染色体病变,加速衰老,致使胎儿畸形。而以 O_3 为主的光化学氧化剂对人体的远期危害,主要是损伤机体膜(包括各种器官组织和细胞膜),使心脏功能衰退,氧化组织中的弹力纤维使纤维中的蛋白质分子变硬或失去弹性,从而使皮肤出现皱纹、血管失去弹性、动脉硬化、骨骼变脆、容易骨折、肺泡间弹力纤维失去弹性、引发肺气肿等。久而久之,促使机体提早衰老,寿命缩短[68-71]。在我国苏州多种 O_3 度量方式下暴露水平与人群死亡风险的相关性研究中发现:每日 8h O_3 浓度每增加 70.6μg/m³ 和每日 1h O_3 浓度每增加 59.6μg/m³,人群非意外总死亡风险分别增加 2.15%和 1.84%。为此，O_3 作为室内常见污染物被列入管控范围，我国《室内空气质量标准》(GB/T 18883—2002)规定居室空气中 O_3 容许浓度为 0.16mg/m³[65]。

当室内环境中的 O_3 浓度达 0.2mg/m³ 以上时，会对人体产生危害。所以，对 O_3 进行处理，使其分解为无害的物质非常重要。常用的 O_3 净化方法包括大气稀释法、活性炭吸附法、催化分解法等[70-73]，其原理和特点如表 1-4 所示。

表 1-4 常用 O_3 净化方法

技术方法	原理	特点
大气稀释法	通过通风设备引入外界空气	设备成本较低，但若外界空气受到污染将对室内空气环境产生更为严重的污染后果
活性炭吸附法	活性炭的吸附作用	简单方便，但活性炭容易失去活性，需要经常更换或再生
催化分解法	催化分解 O_3	分解率高，长期稳定，但成本较高

目前，对 O_3 净化的研究主要集中于多相热催化方面，主要的热催化材料为含锰催化材料（如 MnO_2、$MnCO_3$ 等 O_3 分解催化材料）、含过渡金属氧化物的催化材料（铁氧化物、钴氧化物、镍氧化物等）、含贵金属的催化材料（Pt、Pd、Rh 等）[74]、含钛催化材料（钛硅氧化物、钛锰氧化物、钛银锰氧化物、钛锆氧化物、铂钛硅氧化物等）[75]。

1.1.2.6 氡气

氡气是一种放射性气体，是铀-镭天然放射系中的衰变产物，是惰性气体，存在于一切环境空气中。氡的子体半衰期较短，称为短寿命子体。氡及其子体是人类所受到的来自天然辐射的主要辐射照射源，对人类产生不可避免的持续照射。氡的分布在自然界中极不均匀，特别是在包括工作场所和居室在内的建筑物内，氡浓度受诸多因素的影响，有时可以达到较高的水平[76]。

氡是世界卫生组织公布的 19 种环境致癌物之一，低水平氡子体暴露与肺癌增加之间存在线性关系，建材放射性水平增加或通风不足可导致室内氡浓度增加。一般居民肺癌中大约 10%源自本底水平氡子体照射。多数报告进一步证实居室内氡浓度增加可诱发肺癌发病率的增加。氡是引起肺癌的第二大因素。在美国每年死于由氡气引起的肺癌就有几千人之多。对人体健康产生危害的主要是钋-218 和钋-214，这些放射裂变产物，常黏附在可吸入颗粒物上，随呼吸进入人体并沉积在肺部，并引起肺气肿、肺纤维、慢性间质性肺炎、硅肺病、肺癌（特别是影响支气管）。氡气对人体健康的早期效应不易察觉，但长期接触氡气可使人得肺癌、支气管癌、鼻咽癌等，氡在人体内可通过三叉神经末梢的反射作用使心脏停搏和呼吸停止[77]。

为了改善室内环境，保护居住者的身体健康，我国于 2001 年颁布的《民用建筑工程室内环境污染控制规范》(GB 50325—2001)，明确规定居室空气中氡气的最高允许浓度为 200Bq/m³[64];此外,在 2002 年颁布的《室内空气质量标准》(GB/T 18883—2002)中,明确规定居室空气中氡气的最高允许浓度为 400Bq/m³[65]。

大理石、花岗石是室内氡的主要来源[78]。有人认为其释放量很低,可以忽略。不同石材的放射量确实不一样,但人的体质有差异,对放射物质产生的反应也会不一样,从追求健康的角度,还是少用天然石材。解决方法:在有条件的情况下,减少天然石材的使用面积(切忌大面积用于室内);多使用人造石。当前没有合适的产品进行处理,对放射性强的大理石只能拆除。

1.1.3 微生物污染

空气微生物包括细菌、霉菌、放线菌、病毒、孢子和尘螨等有生命活性物质的微粒,主要以微生物气溶胶的形式存在于大气环境中,是城市功能区生态系统重要的生物组成部分。微生物气溶胶是指悬浮于空气中的微生物所形成的胶体体系。微生物气溶胶的粒径一般为 0.002~30μm,包括分散相的微生物粒子和连续相的空气介质。与人类疾病有关的微生物气溶胶粒子直径一般为 4~20μm,而真菌则以单个孢子的形式存在于空气中。不同微生物气溶胶粒径大小不同:细菌 0.3~15μm,真菌 3~100μm,孢子 6~60μm,病毒 0.015~0.045μm,藻类 0.5μm,花粉 1~100μm。目前,已知存在于空气中的细菌及放线菌有 1200 种,真菌有 4 万种;大部分是对较干燥环境和紫外线具有抗性的种类,主要有附着于尘埃上的球菌属(包括八叠球菌属在内的好氧菌)、形成孢子的好氧性杆菌(如枯草芽孢杆菌)、青霉等霉菌的孢子等。影响微生物气溶胶总量的因素主要有微生物的群落种类与结构、气溶胶胶化前的悬浮机制及各类环境因素。微生物气溶胶在空气中停留的时间长短由风力、气流和雨、雪等条件所决定,但它们最终都要返回到地表的土壤、水体以及建筑物和动植物表面。因此,空气微生物不但与环境空气质量、空气污染和人体健康密切相关,还与自然生态平衡及许多生命现象直接相关,在自然界的物质循环中起着非常重要的作用[79]。

空气微生物主要来源于自然界的土壤、水体、动植物及人类自身。此外,与人类生产生活相关的养殖场、屠宰场、垃圾处理厂、污水处理厂、发酵酿造厂、食品生产厂等场所也是空气微生物的重要来源。空气中的微生物主要是非病原性腐生菌,各种球菌占 66%,芽孢菌占 25%,还有霉菌、放线菌、病毒、微球藻类、蕨类孢子、花粉和少量厌氧芽孢菌。但受各种环境因素的影响,不同地区空气微生物种类也不尽相同。空气微生物还可能随着生存环境的变化而发生变异,大气中严重的物理化学污染(如粉尘污染)可以为微生物提供载体,扩大其传播范围。空气传播微生物引起呼吸性疾病的能力主要依赖于微生物依附的空气中的固体颗粒大小,空气固体颗粒大小在一定程度上也是影响空气微生物污染现状的重要因素。

根据致病程度,微生物大体可分为非致病性、条件性致病及致病性三类,其中非致病性微生物占大部分。微生物气溶胶中的非致病性微生物在高浓度下能对机体产生极大危害，包括致机体免疫负荷过重、对疫苗的免疫应答力下降、抗病力降低等；条件性致病微生物在适当条件下可能发挥致病作用，病原体气溶胶粒子不仅能破坏呼吸道微生态环境，而且会引起严重的呼吸道疾病，如过敏性鼻炎、支气管炎、过敏性肺炎、流感等。此外，除了呼吸道传染，微生物气溶胶可经消化道、皮肤伤口、黏膜侵染人体，引起肠胃炎、皮肤病等。病原微生物不仅对人体健康产生不利影响，而且能对动植物造成巨大危害，广泛影响世界范围内的农业、畜牧业[80]。

在常规环境中，非致病性微生物占空气微生物的绝大部分，根据《室内空气质量标准》（GB/T 18883—2002）要求，室内空气中微生物菌落不得超过 2500cfu/m^3。然而，在一些高传染场合，如医院等，对微生物污染做了更为严格的限定。《医院消毒卫生标准》（GB 15982—2012）中规定Ⅰ类洁净环境微生物气溶胶浓度需控制在≤150cfu/m^3，不得检出致病微生物。随着人们对空气质量的日益关注，微生物污染管控也从原有的菌落总数限定，逐步转成对某类微生物尤其是致病性微生物的监控，例如，《公共场所卫生检验方法 第 3 部分：空气微生物》（GB/T 18204.3—2013）中对空气微生物的检测要求不仅包括细菌总数，还引入真菌总数、β-溶血性链球菌（《室内空气中溶血性链球菌卫生标准》（GB/T 18203—2000）规定溶血性链球菌≤36cfu/m^3）、嗜肺军团菌等检测指标[81]。

空气消毒是切断空气致病微生物传播途径、预防和控制感染疾病最有效、最直接的方法。特别是当以空气传播为主的传染病发生时，为了有效地切断传播途径，空气消毒显得极其重要。因此，如何进行有效的空气消毒，预防空气致病微生物一直是医学界关注的重要问题。

1.2 国内外空气污染防治标准

环境标准是国家环境政策和法规在技术方面的具体体现，是环境法规的重要组成部分。在大气环境标准中，环境空气质量标准和大气污染物排放标准是环境标准体系中的重要组成部分。大气污染物排放标准是根据环境质量标准、污染控制技术和经济条件，对排入环境的有害物质和产生危害的各种因素所做的限制性规定，是对大气污染源进行控制的标准，它直接影响我国大气环境质量目标的实现。科学合理的大气污染物排放标准体系，有助于全面系统地控制大气污染源，从而提高大气环境保护工作效力，改善整体大气环境质量[82]。

1.2.1 大气污染物排放标准体系

1973 年，由国家计划委员会、国家基本建设委员会和卫生部联合发布的《工业"三废"排放试行标准》（GBJ 4—1973）[83]，是我国第一项环境保护标准，其中规定了二氧化硫、二氧化碳、铅和烟（粉）尘等 13 种大气污染物的排放速率或浓度，这对我国环境保护工作初创时期的大气污染物排放控制发挥了重大作用。由于《工业"三废"排放试行标准》是"一刀切"的标准，无法做到对污染源科学、恰当地管理，1981年开始，国家开始组织制定钢铁、化工等分行业排放标准，也就是后来习惯称谓的"行业型排放标准"。受当时人们认识和实践的局限，这些行业型排放标准主要是控制烟粉尘的排放。进入 20 世纪 90 年代，大气污染物排放标准体系发生重大变化，以 1996年发布的《大气污染物综合排放标准》（GB 16297—1996）[84]为代表，形成了"以综合型排放标准为主体，行业型排放标准为补充，两者不交叉执行，行业型排放标准优先"的排放标准格局。除火电、水泥、炼焦等行业有专门适用的大气污染物排放标准外，一些本来属于重污染行业的污染源又都纳入《大气污染物综合排放标准》，由此导致了限值不尽合理、对行业的要求缺乏系统性、操作性不强等问题[85]。以 2000 年的《中华人民共和国大气污染防治法》修订为契机，"超标违法"新制度被提出，这赋予了污染物排放标准极高的法律地位，成为判断"合法"与"非法"的界限，而目前的大气污染物综合排放标准难以适应新制度的要求，其权威性、公正性受到极大挑战。特别是《中华人民共和国国民经济和社会发展第十个五年计划纲要》提出："完善环境保护标准和法规体系，修改不合理的排放标准"，使行业型排放标准制定工作成为未来环境标准与法制建设的重中之重。由此可以看出，我国的大气污染物排放标准自 1973 年公布第一个环境排放标准《工业"三废"排放试行标准》以来，经历了1985 年前后各行业制定排放标准（第一阶段），1996 年前后的标准整顿、清理和制修订（第二阶段），以及 2000 年以后的制修订快速发展（第三阶段）3 个重要阶段。有关各阶段大气污染物排放标准分类情况详见表 1-5。

表 1-5 固定源大气污染物排放标准分类统计

标准制定年份	标准项目数	分类统计				标准中涉及的污染控制因子
		综合类	污染设施或工艺类	特定污染物类	特殊或污染重的行业类	
1973~1989	14	1	2	0	11	20
1990~1999	8	1	2	1	4	47
2000~2011	28	1	3	1	23	57

1.2.2 大气污染物排放标准的特点及问题

1.2.2.1 排放标准的特点

我国现在实施的固定源大气污染物排放标准与第一阶段和第二阶段相比，主要有以下 6 个特点。

（1）行业标准的数目由第一阶段的 11 项减少到第二阶段的 4 项又增加到第三阶段的 23 项，可以看出对固定大气污染源的控制经历了行业向跨行业的综合标准转变阶段后再次向行业标准侧重。

（2）标准中涉及的污染控制因子由第一阶段的 20 个增加到第二阶段的 47 个又增加到第三阶段的 57 个，特别是第三阶段增加的主要是危险空气污染物，如二噁英、挥发性有机物、砷及其化合物等，显示了对大气污染物的控制由常规污染物向危险空气污染物转变。

（3）第二阶段排放标准均与环境质量标准的三类功能区相对应，执行分类分级标准；第三阶段排放标准主要根据技术经济可行性确定，不再与环境空气质量功能区相对应。与空气质量功能区挂钩，旨在体现"高功能区高保护、低功能区低保护"思路，在一定时期内，这一思路可以充分利用有限的资源最大化保护环境，同时可简化环境管理工作，具有一定的可操作性，能够满足当时环境管理的需要，但不能体现公正、公平的原则。以控制技术为基础的排放标准，其排放限值是在考虑生产工艺时，采取适当的污染预防和清洁生产措施，并采取末端污染物消减技术达到的排放水平。技术的选择既要考虑企业的经济成本，又要进行环境成本分析。

（4）第一、二阶段分别规定了现有污染源和新设立污染源的控制要求，第三阶段在此基础上还规定现有污染源在一定时期内要达到新设立污染源的控制要求，既考虑了新老污染源的区别，又促进技术进步和产业优化升级。

（5）第三阶段对重点行业规定了大气污染物特别排放限值，如《火电厂大气污染物排放标准》（GB 13223—2011）。随着我国经济的快速增长，部分地区环境承载能力开始减弱，生态环境逐步脆弱，需要采取特别保护措施来减少严重污染事故的发生。因此在上述地区，对污染严重的行业规定了更为严格的排放限值要求。

（6）第三阶段规定了企业厂界的排放限值，这一排放限值与空气质量标准相近或一致，其目的是保护企业周边的环境敏感区域，如居住区、医院、学校等。同时要求环境保护行政主管部门对环境敏感区域环境质量进行监测，确保符合空气质量的要求。

1.2.2.2　排放标准存在的问题

1）污染物项目缺失严重

美国基于 189 种有毒大气污染物（HAP）制定了多个行业的排放标准，德国空气保洁技术指南仅控制的一类有机污染物就达 176 种[86]。我国目前整个大气污染物排放标准体系仅仅控制了 57 种污染物，从污染物控制项目上说，远远不能满足当前环境管理的需要。另外，由于原材料（如矿石）成分的差异以及新工艺层出不穷,排放标准不可能覆盖所有的污染物,会导致遗漏一些毒性较大的污染物。为此环境保护部《关于未纳入污染物排放标准的污染物排放控制与监管问题的通知》[87]指出:对于国家和地方排放标准中没有规定排放限值的污染物,排污行为不得造成环境质量超标,不得损害人体健康和生态环境。

2)排放标准的控制指标单一,以浓度指标为主

考虑监测的简便易行,目前排放标准多以浓度为控制指标。随着行业排放标准和控制污染物种类增多,单一的浓度控制形式已不能满足控制要求。以控制 VOC 为例,除浓度控制外,还可以通过排放速率、污染治理设施的净化效率、废气收集、单位产品排放 VOC 总量及容许逸散 VOC 比例等控制指标的有机组合来有效控制其排放[88]。

3)地方大气污染物排放标准制定工作还有待加强

《中华人民共和国大气污染防治法》规定,对国家大气污染物排放标准中未作规定的项目可制定地方排放标准,对已作规定的项目可制定严于国家标准的地方标准。地方大气污染物排放标准是国家大气污染物排放标准的补充与完善,在地方大气环境管理中发挥着重要作用。目前,北京在地方环境标准制定方面是走在全国前列的,已初步形成了一个系统的标准体系。上海、广东、山东等也制定了一些地方大气污染物排放标准。但总体上说,地方大气污染物排放标准制定工作还比较滞后。

1.2.3 室内空气污染物标准

长期以来,人们比较关注室外环境污染,尤其是工业排放的有害有毒物质。但是 WHO 和美国 EPA 公布的研究文献指出[89]:室内环境空气污染的水平一般比室外环境污染要高得多,通常为 2~5 倍,极端情况下,可超过 100 倍。而人们 90%的时间是在室内活动的,尤其是婴儿和小孩比成年人呼吸更多空气(按呼吸量/体重比计算),故接触和吸入更多的室内污染物。

早在 1958 年,WHO 就认识到室内空气污染对健康的威胁;并于 1964 年开始在研究室内空气污染对健康产生实际危害的基础上,提出和发布了室内空气污染的指导限值概念和定义;1969 年,WHO 对室内有机污染物进行了分类,近年来 WHO 报道的研究结果表明:全世界每年有 300 万人死于室内空气污染引起的疾病,占总死亡人数的 5%;30%~40%的哮喘病、20%~30%的其他呼吸道疾病源于室内空气污染;空气中可吸入悬浮颗粒是呼吸道疾病的主要直接原因。尽管 WHO 的报道认为,发达国家的室内空气污染显著低于发展中国家,但美国也报道每年直接由室内环境污染引起的癌症死亡人数达数万,呼吸道疾病患者达数十万人,另有数万名儿童因长期暴露于污染的室内环境而导致高血压。

制定室内空气污染物浓度指导限值的背景和意义。自认识到室内空气中各种无机、有机和放射性污染对人群可能造成严重健康危害以来，WHO 和各国政府都制定了相应污染物的指导限值或阈限值。一般认为，人群暴露于该限值以下水平的环境时，不会出现直接和间接的不良健康效应。这些限值仅供世界各国有关部门制定标准和进行管理时作指导或参考，但不是必须遵守的法定约束，也不是标准。

WHO 在 1964 年发布的室内空气污染指导限值和阈限值的概念和定义的基础上，于 1972 年公布了第一份关于室内空气污染指导限值的文件，其中 SO_2、CO、SPM（可吸入悬浮颗粒）和光化学氧化物被列入首批关键污染物。1987 年，WHO 室内空气污染指导限值欧洲版本则大大扩展了室内空气关键污染物的品种，使关键污染物扩展到 27 种。该版本比较精确地修正了指导限值的概念，认为没有绝对安全限值，指导限值和阈限值不过是可以接受的最高风险值。

WHO 在 1987 年发布的室内空气污染指导限值文件的基础上，召开了许多会议对前一版指导限值不断进行修正和升级，WHO—1999 是最新发布的版本。其中 WHO—1996a 比较全面，基本定型，以后的版本仅做了少量的个别修正。

WHO 下设的健康城市规划署，具体执行由 WHO 制定和管理的"空气质量管理信息系统"，其职能和目标是在全球范围内的国与国、城市与城市之间，成为将有关空气质量管理和信息进行传递和交流的中心。传递和交流的内容包括有关城市大气和室内空气污染物的浓度、噪声水平、对健康的影响、控制措施和方法、空气质量标准、排污标准、污染源及污染疏散模型和工具等。目前，WHO 可提供 1986 年到 1999 年期间该组织发布的，45 个国家 150 个城市与空气污染有关的资料光盘。

1.3 空气净化装备及其发展

1.3.1 空气净化装备概念

1.3.1.1 传统空气净化装备

空气净化装备（又称"空气清洁装备""空气清新机"）是指能够滤除或杀灭空气污染物、有效提高空气清洁度的产品。目前以清除室内空气污染的家用和商用空气净化装备为主。空气净化装备可以过滤空气悬浮微粒、细菌、病毒、真菌孢子、花粉、石棉、氡气衰变产物及气态污染物。按照应用领域可以分为民用空气净化装备、车载空气净化装备（又称车用空气净化装备）、医用空气净化装备、工业用空气净化装备和工程类空气净化装备等。

1.3.1.2 常见空气净化装备

空气净化装备是洁净室技术领域中经常使用的一种产品，早期常用于洁净室简易改、扩建工程，以提高室内空气洁净度。空气净化装备设置方便，不必对净化空调系统进行改造，使用较广。空气净化装备后期更多地用于在洁净室内局部形成较高洁净度的区域，以适应工艺发展需要，例如，药品、食品工业在生产关键区域上方设置围帘式净化送风装置，医院手术室和血液病房的局部自循环净化送风天花装置，电子行业将工艺区设在层流罩拼装成的隧道中或用风机过滤器单元（FFU）形成洁净区域。目前空气净化装备已用于形成大面积洁净厂房内的闭合微环境，实现了超净（0.1μm 的 1 级）及极低化学污染物浓度的环境控制，即控制气态分子污染物（AMC）的超净环境[90]。

洁净室技术应用领域已从早期原子工业、精密制造、大规模集成电路等高科技产业扩展到医学、制药、生物安全、遗传工程和食品工业等行业，以及寻常百姓的日常生活中。

近年来，我国中东部地区大范围内出现了雾霾天气，室外细颗粒物浓度居高不下，大气质量下降。室内空气质量、人员健康以及空气净化措施受到极大的关注。20 世纪 90 年代由室内建筑材料污染造成的室内空气质量问题，正演变成直接由大气污染引发的问题。源于西方发达国家，主要用于控制居室内花粉、烟草烟雾和细尘的便携式空气净化器，近年在国内市场热销。对普通老百姓来说，便携式空气净化器已成为应付雾霾的无奈选择，雾霾使我国便携式空气净化器的家庭普及率在某些地区已不亚于西方发达国家，就这点来说远远超过当年室内建材污染的影响。

我国《空气净化器》（GB/T 18801—2002）标准主要依据美国家用电器制造商协会标准 AHAM AC-1《便携式家用电动室内空气净化器的性能测试方法》（*Method for Measuring Performance of Portable Household Electric Room Air Cleaners*）制定。《空气净化器》（GB/T 18801—2015）标准已经根据我国的国情与现状，扩大了标准适用产品的范围，不再局限于家用便携式空气净化器。尽管该标准标明适用于家用和类似用途的空气净化器，但是小型净化器、风道式净化装置及其他类似的净化器可参考执行，目标污染物也从颗粒物扩展到甲醛[91]。

目前《通风系统用空气净化装置》《医用环境空气净化器》等一些涉及空气净化器的相关标准已经颁布或即将颁布或正在编写，并将空气净化器扩大到工业或医疗领域。

1.3.2 空气净化装备发展

1.3.2.1 民用空气净化装备及发展

近年来我国大气环境质量日益恶化,每到秋冬季节全国各地雾霾频发。当雾霾天气出现时,受大气污染的影响,室内空气中可吸入颗粒物含量超标,人体暴露在这样的空气环境中会对健康造成一定的危害。有关研究报告指出,空气中$PM_{2.5}$表面所吸附的有害物质会对人的整个身体造成一定的影响。因此,人们在雾霾天气出现时应该选择躲在室内、紧闭门窗并开启空气净化器,以减少吸入细颗粒物对人体造成伤害。近年来,空气净化器已经从原来的默默无闻,逐渐变成了必备的家用电器,家庭普及率逐年上升。

空气净化器又称"空气清洁器",是指对空气中的颗粒物、气态污染物、微生物等一种或多种污染物具有一定去除能力的家用和类似用途的电器[92]。受我国大气污染、雾霾频发等因素的影响,目前我国空气净化器的销售量呈现大幅上升趋势。据不完全统计,2016 年进入秋季后,我国空气净化器总销售量约为 1230 万台,同比增长 25%。那么,目前市场上销售的空气净化器去除室内空气污染的效果怎样,净化空气的性能是否达到相应的室内空气标准?

目前,我国建筑室内污染物主要有可吸入细颗粒物、VOC 和半挥发性有机物(SVOC),以及花粉等大颗粒污染物,而国外室内空气污染物主要是粉尘、花粉等大颗粒污染物。我国建筑室内污染物与国外差异很大,污染来源及成分较为复杂。测试市场上销售的空气净化器的净化效果,结果并不乐观,普遍存在滤网单薄、过滤效率低的现象,尤其是对室内空气中细颗粒物和超细颗粒物作用甚微,大部分空气净化器对去除有害气体毫无效果。之所以这样,原因有两方面:一方面是由于我国空气净化器产业起步较晚,只有几年的发展历史,技术研发及市场运作均不够成熟;另一方面是由于目前国外品牌占据着主要市场,而国外空气净化器的设计主要针对去除粉尘、花粉等大颗粒污染物,没有兼顾有害气体和细颗粒物,不适合我国国情。因此,我国急需开发出能够高效净化可吸入细颗粒物、VOC 和 SVOC、花粉等大颗粒污染物,适合我国室内空气污染现状的空气净化器。

相对于国内,由于国外的空气净化器发展时间较早,技术较为成熟,国外空气净化器无论是净化效果还是普及率都较我国高。

1) 欧美国家的空气净化器发展现状与技术

欧美国家空气净化器的发展是从 20 世纪 30 年代开始的,美国在 $PM_{2.5}$ 上的治理技术已经相当成熟,目前主要的净化技术集中在除尘上。欧美国家现阶段的空气净化技术朝着高效低能耗的趋势发展。由于欧美国家大气质量好,其空气过滤器大都是以过滤花粉和大颗粒污染物为主,基本没有考虑细颗粒物以及甲醛等 VOC 和 SVOC 有害气体。同时,欧美国家生活水平高,空气净化装置十分普及。欧美国家的居民习惯于在门窗密闭的空调房间生活和工作,家庭及工作场所空调系统非常普遍,所有空调系统的新、回风系统都加装空气净化设备,室内空气质量有充分的保障;但是这种方式是不适合我国实际情况的。我国大多数居民习惯于开窗、开门在自然通风条件下生活与工作,大气污染直接影响室内空气质量。即使在安装有空调系统的房间,由于门窗的冷风渗透量较大,室内空气质量也会受到大气环境的影响[93]。

2)日本的空气净化器发展现状与技术

日本空气净化器的发展起源于 20 世纪 80 年代,最初只是用来净化花粉等颗粒物。随着防治花粉症等空气洁净需求的扩大,日本家用空气净化器的配置数量很快由一家一台转变为一个房间一台[94],这种转变促进了日本空气净化器产业的迅速发展,出现了许多品牌,如松下、大金、Balmuda 等。它们采用了不同的技术方案,使空气净化器得到令人满意的净化效果。表 1-6 为日本 3 种品牌的空气净化器的技术方案[95]。

表 1-6　日本 3 种品牌的空气净化器的技术方案

品牌	技术方案
松下	气流控制 + 传感器 + 加湿
大金	电集尘 + 流光能净化 + 去花粉
Balmuda	强力集尘 + 过滤

通过分析可以看出,日本空气净化器具有以下优点:①变被动吸入为主动收集,大大提高了净化效率并且防止了污染物的扩散。②为了满足大空间建筑的洁净空气需求,空气净化器的处理风量越来越大,以至于空气净化器的体积也越来越大。③日本重视研发高净化性能的过滤材料,空气净化器采用的滤网材料主要是 HEPA 滤网,无须更换滤网,使用寿命长。④拥有先进的电机制造技术,空气净化器电机效率高、能耗低、噪声小,即使在开启大风量挡位运行时,其电耗和产生的噪声也可以被人们接受。

1.3.2.2　移动交通空气净化装备及发展

车载空气净化器,又称车用空气净化器、汽车空气净化器,是指专用于净化

汽车内空气中的 $PM_{2.5}$、有毒有害气体（甲醛、苯系物、TVOC 等）、异味、细菌、病毒等车内污染的空气净化设备。车载空气净化器通常由高压产生电路负离子发生器、微风扇、空气过滤器等系统组成。它的工作原理如下：机器内的微风扇（又称通风机）使车内空气循环流动，污染的空气通过机内的 $PM_{2.5}$ 过滤网和活性炭滤芯后将各种污染物过滤或吸附，然后经过装在出风口的负离子发生器（工作时负离子发生器中的高压产生直流负高压），将空气不断电离，产生大量负离子，被微风扇送出，形成负离子气流，达到清洁、净化空气的目的。

工业革命后，世界上很多地区大力发展重工业，导致空气质量直线下降，对人类健康造成严重威胁，其中就包括著名的"洛杉矶光化学烟雾事件"。为了改善空气质量，除了出台长期的空气治理政策，很多科研机构也积极地研发空气净化技术，在第一时间为消费者带来健康呼吸体验。当然，这些技术最开始并没有采用在汽车上。经历过一段较长时间的观念转换，当人们意识到车内空气同样存在严重污染时，专门针对汽车的车载空气净化技术才渐渐得到重视。很多国家对于车内空气质量都有严格控制。在这方面，2012 年 3 月 1 日，我国也出台了《乘用车内空气质量评价指南》，该指南的发布对车内空气净化产品在国内的发展起到很大推动作用。不仅国内品牌，很多国外的知名品牌也已经登陆我国市场。

按照原理，车载空气净化器主要有以下几种类型[①]。

1）滤网型车载空气净化器

滤网型车载空气净化器可以有效净化汽车内的灰尘、甲醛、苯、细菌等有害物质。

2）静电集尘型车载空气净化器

静电集尘型车载空气净化器需要与其他器材配合才能达到高效的净化效果，因为静电集尘型车载空气净化器并不能完全吸附和消除异味，也无法完全分解有毒化学气体。同时，其净化效果和净化效率会随着悬浮微粒的累积增加而递减，需要经常清洗集尘板以恢复其效果与效率，故维护成本较高。

3）臭氧车载空气净化器

臭氧车载空气净化器的工作原理是产生臭氧来净化车内空气，以达到改善车内空气质量的效果。虽然，臭氧对细菌有一定的效果，特别是针对胺、烟碱、细菌等，但在使用此类型车载空气净化器时，要适当注意车厢内臭氧的浓度，因为臭氧浓度过高时，会产生二次污染，对人体健康产生危害。

4）净离子群车载空气净化器

净离子群车载空气净化器使用净离子群发生器喷洒出独特、安全的净离子群，去除甲醛、苯、细菌、异味及过敏原等；轿车专用设计，运用附壁效应，使净离子群到达车厢内的每一角落，净化高效且不遗角落；使用约长达 17500h 才需要换离子发生器。

---

① 资料来源：https://zhidao.baidu.com/question/1372753407856159099.html。

5）水过滤车载空气净化器

水过滤的原理主要模拟大自然的降雨过程，通常降雨的时候会产生雷电，这时候会有大量的臭氧产生，会杀灭空气中的病毒和细菌；同时雨水对空气中的颗粒物进行湿沉降，所以雨后呼吸到的空气都是非常清新且没有污染的。水过滤车载空气净化器主要是通过涡轮风扇直接吸入到风槽里面的银离子和负离子对空气进行杀菌消毒，然后将空气排入水槽里面进行湿沉降，最后通过涡轮抽风机将水槽里面经过净化的空气排出，排出去的空气因为经过了水的湿沉降，所以空气中含有一定的水分，相当于一个自然的空气加湿器。

1.3.2.3 医用空气净化装备及发展

为防止空气生物性、物理性和化学性污染可能造成的院内感染和健康问题，不同空气净化原理和方法的空气净化技术，越来越多地应用于医院环境的空气卫生控制。区别于工业领域的空气净化概念和室内空气品质的通用概念，医院空气净化的核心概念是消毒杀菌，严格控制微生物污染。2002年我国颁布了两个关联医院空气净化的标准：①国标《医院洁净手术部建筑技术规范》；②部标《消毒技术规范》。国标的强制性行政影响力、三甲医院评审对层流净化手术室硬件的规定，导致这10年来，我国医院空气净化技术的应用趋势实际上是工业空气净化技术占了上风，医用消毒杀菌空气净化技术处于弱势。一个典型的实例是医院原本普遍熟悉的按空气细菌数划分的国标一类环境、二类环境的空气卫生指标和消毒杀菌卫生概念被潜移默化地改变成了以灰尘数目划分的百级、千级及万级的指标和工业净化概念。搞了净化为什么还要消毒杀菌？空气细菌数达标，尘粒数也必须达标吗？这些成为医院院感部门困惑和争论的话题。错误的基本概念将导致标准和技术系统的系列错误，将给国家的医院建设投资和预防感染带来难以估计的巨大损失。人类的认识是一条由表及里、由浅入深的之字形前进道路，10年过去了，走了之字形技术发展道路的我国净化工程界回到了重新思考医院空气净化概念和目的的起点。目的决定了实现目的的技术和方法的选择。在选择不同的医用空气净化技术前，需要弄清楚究竟是空气中的微生物还是尘粒或化学污染引发了疾病和感染，弄清楚引起疾病和感染的微生物的繁殖和传播特性、危害程度，有针对性地选择恰当的空气消毒杀菌净化技术。2012年卫生部颁发了《医院空气净化管理规范》，提出了多样性空气消毒杀菌净化技术、不同医院部门的不同空气净化方法和空气净化消毒主要指标，并把净化消毒技术作为《医院空气净化管理规范》最主要的无菌净化技术，三级过滤空气洁净技术退为其次，明确了医院空气净化的目的，纠正了医院空气净化技术就是高效过滤净化技术的错误理念，改变了只过滤不消毒杀菌的单一工业空气净化模式，为我国医院空气净化技术的科学发展奠定了标准基础。

源自以控制尘埃为目的的电子工业的三级过滤空气洁净技术是实现医院空气无菌卫生多样性空气净化技术中的一项空气净化技术，由于该技术没有包含医用空气净化技术所包含的消毒杀菌技术，其缺点和问题越来越多地暴露出来。三级过滤空气洁净技术也是最昂贵的空气净化技术。我国手术部单一采用空气洁净技术的实践证明：建设的高投入、设备的大空间、管理的高能耗和效果的不确定，使得我国大多数医疗机构建不了（建筑层高和空间限制）、建不起（投资大）、用不起（运行成本高）和用不好（防止感染效果差）。2008年和2011年德国和新西兰的大样本医学统计研究发现越是高级别层流净化，手术感染率越高，引起世界医学界和净化界深刻反思和质疑净化的效果。2009年德国政府主管部门就此发表4点公告，否定了层流净化对预防手术感染的效果。

制药领域的净化目的和要求与医院相似。许多制药企业，尽管已经采用A级空气净化（100级），但仍然无法解决无菌生产线合格率低的问题，不得不引进消毒系统，对各级净化区每天数小时消毒杀菌。由于三级过滤空气洁净技术对建筑空间要求特殊，造价昂贵，我国90多万个医疗机构的绝大多数病房、诊所、治疗室和手术室几乎没有可能采用这一技术来实现空气卫生品质，甚至有的医院对已经建成的净化手术室和ICU，取消了空气三级过滤净化，重新开窗，安装空气消毒机和分体空调。医疗机构对空气净化产品的需求是巨大的、客观存在的。近10年来世界上涌现出了以消毒杀菌技术为核心的新的多样性医用空气净化技术，包括2002年《消毒技术规范》推荐的紫外灯照射、循环风紫外线和静电吸附净化技术，以及近几年出现的光催化杀菌净化技术、复合净化技术和低温等离子杀菌净化技术，均已广泛地应用于我国医疗机构的空气卫生控制。这些净化技术被商家衍生出五花八门的空气净化产品和工程装置，令人眼花缭乱，由于缺乏产品标准和卫生工程标准监管，目前处于无序发展状态，医院使用部门难以适当选配。有的省级医院的新建病房大楼，在所有的病房中均设置静电吸附空气净化器，如河南省人民医院。有的医院在重点科室全部采用循环风紫外线杀菌装置，如南京八一医院肝移植病区。但是不同厂家的非三级过滤空气洁净技术产品的空气净化性能差别很大，有的空气净化器甚至几乎完全无效，并危害健康；有的存在安全隐患和气体污染问题，已有报道称有患者因室内空气净化器失火而死亡。国家目前还没有有效指导市场走向的空气净化产品设计、制造和应用的规范与指南。净化是手段，卫生是目的。三级过滤空气洁净技术只是空气净化技术的一项技术，以卫生为目的的适合不同医疗环境的多样性的空气净化技术才是我国医疗保健机构空气净化技术的正确发展方向。

1.3.2.4 教学用空气净化装备及发展

在冬季门窗紧闭的环境下教室内二氧化碳的含量是多少呢？可能没有多少人特意关注这个问题，或者因为各种原因不能深入地研究这个问题。二氧化碳是人体代谢的产物，它本身并不具有毒性，人每天要呼出大约 1kg 的二氧化碳。大气中二氧化碳的正常含量为 0.03%～0.04%，超过 0.1% 为轻微污染。二氧化碳含量超过正常含量值的空气被人体吸入后，二氧化碳在体内滞留使人体血液中的二氧化碳含量超过一定浓度，就会造成人体呼吸性酸中毒、中枢麻醉窒息等一系列不良反应。

当二氧化碳浓度为 $1000000mg/m^3$ 时，可引起人的意识模糊，接触者若不移至正常空气中或给氧复苏，将因缺氧而死亡。二氧化碳达到窒息浓度时，人可能不会有所警觉，往往尚未逃走就已中毒或昏迷。

低浓度的二氧化碳可使呼吸中枢神经系统产生兴奋，使呼吸加深加快，长时间处于低浓度二氧化碳环境中，会造成人体二氧化碳中毒，主要表现为头晕头痛、耳鸣心悸、胸闷嗜睡、视力模糊、注意力不集中、记忆力减退等。

高浓度的二氧化碳对中枢神经系统有抑制和麻痹作用，突然进入高浓度二氧化碳环境中也会引起人体二氧化碳中毒，主要表现为脑缺氧症状，可引起反射性呼吸骤停而突发死亡。在正常情况下，人体呼出气体中的二氧化碳含量约为 4.2%，血液二氧化碳的分压高于肺泡中二氧化碳的分压，因此，血液中的二氧化碳能弥散于肺泡中。但是，若环境中的二氧化碳浓度增加，肺泡内的二氧化碳浓度也会增加，pH 发生变化，由此刺激呼吸中枢，最终导致呼吸中枢麻痹，使机体发生缺氧窒息。

因此，室内空气质量需引起足够重视。在人群密集的室内，应注意通风换气。人一生中一半以上的时间是在室内度过的；尤其在现代社会条件下一天中的绝大部分时间是在室内度过的，因此，室内空气质量成为决定人体健康的重要因素之一。研究表明，室内空气质量问题已经很严重，改善室内空气质量的重要性和迫切性可见一斑。一个人每天需要补充 1kg 食品、2kg 饮水，而所需空气则高达 10kg，室内空气质量的好坏直接决定人的身体健康指数、感受舒适度及工作学习效率。在封闭的室内环境中氧气的含量是有限的，而通过人的呼吸会逐渐消耗掉空气中的氧气并将之转化成二氧化碳，导致空气中二氧化碳含量上升，而氧气含量越见减少，从而引起人呼吸不畅、睡眠质量下降等现象。因此科学的通风是非常重要且必要的。在欧美发达国家，通风指数一直是家居舒适度的重要参数指标，甚至一些发达国家已把住宅通风作为强制执行的条款[96-98]。

1.3.2.5 个人防护用空气净化装备及发展

近年来,大气环境问题日益凸显,戴口罩的人群越来越多,从部分行业,如医疗、煤矿、冶金等领域扩展到路上的行人,口罩已经成为现在人们居家旅行不可缺少的物品。口罩市场的迅猛发展,带动口罩行业的发展,但是由于民用口罩没有统一的标准,没有具体规范和要求,行业内鱼龙混杂、乱象丛生,很多假冒、伪劣产品横行,严重危害了使用者的健康。目前空气状况并不理想,空气的治理需要一定的时间,所以口罩行业还会继续发展。现行的口罩标准主要有《医用防护口罩技术要求》(GB 19083—2010)、《医用外科口罩》(YY 0469—2011)、《煤矿用自吸过滤式防尘口罩》(AQ 1114—2004)及《呼吸防护用品 自吸过滤式防颗粒物呼吸器》(GB 2626—2006),这些标准均为行业标准,并不针对民用领域。民用口罩主要参考的是《呼吸防护用品 自吸过滤式防颗粒物呼吸器》(GB 2626—2006),相信民用领域口罩标准的出台会使民用口罩行业健康发展[99-101]。

参 考 文 献

[1] 国家监测司. 2013 年中国环境状况公报[R]. 北京:国家环境保护总局,2014.

[2] 刘玉香. SO_2 的危害及其流行病学与毒理学研究[J]. 生态毒理学报,2007,2(2):225-231.

[3] 陶燕,刘亚梦,米生权,等. 大气细颗粒物的污染特征及对人体健康的影响[J]. 环境科学学报,2014,34(3):592-597.

[4] 谢鹏,刘晓云,刘兆荣,等. 我国人群大气颗粒物污染暴露反应关系的研究[J]. 中国环境科学,2009,29(10):1034-1040.

[5] 郭辰,刘涛,赵晓红. 大气细颗粒物的健康危害机制及拮抗作用研究进展[J]. 环境与健康杂志,2014,31(2):185-188.

[6] 方叠. 中国主要城市空气污染对人群健康的影响研究[D]. 南京:南京大学,2014.

[7] 窦晨彬. 空气污染健康效应的经济学分析[D]. 成都:西南财经大学,2012.

[8] 吕小康,王丛. 空气污染对认知功能与心理健康的损害[J]. 心理科学进展,2017,25(1):111-120.

[9] 王科富. 空气污染与肺部健康[D]. 北京:北京协和医学院,2016.

[10] 黎文靖,郑曼妮. 空气污染的治理机制及其作用效果——来自地级市的经验数据[J]. 中国工业经济,2016,(4):93-109.

[11] 苗艳青,陈文晶. 空气污染和健康需求:Grossan 模型的应用[J]. 世界经济,2010,33(6):140-160.

[12] 李世雄. 甘肃省金昌市主要污染物以及重金属污染物环境健康风险评价[D]. 兰州:兰州大学,2013.

[13] 王丽涛,张强,郝吉明,等. 中国大陆 CO 人为源排放清单[J]. 环境科学学报,2005,25(12):1580-1585.

[14] 安俊琳,王跃思,朱彬. 主成分和回归分析方法在大气臭氧预报的应用——以北京夏季为例[J]. 环境科学学报,2010,30(6):1286-1294.

[15] 方达达. 我国城市大气污染成因分析以及解决对策[J]. 广东化工,2007,(3):66-68.

[16] 邓晓蓓. 我国大气污染的成因及治理措施[J]. 北方环境,2013,2(29):118-120.

[17] 李艳. 我国某地区大气污染成因分析[J]. 科技传播, 2012, (17): 67-72.
[18] 徐肇翊, 刘允清, 徐希平, 等. 沈阳市大气污染对死亡率的影响[J]. 中国公共卫生杂志, 1996, 15 (1): 61-64.
[19] 杨洪斌. 大气污染与健康损害研究综述[J]. 环境科学, 2005, (34): 14-15.
[20] 李晋. 大气污染造成的健康损失评价研究[D]. 西安: 西北大学, 2012.
[21] 何彬. 中国大气污染治理行业现状与投资机会研究[D]. 上海: 复旦大学, 2006.
[22] 高明, 廖小萍. 我国大气污染治理产业发展因素分析[J]. 中国环保产业, 2014, (4): 36-40.
[23] 王喜元. 民用建筑工程室内环境污染控制规范辅导教材[M]. 北京: 中国计划出版社, 2002.
[24] 陈晓东. 中国室内装修污染及健康危害研究进展[J]. 中国公共卫生, 2003, 19 (10): 1263-1266.
[25] 郝吉明. 大气污染控制工程[M]. 北京: 高等教育出版社, 2007.
[26] 尹淑银, 黄泽举, 张清磊, 等. 室内空气环境污染及防治对策[J]. 绿色科技, 2013, (5): 214-216.
[27] 李振华. 室内装修空气污染对人体的危害及防治[J]. 科技信息, 2009, (23): 1018-1113.
[28] 吕丹瑜, 刘雅琼, 刘宁, 等. 二甲苯对妊娠小鼠和胚胎发育的毒性作用[J]. 解剖学报, 2006, 37 (3): 355-359.
[29] 张金萍, 李安桂, 李德生. 室内挥发性有机物的研究进展[J]. 建筑热能通风空调, 2005, 24 (4): 29-34.
[30] 梁立梅, 郑锡江. 室内空气污染对人体健康的影响及防治[J]. 内蒙古石油化工, 2007, (11): 179-181.
[31] 段云海, 王琨, 李玉华, 等. 室内空气中甲醛和苯系物检测与净化[J]. 环境科学与管理, 2007, 32(6): 116-119.
[32] 周光. 室内游离甲醛的危害性及其对策[J]. 重庆市建筑科学研究院院刊, 2003, (1): 1-4.
[33] Kim C W, Song J S, Ahn Y S, et al. Occupational asthma due to fomuddehde [J]. Yonsei Med, 2001, 42 (4): 440.
[34] 贾克林. 室内装修材料中甲醛释放规律研究进展[J]. 环境与职业医学, 2004, 21 (6): 493-495.
[35] 宋广生, 王雨群. 室内环境污染控制与治理技术[M]. 北京: 机械工业出版社, 2013.
[36] 吴丹, 王式功, 尚可政. 中国酸雨研究综述[J]. 干旱气象, 2006, 24 (2): 70-77.
[37] 王腊姣. 吸附法脱除烟气中二氧化硫的研究[D]. 武汉: 武汉理工大学, 2002.
[38] 葛蕊. 浅谈室内氮氧化物污染与治理[J]. 科技传播, 2011, (4): 236-237.
[39] 岳伟, 潘小川. 室内空气污染物及其健康效应研究[J]. 环境与健康杂志, 2005, 22 (2): 150-153.
[40] 张成毅. 浓淡燃烧低NO_x生成机理及模拟研究[D]. 武汉: 华中科技大学, 2005.
[41] 赵惠富. 污染气体NO_x的形成和控制[M]. 北京: 科学出版社, 1993.
[42] 王金南, 陈罕立. 关于全国氮氧化物排放总量控制的若干思考[C]. 全国氮氧化物污染控制研讨会论文集, 北京, 2003.
[43] 王玮. NO_x污染状况及相关问题探讨[C]. 全国氮氧化物污染控制研讨会论文集, 北京, 2003.
[44] 童志权. 工业废气净化与利用[M]. 北京: 化学工业出版社, 2001.
[45] 郝吉明, 田贺忠. 中国氮氧化物排放现状、趋势及控制对策[C]. 全国氮氧化物污染控制研讨会论文集, 北京, 2003.
[46] 范春, 刘占琴, 陈丽华. 室内空气中氮氧化物卫生标准的制订方法和依据[J]. 环境与健康杂志, 1999, 16 (2): 63-64.
[47] 安冬, 何光煜, 王泉弟, 等. 室内敞灶燃煤所致二氧化硫、砷、氟污染及其危害[J]. 环境与健康杂志, 1995, (4): 167-169.
[48] 李君. 民用气体燃料燃烧致室内空气污染及对人体健康的影响[J]. 中国煤炭工业医学杂志, 1998, (4): 355-356.
[49] 沈德富. 二氧化硫对人体健康影响的探讨[J]. 交通环保, 1994, (Z1): 19-23.
[50] 郝俊红, 林建平. 隐形杀手——室内空气污染详解（下）二氧化硫和二氧化碳[J]. 城市住宅, 2005, (4): 122-125.

[51] 陈小琳, 洪传洁, 陶旭光. 大气二氧化硫污染对妇女和儿童肺功能的影响[J]. 环境与健康杂志, 1993, (4): 152-155.

[52] 陈小琳, 洪传洁, 陶旭光. 上海市大气二氧化硫污染与常见呼吸道慢性疾病的关系[J]. 中国慢性病预防与控制, 1994, (6): 259-261.

[53] 纪华, 夏立江, 王进安, 等. 垃圾填埋场硫化氢恶臭污染变化的成因研究[J]. 生态环境, 2004, 13(2): 173-176.

[54] 朱光有, 戴金星, 张水昌, 等. 含硫化氢天然气的形成机制及分布规律研究[J]. 天然气地球科学, 2004, 15(2): 166-170.

[55] 杜耀, 方圆, 沈东升, 等. 填埋场中硫化氢恶臭污染防治技术研究进展[J]. 农业工程学报, 2015, 31(S1): 269-275.

[56] Xu Q, Townsend T, Bitton G. Inhibition of hydrogen sulfide generation from disposed gypsum drywall using chemical inhibitors[J]. Journal of Hazardous Materials, 2011, 191(1): 204-211.

[57] 中华人民共和国卫生部. 工作场所有害因素职业接触限值 第1部分: 化学有害因素[S]. GBZ 2.1—2007. 北京: 人民卫生出版社, 2007.

[58] 保海防. 烟气脱除硫和氮的氧化物技术进展[J]. 河南化工, 2009, 26(9): 23-25.

[59] 印佳敏, 林晓芬, 范志林, 等. 吸附法脱除燃煤烟气污染物综述[J]. 洁净煤燃烧与发电技术, 2004, (4): 11-13.

[60] 吴志超. 生物脱臭技术初探[J]. 重庆环境科学, 1994, (4): 26-29.

[61] 桶谷智, 品部和宏. 充填式生物脱臭システムの概要と適用事例[J]. PPM, 1995, (3): 24-32, 1236-1240.

[62] 马红, 李国建. 固定化微生物处理含氨臭气的研究[J]. 中国环境科学, 1995, 4(15): 302-305.

[63] 姜安玺, 赵玉鑫, 徐桂芹, 等. 生物过滤法去除 H_2S 和 NH_3 技术探讨[J]. 黑龙江大学自然科学学报, 2003, 20(1): 92-95.

[64] 中华人民共和国国家质量监督检验检疫总局, 中华人民共和国建设部. 民用建筑工程室内环境污染控制规范[S]. GB 50325—2001. 北京: 中国计划出版社, 2006.

[65] 中华人民共和国国家质量监督检验检疫总局, 卫生部. 室内空气质量标准[S]. GB/T 18883—2002. 北京: 中国标准出版社, 2002.

[66] 张兴红, 耿世彬. 臭氧与室内空气品质[J]. 制冷与空调, 2002, 2(6): 6-8.

[67] 陈玲, 夏冬, 贾志宏, 等. 东莞市近地面臭氧浓度变化初探[C]. 第26届中国气象学会年会大气成分与天气气候及环境变化分会场, 杭州, 2009.

[68] 潘光, 潘齐, 张广卷. 臭氧污染的危害及开展臭氧监测的意义[C]. 2013 中国环境科学学会学术年会, 昆明, 2013.

[69] 邓雪娇, 吴兑, 铁学熙, 等. 大城市气溶胶对光化辐射通量及臭氧的影响研究（Ⅰ）——国内外研究现状与观测事实述评[J]. 广东气象, 2006, (3): 10-17.

[70] 印红玲. 高温度条件下臭氧分解催化剂（锰、银）的制备及性能研究[D]. 成都: 四川大学, 2003.

[71] 陈艳珍. 常温高效臭氧分解催化剂及其制备方法[P]: 中国, CN102513106A. 2012.

[72] 王晓辉. 光催化和热催化消除臭氧的研究[D]. 开封: 河南大学, 2004.

[73] 刘海龙, 刘智烨, 张忠明, 等. 活性炭分解臭氧机制研究[J]. 环境科学, 2012, 33(10): 3662-3666.

[74] 张竞杰, 张彭义, 张博, 等. 活性炭负载金催化分解空气中低浓度臭氧[J]. 催化学报, 2008, 29(4): 335-340.

[75] 贺攀科, 杨建军, 杨冬梅, 等. Au/TiO_2 光催化分解臭氧[J]. 催化学报, 2006, 27(1): 71-74.

[76] 任天山. 室内氡的来源、水平和控制[J]. 辐射防护, 2001, 21(5): 291-299.

[77] 李艳宾. 室内氡对人体健康的影响[J]. 中国辐射卫生, 2007, 16(3): 371-372.

[78] 马吉英. 室内氡对人体健康的危害及防护[J]. 中国辐射卫生, 2012, 21(4): 506-508.

[79] 陈锷，万东，褚可成，等. 空气微生物污染的监测及研究进展[J]. 中国环境监测, 2014, 30（4）: 171-178.
[80] Bush R K, Porlnoy J M, Saxon A, et al. The medical effects of mold exposure[J]. J Allergy Clin Immunol, 2006, 117（2）: 326-333.
[81] 戚其平，徐东群，朱昌寿，等. 室内空气质量标准的研究[C].中华预防医学会第一届全国室内空气质量与健康学术研究会论文集. 北京: 北京出版社, 2002.
[82] 江梅，张国宁，张明慧，等. 国家大气污染物排放标准体系研究[J]. 环境科学, 2012, 33（12）: 4417-4421.
[83] 全国环境保护会议筹备小组办公室. 工业"三废"排放试行标准[S]. GB J4—1973. 北京: 中国建筑工业出版社, 1973.
[84] 国家环境保护局，国家技术监督局. 大气污染物综合排放标准[S]. GB 16297—1996. 北京: 中国环境科学出版社, 1996.
[85] 徐成，周扬胜，张国宁，等.我国环境保护标准体系研究报告[R]. 北京: 中国环境科学研究院, 2005.
[86] 张炜，樊瑛. 德国节能减排的经验及启示[J]. 国际经济合作, 2008,（3）: 64-68.
[87] 环境保护部. 关于未纳入污染物排放标准的污染物排放控制与监管问题的通知[EB/OL]. http://www.zhb.gov.cn/gkml/hbb/bwj/201107/t20110729_215544.htm [2011-07-21].
[88] 江梅，张国宁，魏玉霞，等.工业挥发性有机物排放控制的有效途径研究[J]. 环境科学, 2011, 32（12）: 26-29.
[89] 闻泽. 室内空气治检技术调查[J]. 环境, 2005,（11）: 40-42.
[90] 刘燕敏，徐有为.空气净化装置与适用环境控制[J]. 暖通空调, 2017, 47（8）: 20-24.
[91] 中华人民共和国国家质量监督检验检疫总局，中国国家标准化管理委员会. 空气净化器[S]. GB/T 18801—2015. 北京: 中国计划出版社, 2015.
[92] 赵雷，周中平，葛伟，等. 室内空气净化器及其应用前景[J]. 环境与可持续发展, 2006,（1）: 4-7.
[93] 陈紫光，陈超，赵力，等.建筑外窗气密性与室内外 PM2.5 浓度水平关联特性的研究[J].建筑技术开发, 2016, 11（增刊）: 63-68.
[94] 中国家用电器协会标准法规部. 日本空气净化器技术发展综述[J]. 电器, 2013,（6）: 76-79.
[95] 沈凡，贾予平，张屹，等.北京市冬季公共场所室内 PM2.5 污染水平及影响因素[J]. 环境与健康杂志, 2014, 31（3）: 262-263.
[96] 王国宝，李建华，王泽锋.教室空气污染分析及其解决方案研究[J]. 激光生物学报, 2008, 17（2）: 256-260.
[97] 刘庆. 多媒体教室空气污染与防治的探讨[J]. 牡丹江教育学院学报, 2005,（1）: 129-130.
[98] 白秀岭，贺立路，王平，等. 教室空气污染状况分析[J]. 中国学校卫生, 2002, 23（3）: 273.
[99] 任雅楠，乔琨，陈伟，等. 国内口罩标准概况[J]. 山东纺织经济, 2015,（8）: 37-39.
[100] 马铭远，陈美玉，王丹，等.口罩的发展现状及前景[J]. 纺织科技进展, 2014,（6）: 7-11.
[101] 王斌全，赵晓云. 口罩的发展及应用[J]. 护理研究, 2007, 21（3）: 845.

2　民用空气净化检测监测装备

2.1　空气中颗粒物检测监测装备

2.1.1　空气中典型颗粒物取样装置分类及范围

2.1.1.1　总悬浮颗粒物

我国总悬浮颗粒物的国家标准测定方法是重量法。其原理是通过具有一定切割特性的采样器，以恒速提取定量体积的空气，空气中粒径小于 100μm 的悬浮颗粒物被截留在已恒重的滤膜上。根据采样前、后滤膜重量之差及采样体积，计算总悬浮颗粒物的浓度。滤膜经处理后，可进行组分分析。测定方法的检测限值为 $0.001mg/m^3$。

总悬浮颗粒物采样器按其采气流量大小分为大流量和中流量两种类型。大流量采样器由滤料采样夹、抽气风机、流量记录仪、计时器及控制系统、壳体等组成。滤料采样夹可安装 20~25cm 的玻璃纤维滤膜，采样 8~24h。当采气量达 1500~2000m³ 时，样品滤膜可用于测定颗粒物中金属、无机盐及有机污染物等组分。

中流量采样器由采样夹、流量计、采样管及采样泵等组成。这种采样器的工作原理与大流量采样器相似，只是采样夹面积和采样流量比大流量采样器小。我国规定采样夹的有效直径为 80mm 或 100mm。当用有效直径为 80mm 的滤膜采样时，采气流量控制为 7.2~$9.6m^3/h$；用有效直径为 100mm 的滤膜采样时，流量控制为 11.3~$15.0m^3/h$。

大流量孔口流量计量程要求为 0.7~$1.4m^3/min$，流量分辨率为 $0.01m^3/min$，精度优于±2%；中流量孔口流量计量程要求为 70~160L/min，流量分辨率为 1L/min，精度优于±2%。滤膜要求是超细玻璃纤维滤膜，对 0.3μm 标准粒子的截留效率不低于 99%，在气流速度为 0.45m/s 时，单张滤膜阻力不大于 3.5kPa；在同样气流速度下，抽取经高效过滤器净化的空气 5h，$1cm^2$ 滤膜失重不大于 0.012mg。每张滤膜均需通过 X 射线看片机进行检查，不得有针孔或任何缺陷。对于大流量采样滤膜，用大盘天平进行称量，称量范围≥10g，感量 1mg，再现性≤2mg。对于中流量采样滤膜，用分析天平进行称量，称量范围≥10g，感量 0.1mg，再现性≤0.2mg。

采样器的流量和滤膜的称重是准确测定总悬浮颗粒物的两个最重要因素。新购置或维修后的采样器启用前，需进行流量校准；正常使用的采样器每月也需要进行一次流量校准。流量校准时，要确保气路密封连接，流量校准后，若发现滤膜上尘的边缘轮廓不清晰或滤膜安装歪斜等情况，可能造成漏气，应重新进行校准。滤膜在称重前应放在恒温恒湿箱中平衡24h，平衡温度可取15～30℃中任一点，相对湿度控制在（50±5）%。采集总悬浮颗粒物样品后的尘膜也在与干净滤膜平衡条件相同的温度、湿度下平衡24h。然后对大流量采样器和中流量采样器滤膜分别称重至1mg和0.1mg。标准方法对再现性的规定是当两台总悬浮颗粒物采样器安放位置相距不大于4m、不小于2m时，同时采样测定总悬浮颗粒物含量，相对偏差不大于15%。

在总悬浮颗粒物含量过高或雾天采样使滤膜阻力大于10kPa时，该方法不适用。在昼夜温差大，湿度较高的地区为有效控制测定总悬浮颗粒物的质量，减少称量误差，提高测定精密度和准确度可采取三种措施：①在没有建立恒温、恒湿平衡室条件下测定总悬浮颗粒物时，可用放置有硅胶干燥剂的干燥器代替平衡室。通过延长滤膜在干燥器内的平衡时间至72h，可显著减小称量误差，使平衡后的全程空白滤膜与采样前滤膜相差达0.0003～0.0007g。②在一般天气状况下采样，可用携带全程空白滤膜的差值来校正该批尘膜的重量。③在雨、雪天气采样时，可将尘膜先在60℃下烘干30min，再放入干燥器内平衡24h，尽快称量[1]。

2.1.1.2 可吸入颗粒物

可吸入颗粒物（PM_{10}）是指空气动力学直径≤10μm的颗粒物，因能被人体的呼吸活动吸入得名。根据采样流量不同，可吸入颗粒物的采样方法分为大流量采样质量法和小流量采样质量法。

1）大流量采样质量法

大流量采样质量法使用带有10μm以上颗粒物切割器（惯性切割器、重力切割器）的大流量采样器采样。使一定体积的空气通过采样器，先将粒径大于10μm的颗粒物分离出去，小于10μm的颗粒物被收集在预先恒重的滤膜上，根据采样前后滤膜重量之差及采样体积，即可计算出可吸入颗粒物的浓度。

2）小流量采样质量法

小流量采样质量法使用小流量采样器，例如，我国推荐使用流量为13L/min的小流量采样器，使一定体积的空气通过具有分离和捕集装置的采样器，首先将粒径大于10μm的颗粒物阻留在撞击挡板的入口挡板内，可吸入颗粒物则通过入口挡板被捕集在预先恒重的玻璃纤维滤膜上，根据采样前后的滤膜重量之差及采样体积计算可吸入颗粒物的浓度。滤膜还可供化学组分分析。

2.1.1.3 细颗粒物

细颗粒物（PM$_{2.5}$）是指空气动力学直径小于或等于 2.5μm 的大气颗粒物，其来源广泛且化学成分十分复杂。根据研究目的的不同，细颗粒物的采样与分析方法也相应多种多样。美国环保局在 1997 年提出的环境空气中颗粒物标准的修改提案中新增了关于细颗粒物的标准，并确定了联邦推荐的采样方法（FRM）和等效采样方法（FEM）。Chow 曾对美国用于监测大气颗粒物达标目的和基于滤膜的采样方法与仪器，以及颗粒物化学成分的实验室分析方法进行综述，对滤膜采样器的主要部件，如粒径切割器、常用滤膜、滤膜支撑垫以及采样流量的测量与控制装置等的性能进行了详细评价。McMurry 对气溶胶的物理化学性质（如总粒数浓度、云凝结核浓度、光学系数、密度和平衡态含水量等）、特定粒径颗粒物的化学成分等的测量做过综述。目前，我国日益重视对大气细颗粒物的污染特征、来源以及健康与环境影响等方面的研究，这些研究离不开对细颗粒物化学成分的准确采样与分析。

1) 硝酸铵的采样

细颗粒物中的硝酸盐是 NO$_x$ 在大气中发生反应形成 HNO$_3$ 之后，再与 NH$_3$ 气体反应而生成的硝酸铵(NH$_4$NO$_3$)颗粒物，或与已有的细颗粒物反应的产物。NH$_4$NO$_3$ 具有强挥发性，只有当空气中气态 NH$_3$ 与 HNO$_3$ 浓度的乘积[NH$_3$]·[HNO$_3$]超过反应 NH$_3$(g) + HNO$_3$(g) = NH$_4$NO$_3$(s)的平衡浓度积时，NH$_4$NO$_3$ 才能生成并保持稳定的颗粒状态。温度、压力和相对湿度等均对 NH$_4$NO$_3$ 的热力学平衡有影响，其中温度的影响最大：当温度低于 15℃时，NH$_4$NO$_3$ 主要以颗粒态的形式存在；当温度高于 30℃时，NH$_4$NO$_3$ 主要以气态 HNO$_3$ 和 NH$_3$ 的形式存在。因此，采样过程中温度与压力的变化均可改变 NH$_4$NO$_3$ 的分配平衡。Christoforou 等[2]曾报告在加利福尼亚州地区的长滩、洛杉矶市中心和 Rubidoux 的采样过程中 NH$_4$NO$_3$ 的挥发显著，尤以一年中的高温时期为甚；如果考虑所挥发的 NH$_4$NO$_3$，则修正后细颗粒物质量浓度增加 13%～16%。He 等在北京连续 4 个季节对细颗粒物的采样研究也表明，后置尼龙膜收集的 NO$_3^-$ 占总 NO$_3^-$ 的 19%（冬季）～47%（夏季）。可见，如果不对采样过程中硝酸铵的挥发加以修正，则可造成测量的硝酸铵浓度与环境空气中的实际浓度存在较大的负偏差，并导致所测量的细颗粒物质量浓度偏低。

值得指出的是，目前美国 FRM 规定细颗粒物质量浓度采样是基于单一 Teflon 滤膜采样，即未考虑硝酸铵在过程中挥发而导致的质量损失。针对硝酸铵在采样过程中的挥发，目前已有成熟的采样技术方法，即在采样器的切割器之后设置扩散溶蚀器（diffusion denuder）吸收气流中的气态硝酸与 NO$_x$ 以消除其与 Teflon 滤膜上所捕集的颗粒物反应，同时在 Teflon 滤膜之后设置一张尼龙滤膜以吸收从 Teflon 滤膜的颗粒物中挥发的硝酸根离子。由于气体分子远比颗粒物扩散快，溶蚀器的表面浸涂某种物质或由其制作而成，用以吸收特定的气体而让颗粒物通过。溶蚀器的几何形状有环形、长方形、柱状和蜂窝状等，材质可以是玻璃、金属等。这一采样技术在细颗粒物的化学物种采样器中已获得广泛的应用，但迄今尚未形成标准方法。

2）有机碳的采样

有机颗粒物中既有不挥发性有机物，也有 SVOC。SVOC 在气态和颗粒态之间保持一定的比例，这一比例随有机物种类、环境温度、湿度、颗粒物的浓度等因素的变化而变化，采样过程也会改变已有的分配平衡。在采样过程中，滤膜与已收集在滤膜上的颗粒物可吸附气相中的有机气体而引起有机颗粒物的采样正偏差，而已收集在滤膜上的颗粒物中的 SVOC 可由于采样器在采样过程中的压降、温湿度以及有机碳（OC）在固相与气相中浓度的变化而挥发，其中一部分可被石英膜吸附，另一部分则被气流带走而引起负偏差。

一些研究认为，有机细颗粒物中约有一半是 SVOC，其中 60%～90%的 SVOC 在采样过程中从石英膜上已采集的颗粒物中挥发而导致负偏差。Kevin 等在美国东部 3 个城市的研究也发现，在细颗粒物的采样过程中平均有 41%、43%和 59%的有机物从滤膜上挥发而损失。Tang 等[3]和 Eatough 等[4]认为 SVOC 从前置石英膜上的脱附是采样偏差（负偏差）的主要来源，而 Turpin 等[5]认为前置石英膜吸附有机气体是主要的采样偏差（正偏差）。由于挥发与吸附在采样过程中同时发生并互相影响，因此准确区分它们引起采样偏差的相对大小十分困难，这也是迄今细颗粒物采样尚未解决的一个难点。他们最早认为吸附与挥发作用相互抵消，故采用单一石英膜采样并对 OC 的测量值不加修正。后有研究认为石英膜与所捕集的颗粒物对有机气体的吸附是主要的，如果不对收集在石英滤膜上的气相成分加以修正，则所测得的碳质颗粒物的含量存在正偏差。通常在第一个石英滤膜后再串联一个后置石英滤膜或在另一个平行的端口设置一个 Teflon 滤膜和一个后置石英滤膜来进行修正。该方法假定前置与后置石英滤膜吸附的有机气体量相同，并且由于挥发而损失的 OC 颗粒物不重要，因此采用后置石英滤膜吸附的有机物修正前置石英滤膜有机物的含量。还有一些研究者采用不同的修正方法，如 Malm 等[6]曾对减去数个采样地点和采样时期的后置膜 OC 的平均浓度值进行修正。此外，还有研究认为挥发引起的损失比吸附更大，而主张将后置膜的 OC 加入前置膜的 OC 之中。Chow 等[7]通过分析比较后置膜上的载荷形式、碰撞采样数据及源解析的结果等，认为前置膜上的吸附与挥发或者均可忽略、相等，或者不能仅通过后置膜加以确定，并因此在有关的研究中对前置膜 OC 的浓度不加修正，或通过碰撞采样对滤膜采样的测量结果进行调整。例如，在美国加利福尼亚州中部地区 10 个监测站的研究中以前后膜的 OC 含量相减，则总共 493 个样品在经过修正后有 163 个（33%）为负值；通过与 7 级碰撞器（MOUDI）的采样（样品收集在铝质衬底上，因此没有 OC 的吸附所引起的偏差）进行对比，他们得到滤膜采样 OC 的修正系数为 0.63。有机细颗粒物的准确采样，要求在其被采集之前对存在于气相中的有机分子分开或去除，因其在采样过程中可吸附在已捕集的颗粒物或滤膜上；此外，还要求将最初以颗粒态存在而在采样过程中流失的 SVOC 与大气中的 VOC 区分开。单纯基于滤膜的采样系统不能同时满足上述要求，而基于扩散溶蚀器—滤膜—吸附床串联的采样方法可以将吸附与挥发过程有效地分开。溶蚀器的吸附表面（如活性炭或特殊的聚合树脂等）通过扩散吸附所有的气态有机物以消除滤膜及颗粒物对有机气体的吸附；对于从已收集在滤膜上的颗粒物中挥发的有机物则采用吸附床加以吸附。

综上所述，对于细颗粒物中有机组分的准确采样目前尚未形成统一的认识。采取单张石英滤膜或两张串联石英滤膜中前置的数据，或者以其减去或者加上后置石英滤膜的数据或乘以一个系数来代表有机组分的含量，不同的处理方法均存在。基于扩散溶蚀器的采样系统尚待进行现场测试和全面的评估。美国环境保护署组织的专家在对美国沙漠所等研究机构联合编写的化学物种采样方法进行评估后认为，在彻底明确后置石英滤膜的作用对扩散溶蚀器系统的全面评估完成之前，仍以采用单一石英滤膜样品的分析数据为宜[8]。

2.1.2 颗粒物取样装置工作原理及计量标准

2.1.2.1 撞击式采样技术

撞击式采样技术是目前广泛使用的一种采样技术。直接撞击器由喷嘴和撞击板组成，分为单级撞击式采样器和多级撞击式采样器。

1) 单级撞击式采样器

单级撞击式采样器由一个喷嘴和一个撞击板组成，典型的单级撞击式采样器的结构示意图如图 2-1 所示。工作时，带有不同粒径的粒子气流通过孔径缩小的喷嘴到达撞击板时，由于不同粒径颗粒物的质量（惯性）、大小不同，粒径大于切割粒径的粒子直接撞在撞击板上，而小于切割粒径的粒子则随着气流方向运动，穿过撞击区被收集在滤膜上以进行离线理化分析，或进入其他仪器以进行在线测量。

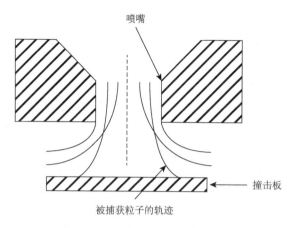

图 2-1 单级撞击式采样器结构示意图

2) 多级撞击式采样器

多级撞击式采样器主要用于颗粒物粒径分布的测定,典型的多级撞击式采样器主要构造见图 2-2。工作时,被采集的气溶胶依次通过一系列孔径逐步减小的喷嘴,气溶胶中不同粒径的颗粒物获得一定的动能并具有一定的惯性,在同一喷射速度下,惯性与粒径成正比;气流由第 1 级喷嘴喷出后,大粒径的颗粒物由于惯性比较

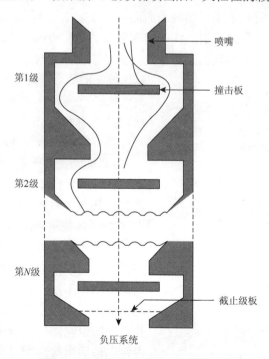

图 2-2 多级撞击式采样器结构示意图

大,难以改变运动方向,直接与第 1 块撞击板碰撞而沉积,小粒径的颗粒物随气流绕行进入第 2 级喷嘴;第 2 级孔径较小,气流加速,惯性较大的颗粒物与第 2 块撞击板碰撞而沉积,更小的颗粒物再往下级运动;如此继续,颗粒物逐级分离,沉积于各级撞击板,最后一级撞击板用滤膜代替,捕集粒径最小的颗粒物。

多级撞击式采样器可以配备单喷嘴也可配备多喷嘴。单喷嘴多级撞击式采样器的采样面积有限,不宜长时间连续采样,否则会因撞击板上堆积颗粒物过多而发生反弹造成损失。多喷嘴多级撞击式采样器捕集面积较大,应用较普遍,目前已设计出切割粒径为 0.005~0.5μm,流速从几到几千立方米每秒的多级撞击式采样器。

为了获得具有代表性的颗粒物样品,在利用撞击式采样器采样过程中需要综合考虑粒子反弹、过量采集和级间损失。粒子反弹是指粒子从一个撞击板上反弹出来后会被切割粒径更小的后级阶段收集或被后备滤膜收集,阻塞后级较小的喷嘴,从而改变粒径分布。解决粒子反弹问题的最合理方法就是在撞击板上涂附黏性材料,对黏性材料的要求是:它能够通过毛细作用渗透到沉积的粒子上,继续为后进入的粒子提供黏性表面。选择黏性材料时,通常还要考虑它的质量稳定性、化学组成,以及纯度等,最常用的黏性材料为凡士林。过量采集是指粒子超负载问题,由于搜集的粒子数量由采样时间的长短决定,因此可通过改变采样时长来解决,但确定合适的采样时长比较困难,要依据所需进行实验分析的目的而定。级间损失是指粒子沉积于采样器内表面而不是在撞击板上造成的测量误差,主要是由撞击、湍流及扩散造成的。级间损失可以利用实验确定的粒径与级间损失之间的函数关系对粒径分布数据进行修正。但是修正函数与粒子属性密切相关,难以用统一的函数修正。例如,对于液态或者黏性粒子,它们会与任何相接触面黏结造成级间损失;而对于干粒子,它们可能在撞击面反弹不黏结,级间损失较小[9]。

3) 旋风式采样器

旋风式采样器也是一种广泛使用的采样器,其工作原理是:样本空气以高速度沿 180°渐开线进入旋风切割器内,形成旋转气流,在离心力作用下,颗粒物被甩到圆筒壁上并继续向下运动,大于切割粒径的颗粒物在不断与筒壁撞击中失去前进的能量而落入大颗粒收集器内,而小于切割粒径的颗粒物随气流沿轴线旋转上升形成内流,最后由排出管排出收集于滤膜上。旋风式采样器结构如图 2-3 所示。

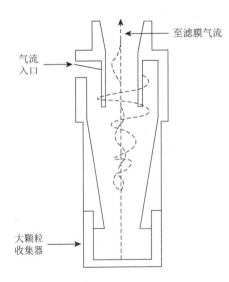

图 2-3 旋风式采样器结构示意图

旋风式采样器的切割直径由流速、进口、出口及圆柱体的大小决定。进口速度对采样效率和采样器阻力具有重大影响。采样效率和采样器阻力都是随着进口速度的增大而增高的。由于阻力与进口速度的平方成比例,因此进口速度值不宜过大,一般控制在 12~25m/s;筒体直径越小,粒子受到的惯性离心力越大,采样效率越高;由于在涡旋内有气流的向心运动,外涡旋在下降时不一定能到达采样器底部,因此,筒体和椎体的总高度过大,对采样效率影响不大,反而使阻力增加[10]。

大多数旋风器为单级旋风,目前也已研制出串级式旋风器。Smith 等为烟道采样研制的旋风器包括 5 级,在采样流量为 $4.7\times10^{-4}\text{m}^3/\text{s}$(28.3L/min)时,其切割直径范围为 0.32~5.4μm。2007 年,Shishan 等[11]设计了流量为 1250L/min 的大流量旋风采样器,其切割粒径为 1.2μm,对 2~10.2μm 的粒子的收集效率达 90%。

4)虚拟撞击式采样器

虚拟撞击式分级采样的原理与传统的惯性分级采样相似,都是利用不同粒径颗粒物的惯性不同进行分级。不同的是虚拟撞击式采样器没有集尘板,取而代之的是收尘嘴。如图 2-4 所示,虚拟撞击式采样器由上下两个同轴的喷嘴构成,其中上喷嘴为加速喷嘴,下喷嘴为收口。当气流进入加速喷嘴后,高速气流会被一分为二,其中一部分气流,约占总气流的 90%,发生 90°变向,进入下一级,该部分气流称为主气流;另一部分气流,约占总气流的 10%,直接进入收口,该部分气流称为次气流。粒径小的颗粒物,惯性小,容易跟随气流一起运动;而粒径大的颗粒物惯性大,容易脱离变向气流。因此,在虚拟撞击式采样器中,粒径小的颗粒物随着气流一分为二,大部分随主气流进入下一级,小部分随次气流进入收口。而粒径大的颗粒物脱离主气流,随次气流进入收口[12]。

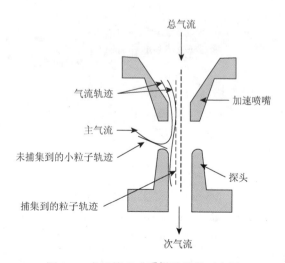

图 2-4 虚拟撞击式采样器结构示意图

2.1.2.2 其他采样技术

撞击式采样器和旋风式采样器均是根据粒子的惯性原理而设计的。除此之外,颗粒物采样装置还有重力沉降、离心沉降和热沉降等技术。

1) 重力沉降技术

重力沉降技术通过直接测量粒子沉降速度来计算粒子的空气动力学直径,主要用于大粒子(10μm 粒子的沉降速度是 3.05mm/s)的测定。对于小粒子,其沉降速度低(如 1μm 粒子的沉降速度是 0.035mm/s),并受布朗运动影响,不适合通过重力沉降的方式来测定。使用沉降室时必须小心防止沉降室内空气产生对流。

2) 离心沉降技术

离心沉降技术利用离心作用分离粉末样品,使用离心机可以极大地提高对粒子的作用力和沉降速度。在离心机中,空气和颗粒物高速旋转,离心力的作用使粒子沉积在通道的外缘。

目前使用最广泛的是螺旋离心机。市售的 Lovelace 气溶胶粒度分级器(LAPS,INT)结构如图 2-5 所示,粒子随气流进入螺旋通道的内壁,在螺旋通道内高速旋转。在螺旋通道的入口,粒子紧靠内壁,而清洁空气则紧靠外壁,随着粒子沿着通道流动,它们受到离心力的作用而最终沉降在螺旋通道的外缘。粒子所受离心力取决于粒子尺度,较大粒子受到的作用力较大而沉降在离入口较近的地方,因此沿着螺旋通道沉降的粒子的粒度逐渐降低。将滤膜放置于螺旋通道的外缘可收集到不同粒径的粒子,用已知粒度和密度的粒子可对此类粒度分级器进行校准。

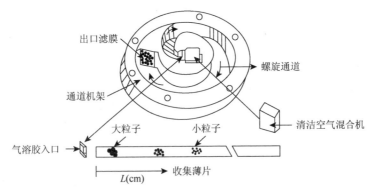

图 2-5 Lovelace 气溶胶粒度分级器结构示意图

图片来源:白志鹏等译,气溶胶测量——原理、技术及应用(第二版),化学工业出版社

3) 热沉降技术

利用热沉降技术可以设计热沉降器(图 2-6),其工作原理是,当粒子通过具

有温度梯度的空气时,来自较热一边的空气分子将比较冷一边的空气分子具有更高的能量,产生了使粒子向较冷一边移动的净动力。这种仪器的设计是在冷表面附近放一个热丝或电丝,让粒子在细丝和冷表面之间移动,粒子会移向冷表面。冷表面常用显微镜载玻片,利于随后在显微镜下分析。

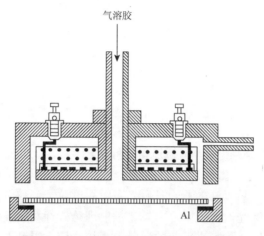

图 2-6　热沉降器结构示意图（Al,铝板）

图片来源：白志鹏等译,气溶胶测量——原理、技术及应用（第二版）,化学工业出版社

热沉降器的特点是流速很低（大约几立方厘米每分）,可以高效收集亚微米级粒子（即小于 0.01μm 的粒子）。用这种方法收集的粒度的上限为 5~10μm,该技术广泛用于采集工业特别是采矿业环境大气中的可吸入颗粒物[9]。

2.1.3　空气中常见颗粒物检测装置分类及工作原理

空气中的悬浮颗粒物对人体健康的负面影响,以及对城市大气能见度、气候、空气质量、生态环境的影响,都与 TSP、PM_{10} 及 $PM_{2.5}$ 的数量及质量有关。为准确描述颗粒物的影响,在研究空气颗粒物的行为、影响时,制定了空气颗粒物浓度指标。空气颗粒物浓度可分为个数浓度、质量浓度和相对质量浓度。个数浓度指以单位体积空气中含有的颗粒物个数表示的浓度,单位为粒/cm^3、粒/L,多应用于空气洁净技术领域、无尘室、超净工作间等超低浓度环境和需要气溶胶的个数浓度来解释种种现象的气象学领域。

质量浓度指以单位体积空气中含有的颗粒物质量表示的浓度,单位为 mg/m^3 或 $μg/m^3$,用于一般的大气颗粒物研究领域。相对质量浓度是指与颗粒物的绝对浓度有一定对应关系的物理量数值,作为相对质量浓度使用的物理量有光散射量、放射线吸收量、静电荷量、石英振子频率变化量等。

空气颗粒物浓度的测定主要根据颗粒物的物理性质（包括力学、电学、光学等）与颗粒物的数量或质量之间的关系，通过相应的仪器设备进行。根据测定的具体操作，可将空气颗粒物的测定方法分为捕集测定法和浮游测定法。捕集测定法是指先用各种手段捕集空气中的微粒，再测定其浓度的方法；能保持空气中的浮游颗粒仍为浮游状态而测定其浓度的方法为浮游测定法。

2.1.3.1 个数浓度的测定

1）化学微孔滤膜显微镜计数法

在洁净环境含尘浓度的测定中，用滤膜显微镜计数法测定个数浓度是个数浓度测定最基本的方法，其原理是将微粒捕集在滤膜表面，再使滤膜在显微镜下成为透明体，然后观察计数，分试样品采集、显微镜观察和粒子计数三个过程，属捕集测定法。

2）光散射式粒子计数器法

光散射式粒子计数器法的原理是用光照射浮游粒子，粒子将引起入射光的散射，球形粒子引起的光散射强度可由 Mie 散射理论式计算，被测粒子的散射光强与含各种粒径的聚苯乙烯标准粒子的散射光强相比较，得到不同粒径粒子的个数浓度。光散射法可直接得到测量数据，但颗粒物重叠、标准粒子与被测粒子的折射率不同及粒子带有电荷会造成误差；对于浓度较高的粒子，几乎所有的计数器都是随粒径的变小而计数率变低。

2.1.3.2 质量浓度的测定

颗粒物的质量浓度在大气颗粒物研究中使用最多，其测定方法的研究得到了充分重视。基于各种原理的测定方法也最多，经常使用的方法有滤膜称重法、光散射法、压电晶体法、电荷法、β射线吸收法及最近几年发展起来的微量振荡天平（tapered element oscillating microbalance，TEOM）法等。这些测定方法的具体原理如下。

1）滤膜称重法

滤膜称重法是颗粒物质量浓度测定的基本方法。以规定的流量采样，将空气中的颗粒物捕集于高性能滤膜上，称量滤膜采样前后的质量，由其质量差求得捕集的粉尘质量，其与采样空气量之比为粉尘的质量浓度。

仪器主要由采样仪、分析天平等组成。根据所用的采样仪的流量大小，将采样仪分为大流量（$1m^3/min$ 以上）、中流量（100L/min 左右）和小流量（10~30L/min）三种。在选用采样仪时，应考虑它们之间的可比性，一般以大流量采样仪作比较。

称重法单独或配合切割器可测量 TSP、PM_{10}、$PM_{2.5}$，称重法测定颗粒物质量浓度时需要的时间一般较长（3~24h）。滤膜称重法测定的是颗粒物的绝对质量浓度，其优点是原理简单,测定数据可靠,测量不受颗粒物形状、大小、颜色等的影响,但在测定过程中,存在操作烦琐、费时、采样仪笨重、噪声大等缺点,不能立即给出测试结果。

2)光散射法

光散射式测量仪测定质量浓度的原理和光散射式粒子计数器的原理类似,是建立在微粒的 Mie 散射理论基础上的。光通过颗粒物时,对于数量级与使用光波长相等或较大的颗粒,光散射是光能衰减的主要形式。

光散射数字测尘仪包括光源、集光镜、传感器、放大器、分析电路及显示器等,由光源发出的光线照射在颗粒物上产生散射,此散射光通过集光镜到达传感器,传感器把感受到的信号转换成电信号,经过放大器和分析电路,可以计测脉冲的发生量,即可得到以每分钟脉冲数(CPM)表示的相对浓度。当颗粒物性质一定时,可以通过称重法先求出 CPM 与质量浓度(mg/m^3)的转换系数 K,根据 K 值将 CPM 值直接转换、显示为质量浓度。光散射数字测尘仪的光源有可见光(如 P-5L 型光散射测尘仪)、激光(如 LD-1 型激光粉尘仪)及红外线等,配合切割器,可以用来测量 PM_{10} 和 $PM_{2.5}$。

光散射测尘仪属浮游测定法,可以实时在线监测空气中颗粒物的浓度,根据颗粒物性质预先设 K 值,可以现场直接显示质量浓度。其仪器体积小、重量轻、操作简便、噪声低、稳定性好、可直读测定结果,可以存储以及输出电信号实现自动控制,适于公共场所及生产现场等场合和在大气质量监测中使用。

3)压电晶体法

压电晶体法(又称压电晶体频差法),采用石英谐振器为测量敏感元件,其工作原理是使空气以恒定流量通过切割器,进入由高压放电针和微量石英谐振器组成的静电采样器。在高压电晕放电的作用下,气流中的颗粒物全部沉降于测量谐振器的电极表面上。因电极上增加了颗粒物的质量,其振荡频率发生变化,根据频率变化可测定 PM_{10} 的质量浓度。石英谐振器相当于一个超微量天平。压电晶体法仪器可以实现实时在线检测。石英谐振器对其表面质量的变化十分敏感,使用一段时间后需要清洁。利用此原理的大气监测仪一般装备于环境监测自动站。

4)电荷法

电荷法主要用于烟气中颗粒物(粉尘)的监测。当烟道或烟囱内粉尘经过应用耦合技术的探头时,探头所接收到的电荷来自粉尘颗粒对探头的撞击、摩擦和静电感应。由于安装在烟道上的探头的表面积与烟道的截面积相比非常小,大部分接收到的电荷是由于粒子流经探头附近所引起的静电感应而形成的。排放浓度越高,感应、摩擦和撞击所产生的静电荷就越强。即 $Q/t \propto M/t$(Q 代表电荷,M 代表颗粒物量,t 代表时间)。

5)β 射线吸收法

β 射线吸收式测量仪的工作原理是:β 射线在通过颗粒物时会被吸收,当能量恒定时,β 射线的吸收量与颗粒物的质量成正比。测量时,经过切割器,将颗粒物捕集在滤膜上,通过测量 β 射线的透过强度,即可计算出空气中颗粒物的浓度。

仪器可以间断测定，也可以进行自动连续测定，粉尘对 β 射线的吸收与气溶胶的种类、粒径、形状、颜色和化学组成等无关，只与粒子的质量有关。β 射线是由 ^{14}C 射线源产生的低能射线，安全耐用，其半衰期可达数千年，十分稳定。

6）微量振荡天平法

微量振荡天平法是近年发展起来的颗粒物浓度测定方法。测定原理基于专利技术的锥形元件振荡微量天平原理，由美国 R&P 公司研制，符合美国环境保护署标准。此锥形元件于其自然频率下振荡，振荡频率由振荡器件的物理特性、参加振荡的滤膜质量和沉积在滤膜上的颗粒物质量决定。仪器通过采样泵和质量流量计，使环境空气以一恒定的流量通过采样滤膜，颗粒物则沉积在滤膜上。测量出一定间隔时间前后的两个振荡频率，就能计算出在这一段时间里收集在滤膜上的颗粒物质量，再除以流过滤膜的空气总体积，得到这段时间内空气中颗粒物的平均浓度。在大气自动监测系统中，美国 R&P 公司的 RP1400a 测尘仪用于实时连续监测空气中颗粒物的浓度，其测量精度和实时性是传统方法所无法比拟的。配以不同的切割器，RP1400a 可用于测量 $PM_{2.5}$、PM_{10} 和 TSP。仪器每 2s 测量一次滤膜的振荡频率，同时仪器也可输出时间为 0.5h、1h、8h、24h 的平均浓度。但该仪器在测量时受温度、湿度影响较大，应特别注意。

2.1.3.3 常用颗粒物测定方法比较

上述颗粒物质量或相对质量浓度的各种测定方法，根据的是颗粒物的不同性质与质量的直接或间接关系，在某一方面有一定的长处，同时也存在缺点（表 2-1）。在选择测定方法时一定要注意颗粒物滤膜称重法一般需要较长的采样时间，很难适用于要求快速得到测定结果的场合，不能测粒子的时空分布，测定结果是一段时间内的平均值，操作也较复杂。相比较而言，其他浓度测定方法虽然存在一定误差，但在颗粒物自动在线连续测定方面是滤膜称重法所无可比拟的，应根据不同的测定目的来选择。在需要实时在线测定的场合要用到相对质量浓度测定方法，而在不需要在线连续测定或需要考虑可比性的情况下，要用滤膜称重法直接测定颗粒物的质量浓度。同时，滤膜称重法采集的颗粒物样品可以用来进行其他分析[13]。

表 2-1 常用颗粒物浓度测定方法比较

测定方法	利用原理	测定方式	灵敏度/(mg/m³)	特点	应用
滤膜称量法	重力	人工、捕集、周期	与天平有关	原理简单、数据可靠、操作复杂	基本方法、膜捕集后进行其他分析
光散射法	光学	自动、在线、连续	0.01	结果与颗粒物粒径和颜色有关，须标定	大气颗粒物、粉尘浓度的自动检测

续表

测定方法	利用原理	测定方式	灵敏度/(mg/m^3)	特点	应用
压电晶体法	力学	自动、在线、连续	0.005	结果与颗粒物粒径和颜色无关、晶体须清洗	大气颗粒物、粉尘浓度的自动检测
电荷法	电学	自动、在线、连续	0.002	结果与颗粒物粒径和颜色有关，须标定	用于烟尘浓度的检测
β射线吸收法	光学	自动、在线、连续	0.01	结果与颗粒物粒径和颜色无关	大气颗粒物、粉尘浓度的自动检测
微量振荡天平法	力学	自动、在线、连续	0.0001	结果与颗粒物粒径和颜色无关、受湿度影响大	大气颗粒物、粉尘浓度的自动检测

2.1.4 国内外空气颗粒物检测技术标准对比

2.1.4.1 国内空气颗粒物标准

2016年1月1日实施的《环境空气质量标准》（GB 3095—2012）中，除了原标准（GB 3095—1996）中已有的 TSP、PM$_{10}$，还新增了 PM$_{2.5}$，调整了 PM$_{10}$ 的浓度限值。其中 PM$_{2.5}$ 的一级浓度限值的年均值为 15μg/m^3，日均值为 35μg/m^3；二级浓度限值的年均值为 35μg/m^3，日均值为 75μg/m^3；PM$_{10}$ 的一级浓度限值的年均值为 40μg/m^3，日均值为 50μg/m^3；二级浓度限值的年均值为 70μg/m^3，日均值为 150μg/m^3。

2.1.4.2 国外空气颗粒物相关标准

1）美国空气颗粒物相关标准

美国环境保护署（EPA）将颗粒物污染分为两类：第一类是直径为 2.5～10μm 的粗颗粒物污染，如车行道和积满灰尘的企业附近的粉尘污染；第二类是直径小于 2.5μm 的微粒物污染，在烟尘和烟雾中可发现这类物质，它们有可能是森林大火、发电厂、工厂和汽车的排放物。

美国早在1997年就提出了 PM$_{2.5}$ 的标准：年均值为 15μg/m^3。日均值是为了更有效地监测随着工业日益发达而出现的、在旧标准中被忽略的、对人体有害的细小颗粒物。PM$_{2.5}$ 指数已经成为一个重要的表征空气污染程度的指数。2006年，美国主动将 PM$_{2.5}$ 的日均值标准由 65μg/m^3 调整为 35μg/m^3，年均值标准仍为原来的 15μg/m^3。

在研究过程中，EPA 制定了一系列的标准方法及规范以指导 PM$_{2.5}$ 的监测。在 *Ambient air Monitoring Reference and Equivalent Methods* Part 53 中规定了 PM$_{2.5}$ 的监测方法及指标；在 *Guidance for Network Design and Optimum Site Exposure for PM$_{2.5}$ and PM$_{10}$* 中对监测网络设计及站点的选择提出了指导意见；在 *QA-Handbook-Vol-Ⅱ Final* 中对 PM$_{2.5}$ 监测过程中的质控手段及方法进行了描述；在 *PM$_{2.5}$ FRM Network Federal Performance Evaluation Program Quality Assurance Project Plan*（QAPP）*March 2009*（QA officer approvals pending）中针对 PM$_{2.5}$ 的性能提出了质量保证计划；在 *PM$_{2.5}$ Performance Evaluation Program*（PEP）*Standard Operation Procedures*（SOP）*for Field Activities-January 30, 2009 Edition* 中规定了 PM$_{2.5}$ 性能评估计划的现场标准操作步骤。

针对仪器设备，EPA 也制定了一系列的标准方法，对监测仪器的指标及测定方法进行了规定。包括《环境空气 PM$_{10}$ 的连续测定安德森法 β 射线衰减监测器》（EPA 环境空气无机物测定方法汇编 IO-1.1）、《环境空气总悬浮颗粒物和 PM$_{10}$ 采样大流量采样器》（EPA 环境空气无机物测定方法汇编 IO-2.1）、《环境空气 PM$_{10}$ 采样法安德森分离采样器》（EPA 环境空气无机物测定方法汇编 IO-2.2）、《环境空气 PM$_{10}$ 采样法低流量采样器》（EPA 环境空气无机物测定方法汇编 IO-2.3）。

目前，美国的空气质量监测网络里面，PM$_{2.5}$ 和 PM$_{10}$ 同时监测，PM$_{2.5}$ 站点有 1028 个，PM$_{10}$ 站点有 702 个。站点数量、设定位置等都有具体要求，要考虑多方面因素，如监测子站的人口暴露情况、地区最高浓度、大的污染源影响、地区交通、背景浓度、环境质量对动植物的影响等。

2）欧洲空气颗粒物相关标准

欧洲现行的环境空气质量标准和监测体系基于 2008 年欧洲议会和欧盟理事会共同颁布的《欧洲环境空气质量及清洁空气指令》（2008/50/EC）。该指令在空气质量标准、监测点位布设、污染物监测方法、空气质量评价与管理、清洁空气计划、信息发布、空气质量报告等方面做出了原则性的技术规定，是欧洲各国开展空气质量监测、评价、管理的指导性文件[14]。各国以该指令为基础，结合实际情况，制定适合本国环境空气质量达标管理的一系列法律法规，以赋予指令法律效力。空气颗粒物（PM，包括 PM$_{10}$ 和 PM$_{2.5}$）是欧洲环境空气质量监测和达标管理的重点之一，2008/50/EC 指令中详细规定了大气颗粒物的浓度限值、布点原则、监测方法等一系列监测管理相关内容。

2008/50/EC 指令中对大气颗粒物浓度设定了极限值（limit value），是硬性的空气质量达标要求，其中 PM$_{10}$ 日均值极限值与 WHO 指导值相同，未设定 PM$_{2.5}$ 日均值极限值，PM$_{10}$、PM$_{2.5}$ 指导值与 WHO 指导值仍存在一定差距。与我国不同的是，欧洲空气质量标准中还同时规定 PM$_{10}$ 日均浓度一年内超标天数不得超过

35d，因此从浓度和超标天数两个方面综合控制大气颗粒物污染。同样，允许的超标天数也使空气质量达标评价具备一定的弹性空间。

2008/50/EC 指令对 $PM_{2.5}$ 年均浓度设定了目标值，要求 $PM_{2.5}$ 年均值在 2020 年达到 $20\mu g/m^3$。在正式生效之前目标值仅是改善空气质量的软性要求，即在一定时间内尽可能达到的目标性浓度限值。

根据人体健康与环境影响之间进一步的研究成果以及成员国在目标值实现上的技术可行性和经验，欧盟理事会将适时对 $PM_{2.5}$ 年均浓度目标值进行审查，并视情况调整目标值。

为进一步降低 $PM_{2.5}$ 污染以减少由人体暴露导致的健康影响，2008/50/EC 指令对 $PM_{2.5}$ 设定了暴露浓度限值。该值基于平均暴露指示值（AEI）的计算，以所有城市监测站开展的 $PM_{2.5}$ 浓度监测为基础，计算连续 3 年 $PM_{2.5}$ 年均浓度的滑动平均值作为 AEI。欧盟以各成员国 2010 年的 AEI 为基准（2008～2010 年 $PM_{2.5}$ 年均浓度值），按照浓度范围设定了不同比例的 $PM_{2.5}$ 削减目标，并将以 2020 年 AEI 对各成员国的目标完成情况进行评估[15]。

3）其他国家和组织环境空气颗粒物相关标准

WHO 于 1987 年公布了欧洲空气质量指导值，目的是为欧洲和其他地区的国家在做决策和规划，特别是在制定国家和地区的空气质量标准时，提供一个保护公共健康的卫生基准。所包括的污染物项目为颗粒物（总悬浮颗粒物和 TP——相当于 PM_{10}）、二氧化硫、二氧化氮、臭氧、一氧化碳、铅、苯并[a]芘及气态氟化物等。

WHO 于 2005 年制定了 $PM_{2.5}$ 的准则值为 $10\mu g/m^3$，高于这个值，死亡风险就会显著上升。WHO 同时还设立了三个过渡期目标值，为目前还无法一步到位的地区提供了阶段性目标：第一阶段标准年均值为 $35\mu g/m^3$，日均值为 $75\mu g/m^3$；第二阶段标准年均值为 $25\mu g/m^3$，日均值为 $50\mu g/m^3$；第三阶段标准年均值为 $15\mu g/m^3$，日均值为 $37.5\mu g/m^3$。其中第一阶段的标准最为宽松，第三阶段的标准最严格。目前各个国家的强制标准均未达到其准则值。WHO 的指导值和阶段目标供各国根据自己的情况自行选用，不是标准，不具有法律意义上的强制性。

日本正在使用的空气质量标准中的污染物项目为悬浮颗粒物（SP）（相当于美国的 PM_{10}）、二氧化硫、二氧化氮、一氧化碳及光化学氧化剂。

日本针对颗粒物的监测，同样制定了一系列标准，在 *Automatic Monitors for Suspended Particulate Matter in Ambient Air*（JIS B7954—2001）中规定了大气中悬浮颗粒物质用自动监测仪器指标及测定方法，在 *Sampler of $PM_{2.5}$ in Ambient Air*（JIS Z8851—2005）中对环境空气中的 $PM_{2.5}$ 采样器进行了描述。

加拿大于 1980 年制定了国家环境空气质量目标。其空气质量目标分为三级：可忍受级，指属于需立即减轻的空气质量状况，以避免对公众健康造成实质性的危害;可接受级,为保障土地、水、动植物、能见度及个人的舒适不受到危害;理想级,这一级确定了一个长期的空气质量目标,并为国家制定保护未受污染地区的政策提供基础。环境空气质量目标所包括的污染物为悬浮颗粒物、二氧化硫、二氧化氮、一氧化碳、氧化剂及氟化氢。

澳大利亚国立健康及医学研究理事会于1985年提出了其推荐的空气质量目标,其污染物项目包括总悬浮颗粒物、二氧化硫、二氧化氮、一氧化碳、光化学氧化剂(如O_3)及铅。

挪威于1977年颁布了颗粒物、二氧化硫、氮氧化物及氟化物的空气质量指标。1982年对上述指标进行了修订,并增加了一氧化碳和光化学氧化剂指标。1992年又根据最新环境基准资料对空气质量指标再次进行了修订。目前,其空气质量指标所包括的污染物为悬浮颗粒物(PM_{10}和$PM_{2.5}$)、二氧化硫、二氧化氮、一氧化碳、氧化剂(如O_3)及氟化物。

芬兰于1984年颁布了国家空气质量指标,包括总悬浮颗粒物、二氧化硫、二氧化氮、一氧化碳4种污染物。

2.1.4.3 国内外比较

1)总悬浮颗粒物

GB 3095—2012中规定了年平均、日平均(24h平均)两种取值时间的浓度限值。目前,美国、欧盟、日本、韩国、WHO等国家和组织均已经取消了总悬浮颗粒物的浓度均值标准,美国、欧盟、WHO增加了危害性更大的细颗粒物的标准。WHO于1987年制定的总悬浮颗粒物年平均标准浓度限值($50\mu g/m^3$)低于我国的年平均一级标准浓度限值($80\mu g/m^3$);WHO于1987年制定的总悬浮颗粒物日平均标准浓度限值($120\mu g/m^3$)与我国的日平均一级标准浓度限值($120\mu g/m^3$)相同。

2)可吸入颗粒物

GB 3095—2012中规定了可吸入颗粒物年平均、日平均两种取值时间的浓度限值。可吸入颗粒物年平均标准浓度限值($40\mu g/m^3$)高于WHO的年平均标准浓度限值($20\mu g/m^3$),与欧盟的年平均标准浓度限值($40\mu g/m^3$)相同;韩国可吸入颗粒物的年平均标准浓度限值($50\mu g/m^3$)低于我国年平均二级标准浓度限值($100\mu g/m^3$);我国可吸入颗粒物的年平均三级标准浓度限值($150\mu g/m^3$)为上述国家和组织的同类标准中最高的标准值。

欧盟可吸入颗粒物的日平均一级标准浓度限值($50\mu g/m^3$)与WHO年平均标准浓度限值($50\mu g/m^3$)相同;日本和韩国可吸入颗粒物的日平均标准浓度限值($100\mu g/m^3$)低于我国日平均二级标准浓度限值($150\mu g/m^3$);美国可吸入颗粒物的日平均一级标准浓度限值($150\mu g/m^3$)与我国日平均二级标准浓度限值相

同；我国可吸入颗粒物的日平均三级标准浓度限值（250μg/m³）为上述国家和组织的同类标准中最高的标准值。

3）细颗粒物

美国细颗粒物年平均标准浓度限值为 15μg/m³，日平均标准浓度限值为 35μg/m³；欧盟细颗粒物年平均标准浓度限值为 25μg/m³；WHO 细颗粒物年平均标准浓度限值为 10μg/m³，日平均标准浓度限值为 25μg/m³。

我国的细颗粒物标准于 2016 年生效，虽然比美国落后了一二十年，但和欧盟 2015 年生效的相比，也不算太晚。在即将发布的细颗粒物新标准中，依然没有规定多高的达标率才是可接受的。WHO 要求每年最多有 3 天超标（99%的达标率），澳大利亚最多 5 天，而美国和日本要求的达标率为 98%[16]。

2.1.5 其他检测监测方法与设备

1）光散射法

光散射法测量总悬浮颗粒物和可吸入悬浮颗粒物的基本原理是：当空气中的颗粒通过激光照射测量区域时，颗粒物会散射射入的激光。散射光强的大小与颗粒物的直径有关。测量一定时间内散射光的脉冲数目以及光强的大小，并已知空气流量，就可得到单位体积空气中的颗粒数目。根据 Mie 散射理论由散射光强得到颗粒的尺寸，在颗粒密度已知的情况下，得出总悬浮颗粒物和可吸入悬浮颗粒物的总质量浓度。

利用光散射原理的浊度计有许多种。例如，为飞行员提供实时能见度监测的气溶胶浊度计。当其用于连续监测空气细颗粒物时需要扣除颗粒相中水分的影响，扣除的方法一般采取加热气溶胶的方式使相对湿度降至 40%。因此，也就产生了颗粒物气溶胶中半挥发性组分的损失问题。实验室对硝酸铵气溶胶的研究表明气溶胶散射系数的降低是气溶胶物理性质和光散射浊度计操作条件的函数。据估计，在最差的条件下气溶胶散射系数的降低可达 40%，但在大多数情况下气溶胶散射系数的降低不会超过 20%。

2）实时环境颗粒物总质量浓度采样器

实时环境颗粒物总质量浓度采样器（RAMS）扩散溶蚀器和 TEOM 技术结合起来，可以对细颗粒物进行实时监测，包括其中的半挥发性组分。RAMS 采用的滤膜是一种"三明治"式滤膜，包含一个 Teflon 涂层滤膜，用于捕集颗粒物；下垫一层碳浸渍滤膜，用于捕集穿过第一层滤膜的半挥发性物质。由于这种仪器分析技术使用"三明治"滤膜测量颗粒物的总质量浓度，所以在采样气流进入 RAMS 之前必须去除能被碳浸渍滤膜吸收的气相化合物。RAMS 采用加装 Nafion 干燥器的方法去除颗粒相水分；为了降低气相有机物项还需安装带有溶蚀器的颗粒物浓缩器。实验室和现场分析表明,这种采样器监测细颗粒物质量浓度的精确度可达到10%以下。

3) 连续环境质量监测器

连续环境质量监测器(CAMM)是一种连续监测环境颗粒物质量浓度的技术,其原理是随着捕集在滤膜上的颗粒物负荷的增加,滤膜前后的压力降增大。研究发现,对于吸湿性的硫酸铵颗粒单位时间内的压力降和浓度与相对温度有很大关系,因此,在环境相对湿度不能得到准确控制的条件下,这种基于压力降方法的不确定性太大。目前,CAMM运用颗粒物浓缩器和Nafion干燥器及不断移动的滤膜带避免由于半挥发性组分的蒸发而造成的损失。

4) 低流量颗粒物采样器

在有些情况下人们不需要进行24h的空气颗粒物监测,例如,评价颗粒物年均值是否达标或者用于评价空气颗粒物暴露对慢性健康效应的流行病学的研究。在这些情况下,年均值或季均值就已足够。低流量颗粒物采样器可以减少样品滤膜的数量,降低称重和化学分析成本,也不需要每天都去现场更换滤膜。目前,在欧美和日本市场上的颗粒物采样器大多数是基于24h的采样器。但在世界其他地方有许多城市的空气颗粒物污染都很严重,在这些地方采用16.7L/min的流量和37mm或47mm直径的滤膜可能造成颗粒物的过载,从而使24h内不能保持正常的流量。Aerosol Dynamics公司开发了一种流量只有0.4L/min和使用47mm直径滤膜的低流量颗粒物采样器。这种采样器可以用于空气颗粒物污染严重的城市或者用于慢性健康效应的研究中。前人用这种采样器研究了北京市$PM_{2.5}$的污染特征(一周采样一次)。在加利福尼亚州,前人用这种采样器进行了空气颗粒物的慢性效应的流行病学研究(两周采样一次)。

这种采样器有三个通道。第一个通道将颗粒物捕集在Teflon滤膜上,用于颗粒物的质量分析和X射线荧光(XRF)法元素成分分析。第二个通道将颗粒物捕集在石英滤膜上,用于元素碳和有机碳分析。在这个通道上还安装有溶蚀器以去除有机气体,并装有备用滤膜用于捕集半挥发性有机化合物。第三个通道使用碳酸盐溶蚀器去除酸性气体(如HNO_3、SO_2),用Teflon滤膜捕集颗粒物,然后用离子色谱进行离子分析,用尼龙滤膜收集挥发性硝酸盐。在萃取之前要对Teflon滤膜进行称重。这种采样器提供的数据可以用化学质量平衡受体模型进行颗粒物的源解析。

2.2 空气中有害气体检测监测装备

2.2.1 典型有害气体取样装置分类及应用范围

清洁的空气是人类和生物赖以生存的环境要素之一。在通常情况下,每人每日平均吸入 10～12m³ 的空气，在 60～90m³ 的肺泡面积上进行气体交换，吸收生命所必需的氧气，以维持人体正常生理活动。

随着工业的迅速发展，特别是煤和石油的大量使用，其产生的大量有害物质和烟尘、二氧化硫、氮氧化物、一氧化碳、碳氢化合物等排放到大气中，当其浓度超过环境所能允许的极限并持续一定时间后，就会改变大气特别是空气的正常组成，破坏自然的物理、化学和生态平衡体系，从而危害人们的生活、工作和健康，损害自然资源及财产、器物等。

在工业企业排放的废气中，排放量最大的是以煤和石油为燃料燃烧过程中排放的 SO_2、NO_x、CO、CO_2 等，其次是工业生产过程中排放的多种有机和无机污染物质[17, 18]。

2.2.1.1 有害气体的采样

化学采样法是废气中有害气体的主要采样方法，其基本原理是通过采样管将样品抽到装有吸收液的吸收瓶或装有固体吸收剂的吸附管、真空瓶、注射器或气袋中，样品溶液或气态样品经化学分析或仪器分析测定污染物含量。采样装置如图 2-7 所示。

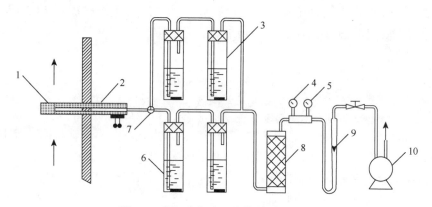

图 2-7　废气中气态污染物的采样装置

1. 烟道；2. 加热采样管；3. 旁路吸收瓶；4. 温度计；5. 真空压力表；6. 吸收瓶；7. 三通阀；8. 干燥器；9. 流量计；10. 抽气泵

近年来，为研究大气污染物对人体健康的危害，已研制出多种个体剂量器。个体剂量器，就是由个人携带、可以随人的活动连续采样的仪器。其特点是体积小、质量轻、测定出的污染物浓度可以反映人体实际吸入的污染物量。这种剂量器有扩散式、渗透式等，但都只能采集挥发性较大的分子状污染物。

扩散式剂量器由外壳、扩散层和收集剂三部分组成，其工作原理是空气通过剂量器外壳通气孔进入扩散层时，被收集的组分分子也随之通过扩散层到达收集剂表面被吸附或吸收。收集剂为吸附剂、化学试剂浸渍的惰性颗粒物质或滤膜等。

2.2.1.2 采样方法的应用范围

采集气态和蒸汽态污染物常用溶液吸收法和填充柱吸附法。评价这些采样方法的应用效果常用采样效率来表示。采样效率是指在规定的采样条件下（如流量、污染物浓度范围、采样时间等）所采集到的污染物量占其总量的百分数。通常有绝对比较法和相对比较法。

1）绝对比较法

精确配制一个已知浓度 c_0 的标准气体，采集标准气体，测定其浓度 c_1，则其采样效率：

$$K = \frac{c_1}{c_0} \times 100\% \tag{2-1}$$

该方法评价采样效率比较理想，但由于配制已知浓度的标准气有困难，实际应用受到限制。

2）相对比较法

配制一个恒定浓度的气体样品（其待测污染物浓度不要求已知），用 2 或 3 个采样管串联采集所配制的样品，采样结束后，分别测定各采样管中污染物的含量，则采样效率：

$$K = \frac{c_1}{c_1 + c_2 + c_3} \times 100\% \tag{2-2}$$

式中，c_1、c_2、c_3 分别为第一、第二、第三管中分析测得的浓度。

该方法评价采样效率，要求第二、第三管的浓度之和与第一管相比是极小的，只有这样才能保证 3 个管的浓度相加近似于所配气体浓度。而第二、第三管污染物浓度所占比例越小，说明采样效率越高，一般要求 K 值为 90% 以上。采样效率过低时，应更换采样管、吸收剂或降低抽气速度。

2.2.1.3 影响采样效率的主要因素

为获得高采样效率（>90%），必须按照有关规定准确使用采样装置中的组件，特别需要精密校正流量、时间、温度、压力等测量元件，然后对采样装置进行整体调试。确定采样方法和仪器后，严格按照操作规程采样，是保证有较高采样效率的重要条件。下面简要归纳几条影响采样效率的因素，以便正确选择采样方法和仪器。

1）根据污染物存在状态选择合适的采样方法和仪器

每种采样方法和仪器都是针对污染物一个特定存在状态而选定的。例如，以分子状态存在的污染物以分子状态分散于大气中，用滤纸和滤膜采样的效率低，用液体吸收管或填充柱采样可得到较高的采样效率。以气溶胶状态存在的污染物，不易被气泡吸收管中的吸收液吸收，宜用滤料法采样。例如，用装有稀硝酸的气泡吸收管采集铅烟，采样效率很低，选用滤纸采样可得到较好的采样效率。对于以气溶胶和蒸汽状态共存的污染物，应用对两种状态都有效的采样方法，如浸渍试剂的滤料或环形扩散管与滤料组合采样法。因此，选择采样方法和仪器前，首先要对污染物做具体分析，分析它在大气中可能以什么状态存在，根据存在状态选择合适的采样方法和仪器。

2）根据污染物的理化性质选择吸收液、填充剂或各种滤料

用溶液吸收法采样时，要选用对污染物溶解度大的，或者与污染物能迅速起化学反应的溶液作为吸收液。用填充柱或滤料采样时，要选择阻留率大的，并容易解吸下来的填充剂或滤料。在选择吸收液、填充剂或滤料时，还必须考虑采样后所应用的分析方法。

3）确定合适的抽气速度

每一种采样方法和仪器都要求一定的抽气速度，不在规定的速度范围内，采样效率将不理想。各种气体吸收管和填充柱的抽气速度一般不宜过大，而滤料采样应在较高抽气速度下进行。

4）确定适当的采气量和采样时间

每种采样方法都有一定采样量的限制。如果现场浓度高于采样方法和仪器的最大承受量，采样效率会不理想。例如，吸收液和填充剂都有饱和吸收量，达到饱和后，吸收效率立即降低。滤料的沉积物太多，阻力显著增加，无法维持原有的采样速度，此时应适当减小采气量或缩短采样时间。反之，如果现场浓度太低，要达到分析方法灵敏度要求，则要适当增加采气量或延长采样时间。采样时间过长也会伴随着其他不利因素发生，影响采样效率。例如，长时间采样，导致吸收液中水分蒸发，造成吸收液成分和体积变化；其他干扰成分也会被大量浓缩，影响分析结果；滤料的机械性能也会因为采样时间长而减弱，有时还会破裂[19, 20]。

2.2.2 空气中常见有害气体检测方法与装置

2.2.2.1 二氧化硫的测定

二氧化硫（SO_2）是具有辛辣及窒息性气味的无色气体，易溶于水、甲醇、乙醇、硫酸、乙酸、氯仿和乙醚等。

二氧化硫的主要来源是煤和石油的燃烧、生产硫酸和金属冶炼时的黄铁矿的燃烧、硫酸盐和亚硫酸盐的制造、橡胶硫化、熏蒸杀虫、消毒等过程的排放。二氧化硫是目前最主要的气态污染物，在大气中可与水分和尘粒结合形成气溶胶，并逐渐氧化成硫酸或硫酸盐。二氧化硫是形成酸雨的主要前体物。

大气中的二氧化硫对人体健康的主要影响是造成呼吸道系统疾病。另外，二氧化硫造成的大气污染还严重影响着国民经济、工农业生产和人民的生活，它可使金属材料、房屋建筑、棉纺化纤织品、皮革纸张及工艺美术品等腐蚀和褪色，还可使农作物减产，使植物叶子变黄、落叶甚至枯死。

测定二氧化硫的常用方法有甲醛吸收-副玫瑰苯胺分光光度法（HJ 482—2009/XG1—2018）、四氯汞盐-盐酸副玫瑰苯胺比色法（HJ 483—2009）、钍试剂分光光度法、电导法、紫外荧光法和定电位电解法（HJ/T 57—2017）等。

选用何种方法主要取决于分析目的及实验室条件等因素。四氯汞盐-盐酸副玫瑰苯胺比色法灵敏度高，选择性好，但吸收液的毒性大。钍试剂分光光度法所用吸收液无毒，但灵敏度差，所需采样体积大，适合于测定二氧化硫日平均浓度。甲醛吸收-副玫瑰苯胺分光光度法避免了使用含汞的吸收液，其灵敏度、选择性和检出限等均与四氯汞盐-盐酸副玫瑰苯胺比色法相近。

这里主要介绍四氯汞盐-盐酸副玫瑰苯胺比色法、甲醛吸收-副玫瑰苯胺分光光度法。

1) 四氯汞盐-盐酸副玫瑰苯胺比色法

四氯汞盐-盐酸副玫瑰苯胺比色法的基本原理是用氯化钾和氯化汞配制成四氯汞钾吸收液，吸收二氧化硫之后生成稳定的二氯亚硫酸盐络合物，该络合物再与甲醛作用生成羟甲基磺酸，羟甲基磺酸与盐酸副玫瑰苯胺作用，生成紫红色络合物，其颜色深浅与二氧化硫含量成正比，可用分光光度法测定。反应式如下：

$$HgCl_2 + 2KCl \longrightarrow K_2[HgCl_4]$$

$$[HgCl_4]^{2-} + SO_2 + H_2O \longrightarrow [HgCl_2SO_3]^{2-} + 2Cl^- + 2H^+$$

$$[HgCl_2SO_3]^{2-} + HCHO + 2H^+ \longrightarrow HgCl_2 + HOCH_2SO_3H(羟甲基磺酸)$$

测量时，先用亚硫酸钠溶液及四氯汞钾溶液配制二氧化硫标准溶液，并用碘量法进行标定。系列二氧化硫标准溶液分别加入一定量的氨基磺酸铵溶液、甲醛溶液及盐酸副玫瑰苯胺溶液，定容并显色。室温为15～20℃时，显色30min；室温为20～25℃时，显色20min；室温为25～30℃时，显色15min。用10mm比色皿，在波长575nm处，以水为参比，测定吸光度。以吸光度为纵坐标，二氧化硫含量为横坐标绘制标准曲线。

气样中二氧化硫浓度由式（2-3）计算：

$$c = \frac{(A - A_0)B_s}{V_0} \frac{V_t}{V_1} \tag{2-3}$$

式中，c 为大气中二氧化硫的浓度，mg/m³；A_0 为试剂空白溶液的吸光度；A 为样品溶液吸光度；B_s 为计算因子，μg/吸光度；V_0 为换算成标准状态下的采气体积，L；V_t 为气体吸收液总体积，mL；V_1 为测定时所取气样吸收液体积，mL。

该方法灵敏度较高，选择性好，检出限为 0.15μg/mL，可测定大气中二氧化硫浓度范围为 0.015～0.500mg/m³，被国内外广泛用于大气环境二氧化硫监测。大气中的二氧化氮对测定产生干扰，采样后需加入氨基磺酸铵消除干扰；大气中某些金属离子干扰测定，可用乙二胺四乙酸（EDTA）二钠和磷酸掩蔽。

由于该方法中四氯汞钾吸收液毒性较大，故推荐用甲醛缓冲溶液为吸收液，进行比色测定。

2）甲醛吸收-副玫瑰苯胺分光光度法

二氧化硫被甲醛吸收后，生成稳定的羟甲基磺酸加成化合物，加入氢氧化钠使加成化合物分解，释放出的二氧化硫与盐酸副玫瑰苯胺、甲醛作用，生成紫红色化合物，用分光光度计在 577nm 处测定吸光度。当用 10mL 吸收液采样 30L 时，测定下限为 0.007mg/m³；当用 50mL 吸收液连续 24h 采样 300L 时，测定下限为 0.003mg/m³。

该方法适用于环境大气中二氧化硫的测定。主要干扰物为氮氧化物、臭氧及某些重金属元素。样品放置一段时间可使臭氧自动分解；加入氨基磺酸钠溶液可消除氮氧化物的干扰；加入乙二胺四乙酸二钠可以减少某些金属离子的干扰。在 10mL 样品中存在 50μg 镁、铁、镍、铜等离子及二价锰离子时，不干扰测定。

短时间采样时，可根据空气中二氧化硫浓度的大小，采用内装吸收液的 U 形多孔玻板吸收管，以 0.5L/min 的流量采样，最佳吸收液温度为 19～23℃。如果是 24h 连续采样，用内装吸收液的多孔玻板吸收瓶，以 0.2～0.3L/min 的流量连续采样，最佳吸收温度为 19～23℃[21]。

2.2.2.2 氮氧化物（NO_x）的测定

氮氧化物是一氧化氮（NO）、二氧化氮（NO_2）、三氧化二氮（N_2O_3）和五氧化二氮（N_2O_5）等含氮氧化物的总称。其中，五氧化二氮是固体。在环境空气中，除二氧化氮比较稳定，一氧化氮稍稳定外，其他氮氧化物都不稳定，而且浓度很低，故仅二氧化氮和一氧化氮有实际意义。

一氧化氮是无色、无臭气体，微溶于水，在 20℃时，100mL 水中能溶解 4.7mL 一氧化氮。二氧化氮是红褐色有特殊刺激性臭味的气体，气态时以二氧化氮形式存在（红褐色），固体时以五氧化二氮形式存在（白色），并具有腐蚀性和较强的氧化性，易溶于水。

大气中氮氧化物的主要来源是石化燃料的高温燃烧，硝酸和硫酸制造工业、氮肥工厂、硝化工艺、硝酸处理或熔解金属、硝酸盐的熔炼等工艺过程中排放的废气等。

大气中氮氧化物的测定方法有分光光度法、化学发光法及电化学法等。最常用的是二氧化氮测定的 Saltzman 法（GB/T 15435—1995）和氮氧化物测定的 Saltzman 法（HJ 479—2009）。两者均为分光光度法。

1）二氧化氮的测定

空气中的二氧化氮与吸收液中的对氨基苯磺酸发生重氮化反应，再与盐酸萘乙二胺作用，生成玫瑰红色的偶氮染料，于波长 540nm 处用分光光度计测定其吸光度。

（1）用亚硝酸盐标准溶液绘制标准曲线时，二氧化氮的浓度用式（2-4）计算：

$$c = \frac{(A - A_0 - a)VD}{bfV_0} \quad (2-4)$$

式中，c 为空气中二氧化氮的浓度，mg/m^3；A 为样品溶液的吸光度；A_0 为试剂空白溶液的吸光度；b 为测得的标准曲线的斜率，吸光度，$mL/\mu g$；a 为测得的标准曲线的截距；V 为采样用吸收液的体积，mL；V_0 为换算成标准状态下的采样体积，L；D 为样品的稀释倍数；f 为 Saltzman 实验系数：$f = 0.88$（当空气中二氧化氮浓度高于 $0.720mg/m^3$ 时，f 值为 0.77）。

（2）用二氧化氮标准气体绘制工作曲线时，空气中二氧化氮的浓度用式（2-5）计算：

$$c = \frac{c_0 VD}{V_0} \quad (2-5)$$

式中，c_0 为工作曲线上查得的二氧化氮浓度，$\mu g/mL$；V 为采样用吸收液体积，mL；V_0 为换算成标准状态下的采样体积，L；D 为样品的稀释倍数。

该方法测定环境空气中的二氧化氮，当采样体积为 4～24L 时，测定二氧化氮的浓度范围为 0.015～2.0mg/m³。空气中臭氧浓度超过 0.25mg/m³ 时，对二氧化氮的测定产生负干扰，采样时在吸收入口处串接一段 15～20cm 长的硅胶管，可避免臭氧干扰。

短时间采样（1h 以内）时，取一支多孔玻板吸收瓶，装入吸收液，标记吸收液液面位置，以 0.4L/min 流量采气 6～24L。若为长时间采样（24h 以内），用大型多孔玻板吸收瓶，内装吸收液，液柱不低于 80mm，以 0.4L/min 流量采气 288L。采样、样品运输及存放过程中应避免阳光照射。气温超过 25℃时，长时间运输及存放样品应采取降温措施。采样后若不能及时分析，应将样品于低温暗处存放。样品于 20℃暗处存放，可稳定 24h；于 0～4℃冷藏，至少可稳定 3d。

2）氮氧化物的测定

氮氧化物的测定方法包括酸性高锰酸钾溶液氧化法和三氧化铬-石英砂氧化法。

（1）酸性高锰酸钾溶液氧化法

采样时，取两支内装吸收液的多孔玻板吸收瓶和一支内装酸性高锰酸钾的氧化瓶，按吸收瓶-氧化瓶-吸收瓶的顺序连接。当空气通过吸收瓶时，二氧化氮被串联的第一支吸收瓶中的吸收液吸收，生成玫瑰红色的偶氮染料。空气中的一氧化氮不与第一支吸收瓶中的吸收液反应，进入串联在两支吸收瓶中间的氧化瓶内，被氧化瓶内的酸性高锰酸钾溶液氧化为二氧化氮，然后进入第二支吸收瓶中，被吸收液吸收生成玫瑰红色偶氮染料。于波长 540nm 处测定两支吸收瓶中吸收液的吸光度。空气中氮氧化物的浓度计算公式见式（2-6）～式（2-8）：

$$c_{NO_x} = c_{NO_2} + c_{NO} \tag{2-6}$$

空气中二氧化氮浓度的计算：

$$c_{NO_2} = \frac{(A_1 - A_0 - a)VD}{bfV_0} \tag{2-7}$$

空气中一氧化氮浓度的（以二氧化氮计）计算：

$$c_{NO} = \frac{(A_2 - A_0 - a)VD}{bfV_0 k} \tag{2-8}$$

式中，c_{NO_2} 为空气中二氧化氮的浓度，mg/m^3；c_{NO} 为空气中一氧化氮的浓度（以二氧化氮计），mg/m^3；c_{NO_x} 为空气中氮氧化物的浓度（以二氧化氮计），mg/m^3；A_1、A_2 为串联的第一支和第二支吸收瓶中样品的吸光度；A_0 为试剂空白溶液的吸光度；b、a 为标准曲线线性回归方程的斜率（吸光度，mL/μg）和截距；V 为采样用吸收液体积，mL；V_0 为换算成标准状态下的气体采样体积，L；k 为一氧化氮转化为二氧化氮的氧化系数，$k = 0.68$；D 为样品的稀释倍数；f 为 Saltzman 实验系数，$f = 0.88$（当空气中二氧化氮浓度高于 $0.720mg/m^3$ 时，f 值为 0.77）。

短时间采样（1h 以内）时，取装有吸收液的多孔玻板吸收瓶和内装酸性高锰酸钾溶液的氧化瓶（液柱不低于 80mm），用尽量短的硅胶管将氧化瓶串联在两支吸收瓶之间，以 0.4L/min 的流量采气 4～24L。长时间采样（24h）则需取大型内装吸收液的多孔玻板吸收瓶，液柱不低于 80mm，标记液面位置。再取内装酸性高锰酸钾溶液的氧化瓶，接入采样系统，以 0.2L/min 流量采气 288L。

（2）三氧化铬-石英砂氧化法

空气中的氮氧化物经过三氧化铬-石英砂氧化管后，以二氧化氮的形式与吸收液中的氨基磺酸进行重氮化反应，再与盐酸萘乙二胺偶合，生成玫瑰红色偶氮染料，于波长540nm处测定吸光度。

空气中的氮氧化物的浓度按式（2-9）计算：

$$c_{\mathrm{NO}_x} = \frac{(A - A_0 - a)VD}{bfV_0} \qquad (2\text{-}9)$$

式中，c_{NO_x} 为空气中氮氧化物的浓度（以二氧化氮计），mg/m³；A 为样品的吸光度；A_0 为试剂空白溶液的吸光度；b、a 为标准曲线线性回归方程的斜率（吸光度，mL/μg）和截距；V 为采样用吸收液体积，mL；V_0 为换算成标准状态下的气体采样体积，L；D 为样品的稀释倍数；f 为 Saltzman 实验系数，$f = 0.88$（当空气中二氧化氮浓度高于 0.720mg/m³ 时，f 值为 0.77）。

采样时，取一支多孔玻板吸收瓶，装入吸收液，标记液面位置，用一小段硅胶管将氧化管连接在吸收瓶的入口端（管口稍向下倾斜），以 0.4mL/min 流量采气 4~24L。采样、样品运输和存放过程中应避免阳光照射。三氧化铬-石英砂氧化管适合在空气相对湿度为 30%~70% 时使用，空气相对湿度较大（接近70%）时应勤换氧化管。氧化管因吸湿引起板结或部分变为绿色，应及时更换[22]。

2.2.2.3 一氧化碳的测定

一氧化碳是大气中的主要污染气体之一，主要来源于炼焦、炼钢、炼铁、炼油、汽车尾气及家庭用煤的不完全燃烧。一些自然灾害如火山爆发、森林火灾等也是其来源之一。

一氧化碳（CO）是无色无臭的气体，是一种窒息性的有毒气体，由于CO和血液中有输氧能力的血红蛋白的亲和力比氧气和血红蛋白的亲和力高 200~300 倍，因而能很快和血红蛋白结合形成碳氧血红蛋白，使血液的输氧能力大大降低，导致心脏、大脑等重要器官严重缺氧。中毒轻时，会出现头晕、恶心、头痛等症状；中毒严重时，会发生心悸、昏睡、窒息，直至死亡。

测定废气中 CO 的方法有非分散红外吸收法、气相色谱法和间接冷原子吸收法等。

1）非分散红外吸收法

CO 的红外吸收峰在 4.5μm 附近，CO_2 在 4.3μm 附近，水蒸气在 3μm 和 6μm 附近。因为空气中 CO_2 和水蒸气的浓度远大于 CO 的浓度，故干扰 CO 的测定。在测定前用制冷或通过干燥剂的方法可除去水蒸气；用窄带光学滤光片或气体滤波室将红外辐射限制在 CO 吸收的窄带光范围内，可消除 CO_2 的干扰。

非分散红外吸收法 CO 监测仪的工作原理见图 2-8。从红外光源发射出能量相等的两束平行光，被同步电机带动的切光片交替切断。一束光通过比较室，称为参比光束，光强度不变；另一束光称为测量光束，通过试样室。由于试样室内有气样通过，气样中的 CO 吸收了部分特征波长的红外光，使射入检测室的光束强度减弱；CO 含量越高，光强减弱越多。射入检测室的参比光束强度大于测量光束强度，使两室中气体的温度产生差异，从而改变电容器的电容，由其变化值即可得出气样中 CO 的浓度值，用电子技术将电容量变化转变成电位变化，经放大及信号处理后，由指示表和记录仪显示和记录测定结果。测定时，先通入纯氮气进行零点校正，再用标准 CO 气体校正，最后通入气样，便可直接显示、记录气样中 CO 浓度，以 mg/m³表示[23]。

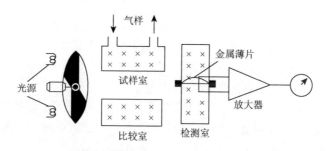

图 2-8 非分散红外吸收法 CO 监测仪的工作原理

2）气相色谱法

大气中的 CO、CO_2 和 CH_4 经 TDX-01 碳分子筛柱分离后，于氢气流中在镍催化剂（(360±10)℃）作用下，CO、CO_2 皆能转化为 CH_4，然后用氢焰离子化检测器（flame ionization detector, FID）分别测定上述 3 种物质，其出峰顺序为 CO、CH_4、CO_2。此法有较高的灵敏度，同时还能检测 CO_2 和 CH_4。

测定时，先在预定实验条件下用定量管加入各组分的标准气样，测其峰高，按式（2-10）计算定量校正值：

$$K = \frac{c_s}{h_s} \tag{2-10}$$

式中，K 为定量校正值，表示每毫米峰高代表的 CO（或 CH_4、CO_2）质量浓度，mg/m³；c_s 为标准气样中 CO（或 CH_4、CO_2）质量浓度，mg/m³；h_s 为标准气样中 CO（或 CH_4、CO_2）峰高，mm。

在与测定标准气相同的条件下测定气样，测量各组分的峰高（h_s），按式（2-11）计算 CO（或 CH_4、CO_2）的浓度 c_s：

$$c_s = K h_s \tag{2-11}$$

为保证催化剂的活性,在测定之前,转化炉应在 360℃下通气 8h;氢气和氮气的纯度应高于 99.9%。当进样量为 2mL 时,对 CO 的检测限为 0.2mg/m³。

3) 间接冷原子吸收法

间接冷原子吸收法也称汞置换法。该方法基于气样中的 CO 与活性氧化汞在 180~200℃发生反应,置换出汞蒸气,带入冷原子吸收测汞仪测定汞的含量,再换算成 CO 浓度。置换反应式如下:

$$CO(g) + HgO(s) \xrightarrow{180\sim200℃} Hg(g) + CO_2(g)$$

间接冷原子吸收法 CO 测定仪的工作流程为:空气经灰尘过滤器、活性炭管、分子筛管及硫酸亚汞硅胶管等净化装置除去尘埃、水蒸气、二氧化硫、丙酮、甲醛、乙烯和乙炔等干扰物质后,通过流量计、六通阀,由定量管取样送入氧化汞反应室,被 CO 置换出的汞蒸气随气流进入测量室,吸收低压汞灯发射的 253.7nm 紫外线,用光电管、放大器及显示、记录仪表测量吸光度,以实现对 CO 的定量测定。测定后的气体经碘-活性炭吸附管由抽气泵抽出排放。

空气中的氢干扰测定,可在校正零点时消除。校正零点时将霍加特氧化管串入气路,将空气中的 CO 氧化为 CO_2 后作为零气。

测定时,先将适宜浓度(c_s)的 CO 标准气由定量管进样,测量吸收峰高(h_s)或吸光度(A_0);再由定量管进气样,测其峰高(h_x)或吸光度(A_0),按式(2-12)计算气样中 CO 浓度(c_X)。该方法检出限为 0.04mg/m³。

$$c_X = \frac{c_s}{h_s} h_x \tag{2-12}$$

2.2.2.4 总烃及非甲烷总烃的测定

总碳氢化合物有两种表示方法,一种是包括甲烷在内的碳氢化合物 $C_1\sim C_8$,称为总烃(THC);另一种是除甲烷以外的碳氢化合物 $C_2\sim C_8$,称为非甲烷总烃(NMHC)。

人为排放的烃类物质绝大部分为非甲烷总烃,主要工业排放来源为油类燃烧、各类有机物质的焚烧、溶剂蒸发、石油及石油制品的贮存和运输损耗、废物提炼等。

一般认为,甲烷在空气中即使达到高浓度也不会对健康造成危害,除非是造成窒息或爆炸燃烧,所以一般以非甲烷总烃来衡量环境污染的程度。非甲烷总烃对人体健康的直接影响主要是对中枢神经系统的麻醉作用;对皮肤黏膜有一定的刺激作用,严重的可引起皮炎湿疹;非甲烷总烃引起的急性中毒很少见。

非甲烷总烃的环境危害性主要是它与二氧化氮在阳光作用下,经一系列复杂的反应而生成光化学烟雾。而甲烷不参与光化学反应。

测定总烃和非甲烷总烃的主要方法为气相色谱法和光电离检测法等，我国颁布的总烃测定方法标准是气相色谱法（HJ 604—2017）。

1）气相色谱法

以氮气或去甲烷净化空气为载气，气相色谱仪中并联了两根色谱柱：一根是空柱，用于测定总烃；另一根填充 GDX-502 担体，用于测定甲烷。检测器为氢焰离子化检测器（FID）。

大气试样、甲烷标准气样及除烃净化空气依次通过色谱柱到达检测器，可分别得到三种气体的色谱峰。设大气试样总烃峰高（包括氧峰）为 h_t，甲烷标准气样峰高为 h_s，除烃净化空气峰高为 h_a。

$$总烃（以 CH_4 计，mg/m^3）= \frac{h_t - h_a}{h_s} \times c_s \qquad (2\text{-}13)$$

$$甲烷烃（以 CH_4 计，mg/m^3）= \frac{h_m}{h_s'} \times c_s \qquad (2\text{-}14)$$

式中，c_s 为甲烷标准气浓度，mg/m^3。

在相同色谱条件下，大气试样、甲烷标准气样经 GDX-502 柱分离到达检测器，可得到气样中甲烷的峰高 h_m 和甲烷标准气样中甲烷的峰高 h_s。按式（2-13）和式（2-14）计算总烃、甲烷烃的含量。非甲烷烃浓度可以通过总烃浓度与甲烷浓度的差值求得。

2）光电离检测法

光电离检测法依据的是有机化合物分子在紫外线照射下可产生光电离现象。收集产生的离子流的检测器为光电离检测器（PID）。凡是电离能小于光电离紫外辐射能的物质（至少低 0.3eV）均可被电离测定。光电离检测法通常使用 10.2eV 的紫外光源，此时氧、氮、二氧化碳、水蒸气等电离电位>11eV，不被电离；甲烷的电离能为 12.98eV，也不被电离，这样可直接测定大气中的非甲烷烃。因此，这种仪器对测定空气中挥发性有机物十分有用。

2.2.2.5 室内空气中甲醛的测定方法（气相色谱法）

本方法主要依据《公共场所卫生检验方法 第 2 部分：化学污染物》（GB/T 18204.2—2014）。空气中甲醛在酸性条件下吸附在涂有 2,4-二硝基苯肼（2,4-DNPH）6201 担体上，生成稳定的甲醛腙。用二硫化碳洗脱后，经色谱柱分离，用氢焰离子化检测器测定，以保留时间定性，峰高（峰面积）定量。

1）标准曲线

取 5 支采样管，各管取下一端玻璃棉，向吸附剂表面滴加一滴（约 50μL）浓度为 2mol/L 的盐酸溶液。然后，用微量注射器分别准确加入甲醛标准溶液（1.00mL 含 1mg

甲醛），制成在采样管中的吸附剂上甲醛含量在 0~20μg 范围内有 5 个浓度点标准管，再填上玻璃棉，反应 10min。将各标准管内吸附剂分别移入 5 个 5mL 具塞比色管中，各加入 1.0mL 二硫化碳，稍加振摇，浸泡 30min，即甲醛洗脱溶液标准系列。取 5.0μL 各个浓度点的标准洗脱液，进色谱柱，得色谱峰和保留时间。每个浓度点重复做三次，测量峰高（峰面积）的平均值。以甲醛的浓度（μg/mL）为横坐标，平均峰高或峰面积为纵坐标，绘制标准曲线，并计算回归线的斜率。以斜率的倒数作为样品测定的计算因子。

2）校正因子

在测定范围内，可用单点校正法求校正因子。在样品测定同时，分别取试剂空白溶液与样品浓度相接近的标准管洗脱溶液，按气相色谱最佳测试条件进行测定，重复做三次，得峰高（峰面积）的平均值和保留时间。按式（2-15）计算因子：

$$f = \frac{c_0}{h - h_0} \quad (2\text{-}15)$$

式中，f 为校正因子；c_0 为标准溶液浓度，μg/mL；h 为标准溶液平均峰高（峰面积）；h_0 为试剂空白溶液平均峰高（峰面积）。

计算甲醛浓度时，若用标准曲线法，则按式（2-16）计算空气中甲醛的浓度：

$$c = \frac{(h - h_0) B_g}{V_0 E_s} V_1 \quad (2\text{-}16)$$

式中，c 为空气中甲醛浓度，mg/m^3；h 为样品溶液峰高（峰面积）的平均值；h_0 为试剂空白溶液峰高（峰面积）的平均值；B_g 为用标准溶液制备标准曲线得到的计算因子；V_1 为样品洗脱溶液总体积，mL；E_s 为由实验确定的平均洗脱效率；V_0 为换算成标准状态下的采样体积，L。

若用单点校正法，则按式（2-17）计算空气中甲醛的浓度：

$$c = \frac{(h - h_0) f}{V_0 E_s} V_1 \quad (2\text{-}17)$$

式中，c 为空气中甲醛浓度，mg/m^3；h 为样品溶液峰高（峰面积）的平均值；h_0 为试剂空白溶液峰高（峰面积）的平均值；f 为用单点校正法得到的校正因子；V_0 为换算成标准状态下的采样体积，L；E_s 为由实验确定的平均洗脱效率；V_1 为样品洗脱溶液总体积，L。

2.2.2.6 氨的测定方法（光离子化气相色谱法）

将空气样品直接注入光离子化气相色谱仪，样品由色谱柱分离后进入离子化室，在真空紫外（VUV）光子的轰击下，将氨电离成正负离子。测量离子电流的大小，就可确定氨的含量，根据色谱柱的保留时间对氨进行定性分析。该方法需进样 1mL，浓度测定范围为 0.05~100mg/m³，检出限为 0.05mg/m³。

1）标准曲线的绘制外标法

氨标准气体系列配制见表 2-2。

表 2-2　氨标准气体系列配制

氨标准气体浓度/(mg/m³)	氨储备气(100mg/m³)取样量	用高纯氮气定容后体积/mL
1	1mL	100
0.8	0.8mL	100
0.5	0.5mL	100
0.3	0.3mL	100
0.1	100μL	100

分别抽取上述浓度的氨标准气体各 1mL 进样，测量保留时间及峰高（峰面积）。根据保留时间对氨定性，以其峰高（峰面积）进行定量分析。每个浓度重复 3 次分析，取其中两次峰高（峰面积）接近者的平均值。分别以氨的浓度为横坐标，峰高（峰面积）平均值为纵坐标，绘制标准曲线。

2）样品的定性和定量分析

在相同的色谱条件下，从采样气袋中准确抽取被测样气 1mL 进样。根据保留时间对样品中的氨定性，并以其峰高（峰面积）进行定量分析。每个样品重复 3 次分析，取其中两次峰高（峰面积）接近者的平均值。

根据氨标准曲线，对样品中的氨进行定量计算。变异系数取决于进样误差（小于 5%）；准确度取决于标准气的不确定度（小于 2%）和仪器的稳定性（小于 1%）。

另外，一般采用椰子壳活性炭和 5A 分子筛排除、净化载气中的污染物，降低背景值，提高灵敏度，消除样品电离电位高于 10.6eV 的化学物质干扰；加之采用了气相色谱分离技术，选择合适的色谱分离条件，可以消除样品中其他有机杂质气体对被测物质的干扰[24]。

2.2.2.7　苯、甲苯、二甲苯的测定方法（毛细管气相色谱法）

毛细管气相色谱法主要依据《居住区大气中苯、甲苯和二甲苯卫生检验标准方法　气相色谱法》（GB 11737—1989）[25, 26]。

空气中苯、甲苯、二甲苯用活性炭管采集，然后用二硫化碳提取出来。用氢焰离子化检测器的气相色谱仪分析，以保留时间定性，峰高（峰面积）定量。采样量为 20L 时，用 1mL 二硫化碳提取，进样 1μL，苯的测定范围为 0.025~20mg/m³，甲苯为 0.05~20mg/m³，二甲苯为 0.1~20mg/m³。

采样时,在采样地点打开活性炭管,两端孔径至少为 2mm,与空气采样器入气口垂直连接,以 0.5L/min 的速度,抽取 25L 空气。采样后,将管的两端套上塑料帽,并记录采样时的温度和大气压力。样品可保存 5d。

在与样品分析相同的条件下,绘制标准曲线和测定计算因子。于 3 个 50mL 容量瓶中,先加入少量二硫化碳,用 1μL 微量注射器准确取一定量的苯、甲苯和二甲苯(20℃时,1μL 苯重 0.8787mg,甲苯重 0.8669mg,邻、间、对二甲苯分别重 0.8802mg、0.8642mg、0.8611mg)分别注入容量瓶中,加二硫化碳至刻度,配成一定浓度的储备液。临用前取一定量的储备液用二硫化碳逐级稀释成苯、甲苯、二甲苯各有 4 种含量分别为 0.5μg/mL、1.0μg/mL、2.0μg/mL、4.0μg/mL 的标准液。取 1μL 标准液进样,测量保留时间及峰高(峰面积)。每个浓度重复 3 次,取峰高(峰面积)的平均值。分别以苯、甲苯和二甲苯的含量(μg/mL)为横坐标,平均峰高(峰面积)为纵坐标,绘制标准曲线。并计算回归线的斜率,以斜率的倒数 B 作样品测定的计算因子。

将采样管中的活性炭倒入具塞刻度试管中,加 1.0mL 二硫化碳,塞紧管塞,放置 1h,并不时振摇。取 1μL 进样,用保留时间定性,峰高(峰面积)定量。每个样品进行 3 次分析,求峰高(峰面积)的平均值。同时,取一个未经采样的活性炭管按样品管同时操作,测量空白管的平均峰高(峰面积)。

计算时,将采样体积换算成标准状态下的采样体积。空气中苯、甲苯和二甲苯的浓度按式(2-18)计算:

$$c = \frac{(h-h')VB_s}{V_0 E_s} \quad (2-18)$$

式中,c 为空气中苯或甲苯、二甲苯的浓度,mg/m³;h 为样品峰高(峰面积)的平均值;h' 为空白管的峰高(峰面积);B_s 为计算因子;E_s 为由实验确定的二硫化碳提取效率;V_0 为标准状况下采样体积,L。

空气中水蒸气或水雾量太大,以致在炭管中凝结时,严重影响活性炭的穿透容量和采样效率。空气湿度为 90%时,活性炭管的采样效率仍然符合要求。空气中的其他污染物干扰由于采用了气相色谱分离技术,选择合适的色谱分离条件就可以消除。

2.2.2.8 氡的测定(气球法)

气球法属主动式采样,能测量出采样瞬间空气中氡及其子体浓度,探测下限:氡 2.2Bq/m³,子体 5.7×10^{-7} J/m³。气球法采样系统如图 2-9 所示,其工作原理同双滤膜法,只不过气球代替了衰变筒。把气球法测氡和马尔可夫法测潜能联合起来,一次操作用 26min,即可得到氡及其子体 α 潜能浓度。其时间程序如图 2-10 所示。气球法的详细介绍请参见文献[27]。

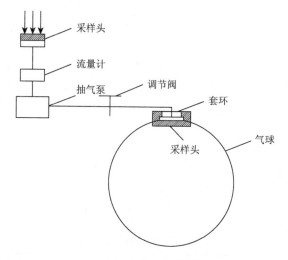

图 2-9 气球法采样系统

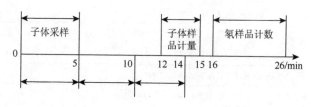

图 2-10 气球法采样系统时间程序

2.2.2.9 总挥发性有机化合物的测定方法（气相色谱法）

气相色谱法主要依据《民用建筑工程室内环境污染控制规范》（GB 50325—2010）[28]。选择合适的吸附剂 Tenax-TA，用吸附管采集一定体积的空气样品，空气流中的总挥发性有机化合物保留在吸附管中。采样后，将吸附管加热，解吸总挥发性有机化合物，待测样品随惰性载气进入毛细管气相色谱仪。用保留时间定性，峰高（峰面积）定量。

将采样体积换算成标准状态下的采样体积。空气样品中各组分的含量，应按式（2-19）计算：

$$C_i = \frac{m_i - m_0}{V_0} \tag{2-19}$$

式中，C_i 为空气样品中 i 组分含量，mg/m^3；m_i 为被测样品中 i 组分的量，μg；m_0 为室外空气空白样品中组分含量，μg；V_0 为标准状态下的采样体积，L。

按式（2-20）计算空气样品中总挥发性有机化合物的含量：

$$TVOC = \sum_{i=1}^{n} C_i \qquad (2-20)$$

式中，TVOC 为标准状态下空气样品中总挥发性有机化合物的含量，mg/m³。

注：当与总挥发性有机化合物有相同或几乎相同的保留时间的组分干扰测定时，宜通过选择适当的气相色谱柱，或通过用更严格的选择吸收管和调节分析系统的条件，将干扰减到最低。

2.2.3 国内外有害气体检测技术标准

我国有害气体检测标准汇总如表 2-3 所示。

表 2-3 我国有害气体检测标准汇总

项目名称	依据的标准名称、代号（含年号）	监控浓度限值（非最大排放浓度）
一氧化碳	气相色谱法（《空气和废气监测分析方法》，国家环境保护局（1990））	0.2mg/m³
氮氧化物	盐酸萘乙二胺比色法（GB 8969—1988）	0.01mg/m³
	Saltzman 法（GB/T 15436—1995）	0.015mg/m³
二氧化氮	Saltzman 法（GB/T 15435—1995）	0.015～2.0mg/m³
氨	纳氏试剂比色法（GB/T 14668—1993）	0.5mg/m³
氰化氢	异烟酸-吡唑啉酮分光光度法（HJ/T 28—1999）	无组织排放：2×10⁻³mg/m³ 有组织排放：0.09mg/m³
臭氧	靛蓝二磺酸钠分光光度法（GB/T 15437—1995）	0.03～1.200mg/m³
氟化物	石灰滤纸-氟离子选择电极法（GB/T 15433—1995）	0.18μg/m³
	滤膜·氟离子选择电极法（GB/T 15434—1995）	0.5μg/m³
	离子选择电极法（《空气和废气监测分析方法》，国家环境保护局（1990））	1～1000mg/m³
	甲醛吸收-副玫瑰苯胺分光光度法（GB/T 15262—1994）	0.007mg/m³
二氧化硫	碘量法（HJ/T 56—2000）	100～6000mg/m³
	定电位电解法（HJ/T 57—2000）	15～14300mg/m³
铬酸雾	二苯基碳酰二肼分光光度法（HJ/T 29—1999）	无组织排放：5×10⁻⁴mg/m³ 有组织排放：5×10⁻³mg/m³
硫化氢	亚甲基蓝分光光度法（《空气和废气监测分析方法》，国家环境保护局（1990））	0.001mg/m³
硫酸雾	二乙胺分光光度法（《空气和废气监测分析方法》，国家环境保护局（1990））	0.0005mg/m³
二硫化碳	气相色谱法（《空气和废气监测分析方法》，国家环境保护局（1990））	0.033mg/m³
氯气	甲基橙分光光度法（HJ/T 30—1999）	无组织排放：0.03mg/m³ 有组织排放：0.2mg/m³

续表

项目名称	依据的标准名称、代号（含年号）	监控浓度限值（非最大排放浓度）
氯化氢	离子色谱法（《空气和废气监测分析方法》，国家环境保护局（1990））	25～1000mg/m³
	硫氰酸汞分光光度法（HJ/T 27—1999）	无组织排放：0.05mg/m³ 有组织排放：0.9mg/m³
沥青烟	重量法（HJ/T 45—1999）	1.7～2000mg/m³
汞	冷原子吸收法（《空气和废气监测分析方法》，国家环境保护局（1990））	0.01～30mg/m³
总烃	气相色谱法（GB/T 15263—1994）	0.14mg/m³
甲烷	气相色谱法（《空气和废气监测分析方法》，国家环境保护局（1990））	0.14mg/m³
非甲烷总烃	气相色谱法（HJ/T 38—1999）	0.12～32mg/m³
苯系物	气相色谱法（GB/T 14677—1993）	1×10^{-3}～2.0×10^{-3}mg/m³
	气相色谱法（《空气和废气监测分析方法》，国家环境保护局（1990））	苯、甲苯 0.5mg/m³ 二甲苯、苯乙烯 1.0mg/m³
硝基苯	气相色谱法（《空气和废气监测分析方法》，国家环境保护局（1990））	0.005mg/m³
	锌还原-盐酸萘乙二胺分光光度法（GB/T 15501—1995）	6～1000mg/m³
有机硫化物	气相色谱法（《空气和废气监测分析方法》，国家环境保护局（1990））	2mg/m³
甲醛	乙酰丙酮分光光度法（GB/T 15516—1995）	0.5mg/m³
	酚试剂分光光度法（《空气和废气监测分析方法》，国家环境保护局（1990））	0.01mg/m³
酚类化合物	4-氨基安替比林分光光度法（HJ/T 32—1999）	无组织排放：0.03mg/m³ 有组织排放：0.3mg/m³
	气相色谱法《空气和废气监测分析方法》，国家环境保护局（1990）	0.012mg/m³
苯胺类	盐酸萘乙二胺分光光度法（GB/T 15502—1995）	0.5～600mg/m³
光气	苯胺紫外分光光度法（HJ/T 31—1999）	无组织排放：0.02mg/m³ 有组织排放：0.4mg/m³
甲醇	气相色谱法（HJ/T 33—1999）	2mg/m³
乙醛	气相色谱法（HJ/T 35—1999）	4×10^{-2}mg/m³
氯苯类	气相色谱法（HJ/T 39—1999）	氯苯 0.05mg/m³ 1,4-二氯苯 0.10mg/m³ 1,2,4-三氯苯 0.11mg/m³
硫化氢	亚甲基蓝分光光度法（《空气和废气监测分析方法》，国家环境保护局（1990））	0.001mg/m³

美国烟气 SO_2 监测方法为过氧化氢-高氯酸钡-钍试剂法,德国方法为碘液吸收-硫代硫酸钠反滴定法,日本方法为过氧化氢-氢氧化钠中和滴定法、过氧化氢-乙酸钡-偶氮胂-III沉淀法。另外,在国外,便携式仪器,例如,HORIBAPG-250(非分散红外吸收法测定 SO_2、CO 和 CO_2,化学发光法测定 NO_x,电化学法测定 O_3)可作为备用仪器,当安装在固定源上的烟气在线监测系统 CEMS 出现故障时,临时承担 CEMS 的监测任务。标准的发布、检验手段的完善和仪器质量的提高,大大增强了使用仪器的信心,降低了工作强度,提高了效率。监测前、后用标准气体对仪器进行运行检查,进一步提高了测定结果的准确度和可靠性[29, 30]。

2.3 空气中生物菌类检测监测装备

2.3.1 微生物气溶胶的采样仪器及原理概述

气溶胶危害评价的三项指标是气溶胶粒子的成分、气溶胶粒子的浓度和气溶胶粒子的大小。包括病毒气溶胶在内的气溶胶采样检测的一切过程都必须尽可能真实反映出这三个参数。因此,在选择采样方法时要充分考虑其研究的对象、目的和内容,并对各类采样器的原理、性能以及使用条件做深入精确的了解[31]。在广泛了解气溶胶粒子动力学各种概念的基础上,对活体微生物气溶胶粒子的特性如存活力、可测性等也要进行必需的考虑[32]。微生物气溶胶属于空气生物学范畴,或称空气微生物学。以往空气生物学研究技术在细菌、花粉和真菌采检方面都有广泛的应用[33]。其中某些方法也可直接或经过改进后用于病毒气溶胶的采样[34, 35]。

2.3.1.1 撞击法

气溶胶粒子在获得足够的惯性后脱离气流时能够撞击在收集分离表面上。这一原理的采样器有分级式撞击采样器(cascade impactor)、安德森(Anderson)生物采样器等[36, 37]。这类采样器的设计都是用抽气泵把气溶胶抽入带有气体的喷嘴且在喷嘴对面置有撞击板。分级式撞击采样器有多个逐级变小的喷嘴,故称多级撞击式采样器(multistaged impactor),收集的粒子也逐级变小。喷嘴气流加速度和撞击距离是决定捕获粒子大小范围的主要参数。一般生物采样器把气溶胶粒子收集在一个慢速转动琼脂表面上。Anderson 发明的多级筛孔撞击式采样器由国际空气生物学会确定为监测空气微生物生物粒子的标准采样器。

Anderson 多级筛孔撞击式采样器容量低,灵敏度不够,采样时间过长影响微生物的存活,因此 May 建议使用大容量撞击式采样器如 Casella($0.7m^3/min$)和 Pagoda 采样器($1.0m^3/min$)。

气溶胶粒子大小测定视研究目的和对象可以采取各种多级采样方法。气溶胶粒子大小在多种研究中,如气溶胶的感染力、扩散和病毒的稳定性研究都是很重要的参数[38, 39]。它影响气溶胶对呼吸道的穿透和沉着部位,进而决定其原发感染部位和概率。例如,粒径小于 5.0μm 的粒子沉积在肺深部可导致肺原发性感染,粒径大于 5μm 的粒子沉积在上呼吸道,除了可能引起上呼吸道感染,还可能随痰液咽下引起原发性消化道感染[40-42]。

2.3.1.2 气旋法

把气溶胶流以直角切线方向引入采样器冲击一种连续的液态膜形成薄雾,且使粒子借助离心力和冲洗撞击在容器壁上。该液态膜呈螺旋运动到一个贮存器中,通过容器的轻微吸力收集气溶胶样品。这些容器包括玻璃、塑料、不锈钢制品。空气采样流量每分钟可达 0.9ft³①,液体流量达 1~4mL/min。由蠕动泵或螺旋活塞泵供应冲洗液。研究表明,螺旋泵冲洗的采样效率比较高[43]。用于枯草芽孢杆菌黑色变种气溶胶采样的效率是 AGI-30 采样器的 63%~133%,且受其结构、粒子大小和收集液的影响。用 0.06%Tween 80 可以提高其回收率,但对黏质沙雷氏菌气溶胶的回收率无提高作用,可以用常规方法对其消毒[44]。

2.3.1.3 冲击法

冲击原理采样对微生物的作用比培养基表面采样激烈,其用于微生物气溶胶浓度测定而不是粒子浓度的测定,是一种极为方便的方法。

全玻璃液体冲击式采样器(AGI)是一种简单、成本低、易于消毒处理的采样器[45],世界空气生物学会把 AGI-30 型推荐为标准采样器。它可以高速冲击(0.0125m³/min),也可以低速冲击。为了减少收集液体中微生物的死亡和气溶胶化,发展了低速(low-speed)和水洗式采样器,如微型、多孔气泡切线采样器。一种预置冲击器(pre-impinger)可与 AGI 配合使用,多级液体冲击器也用于微生物气溶胶浓度和粒度的测定。

采集气体的特性受干冷、化学成分等影响,采样液可能发生蒸发及 pH、渗透压的改变,甚至发生冰冻等,因此采样时间不能过长。但较低的采样流量和较短的采样时间又限制了此采样器的灵敏度,为了增加灵敏度,May 等研制了一种大容量多级冲击式采样器(large volume multi slit impinger)[46, 47]。其采样流量约为

---

① 1ft³≈0.028m³。

$1.0m^3/min$,在废水灌溉产生的气溶胶包括噬菌体气溶胶的研究中得到了应用。这种采样器虽然对黏质沙雷氏菌的采样效率只是 AGI-30 的 80%,对于枯草芽孢杆菌黑色变种是 78%,但由于采集流量大,它的灵敏度还是得到了提高。采样空气量为 55L/min 时,6μm 粒子有 50%收集在第Ⅰ级,3.3μm 粒子有 50%收集在第Ⅱ级,第Ⅲ级收集较小的粒子。

2.3.1.4 过滤法

虽然悬液中的微生物可以用滤器过滤后进行分析或处理,但病毒气溶胶的过滤采样效率受很多复杂因素影响,如粒子大小、电荷和滤材性能等。以往有些工作用棉花、可溶性明胶和分子滤膜等对细菌气溶胶进行研究获得了一些成果,但是对于病毒气溶胶不适宜大量长时间的采样,因为气流的吹击、干燥等作用能使病毒很快衰亡。Wallis 对用分子滤膜采集病毒气溶胶有新的方法,他用 pH = 3.5 的甘油缓冲液湿润滤膜(孔径 0.45μm)后进行空气采样(100L/min),用 800mL pH = 10 的甘油缓冲液洗下病毒后,将其 pH 调到 3.5,再加氯化铝(0.0005mol/L),以 0.25μm 微孔滤膜过滤。最后用 6mL 甘油缓冲液(pH = 10)将滤膜上的病毒洗下定量分析。

2.3.1.5 静电沉降法

静电沉降(electrostatic precipitation)法即将气溶胶粒子静电沉降在湿表面上。这一原理已应用于大容量空气采样器(large-volume air sampler,LVAS),其空气流量为 $1\sim10m^3/min$。现有两型,Litton Moder M LVAS 和 LEAP 均美国生产,都是为检测低浓度空气病毒而设计的。

美国新兵营急性呼吸道传染病流行期间用 LVAS 在室内采集到了腺病毒(adenovirus),在这以前用低容量采集检测呼吸道病毒的尝试很少成功。在用 AGI 采集洞穴狂犬病毒失败以后,用 LVAS 尝试获得了成功,同样对鼠白血病病毒的采样也是如此。此外,用它还成功地采集分离到了口蹄疫和新城鸡瘟病毒气溶胶;在野外采集到了细菌噬菌体和肠道病毒。但这种采样器使用不大方便。

2.3.1.6 自然沉降法

用自然沉降(sedimentation)法测定微生物气溶胶最简单、最便宜,应用范围相当广,在一定条件下沉降的病毒可以直接收集在某种表面上。例如,在相当洁净的环境中,空气病毒可直接收集在单层细胞表面上,在用培养基覆盖的细胞表面上进行培养分析。这种方法常常在噬菌体气溶胶研究中使用。

国内外文献中，至今仍然可以看到用自然沉降法测定空气微生物的研究报告，这说明它仍有一定的使用价值，特别是在缺乏其他采样仪器时更是如此。

自然沉降法是 20 世纪 40 年代苏联学者创立的，在当时和以后，它在空气卫生学或卫生细菌学中的确起到了一些作用。随着空气生物学新技术的不断发展和气溶胶物理学的深入研究，很多专家认为这种方法是不准确的。因为不同大小的粒子沉降速度是不一样的，采样概率不均等，势必造成粒子浓度和组分分析的误差。此外，由于自然沉降法是被动采样，粒子的飘移、扩散、沉降受许多气体动力学因素如微小气流的干扰，这会造成很大的误差。特别是自然沉降法对小粒子采样效率极低，而小粒子容易进入人体肺的深部起作用，所以用自然沉降法检测评价病毒气溶胶呼吸道感染的意义受到限制。

2.3.2 空气中典型生物菌类取样装置分类及范围

在广泛了解气溶胶动力学概念的基础上，对活体生物菌气溶胶粒子的特性如存活率、可测性等也要进行考虑。生物菌气溶胶属于空气生物学范畴，或称为空气微生物学。以往空气微生物学研究技术在细菌和真菌采检方面都有广泛的应用。

2.3.2.1 根据不同原则分类

按采样方式不同分类，生物菌类取样装置可分为Ⅰ类和Ⅱ类。Ⅰ类采样器是将生物菌直接采集到固体培养基上，如 Anderson 采样器。Ⅱ类采样器是把生物菌先采集到液体或其他介质上，再转种到培养基或细胞上显示，如 Porton 采样器。

按采样器的流量分类，可分为大、中、小三类。有的以采样器流量的有效数字分，3 位数以上为大流量，2 位数为中流量，1 位数为小流量。有人又以流量的具体数分，≥500L/min 为大流量，≤10L/min 为小流量，余者为中流量。根据习惯，可以把 350L/min 的流量也划分为大流量，这些分法并不重要，重要的是根据不同情况正确选用。

按采样所用介质性质分类，生物菌类取样装置还可分为固体和液体撞击式采样器。

2.3.2.2 根据采样器的工作原理分类

空气中生物菌的采集方法很多，原理各不相同。Davis 和 Wolf 分为 5 种；Raynor 分为 6 种；《生物战医学防护》一书又分为 7 种。现归纳为 6 种原理。

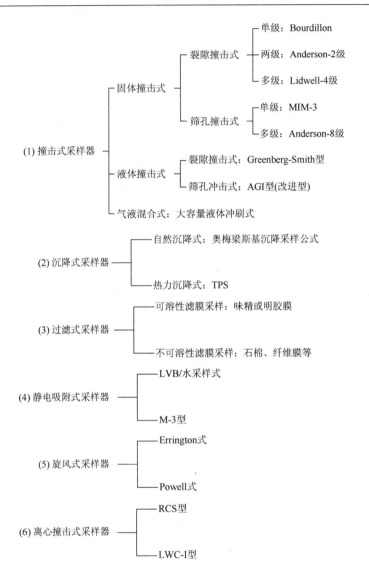

2.3.2.3 各类采样器的优点与缺点

空气生物菌采样器的最基本要求是保证采样生物菌保持已有的活性,并能使其快速生长以避免受到外界不利因素的影响损伤,这样Ⅰ类采样器比Ⅱ类更有利。自然沉降式及旋风式采样器和离心撞击式采样器都适合大粒子采样,RCS型离心撞击式采样器采集的粒径谱范围更大[48,49]。过滤式采样器的优点是收集效率较高,缺点是阻力太大。大流量固体撞击式采样器中固体易干燥,有损采样粒子活性,但由于其流量较大可以采集到小流量采样器不易收集的空气中含量稀少的生物菌类。

综上，不同类型采样器各有利弊，应根据不同特点、不同目的灵活掌握，选用最适合的采样器。

2.3.2.4 Mark 推荐的几种常用采集活的生物菌气溶胶采样器

几种常用采集活的生物菌气溶胶采样器如表 2-4 所示。

表 2-4　几种常用采集活的生物菌气溶胶采样器

采样器	原理	流量/(L/min)	采样时间/min	应用
Anderson 多节	撞击	28.3	20 最大	中-低浓度的细菌和病毒气溶胶
Anderson 两节	撞击	14～28.3	1 最小	中-低浓度的细菌和病毒气溶胶
AGI-30	液体冲击	12.5	15～30 最大	细菌、病毒
LVS	静电沉降	500～10000	不限	细菌、病毒
MF	滤膜过滤	5～50	几分	采芽孢、细菌、病毒
Open Petri dish	重力沉降	—	0～240	偏重于收集大粒子
涂介质的沉降表面	重力沉降	—	不限	收集大粒子和芽孢
RCS 型	离心撞击	40	1～8	$>3\mu m$ 的细菌和病毒
多级液体撞击器	冲击	55	不变	收集单个细胞

2.3.2.5 生物菌气溶胶采检的发展趋势

任何空气生物菌采样都要求保证标本尽可能反映原始状态，这是总要求。但到目前为止，还没有一种采样技术能满足这一要求。原因有三：①悬浮于空气中的微生物在某种程度上采样时都会受损，它不能忍受采样头高速气流的冲击、采样时通风干燥或机械撞击和培养时选择性试剂的刺激。②空气中有细菌、真菌、立克次氏体及病毒等，目前还未能研制出能全部回收它们的采样装置和显示出所有活性粒子的采样介质。③目前还没有一种能评价大气微生物采样器效率的绝对标准。由此可知研制理想空气微生物采样器的艰巨性和复杂性。尽管如此，人们还是想尽办法，将所采集到的空气微生物标本接近原始状态。

同时，空气微生物采样是由多方因素决定的，因此西方学者提出要用联合技术才能解决。目前空气微生物采样有如下 3 种发展趋势。

1) 复合式的空气微生物采样原理

实践证明，许多采样用单一的采样原理是无法完成的，因而复合采样原理的应用是空气微生物采样的一个重要方向。例如，Porton 采样器，由于对大粒子的损失太大，所以又研制出带有预撞击采样头的 Porton 采样器。为增大捕获率，许多学者在采样头前又加上了预湿装置。在撞击式固体采样器中，为避免逃失率大，在后面又加了一层膜，形成了撞击过滤式。在离心的基础上又加上了撞击，故形成了离心撞击式的采样原理，创立了离心撞击式采样器。

这里特别提一下离心撞击式采样器。离心撞击式采样器最早由德国研制，现在英、法、美、日、意等十几个国家都有子公司。此型采样器，在国际上有 RCS 型，国内有 LWC-1 型，二者性能基本相同。由于它集中了多种采样器的优点，因而逐渐被采用，成为国内外采样器销售量最大的一种。

20 世纪 80 年代中期，该型采样器引起一场争论，由于无流量计，有人认为不能定量。直至 80 年代末，美国学者用电压控制流量定量，成功地解决了这一问题，该型采样器又被大量应用，特别是 90 年代，用量大增。90 年代在国内，有人重复国外 80 年代过时的观点，人云亦云，使得卫生系统标准的确立工作受阻，这种历史的教训应永远铭记。

2）大流量的空气微生物采样装置

在空气微生物学中，小流量的采样器技术难度小，发展较早，也比较成熟，采样器的种类也多。例如，Porton 型和 Anderson 型，它们对 $1\sim 5\mu m$ 的粒子捕获率极高，因此第一届空气生物学学会建议将它们作为国际标准采样器。

然而许多病原体在空气中的含量极低，据测脑膜炎球菌在室内浓度仅为 $1cfu/28.3m^3$，腺病毒为 $1pfu/(6\sim 56)m^3$，麻疹为 $1pfu/85m^3$，如此低的浓度用 Porton 采样器多则要采 5 天。因此，大流量采样器的研制是近年发展的方向。大流量采样器虽机制复杂，制造困难，但它可获得中、小流量采样器所得不到的阳性结果，为此今后必须加强研究。

大流量采样器主要有 LVS、Casella、Pagoda、多级冲刷式、多级撞击式、过滤式及旋风式。它们主要用于空气中含量极少的致病菌及病毒的采样。

3）联合的空气微生物采样措施

空气微生物种类繁多，数量变化大，采集它们的方法更是多种多样，但是没有一种方法能 100%地采集到并显示它们的活力。正如西方学者指出的，实际上没有一种技术能满足这种要求。为此《生物战医学防护》的作者提出联合的空气微生物采样措施，只有这样才能使采集到的标本一步一步地接近原始状态。如果忽视了采样过程中的某一细节，都会造成采样的失败。联合采样措施，即由此提出的。

联合的措施很有效，它牵涉的面很广，因而在采样过程中要灵活掌握，恰当应用，如采样器的选择、采样条件的满足、采样介质及培养基的应用、检验及鉴定方法的确立等。总之要使每一措施都为总目标服务，只有这样才能取得空气微生物采样的满意结果。

总之，要解决目前空气微生物采样普遍存在着的粒子偏小的倾向，就要用联合的技术方法措施。

2.3.3 生物菌类取样装置工作原理及计量标准

2.3.3.1 固体撞击式采样器

1）固体撞击式空气微生物采样器介绍

自 1676 年荷兰人列文·虎克发明了显微镜以来，两个世纪后的 1861 年法国科学家巴斯德第一次从空气中采集到了微生物，从此开辟了空气微生物采样的新领域。

最早的空气微生物采样只是用液体培养基，而且方法原始，将一定体积的液体放走来采集同体积的空气标本，通过简单的显微镜培养观察采集到的微生物。用放大倍数较小的显微镜进行观察，只知道采集到了微生物，但无法分离鉴定。柯赫（Koch）发明了固体培养基以后，才使采样技术由液体法过渡到固体法。早期的固体法采样仅用平皿暴露法，早在 1881 年柯赫就应用了此法。此后，由俄国的奥梅梁斯基通过大量实验，总结出一条经验公式（详见自然沉降法）。该公式由于简单方便而被世界广泛采用，而且沿用了 100 多年。

之后欧洲产业革命的发展，推动了机器制造业，特别是在第二次世界大战后，各种固体采样器层出不穷。例如，1941 年的 Bourdillon 采样器；1953 年的 Кротов 采样器；1958 年的具有划时代意义的 Anderson 国际标准采样器，从它问世以来，近 60 年经久不衰。自此以后，固体撞击式采样器得到了大力发展，产生了各种各样的新型号，应用到各行各业中。

2）固体撞击式采样器的分类

空气中微生物的采集方法很多，按其原理的不同，固体撞击式采样器分为 6 种，详见 2.3.2.2 节。

3）固体撞击式采样器的原理

各类缝隙式（针孔或裂隙）采样器都按相同的空气动力学原理工作。当微生物气溶胶通过一个喷嘴或射流时，就按惯性原理射向前面的撞击板（或固体培养基表面），使气流偏转 90°～180°的方向。具有足够大动量的粒子，由于惯性作用，沿原来方向直线运动，不跟随流体偏转方向，撞击在收集板上（或培养基表面）而被采下来。较小粒子由于惯性小，能在气流的夹携下跟随流体沿流线运动而不会被撞击下来，这部分带菌粒子就会滑脱或逃失。一种撞击式采样器可把气溶胶分为两大部分，大于一定空气动力学直径的颗粒能从气流中撞击下来，小的就随气溶胶流体通过采样器逃走（图 2-11）。

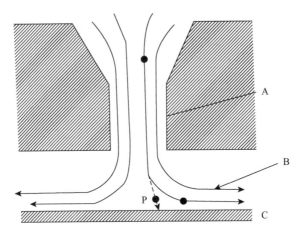

图 2-11　惯性撞击式采样器工作原理
A. 喷嘴；B. 流线；C. 冲击板；P. 粒子

撞击效率是随颗粒大小而变化的，控制收集效率的参数是斯托克斯（Stokes）数或冲击参数。对于一个固定的撞击式采样器来说，斯托克斯数是以平均喷嘴出口速度 U 计算的颗粒停止距离与喷嘴（射流）半径 Dj/2 的比值。各类撞击式采样器的收集效率曲线常可描述成通用的形式，即撞击效率跟斯托克斯数平方根的变化关系，$\sqrt{Stk}$ 同粒子的大小成正比，如图 2-12 所示。

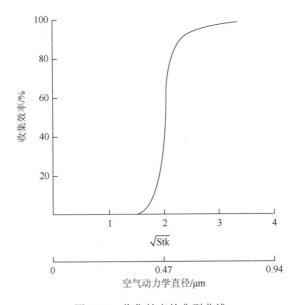

图 2-12　收集效率的典型曲线

Hrycak 举例说明了在圆形喷嘴撞击中有代表性的速度场（图 2-13）。在喷嘴出口和开始区域（Ⅰ区）的气体和粒子的速度分布取决于喷嘴出口处上升气流的几何形状以及喷嘴到平板的距离 Zn 与喷嘴的大小（如直径）的无量纲比值。从喷嘴出口到撞击平板的距离也决定着偏转区流场的曲率半径（如图所示Ⅱ区的流动模型）。

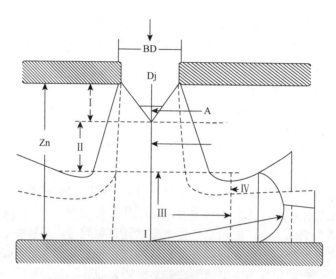

图 2-13 射流撞击的流场特征

A. 流动核心；BD. 喷嘴密度；Dj. 喷嘴直径；Ⅰ. 流场建立区；Ⅱ. 稳定流射区；Ⅲ. 转折区；Ⅳ. 壁射区；Zn. 撞击距离

为了有效地截获小粒子（＜10μm），这个距离比值（Zn/Dj）一般保持在Ⅰ区附近（$0.35 \leqslant Zn/Dj \leqslant 10$）。

对于旋风和离心撞击，虽然气流进入的方式不同，撞击的区域、位置、分布不同，但都有惯性撞击这一相同的基本原理。

2.3.3.2 生物菌取样工作装置及其计量标准

1）Anderson 采样器

Anderson 采样器是多级撞击式（6~8 级）采样器，它的每一级实际上是一个单级撞击器，因而它采集到的粒子大小范围比单级的广，这是由它的结构和空气动力学原理决定的。特别是改进的 Anderson 采样器去掉了进气罩，扩大了对直径 12μm 以上粒子的分辨力。以市场上可买到的冲击器为例，Sierra 235（Hi-Vol）的空气动力学直径（d_{50}）范围为 0.5~7.2μm，Sandia（08-110）型的 d_{50} 为 0.3~6μm，而 Anderson Ambient 2000 型的 d_{50} 则为 0.4~9.0μm。一般 Anderson 采样器可采集到的粒谱范围为 0.2~20μm。

2）Casella 裂隙采样器

该型采样器从功能上分为 4 大部分：采样头、流量系统（用真空度标定流量）、定时器、抽气系统。为了适应各种需要，其进行了结构的改进。有用来测定一般空气微生物的小流量 Casella 采样器（28.3L/min），它适合的浓度是 1～30000 个微生物/100L，如自助餐厅和其他一般的地方。大流量类型采样量为 700L/min，它适宜的采菌浓度是 1～150000 个微生物/m^3，适用于空气相当干净的地方，如手术室、药房、某些高洁净度的实验室等。还有一种介于大、小之间，采样量为 187L/min 的中等流量的 Casella 采样器。

小型的培养皿直径为 10cm，缝宽 0.3mm，长 2.8cm，质量为 9.5kg。大型的培养皿有相互成 90°角的 4 个裂隙。裂隙宽 0.1cm，长 4.45cm，平皿直径为 15cm，质量为 10kg。两种型号的采样效率为 98%，平皿的转速为 0.5min、2min 或 5min 一周。还有一种是内部可变型，它的质量为 11.3kg。

为了采集特殊环境的空气细菌，如管道等，还研制出一种具有大采样槽的特殊型号。该型采样器虽有 4 种不同型号，但采样原理相同。当开动采样器的抽风系统，采样器头变成负压，因而空气标本必然通过裂隙进入采样头。其中带菌粒子在气流的夹曳下产生一定速度，并沿直线撞击在带有培养基的平皿上，由于平皿会转动，粒子会均匀分布在下面的培养基琼脂表面。

3）Bourdillon 裂隙采样器

Bourdillon 裂隙式空气采样器（Bourdillon slit air sampler）简称 B-SAS 采样器，它是继过滤采样和液体采样之后发展起来的较简便快速的采样方法。详见《空气微生物采检理论及其技术应用》一书。

早期 Owens 设计的裂隙采样用来测定空气中的灰尘粒子。Bourdillon 根据它的原理又较早地设计出空气细菌采样器，它是裂隙式空气采样器的先驱。以后又发展出多种裂隙采样器，如 Casella、Кротов、ТНК-201 等。B-SAS 采样器简便、快速，因而被广泛采用。正如 Nakhla 1981 年报道，它是英国医院监测空气细菌应用最广的采样器。我国尚无此采样器，这里简单介绍。

Bourdillon 等在没有看到任何关于裂隙法采集细菌的资料时，根据 Owens 设计的采样原理，研制出一种较好地采集空气中细菌气溶胶的采样器，定名为 Bourdillon 裂隙式空气采样器。

该采样器由采样头、平皿、调节器、流量计、抽气泵及机身六大部分组成。其又分手摇式及电动式两种。该采样器通过裂隙的气流流量是 28.3L/min，此流量也是一般采样器推荐的通用采样流量。手摇式的采样动力靠手摇，电动式的采样动力靠电动机带动抽气泵。

4）Кротов 采样器

自 1886 年巴斯德证实空气中有无数的微生物以来，世界科学家对空气细菌学的研究十分重视。俄罗斯学者 Лашенков 等在空气细菌学研究的方法学方面做出了很大贡献。有关空气污染细菌的研究工作开展也特别广泛，巴甫洛夫等许多研究者都发现了空气中有各种病原菌。苏联对空气微生物的研究也十分广泛，并建立起许多新的空气细菌学研究方法，如 Цъяконов 和 Милявская 方法等。

在制定空气卫生保健手段、措施及洁净度标准时，需要确定空气中的细菌总数、各种病原体和具有卫生学意义的微生物存在状况。研究出性能良好的空气微生物采样器对于公共卫生、卫生流行病学及卫生微生物学都有重要意义。苏联列宁格勒第一医学院公共卫生教研室的 Кротов，设计出一种空气采样器，并由赤卫队员医疗仪器厂生产出品。它构造简单，使用方便，不仅在苏联，在世界许多国家都有它的产品，对空气微生物学做出了一定贡献。

该型采样器按 May 的分类法属于 I 类采样器，其工作原理仍同固体撞击式裂隙采样器。当打开电源，电动机带动离心器叶片进行抽气，空气通过裂隙撞击在下面的培养基表面上，采集完成后拿出来，培养、数菌落、计算浓度。

该仪器平皿的转动不需配电机，而是用取样抽进去的气流吹动叶片，再带动平皿托盘转动，从而使所采集到的细菌粒子在培养基表面均匀分布。

5）JWL 型采样器

空气微生物采样器虽已有多种型号，但由于受历史条件的限制，它们又都显露出各自的缺点或不足。因而研制新型空气微生物采样器显得十分急迫和必要。为此军事医学科学院微生物流行病研究所与环境保护仪器厂共同协作，研制出了 JWL 型空气微生物采样器。

JWL 型采样器，基本构成有四大部分，即采样头、流量计、抽气泵、可调电路。详见图 2-14。该型采样器有 I、II、III 型，主要结构相同。本书介绍的 JWL 型统指三种型号的采样器。

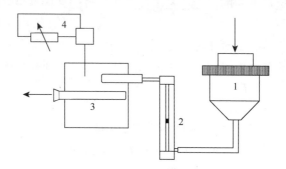

图 2-14 JWL 型采样器构成示意图
1. 采样头；2. 流量计；3. 抽气泵；4. 可调电路

JWL 型采样器的原理是固体惯性撞击。仿照 Кротов 采样器，在托盘下也有许多叶片,当空气通过采样头时,撞击平板表面以后,改变方向进入平板下的斜孔,正好冲击对准斜孔的叶片,叶片转动,并带动托盘和上面夹着的采样平板转动,使采集到平皿上的菌落均匀分布。JWL 型采样器刚开始为一线孔,以示与 Кротов 采样器有别,但因孔隙之间可阻挡大粒子,因而,以后 JWL 的 II、III 型又同 Кротов 采样器一样,把一线孔恢复成为裂隙式。

6) THK-201 型采样器

该型采样器的结构简单,原理清楚。它由采样头、流量计、抽气泵、电源电路构成(图 2-15)。

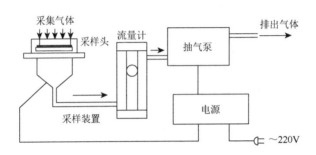

图 2-15　THK-201 型采样器工作示意图

该型采样器的原理仍为固体惯性撞击。当打开电源后,电动机转动,带动抽气泵的同心轴转动进行抽气。由于抽气采样头产生负压,悬浮于空气中的带菌粒子被迫吸入采样头的筛孔(隙)。由于孔(隙)很小,带菌粒子随气体通过时产生了加速度,促使足够大的粒子具有一定大小的做惯性运动的动能,从而撞击在挡在它前面的带有琼脂培养基的玻璃平板表面上。而那些小粒子,因动能不足,产生不了逃离气流运行方向的惯性,粒子被迫在气流的夹持下沿气流方向曳走,最终逃到采样器外面。

THK-201 型采样器的最大特点是采样头的筛孔(隙)为可调式。它的孔(隙)实际由两块可调的金属板组成,当两板相向移动时,采样孔(隙)缩小;当两板背向移动时,采样孔(隙)增大。

7) MTM-3 型采样器

分析过去 30～40 年医院感染的历史事实表明,抗生素不仅不能完全控制和减少病原微生物;相反,患者产生的新的感染病原菌却能耐受多种抗生素,因而给患者带来某些新的危险。

有些国家进一步监测环境,发现至少有 5%的患者的感染发生在医院内,这一点引起了人们的注意,并加强了对环境微生物的监测,特别是对高危险度环境如手术室的重视。只有通过有规律的采样监测,污染才能有效控制。对物表可以用棉拭子取样，而对空气采样就必须研制适合高危环境使用的新的空气微生物采样器。MTM-3 型采样器的构造主要有 4 部分，即采样头、平皿支架、风扇、电源。

采样头在一个密闭的方形盒上方，有大小相同的筛孔。在方形盒下方有一个平皿支架，支架下有同心轴电机带动的风扇，风扇下有电源。电源打开时，电动机带动风扇抽气，风扇向下扇动时，上面形成负压，因而室内的空气就通过筛孔进入采样头。当风扇抽气的速度达到足够大时，就使空气中的带菌粒子以一定的速度撞击在它下面的带有琼脂培养基的表面。采集完成后，送去培养并计算菌落数。

2.3.3.3 离心式空气微生物采样器

离心式空气微生物采样器，如 Reuter 离心式空气采样器（Reuter centrifugal sampler，RCS）自 20 世纪 70 年代初由德国研制成功以来，已有 40 多年的历史，引起国内外同仁的极大重视，不论是理论研究，还是实际应用都具有重要意义。

40 多年来有许多关于这方面的文章陆续发表，从不同的角度反映了该项新技术的成就，有一定广度和深度。为全面、完整、系统反映该项新技术的全貌，在此将有代表性的文献及研制与使用经验译编汇集成章、重点介绍，以供空气微生物学工作者参阅。

RCS 因原理独特、结构新颖闻名于世。德国有总公司，英、法、美、意、日、澳、比、瑞士等国家都有分公司，远销欧、澳、亚、美各洲。

中国建筑科学研究院空气调节研究所、中国人民解放军第 302 医院和辽阳市计算机应用技术研究所，按 RCS 的原理，全部采用国产元件，进行了改进和提高，经 3 年多时间联合研制成 LWC-Ⅰ型离心式空气微生物采样器（图 2-16），专家鉴定认为该产品的主要性能已达国际同类产品（RCS）水平，填补了国内空白。经有关单位大量试用结果满意，1986 年通过了产品鉴定，同年由辽阳市计算机应用技术研究所正式定型批量生产。后又被卫生部《公共场所卫生管理条例实施细则》推荐使用，并畅销全国。

不论 RCS 还是 LWC-Ⅰ型采样器，其本体均由采样头、电源和时间控制 3 部分组成。采样头又由蜗壳和叶轮组成。为了便于消毒，蜗壳和机身采用丝扣连接，叶轮则采用磁性连接。叶片共有 10 片，角度保持一定。叶片与塑料采样基条的营养琼脂表面保持一定间距。叶片的旋转靠一个直流伺服微型电机驱动，额定转速为 4096r/min，精度为±2%。电源除采用 4 节一号电池外，需要时也可使用交流稳压 220V 电源，机体上预留电源插孔。时间选择有 5 档，即 0.5min、1.0min、2min、4min、8min。采样器的结构示意图见图 2-16。

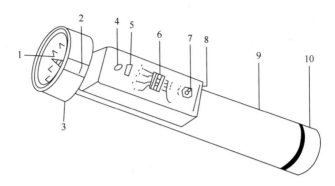

图 2-16 LWC-Ⅰ型离心式空气微生物采样器

1. 叶片；2. 培养基塑料条插口；3. 蜗壳；4. 电源指示灯；5. 电源开关；6. 定时选择开关；
7. 启动钮；8. 交流稳压电源插孔；9. 电池筒；10. 螺帽

该采样器基于离心撞击原理，当采样器通电后，借助蜗壳内的叶轮高速旋转，能把至少 40cm 距离以内被检验的带菌空气吸进采样器。空气同轴地进入蜗壳，气流形成一个锥形体。随着叶轮的旋转，空气中的带菌粒子由于离心力作用，加速冲击到含有琼脂培养基的专用塑料基条上，然后在叶轮和蜗壳作用下，空气改变方向，呈环状螺旋地离开蜗壳排往外部。采样后的带菌琼脂基条从蜗壳内取出，经过恒温、定时培养，形成菌落，最后进行菌落计数。

2.3.3.4 气旋式微生物气溶胶采样器

悬浮在大气中的气溶胶可通过呼吸系统进入人体，造成吸入危害。人的呼吸道是由上、下呼吸道组成的，微生物气溶胶粒子沉积在上呼吸道时，能够通过各种途径很快排出体外，只有沉积在下呼吸道的粒子才可能长期滞留在体内造成危害。通常把进入肺泡区的气溶胶粒子叫作"可吸入灰尘"。人的上呼吸道主要靠惯性捕获粒子，因此可用一个简单的惯性分离器作为第一级来模拟粒子在上呼吸道的沉积。这种模拟上、下呼吸道沉积的采样器称为两级采样器。许多惯性采样器都可以作为第一级，用得最多的是旋风机。研究人员曾用此种采样器，采集人工悬浮在 P3 实验室中的细菌、病毒，结果发现气旋采样器比其他固体撞击式采样器效率高 30 多倍[50]，为此研究和应用气旋式空气微生物采样器就显得更有必要。

利用气流在旋风机的圆锥或圆锥部分高速旋转时的惯性，使气流中的微生物粒子分离出来。图 2-17 为气旋式微生物气溶胶采样器双涡流流线谱，气旋器内存在着双重涡流。一种靠近外壁呈螺旋形向下，一种靠近轴线向上旋转并通过排气口排出。较大粒子的动量也大，能横穿流线达到外壁，它们或被阻留在壁上，或沿壁滑落到底部的收集器内。该旋风机入口直径很大，其流线谱为湍流，采样器的主体直径比空气净化旋风机要小得多，气流状态从强湍流到部分湍流或层流。

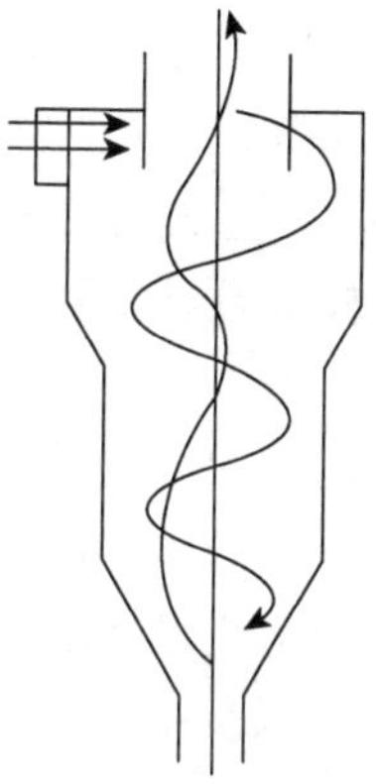

该型采样器的切割特性虽不及离心机那样尖锐，流量比离心机高而体积又比它小；旋风机的切割特性与撞击器差不多，但它不像撞击式采样器那样容易过载。与淘选器和预撞击器相比，该型采样器不太受方向的影响。因此许多单位都生产或使用该型采样器。该型采样器采用如下半经验公式（2-21）：

$$d_{p最小} \approx \left[\frac{\mu(b-a)}{P_p N_t v}\right] \quad (2-21)$$

图 2-17 气旋式采样器原理图

式中，$d_{p最小}$为从空气中完全除去的最小粒子的直径；μ为黏度（g/(cm·s)）；b、a分别为旋风体积和排气管半径；P_p为粒子密度；N_t为气体排出之前在环形空间旋转的圈数；v为进气平均速度。

2.3.3.5 液体冲击式微生物气溶胶采样器

液体冲击式微生物气溶胶采样器发展至今已有 90 多年的历史。1922 年 Greenburg 和 Smith 首次用液体冲击式采样器进行空气尘埃采样。在 1939~1946 年的近 10 年间，经过各国学者对其进行广泛的研究后，这种采样器发展成为一种广泛应用的比较有效的空气微生物测定工具。1948~1951 年美国生物战研究中心 Detrick 营，1950 年英国生物战研究中心 Porton Down 和其他机构对其物理结构、采样方法和捕获效果做了详尽研究。美国海军部出版的《A.B.C.战争的防御》一书中还对其大力推荐。全玻璃液体冲击式采样器在国际空气生物学会议上被推荐为标准采样器。

液体冲击式采样器利用喷射气流的方式将空气中的微生物粒子采集于小量的采样液体中。当在采样器中加好采样液后，开动抽气机，空气就从采样器入口处进入，由于喷嘴孔径狭小，微生物气溶胶在此处流动加快，当速度达到一定程度后，空气中的微生物粒子被冲击到下面的液体中，液体具有黏附性，将微生物粒子捕获。有些空气微生物小粒子会逃走，但这种情况极少。

液体冲击式采样器适于高浓度的空气微生物采样。当空气微生物粒子浓度高时，用固体撞击式采样器会由于采样皿中采集的微生物粒子过多而产生重叠现象，从而造成实验观测误差。空气微生物粒子浓度越高，造成的实验误差就越大。而用液体冲击式采样器，可将采集的样品进行稀释，从而准确测定出空气微生物粒子浓度。该采样器能将采集的样品分别进行分析。样品可分成几份，同时用几种方法测定，达到多种实验目的；而且可以将一部分采样液置冰箱中保存，以供需要时做重复测定和进一步的分析。液体冲击式采样器在采样过程中因气流冲击和采样液搅动，可以把微生物粒子团中的多个微生物释放出来，均匀分布在采样液中，做进一步的生物培养后可得出空气中的活微生物数量。而固体撞击式采样器所测定的结果是空气中的活菌粒子数。一般说来，由液体冲击式采样器测定的空气中活微生物粒子数要比固体撞击式采样器测定的空气中活微生物粒子数多。液体冲击式采样器还具有捕获率高、对小粒子气溶胶尤为敏感、对脆弱的微生物（如病毒、立克次氏体）也能采样捕获等优势。

1) Porton 采样器

撞击式微生物气溶胶采样器的原理是微生物气溶胶粒子通过狭缝加速，使它撞击到固体表面；而冲击式采样器是撞击到液体中。虽然撞击（impact）与冲击（impinge）在英文中很难区分，但在中文中还是稍有区别的。

为今后叙述方便，将撞击式采样器与冲击式采样器分开做限定。冲击式采样器种类很多，有 Porton 采样器、多级液体玻璃冲击式采样器、多裂隙液体冲击式采样器、大容量液体冲刷采样器等。液体冲击式采样器的主要代表是全玻璃液体冲击式采样器。

从空气中通过液体采集微生物的方法，早在 1854 年就已由 Thomson 和 Rainey 完成，他们用煮沸的蒸馏水在伦敦的索马斯医院霍乱患者的病房中抽吸细菌。在现代，液体冲击式采样器使空气通过一个狭隙高速地冲击到采样液中进行培养计数。它可用于采集空气中的任何微生物粒子，特别是病毒。全玻璃液体冲击式采样器，或称 Porton 液体冲击式采样器，是应用最广的液体冲击式采样器。

Porton 采样器整体系统由采样瓶、进气管、抽气管、喷嘴、流量计和抽气机 6 部分组成。采样瓶内一般要加入 10mL 采样介质，该介质可以是无菌生理盐水，也可以是无菌细菌培养液，还可以是其他专用液体。进气管有一个弯曲度，这是模拟人的口腔到气管的弯曲度。在进气管下端有一个直径为 1.1mm 的喷嘴，使采集到的空气中的带菌粒子经过狭隙加速，使它有足够大的速度冲击到液体中。根据喷嘴到采样瓶底的距离又可把该型采样器分成两种类型，一种为 30mm，简称 AGI-30；另一种为 4mm，简称 AGI-4。流量计在标定好流量后，可以去掉。喷嘴就相当于一个限制孔，只要抽气机流量超过该采样器的额定流量，就可以保证流量合格。

当吸引力达到 1m 时，在喷嘴的气流速度即可达到声速，这时再增加吸力也不能使喷嘴的速度增加。只要吸力达到要求，在喷嘴即可产生 5.08kPa（38.1mmHg）压力，Porton 采样器就可保证有 11L/min 的流量。而且对于 0.5～1pm 的细菌粒子都可保证很高的收集效率（至少 95%以上）。采样瓶总长 16cm，内径为 3.18cm，通常采样液为 10mL，也有报道用 20mL 的。引起所采生物细胞死亡的原因之一是喷嘴使细胞产生高速度，将它们冲向瓶底。

2) 多裂隙液体冲击式采样器

大容量静电沉降式采样器的缺点明显，一是高压电晕放电过程中会形成臭氧，对微生物有一定杀害作用；二是设备大，结构复杂。为此 Buchanan 等研制了一种多裂隙液体冲击式采样器。

多裂隙液体冲击式采样器原理是抽气采样时，空气中的微生物粒子通过 8 个裂隙，以 55m/s 的流速冲击到下面旋转的容器中的液体表面，其采样流量为 500L/min，并由一个能流下采样液的棍，洗刷采下来的微生物粒子。其采样液的流量为 4~6mL/min，它能使空气和采样液以 100000∶1 的比例混合，可以达到大量浓缩空气的目的，因而可大大提高空气中含量极少的致病菌的检出率。与 Porton 采样器相比，对灵杆菌气溶胶的捕获率为 82%；对枯草芽孢杆菌的捕获率为 78%。

该采样器流量大，有的可达 500~1000L/min，因而要求抽气机的抽气量必须很大，致使整个设备的体积较大，这有待改进。

3) 多级液体冲击式采样器

多裂隙液体冲击式采样器是单级的，因而捕获的微生物气溶胶粒谱并不宽，特别是对于一些大的带菌粒子损失很大，为此 May 又研制出多级液体冲击式采样器[51-53]。

该型采样器包括 3 个采样室、空气导入管、空气连接管、喷嘴、环状沟、进出口的橡皮塞、金属挡板等。当抽气时，空气通过导入管冲击到由采样液润湿的烧结好的多孔玻璃板，而第三层则有一个斜切喷嘴，并且第一和第二槽是圆柱形，而底部是扁平的。吸气孔和进气部分在槽的低处，而且是一个钟形笔直的管，它能保证流量平稳和层流。通过槽底中心，吸液就可进到管内。采集好空气标本后，取出采样液进行分离，培养计数。该采样器流量为 55L/min，也有 20L/min 和 10L/min 的新型采样器，采样液为 24~30mL。

2.3.3.6 过滤式微生物气溶胶采样器

利用过滤来捕集气溶胶颗粒是气溶胶采样最普遍的方法，同时也是空气净化广泛应用的方法。早在 1861 年 Pasteur 和 Petri 就开始通过过滤来采集微生物气溶胶。过滤是收集气溶胶样品简单和廉价的方法，当灰尘浓度不高时，纤维滤器是收集亚微米颗粒的高效经济的最佳办法。气溶胶过滤有多种应用，但本章重点介绍用过滤办法采集空气中的微生物。

在微生物气溶胶采样中，除自然沉降法，过滤式采样器最为简单。它主要由采样头、滤材、流量计和抽气泵组成。采样头有盖帽、筒体、滤材、托盘、铜（或不锈钢）网、抽气管及流量调节器。

其工作原理如下：开动电机，带动抽气泵，空气中的带菌粒子就被吸入采样头，空气穿过滤材，活性粒子阻留其上，把滤材中的微生物粒子转种到培养基上，或将不可溶的滤膜贴在适合的培养基表面上，并置放适宜场所培养，就会显示出所采集到的微生物菌落数。再通过计算，即可知道空气中微生物的浓度。

微生物气溶胶能沉积在滤器的滤料上是因为有不同的机理。到目前为止，人们对过滤的机理还不能用一个综合的方程式在理论上圆满地表示它受多种因素的同时影响，其一般原理主要是扩散、截留（或称拦截）、惯性碰撞、冲击、重力沉降和静电吸引等。但理论与实际间还有一定差距，而过滤采样的结果实际是几种机理的综合反映。

在给定粒径和滤阻下，滤料任一特性的变化都会引起效率的改变。好的滤料应有最高的效率和最低的阻力。滤料的滤阻和穿透率是滤料面速的函数，穿透率一定是粒径的函数。比较不同厚度、不同滤料的有用指标是滤过特性 qf，它的关系式为

$$qf = rt/\Delta p = \ln(1/p)/\Delta p \qquad (2\text{-}22)$$

式中，qf 为滤过特性，in[①]水柱；p 为滤料的穿透率；Δp 为滤料的过滤阻力，in 水柱；r 为每单位厚度滤料的捕集部分；t 为滤料厚度，in。qf 值越大，滤料越好。

2.3.3.7 大容量静电沉降采样器

大容量微生物气溶胶采样器种类很多，如大容量裂隙采样器、大容量多级冲击式采样器、大容量液体冲刷式采样器等，这里仅对具有代表性的 LVS/10K 大容量静电沉降采样器加以介绍。

由 Litton Systems Inc 设计并制造的 LVS/10K 大容量空气微生物采样器，虽然外形庞大，但其内部构造并不复杂。其主要由直径为 9in 的漏斗状进气口、电晕放电针、高压片、采集面、液体加入管道、风机、泵、液体储存器等组成。

大容量静电沉降采样器的工作原理是进入采样器的空气经电晕放电电离，使空气中的带菌粒子带上一定量的电荷，当距离达到一定程度时，带电粒子被带相反电荷的采样板吸引而沉降。当空气通过时，不像过滤式、撞击式或离心式采样器那样因空气受到阻力而有压差，在这类采样器中空气未遇到什么阻力，因而无

---

① 1in = 0.0254m。

压差,所以流量才能很大。被沉降下来的粒子,用一层薄膜似的液体冲洗下来,流到储液罐内取出分析。

2.3.3.8 自然沉降采样法

自然沉降采样法是德国细菌学家 Koch 早在 1881 年建立的。它利用空气微生物粒子的重力作用,在一定的时间内将生物粒子收集到带有培养介质的平皿内,对在适宜的温度下培养生长的菌落进行生物学的观察和研究。这是一种非常经济、简便的空气微生物采样方法。在当时还没有其他空气微生物采样方法的情况下,使用这种方法可以很简便地同时在许多地方进行采样,因而曾广泛地应用于空气微生物的调查,对空气生物学的研究和发展起到了很大的推动作用。然而,自然沉降采样法是被动采样,所收集的只是空气中因重力作用而沉降下来的一部分较大的微生物粒子。因而如何通过用非常经济简便的自然沉降法采集的空气微生物粒子的沉降量判定空气微生物粒子的含量,成为近代国内外一些医疗卫生和环境卫生工作者一直探讨的问题。

20 世纪 40 年代,苏联学者奥梅梁斯基建立了一个由空气微生物粒子沉降量计算空气微生物粒子含量的关系式,对今后的环境空气卫生学和卫生细菌学的研究和发展起到了一定作用。但随着空气生物学采样技术的发展和广大科学工作者的实践,发现在某些场合下按奥氏关系式计算的空气微生物粒子含量与用生物粒子采样器测量的空气微生物粒子含量之间有明显差异。因此,人们对奥氏关系式的可靠性产生了疑问。

近些年来,一些科学工作者对空气微生物粒子含量与沉降量之间的关系进行了深入的探讨,用实验的方法建立了不同环境条件下空气微生物粒子含量与沉降量之间的关系式或校正值。空气微生物粒子的沉降量作为空气微生物粒子的特性,表明物体表面被微生物污染的状况,在医药工业、食品工业、化妆品工业、发酵工业、农林牧业和医院手术室、烧伤病房等医疗事业中具有重要的意义。因而自然沉降采样法作为测定空气微生物粒子沉降量的一种经典又非常经济、简便的方法,至今仍被广泛地应用。虽然随着空气微生物采样技术的发展,现在国内外已研制出不同原理、不同类型的多种空气微生物采样器,但自然沉降采样法在现有的空气微生物采样技术中仍是最简便、最经济的一种采样方法。同时还可由空气微生物粒子的沉降量计算出空气微生物粒子的含量,用来近似地判定空气微生物粒子污染的状况。

自然沉降采样法的原理很简单,主要是万有引力定律。地球对靠近它的物体都有吸引力,迫使空气中的带菌粒子自由降落。但从实际的角度来看,悬浮在空气中的颗粒物的沉降又并不简单,它还会受到电力、磁力、热力、阻力、浮力、扩散力以及各种各样的力的作用，使物体的降落过程变得十分复杂。悬浮在空气中的颗粒物降落的运动轨迹，实际上是各种各样的作用在颗粒物上的合力的结果。

按斯托克斯定律就可以确定气溶胶颗粒在静止的空气中受重力的沉降速度。当一个颗粒释放到空气中后，就要受到万有引力的作用而下沉，但还要受到空气的阻力。当重力（F_G）正好等于阻力（F_D）时（方向相反），就达到一个均匀的沉降速度称为终末沉降速度，见式（2-23）：

$$V_{TS} = \frac{\rho_p d^2 q}{18\eta} \tag{2-23}$$

式中，q 是重力加速度；ρ_p 是颗粒和气体的密度；d 为颗粒直径；η 为空气黏度；V_{TS} 为终末沉降速度。由式（2-23）可知悬浮颗粒物的终末沉降速度随粒子大小的增加而迅速增加。颗粒物的沉降速度同颗粒直径的平方成正比，与空气的黏性成反比，与气体的密度无关。按式（2-23）还可计算出 1μm、10μm、20μm、30μm、40μm 的粒子在空气中的沉降速度分别为 0.18cm/min、18cm/min、72cm/min、162cm/min、288cm/min。

综上可知，许多小粒子在空气中比较稳定是因为沉降速度相当慢，这正是沉降法不适于采集空气中悬浮的小粒子的根本原因。

2.3.4 空气中常见生物菌类检测装置分类及工作原理

在一定条件下培养的细菌，通过人工技术后，还需要进一步对菌株类型进行鉴定。常规鉴定方法包括显微镜法、免疫法、气相色谱法等，分析检测常见细菌、酵母菌、霉菌等。但是，随着新型设备的使用如基因芯片技术、毛细血管电泳法、质谱法，鉴定所需样本量大为缩小，无须培养也可进行检测。又如新型设备的联用，如气相色谱-原子吸收联用，以及新型方法的联用如实时定量聚合酶链式反应（PCR）（RT-PCR）技术、基因探针技术，不但能够检测到活性较强的细菌，而且能够检测到处于存活但不可养（VBNC）状态下的细菌，具有较强区分死活菌的能力，检测结果可作为菌体活性评估的重要参照。但是，相比显微镜，这些新型检测手段成本相对较高。目前，这些鉴定技术依然作为在线监测的辅助手段，属于检测发现问题后的最终分析手段。

1）需辅助试剂类

微生物实时荧光光电检测技术是近年来新兴的细菌、霉菌、酵母菌快速检测技术。它将改进后的传统培养分离技术、染色技术、传感和荧光检测技术以及计算机控制的模块化技术合为一体，不仅大大简化了传统微生物的检测方法，也将从取样到获得检测结果的时间从数天缩短为数小时。相比琼脂平板技术法涉及的实验较多、操作烦琐、需要时间较长、准备和收尾工作繁重而且要有大量人员参与等缺点，腺苷三磷酸（adenosine triphosphate，ATP）生物荧光法因其简便、快速的特点近年来在医药行业备受关注。本类代表产品有美国 BioLumix 微生物实时荧光光电检测系统和日立的 Biomaytector 系统，以及美国 3M 公司的 Clean-TraceTM ATP 荧光检测仪等。ATP 作为重要的能量分子存在于所有生物体中，通过检测 ATP 酶和荧光素与 ATP 反应所产生的荧光信号，确定 ATP 含量，从而间接确定微生物的存在和含量。

ATP 荧光检测仪目前在医疗、卫生等多个领域已经有了广泛应用。BioLumix 型手持式 ATP 荧光检测仪和现场快速检测 ATP 试剂一体化试纸已实现国产化，并成为中国卫生监督和国家食品药品监督官方部门指定的卫生监督和食品安全相关的专用检测设备，被国家指定用于食品加工、储存运输、贸易、餐饮服务以及医疗系统物体表面及操作人员手等表面洁净度快速测定。并且以政府文件的方式要求购买和配备 ATP 荧光检测和配套试剂，作为卫生监督和食品安全现场快速检测能力建设的重要举措。

2）无须辅助试剂类

由于整个 ATP 检测过程需要较为昂贵的耗材试剂，酶促反应也需一定时间，因此，一种瞬时、高效、无须耗材的更高性能的实时微生物检测系统应运而生。

众所周知，"人"是药品生产过程中的第一大污染源。新版药品生产质量管理规范（GMP）法规也对防范"人"的污染提出了诸多要求。不管是传统空气采样器，还是 ATP 检测仪都不能完全排除人为因素干扰。瞬时微生物检测系统正是基于这点，采用全自动化控制实时监测无菌环境，用户可以立即获得在线数据，无须细菌培养和酶促荧光反应，避免了人为因素带来的假阳性情况发生，并且无须专业人员操作，节省了人为操作环节和检测时间。当检测结果一旦呈阳性或超标，生产线立刻停止运行，将产品及物料损失降到最小，原因也易于追溯，并且无须后续耗材的采购。

这类产品以美国生物预警系统公司 BioVigilant 的瞬时空气微生物检测（instantaneous microbial detection-air，IMD-A）系统为代表。最初该系统是为国防工业生物反恐而开发，现在被用于制药行业的全光学技术监测系统设备，它可以实时不间断地精确到颗粒地分析空气中的各种微生物数量和颗粒大小。虽然检测仍需要气泵将待检测样品吸入检测器中，但不再依靠培养得到最终数据，而是采用荧光信号的检测原理，通过分析生物体典型的代谢物质 NAD（烟酰胺腺嘌呤二核苷酸）、核黄素、吡啶二羧酸（DPA）得到实时数据。因此，在无须针对不同菌株调换培养基的基础上，可检测的微生物范围更为广泛，如在采样过程中受到剪切力、化学或生理性物质导致损伤或死亡的菌株。检测过程也不再受其他环境条件的影响，如防腐剂、抗生素、消毒剂、干燥、加热或净化气体等在传统方法中严重影响实验结果的诸多因素。一些需要在特殊培养条件下培养的孢子和休眠细胞以及一些目前在实验室无法人工培养的菌株（VBNC）等均可由 IMD-A 系统实时检测，杜绝假阴性结果影响。其系统内置实时监控操作的摄像装置，结果自动存储，以备后续分析；而且该检测系统运行无须任何试剂耗材，无须专业人员操作，大大节省了成本。

参 考 文 献

[1] 魏复盛. 空气和废气监测分析方法指南[M]. 北京：中国环境科学出版社，2006.

[2] Christoforou C S, Salmon L G, Hannigan M P, et al. Trends in fine particle concentration and chemical composition in Southern California[J]. Air Repair，2000，50（1）：43-53.

[3] Tang H, Lewis E A, Eatough D J, et al. Determination of the particle size distribution and chemical composition of semi-volatile organic compounds in atmospheric fine particles with a diffusion denuder sampling system[J]. Atmospheric Environment，1994，28（5）：939-947.

[4] Eatough D J, Aghdaie N, Cottam C, et al. Loss of Semi-Volatile Organic Compounds from Particles During Sampling on Filters [M]. Pittsburgh：Air and Waste Management Association，1990.

[5] Turpin B J, Huntzicker J J, Hering S V. Investigation of organic aerosol sampling artifacts in the los angeles basin[J]. Atmospheric Environment，1994，28（19）：3061-3071.

[6] Malm W C, Sisler J F, Huffman D, et al. Spatial and seasonal trends in particle concentration and optical extinction in the United States[J]. Journal of Geophysical Research Atmospheres，1994，99（D1）：1347-1370.

[7] Chow J C, Watson J G, Lu Z, et al. Descriptive analysis of $PM_{2.5}$ and PM_{10} at regionally representative locations during SJVAQS/AUSPEX[J]. Atmospheric Environment，1996，30（12）：2079-2112.

[8] 杨复沫，段凤魁，贺克斌. $PM_{2.5}$ 的化学物种采样与分析方法[J]. 中国环境监测，2004，20（5）：14-20.

[9] 白志鹏. 空气颗粒物污染与防治[M]. 北京：化学工业出版社，2011.

[10] 梁晓军，刘凡.低浓度空气微生物采样与效果评价技术研究进展[J].环境与健康杂志，2011，28（3）：278-282.

[11] Shishan H, Andrew R M. Numerical performance simulation of a wetted wall bioaerosol sampling cyclone[J]. Aerosol Science and Technology，2007，41（2）：160-168.

[12] 蒋靖坤，邓建国，段雷，等. 基于虚拟撞击原理的固定源 $PM_{10}/PM_{2.5}$ 采样器的研制[J]. 环境科学，2014，(10)：3639-3643.

[13] 杨书申，邵龙义，龚铁强，等. 大气颗粒物浓度检测技术及其发展[J]. 北京工业职业技术学院学报，2005，4（1）：36-39.

[14] Union P. Directive 2008/50/EC of the European Parliament and of the Council of 21 May 2008 on ambient air quality and cleaner air for Europe[J]. Official Journal of the European Union，2008：L152/1-L152/44.

[15] 王晓彦，李健军. 欧洲大气颗粒物标准及监测体系[J]. 中国环境监测，2014，30（6）：13-18.

[16] 竹涛，徐东耀，于妍. 大气颗粒物控制[M]. 北京：化学工业出版社，2013.

[17] 奚旦立，孙裕生，刘秀英.环境监测（修订版）[M]. 北京：高等教育出版社，1999.

[18] 奚旦立. 环境工程手册——环境监测卷[M]. 北京：高等教育出版社，1998.

[19] 刘德生. 环境监测[M]. 北京：化学工业出版社，2001.

[20] 何燧源.环境污染物分析监测[M]. 北京：化学工业出版社，2001.

[21] 孙艳平，夏周洁，包晓云. 甲醛吸收——副玫瑰苯胺分光光度法测定水中二氧化硫的测量不确定度评定[J]. 环境与生活，2014，(6)：57-58.

[22] 梅崖. 盐酸萘乙二胺分光光度法测定环境空气中的氮氧化物的适用性检验报告[J]. 轻工科技，2013,(2)：92-93.

[23] 赵新元. 非散射红外法测定卷烟烟气相中一氧化碳的测量不确定度评定[J]. 安徽农学通报（下半月刊）, 2011, 17（4）: 81-82.

[24] 邓大跃, 王俊, 吴丽萍, 等. 室内空气中氨的标准测定方法的比较分析[J]. 北京联合大学学报（自然科学版）, 2006, 20（3）: 69-72.

[25] 王丽伟. 装修后室内苯系物（苯、甲苯和二甲苯）的污染特征研究[D]. 石家庄: 河北科技大学, 2014.

[26] 曹思愈, 邹彤, 杨宝玺. 室内空气中苯、甲苯、二甲苯的分流进样毛细管气相色谱测定法[J]. 职业与健康, 2004, 20（11）: 56.

[27] 毛有明. 气球法测环境氡浓度[J]. 辐射防护通讯, 2008,（1）: 41-43.

[28] 中华人民共和国住房和城乡建设部, 中华人民共和国国家质量监督检验检疫总局. 民用建筑工程室内环境污染控制规范[S]. GB 50325—2010. 北京: 中国计划出版社, 2011.

[29] 国家环境保护局. 空气和废气监测分析方法[M]. 北京: 中国环境科学出版社, 1990.

[30] 中国预防医学科学院环境卫生监测所.环境空气质量监测检验方法[M]. 北京: 中国科学技术出版社, 1990.

[31] Mouilleseaux A. Sampling methods for bioaerosols [J]. Aerobiologia, 1990, 6（1）: 32-35.

[32] Kang Y J, Frank J F. Characteristics of biological aerosols in dairy processing plants [J]. Journal of Dairy Science, 1990, 73（3）: 621-626.

[33] Davies R R. Air sampling for fungi, pollens and bacteria [J]. Norris John Robert Methods in Microbiology, 1971, 4: 367-404.

[34] Akers T G, Prato C M, Dubovi E J. Airborne stability of simian virus 40 [J]. Applied Microbiology, 1973, 26（2）: 146-148.

[35] Harper G J. Airborne micro-organisms: Survival tests with four viruses [J]. Epidemiology and Infection, 1961, 59（4）: 479-486.

[36] Andersen A A. New sampler for the collection, sizing, and enumeration of viable airborne particles [J]. Journal of Bacteriology, 1958, 76（5）: 471-484.

[37] Andersen A A, Andersen M R. A monitor for airborne bacteria [J]. Applied Microbiology, 1962, 10（3）: 181-184.

[38] Ley R L. Airborne infection [J]. American Journal of Medicine, 1974, 57（3）: 466-475.

[39] Spencer R C, Wright E P, Newsom S W B. Rapid methods and automation in microbiology and immunology [J]. Mayo Clinic Proceedings, 1986, 61（1）: 84-85.

[40] Brown J H, Cook K M, Ney F G, et al. Influence of particle size upon the retention of particulate matter in the human lung [J]. American Journal of Public Health and the Nations Health, 1950, 40（4）: 450-480.

[41] Druett H A, Henderson D W, Packman L, et al. Studies on respiratory infection. I. The influence of particle size on respiratory infection with anthrax spores [J]. Epidemiology and Infection, 1953, 51（3）: 359-371.

[42] Harper G J, Morton J D. The respiratory retention of bacterial aerosols: Experiments with radioactive spores[J]. Epidemiology and Infection, 1953, 51（3）: 372-385.

[43] Kaye S. Efficiency of "Biotest RCS" as a sampler of airborne bacteria [J]. Journal of Parenteral Science and Technology A Publication of the Parenteral Drug Association, 1988, 42（5）: 147-152.

[44] Olishifski J B, Mcelroy F E. Fundamentals of industrial hygiene [J]. Journal of Occupational and Environmental Medicine, 1968, 10（8）: 58-59.

[45] Lidwell O M. Impaction sampler for size grading air-borne bacteria-carrying particles [J]. Journal of Scientific Instruments, 1959, 36（1）: 3-8.

[46] May K R. The cascade impactor: An instrument for sampling coarse aerosols [J]. Journal of Scientific Instruments, 1945, 22（22）: 187-195.

[47] May K R, Druett H A. The pre-impinger: A selective aerosol sampler [J]. British Journal of Industrial Medicine, 1953, 10 (3): 142-151.

[48] Moll G, Staudt B, Von M G. Possible applications of the biotest air microbe collector RCS Vet in swine housing [J]. Tierarztl Prax, 1990, 18 (5): 491-499.

[49] Clark S, Lach V, Lidwell O M. The performance of the Biotest RCS centrifugal air sampler [J]. Journal of Hospital Infection, 1981, 2 (2): 181-186.

[50] Lippmann M, Chan T L. Cyclone sampler performance [J]. Staub-Reinhaltung der Luft, 1979, 39 (1): 7-11.

[51] May K R, Harper G J. The efficiency of various liquid impinger samplers in bacterial aerosols [J]. British Journal of Industrial Medicine, 1957, 14 (40): 287-299.

[52] May K R. Multistage liquid impinger [J]. Bacteriology Reviews, 1966, 30 (3): 559-570.

[53] May K R. Prolongation of microbiological air sampling by a monolayer on agar gel [J]. Applied Microbiology, 1969, 18 (3): 513-514.

3 民用空气净化装备

3.1 引　　言

随着科学技术的迅猛发展，地球环境发生了史无前例的变化。人类在追求物质财富的同时，自然资源也在逐渐耗尽，由此带来的是污染物的过量排放，全球资源匮乏，环境和生态平衡遭到严重破坏，致使气候变暖、臭氧层被破坏等。沙尘暴、禽流感、雾霾近几年成为人们生活中的新名词。当人们身处办公室、餐厅、酒店、健身房或者体育馆时，外界的大环境已经不再影响自己的身体健康了吗，答案是否定的。室内环境是与外界大环境相对分隔的小环境。一呼一吸间，无处不在的各种污染正将人类赖以生存的空气慢慢破坏。

近几年来，$PM_{2.5}$这个概念走进了大众视野，并且在几年间迅速引起了人们的恐慌。2011年10月底，美国驻华大使馆在新浪微博的官方账号发出一条微博："北京空气质量指数439，$PM_{2.5}$细颗粒浓度408，空气有毒害……"。自此以后，$PM_{2.5}$被国家列入室内监测范围，国家《大气污染防治行动计划》实施。随着居民收入增加，信息透明，人们对环境的期待越来越高。空气质量的下降已经对人类的健康造成了严重威胁。数据显示，过去30年内，我国的肺癌死亡率上升了46.5%，严重威胁了人们的身体健康[1]。美国研究人员发现，污染的空气会损害人类大脑，导致认知能力下降，并可引发抑郁；其还会导致老年人患老年痴呆的概率增加，影响儿童学习能力和记忆能力。如果孕妇暴露在较高水平的空气污染之中，孩子出生后将会出现注意力不集中、焦虑和抑郁等症状。

室内空气质量的相关问题越来越被社会关注。从限号、限牌制度的开始，禁烟令的颁布，到燃油品质编号的改制，无一不体现了政府改善民生和控制大气污染的决心和力度。但"冰冻三尺，非一日之寒"，近年连续多发的雾霾天气，促使民用领域的空气净化装备市场不断升温。就常用的家用空气净化器而言，目前全球空气净化器年销售量超过1000万台，最大的市场在北美、欧洲和亚洲，其年销售量均超过300万台。由此可见，为了在解决室内空气质量的问题上有所突破，空气净化装备从单一的工业应用走向民用也成为必然。

本章主要从空气净化装备的常用技术、结构原理和评价方法等几个方面介绍民用空气净化装置中的家用空气净化器，并以此展开，简单介绍空调净化器、新风系统、个人呼吸器等民用空气净化装备的相关知识，同时结合医疗、教育等需求比较迫切的民用空气净化领域应用现状，展开论述空气净化装置应用状况。

3.2 家用空气净化器

随着人们生活水平的提高，城市里的居民有85%的时间都是在室内度过的。美国专家研究表明，在现代的很多民用和商用建筑中，室内空气污染指数是室外的2~5倍，有近11种有毒化学物质浓度远远超过室外，而其中6种是致癌物质。所以室内空气质量不仅影响人体的舒适程度，更是影响人类健康的主要因素。在发展中国家由于室内空气污染而导致的死亡人数每年高达160万，而我国充斥着有害建材的新建建筑的高速增加，农村以燃煤为主的生活方式，都在严重影响着每个人所在的生活环境[2]。我国还是全世界最大的烟草生产、消费国，烟民所占比重达到30%。烟草烟雾中有上千种化学物质，其中有60种已经被证明或被怀疑有致癌作用，在这样的室内环境下，主动和被动吸烟成为普遍现象。同时，随着房地产行业的高速发展，城市绿化面积越来越小，对人体健康有益的负离子含量也越来越少，能否有效、彻底地解决室内空气质量问题已逐渐被人们所关注，同时也推动了家用空气净化器的应用进程。

3.2.1 空气净化器应用领域

空气净化器又称"空气清洁器"、空气清新机、净化器，是指能够吸附、分解或转化各种空气污染物（一般包括$PM_{2.5}$、粉尘、花粉、异味、甲醛之类的装修污染、细菌、过敏原等），有效提高室内空气清洁度的产品。其在居家、医疗、工业及教育等相关领域均有应用，居家以单机类产品为主流。

空气净化器作为一种功能指向高度明确的小家电，具有非常明确的应用领域，尤其是家用空气净化器，主要在以下场合使用。

1）新装修房

随着人们生活水平的提高，入住前的室内装修成为室内环境污染的重要来源，尤其是近几年我国房地产市场的不断升温，建筑装饰材料需求量猛增，导致了各种不合格装饰装修材料充斥市场。它们造成的室内环境污染已成为影响人们健康的一大杀手，也是近年来消费者投诉的热点问题。装饰材料、保温材料、绝缘材料及地板胶、黏合剂、涂料和塑料贴面等中均含有甲醛，居室装修后甲醛从这些材料中慢慢挥发向室内空间释放，且能够持续很长时间。孙军世等[3]研究表明，人造板中甲醛的释放期为3~15年。甲醛对人的眼睛和呼吸道有强烈的刺激作用,是一种主要的致癌物质。苯及苯系物涂料、油漆、黏合剂以及防水材料、合成纤维、塑料和燃料及橡胶中都有苯系物存在,它能抑制人体造血功能,致使红细胞、白细胞和血小板减少,诱发白血病,女性及儿童对苯及苯系物更为敏感。苯可导致胎儿的先天性缺陷和畸形,空气中的高浓度甲苯、二甲苯在短时间内就能使人中枢神经系统麻痹,轻者头晕、头痛、恶心、胸闷、无力和意识模糊,严重者可致昏迷及呼吸循环系统衰竭而死亡;长期接触甲苯、二甲苯会引起慢性中毒,出现头痛、失眠、精神萎靡、记忆力减退等症状。部分装饰装修材料中还会带来氨、氡等危害,因此,新装修房对空气净化器的需求非常强烈。

居民可以根据自身经济状况以及室内空气污染水平,对新装修房或已入住的房子,采用自然通风、摆放绿色植物与活性炭联合作用净化室内空气。经济条件好的家庭也可以利用室内空气净化治理公司的专业服务,采取室内净化仪器强制净化治理[4]。李文迪[5]通过选取某新装修办公场所,在其铺设地毯这一装修环节介入进行测试,对该场所铺设地毯前、铺设地毯后及使用空气净化器正常运营等多阶段进行跟踪测试,研究分析了装修环节所产生的污染物变化情况及该办公场所在投入空气净化器后对室内空气污染物的实际净化效果。研究发现,铺设地毯这一施工环节对室内空气中 TVOC 的污染造成了明显影响,使用室内空气净化器可净化室内空气。研究人员分别计算了四种工况下室内空气中 TVOC 浓度的平均值:铺设地毯前,16 层和 17 层 TVOC 平均浓度分别为 $3.07mg/m^3$、$0.84mg/m^3$,两者平均值为 $1.96mg/m^3$;铺设地毯后,16 层和 17 层 TVOC 平均浓度分别为 $2.72mg/m^3$、$2.22mg/m^3$,两者平均值为 $2.47mg/m^3$;正常办公工况下,16 层和 17 层 TVOC 平均浓度分别为 $0.94mg/m^3$、$0.98mg/m^3$,两者平均值为 $0.96mg/m^3$。在忽略铺设地毯后至使用空气净化器前这段时间内室内空气中 TVOC 的自然降解与挥发量,通过比较正常办公及铺设地毯后工况下的 TVOC 平均值得到,采用室内空气净化器 24h 的净化效率达到 61.1%。

2)卧室

在家居环境中,卧室通常是在家里所待时间最长的地方,尤其是对上班族而言。如果房间没有充足的时间或条件进行通风,长期下来对人体影响很大,因此卧室需要使用空气净化器来提供一个空气清新的睡眠环境。韩昕倬等[6]针对国内日益严重的室内空气污染问题,以北京市大气污染最严重的冬季为背景环境,以两个高中生的卧室为研究对象,连续 20 天对 $PM_{2.5}$、PM_{10}、甲醛、TVOC 等 4 个重要污染物指标进行了实测。结果表明:使用多年的老房子同样存在甲醛、TVOC 超标情况,室内外空气微粒 $PM_{2.5}$ 与 PM_{10} 的浓度呈正相关规律(图 3-1)。通过此次实测,提醒人们重视卧室空气质量,简单的通风换气不能解决室内空气污染问题,同时,也提出了室内空气净化的思路。

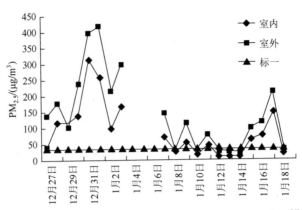

图 3-1 卧室白天开窗时室内外 $PM_{2.5}$ 质量指数变化情况[6]

3）儿童、孕妇、老人或有呼吸系统疾病患者的房间

儿童正处于生长和身体器官发育期，呼吸频率快，对环境污染特别敏感，容易吸入更多的毒物，并且儿童经常会忽略类似症状继续在室外玩耍，因此更容易受到空气中污染物的影响，导致呼吸道功能受损，免疫水平下降，出现各种呼吸系统疾病。李泓冰等[7]为帮助人们认识空气污染对儿童呼吸系统健康的危害提供参考，运用现场流行病学调查方法研究了哈尔滨市空气污染对儿童呼吸系统疾病的影响。通过对哈尔滨市大气污染水平不同的 2 个地区的 1038 名小学生进行健康问卷调查，收集哈尔滨市 2004～2010 年空气质量监测资料，统计学分析结果见表 3-1。可见儿童呼吸系统疾病标化发病率合计以及哮喘、慢性咽炎/喉炎、扁桃体炎、肺炎、气管炎/支气管炎过敏性鼻炎的标化发病率为污染区高于对照区（χ^2 值分别为 58.90、4.33、0.50、7.50、26.14、1.01、7.43，P 值均<0.05）。两个研究区儿童呼吸系统疾病发生危险性 Logistic 分析结果显示，污染区呼吸系统疾病发生危险性是对照区的 1.109 倍，小学生 6 种呼吸系统疾病发生危险性表现为污染区是对照区的 1.024～1.569 倍，从数据上证实了空气污染对儿童呼吸系统产生了一定的危害。

表 3-1 不同研究区域儿童呼吸系统疾病标化发病率比较[7]（单位：%）

区域	哮喘		慢性咽炎/喉炎		扁桃体炎		肺炎		气管炎/支气管炎		过敏性鼻炎		合计	
	发病率	标化发病率	发病率	标化发病率	发病率	标化发病率	发病率	标化发病率	发病率	标化发病率	发病率	标化发病率	发病率	标化发病率
污染区	4.17	4.00	0.93	2.32	3.24	2.43	8.80	6.58	0.93	0.58	3.94	3.72	20.37	17.58
对照区	1.61	1.69	0.23	0.15	0.23	0.30	0.23	0.33	0.23	0.29	0.46	0.88	2.30	2.81
χ^2 值		4.33		0.50		7.50		26.14		1.01		7.43		58.90
P 值		0.000		0.037		0.006		0.006		0.000		0.314		0.006

孕妇及胎儿是环境污染的易感人群，由于妊娠期特殊的生理变化，孕妇及胎儿极易受到外在因素的影响。妊娠是一个胎儿发育的过程，伴随着细胞的大量增殖、器官的形成与发展，胎儿的新陈代谢能力有限，极易受到污染物的影响。妇女怀孕期间，室外活动受到一定限制，进一步增加了室内空气污染物对其危害的程度[8]。Hackley等[9]报道，一氧化碳、颗粒物及臭氧等均会对婴儿出生体重构成影响，一氧化碳进入胎盘后与血红蛋白结合，导致胎儿供氧不足，引起早产和胎儿低出生体重。Wieslaw等[10]的研究表明，妊娠期间高浓度的多环芳烃（PAHs）暴露与胎儿的重量、体长及头围等生理特征相关。空气中的香烟烟雾含有神经毒素尼古丁，是常见的室内空气污染物之一，它与婴儿的猝死综合征有很大关联[11]。

3.2.2 空气净化器工作原理与结构

空气净化器按照净化方式主要可以分为主动净化式、被动净化式和双重净化式，空气净化原理也不尽相同。被动式空气净化器的工作原理[12]是在电机的驱动下，风机将室内的空气吸入（图3-2），经过空气净化器之后，空气中存在的各种污染物和有害物质会被吸附或滤除，剩余洁净空气被释放出来。被动式空气净化器具有很多优点，具有较高的净化效率，经过净化之后的空气能够达到合格的要求，但被动式空气净化器的滤网或者滤材使用寿命通常比较低，更换周期较短，使用成本高。同时还存在噪声大、能耗高等缺陷。

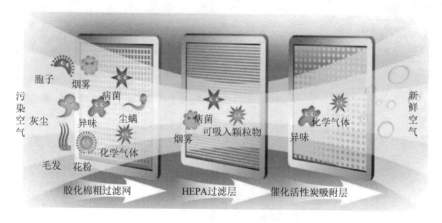

图 3-2 被动式空气净化器工作原理示意图

主动式空气净化器的工作原理与被动式空气净化器不同（图3-3），工作过程中并不是在吸入室内空气之后被动地进行过滤和吸附，而是通过空气扩散这一原理，主动地释放出具有空气净化效果的因子，通过分子的运动到达室内各处来净化空气。这类产品没有风机和风扇,甚至不需更换过滤网。主动式空气净化技术是负离子或臭氧技术,其净化效果通常不如被动式。另外,在工作的过程中这类空气净化器会释放臭氧,容易造成室内的臭氧含量过量,对人的身体造成一定的影响。双重净化式空气净化器结合了主动式和被动式两种技术特点,同时具备主动净化和被动净化两种空气净化功能。

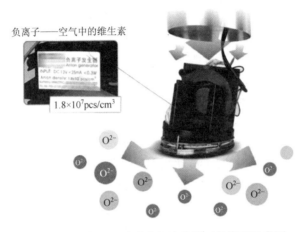

图 3-3　负氧离子主动式空气净化器工作原理示意图

一个典型的空气净化器主要由机箱外壳、风机、风道、空气过滤网、智能控制系统等几大部分组成(图 3-4)。目前市面上有些空气净化器配有加湿功能的水箱,或是辅助净化装置,如负离子发生器、高压电路等,事实上空气过滤网是其

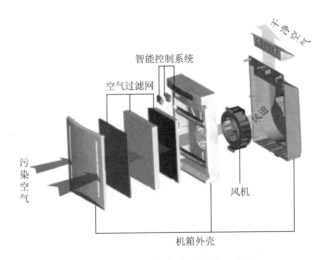

图 3-4　典型空气净化器结构示意图

中的核心部件，其他净化装置起到的仅是辅助功能。空气净化器作为一种小家电，决定其寿命的是风机，决定其净化效能的是空气过滤网，决定其噪声的是风道设计、机箱外壳、过滤段、风机的综合匹配。

1）机箱外壳

机箱外壳主要基于空气净化器的使用定位来进行确定，从材料上区分，常见的有钣金及塑料两种，从结构上区分，常见的有塔式结构、圆柱形结构及家用便携手提式。

塑料是利用单体原料合成或缩合反应聚合而形成的材料，可以自由改变形体和样式。塑料是由合成树脂及填料、增塑剂、稳定剂、润滑剂、色料等添加剂组成，并在加工为成品的某阶段可流动成型的材料。钣金件就是薄板五金件，也就是可通过冲压、弯曲、拉伸等工艺来加工的零件。钣金材料是在加工过程中厚度不变的零件。与钣金材质相比[13]，大多数塑料质轻、化学性稳定、耐锈蚀、耐冲击、重量轻、强度高、具有较好的透明性和耐磨耗性、绝缘性好、导热性低、加工成本低、可大量生产加工、易于成型、着色性好，易满足空气净化设备日益增长的各式各样需求。同时，在用钣金加工工艺做机械设备外观设计的时候，除了考虑整体的外观造型美感，还必须考虑钣金材料的利用及钣金加工成型对机械设备外观造型的影响，由于钣金加工对于太过复杂的空气净化器造型完成度不高，因此目前市面上的钣金件空气净化器数量较少，且结构多较为简单。

空气净化器的结构主要分为三类，早期第一类以家用便携手提式为主，图3-5展示了市面上常见的几种便携式净化器的结构，便携式一般风量较小，采用前侧面及底部进风、背面侧上出风的结构，其优点是移动方便，空气上下循环充分。随着室外灰霾指数的逐步攀升，需求更进一步，但便携式结构风量较小，循环次数有限，研究人员在此基础上设计出了塔式结构的空气净化器。图3-6展示了常见的几种塔式空气净化器，其进风面积得到了进一步扩大，同时厂家可以用较低的成本根据使用环境的变化调整塔式结构的高度，有效提高其使用效果。

图3-5 常见便携式空气净化器

图 3-6 常见塔式空气净化器

近年来,随着行业研究的逐步展开,进风面积更大的双侧进风(图 3-7)及圆柱形空气净化器(图 3-8)出现得越来越多,使得消费者的选择也越来越多。

图 3-7 双侧进风空气净化器　　图 3-8 圆柱形空气净化器

2)风机

空气净化器送风系统的核心部分是一个风机,根据其使用环境,目前用的多是多翼式离心风机。多翼式离心风机是一种结构特殊的离心式通风机,虽然它与一般的离心式通风机相比,效率较低,但由于其压力系数高,流量系数大,在满足一定流量和全压要求时有着结构紧凑、体积小、噪声低的优势[14]。除了空气净化器,这种风机在多种家电及电器设备中均有应用。

多翼式离心风机主要包括集流器、叶轮和蜗壳三大部件,在某些应用场合考虑到节省空间还会采用内置电机。集流器的作用是保证气流能均匀地充满叶轮进口截面,降低流动损失。对于多翼式离心风机,由于叶轮直径比较大、叶片很短,常选用相对宽度很大的等宽度叶轮,此时集流器的结构形式对叶轮的入口流动影响较大。此外,气流通过集流器进入叶轮时,在集流器背部形成一个涡流区。尤其对于空气净化器用多翼式离心风机,叶轮通常只有后盘,没有前盘,只是依靠叶轮靠近风机进口侧端面外径处的围带结构来加固,此时进口涡流区域往往影响叶轮中前盘附近气流的流动状况,对风机性能的影响较大。进口涡流区域的大小与集流器形式有关,不同的集流器形式将导致风机内部不同的流动状态,因此其形状设计应尽可能符合叶轮进口附近气流的流动状况,尽量减小涡流区范围,同时还应保证集流器流道内气流流动的平稳性。

3)空气过滤网

空气过滤网是空气净化器的核心功能部件,净化器的定位不同,其所用的滤网种类也各不相同,详细的介绍见滤网净化技术章节。

4)智能控制系统

目前市场上的空气净化器都大同小异,品牌不一而足,样式高度雷同,功能相差不大,不能满足消费者的需求,使得空气净化器的设计更需创新性和突破性。对新技术、新科技的应用探讨是走出当前空气净化器市场困境的突破口,智能空气净化器的研发设计是空气净化市场的研究方向。空气净化器是一个技术含量较高的高科技产品,一台传统空气净化器涵盖了化学、光学、材料学、生物学和空气动力学五大学科的知识。其中涉及空气净化技术、滤网滤芯材料的选择、空气流动原理等学科知识,以上技术都是较为成熟的技术,只是运用在普通家用空气净化器上,其技术要求会更高一些。而智能控制系统的介入,区别于普通空气净化器,智能空气净化器还加入了传感器、WiFi模块和软件交互的技术,智能控制技术的应用给人们带来了更好的操作便利性和智能性体验。

智能控制系统的加入是指在传统空气净化设备基础上结合了软件功能,从而实现对传统空气净化器的智能化操作[1]。智能控制系统采用"硬件+云端"的形式,可以接入互联网,采集大数据,并形成分析和解决方案,具备大数据等附加价值。图3-9为智能控制系统硬件的基本原理图,硬件设备加上无线连接技术,通过软件进行操作,将数据直接传到云端。云端进行数据的记录与汇总,并将数据转化为切实为人所用的方案,做到真正的智能化。

交互设计是智能控制系统的重要技术之一,是一个庞大的理论范畴,涉及人机工程学、认知心理学、社会学等众多学科。广义的交互设计指的是人机交互系统,它由人(用户)、机器(空气净化器)、环境(室内、室外等)三大部分构成。这三部分之间相互存在、相互影响,产生的所有关系都属于交互设计范畴。人的因素在交互设计中处于中心地位,交互设计的核心理念是以用户为中心。在一定的环境下人与机器发生交互行为时,人的因素是不可或缺的考虑因素。人在社会环境下具有先天和后天的认知模式和心理规律。在人与

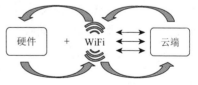

图3-9 智能控制系统硬件基本原理图[1]

机器"沟通"过程中，符合人的认知模式和心理规律的交互设计是可用的。相应地，产品给人的反馈会影响人的认知，这就是系统的可学习性。

传感器是智能控制系统的重要组成部分，云端获取的数据皆来自传感器，因此随着智能控制系统的发展，传感器的研究也越来越深入。空气净化设备的传感器主要包括气体传感器、颗粒物传感器及温湿度传感器，分别介绍如下。

气体传感器即气体敏感元件，主要指能够感知环境中某种气体及其含量的一种装置或者器件，它能将与气体种类和含量有关的信息转换成电信号（电流或者电压）输出。根据这些电信号的强弱就可以获得与待测气体在环境中存在情况有关的信息，从而可以进行检测、监控、分析和报警[15]；还可以通过接口电路与计算机或微处理机组成自动检测、控制和报警系统，从而达到智能控制的目的。

气体传感器主要有半导体传感器（电阻型和非电阻型）、绝缘体传感器（接触燃烧式和电容式）、电化学式传感器（恒电位电解式、伽伐尼电池式），还有红外吸收型、石英振荡型、光纤型、热传导型、声表面波型、气体色谱型等。电阻型半导体气敏元件根据半导体接触到气体时其阻值发生改变来检测气体的浓度；非电阻半导体气敏元件则根据气体的吸附和反应使其某些特性发生变化对气体进行直接或间接的检测。接触燃烧式气体传感器是基于强催化剂使气体在其表面燃烧时产生热量，使传感器温度上升，这种温度变化可使贵金属电极电导随之变化的原理而设计的。另外与半导体传感器不同的是，它几乎不受周围环境湿度的影响。电容式气体传感器则是根据敏感材料吸附气体后其介电常数发生改变导致电容变化的原理而设计。电化学式气体传感器，主要利用两个电极之间的化学电位差，一个在气体中测量气体浓度，另一个是固定的参比电极。电化学式气体传感器采用恒电位电解方式和伽伐尼电池方式工作。电解质有液体电解质和固体电解质，而液体电解质又分为电位型和电流型。电位型利用电极电势和气体浓度之间的关系进行测量；电流型采用极限电流原理，利用气体通过薄层透气膜或毛细孔扩散作为限流措施，获得稳定的传质条件，产生正比于气体浓度或分压的极限扩散电流。红外吸收型气体传感器，当红外光通过待测气体时，这些气体分子对特定波长的红外光有吸收作用，其吸收关系服从朗伯-比尔（Lambert-Beer）吸收定律，按式（3-1）通过光强的变化测出气体的浓度：

$$I = I_0 \exp(-a_m LC + \beta + \gamma L + \delta) \quad (3\text{-}1)$$

式中，a_m 为摩尔分子吸收系数；C 为气体浓度；L 为长度；β 为瑞利散射系数；γ 为 Mie 散射系数；δ 为气体密度波动造成的吸收系数；I_0 为输入光强；I 为输出光强。

声表面波型气体传感器的关键是表面声波（surface acoustic wave，SAW）振荡器，它由压电材料基片和沉积在基片上不同功能的叉指换能器组成，有延迟型和振子型两种。声表面波型气体传感器自身固有一个振荡频率,当外界待测量变化时,会引起振荡频率的变化,从而测出气体浓度。

伴随房地产产业的急速发展,室内甲醛污染治理成为空气净化器发展的新方向,气体传感器测定甲醛也成为近年来甲醛检测研究的新热点。其实早在1983年,压电类甲醛传感器就已问世。这种传感器可以不需要对样品进行任何处理就可以测定,但易受水分子的影响而使晶体振动频率发生漂移,实用性很弱。为适应室内空气甲醛现场快速检测的要求,目前已开发出不少甲醛快速测定仪,这些仪器可直接在现场测定甲醛浓度,当场显示,操作方便,适用于室内和公共场所空气中甲醛浓度的现场测定,也适用于环境测试舱法测定木质板材中的甲醛释放量,这些仪器的工作原理、响应性能、适应范围等都不同[16]。市场上销售的各类气体传感器原理主要是基于电化学原理,如美国 INTERSCAN 公司的 4160 甲醛测定仪、英国 PPM400 型手持式现场甲醛测定仪和日本 COSMOS 公司的 XP-308 和 XP-308 II 型甲醛测定仪。

日本 XP-308 型甲醛测定仪的原理是空气中的甲醛首先透过涂有贵金属触媒烧制的聚四氟乙烯膜,在适当的敏感电极电位下发生氧化反应:

工作电极:$HCHO + H_2O \longrightarrow CO_2 + 4H^+ + 4e^-$

对电极:$O_2 + 4H^+ + 4e^- \longrightarrow 2H_2O$

总反应:$HCHO + O_2 \longrightarrow CO_2 + H_2O$

产生与空气中甲醛浓度成正比的扩散电流,这一电流转化为电压值并传送给仪表读数或记录仪记录,此电流可表示为

$$i_d = \frac{nFADC}{\delta} \tag{3-2}$$

式中,i_d 为极限扩散电流,μA;n 为每摩尔反应物的电子数;F 为法拉第常数,96500C;A 为平面电极的面积,cm^2;D 为气体扩散常数,代表扩散介质中气体渗透率因素和溶解度因素的乘积;C 为甲醛气体浓度,mol/cm^3;δ 为扩散长度,cm。

电化学甲醛传感器工作原理如图 3-10 所示,控制恒电位电解型气体传感器使用的电极一般为气体扩散电极。气体扩散电极基于使气体扩散进入含有催化剂的膜,与电解质在三相界面间产生氧化还原电化学反应。此仪器检测范围为 0.00~4.02mg/m^3,分辨率为 0.0134mg/m^3,90%响应时间≥5min,检测误差为 10%。

美国 INTERSCAN 公司的 4160 系列数字便携式甲醛测定仪属电压型传感器,其优点一是其电解质是不活动的类似于闪光灯中的电解质,不需考虑电池损坏或酸对仪器的损坏;二是游离的电解质减少将清除传感器的噪声干扰,特别是甲醛低浓度测试需较高放大倍数时;三是与三电极传感器不同,INTERSCAN 公司的传感器有一个密封的储气室,这不仅使传感器寿命更长,而且消除了参比电极污染

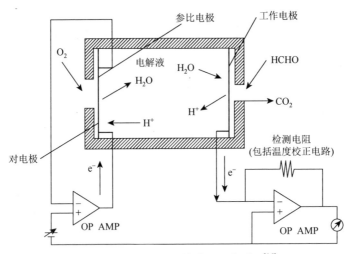

图 3-10　电化学甲醛传感器工作原理[16]

的可能性，而不像三电极传感器需要空气来操作，INTERSCAN 公司的传感器可用于厌氧环境；四是 INTERSCAN 公司的传感器灵敏度是扩散型传感器的 50～200 倍，可以测量浓度非常低的甲醛。

英国的 PPM 系列手持式现场甲醛测定仪，其原理是利用两个贵金属电极和合适的电解质溶液组成电化学燃料电池。当空气借助采样系统被抽入燃料电池时，产生与甲醛浓度成正比的小电压。甲醛浓度越高，电压越高，电池给这一高电压充电的时间一般为 7～11s。系统电路包含一个微型计算机控制下的精确放大器，获得的数据被计算并显示于显示器上。英国 PPM 仪器测量范围为 $0.012～12.27mg/m^3$，分辨率为 $0.012mg/m^3$。

由于在空气净化器智能控制系统中传感器处于反复使用和长期检测状态，其稳定性的重要性远大于精度和灵敏度。灵敏度可以通过电子线路提高，并且灵敏度过高容易误报，降低可靠性。知道误差规律，可补偿可修正，也可以通过计算机修正误差，但稳定性较难补救，也是目前学者需要重点研究解决的问题。铂修饰电极对甲醛等有机小分子具有显著的电催化氧化性能，但在催化氧化反应过程中会产生吸附态 CO 而使得铂催化剂中毒，降低铂催化剂的活性，导致传感器的稳定性受影响。因此，研究人员通常加入第二种金属元素或金属氧化物对铂催化剂进行修饰，以提高抗 CO 中毒能力。周忠亮等[17]采用循环伏安法在玻碳电极表面依次电沉积纳米二氧化锆和铂微粒，制备了一种检测甲醛的新型电化学传感器。作者用电镜扫描对该修饰电极表面进行了表征，用循环伏安法和线性扫描伏安法研究了甲醛在该修饰电极上的电催化氧化作用，优化了实验参数。研究发现该修饰电极对甲醛有很好的电催化氧化作用，在 $0.1mol/L\ H_2SO_4$ 溶液中，甲醛的氧化峰电流与其浓度在 $1.0×10^{-6}～5.0×10^{-3}mol/L$ 范围内呈良好线性关系。

电流型甲醛气体传感器通常使用三电极的电解池结构,采用具有催化活性的物质作为电极材料。为了获取良好的响应信号和稳定性,一般使用比表面积较大的纳米级贵金属催化剂,尤其在工作电极上,活性物质的颗粒大小、物理形貌等因素直接影响着传感器的检测性能。具有中空结构的纳米材料,因其具有较大的比表面积在电催化方面表现出了优越的性能,与通常的实心纳米粒子相比,节省了催化剂的使用,提高了贵金属利用效率。刘世伟等[18]研究人员通过牺牲模板法合成了具有空心结构的纳米金催化剂,并进行了透射电子显微(TEM)分析、扫描电子显微(SEM)分析和粉末 X 射线衍射(XRD)分析等表征,把该催化剂作为工作电极的活性物质,以 1mol/L KOH 为电解质,组装了电流型甲醛气体传感器(图 3-11)。在实验中,研究人员选择不同浓度测试了电流型甲醛气体传感器的响应信号与甲醛气体浓度之间的关系。在甲醛浓度为 $0\sim2.23\times10^{-6}$mol/L 范围内对传感器进行了测试。浓度为 8.9×10^{-8}mol/L、2.23×10^{-7}mol/L、6.25×10^{-7}mol/L、1.25×10^{-6}mol/L 和 2.23×10^{-6}mol/L 气体的响应信号为 1.5×10^{-6}A、3.9×10^{-6}A、10.9×10^{-6}A、22.3×10^{-6}A 和 36.9×10^{-6}A,测试数据的线性回归方程为 $y = 16.63x + 4.063\times10^{-7}$,$R^2 = 0.9989$。传感器线性关系良好,平均灵敏度为 16.63A·L/mol,金作为传感器的工作电极活性物质具有较好的催化甲醛的活性。研究人员还在甲醛标准气体浓度为 6.25×10^{-7}mol/L 和 8.9×10^{-8}mol/L 时,与实心纳米金粒子组装传感器的性能进行了对比测试,两只传感器具有接近的噪声和底电流,但是具有空心结构的金工作电极传感器具有更高的灵敏度,响应信号比实心结构金粒子工作电极的传感器约高 70%。虽然两种金粒子粒径接近,但是空心结构的金粒子由于具有中空结构,因此具有更高的比表面积。同时也可以认为这是粒径更小(6~8nm)粒子的一种中空疏松堆积,中空的三维立体结构和较大的表面积可以提供更多有效的反应活性位点作为甲醛电催化氧化反应的场所,因此表现出较高的活性。

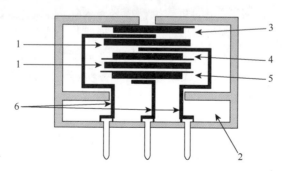

图 3-11 电流型甲醛气体传感器的结构示意图[18]

1. 吸液材料;2. 贮液室;3. 工作电极;4. 参比电极;5. 对电极;6. 电极引线

传统研究表明将纳米技术和传感器结合,传感器的灵敏度和检测通量将会得到显著提高,而且反应时间、反应可重复性、选择性都会大大改善。由于体积小、检测速度快、准确、便携、可现场直接检测和连续检测等优点,在众多类型的传感器中,振频式传感器越来越受到国内外专家学者的普遍关注。石英晶体微天平(QCM)是一种振频式传感器,可以精确检测到纳克数量级的质量变化,石英晶体微天平传感器已经在多个领域中得到了有效的应用[19]。新型气体敏感材料是传感器技术进步的物质基础,目前新型气敏材料的研究主要侧重于半导体材料、陶瓷材料及有机高分子材料等。在石英晶体微天平电极上覆盖一层具有选择性吸附特定物质的敏感性膜,当吸附特定种类的气体后,石英晶体微天平电极便会发出信号,通过一系列的转换,将检测结果灵敏高效地转换为可视化曲线。然而,通常所用的实心平滑膜修饰的石英晶体微天平电极,检测微量气体时的灵敏度不够高。张春艳[19]采用一步静电纺丝法制备了三维立体的聚苯乙烯超高比表面积多孔纳米纤维膜,并用其作为模板材料,通过滴铸法用聚乙烯亚胺对该模板进行功能化修饰,将这种聚苯乙烯-聚乙烯亚胺复合膜材料附着在石英晶体电极上作为甲醛气体传感器的感知膜。实验发现,基于石英晶体微天平技术的功能化纳米纤维膜可以在室温下检测甲醛的浓度,而且具有良好的选择性、可回复性、可重复性,反应时间短,检测极限高。

多孔气体扩散电极的制备是制备甲醛电化学传感器的关键所在,其中催化层的结构直接影响传感器的响应性能。杨嘉伟等[20]通过柠檬酸三钠还原法合成了纳米金-活性炭、纳米金-碳纳米管催化剂,制备了甲醛电化学传感器多孔气体扩散电极,并对电极进行 SEM 表征,在甲醛气体浓度为 $0.24mg/m^3$ 和 $0.63mg/m^3$ 时,电极具有较好的响应。图 3-12 显示在 $0.1\sim0.84mg/m^3$ 浓度范围内,线性方程为 $y = 10.515x + 4.4049$ ($R^2 = 0.9917$),响应时间约 80s。活性炭和碳纳米管都具有比较大的比表面积,特别是碳纳米管尤为突出,这对提高电极的催化性能有较大的帮助。如果进一步优化活性金的负载量,那么该催化剂的催化效果会更好。生物传感器,特别是电化学生物传感器,具有检测速度快、在线分析能力强、灵敏度高、特异性好等优点,有望实现对甲醛的快速实时在线检测和连续检测。甲醛在甲醛脱氢酶(FDH)的催化下生成甲酸和还原型辅酶Ⅰ(NADH),通过检测甲醛酶催化反应中生成的 NADH 可以实现对甲醛的检测。但是,NADH 在普通电极上的电催化氧化过程需要较高的氧化峰电位,较高的氧化峰电位下检测 NADH 的过程易受其他电化学反应的干扰,从而使 NADH 的直接测定变得十分困难。张仁彦等[21]构建了可以在低电位下检测 NADH 的羧基化多壁碳纳米管修饰丝网印刷电极,并采用自组装法将 FDH 在该电极表面固定化,制备了基于 NADH 检测的甲醛生物传感器,该生物传感器的电催化过程如图 3-13 所示。甲醛在 FDH 的催化下反应生成 NADH,NADH 在羧基化多壁碳纳米管的帮助下发生电催化氧化反应,在电极上产生一定电解电流,据此可对甲醛进行定量分析。碳纳米管具有优异的电子传输性能，可以有效促进电子的传递，碳纳米管修饰的工作电极可以有效降低电极反应的峰值电极电位。此外，碳纳米管具有大的比表面积，可以为电化学反应提供充足的反应场所；羧基化多壁碳纳米管的表面和两端含有很多羧基，为电化学反应提供了很多活性点，这相当于增加了电极的有效表面积，因此碳纳米管修饰电极的峰值电流更加尖锐，羧基化多壁碳纳米管修饰的丝网印刷电极对 NADH 有更好的电催化氧化作用，可以用于低电位下检测 NADH。

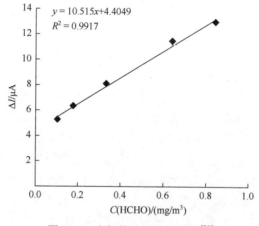

图 3-12　电极的响应线性曲线[20]

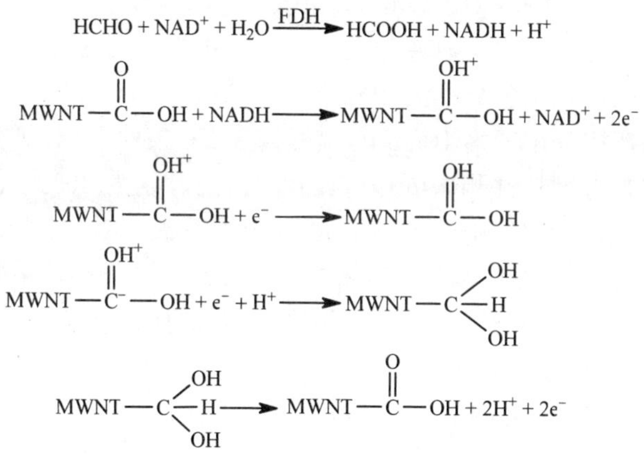

$$HCHO + NAD^+ + H_2O \xrightarrow{FDH} HCOOH + NADH + H^+$$

$$MWNT\text{—}\overset{O}{\overset{\|}{C}}\text{—}OH + NADH \longrightarrow MWNT\text{—}\overset{OH}{\overset{\|}{C}}\text{—}OH + NAD^+ + 2e^-$$

$$MWNT\text{—}\overset{OH^+}{\overset{\|}{C}}\text{—}OH + e^- \longrightarrow MWNT\text{—}\overset{OH}{\overset{\|}{C}}\text{—}OH$$

$$MWNT\text{—}\overset{OH^+}{\overset{\|}{C}}\text{—}OH + e^- + H^+ \longrightarrow MWNT\text{—}\overset{OH}{\underset{}{C}}\text{—}H$$

$$MWNT\text{—}\overset{OH}{\underset{OH}{C}}\text{—}H \longrightarrow MWNT\text{—}\overset{O}{\overset{\|}{C}}\text{—}OH + 2H^+ + 2e^-$$

图 3-13　甲醛生物传感器电催化过程[21]

随后，在优化实验条件下，作者用甲醛生物传感器对 1mmol/L 甲醛进行多次重复测量，传感器响应电流的变化很小，表明固定化甲醛生物传感器的响应信号有较好的重现性，这可能是因为羧基化多壁碳纳米管修饰的丝网印刷电极大大降低了酶催化产物 NADH 的氧化峰电位,从而减少了中间产物对电极的污染和其他干扰反应的影响。同一电极,在 10d 后再次进行测量,电极的衰减在±2%范围内,表明甲醛生物传感器有较好的稳定性。为了观察甲醛生物传感器的抗干扰能力,采用脉冲注入法引入乙醛、苯、甲苯、二甲苯等干扰物质进行干扰实验。对于 1mmol/L 的甲醛,在不同时间,加入 100 倍的各种干扰物质后,响应电流的变化在±10%范围内,表明该传感器的抗干扰能力较强。经多次实验可得,在 0.001~11mmol/L 的范围内,响应电流与甲醛的浓度之间有较好的线性关系,其线性回归方程相关系数为 0.9934,在信噪比为 3 的情况下,甲醛生物传感器的检出限为 0.2μmol/L。

静电纺丝法具有成本低、操作简单,可控性强和适用于大规模生产等优点,是一种高效制备纳米纤维的技术。制备的纤维具有比表面积大、孔隙率高、均匀性好、易成膜和耐高温等优点,但易受纺丝体系和制备条件限制。目前,利用喷嘴静电纺丝技术制备 SnO_2-In_2O_3 复合纳米纤维的研究鲜有出现。胡明江等[22]采用双喷嘴静电纺丝技术制备了 SnO_2-In_2O_3 复合纳米纤维,涂敷于带有金电极的氧化铝陶瓷管表面形成敏感薄膜,设计了一种新型薄膜型甲醛传感器,并采用 X 射线衍射仪、热场发射扫描电子显微镜、O_2-程序升温脱附仪和 X 射线光电子能谱(XPS)仪,表征了 SnO_2-In_2O_3 复合纳米纤维的相组成和微观形貌,分析了敏感薄膜成分配比对甲醛吸附强度与电化学的影响机理。在气体传感器静态测试系统上,采用 XEDWS-60A 型气敏元件分析仪测试了甲醛传感器敏感特性、温度特性、湿度特性、动态响应、抗干扰和稳定性。结果表明,以 S50 纳米纤维为敏感薄膜(膜厚为 240nm)的甲醛传感器,在温度为 500℃,甲醛浓度为 0.5~50mg/L 时,传感器线性度和灵敏度最大值分别为 96.8%和 97.5%,动态响应时间和恢复时间分别为 23s 和 12s。在甲醛浓度为 10mg/L,温度为 375℃条件下,对薄膜厚度为 240nm 的甲醛传感器进行湿度特性测试可知,在相对湿度分别为 40%、50%和 60%时,甲醛传感器敏感电极在空气中的电阻值 R_a 分别为 165.0kΩ、132.4kΩ 和 116.5kΩ;在甲醛气体中的电阻值 R_g 分别为 32.4kΩ、31.1kΩ 和 30.8kΩ,甲醛传感器响应值 R_a/R_g 分别为 5.1、4.3 和 3.8。随着相对湿度升高,电阻 R_a 和 R_g 均下降,但 R_a 降幅度大于 R_g,甲醛传感器响应值将下降。同时在甲醛浓度为 10mg/L 条件下,测得甲醛传感器响应与工作温度之间的关系。随着温度升高,甲醛传感器响应值先增大后降低,温度为 350℃时,薄膜厚度分别为 160nm、200nm、240nm 和 280nm 的 4 种甲醛传感器响应达到最大,分别为 4.2、4.7、6.3 和 5.5。当温度大于 600℃时,甲醛传感器响应呈先增大后降低趋势,原因是此时 SnO_2-In_2O_3 复合纳米纤维对氧高温脱附峰起主导作用,4 种甲醛传感器承受的最高温度分别为 800℃、850℃、950℃和 1000℃,表明薄膜厚度为 240nm 的甲醛传感器温度特性最好。另外为了验证甲醛传感器抗干扰能力,利用薄膜厚度为 240nm 的甲醛传感器,分别对内燃机排气中的 NO_x、CO、甲醛（HCHO）、甲苯（C_7H_8）、蒽（$C_{14}H_{10}$）、丙酮（C_3H_6O）和甲醇（CH_4O）等有害气体进行抗干扰性能测试，选取的气体浓度范围均为0.5~50mg/L，研究发现此传感器对CO、NO_x、甲苯、蒽、丙酮和甲醇等气体具有良好的抗干扰性能，在汽车上连续使用12个月后，响应衰减了5.5%，响应正常时间为6.4个月。

石英晶体微天平（QCM）传感器具有快速度、高灵敏、低噪声、低成本、制备方便、可室温下工作等优势。国内电子科技大学何应飞[23]采用气喷成膜工艺在QCM电极表面沉积了PEI/MWNTs复合薄膜，制备了PEI/MWNTs-QCM气体传感器，研究了敏感薄膜厚度和复合材料体积配比对传感器响应特性的影响，优化了复合薄膜制备工艺参数；测试了不同浓度甲醛下传感器的气敏特性，同时测试分析了传感器的重复性、选择性、稳定性以及环境因素（温度和湿度）对其性能的影响。研究发现通过比较三个不同成膜频差的PEI/MWNTs-QCM传感器对2ppm①甲醛的响应特性，兼顾响应值、响应时间和恢复时间三者的考虑，得到最优的膜厚频差为6521Hz（表3-2）；通过对比不同体积配比（1:3、1:1、3:1）PEI/MWNTs-QCM传感器对甲醛的响应特性，发现体积比为1:1的传感器响应值较大，且响应时间和恢复时间较快，恢复特性好，因此最优的体积配比为1:1（表3-3）；制备成膜频差为6521Hz，体积比为1:1的PEI/MWNTs-QCM传感器，测试并研究了该传感器对不同浓度甲醛的响应特性，结果发现其对低浓度的甲醛具有良好的敏感特性，其最低检测浓度为0.6ppm，在0~6ppm范围内，传感器具有良好的线性特性，线性相关系数R^2为0.9706，灵敏度达到0.4Hz/ppm。此外，传感器具有良好的重复性和选择性，长期稳定性测试结果表明传感器的响应值变化较小，但响应/恢复时间增长，同时环境温湿度对传感器响应值具有较为显著的影响；结合形貌分析和紫外-可见光光谱研究了PEI/MWNTs-QCM传感器与甲醛气体的气敏机理，并建立了相应的敏感机理模型。由XPS分析可知MWNTs与PEI之间存在氢键作用，在MWNTs碳管表面吸附有PEI膜层，因此分析认为与MWNTs复合增大了气体分子与PEI敏感薄膜吸附的有效面积。基于紫外分析证明了PEI中的胺基官能团与甲醛分子发生亲核加成反应，因此PEI/MWNTs复合薄膜与甲醛分子之间主要是化学吸附作用，并伴随着物理吸附。

表3-2 不同膜厚的PEI/MWNTs-QCM传感器对2ppm甲醛的响应结果[23]

成膜前后频率差/Hz	响应值/Hz	响应时间/s	恢复时间/s
6521	0.6	56	31
7750	0.8	78	32
10200	2.6	114	127

① 1ppm = 1mg/L。

表 3-3　不同体积配比 PEI/MWNTs-QCM 传感器对 6ppm 甲醛的响应结果[23]

PEI/MWNTs 配比	响应值/Hz	响应时间/s	恢复时间/s
3∶1	4.9	272	650
1∶1	2.4	200	246
1∶3	2.2	208	393

在研究 PEI/MWNTs-QCM 传感器对甲醛敏感特性的基础上,进一步制备并测试了 PVP/MWNTs-QCM 传感器对甲醛的响应特性,PVP/MWNTs-QCM 传感器检测甲醛的最低浓度为 1ppm,甲醛浓度超过 6ppm 后,传感器响应值趋于饱和状态。该传感器对常见的 VOC 干扰气体具有较好的选择性,长期稳定性测试表明该传感器的响应值受环境影响较小,但响应时间和恢复时间增长。

金属氧化物半导体气体传感器因为体积小、稳定性好、灵敏度高及容易进行大规模生产而被科学家青睐。金属氧化物半导体气体传感器主要由四个方面的性能来衡量:灵敏度、响应时间和恢复时间、选择性及稳定性,这四个性能的含义如下[24]。

1)灵敏度

响应灵敏度代表的是传感器的被测量值在遇到目标气体时的相对变化率,变化率越大就说明该传感器对某个浓度被测气体的灵敏度越高。响应灵敏度通常用 Rs 表示。当用加直流方法对传感器的阻值进行测试时:

$$\text{Rs} = \frac{|R_a - R_g|}{R_a} \times 100\% \quad (3\text{-}3)$$

式中,R_a 为传感器在空气中的阻值;R_g 为传感器在被测气体中的阻值。

响应灵敏度的大小往往反映传感器的检测下限,一般情况下,灵敏度越高,检测下限就越低。灵敏度是传感器最重要的指标之一,传感器对目标气体的灵敏度越高,其检测极限就越低,能够在气体泄漏初期就检测到气体是传感器的优异特性。

2)响应时间和恢复时间

气体传感器的响应时间代表的是传感器遇到被测气体后,传感器的被测量值从一个稳定值变化到另一个稳定值的时间;恢复时间代表的是被测气体离开传感器之后,阻值或者阻抗恢复到空气中初始值的时间。实际上,对这两者是有标准规定的,响应时间和恢复时间分别用传感器阻值达到其变化值的 90%或者 70%时所需要的时间来定义。这两个时间衡量了传感器的响应速度,传感器的速度越快,就越灵敏,快捷的传感器为人们的生活生产带来方便快捷。半导体氧化物的响应速度与材料的形貌、传感器的工作温度等都有关系。一般来说,当传感器的恢复时间太长时,可通过适当加温,增加其他的脱附。通常,很多金属氧化物半导体气体传感器上的敏感材料遇到氨气等含氮类的气体时，会发生"传感器中毒"的现象，氨气会牢牢地吸附在敏感材料表面难以脱附，导致传感器的重复测量性很差。在实际的气敏测量中，要尽量避免"传感器中毒"现象。

3）选择性

选择性指的是如果传感器对某种或者某几种气体的响应明显优于其他气体，则代表该传感器对这种或者这类气体的选择性好。选择性是气敏传感器的重要性能之一，能够快速灵敏地检测到目标气体是追求的效果。对于基于 Sn 化的气敏传感器对多种 VOC 气体都比较敏感，虽然可以做 VOC 气体的统一检测，但是其真正的实用价值还是较低的。优化传感器选择性的方法主要有：优化材料的制备方法从而改变半导体氧化物的纳米形貌；改变传感器的工作温度；对敏感材料进行贵金属原子的微量掺杂（一般为 0.5%～10%）；在敏感材料表面增加分子筛等。

4）稳定性

稳定性指的是气体传感器随着环境温湿度、测试时间或者材料性质等因素的改变，其检测能力发生变化。稳定性好的传感器即使是在环境温湿度变化较剧烈/测试时间很长的情况下，也能够保持对目标气体的高灵敏度。提高传感器稳定性的方法有：对于环境温湿度的影响，往往可以对传感器的后期电路进行温湿度的矫正；对传感器进行封装，也能够阻挡外界杂质和污染对传感器的污染和破坏；传感器产生疲劳测试后，可以对传感器进行适当退火，一方面加快表面气体分子的脱附；另一方面，退火可以修复半导体材料的杂质和缺陷。

半导体气体传感器根据检测原理和被检测对象的不同，可分为电阻型和非电阻型两种。电阻型的金属氧化物半导体气体传感器主要包括表面控制型（如 SnO_2、ZnO、In_2O_3、WO_3、V_2O_5）和体控制型（如 TiO_2、CoO、$\gamma\text{-}Fe_2O_3$、$\alpha\text{-}Fe_2O_3$）两种。表面控制型是指当气体分子化学吸附在组件敏感材料的表面时，会在表面材料上产生体电荷并且形成电荷层，从而使得半导体表面处的能带发生弯曲，而弯曲的程度与表面层载流子的浓度有关，由此引起半导体材料电导率的变化。体控制型是指当还原性气体吸附在金属氧化物半导体表面时，材料表面一些金属离子的价态变低，并且不断向晶体的内部扩散，导致材料电导率的变化。当还原性气体脱附后，被还原的金属离子会被空气中的氧气分子重新氧化恢复到原来的高价态。非电阻型金属氧化物半导体气体传感器主要有三种。一是具有二极管整流作用的气体传感器，包括金属/半导体结型二极管传感器、MOS 二极管气敏传感器、Schottky 二极管传感器。这类传感器的工作机理是：利用遇到被测气体后，其金属半导体接触势差的改变而反映出被测气体的浓度，往往气体的微量浓度能通过整流曲线的变化被放大。二是具有场效应晶体管特性的气体传感器，其机理是场效应晶体管器件敏感材料中的载流子浓度会随着气氛的变化而改变，从而其阈值电压会随着气体浓度变化而变化。三是电容型气体传感器，主要是金属氧化物混合物作为电容器的介质，电容的值与材料的介电常数有关，介电常数往往又受到环境气氛的影响。这类传感器有 MOSFET 型、MIS 型等。

吉林大学王莹[25]通过溶剂热法合成了 $Zn@SnO_2$ 三维花状结构，并研究了 Zn 元素的掺杂对甲醛气体敏感特性的影响，结果表明，将 Zn 元素引入纯 SnO_2 后，通过构造特殊结构的纳米材料，使得器件在气敏性能上有了显著的提高，可能是因为 Zn 掺杂引入导致氧空位增多和纳米片构成的 3D 花状结构宽大的表面积使得气体敏感催化活性增强。器件工作温度为 160℃时，对于浓度为 100ppm 的甲醛响应值为 15.2；响应恢复时间皆为 2s，远快于纯材料；检测浓度范围可达 1~2000ppm；灵敏度随着浓度的变化曲线有着良好的线性；掺杂材料的传感器对于甲醛气体的选择性相较纯材料而言明显更为有效，选择性优良。此外，所制备的具有规则形貌的三维花状结构，直径尺寸为（7±0.5）μm，构成花型的纳米片厚度为（80±5）nm（图 3-14）。

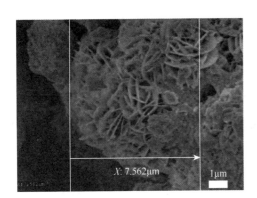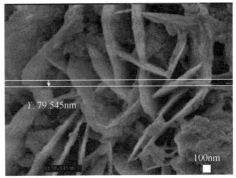

图 3-14　$Zn@SnO_2$ 三维花状结构不同方向上的高倍放大 SEM 图[25]

随后作者继续采用一步溶剂热法合成了纯 SnO_2 材料和 $Cu@SnO_2$ 三维球状结构，制成旁热式器件，并探究了两者对甲醛气体的敏感特性，$Cu@SnO_2$ 材料对 1000ppm 的甲醛响应恢复时间皆为 2s；在 10~1000ppm 甲醛浓度范围内，灵敏度随着浓度的变化曲线有着良好的线性，当浓度继续升高至 1000ppm，才达到饱和；230℃下传感器对 200ppm 甲醛气体的响应随湿度从 11RH%~95RH%的升高而减小（吸附过程），当相对湿度从 95RH%降低至 11RH%（脱附过程）时，传感器的灵敏度增大，最大的湿滞值小于 1%，显示出对敏感材料良好的可靠性；$Cu@SnO_2$ 三维球状结构，横向尺寸范围是（1.3±0.2）μm，径向尺寸是（15±2）nm；纯 SnO_2 的直径尺寸为（2±0.3）μm，构成花型的纳米片厚度为（25±3）nm。尺寸更小的掺杂材料可能是使得响应提升的原因之一，Cu@SnO$_2$传感器对200ppm甲醛的灵敏度为81.48，远高于相同浓度下SO$_2$、C$_6$H$_6$、C$_2$H$_6$O、NH$_3$、C$_8$H$_{10}$、C$_3$H$_6$O、C$_2$H$_2$等气体的响应（1.961~25.926）；纯SnO$_2$材料对甲醛气体的灵敏度为56.52，对其他气体的响应值低于前者，范围为0.99~14.53，掺杂的三维球状结构表现出对甲醛更高的选择性。最后合成了纯SnO$_2$和La@SnO$_2$复合纳米微球传感器，结果表明：规则形貌的La@SnO$_2$复合纳米微球，直径尺寸范围为（2.5±0.3）μm；La@SnO$_2$传感器具备良好的气敏性能，对1000ppm的甲醛分子响应恢复时间皆快于SnO$_2$；230℃时，前者对常见挥发气体SO$_2$、NH$_3$·H$_2$O、C$_8$H$_{10}$、C$_6$H$_6$、C$_2$H$_6$O、C$_3$H$_6$O的横向响应远低于甲醛，对比SnO$_2$传感器，灵敏度和选择性更佳，适宜探测低浓度甲醛。

采用紫外线催化或者特殊的纳米形貌能够弥补高温传感器的弊端，降低气敏传感器的工作温度，并且提高传感器的气敏性能。TiO$_2$是一种出色的光催化特性材料，形态各异的纳米TiO$_2$的光催化性质已经在太阳能电池、污水分解、化妆品、制备氢气等领域得到了广泛的开发利用。不过目前报道的文献中，用来检测甲醛的TiO$_2$传感器都是在高温下运行的，将紫外线作为测试条件的报道几乎没有，且TiO$_2$的纳米形貌以薄膜型和纳米管为主，TiO$_2$空心球在甲醛探测方面的报道很少。在现有的所有纳米形貌类型中，空心球的比表面积是首屈一指的，高的比表面积使得半导体材料有更高的电荷分离能力，从而有更高的灵敏度和更快的响应恢复速度。

李筱昕[24]系统探测了基于TiO$_2$空心微球的传感器在室温紫外线LED照射下，对甲醛以及其他VOC气体的气敏特性。传感器对甲醛表现出优异的选择性和很高的灵敏度，能够探测到ppb[①]级别的甲醛，响应恢复时间非常快，分别为24s和16s。环境相对湿度在0~99%变化时，传感器对甲醛的响应呈现先上升后下降的趋势，在湿度为19%左右时，传感器对甲醛的响应达到最大值（图3-15），速度也最快，当空气湿度达到99%时，传感器仍然对甲醛有较高的响应。湿度对该传感器气敏响应的影响比较复杂，作者认为在紫外线的照射下，TiO$_2$表面有很多的光生氧负离子，这种光生氧负离子比普通化学吸附的氧负离子要活泼很多，甲醛会和性质活泼的光生氧负离子和羟基反应，生成电子导致传感器电阻下降。在有水蒸气存在时，材料表面的电阻变化就会复杂很多。首先，H$_2$O会占据材料的晶格氧和晶格铁，同时和材料表面的光生氧负离子发生反应，这两个反应都会产生电子，导致载流子增多，材料电导率增加，传感器电阻减小。这两个反应同时会生成活性很强的羟基来和甲醛反应，同时和材料表面的光生氧负离子发生反应时，也在消耗材料表面的氧负离子，这样就抑制了甲醛和氧负离子的反应，因此水分子的存在，一方面促进甲醛的反应，另一方面抑制。在这个过程中，就存在一个

---

① 1ppb = 1×10^{-3}mg/L。

水分子含量的平衡点,在这个平衡点处,水分子的存在对甲醛的响应最有利,研究中的传感器当湿度为19%时,传感器对甲醛的响应灵敏度最大。同时,通过优化材料制备方法制备出更薄的 TiO_2 空心球,探测了 TiO_2 空心球厚度对气敏特性的影响,结果显示当球壳厚度达到 8 nm 左右是极限,否则在煅烧过程中,空心球会坍塌。8nm 球壳厚度的空心球响应灵敏度比 20nm 球壳厚度高,响应速度更快,作者推测是由于球壳厚度减薄会越来越接近材料的德拜屏蔽长度,电子在材料中的运输更快,从而提高传感器响应。

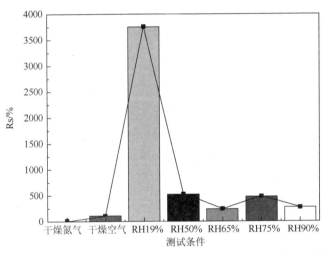

图 3-15 在不同湿度紫外线照射下传感器对 5ppm 甲醛的灵敏度对比[24]

催化发光材料合成是目前催化发光传感器的研究热点,Co_3O_4 具有机械强度高、比表面积大、抗烧结能力强和高温催化活性稳定等优点,是降解醛类污染物的理想催化剂。与其他制备方法相比,静电纺丝法制备的纤维具有比表面积大、孔隙率高和耐高温等优势。

胡明江等[26]采用双喷嘴静电纺丝法制备了 CeO_2-Co_3O_4 复合半导体纳米纤维,将制备的 CeO_2-Co_3O_4 复合半导体纳米纤维均匀涂覆于 ω 型加热线圈表面形成催化发光薄膜,设计了一种新型催化发光甲醛传感器。采用 X 射线衍射仪、扫描电子显微镜、全自动程序化学吸附仪和 X 射线光电子能谱仪表征了 CeO_2-Co_3O_4 复合半导体纳米纤维的相组成和微观形貌,讨论了甲醛在 CeO_2-Co_3O_4 催化剂表面的电化学特性和催化发光机理(图 3-16)。在优化条件下,即波长 500nm、温度 550℃、载气流速 0.2L/min,甲醛传感器催化发光强度与甲醛浓度为 1.2～50μg/m³ 有良好的线性关系,灵敏度为 40.04μg/m³,检出限为 1.2μg/m³,动态响应时间和恢复时间分别为 2.4s 和 3.5s。此传感器可用于汽车尾气甲醛浓度检测,相对误差范围为 0.4%～1.1%,相对标准偏差 RSD<3%(n = 6)。

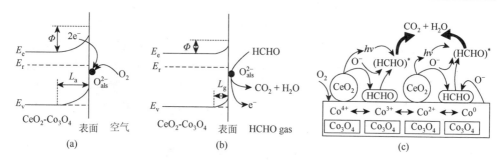

图 3-16 CeO_2-Co_3O_4 能带分布图 [图（a）、（b）] 和催化发光机理 [图（c）][26]

电阻型半导体甲醛气体传感器的研究虽已取得了很大的进展，但尚存在一些问题[27]。目前半导体甲醛气体传感器的灵敏度高，灵敏度最高可达 10^{-9} 级，室内甲醛气体检测的国际标准为 $0.06×10^{-6}$。但其选择性、稳定性和一致性仍很差，且多数半导体甲醛气体传感器需工作在高温环境中。多数研究仍停留在实验室阶段，离市场化仍有一定距离。半导体气体传感器的结构虽有改进，但其发展落后于气敏材料的研究。

综上所述，目前半导体甲醛气体传感器的发展趋势可从以下几个方面考虑：

（1）单一组分气敏材料的灵敏度和选择性较差，通过在基体材料中掺杂具有催化作用的贵金属、稀土元素等进行表面修饰、材料改性，或几种金属氧化物、金属氧化物与化合物、金属氧化物与聚合物等组合来提高其气敏特性，开发新的气敏材料，如多孔、分级的纳米花、纳米片、碳纳米管、量子阱等纳米材料，其比表面积大，利于甲醛分子的扩散。气敏材料敏化机理的研究尚不成熟也是制约其发展的一个主要因素，应深入研究气敏材料的敏感机理。

（2）在结构方面采用微电子、微机械加工技术结合计算机技术开发具有一致性、可靠性、稳定性、选择性、温湿度补偿的集成化阵列气敏传感器。

（3）研发基于半导体甲醛气体传感器的仿生"电子鼻"系统，即利用传感器的交叉敏感特性，传感器阵列与信息融合技术结合以提高半导体甲醛气体传感器的选择性。

（4）半导体甲醛气体传感器与微处理器结合，使半导体气敏传感器具有控制、校验和故障监视功能，实现现场适用的智能型和多功能化传感器。

除了甲醛气体传感器，目前在空气净化设备智能控制系统中使用较多的还有颗粒物传感器，颗粒物传感器的测量原理有电学原理、光学原理，其中光学包括红外光学和激光光学两种[28]。

电学法颗粒物传感器主要利用气溶胶颗粒物单极扩散充电技术，测量带电粒子产生的电流而实现监测。传感器有两个进气流：净化过的压缩空气（1.5bar）和气溶胶样本气体。压缩空气流被导入到一个有电晕针释放恒定电流的密闭空间内，然后，经过电晕放电后带有正离子的气流被引入到一个排气装置里。气溶胶传感器则主要就是通过具有抽气泵作用的该股气流吸入的，气溶胶样本气体和气泵里的气流充分混合，这样电晕充电器释放的离子才能附着到包括样本气体在内的气溶胶颗粒物上。在混合过程后，剩余的自由离子会被一个离子阱吸收，带电粒子会随着气流从传感器流出。因为颗粒物或者部分颗粒物是单极带电，它们输出传感器时会携带电荷。

光电传感器采用光电元件作为检测元件把被测量的变化转换成光信号的变化，然后借助光电元件进一步将光信号转换成电信号，根据电信号的变化就可以间接得到被测量的大小。传感器中采用的雪崩光电二极管有着良好性能，光电流的大小与光照强度成正比，能够根据光照强度的变化而灵敏地产生相应电流。杨永杰等[29]为了减小和防治灰霾天气对人们生活和健康的不利影响，对灰霾检测设备进行研究，设计了一种 $PM_{2.5}$ 传感器，采用对射型检测方式，把发射器与接收器相互对射安装，使发射器发出的光能进入接收器。根据光电传感器原理，将波长为 650nm、功率为 10mW 的半导体激光器作为光源，使用具有内增益、灵敏度好的雪崩光电二极管作为接收器，经过由 I/V 转换、电压放大和具有低偏压差、低温度漂移、高性能电压跟随器构成的调理电路处理后，完成对颗粒物检测传感器的设计。当有检测物体进入发射器和接收器之间时，被测物就会遮蔽光线而导致进入接收器的光量减少，根据接收器光量的变化就可以检测被测物的含量，该法稳定性高，响应快，物体的颜色、光泽等因素对颗粒物检测的影响比较小。

红外线的光线强度是很弱的，测量颗粒物时的强度不够，可以用浊度法代替。浊度法的测量原则就是发射和接收光线，通过此法可以判断空气的浑浊程度。这种方法易受其他因素的干扰而使测量值与实际浓度偏差增大。从红外测量的特点可知，红外传感器测量颗粒物只能知道其相对质量浓度。红外传感器的另一个缺陷是不能区分颗粒物的粒径，故红外传感器的性能较差，不能满足当前社会的需求。

基于激光散射法原理的测量技术被认为是测量颗粒物应用最普遍的技术，它归类于光学法，但其与显微镜法光学成像的原理不同。光散射的理论基础是 Mie 散射理论，其获得颗粒物质量浓度的方式是反推，反推的过程需要借助颗粒物的相关参数。颗粒物在太阳光照射的时候会产生散射光，在性质恒定的前提下，颗粒物散射光的强度可以代表其质量浓度。

室内环境的颗粒物监测对传感器提出了不同的要求，如体积小、一体化设计及响应速度等，而且在性能可靠的基础上，适用于室内环境监控的颗粒物传感器对于价格较为敏感。因此，采用光散射原理的传感器，由于其体积小、价格便宜、测量速度快等优点，现已广泛应用于空气净化器及新风系统等室内环境的颗粒物监测中。但光散射法传感器和环境空气连续监测常用的 β 射线法和 TEOM 法相比，其在不同情况下的测量精度、稳定性及一致性是否能满足室内环境连续监测的需要还有待进一步研究。目前对于 $PM_{2.5}$ 的监测方法的比对主要针对大气环境，对于室内环境监测还有待深入研究。周鑫[30]为了有效评估光散射法 $PM_{2.5}$ 传感器的测试性能，评价传感器在不同颗粒物浓度下的准确度、精密度、稳定性及一致性，在室内采用气溶胶发生器产生氯化钾粒子，用光散射法 $PM_{2.5}$ 传感器和重量法进行了平行测量，并对测量结果进行了比对。

研究中，科研人员共选取了 5 款常见的传感器，传感器的基本信息见表 3-4，每款 2 台。用称重法仪器采集了 20 个人工粉尘样本，其 $PM_{2.5}$ 质量浓度为 70～300$\mu g/m^3$，相对湿度分为 50%和 75%两个水平。研究发现被测光散射法传感器的总不确定度（ROU）为 60%～100%（图 3-17），相对湿度对测试准确度有明显的影响，除 A 型传感器以外的其他型号传感器在不同湿度工况下的测试结果的差异有统计学意义（$P<0.05$）。其中，B、C、E 型传感器在高湿度工况下的测试值高于重量法测试结果，且在高湿度（75%相对湿度值）工况下的测量值均明显比 50%相对湿度工况下的测量值偏高。分析原因是相对湿度会对颗粒物的形态、含水量等造成影响，从而导致测试值偏高。湿度对测试准确度的明显影响使得基于相对湿度的传感器校正很有必要。通过重量法和相对湿度的校正，大部分传感器的总不确定度能下降 20%～30%。对于被测的 5 款光散射法传感器，其测量总不确定度没有达到《公共场所卫生检验方法第 2 部分：化学污染物》（GB/T 18204.2—2014）的要求，通过实验校正能部分改善测量准确度，但仍需重视传感器本身精密度的提升。

表 3-4 实验测试传感器的基本信息[30]

型号	量程/($\mu g/m^3$)	数量/台	编号	售价/元
A	0～300	2	A-1，A-2	6500
B	0～6000	2	B-1，B-2	180
C	0～1000	2	C-1，C-2	150
D	0～1000	2	D-1，D-2	160
E	0～999	2	E-1，E-2	260

从传感器的监测到一个典型智能控制系统的实现主要涉及以下几个步骤：①$PM_{2.5}$ 传感器对环境中的 $PM_{2.5}$ 浓度进行实时采集，让用户能及时了解到净化器所在环境中的细微颗粒物污染情况；②根据采集到的 $PM_{2.5}$ 的浓度，自动调节电机转速，带动空气对流以过滤 $PM_{2.5}$，从而实现空气的智能净化；③同时将空气质量信息及其他一些辅助信息显示在机身自带的液晶屏上，用户可以直观地了解到环境中 $PM_{2.5}$ 的浓度、温度以及湿度信息；④整个系统运行过程中无线模块与移动终端进行信息互传，实现空气质量的显示并通过移动终端控制空气净化器。

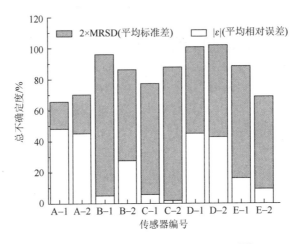

图 3-17 测试用传感器的总不确定度[30]

基于以上过程原理,白天奇等[31]从激光型 $PM_{2.5}$ 传感器的特性入手,根据环境中 $PM_{2.5}$ 浓度的标准值设计了一款激光型 $PM_{2.5}$ 传感器空气净化器。研究人员以 STM32 系列芯片为主控芯片,利用激光型 $PM_{2.5}$ 传感器对环境中的 $PM_{2.5}$ 浓度进行实时采集,根据采集到的 $PM_{2.5}$ 浓度,自动调节电机转速,从而带动空气净化器使环境空气对流,使空气通过专用的 $PM_{2.5}$ 滤网,从而达到过滤环境中可入肺颗粒物含量的目的。产品运行时会将空气质量参数显示在硬件环境所在的液晶屏上,同时通过蓝牙将采集到的数据传送到移动终端的 App 上以实现实时监控。液晶模块的显示内容有当前 $PM_{2.5}$ 的浓度、当前温度、当前湿度和设置值,而 App 端的显示内容有当前 $PM_{2.5}$ 的浓度、当前温度、当前湿度和净化等级调节。

鉴于当前的技术限制,空气净化器中标配的数显传感器多数仅限于颗粒物浓度监测,除此以外在智能控制系统中涉及其他气体检测的研究也零星出现,下面分别予以简述。

以甲醛为代表的 VOC 气体广泛存在于新装修的房屋中,随着房地产行业的迅猛发展,带有 VOC 智能检测功能的空气净化器需求量也随之增大,VOC 及其相应组分检测使用的传感器研究越来越多。影响气体传感器气敏性能的主要因素是制备气敏元件所使用的敏感材料,而敏感材料的形貌和尺寸结构又很大程度上决定了材料的物理性质。三维有序反蛋白石大孔(3DIO)结构相较于低维纳米材料具有更大的可调控空间以及更优秀的结构性能,近些年来在光学和电学传感领域得到了广泛应用,尤其是在气敏传感领域具有极好的研究前景。优秀的抗团聚性能克服了普通半导体材料因团聚而造成的气体分子不能扩散到敏感体内部的缺陷;良好的通透性能促使气体分子的扩散阻力减小,这些特性将会有利于敏感材料的利用效率,从而增强气敏元件的气敏性能。从结构上讲,3DIO 材料特有的三维有序大孔结构在提供较大孔容的同时还兼具较大的比表面积,大的比表面积能够为气体的吸附与反应提供足够的反应活性位点,为研究材料表面状态以及表面反应提供了理想的平台;从性能上讲,3DIO 结构有助于提升气敏元件的气敏性能,有望应用于人们的日常;从实用角度上讲,3DIO 材料具有易调控、制备简单、能够大批量生产的特点,为商品化提供了可能。

基于 3DIO 材料的优异性能,邢瑞庆[32]通过简单的牺牲模板方法,制备了具有 via-holes 结构的 3DIO-In_2O_3 材料(图 3-18),并复合了不同比例的 CuO。随后,将制备的 3DIO 材料制成气敏元件应用于丙酮气体的测试。具有 via-holes 结构的 3DIO-In_2O_3-CuO 复合材料是由体心立方结构的 In_2O_3 和底心单斜结构的 CuO 构成的。气敏元件的气敏传感测试结果显示,通过调节 Cu/In 原子比例可以实现气敏元件气敏性能的增强。3DIO-S3 气敏元件之所以具有优秀的气敏性能,一方面是因为 CuO 的复合使气敏传感材料中形成了一定数目的 p-n 异质结结构,另一方面是因为 3DIO 特有的骨架结构具有大的比表面积以及高度有序性,有助于目标气体的扩散渗透,加大目标气体与气敏传感材料间的反应。工作温度的选择对气敏元件的气敏性能具有极大的影响,所有的关系曲线均随着温度的增加呈现灵敏度上升的趋势,直至达到最大值;随后,随着温度的增加,灵敏度不断降低。当工作温度比较低的时候,气敏元件表面的活性位点数目有限,使得目标气体丙酮气体与气敏元件表面的活性位点之间反应进行得不彻底;随着工作温度的升高,气敏元件表面活性位点数目增多,丙酮气体与活性位点之间的反应程度不断加强,从而气敏元件的气敏灵敏度不断增大,直至达到最大值。然而,工作温度值继续增大可能会导致气体在气敏元件表面的解吸附程度大于吸附程度,从而引起气敏

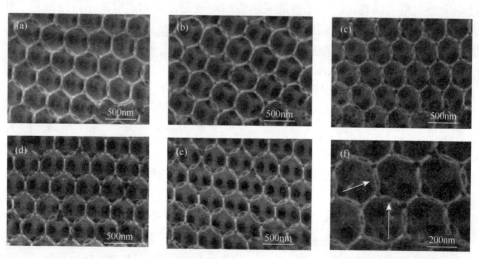

图 3-18 具有 via-holes 结构的 3DIO-In_2O_3 材料的 SEM 图[32]

元件气敏灵敏度的降低。另外，相较于纯的 In_2O_3，CuO 复合后气敏传感材料气敏元件的最佳工作温度降低、气敏灵敏度增大、响应恢复时间减小，同时具有检测下限低（30ppb）和长期稳定性好的优点，作者认为基于 3DIO 气敏元件表现出的优秀气敏传感性能，其有望应用于 ppb 量级的丙酮气体检测，尤其是呼出气体中丙酮气体的检测。

随着纳米技术的发展，特殊结构的纳米材料在气体检测领域的报道日渐增多。如多元复合、零维、一维、二维、三维、分等级等结构的材料都有报道。其中一维结构纳米材料因其具有独特的电、光学性能，能有效地提高气体传感器的响应速度并降低工作温度，一直是研究的热点。目前一维结构纳米材料的制备有多种方法，如热蒸发法、水热法、化学气相沉积（CVD）法、溶胶-凝胶法等。其中 CVD 法具有工艺简单、成本低、产物更容易实现连续化等独特优点。王广宁等[33]通过 CVD 法合成出梳状分等级结构的 ZnO 纳米带，使用场发射扫描电子显微镜（SEM）和 X 射线衍射仪（XRD）对材料组成和结构进行了分析。

图 3-19 为 ZnO 纳米结构的 SEM 图像，为进一步观察纳米结构的形貌，放大图 3-19 的局部区域。如图 3-19 中插图所示，纳米带作为茎，厚度约为 1μm，长度为 100～200μm。梳齿结构的根部直径为 500nm～1μm，长 6～12μm，梳齿尖端直径为 50～100nm。清晰可见所有的齿都有序沿着茎的一侧平行排列，形成梳状的纳米结构。齿状结构沿着外延方向逐渐变细，每个分等级纳米带的两端并不是等宽的，纳米带的宽度逐渐变小。研究人员利用这种材料制备了厚膜型管式气敏元件，并采用静态配气测试系统进行了乙醇气敏性能测试。如图 3-20 所示，ZnO 纳米带对乙醇气体的灵敏度随工作温度升高展示出低温段和高温段两个极值。比较两个最大值可以看出，低温段的灵敏度相对较高，因此选取低温段为最佳工作温度。当气敏元件温度升高到 225℃时，灵敏度最高，因此认为该气敏元件对乙醇气体的最佳工作温度在 225℃左右。在气敏元件对乙醇气体的最佳工作温度下，随着乙醇气体的浓度由 1.0×10^{-4} 逐渐升至 1.0×10^{-3}，气敏元件的灵敏度呈线性上升趋势，并且在 1.0×10^{-3} 时气敏元件灵敏度可以达到 9.2，在浓度升至 1.0×10^{-3} 的过程中，其灵敏度并没有呈现出趋于稳定饱和的态势，因此可以推断，这种材料制成的气体传感器对乙醇浓度的检测可能具有很宽的范围。测试结果表明，工作温度大约为 225℃时，这种结构的材料对有机挥发性气体具有极快的响应和恢复速度；当气敏元件被置于浓度为 1.0×10^{-3} 的乙醇气体中，其响应时间为 2s，恢复时间为 6s。两种浓度下气敏元件均可以恢复到初始状态，快速的响应和恢复速度的主要原因是，通过 CVD 法制得的分等级 ZnO 纳米带具有比一般纳米带更大的比表面积，其表面梳状结构提供了更大的比表面积，更有助于气体的扩散，ZnO 纳米带气体传感器的响应和恢复速度还取决于表面反应气体的吸附—脱附动力学过程，这个过程受工作温度的影响。225℃的高工作温度为分子从常态转变为容易

发生化学反应的活跃状态提供了需要的能量，即提高了反应活化能，从而加快了反应速度。

图 3-19　ZnO 纳米结构 SEM 图[33]

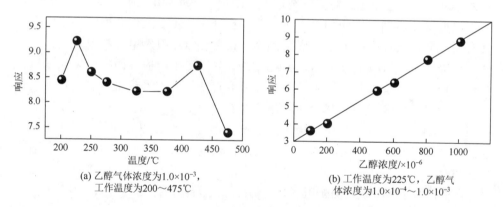

(a) 乙醇气体浓度为 $1.0×10^{-3}$，工作温度为 200~475℃

(b) 工作温度为 225℃，乙醇气体浓度为 $1.0×10^{-4} \sim 1.0×10^{-3}$

图 3-20　传感器灵敏度变化曲线

正己醇作为一种有机溶剂，可用于医药工业、化工产业、香精配制、食品工业等多个领域，低毒，对人体皮肤和黏膜具有一定的刺激作用。甲醇作为一种重要的有机溶剂，已经在汽车燃料、工业燃料、药品、香水、甲醛的合成等方面有着广泛的应用。然而，甲醇具有较强的毒性，对人体的神经系统和血液系统影响较大，并且对环境的污染也比较严重。目前对于正己醇、甲醇等 VOC 气体检测有分光光度法、色谱法等，这些方法对仪器设备要求比较高，成本高，且需要专业人员操作，不利于普及。以液体电解质为主要材料制成电化学检测仪，易产生化学腐蚀、漏泄、老化快、寿命短等问题，且造价比较昂贵；固体电解质型传感器具有体积小、工艺简单、成本低等特点，因而得到了广泛的关注。其中，NASICON（钠超离子导体）在制作监控大气气体成分的传感器方面有广泛应用，钟铁钢等[34]

采用溶胶-凝胶法制备 NASICON 和 $NiCr_2Mn_{2-x}O_4$ 材料，以 NASICON 为离子导电层，尖晶石结构材料 $NiCr_2Mn_{2-x}O_4$ ($x = 0.6 \sim 1.4$) 为敏感电极构建混成电位型 VOC 气体传感器。结果表明，以 $NiCr_{0.6}Mn_{1.4}O_4$ 为敏感材料制作的气体传感器对正己醇、苯、甲醛和甲醇具有较好的响应。图 3-21 显示了不同敏感电极材料制作器件对 100×10^{-6} 正己醇的响应特性，以 $NiCr_{0.6}Mn_{1.4}O_4$ 为敏感电极制成的器件对 100×10^{-6} 正己醇的响应最高，响应恢复时间最短。原因可能是：对于 Cr：Mn = 1：1 材料，X 射线衍射图谱与标准卡相同，结晶很好，材料中无杂质和缺陷，导致材料对正己醇的催化作用减弱；对于偏离 Cr：Mn = 1：1 的材料，随着 Mn 比例的降低，器件对正己醇气体的响应基本上呈现下降趋势，可能是由于材料中 Mn 比例的增加催化更加增强了正己醇气体在三相反应界面的电化学氧化还原反应；对于 Cr：Mn = 0.8：1.2 敏感电极材料，可能由于其 X 射线衍射图谱与 $NiCr_{0.5}Mn_{1.5}O_4$ 标准卡偏离较多，造成材料中缺陷很多，晶格适配比较严重，导致其对正己醇气体的催化作用减弱。随着工作温度增加，以 $NiCr_{0.6}Mn_{1.4}O_4$ 为敏感电极制作器件对 100×10^{-6} 正己醇的响应逐渐增大，工作温度为 350℃时，响应达到 97mV，工作温度继续增加，响应稍微有所下降。在低于 350℃工作温度时，正己醇气体分子主要以物理吸附的形式吸附到 $NiCr_{0.6}Mn_{1.4}O_4$ 敏感电极材料表面，而参与化学吸附并在 $NiCr_{0.6}Mn_{1.4}O_4$-NASICON-空气三相反应界面发生电化学氧化还原反应的正己醇气体分子数较少，灵敏度较低。工作温度上升，由物理吸附转向化学吸附的正己醇气体分子数增多，在 $NiCr_{0.6}Mn_{1.4}O_4$-NASICON-空气三相反应界面处发生的电化学反应不断加剧，器件对正己醇气体的灵敏度升高。当工作温度超过 350℃时，温度更有利于 $NiCr_{0.6}Mn_{1.4}O_4$ 敏感电极材料表面正己醇气体分子的脱附，正己醇气体分子通过物理吸附的形式吸附到材料表面的数量降低，参与电化学反应的正己醇气体分子数下降，器件 EMF 值的变化变小，灵

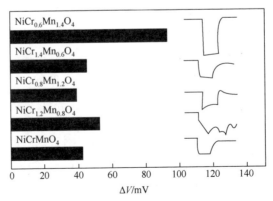

图 3-21　不同敏感电极材料制作器件对 100×10^{-6} 正己醇的响应特性[34]

敏度下降。另外，传感器具有良好的可再现性，较快的响应恢复速率及较宽的测试范围。

In_2O_3不仅能用于以上的传感器，在臭氧传感器中也多有应用，牛文成等[35]对In_2O_3及其混合物膜的HSGFET型臭氧传感器的响应特性进行了测量，结果表明，In_2O_3膜HSGFET型臭氧传感器在室温下对0～180ppb范围内的臭氧浓度具有较好的响应，但响应灵敏度和响应速率低于KI膜，通过适当掺杂（如掺Pt）后，可以显著提高传感器的灵敏度。

NO_2作为一种常见的大气污染物给环境带来许多危害，其来源于生活中源源不断的汽车尾气和工厂废气，已经成为空气污染中的主要污染物。它也是造成酸雨和光化学烟雾的主要原因，促使了雾霾中的二次颗粒物形成。同时，它也会对人体造成损害。人体持续暴露在较高浓度的NO_2中，会对上呼吸道和黏膜造成刺激，增加患急性呼吸系统疾病、神经系统疾病和癌症的风险等。因此，对大气环境中的典型污染气体NO_2的超灵敏检测至关重要，发展检测下限低、灵敏度高的NO_2传感器已经刻不容缓。2004年Novoselov和Geim通过微机械剥离法制备出能够在常温常压下稳定存在的二维纳米材料的石墨烯，引起了科学界广泛的关注。和其他材料相比，石墨烯具有很多优异的特性，如极大的机械强度、超高的热导率等。低的电子散射、高的比表面积和载流子迁移率，使得石墨烯材料更适合于制作气体传感器。理论上讲，石墨烯能够探测到单个目标分子，由于低维度的碳纳米材料石墨烯的吸附能力强烈依赖于表面功能化引起的缺陷密度，研究者尝试利用很多种方法来提高石墨烯的性能，如氧化石墨烯、无机纳米颗粒修饰、有机物嫁接等，然而，这些方法都十分复杂耗时，成本高昂。利用紫外线灯照射产生臭氧，通过调节照射时间来控制臭氧处理石墨烯的时间，得到的石墨烯整个表面均匀地产生缺陷。侯书勇等[36]对臭氧处理前后石墨烯对不同体积分数NO_2的响应特性、恢复特性、重复性进行了实验研究。NO_2分子具有强吸电子能力，在吸附过程中，电子从石墨烯表面转移到NO_2分子上，石墨烯表面的空穴增多，空穴的累积导致了石墨烯表面的电阻下降。纯石墨烯基气体传感器对$10\times10^{-6}NO_2$气体的响应灵敏度为11.5%，响应极限为0.5×10^{-6}。

如图3-22所示，经过臭氧处理30～90s的石墨烯基气体传感器中，经臭氧处理60s的石墨烯基气体传感器对$10\times10^{-6}NO_2$气体的响应灵敏度最大，达到35.9%；而经臭氧处理75s的石墨烯基气体传感器具有最小响应极限为0.15×10^{-6}，对$10\times10^{-6}NO_2$气体的响应度可达到30%以上，是未经臭氧处理的石墨烯基气体传感器的2.8倍，且其响应的最低体积分数达150×10^{-9}，已经低于世界卫生组织空气质量标准（200×10^{-9}，1h平均值）。研究人员综合考虑响应灵敏度和响应极限体积分数两个因素，选用臭氧处理75s的石墨烯基气体传感器，对$10\times10^{-6}NO_2$气体做重复性测试。连续3次的重复性测试中，先通入$10\times10^{-6}NO_2$气体15min，再通入干燥空气 75min。研究显示，在连续三次重复性测试中，石墨烯基气体传感器对 $10×10^{-6}NO_2$ 气体的响应灵敏度一直保持在 30% 以上，表现出良好的响应特性；随着重复次数的增加，石墨烯基气体传感器的恢复百分比一直保持在 80% 左右，说明其恢复特性也比较稳定。

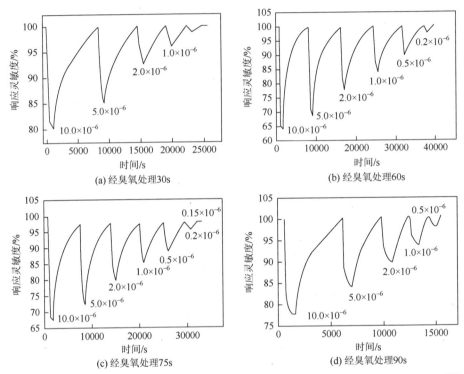

图 3-22 经不同时间臭氧处理石墨烯基气体传感器对不同体积分数 NO_2 气体响应特性[36]

工业生产中 NO_2 的排放量较大，而且 NO_2 本身对人体的黏膜呼吸道等毒性较强，所以开发对 NO_2 灵敏度高，检测下限低的小型传感器的需求很大。半导体氧化物基气体传感器有着响应高、成本低、工艺简单的优点，正好与人们的生产需求相匹配。In_2O_3 本身对 NO_2 有着很好的响应，选择性好，且 In_2O_3 的电阻很低，有利于制作小负载的小型传感器件。硬模板法所合成的介孔 In_2O_3 有着有序的孔道和高比表面积，这有利于进一步提高 In_2O_3 的比表面积来提供更多的活性位点，提高气体在孔道中的流通速度，帮助气体吸附和扩散。此外，还可以通过表面修饰、异质结构建、掺杂等手段对 In_2O_3 的形貌结构和组分进行调控，来进一步提高传感器的灵敏度，降低其检测下限。其中掺杂手段是一种较为简单的组分调控手段，只需要少量的掺杂剂就可以改变材料的灵敏度、选择性、检测下限等敏感特性，增加材料表面的缺陷，帮助气体吸附和反应。

基于以上分析，杨秋月以 SBA-15 为硬模板，使用了纳米浇铸法制备了未掺杂介孔 In_2O_3 和介孔 $Ni-In_2O_3$ 敏感材料[37]。表征结果表明，这两种介孔 In_2O_3 样品都具有较大的比表面积和长程有序的介孔结构。另外，掺杂剂 Ni 被有效地插入到 In_2O_3 的晶格当中。随后，作者用这两种材料制作成了旁热式的气体传感器，并对基于介孔 $Ni-In_2O_3$ 传感器进行了气体敏感测试，发现其对 $500ppbNO_2$ 的响应高出未掺杂的介孔 In_2O_3 近四倍。在工作温度 58℃下，考察了基于介孔 $Ni-In_2O_3$ 传感器在不同浓度的 NO_2 下的动态响应性能，对 500ppb 的 NO_2 响应时间约为 9min。当传感器暴露在不同浓度的 NO_2 中时，它都有明显的响应。甚至在 NO_2 的浓度低到 10ppb 时，灵敏度仍达到了 3。而当传感器置于空气中时，电阻又减小到每个循环的电阻基线。这表明，基于介孔 $Ni-In_2O_3$ 传感器有利于检测低浓度 NO_2 甚至可以短期内反复检测。为探讨基于介孔 $Ni-In_2O_3$ 传感器的选择性，如图 3-23 所示，在 58℃的工作温度下，研究测试了多种气体的灵敏度。这些气体包括 NO、O_3、CO、Cl_2。很明显，相比于其他气体（1ppm CO、1ppm Cl_2、1ppm NO、500ppb O_3），该传感器对 500ppb 的 NO_2 具有最显著的响应。在工作温度 58℃下，基于介孔 $Ni-In_2O_3$ 传感器对 NO_2 具有良好的选择性。n 型半导体传感器的气敏机理是基于气体分子在传感材料表面的吸附和脱附引起的导电性的变化这一原理的，基于这一理论，如图 3-24 所示，作者探讨了基于介孔 $Ni-In_2O_3$ 传感器的气敏机理。

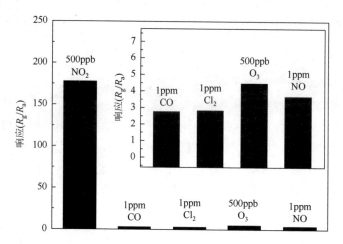

图 3-23 基于介孔 $Ni-In_2O_3$ 传感器对不同种其他气体的响应[37]

当基于介孔 $Ni-In_2O_3$ 传感器暴露在空气中时，被吸附的氧气分子捕获了半导体氧化物表面的电子，生成了化学吸附氧，从而导致耗尽层的形成。当基于镍掺杂的介孔 In_2O_3 传感器暴露于 NO_2 中时，NO_2 分子接触并吸附到 In_2O_3 的表面。接

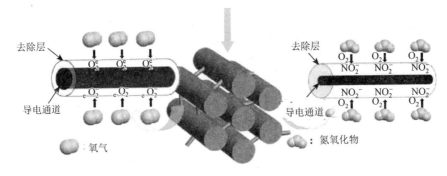

图 3-24 基于介孔 Ni-In$_2$O$_3$ 传感器气敏机理示意图[37]

着，NO$_2$ 分子不仅可以捕捉导带电子，也与吸附氧反应，与此同时，随着 NO$_2$ 的浓度增加，更多的反应产物 O$_2$ 也被释放了出来，被释放的 O$_2$ 紧接着在活性位点处与表面电子反应形成化学吸附氧，被循环利用。所以，随着 NO$_2$ 的浓度升高，化学吸附氧增多，In$_2$O$_3$ 表面的活性位点被更有效地利用，从而导致灵敏度的增大量（ΔS）随着浓度的提升而越来越大。此外，Ni 掺杂为介孔 In$_2$O$_3$ 的表面带来了更多的替位缺陷，这些缺陷的能量相对于 In$_2$O$_3$ 较高，更容易使气体吸附和反应，从而提高材料的灵敏度。掺入的镍杂质作为一种受主型杂质可以增加氧空位，而氧空位有利于提高响应。再者，较大的比表面积，可提供更多的活性位点给气体反应，这也是高响应的原因之一。所有这些因素对于传感器的高响应和低检测下限都非常有利，基于镍掺杂的介孔 In$_2$O$_3$ 传感器可以在较低的温度下，检测浓度较低的 NO$_2$。

氨气作为一种常见的无机化合物，在肥料生产、临床诊断和食品加工等领域有着广泛应用，氨气是一种有毒气体，无色，有刺激性恶臭味，它对动物或人体的上呼吸道有腐蚀和刺激作用，常被吸附在皮肤黏膜和眼结膜上，从而产生刺激和炎症。在空气中，当氨气体积浓度达到 15%～28%时，极易引发爆炸。因此，对氨气的快速检测十分必要，传统测定氨气的方法存在检出限偏高、测试温度高、选择性差及易受干扰等缺点。通常，导电聚合物和金属酞菁（Pc）对氨气均具有一定的气敏响应特性，而且这两种材料的化学性质稳定，是制备氨气传感器的理想材料。苯胺作为最重要的高分子导电聚合物之一，具有独特的掺杂导电特性，其在化学与生物传感器、电子设备、超级电容器电极和太阳能电池等领域均有应用。此外，苯胺具有工作温度低、成本低、柔韧性好及易加工成型等众多优异的机械和电子性能，且纳米结构聚苯胺具有较大的比表面积，有利于气体分子在其内部快速地扩散，使传感器达到更好的检测效果。酞菁及其衍生物是一类重要的大环化合物，可以通过逐层自组装或电聚合与质子化的苯胺形成导电的苯胺-Pc 复合物，所得复合材料表现出良好的光学和电催化特性，此外，酞菁及其衍生物还具有可调整的结构、良好的成膜性和选择性。

周煦成等[38]利用磺化镍酞菁（NiTSPc）对苯胺聚合的催化作用，通过简单的电聚合方法在叉指金电极（IAE）表面合成了 PANI/NiTSPc 多孔渗透膜，并利用扫描电子显微镜、原子力显微镜（AFM）、能量色散谱和拉曼光谱对 PANI/NiTSPc 多孔膜进行表征。在室温下，采用基于 PANI/NiTSPc 多孔膜制备的传感器对不同浓度（3.8~1900mg/m³）的氨气进行了检测，将传感器置于上述浓度范围的氨气中，其电阻显著增加；随后将其置于空气中，电阻恢复到初始值。在浓度为 3.8~76mg/m³ 和 190~1900mg/m³ 范围内，氨气浓度与灵敏度呈现良好的线性关系，当氨气浓度变大时，斜率稍有增大。对于 76mg/m³ 的氨气，传感器的灵敏度为 2.75，响应时间为 10s，且该传感器具有恢复时间短、重复性好及稳定性良好等优点。为了考察传感器的重复稳定性，如图 3-25 所示，显示出同一传感器对 760mg/m³ 氨气的 3 次测量结果，可见，其检测值基本不变。此外，将同一传感器保存 14d 后，其检测值仍为初始值的 92.38%，该传感器具有良好的重复性和稳定性。

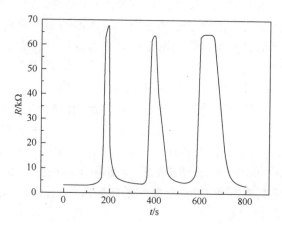

图 3-25　传感器重复测试 3 次响应图[38]

沸石是一种由基本骨架单元硅氧四面体与铝氧四面体构成的无机微孔氧化物晶体材料。在其结构中，硅氧四面体可以通过过氧键与铝氧四面体或硅氧四面体相连，但两个铝氧四面体不能通过过氧键相连。沸石是一种分子筛，可以选择通过适宜尺寸大小的分子，沸石最显著的特征构造是它具备规则的孔道，孔道尺寸为 0.3~1.3nm。沸石特殊的结构，使得沸石应用广泛，主要作为离子交换、气体和液体吸附分离及固体催化剂等。沸石规则的笼结构和孔道结构具有吸附能力，位于笼结构中的阳离子则具有离子交换能力，此外沸石结构中不同类型的阳离子使得沸石具有不同的催化特性。Ag-Y 型沸石基传感器在中高温条件下对氨气有很好的吸附特性，但由于其硅铝比高，响应程度有限。在此基础上，吴其树[39]制备了Na-Y型沸石基传感器，并将制备成型的Na-Y型沸石基传感器置于测试装置中，在一定温度和气氛下，测试传感器的阻抗随温度变化的特征曲线，实验得出传感器最适宜的工作温度为200℃，传感器在此温度下对浓度分别为100ppm、200ppm和300ppm氨气的响应值分别为1.6%、25.8%和34.8%。传感器在氧气/氮气为1/4的背景气下，其阻抗随着温度的升高而下降，这是由于沸石孔道中的导电阳离子随着温度的升高而加速振动，因此，传感器的阻抗值随温度升高呈现下降趋势。传感器在通入200ppm氨气的条件下，传感器的阻抗值随着温度的升高也呈现下降趋势，工作机理与传感器在背景气氛中的工作机理类似，由于传感器在氨气气氛中吸收了一定量的氨气而使阻抗值降低，因此其在相同温度下，在200ppm氨气气氛中的阻抗值低于其在背景气氛中的阻抗值。参考脱附实验综合分析，传感器的阻抗值先上升随后下降，这是由于传感器在升温前吸收了一定量的氨气，氨气与沸石中的阳离子形成复杂的络合物，削弱了自由移动阳离子在沸石孔道中的束缚，阳离子移动的阻力变小，在外界电场的作用下其运动速率增加，致使沸石的阻抗值降低。随着传感器温度的提升，一方面沸石中阳离子运动加快，传感器的阻抗值进一步降低，另一方面，沸石中已经形成的络合物随温度的升高而分解，传感器的阻抗值升高。因此，在此过程中存在一种竞争关系。络合物的分解对传感器的影响大于温度对其阻抗的影响。传感器脱附过程的阻抗值达到峰值时，说明此时传感器脱附程度达到了最大，当温度再持续升高时，传感器的阻抗值随着温度的升高而下降。使用精密LCR阻抗分析仪测试传感器在不同激励频率下对传感器响应的影响，测试过程中振荡电压设置为500mV，传感器的激励频率有1kHz、3kHz、5kHz、10kHz、30kHz和50kHz。测试结果如图3-26所示，在图3-26的上方显示了传感器在其对应激励频率下对100ppm氨气的响应值。随着传感器所加频率从3k～50kHz依次增加，传感器对相同浓度氨气的响应程度呈减少趋势，且传感器在1kHz激励频率下所具有的响应值低于在3kHz激励频率下所具有的响应值，且传感器激励频率为3kHz时对100ppm氨气的响应值达到最大。虽然3kHz的激励频率在阻抗谱中的位置处于阻抗半圆弧的尾部，但是当传感器的阻抗随所通入氨气浓度的改变而改变时，相同频率对应在阻抗谱中的相对位置并未改变，因此可以选择3kHz作为传感器的激励频率。

在气体传感器的研究中，往往都忽略基板的深层次研究，采用的基板主要有Si基板、Al_2O_3基板、微晶玻璃基板等，仅仅是利用了它们的结构功能。近几年的主要研究热点是微机电系统（MEMS）技术，以Si基为芯片的MEMS传感器成为研究热点，仅仅解决了传感器芯片的尺寸问题。同时Si基MEMS传感器主要以压力、加速度、位移等物理量传感器为主，而对于环境参数检测的气氛、

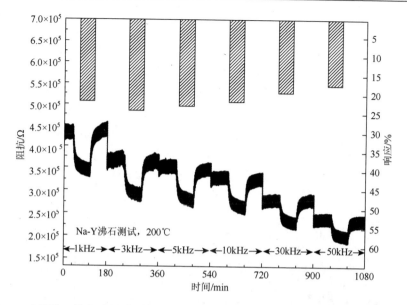

图 3-26 Na-Y 型沸石基传感器在 200℃时对 100ppm 氨气的响应阶梯随激励频率变化以及在相应激励频率下传感器的响应值[39]

湿度等化学量传感器而言，由于 Si 基的表面光滑，使之与敏感材料的亲和性较差，造成敏感材料的附着结合性能较低，影响化学量传感器的性能稳定性和可靠性，因此，有必要结合机理、结构、材料等进行综合研究，开展适用于化学量传感器的 Si 基芯片材料与微加工技术研究。冯侨华等[40]针对 Si 基微结构气体传感器中 Si 基与敏感材料之间附着性较差的问题，提出在 Si 基与敏感材料之间引入纳米孔 Al_2O_3 膜形成新型 Si 基微结构传感器，利用 ANSYS 分析软件对微结构进行热分析。采用薄膜工艺、光刻工艺、电化学阳极氧化工艺在 Si 衬底上制成 Si 基微结构，采用超声波的方法使聚苯胺敏感材料渗入纳米孔 Al_2O_3 膜中制成气体传感器，并在室温下测试了传感器对氨气的检测特性。结果显示，将纳米孔 Al_2O_3 膜移植到 Si 基上增加了敏感材料的附着性；传感器响应时间约为 40s，恢复时间约为 960s，灵敏度随着氨气浓度的增加而增大，并且呈现出良好的线性关系。

马赫-曾德尔干涉仪有错位熔接型、熔融拉锥型、纤芯失配型、气泡型等结构，其中熔融拉锥型制作的微光纤由于具有较强的倏逝场作用，可以对外界环境的变化进行测量。张敏等[41]利用光纤火焰熔融拉锥法，制作了一种高灵敏微光纤氨气传感器，该传感器将一段长度为 10mm 的保偏光纤接入普通单模光纤中，通过光纤火焰熔融拉锥机将保偏光纤熔融拉伸至直径为 8.33μm 制作而成。该结构基于马赫-曾德尔干涉仪的原理，利用保偏光纤纤芯模与包层模相互作用实现模间干涉,外界环境中氨气浓度变化时,细锥区倏逝场发生变化,通过检测透射谱中波长的漂移,实现传感器对环境中浓氨气度的测量。实验结果表明,当氨气浓度为 8~56ppm 变化时,透射谱向长波方向移动约 5nm,且氨气浓度与波长漂移成二次拟合,在氨气浓度为 32~56ppm 变化时,可将氨气浓度与波长漂移近似看成线性关系;同时,对传感器的乙醇、甲醇响应特性进行了实验研究,如图 3-27 所示,是传感器对三种气体灵敏性的对比,该传感器对这三种气体的响应灵敏性大小不同,对氨气的传感响应明显高于其他两种气体。对这三种气体而言,氨气浓度的变化对包层模的折射率影响较大,可用于氨气传感测量。

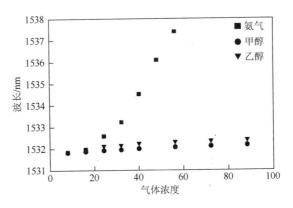

图 3-27 传感器对不同气体的灵敏性[41]

综上所述,纳米结构的氧化物、高分子聚合物、金属纳米粒子以及石墨烯具有独特的电子结构和丰富的形貌结构[42],这些对提高气体检测的灵敏度和选择性有明显的促进作用。但也应该注意到,基于金属氧化物的气体传感器仍然存在响应时间长、电阻温度系数大等缺点。提高金属氧化物膜的制备技术和表面修饰技术,以获得性能良好的气体敏感材料是制备基于金属氧化物膜材料气体传感器的核心。同时,选择对气体敏感的掺杂剂对金属氧化物和高分子聚合物进行修饰,利用材料之间的协同作用,可以有效地提高气体检测的灵敏度和选择性,这也是各种气体传感器的主要发展方向。

3.2.3 空气净化器主要净化技术

家用空气净化器由于采用技术原理不同,对空气净化的效果也各存利弊,目前已知的各种净化技术大致可分为滤网净化类和无网净化类[43]。

3.2.3.1 滤网净化类

滤网净化技术主要通过风机将空气抽入机器，通过内置的过滤网过滤待净化的空气，主要能够起到过滤粉尘、异味、有害气体和杀灭部分细菌的作用。

初效集尘滤网，是在空气净化器中普遍使用的过滤网，成本较低，采用吸附性强的材料制成，能够吸附大颗粒的灰尘颗粒，如毛发等，一般与其他除尘技术组合应用，在表面经过了氟素处理，以便于清洁，更加有效地去除毛发或灰尘。初效集尘滤网一般是可清洗的，一般在使用一段时间后，用水冲洗干燥即可重复使用。

HEPA 除尘滤网，意为高效空气过滤器，其滤料为超细玻璃纤维。20 世纪 40 年代，在美国"曼哈顿计划"中，为了防护空气中的放射性污染物，玻璃纤维空气过滤材料诞生并获得专利[44]。到了 70 年代，采用超细玻璃纤维纸作为过滤材料的 HEPA，对大于等于 0.3μm 的颗粒物过滤效率能够高达 99.9998%。80 年代，产生了超低穿透率空气过滤器（ultra low penetration air filter，ULPA），是 HEPA 的加强版，其滤料结构更紧凑，对 0.1～0.2μm 的颗粒物的过滤效率达到 99.999%以上，但阻力也更高。目前，HEPA 是国际公认最好的高效空气过滤装置，大量应用于外科手术、精密机械、航天等对洁净度要求高的行业。HEPA 的缺点是阻力高，导致处理风量低，噪声和能耗大，从而对应着更高的运行成本。HEPA 的阻力来自于过滤材料本身和过滤器的结构形式，采用低阻力的滤纸和结构形式是降低 HEPA 阻力的两个途径，且该技术需要定期报废更换内置在空气净化器、空调系统等产品中的滤网，否则会因积尘过多堵塞滤网降低 $PM_{2.5}$ 的过滤效率。

活性炭除臭滤网，活性炭滤材含有表面吸附能力，能够在短时间内吸附大量的细菌和粉尘及有害气体，提高对气态污染物的净化效果，在总体上改善净化性能，而且价格便宜，是目前市场上使用较广泛的产品。但是吸附材料存在吸附饱和状态，达到饱和状态时需更换，不可再生利用。达到饱和后不但不能杀菌而且容易成为细菌的繁衍体，容易存在二次污染和再生的问题，换下的滤芯也涉及无害处理的困难，因而实际使用时不够方便。

活性炭的表面黏附是指空气中的颗粒物在接近活性炭表面时，由于受到活性炭表面力的作用而附着在活性炭表面，见图 3-28（a）。根据物理原理，当两个分子相距较近时，主要表现为相互吸引的范德瓦耳斯作用力，这种力主要来源于一个分子被另外的分子随时间迅速变化的电偶极矩所极化而引起的相互吸引作用，当两个分子或者物体非常接近时则产生相互吸引的黏附作用，如图 3-28（b）所示。活性炭表面黏附性能的好坏不仅取决于活性炭的表面特性，还与发生黏附的外在条件有关，如温度、湿度、压强等。一般情况下黏附是放热过程，温度升高时黏附量会减少。此外，压力增加，黏附量和黏附速率皆会增大。许多情况下，黏附材料孔结构和孔径大小，不仅对黏附速率有很大的影响，而且还直接影响黏附量。活性炭的脱附是其表面黏附的逆向过程，是使已经被黏附的颗粒物从活性炭表面释放出来，活性炭材料得以再生的过程，见图3-28（c）。一般来说不利于黏附的条件对脱附是有利的，活性炭的加热脱附就是针对温度对活性炭表面黏附性能的影响而设计的。颗粒物的黏附量是随温度的升高而减小的，将活性炭材料的温度升高，可以使已被黏附的颗粒物脱附下来。上海交通大学朱鸿飞等[45]对果壳活性炭表面的黏附特性进行实验，结果表明室温下果壳活性炭表面对直径分布为0.3～10μm的颗粒物的黏附效率为90.6%～93.2%；对人们十分关心的$PM_{2.5}$的黏附效率达到92.2%。另外，对黏附了气体中颗粒物的果壳活性炭，利用加热脱附的方法进行脱附活化，实验设计了活性炭加热脱附装置，表明180℃时，果壳活性炭表面对直径为0.3～10μm的颗粒物脱附效率分布为70.4%～81.2%，利用果壳活性炭表面黏附与脱附的循环特性可以实现高效抗菌空气物理净化器。

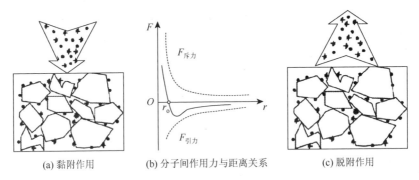

图3-28 活性炭黏附作用、分子间作用力与距离关系、脱附作用示意图[45]

为制备室内用可净化空气、低成本的块状活性炭，呼友明等[46]采用生石油焦为吸附基体原料，沥青为黏结剂，氢氧化钾为活化剂，添加适量陶瓷粉料，经过碾磨混合、成型、隔氧炭化及化学活化制备出块状活性炭试样，对不同试样进行了吸附性能和抗压强度的测试。结果显示，当生石油焦、沥青、氢氧化钾的质量比为10∶2∶5时，经混合模压成型，在块状活性炭表面涂覆一层泡沫陶瓷浆料，干燥炭化活化后所得块状活性炭试样对甲苯的吸附率为16.7%，抗压强度为3.7MPa，BET比表面积为592.46m^2/g，总孔容为0.2893mL/g。

甲醛过滤网比之过去最大的突破处在于"增强吸附"和"多层合一"，通常用于较新型的空气净化器，材质采用活性炭与微纤维结合，并加入增强因子，具有较强的吸附力，甲醛去除率可达99%以上。甲醛过滤网属于耗材类产品，通常情况下不可循环利用，也有部分空气净化器厂家通过和其他材质的滤网组合使用，这样可以适当延长使用期限。为寻求一种经济有效的去除室内甲醛污染的处理方法，探索了活性炭和分子筛对甲醛气体的吸附性能及影响机理。孙剑平等[47]利用固定吸附床考察了活性炭及不同类型分子筛对甲醛的吸附性能，以低温氮气吸附法测定各样品吸附等温线，用密度函数理论计算出各样品的孔径分布。钴离子改性的 13X 分子筛吸附效果优于其他吸附剂，在甲醛质量浓度为 $30mg/m^3$、气体流量为 150mL/min 的条件下，Co-X 穿透时间为 370min，吸附量为 18.9mg/g。分子筛作为极性吸附剂对甲醛的吸附性能优于活性炭，分子筛对甲醛分子的吸附是其晶体结构和骨架中阳离子共同作用的结果，作者发现通过水溶液离子交换法得到的 Co-X 型分子筛对甲醛的吸附性能最好。

常用的甲醛吸附剂主要是活性炭，而活性炭生产成本较高，需要使用大量森林资源或煤炭资源，因此寻求替代的甲醛吸附材料具有非常重要的意义。粉煤灰是火力发电厂等燃煤锅炉排放的固体废物。近几年来，国内外对粉煤灰应用的研究重点是通过将其制备为吸附剂和催化剂来处理废水污染，对甲醛的吸附研究则少有报道，特别是应用粉煤灰对甲醛的吸附和脱附研究较少。为此，湖南大学蔡志红等[48]以粉煤灰为主要材料，使用水洗、热处理和 $ZnCl_2$ 改性 3 种方法分别对粉煤灰进行改性，研究了不同条件下改性粉煤灰对空气中甲醛的吸附特性和去除效果，并探讨了粉煤灰对甲醛的吸附和脱附机理。水洗法是在 200g 粉煤灰中加入 100mL 去离子水，搅拌，静置，至有明显分层后，将上层溶液倒出。重复上述操作直到溶液 pH = 7.0，之后放入干燥箱中于（100±5）℃烘 5h。热处理法是将 200g 粉煤灰置于电阻炉中，于 300℃下焙烧 4h，冷却至室温。$ZnCl_2$ 改性法是将 200g 粉煤灰用 6mol/L 的 $ZnCl_2$ 溶液（固液两相质量比为 1∶1）于 85℃下浸泡 5h，抽滤，并于干燥箱中于 105℃烘 12h；最后，置于管式程序升温炉中，在氮气保护下于 750℃活化 120min，冷却后用 3mol/L HCl 洗涤 3 次，再用去离子水洗涤 3 次，烘干后取粒径为 250~830μm 的颗粒备用。

如图 3-29 所示，研究结果表明 3 种改性粉煤灰对甲醛的吸附能力由高到低为 $ZnCl_2$ 改性粉煤灰＞热处理粉煤灰＞水洗粉煤灰，吸附初期，甲醛吸附量随时间的增加而增加幅度较大，之后增加幅度变小，最后趋于吸附饱和。未处理粉煤灰对甲醛的吸附效果最差，吸附时间达到 4h 时，吸附量基本不再增加，最终的吸附量为 21.38mg/g；而用水洗、热处理和 $ZnCl_2$ 改性法处理的粉煤灰装置在 4h 时的甲醛吸附量分别为 36.73mg/g、44.57mg/g 和 51.43mg/g，之后吸附量仍持续增加。其中，$ZnCl_2$ 改性粉煤灰的吸附量在 6h 时达到最高，为 56.35mg/g，是未处理粉煤灰吸附容量的 2 倍多。水洗、热处理和 $ZnCl_2$ 改性这 3 种方法改性的粉煤灰对甲醛吸附效果都有所提高，主要原因是粉煤灰经过水洗可去除其中的油脂、纤维等杂质和碱性物质。而热处理实际是一个脱水过程，加热条件下粉煤灰的结构发生变化，也就是粉煤灰脱水、结构调整、相变的过程；适当地控制温度会使粉煤灰内部的水分被蒸干，分子的吸附性能更强。$ZnCl_2$ 改性的粉煤灰，增加了吸附剂的空隙率和比表面积，有了更多的活性位点，使粉煤灰对甲醛的吸附由物理吸附为主转变成物理吸附和化学吸附共同作用，从而提高了粉煤灰对甲醛的吸附能力。

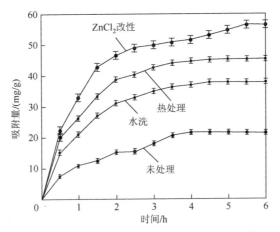

图 3-29　不同吸附剂对甲醛的动态吸附曲线[48]

甲醛初始浓度为 0.41mg/m³，改性粉煤灰用量为 1.0g，温度为 25℃情况下，$ZnCl_2$ 改性粉煤灰对甲醛的最大去除率达 70.48%，去除效果与煤基活性炭相当，远超过了未处理粉煤灰的最大去除率；$ZnCl_2$ 改性粉煤灰重新活化后，可重复使用，5 次再生实验后的吸附率仍达 60.02%（表 3-5）[48]。

表 3-5　$ZnCl_2$ 改性粉煤灰再生实验结果

使用次数	甲醛最大去除率/%	使用次数	甲醛最大去除率/%
1	70.48	4	63.63
2	68.91	5	60.02
3	66.42	6	51.85

加湿滤网采用高吸水性材质和特殊结构，不需要电热就可以将水分子汽化后吹向空气中，无论房间有多大，都可以均匀地遍布整个房间。同时，通过湿度传感器可以自动对加湿流量进行调节，可迅速降尘，使空气更加清爽，也因为甲醛溶于水的性质，加湿功能对清除室内空气污染的甲醛十分有效。

3.2.3.2　无网净化类

1）负离子技术

运用静电释放负离子，可以吸附空气中的粉尘，起到降尘的作用。同时负离子对空气中的氧气也有电离成臭氧的作用，负离子技术相对成本较低，对细菌有一定的杀灭作用。它的缺点是负离子容易与灰尘颗粒结合，形成一定极性的污染粒子，这些粒子并不能彻底清除，很容易产生二次污染。负离子技术还处于起步阶段，很多方面还不完善，产生的臭氧有一部分不能及时转化为负氧离子，不仅对人体无益，还会有一定副作用。

2）低温非对称等离子技术

低温非对称等离子体模块，通过高压、高频脉冲放电形成非对称等离子体电场，使空气中大量等离子体之间逐级撞击。产生电化学反应，对有害气体及病毒、细菌等进行快速降解，而且过程中无毒害物质产生，人机共存，节能降耗，具有快速消杀病毒、超强净化能力、高效去除异味、消除静电功能、增加氧气含量等特点。等离子体是指电离度大于 0.1%[49]，且其正负电荷相等的电离气体。它由大量的电子、离子、中性原子、激发态原子、光子和自由基等组成，电子和正离子的电荷数相等，整体表现出电中性，它不同于物质的三态（固态、液态和气态），是物质存在的第四种形态。其主要特征是：①带电粒子之间不存在净库仑力；②它是一种优良导电流体，利用这一特征已实现磁流体发电；③带电粒子间无净磁力；④电离气体具有一定的热效应。根据体系能量状态、温度和离子密度，等离子体通常可以分为高温等离子体和低温等离子体。前者的电离度接近 1，各种粒子温度几乎相同，体系处于热力学平衡状态，温度一般在 5×10^4K 以上，主要应用于受控热核反应研究方面；而后者各种粒子温度并不相同，电子的温度远远大于离子的温度，系统处于热力学非平衡状态，体系在宏观上温度较低。

从物理学的角度，对于低温等离子体去除污染物的机理一般认为是通过气体放电产生的高能电子激发来完成的。气体中的电子在高压电场中被加速之后与周围的分子、原子、电子等粒子发生非弹性碰撞和弹性碰撞，其中分子、原子被激发、离解和电离之后产生更多的自由电子，而新产生的电子又被高压电场加速，再次发生碰撞、激发和电离，使气体分子或原子激发到更高的能级。低温等离子体可以有效去除 VOC 且其与传统方法相比具有操作设备简单、可在常温常压下进行等优点，但是其发展仍旧具有局限性[50]。该处理技术依然存在容易形成副产物、能量效率较低和选择性较差等问题，大大限制了该技术未来的发展。而催化剂高选择性、高降解效率等特点使研究者将其与催化剂结合，使其与催化剂协同处理 VOC，成功让催化剂的优点作用在等离子体处理 VOC 方面。催化剂的加入改变了加速分子的分布等离子体放电的类型，使加速电子分布发生改变从而使等离子体在放电阶段产生新的活性物种，使该技术具有选择性高、生成副产物极少、降解效率高、反应条件温和等特点。

3）光触媒技术

光触媒实际是利用半导体在光线的照射下，释放强氧化力自由基的技术。光触媒净化器价格相对较低，能够分解空气中的部分有害气体，但目前光触媒技术尚未成熟，光触媒必须依靠紫外线的照射才能产生作用，使用时紫外线灯容易损坏，需要频繁更换，同时如果使用不当紫外线对人体也有伤害。光催化剂能够使几乎所有的污染物发生氧化还原反应而转变为无害物，由于光催化技术直接用空气中的 O_2 作氧化剂，且反应条件温和（常温、常压），因此是一种非常便利的空气净化技术。但单一污染物在空气中的存在浓度极低，极低浓度污染物的光催化降解速率较慢，并且光催化将污染物矿化要经过许多中间步骤，生成有害的中间产物，因此将光催化技术与吸附技术结合在一起成为目前的研究热点。古政荣等[51]以具有直通孔的成型支撑体胶黏活性炭为复合载体，采用浸涂法在复合载体上形成纳米 TiO_2 光催化剂薄壳层，制备出了可用于室内空气净化的活性炭-纳米 TiO_2 光催化净化网。对其净化性能考察结果表明，以功率为 6W、波长 254nm 的紫外杀菌灯照射 3h，其甲苯净化率为 98.8%，三氯乙烯（TCE）净化率为 99.5%，硫化氢净化率为 99.6%，氨气净化率为 96.5%，甲醛净化率为 98.5%，一氧化碳净化率为 60.1%。通过对比实验还表明，所研制的复合型空气净化网具有单纯活性炭、单纯光催化剂 TiO_2、活性炭与 TiO_2 简单混合等净化网所不具备的综合优势，通过复合提高了光催化效率，同时达到活性炭原位再生的目的。该光触媒空气净化复合网的特点有：①将支承体、吸附剂活性炭和光催化剂 TiO_2 有机地形成一个具有层次结构的整体。其中，光催化剂 TiO_2 处于最外层，这样的结构使得紫外线在没有遮挡的条件下直接作用在光催化剂 TiO_2 上，实现了较高的光利用率。②借助活性炭的吸附作用，对空气中极低浓度的污染物进行快速的吸附净化和表面富集，加快了污染物光催化降解反应的速率，抑制了光催化中间产物的释放，提高了污染物完全氧化的速率。③TiO_2 的光催化作用促使被活性炭吸附的污染物向 TiO_2 表面迁移，使活性炭的吸附能力得以恢复，实现了活性炭的原位再生。

4）净离子群技术

净离子群技术是一种将空气中的水分子直接电离成 H 自由基和 OH 自由基，同时再包裹水分子的技术。其杀灭病毒和细菌的能力超过臭氧，而且在空气中停留的时间更久。净离子群技术使 OH 自由基外包裹一层水分子，停留在空气中，同时利用细菌及病毒的倾水性，能够更快速地杀灭细菌及病毒。净离子群技术是目前国际公认的医用空间净化技术，也是目前唯一能对甲型 HIN1、HIN5 禽流感、SARS 杀灭率在 99%以上的空间净化技术。

5）静电除尘灭菌技术

静电除尘能吸附微小的灰尘、烟雾和细菌，尤其是采用的高压静电，能完全杀灭空气中的病菌病毒，且能吸附小到微米的微尘。静电钨丝释放高压静电，能完全杀灭细菌、病毒，防止感冒、传染病等疾病。

6）臭氧净化技术

臭氧净化技术通过高频电晕放电产生大量的等离子体，高能电子与气体分子碰撞产生物化反应，并形成多种活性自由基，自由基主要由臭氧组成，臭氧作为强氧化剂在很低的浓度下就可迅速完成氧化反应，因而很快消灭有毒有害物质、病毒、细菌等。其明显的缺点，一是在臭氧发生量不大的时候，对室内各种化学性污染物的氧化效果不是很好；二是纯臭氧有极强的氧化能力，会刺激人体耳、鼻、喉等器官或损害呼吸系统；三是臭氧具有一定的腐蚀性，对家具，特别是对皮革、橡胶腐蚀尤为严重，所以不太适合普通的家庭长期使用。

7）紫外线杀菌

240～280nm 波长的紫外线能使细胞失去繁殖能力，达到快速杀菌的效果。185～254nm 波长以下的短波长紫外线能分解氧分子，生成的氧分子与氧气结合产生臭氧。紫外线和臭氧具有强的氧化分解有机分子的能力，在空气净化处理中能够发挥强大的威力。但紫外线对人体的皮肤以及中枢神经都有一定的危害。

8）中草药杀菌

中草药杀菌技术将植物杀菌油提取成自然挥发性杀菌除味固体物。其分子可以持续不断地挥发，完全改变传统接触式被动杀菌方法，具有持续性杀菌除味的特点，并直接杜绝了细菌病毒在空气中的传播，而且无毒性、无腐蚀性、无刺激性，对环境无任何污染，使用方便灵活。但是由于目前各种高端技术的竞争，中药杀菌技术在市场的接纳度并不是很好。

3.2.4 空气净化器性能评价

空气净化器作为一种专业改善和解决室内环境空气污染的健康电器产品，逐渐发展为可治理室内细颗粒物、微生物、甲醛和挥发性有机气体等空气污染的环保产品，使用领域涵盖居室、办公场所、公共场所、工业厂房、医院等室内环境。近些年由于雾霾、$PM_{2.5}$ 的问题被广泛认知后，空气净化器逐渐得到了公众认可，并且随着人们健康意识的提高，迅速成为消费者日常使用的家用电器之一。随之而来的则是国内外大量生产、销售企业进入了空气净化器产业，行业整体处于持续高速发展阶段。爆发式的增长所带来的市场竞争不规范和产品质量参差不齐等问题，不仅对消费者选购优秀的产品造成了困扰，也给向消费者普及合理、正确地使用空气净化器带来了负面影响。由此可见，市场和消费者对空气净化器产品的质量、安全、节能和环保等综合性能的提升都提出了更高要求。作为有定期维护要求的空气净化器产品，消费者的正确选购、合理使用是保证产品净化效能的必要因素。因此，高效能空气净化器评价技术要求可以有效引导空气净化器生产企业提高产品设计制造水平，既规范市场准入门槛，又显著提高高效能环保装备、产品和服务的市场份额，从而达到鼓励先进、淘汰落后的目的。2015 年国务院明确提出了"供给侧结构性改革"重大目标[52]，要求用改革的办法推进结构调整，矫正资源配置扭曲,扩大有效供给,提高全要素生产率,促进经济社会持续、健康发展。

1)性能技术指标内容

空气净化器的评价指标主要可以从技术性能、能源效率、环境保护及安全可靠性4个方面来进行评测,具体的评价内容见表3-6。

表3-6 空气净化器性能评价指标明细表[52]

序号	一级报价指标	二级评价指标	参考评价方法和要求
1	技术性能指标	颗粒物洁净空气量	实测值不小于标称值
		$PM_{2.5}$洁净空气量	实测值不小于标称值
		气态污染物洁净空气量	实测值不小于标称值
		除菌率	$\geqslant 99\%$
2	能源效率指标	待机功率	$\leqslant 2.0W$
		能效比	$\geqslant 8.00 m^3/(W \cdot h)$
		能效比衰减率	$\leqslant 4.0$
3	环境保护指标	臭氧浓度百分比	$\leqslant 3 \times 10^{-6}$
		TVOC浓度	$\leqslant 0.08 mg/m^3$
		PM_{10}浓度	$\leqslant 0.04 mg/m^3$
		噪声	根据洁净空气量(CADR)确定
4	安全可靠性指标	紫外线辐射	根据波长数确认
		适用面积	标称值等于计算值
		滤网更换周期	一次性使用过滤器和重复使用过滤器各自计算

2)空气净化器性能检验环境舱

空气检测类试验对于试验环境的温湿度、形式、换气率、气压、光照、气密性等因要求不同的试验而有所不同。总结起来温度范围一般为18~40℃,相对湿度范围为30%~85%,主要区别在于温湿度精度以及舱流形式的要求。

空气净化器检测用环境舱可以模拟受到污染的室内环境,对空气净化设备进行测试,是一种检测和研究空气净化产品性能的重要工具。对于二次污染物的形成研究,如臭氧和二次气溶胶的形成,环境舱法也可用于建立模型。环境舱主要由内舱、外舱、空气净化系统、污染源发生装置和空气采样系统组成。空气净化器环境舱按体积不同有大小之分,小型环境舱通常是指其体积在几升至几立方米之间的环境舱,而体积大于$10m^3$的环境舱通常被认为是大型环境舱,目前家用空气净化器的环境舱一般有$3m^3$和$30m^3$两种。

3)国内外性能评价标准汇编

目前国际上采用的空气净化器测试方法有美国家用电器制造商协会的

AHAMAC-1—2000 标准[53]、日本工业标准 JIS C9615—1995。其中，JIS C9615—1995 涉及对颗粒物和有害气体的净化效率测试；AHAMAC-1—2000 涉及测量空气净化器滤网及送回风设计所造成的整体净化效率，并以 CADR 量化表示，比较不同空气净化器间 CADR 差异即可知其性能的优劣，目前是欧美厂商广泛采用的空气净化器性能测试方法。我国于 2002 年颁布《空气净化器》(GB/T 18801—2002) 标准，并分别于 2008 年和 2015 年进行过两次修订，现行修订版为《空气净化器》(GB/T 18801—2015)，其内容基本上参照美国 AHAMAC-1—2000 标准中的各项指标，但与美国标准不同的是对净化器的噪声、去除气体污染物、耐久性及风量的测试皆进行了详细说明。

AHAMAC-1—2000 为美国家电制造商协会所制定的空气净化器测试标准，主要目的是测量空气净化器滤网及送回风设计所造成的整体净化效率，并以 CADR 量化表示，以此比较不同空气净化器间 CADR 差异并据以评定性能的优劣。该标准目前是欧美厂商广泛采用的空气净化器性能测试方法，但并未涉及净化器产品的噪声、脱臭、耐久性及风量等测试方法，而这些性能指标对于评价净化器性能的优劣是非常重要的。该标准的测试环境为一个 3.2m×3.66m×2.44m 的小室，配有空调净化系统，并有加减湿装置以保证室内温、湿度的恒定，空气是经过 HEPA 过滤的。AHAMAC-1—2000 标准规定，净化器测试过程中环境的温湿度须控制在 (21 ± 2.5) ℃、(40 ± 5) %，净化器的供应电源为 (220 ± 1) V、(50 ± 1) Hz，测试主要对象为粉尘、香烟粒子、花粉。

日本工业标准 JIS C9615—1995 规定了多种空气净化器性能参数的测试方法，另外，标准还对净化器产品的风量、粉尘捕集率、粉尘保持容量、气体去除率、气体去除容量等各项参数的限值做了规定。该标准可以比较全面地评价空气净化器的性能，具有较好的可比性，但专业化项目多，综合性不够强，一般用户很难理解各项性能参数的意义。该标准未对测试环境进行具体规定。

2016 年以前，我国的空气净化器标准是国家推荐性标准《空气净化器》(GB/T 18801—2008)，缺陷较多，存在该定的指标未定、已定的指标不符合国家居住环境的强制性标准问题，结果造成该标准对空气净化器市场的指导和管控作用有限。为此，堪称史上最严空气净化器新国标《空气净化器》(GB/T 18801—2015) 于 2016 年 3 月正式实施，国内目前与空气净化器相关的标准主要有《空气净化器》(GB/T 18801—2015) 和《环境标志产品技术要求-空气净化器》(HJ 2544—2016)。

美国 AHAMAC-1—2000 测试标准比较直观，它通过实测空气净化器对污染物清除能力的综合指标 CADR 来反映空气净化器的清净能力，但它并不能完全说明一台空气净化器的优劣，即便一台空气净化器的过滤效率很低，只要风量大，同样可以得到较大的 CADR 值。日本的 JIS C9615—1995 标准测试空气净化器的各项性能参数，可以比较科学地反映空气净化器的优劣，但由于用户常常是外行，他们并不能理解各个性能参数的意义,往往只想得到一个比较综合、直接的参数。我国现行的标准针对这种情况在 CADR 的基础上提出了净化效率这项指标,同时增加累积净化量(CCM)和噪声的控制指标,使得对净化器的评价更合理准确,但测试环境及测试方法仍需进一步完善和论证,使其能够更科学合理地评价空气净化器的性能。

3.2.5　空气净化器选择存在问题及优化

人们可以参照新国标对空气净化器做出合理选择。《空气净化器》新国标对影响空气净化器净化效果的 4 项核心指标均一一给出了明晰的标准,只要认准"三高一低",即可放心选择。按照现行标准,洁净空气量代表空气净化器工作 1h 所产生的洁净空气体积,其值越高,净化速度越快。累积净化量则指经过长期使用,空气净化器的洁净空气量衰减到一半时,所累积净化的污染物总重量,标准用 P1～P4、F1～F4 来表示过滤网和活性炭滤网的使用寿命,其值越高滤网寿命越长。能效等级则是洁净空气量与额定功率的比值,一般等级越高越省电。噪声为空气净化器按最大洁净空气量运转时所产生的音量,其值越低越安静。因此在选择空气净化器时,最好按照"三高一低"的标准来取舍,即洁净空气量、累积净化量和能效等级的数值越高性能越好,而噪声则是越低越好。

空气污染的加剧迫使人们重新审视环境问题,为空气净化产业提供了前所未有的广阔市场。我国空气净化器发展水平与普及率远低于发达国家,庞大的市场潜力对我国空气净化器产业来说,充满机遇与挑战。空气净化器的设计与创新是与其功能性、技术性密切相关的。技术方面的发展趋势在于去除过敏源、甲醛、$PM_{2.5}$、异味、加湿等功能的集成[54]、智能环保、高效节能等方面;产品造型方面的发展趋势在于结合技术创新突破现有造型风格。

家用空气净化器产品市场竞争激烈,随着新技术不断出现,家用空气净化器产品造型风格将会发生较大突破。各品牌系列产品结构更加严谨,工艺更加精巧,材料更富于质感,风格更加多样化,突破以往如新功能主义与减少主义等风格影响,其造型特色通过形、色、质与新工艺、新材料、新技术的巧妙结合得以展示,达到理性美与感性美的共鸣,是家用空气净化器产品发展的主要创新趋势。

3.3　空调过滤器

3.3.1　空调过滤器基本概念

室内环境是人类生活和工作的重要场所,城市居民每天 90%的时间是在各种室内环境中度过的,室内环境质量与人体健康息息相关,因而室内空气品质对人体健康的影响越来越受到国内外学者和研究人员的关注。有研究表明，空气污染是导致城市居民死亡的重要因素之一。随着人们生活水平的提高和受全球气候变暖的影响，空调的应用越来越广泛，现有空调装置在温度调节功能和普通过滤功能的基础上，扩展增加了净化等新功能，就是目前学术上所指的空调过滤器。

3.3.2 空调过滤器工作原理

空调过滤器一般安装在空调进风口位置，$PM_{2.5}$等粉尘颗粒以及有毒有害气体从空调过滤器经过，就被吸附在空调过滤器上，达到去除空气中有毒有害污染物的作用，常见的空调过滤器见图 3-30。

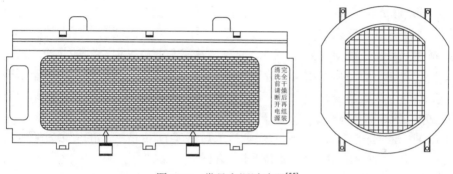

图 3-30　常见空调过滤器[55]

3.3.3 空调与空气净化功能复合技术

作为家用空调的健康功能的题中之意，去除 $PM_{2.5}$ 已经成为市场上高端产品的特色功能之一[56]。去除 $PM_{2.5}$ 功能的附加，是空调产品朝着高端化发展的一个显著的趋势表征。家用空调产品可以通过多种方法去除 $PM_{2.5}$，去除效果各不相同。据有关资料显示，目前包括家用空调在内的能够对空气进行净化或调节的产品通过采用纤维过滤技术和静电过滤技术等，可以捕捉到空气当中的小至 $PM_{0.3}$ 的颗粒污染物。

家用空调净化空气中有害物质的主要方法从原理上总结后划分为吸附型和反应型两类，吸附型主要基于物理原理通过滤网或管道等将有害物质吸附，从而实现截留污物净化空气的目的；反应型则是主要基于化学特性让有害物质被杀死、分解或转化成无害物质。由于 $PM_{2.5}$ 及其承载的病毒、细菌等构成往往比较复杂，化学反应方法难以照顾到众多物质的特性，不能够 次性去除多种化学特性各异的有害成分，同时还可能因为发生化学反应而生成新的有害物质，所以应该被更谨慎地使用。在家用空调的实际运行中，通过物理吸附方法去除颗粒物较为被关注和认可，采用比例也更高。物理吸附方法的不足之处在于，需要定期更换或清洗被内置在空调中的滤网，否则滤网会因为堵塞等原因而影响对 $PM_{2.5}$ 的去除效率。化学反应方法也需要定期性更新或添加滤网上负载的促成有害成分分解的活性物质，否则会对 $PM_{2.5}$ 及其承载的甲醛、乙酸、重金属、细菌、病毒等只过不滤，做无用功。

在吸附型方法中，空调等家用电器去除 $PM_{2.5}$ 一般采用纤维过滤和静电过滤等技术。纤维过滤技术需采用高效过滤纸制成过滤器对 $PM_{2.5}$ 进行过滤，从而实现截留污物净化空气的目的。静电过滤技术通过电晕放电使含尘气流中的尘粒荷电后，在电场力的作用下，驱使带电的尘粒移向集尘电极，并尘集（即被吸附聚集）在集尘电极上，从而实现气固分离。细菌、病毒等由于其在空气中的等价直径远大于 0.5μm，因此该技术在有效去除空气颗粒物的同时也能将微生物有效的过滤，从而达到对室内空气中自然菌去除的目的。纤维过滤的不足之处在于，过滤效率不是很高，如果需要达到更高的净化效率，就要采用高效过滤器，风阻就会大幅度增加，而出风量则可能降低，噪声增大，功耗也相应增高。该技术需要定期更换或清洗被内置在空调等产品中的滤网，否则会因为滤网堵塞等原因而影响对 $PM_{2.5}$ 的去除效率。

IFD（intense field dielectric）除尘技术是英国 Darwin 公司的一项发明专利，隶属于吸附型方法中的静电过滤技术，是目前已有除尘技术中较先进、效率较高的一项技术，而且便于产业化利用。2011 年 10 月通过签订合同，Darwin 公司授权我国青岛雪圣科技有限公司负责 IFD 装置在中国市场的生产、销售代理等事项。IFD 除尘技术是一种目前被较多主流空调品牌采用的、效率较高的去除 $PM_{2.5}$ 的方法，其中文名称即强电介质场或强电场电介质。"强场"是指 IFD 净化装置的风道内形成的高强度电介质场，它可以对空气中运动的带电微粒施加巨大的吸引力；"电介质"是电荷的不良导体，却是静电场的有效载体，它是指 IFD 净化装置内部电场电器元件所包围的独特共聚物，在相面对的两表面间防止电气击穿时产生极高的场强。在结构上，IFD 装置的核心净化层由顶部和底部内置电极的沟槽挤压成的单一薄板多层排列而成，该层再与预过滤网、充电场等（也可再添加其他滤网）共同构成完整的 IFD 净化装置。

传统的中央空调系统在工作时，空气通过风机盘管回风口进入到风机盘管表冷器进行热交换后再由空调送风口送入房间，从而实现向房间供冷和供热的目的。风机盘管的启停及转速控制由智能控制器来实现，智能控制器内设温度探头，智能控制器将温度探头测得的房间温度与设定值进行比较，并以此对风机盘管的转速进行调整。但现有的中央空调系统不能对室内空气的甲醛进行过滤，所以室内空气的洁净度得不到保证。

厚彩琴等[57]通过试验,利用在污染防治领域已有广泛应用的纳米二氧化钛等材料,研究了一种降解中央空调室内甲醛等污染物的净化装置,让人们使用空调系统提供适宜的温湿度等室内参数的同时,净化室内空气,提高空气品质。研究中,作者在空调净化设备中模拟被污染的空气进入净化器,进风口处的表面设有栅格,可以阻隔其中较大颗粒灰尘,空气在风机的动力作用下通过预过滤层,除掉粒径不同的尘埃、可吸入颗粒物、烟雾,预过滤能防止大小尘埃混杂而淤塞光催化反应器,在一定程度上减轻了光催化反应器的负担;然后空气再进入具有高效净化吸附功能的光催化过滤器,受到256nm的紫外线杀菌灯的直接照射,室内气体中的有害污染物在光催化氧化分解的同时,各种异味被活性炭纤维层吸附掉,并经过紫外线的消毒杀菌,最后对经过净化处理后的空气进行采样分析。研究中选择起始浓度不变的甲醛气体,40W紫外灯,相对湿度保持在70%~80%,甲醛浓度保持在$1.1mg/m^3$左右,分别在开紫光灯和不开紫光灯的情况下进行甲醛的吸附与光催化净化试验。曲线见图3-31,反应初期净化效率上升很快,这主要是活性炭纤维优异的吸附性能所致。活性炭纤维是一种具有高比表面积和丰富微孔结构的吸附材料,吸附质可直接在暴露于纤维表面的微孔上进行吸附和脱附,不需要通过大孔和中孔的扩散,因此吸附和脱附速率都较快。在反应进行约1h后,吸附曲线上甲醛的吸附量在相邻时段内的变化不大,这表明此时活性炭纤维对甲醛已达到平衡吸附,而光降解曲线上的处理率仍有较大升高,活性炭纤维对甲醛仍有一定的吸附能力,二者的处理率差别较为明显,这说明在紫外线照射下确实发生了甲醛的光催化氧化作用。

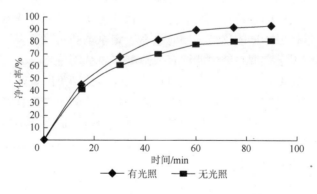

图3-31 不同光照条件下的甲醛净化率[57]

3.3.4 空调空气净化性能评价

目前,国家针对空调空气净化的相关性能评价标准并不完善,现行标准中比较可靠的是《家用和类似用途电器的抗菌、除菌、净化功能 空调器的特殊要求》（GB 21551.6—2010）[58]。该标准中主要指标见表 3-7 和表 3-8。

表 3-7 有害物质要求[58]

有害物质	指标
臭氧浓度（出风口 5cm 处）	≤0.10mg/m³
紫外线强度（装置周边 5cm 处）	≤5uw/cm²
TVOC 浓度（出风口 20cm 处）	≤0.15mg/m³
PM_{10} 浓度（出风口 20cm 处）	≤0.07mg/m³

表 3-8 净化性能指标[58]

污染物	净化效率 η /%
PM_{10}	≥40
甲醛	≥25
氨气	≥25
苯	≥25

3.3.5 发展存在问题及优化

目前我国舒适性空调对空气的净化处理还不完善，极大地影响了室内空气品质的提高。大部分系统仅采用粗效过滤器，有些加了中效过滤器[59]，这只能在一定程度上去除空气中的颗粒污染物。静电净化器与普通纤维过滤器相比具有效率高、阻力小、运行成本低的优点，同时具有一定杀菌和去除有害气体的作用，所以合理地将其应用于空调系统中能够有效改善室内空气品质。

对于大量既有系统，由于受到风机压头及噪声控制等因素的限制，在系统改造中静电净化装置具有一定优势；对静电净化器的杀菌、去除有害气体的相关机理需要进一步研究，以明确其作用原理；要进一步研发适用于不同系统和场合的空调净化过滤器，要探索其合理的运行参数及调节控制方法、效果检测方法，同时避免可能产生的负面效应。

3.4 新风系统

3.4.1 新风系统概念及应用范围

新风技术在暖通空调中起源最早[60]，也是供暖、空调的重要体现形式。但在

19世纪以前，人们对通风并没有深刻的了解，一直到20世纪初，呼吸道等疾病的不断传播，威胁到了人们的身体健康，这才引起人们对通风技术的广泛关注。能源危机的爆发彻底影响了人们对室内通风的重视程度，为了达到降低能耗的目的，大幅度减少通风甚至有时不通风，所以室内常处于基本密封的状态，导致室内空气品质严重恶化，使人们生活在非环保的环境状态下。近几十年来，人们在通风与节能的方面做了大量的研究，目的是研究出既能保证室内空气品质又能最大限度节约建筑能耗的方法。国外新风系统的技术发展相较于国内成熟，住宅的机械通风、自然通风与机械通风结合的方式是改善室内空气品质、减少能耗的主要方法。虽然国外在住宅通风方面的研究进行得比较早，发展也比国内快，但是国外的住宅建筑通风的发展也并不是很顺利，有一个单纯的温度调节到空气环境品质综合改善的过程。

3.4.2 新风系统结构工作原理

新风系统根据其工作原理一般可分为单向流新风系统和双向流新风系统。

单向流新风系统[61]，也叫"自然平衡新风系统"（图3-32）。是中央机械式排风与自然进风结合而形成的多元化通风系统，由风机、进风口、排风口及各种管道和接头组成。安装在吊顶内的风机通过管道与一系列的排风口相连，风机启动，室内混浊的空气经安装在室内的吸风口通过风机排出室外，在室内形成几个有效的负压区，室内空气持续不断地向负压区流动并排出室外，室外新鲜空气由安装在窗框上方（窗框与墙体之间）的进风口不断地向室内补充。这

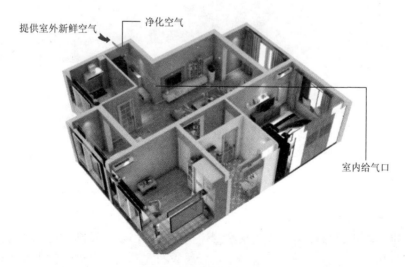

图3-32 单向流新风系统

种送风方式又分为"正压送风"和"负压送风"。正压送风，其原理主要是直接通过动力把风送进居室内，此种设计应用广泛，缺点是空气流动性较差。负压送风，是通过排风机吸风，把室内的空气抽出部分，导致室内空气压力小于室外气压，外界空气在大气压压力下，自动进入空间，从而在空间内形成定向、稳定的气流带。其特点主要是气流定向、稳定，与外界贯通而不是在空间内的内循环。

双向流新风系统（图3-33）是对单向流的有效补充，在双向流系统的设计中排风主机与室内排风口的位置与单向流分布基本一致，不同的是双向流系统中的新风是由新风主机送入。新风主机通过管道与室内的空气分布器连接，新风主机不断地把室外新风通过管道送入室内。具体地，该新风系统，由一组强制送风系统和一组强制排风系统组成，而新风在进入室内前可以按照要求选择过滤、灭菌及预热处理。

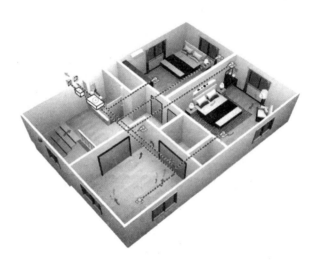

图3-33 双向流新风系统

地送风新风系统优先满足下部空间的健康度和含氧量，送风气流与室内空气充分混合置换，由顶部高位排出。污浊空气形成了室内从地板至顶棚的气流途径，改变了传统上送上排布管方式造成的空气二次污染。地送风新风系统，对层高有一定要求，设计时一般要求层高不低于2.5m。

全热交换新风系统是最节能环保的一种新风系统，也是新风系统的主流形式。全热交换新风系统由一组强制送风系统和一组强制排风系统组成。新风由送风系统管道进入室内，排风通过排风系统管道排至室外，新风及排风的流动方向、新风口及排风口的布置，可以根据特定实际要求布置。新风在进入室内前可以按要求选择过滤、灭菌及预热处理，适合对新风品质有特殊要求的场合。

3.4.3　新风系统国内外研究及发展现状

在日本，要求高级公寓里需要换气的客厅和卧室，采用带全热交换器的机械通风（机械进风、机械排风）模式，全天 24h 运行，厨房和卫生间的排风单独自成一个系统。

欧洲发达国家大多采用的是住宅机械通风系统，而这种通风系统是在多层和低层住宅以及别墅等建筑中比较常见的自平衡型排风式通风系统，此系统由三部分组成：①安装于住宅室外墙上的进风设备，如自然进风口；②安装在厨房通风道或卫生间的排风口；③排风机。

挪威、瑞典、荷兰、法国、比利时等几个国家成立了欧盟 EURESHYVENT 项目研究组，研究适用于欧洲四个不同气候区（寒冷、严寒、温和偏暖、温和）的住宅混合通风系统。

Kusuda[62]和任玉成[63]提出了将 CO_2 平均浓度当作改变新风量大小的控制指标，之后需求控制通风理论不断进步和深入。随后，Ke 等[64]在原有基础上进一步改进，他们认为建筑所需的新风量包含人员所需最小新风量和建筑物所需求的最小新风量两部分。他们还指出，尽管只考虑 CO_2 平均浓度控制新风量，而忽略了与建筑物相关的污染物产生的因素，但是当室内环境不变，仅室内人员变化时，仍然可以采用检测 CO_2 浓度的变化来监测房间内人员的变化，进一步调节新风量的大小。

Martin[65]针对地下车库进行了需求控制通风的实验研究，测试并分析了 CO_2 和 CO 浓度情况，认为在地下车库采用 CO 为代表性污染物比选用 CO_2 作为控制指标更准确；此外他还对典型的地下车库设计、使用需求控制通风的前后能耗进行了分析和计算，经过计算，使用改进后的通风策略，在能耗方面，可以节约 15%。

Wachenfeldt 等[66]对人员变化比较大的剧院进行了需求控制通风研究，研究发现，和传统的新风系统相比，选取 CO_2 浓度当作污染物的控制指标进行需求控制通风，达到了室内空气品质的高标准，此外节能效果非常明显。Haghighat 等[67]、Warren 等[68]对学校、办公楼等公共建筑进行了需求控制通风研究，同样发现需求控制通风以 CO_2 浓度作为污染物的控制指标进行运行时，新风能耗节约甚至可以达到 50%以上。

Mysen 等[69]对挪威的小学教室做了一定的科学实验。对定风量系统、把 CO_2 浓度作为控制指标以及把红外射频技术看成基准的需求控制通风这三种新风控制策略进行了能耗分析和对比。分析表明，定风量系统能耗最大，把 CO_2 浓度作为基准的通风系统次之，把红外射频技术看成基准的需求控制通风系统节能效果最为显著，节能比例达到了 51%。

Ng 等[70]对某小学体育馆进行了需求控制通风系统研究。研究表明,与传统的新风系统相比,需求控制通风一方面能够满足房间热舒适要求及空气品质的标准,另一方面从节能角度出发,可以分别达到 0.03%和 1.86%。Lu 等[71]提出了一种新型的、动态需求控制通风策略。当房间里面没有人时,按照常规的设置进行送风;当房间里面有人在活动时,把 CO_2 浓度作为控制指标的需求控制通风策略,根据房间里面人数的变化调节新风量的大小并对该控制方案进行了实验和模拟分析。研究结果表明,与传统的通风系统相比较,把 CO_2 浓度作为控制指标的通风系统节能达到 34%。

杨盛旭等[72]想出了进一步改进需求控制通风的想法,进而进一步研究了需求控制通风,建立了仿真试验平台,通过在线监控 CO_2 浓度来预测室内人数的变化,并且研究了 CO_2 浓度与风阀电动执行机构转角之间的变化关系。耿世彬等[73]在研究过程中,更关注新风量与室内空气品质之间的关系。他们不仅把 CO_2 浓度看成与室内人员相关的代表性污染物,而且把 TVOC 浓度看成与建筑物相关的代表性污染物,两种污染物指标结合,共同控制和调节送入房间内的新风量大小。甄肖霞[74]对 CO_2 浓度作为控制指标的需求控制通风的理论知识进行了阐述,同时对它在送风系统中的安装以及应用情况进行了分析。同时还指出需求控制通风在过渡季节全新风运行、夜间通风等情况下,它的控制能力以及节能情况将会更加明显。

香港科技大学的 Chao 等[75]对教室以 CO_2 浓度为控制指标,测试了空气品质。该教室室内人数波动较大,研究表明当教室刚开始使用的时候,尽管人员较少,但室内空气品质非常差,难以达到室内空气品质的标准。这是因为与建筑物相关的污染物经过一天的累积之后,通过引入新风稀释室内污染物,仍然会出现氡含量超标的现象。因此,他们对需求控制通风也进行了进一步研究,不仅考虑 CO_2 浓度的影响,还考虑建筑物相关的污染物状况。范晓伟等[76]按照会议室房间内 CO_2 浓度的规律,运用 PID 方法对新风控制系统进行了探讨。研究表明,通过检测室内 CO_2 浓度的变化过程,合理引入新风风量的大小,可以大大改善室内空气品质,节能效果明显。

柴代胜等[77]认为仅把 CO_2 浓度作为唯一指标的需求控制通风存在一定的缺陷,进而对其进行改进,即根据在线监测的室内 CO_2 含量,推导室内的人数,并根据 ASHRAE IC 62—2001 标准中关于新风量的标准,计算房间内人员所需新风量和建筑所需要的新风量,两者的和即所需供应的新风量。结果表明采用改进以后的策略,全天室内空气质量、CO_2 浓度等都可以达标。

综上所述,国内外的诸多学者都对基于室内空气品质要求的需求控制通风原理等做了广泛的工作,但是通过灰色系统理论中的灰色综合关联度方法,计算出不同建筑物的代表性污染物,进而运用代表性污染物作为室内污染物的主要监控对象，进行新风量控制的研究比较少。此外，将代表性污染物作为监控对象，运用于医院中央新风系统自动控制中的设计与实现也比较少。

3.4.4 新风系统空气净化性能评价

室内空气品质的好坏与建筑物通风量的大小关系密切，为了保证较高的室内空气品质，向建筑物内通风是最简单、最直接的方式。新风不仅可以提供人员呼吸所需的一定量氧气，而且可以稀释室内散发的污染物，使污染物浓度尽可能符合人员所能接受的范围。传统的新风系统设计，一般根据人均的最小新风量或者换气次数法进行设计，这种设计方式对于办公室、住宅等人员密度相对固定的场所比较合适，如医院、超市等客流量大、人员密度变化幅度比较大的场所，往往会产生很多问题。一方面，新风机组并不能随着人数的变化调整新风量的大小，使得当室内人数较多时，送入的新风量不足，造成空气品质恶化，而当室内人员较少时会出现新风量过大的现象；另一方面，对于人员变化比较大的医院等场所，如不及时调整新风量的大小，将会导致新风能耗损失较大。

3.4.5 新风系统空气净化意义及存在问题

当前，我国住宅建筑的通风方式仍然以自然通风方式为主[60]，机械通风方式仅限于厨房和卫生间，间歇运行。但自然通风受诸多条件限制，可靠性和可控性较差，往往不能满足室内空气品质和人们对舒适性的要求，一般由以下三个原因造成。

1）自然通风气流品质已然恶化，有时甚至成为"毒源"

室内的污染程度正常情况下要高于室外的，开窗通风是专家们经常给出的意见。但实际监测显示：2013年西安市环境大气中 $PM_{2.5}$ 年均浓度值为 $105\mu g/m^3$，PM_{10} 年均浓度值为 $190\mu g/m^3$，均大大超过《环境空气质量标准》（GB 3095—2012）二级浓度限值规定的 $PM_{2.5}$ 年均浓度限值（$35\mu g/m^3$，WHO组织制定的 $PM_{2.5}$ 年均浓度限值仅为 $10\mu g/m^3$）和 PM_{10} 年均浓度限值（$70\mu g/m^3$）；室外 PM_{10} 年均浓度也超过了室内卫生标准的限定值（$150\mu g/m^3$）。

2）自然通风无法满足室内新鲜空气量需求

自然通风的主要形式有闭窗渗透通风和开窗通风方式两种，新建住宅的渗透通风量仅为旧有建筑的 1/3～1/4，表明仅靠门窗渗漏的自然通风已然不能满足室内新风需求。同时，渗透通风模式对室外 PM_{10} 的拦截效率仅有 20%～40%，对于雾霾的主要成分 $PM_{2.5}$ 几近透明，根本起不到保护室内环境免受 $PM_{2.5}$ 暴露的风险。

开窗通风的通风量不容易控制，室内微气候的稳定性、均匀性难以保证，并且开窗通风易受季节和气候影响。除此之外，开窗通风气流盲目，气流组织无法控制，紊乱气流易将卫生间和厨房的异味带入起居室及卧室，同时可能夹带大量的室外污染物。同时，开窗通风也无法有效解决室内人员的热舒适性，一项针对北京夏季88户民用住宅的现场测试表明：自然通风条件下，大部分普通住宅的室内热环境基本都处于ASHRAE标准规定的舒适区范围以外。其次，开窗会加重室内噪声污染，噪声在无阻隔情况下衰减很慢，可远距离传输，相对于多层建筑，高层建筑的噪声污染更加严重，会限制人们的开窗意愿。闭窗渗透通风结合开窗通风的住宅，属于被动"等风来"，或出现通风过度导致建筑能耗增加的问题，或出现通风不足造成室内空气品质差的问题，引起通风不良的事例越来越多。限制自然通风发挥效应的因素除了气象条件和维护结构愈加严密，还有如城市热岛效应和城市峡谷地带造成的风速降低等其他因素。故仅靠自然通风已无法满足人们对居室内空气品质和热舒适的要求，只有机械通风才是解决住宅（特别是高层住宅）室内新风的可靠方法。

3）空气净化器的净化效果有限

空气净化器的主要作用就是能够过滤、吸附或分解各种空气污染物，空气净化器内的风扇使室内空气循环流动，污染的空气通过机内的空气过滤器后将各种污染物过滤、吸附，然后从出风口送出，从而达到净化空气的目的，但对清除室内有害气体的作用很有限。空气净化器的使用效果与需要净化房间的大小、净化器的过滤网面积及风量有关，由于成本和体积等原因，实际使用效果很有限。另外，过滤效率随时间逐渐下降，很难达到理想效果。虽然空气净化器的优点是接上电源就能工作，但在实际使用当中效果大打折扣，而且其使用空间有限、时效性很短，还有噪声大、扬尘严重等问题，所以也很难达到理想的效果。

综上所述，从产品功能和持续上来说，空气净化器适合单个空间的密封式使用，接上电源就可工作，适合暂时性使用。而从长远角度及家居生活来说，新风系统性能更好，消除室内污染更彻底而且系统工作无噪声、无扬尘、无吹拂感，安静轻柔、体感舒适，相对于空气净化器的巨大工作噪声和高风速来说，更适合家庭使用。未来新风系统的发展会更加智能，功能也会更加全面，越来越多的三恒（恒温、恒湿、恒氧）房会出现在城市里。

3.5 医用空气净化器

3.5.1 医用环境空气质量调查分析

医院是人们日常生活中一个重要的公共设置[78]，它的服务水平与人们的健康生活息息相关。如今我国的医院数量不断增加，医疗水平也不断增强，对医院所配套的建筑设备的要求也不断加强，这样势必会增加能耗。中央空调的用电量占到整个医院的一半左右，对于这样大的用电量系统，有必要采取有效的措施，使它能够在满足人们需求的室内环境的同时，降低能耗。如今很多医院为了节省中央空调运行成本，采用大量的回风来维持室内温度、空调末端设备处于湿工况下运行，这样室内空气品质就难以达到要求而且空调末端设备容易滋生细菌。另外，对于医院各类房间的新风量取值，规范只给了一个模糊的概念，通过换气次数来选取，对于医院病人较多的地方，如门诊部，二氧化碳浓度常超过国家标准；与此同时，病人长期停留的病房，所设计的新风量是根据病床数量来确定的，当有探病人员到来时，设计的新风量明显会不足。因此，有必要研究能够防止交叉感染、提高医院室内空气品质和节能的空气净化系统，来解决上诉问题。

我国的《室内空气质量标准》中明确提出"室内空气应无毒、无害、无异常臭味"的要求。其中规定控制的化学性污染物质不仅包括人们熟悉的甲醇、苯、氨、氡等污染物质，还有可吸入颗粒物、二氧化碳、二氧化硫等13种化学性污染物质。影响室内空气品质的因子主要有温度、湿度、噪声、风速、负离子浓度、粉尘浓度、含菌浓度、氡、一氧化碳、二氧化碳、二氧化硫等气体浓度和总挥发性有机化合物的浓度。

1984年，在美国加利福尼亚州发生了一场由建筑物污染引起的疾病，一幢新建商业大厦使用两周后，室内便有人出现头疼、恶心、上呼吸道感到刺激和疲倦等20种症状，该症状后来被称为病态建筑综合征（SBS），SBS患者出现的症状繁多，轻则眼睛不适、流鼻涕、喉咙干燥等，重则呼吸不畅、恶心、眩晕，直到精神紊乱。一般病人先在综合医院就诊，经过综合医院确诊后如果有必要再转交给对应的专业医疗结构，这样一来综合医院的病人种类十分复杂，加上人流量大，病毒种类、浓度增大，在院内传播和交叉感染的可能性进一步加大。然而医院门诊部又是医院内病人密度最大的地方，如果新风量与排风量比例设计不当，过大则造成浪费，过小则导致空气浑浊并增加病毒交叉感染的可能。

门诊的感染传播以接触传播和空气传播为主，医院出于节约空调运行成本的考虑，降低新风比，大量的使用回风，造成室内二氧化碳浓度偏高；为了降低初投资和运行成本，并没有在新风入口处加设净化装置；通风管道也没有定期清洗，里面常堆积着灰尘、杂物甚至死老鼠等；室内的风机盘管常在湿工况下运行，这样容易滋生细菌。2002年底爆发的一场全球性SARS病毒中，通风较差、空气质量差的医院是病毒传播的福地。2003年4月17日至23日，北京人民医院里躺着十几名SARS病人的一楼走廊两侧，一侧是骨科门诊室，当时在室中的4名骨科医生全部感染；另一侧是外科门诊室，当时出门诊的4名外科医生却无一感染。通过进一步研究发现，外科门诊室另一侧临近室外，通过开窗，空气流通很好；而骨科门诊室另一侧是在内区，新风量不满足卫生需求，空气流通不好。这一研究结果表明,对使用中央空调系统的建筑,通风效果是否达到标准,与室内人员是否会被交叉感染有着紧要的关系。

北京人民医院的研究人员表示[78],当病人呼出的病毒浓度稀释至 1/2000～1/1000 时还会使人感染,而安全浓度是稀释至 1/20000;同时发现,室内的通风效果越好,病毒浓度就会越小,所以通风效果直接影响着医院内人员的身体健康。

王旭初等[79]和严燕等[80]分别于 2007 年和 2012 年对杭州市两家三甲医院和深圳市两家三甲医院的集中式空调系统风管的污染状况进行了调研和检测,结果表明(表 3-9),检测的四个样本的细菌总数、真菌总数和溶血性链球菌数量均合格,但由于未定期清洗除尘,医院空调通风管道表面积尘量的合格率较低。

表 3-9 集中空调系统风管污染检测结果[79, 80]

样本	表面积尘量		细菌总数		真菌总数		溶血性链球菌	
	测定值/(g/m^2)	合格率/%	测定值/(cfu/cm^2)	合格率/%	测定值/(cfu/cm^2)	合格率/%	测定值	合格率/%
杭州	2.1～78.3	33.3	55～450	22.2	80～3100	22.2	—	100
深圳	1.8～24.2	69	0～4	100	0～51	100	—	100

有研究人员认为,医院中只需要对手术室和 ICU 等特护区的空调系统进行优化设计,因为这里的病人体质弱,容易被交叉感染,所以这些区域的室内环境通常都是达标的;但是医院里人员复杂,如果不对特护区以外的区域加以防范,就很容易促使病毒通过空气传播,造成院内发生交叉感染。大型医院的门诊候诊区往往都是人群拥挤,空气质量不佳,还有一些科室因为是后期增加的,用胶合板作为墙体的材料,散发出甲醛、挥发性有机化合物等有害气体,危害着院内人员的健康。

3.5.2 医用空气净化器概念及原理

由于医院的污染以细菌病毒为首要污染物,因此随着我国医疗产业的发展,医疗机构对院内感染的重视,加大了对消毒设备的购置力度[81],大量的消毒设备进入医疗机构中进行使用。

根据消毒杀菌原理,医用空气净化器可以分为物理消毒和化学消毒两类。物理消毒方法包括紫外线灯照射、静电吸附和空气过滤等。化学消毒方法主要包括用消毒剂熏蒸,如过氧乙酸熏蒸或喷雾,或用含氯消毒剂、过氧乙酸进行超低容量喷雾消毒,还包括一些消毒器械产生的化学因子进行消毒,如用臭氧进行空气消毒。

现阶段医疗机构中所使用的空气消毒设备主要应用于门诊、病房、手术室、ICU、检验科、病理科、治疗室、实验室等区域。目前，在 41 种主要传染病中经过空气传播的就有 14 种，空气中微生物造成呼吸道感染的占 15%～20%，所以医院应该购置什么样的空气净化消毒设备才能满足临床科室的空气净化要求，这就要从空气净化消毒设备的原理进行分析。

现在我国空气净化消毒设备还处于发展初期，医疗机构所使用的空气消毒机大部分使用物理消毒法，部分厂家的空气消毒机添加了一些净化装置，通过特殊物质与有害物质产生化学反应，从而达到空气净化消毒的目的，此类产品在空气消毒机市场中的份额在不断攀升。例如，在设备中添加光触媒、等离子、臭氧、负离子等，其目的都是加强净化消毒效果，同时增加产品销售的噱头。医疗机构在采购这些产品时不要让厂家因其增加各种功能而抬高采购成本成为必然。

随着科技的发展，光氢离子净化技术（PHT）及高效空气过滤器的应用把空气净化消毒推向了一个新的高度。PHT 在宽光谱紫外线与多种稀有金属催化剂的作用下，产生包括过氧化氢离子、羟基离子、超氧离子及纯态负离子等在内的净化因子，通过空气流通，主动与室内空气中的有害污染物结合。光氢离子净化因子利用正负电荷相吸的原理，使其聚集在一起形成不可被人体吸入的大颗粒，沉降 PM_{10}、$PM_{2.5}$ 等颗粒物，净化因子还能切断挥发性有害化学气体的化学键，从而破坏甲醛、苯等有害物质的分子结构，使其分解成对人体无害的 CO_2 和 H_2O，对甲醛甲苯的净化效率达 90%以上，能有效杀灭 99%以上的有害微生物和病菌。

3.5.3 医用空气净化器技术简介

研究表明，细菌和病毒等病原微生物通常以群体的形式存在于空气中，且附着在尘埃颗粒上；细菌和病毒的个体粒径一般为 0.08～0.3μm，但其等价直径却为 1～20μm；空气中的尘埃浓度越高，微生物浓度必然越高，存在致病微生物的可能性也越高[82]；室内空气中的尘埃粒子状态主要由气流分布作用决定。针对以上特点，李志富等[82]采用高效滤床并组合纳米二氧化钛（光触媒）与远红外线加热装置设计室内空气净化器，除菌原理是吸附阻留和吸附流动空气中的细菌和病毒，然后对吸附捕集到的微生物利用远红外热力进行杀灭，研究人员采用该医用空气净化消毒器对室内空气净化和消毒效果，进行了实验室和现场消毒实验观察。该医用空气净化消毒器的组成采用分体式空调机的室内机样式，机身为长 500cm、宽 290cm、高 1750cm 的柜式外形，也是目前医疗净化器的主流结构。主要组成单元如图 3-34 所示，1 为进风口，2 为无机膜过滤网，3 为纳米二氧化钛高效滤床，4 为轴流风机，5 为消声器，6 为出风口，7 为蜂窝网石英管红外加热器，8 为反射板。该医用空气净化消毒器循环风量≥1000m^3/h，内部组成均实现微电脑控制。

测试显示该空气净化消毒器采用空气净化技术和杀菌因子组合除菌方式，不仅具有良好的杀菌效果和除尘作用，更重要的是可以在人在的条件下进行持续消毒。在常温常湿条件下该空气净化消毒器对室内空气中颗粒性尘埃具有较高的净化效率，对室内空气中自然菌的平均消亡率在96%以上。启动循环风运行加远红外热力消毒作用，对20m³密闭气雾室内空气中人工喷染的白色葡萄球菌的平均杀灭率为99.95%。

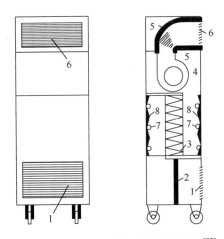

图3-34　医用空气净化消毒器结构图[82]

3.5.4　医用空气净化器性能评价

由于医院的特殊环境，测试空气中微生物和尘埃数量是评价医用空气净化器的重要指标，空气中尘埃浓度越高，微生物浓度必然越高，存在致病微生物的可能性也越高。国内有现场研究证明[83]，空气消毒洁净器在医院Ⅲ类环境中使用合格率比较高，但在Ⅱ类环境中有人员活动的情况下使用，合格率只有42.10%。空气净化消毒器在有人活动的环境如医院手术室、ICU等进行连续开机净化消毒，可降低动态环境中的微生物和尘埃粒子，具有预防和控制医院感染的作用。目前医用空气净化器的评价并没有独立的标准参考，实际性能测试中多参考《空气净化器》（GB/T 18801—2015）、《医院洁净手术部建筑技术规范》（GB 50333—2013）和《室内空气质量标准》（GB/T 18883—2002）等标准交叉佐证测试。

3.5.5　医用空气净化器发展前景

医院室内空气净化消毒是有效阻断传染病传播的重要措施，在公共聚集场所，尤其医院这类环境中各种病原微生物广泛存在，极易造成呼吸道传染病的传播和流行。目前，在医院室内空气净化消毒中可供选择的方法很多，在预防性消毒中多数选择紫外线循环风、静电场空气净化器和臭氧消毒器；在终末消毒中多数选择消毒剂气体熏蒸、消毒剂气溶胶喷雾等方法。这些方法都各有不足，如循环风类型消毒器作用缓慢，化学消毒不适宜在人在的条件下消毒，只能根据实际需要进行选择，未来的发展会更加智能化、完整化。

3.6 学校用空气净化装备

3.6.1 学校环境空气质量调查分析

目前，对于室内空气品质的研究主要集中于高层普通住宅和办公楼类型的公共建筑，而对于高等学校教学建筑室内空气品质的研究比较少。以往对教育建筑的研究主要集中于校园的总体规划与外部环境设计，侧重于大学校园总体形态的构成机理、校园中心空间的形态环境规划以及艺术设计等，在教学建筑的单体设计中比较注重艺术造型设计和教室的视环境及声环境设计，而忽视了对室内空气品质的改善和提高。同时高校多数建筑为早期建筑以及教室使用人数的不确定性等原因，使得教室内不可能安装空调，造成了炎热地区夏季教室室内温度过高、通风不良，寒冷地区冬季非采暖教室寒冷、采暖教室闷热、室内空气品质差等状况，结果不但降低了教室内的环境质量，最终也影响了学校的教学效果。

我国高校教学功能单元主要包括普通教室、阶梯教室、实验室、图书阅览室和专用教室等。其中普通教室是学生学习的主要场所，据统计[84]学生大约有60%的时间待在这类教室中。在我国，自然通风是普通教室的主要通风方式，目前仍有教室特别是早期修建的教室完全采用自然通风方式。自然通风可向室内提供新鲜、清洁的自然空气，稀释污染物浓度，提高人体舒适感，有利于人的生理和心理健康，满足人和自然交往的心理需求，而且可以改善室内热环境和室内空气品质。然而，自然通风又是难于进行有效控制的通风方式。到目前为止，许多建筑师在对教学楼和教室进行设计时，对建筑造型、采光、隔音方面考虑较充分，但对自然通风教室室内空气质量和学生的热舒适性考虑却不多。尤其对于北方地区高校，寒冷干燥的气候特点使自然通风这种节能方式是否是以牺牲学生热舒适性为代价成了教室自然通风设计时面临的尖锐问题。随着人们对健康节能通风方式的越加重视，这个问题越发显得突出。室内空气品质的好坏直接影响学生的学习效率以及生理、心理的健康。

在教室室内空气品质研究方面，欧美发达国家所做的工作较多，比较突出的研究工作主要是，有学者研究了教室内空气品质对老师和学生的工作、学习效率的影响。有人对高校冬、夏季教室的热环境进行了测试，指出了影响教室内空气质量的主要因素，同时对自然通风教室内学生的热舒适性进行了数值模拟，并分析了温度、风速和相对湿度对热舒适性的影响，得出该地区自然通风状态下热舒适的温、湿度及风速范围。

对于教室室内空气质量的研究，国内主要采用实验测试和数值模拟方法。其中比较突出的工作主要有王洪光[85]对西安高校冬、夏季教室的热环境进行了测试，并利用数值模拟从稳态和动态两个方面量化分析了教室热环境状况；龚波[86]对成都某高校新校区教学楼周围的风环境进行了数值模拟，分析了风向及教学楼间距对教学楼周围自然通风引入的影响。

北京市地区的气溶胶污染主要是细颗粒物的污染。细颗粒物又简称$PM_{2.5}$，能给人们的身体健康带来极大的危害，越是直径小的细颗粒物，越能更深地进入人体的呼吸道部位，尤其是直径$2\mu m$以下的细颗粒物能深入到人体的细支气管和肺泡，直接影响着人们的身体健康和生活质量。校园是一个典型的人群较多的公共场所，教师和学生每天大部分的时间都是在学校室内度过的，学校各微环境的室内空气质量对教师和学生的身体健康有着重要的影响，因此，对典型校园各微环境室内外细颗粒物的浓度水平和人群暴露特征评价的研究至关重要。

赵亚敏[87]通过对典型校园各个微环境春、夏、秋、冬四个季节室内外细颗粒物浓度进行同步监测发现，春季校园各个微环境的室内外细颗粒物浓度水平：宿舍的室内细颗粒物日均浓度为 $17.3\mu g/m^3$；实验室的室内细颗粒物日均浓度为 $48.3\mu g/m^3$；图书馆的室内细颗粒物日均浓度为 $37.0\mu g/m^3$；办公室的室内细颗粒物日均浓度为 $17.3\mu g/m^3$；食堂的室内细颗粒物日均浓度为 $29.0\mu g/m^3$；地下室的室内细颗粒物日均浓度为 $17.3\mu g/m^3$；校超市的室内细颗粒物日均浓度为 $20.0\mu g/m^3$；操场的室内细颗粒物日均浓度为 $52.3\mu g/m^3$。操场的室内细颗粒物日均浓度均高于其他微环境，办公室和地下室及宿舍的室内细颗粒物日均浓度比其他微环境都低。由于在实验室监测期间处于特殊期，学生们在实验室做实验，实验室门窗大开，故所监测的实验室室内细颗粒物浓度水平较高。

夏季校园各个微环境的室内外细颗粒物浓度水平：宿舍的室内细颗粒物日均浓度为 $22.7\mu g/m^3$；实验室的室内细颗粒物日均浓度为 $23.0\mu g/m^3$；图书馆的室内细颗粒物日均浓度为 $19.7\mu g/m^3$；办公室的室内细颗粒物日均浓度为 $12.3\mu g/m^3$；食堂的室内细颗粒物日均浓度为 $30.0\mu g/m^3$；地下室的室内细颗粒物日均浓度为 $18.7\mu g/m^3$；教室的室内细颗粒物日均浓度为 $31.3\mu g/m^3$；校超市的室内细颗粒物日均浓度为 $26.7\mu g/m^3$；操场的室内细颗粒物日均浓度为 $24.0\mu g/m^3$。教室的室内细颗粒物日均浓度均高于其他微环境，办公室的室内细颗粒物日均浓度比其他微环境都低，食堂的I/O均值最高，可能是由于食堂有通风措施的原因。

秋季校园各个微环境的室内外细颗粒物浓度水平：宿舍的室内细颗粒物日均

浓度为 13.0μg/m³；实验室的室内细颗粒物日均浓度为 80.7μg/m³；图书馆的室内细颗粒物日均浓度为 85.0μg/m³；办公室的室内细颗粒物日均浓度为 62.7μg/m³；食堂的室内细颗粒物日均浓度为 96.7μg/m³；地下室的室内细颗粒物日均浓度为 27.3μg/m³；教室的室内细颗粒物日均浓度为 92.0μg/m³；校超市的室内细颗粒物日均浓度为 24.3μg/m³；操场的室内细颗粒物日均浓度为 67.0μg/m³。食堂的室内细颗粒物日均浓度均高于其他微环境，宿舍的室内细颗粒物日均浓度比其他微环境都低。

冬季校园各个微环境的室内外细颗粒物浓度水平：宿舍的室内细颗粒物日均浓度为 88.0μg/m³；实验室的室内细颗粒物日均浓度为 60.5μg/m³；图书馆的室内细颗粒物日均浓度为 41.7μg/m³；办公室的室内细颗粒物日均浓度为 11.3μg/m³；食堂的室内细颗粒物日均浓度为 130.7μg/m³；地下室的室内细颗粒物日均浓度为 109.0μg/m³；教室的室内细颗粒物日均浓度为 81.7μg/m³；校超市的室内细颗粒物日均浓度为 72.7μg/m³；操场的室内细颗粒物日均浓度为 125.0μg/m³。食堂的室内细颗粒物日均浓度均高于其他微环境，办公室的室内细颗粒物日均浓度比其他微环境都低，操场的 I/O 均值是最高的，这可能是因为操场室内是露天的，和室外几乎是相连的。冬季校园各个微环境室外细颗粒物日均浓度为 190.1μg/m³、各个微环境室内细颗粒物日均浓度为 79.4μg/m³；秋季校园各个微环境室外细颗粒物日均浓度为 112.0μg/m³、各个微环境室内细颗粒物日均浓度为 61.0μg/m³；夏季校园各个微环境室外细颗粒物日均浓度为 55.4μg/m³、各个微环境室内细颗粒物日均浓度为 23.0μg/m³；春季校园各个微环境室外细颗粒物日均浓度为 70.3μg/m³、各个微环境室内细颗粒物日均浓度为 32.5μg/m³。明显看出冬季各个微环境的室内外细颗粒物日均浓度＞秋季各个微环境的室内外细颗粒物日均浓度＞春季各个微环境的室内外细颗粒物日均浓度＞夏季各个微环境的室内外细颗粒物日均浓度。冬季的室内外细颗粒物日均浓度较高，室外细颗粒物日均浓度远远高于标准值 75.0μg/m³，室内细颗粒物日均浓度超过 75.0μg/m³。

四个季节的平均室外细颗粒物日均浓度为 107.0μg/m³，平均室内细颗粒物日均浓度为 49.0μg/m³。通过对所采集的春、夏、秋、冬四个季节的样品数据进行 SPSS Pearson 相关分析，得出相关系数 R 为 0.878，几乎接近于 1，表明在室内无明显污染源的情况下，校园各个微环境室内细颗粒物浓度水平主要受室外细颗粒物浓度水平的影响。

同时作者通过对所监测的数据进行整理分析，可得出细颗粒物中水溶性离子 Cl^- 的平均浓度为 0.68μg/m³，SO_4^{2-} 的平均浓度为 2.00μg/m³，NO_3^- 的平均浓度为 0.76μg/m³，Na^+ 的平均浓度为 0.20μg/m³，NH_4^+ 的平均浓度为 0.37μg/m³，K^+ 的平均浓度为 0.06μg/m³，Mg^{2+} 的平均浓度为 0.33μg/m³，Ca^{2+} 的平均浓度为 0.94μg/m³，水溶性离子浓度的大小按顺序排列如下：$SO_4^{2-} > Ca^{2+} > NO_3^- > Cl^- > NH_4^+ > Mg^{2+}$。

对比春、夏、秋、冬四个季节校园微环境综合潜在暴露剂量和平均综合潜在暴露剂量，冬季校园人群综合潜在暴露剂量和平均综合潜在暴露剂量最大，其次是秋季和春季，夏季最小，这也可能与夏季天气有关，夏季天气较热，校园人群几乎都是轻微活动，呼吸效率较小。通过对四个季节的校园人群暴露剂量进行评价，冬季室外细颗粒物浓度水平较高，相应的校园人群综合潜在暴露剂量较大，因此，当室外细颗粒物浓度较高时，校园人群停留在室内将会降低综合暴露剂量和综合潜在暴露剂量。校园人群在不同季节的综合暴露剂量和综合潜在暴露剂量的差异主要是因为采样时室外细颗粒物浓度水平不同。

3.6.2 学校用空气净化装备介绍

学校教室是一种较为特殊的室内建筑，室内新风需求量大，但是往往仅依靠自然通风进行换气，新风量远远无法满足教室内师生的需求。另外，我国室外空气污染严重，$PM_{2.5}$等细颗粒物是室外的首要污染物，通过自然通风引入室外新鲜空气的同时，又会将室外的污染引入室内，给室内师生的健康造成威胁。而我国大部分的中小学教室建筑并没有新风系统，因此需要为中小学教室这种类型的建筑提供一种合适的新风解决方案，目前可以用在学校的空气净化装备主要是单体式空气净化器以及新风系统。

3.6.3 学校用空气净化装备种类使用进展

为保障学生的良好学习环境，全国多地区开始为学校安装新风系统，新风系统可以满足室内新风换气、净化空气的需求。刘萌萌等[88]选择了12间学校的教室作为样板间安装新风系统，设计合理可行的检测方案对样板间教室内的空气质量进行检测。分析了上课期间在开启新风系统状态下样板间教室中CO_2浓度值、$PM_{2.5}$浓度值、噪声和温度变化，评价了新风系统对教室内空气质量的影响，证实了新风系统在校园应用的可行性。

天津大学侯跃飞[89]通过对北京某两所小学教室室内空气品质的调研，对窗式净化通风器的结构及关键部件以及窗式净化通风器控制教室空气品质的效果进行了研究。研究发现，为解决教室内空气品质问题，需要引入带有空气过滤作用的机械通风设备。对于本研究中被测试的小学教室，教室内新风量需要达到4.8L/s以上才可以使教室内CO_2浓度低于国家标准中规定的1000ppm的限值。对于我国不同地区，室外空气污染程度不同，需要使用符合EN 779：2012标准的F7～H10级别过滤器才可以使引入室内的新风中$PM_{2.5}$浓度低于WHO推荐的限值。对于不同地区、不同教室环境等,需要根据实际情况对引入的新风量以及使用过滤器的过滤效率等级进行个性化设计,才能满足改善教室室内环境的需求。

风机和过滤器是保证窗式净化通风器性能的关键部件,侯跃飞[89]对这两个关键部分进行了选型测试、实验研究和模拟优化。通过对贯流风机的测试、模拟和优化,确定使用动网格技术以及 Realizable k-ε 湍流模型对贯流风机内部的流场进行计算可以计算出与实验值较为吻合的风机性能曲线。在此基础上通过对贯流风机蜗壳形状与蜗舌位置的优化,得出当贯流风机蜗壳夹角为 108°,蜗舌中心与风机叶轮中心等高且距离叶片的水平距离为 1mm 时,风机可以产生最大的风量和压头。通过对 4 种非驻极体中效化纤过滤器和一种驻极体过滤器的实验研究可以得出,相对于传统的非驻极体过滤器,驻极体过滤器能够在阻力较低的情况下达到较高的过滤效率,但是在持续使用一段时间后,驻极体过滤器的过滤效率有明显的衰减,而非驻极体过滤器则随着过滤器的容尘过滤效率有所提升。因此,对于需要长时间运行并保证过滤效率稳定的窗式净化通风器,非驻极体的传统空气过滤器更合适。

根据空气净化器测试标准,在标准实验舱内对学校窗式净化通风器样机的性能参数进行了实验研究,并与多款空气净化器的性能进行了对比。实验得到窗式净化通风器的风量为 $72m^3/h$,去除 $PM_{2.5}$ 的 CADR 为 $29.5m^3/h$,过滤 $PM_{2.5}$ 的单通效率为 81.2%,功率和噪声分别为 22W 和 44.5dB。通过与空气净化器对比,在单机性能参数上,受制于安装位置、风机形式、震动和噪声等方面,窗式净化通风器仅在功率和噪声上优于空气过滤器,其他性能均与空气净化器有一定差距。但是在模拟真实使用场景时,对于不同的室外空气污染情况,窗式净化通风器能够使室内 $PM_{2.5}$ 浓度降低至室外浓度的 15%以下,基本达到 WHO 规定的满足健康需求的标准。

3.6.4 学校用空气净化装备性能评价

我国主要有以下几个标准规范涉及教室内的通风量指标[90]:《中小学校设计规范》(GB 50099—2011)、《中小学校教室换气卫生要求》(GB/T 17226—2017)、《公共建筑节能设计标准》(GB 50189—2015)、《民用建筑供暖通风与空气调节设计规范》(GB 50736—2012)。室内最小新风量指标的确定主要考虑消除室内人员污染和建筑污染。在如教室之类的高人员密度建筑内,消除人员污染所需的新风量高于消除建筑污染所需的新风量。关于 CO_2 浓度,《室内空气质量标准》(GB/T 18883—2002)规定 CO_2 的体积分数不超过 0.1%,而在《中小学校设计规范》(GB 50099—

2011)中则存在歧义,其 9.1.1 条规定"中小学校建筑的室内空气质量应符合现行国家标准《室内空气质量标准》(GB/T 18883—2002)及《民用建筑工程室内环境污染控制规范》(GB 50325—2010)的有关规定",即 CO_2 的体积分数应不超过0.1%;但 10.1.8 条中又规定"应采取有效的通风措施,保证教学、行政办公用房及服务用房的室内空气中 CO_2 的浓度不超过 0.15%"。关于最小新风量,《民用建筑供暖通风与空气调节设计规范》(GB 50736—2012)根据不同的人员密度,规定教室的最小新风量分别为 $28m^3/(h\cdot人)$、$24m^3/(h\cdot人)$、$22m^3/(h\cdot人)$,而《公共建筑节能设计标准》(GB 50189—2015)及《中小学校设计规范》(GB 50099—2011)中规定初中教室的最小新风量为 $14m^3/(h\cdot人)$。从暖通空调运行控制角度考虑,CO_2 浓度限值是为了保证新风量满足稀释人体气味需求而被固定的一个控制值。根据消除室内人员气味所需新风量计算,对应的室内外 CO_2 体积分数差为 700×10^{-6}。20 世纪我国暖通标准制定时,室外 CO_2 体积分数为 300×10^{-6},因此将室内 CO_2 体积分数控制值设为 1000×10^{-6}。

3.6.5 学校用空气净化装备发展存在问题及优化

校园教室这一特殊的建筑折射出我国目前大部分建筑的现状,那就是没有新风过滤系统,建筑室内环境直接面临来自于室外大气污染物的侵入。目前有一些开发商已经开始在某些新建的住宅方面进行引入新风处理系统的尝试了,这应该也是国内普通建筑的一种发展趋势。但是对于大量的既有建筑,则需要采取一些改造手段引入新风及空气过滤系统[89]。

虽然目前各种校园新风空气净化设备已经可以制作出样机并在建筑上安装,但是距离其走出实验室,走向教室,真正普及开来还有很长的路要走,还需要付出更多的努力。从目前发展趋势来看,还有两个方面可以在未来进行升级和改进。

(1)目前净化器在空气处理方面仅有空气过滤的功能,从节能和室内热舒适方面考虑,未来需要加入热交换单元对送入室内的新风进行热湿处理后再送入室内。但是其带来的阻力增加和热交换效率如何提高的问题需要进一步解决。

(2)目前净化器使用的是传统的纤维过滤器,这种过滤器有性能稳定、无毒害、成本低等优点,但是其阻力较高是制约窗式通风器的一个瓶颈。在未来的研究中加入静电过滤并解决好臭氧产生的问题,可以进一步提高净化器的性能。

除此之外,净化器代表了一种分散式的新风处理系统,这种系统与传统的集中式新风系统以及开窗通风辅以空气净化器等其他分散式通风方式相比在理论上有怎样的相同与不同，不同的建筑应该如何在不同的通风方式间进行选择也是一个需要解决的理论问题。

我国室外空气污染严重，细颗粒物如 $PM_{2.5}$ 是大气中的首要污染物，这是我国大气环境所面临的严重问题，而且随着我国经济的持续增长，这一现状可能还会持续很长的一段时间。因此，在这样的大气环境背景下，人们有责任和义务在保证校园建筑室内环境的健康和舒适方面做出不懈的努力。同时，新风系统在学校中安装应用，向教室内补充新风可以有效降低教室内的颗粒物浓度和改善室内 CO_2 的浓度，净化教室内空气环境。各级中小学幼儿园教室面积不同，学生年龄跨度大，建议按照学校校舍情况和学生年龄的不同选择适合于自己的风量，进行新风系统的安装。另外，新风系统运行时产生的嗡嗡的噪声势必会分散学生注意力，进而影响学习效率，所以选择合适的新风系统更是要慎之又慎，切不可贪图大风量带来的好处，忽视了噪声问题。

3.7 个人呼吸防护用空气净化装备

3.7.1 个人呼吸防护装备概念

随着经济发展以及信息发展进入爆炸性增长期，劳动者对于自身工作环境的变化以及现状的认识已经在最近几年中出现了巨大的变化。社会对于劳动健康的关注也随此进一步加强，这才有了"张海超开胸验肺""苏州毒苹果"，以及耒阳群体性尘肺病事件的巨大社会反响。我国经济的高速发展对我国的职业健康管理以及监管水平提出了新的要求，但是总体而言，目前我国的职业健康现状仍然不容乐观。为了应对职业健康问题，我国进行了针对性的改革与突破，其中主要变革可以分为如下两个方面：第一，政府监管职能的变更，由安全生产总局于2010年颁发的 104 号文件中，明确了职业健康监管由原先的卫生部门转移至安全生产监督部门，这对于职业健康管理而言意义重大。第二，国家相关部门全力推广和落实职业卫生标准体系及职业健康管理体系的建立和完善，以期在制度上，监管强度上，以及科学技术层面上全面出击。

从最近几年呼吸防护类产品的市场情况来看，呼吸防护类产品已经呈现出了百花齐放的态势，需求不断增大。来自 2013 年版的《中国呼吸道防护劳保用品市场调查研究报告》称，我国当年预计呼吸防护产品实际需求将超过 18 亿个[91]，并且仍将以 25%以上的速度增长，其中随弃式颗粒物防护呼吸器的占比最高，约占 90%，用于工业领域、职业危害防护的口罩数量约占总量的 43%。预计到 2016 年，该需求将超过 35 亿只，而类似于目前工业领域使用的专业防尘口罩的产销量占总量的比例将超过 64%。其主要原因在于日趋增加的专业防护需求，以及目前民用领域用以防护极细颗粒物的防护需求所在，更重要的是民众对于防护安全意识的逐步提高，口罩是目前在工业领域包括民用领域应用最广泛的呼吸防护用品。

3.7.2 国内外个人呼吸防护装备技术发展与应用分析

呼吸防护器是个人防护装备中最具历史的一类防护器具，虽然至今人们仍不清楚最原始的呼吸防护方法是什么，但是最早的呼吸器记录可以追溯到公元前1世纪。虽然从呼吸器第一次被使用至今已经超过2000年，但是呼吸器技术发展的起源却是发生在19世纪中叶。在那个时期，呼吸器的发展异常迅速。之后，虽然人们对于这些知识和技术有了了解，但是其发展却出现了很长一段时间的停滞。第一次世界大战后，由于化学武器的出现，人们对于适合的呼吸器的需求再次被唤醒。美国煤矿管理局承担了为美国军队研发呼吸器的重任，并在第一次世界大战结束后，出现了一次性的呼吸器。在当时，人们经常出现对于呼吸器的错误使用或认知，导致人们开始重视和明确对于呼吸器的使用需要建立一个完善的呼吸防护标准或规范。

1919年，美国煤矿管理局起草和发布了人类有史以来由政府颁布的最早的呼吸器认证程序，并给第一台呼吸器进行了认证，到了1920年，认证的范围被扩大，第一台自给式呼吸器被当局认证授权。但此程序仅对呼吸器本身进行了要求，对于如何使用、如何维护以及如何判断更换或替换等重要信息却没有涉及。直到1969年，当时成立的美国联邦煤矿安全和健康管理局才首次颁布了涉及呼吸器使用方面的法规。由于法规的建立和完善，呼吸器的发展可谓步入正轨。经过多年的发展，呼吸器的种类已经十分完备。目前呼吸器的分类方式多种多样，以防护的方式来分类，则可以分为过滤式和隔绝式；以面具的类型来分，则可以分为半面型、全面型和头罩型。工业应用上，一般以前者分类较为多用，具体可见表3-10。

表3-10 呼吸器分类表[91]

过滤式		隔绝式
半面型	随弃式	长管供气式半面式或全面式
	可更换式	

过滤式		隔绝式	
全面型		携气式自给式呼吸器	
电动送风式 PAPR			

在上述分类中，过滤式呼吸器又可以分为自吸过滤式和电动送风式。前者顾名思义，就是佩戴者凭借自身的呼吸作为带动空气流动的动力源，将空气从呼吸器外吸入呼吸器内部，并进入人体。在空气从呼吸器外流入呼吸器内的过程中，空气将仅通过呼吸器的过滤元件，通过过滤元件对空气进行过滤，去除空气中的有害物质，确保吸入人体的空气洁净。对于自吸过滤式呼吸器而言，其最大的便利性在于呼吸器设计轻巧，佩戴方便，不容易阻碍视野，同时便于携带。而其"自吸"的产品特点，往往在空气通过过滤元件时会产生一定的阻力，导致佩戴者在佩戴呼吸器后，会明显感觉到吸气时的阻力效果，从而影响佩戴舒适性。但由于其价格低廉，使用便捷，故目前市场占有率最大。

电动送风式呼吸器，其本质仍是通过过滤元件过滤的方式从空气中分离洁净空气和污染物，但是其空气流动的"动力源"则有很大区别。往往电动送风式呼吸器依靠的是自身装备的电动机，由电池提供电动机运转的动力，将空气吸入过滤元件，并由呼吸管通入佩戴者的头罩或面具中。由于不需要依靠佩戴者自己呼吸来提供空气流转的动力，故电动送风式呼吸器具有很大的佩戴舒适性；同时由于电机往往佩戴在佩戴者的腰部，过滤元件尺寸及容量都可以大大增加，而不会影响佩戴者视线以及增加佩戴者颈部的负载，这可以保证更长的使用时间，同时提升佩戴者的防护有效性。但由于其结构相对复杂，需要配置动力设备，故制造成本高，后期维护保养程序烦琐，目前使用的广泛性不如自吸过滤式产品。

对于隔绝式产品，又称供气式产品，其防护原理相比过滤式有很大的不同。供气式呼吸器需要外界提供额外的气源，一般由固定式或移动式压缩机提供受污染现场外的洁净空气，或由可充气式压缩空气气瓶提供洁净空气。以洁净空气连续或非连续供气的方式，保证佩戴者呼吸带范围内的空气气压大于外界污染物环境的空气，通过压差隔绝外部污染空气，从而保证佩戴者的呼吸安全。但由于供气式产品受限于气源供应等因素,往往受到很多使用限制,包括装备穿戴便利性、气源清洁度、气瓶供气时间等。但由于其不需要利用污染环境内的受污染空气,其防护有效性大大提升。

3.7.3 个人呼吸防护装备评价

我国现行呼吸器相关国家标准《呼吸防护用品 自吸过滤式防颗粒物呼吸器》(GB 2626—2006)是对《自吸过滤式防尘口罩通用技术条件》(GB/T 2626—1992)的修订,其主要特点如下[92]。

标准新名称《呼吸防护用品 自吸过滤式防颗粒物呼吸器》与原名称《自吸过滤式防尘口罩通用技术条件》的内涵有较大差异。具体反映在以下几个方面:

(1)从推荐性标准改为强制性标准。呼吸防护用品是一类特殊的个人防护装备,关系到广大劳动者的生命健康与安全,符合国家强制性标准的判定要求,也与国外对同类产品的强制认证要求一致。

(2)统一构建呼吸防护用品标准体系。现行标准名称既反映一类产品的一般属性(呼吸防护用品),又反映其特殊属性(自吸过滤、防颗粒物),体现了国家对呼吸防护用品标准体系构建的基本思路,有利于标准体系的进一步统一和发展。

(3)采用更准确的定义。颗粒物是指悬浮在空气中的固态、液态或固态与液态的颗粒状物质,如粉尘、烟、雾和微生物,颗粒物的大小(空气动力学直径)通常为 0.01~100μm。粉尘只是颗粒物中的一类。

标准 GB 2626—2006 规定了自吸过滤式防颗粒物呼吸器的基本技术要求、检测方法和标识。防颗粒物呼吸器涵盖了防尘口罩,可广泛用于各类存在颗粒状空气污染物的环境,包括煤矿、非煤矿、水泥厂、建材厂、木材加工、采石场、打磨等典型产尘工作场所,以及焊接、铸造等常见金属加工典型作业环境。防颗粒物呼吸器同样也可以预防呼吸道传染病,自吸过滤式防颗粒物呼吸器的功能特性也决定了它不适用于防护有害气体和蒸汽的呼吸防护作用,以及不适用于缺氧环境、水下作业、逃生和消防。

标准 GB 2626—2006 对呼吸器的分类包括随弃式、半面罩和全面罩三类,对面罩的分类更符合高浓度接尘作业的实际需要,与防毒呼吸器面罩分类接轨,与相关国际标准的分类相一致。

过滤效率是防颗粒物呼吸器的关键技术要求之一,表征呼吸器过滤元件对标准颗粒物的防护能力。标准解决了检测过滤效率的颗粒物性质、粒径、分布、检测气流量要求等传统问题,当用不同的粒子对各类颗粒物滤料进行穿透试验时会发现,最易穿透的颗粒大小在空气动力学中粒径约 0.3μm 左右,最难过滤的是油性颗粒物,GB 2890—2009 防毒面具标准就使用了这个粒径范围的油雾作为检测介质。一般地，以该粒径颗粒物作为过滤效率的检测介质，可以保证对各类粒径颗粒物实际过滤效率不低于实验室控制的最低效率水平，因此具有确定的防护能力。

防颗粒物呼吸器的过滤效率分为 3 级，分别为 90.0%、95.0%和 99.97%，美国标准过滤效率分级为 95%、99%、100%，欧洲标准过滤效率分级为 80%、94%和 99%（随弃式）或 99.5%（可更换式），但由于过滤元件必须同时用氯化钠和油雾检测过滤效率，对油性颗粒物过滤效率达到 80%的滤料，其对非油性颗粒物的过滤效率一般会远高于 80%。自吸过滤式呼吸防护用品的防护性能，同时体现在不可或缺的两个方面：一个是过滤元件对有害物的过滤能力；另一个是面罩与使用者面部的密合性（防泄漏性）。

呼吸防护用品呼吸阻力的大小会影响使用者的舒适感，一般来说，产品的呼吸阻力应尽可能地降低，自吸过滤式防颗粒物呼吸器的呼吸阻力要求见表 3-11[92]。考虑到检测气流量的提高，以及采用高级别过滤材料等都会导致呼吸阻力水平提高的情况发生，标准采用统一的呼气和吸气阻力指标要求，而没有进一步按照呼吸器的不同而细分阻力指标。标准只规定产品必须达到的最基本或最低的技术要求，市场和使用者自然会选择那些舒适性更好的产品。

表 3-11　GB/T 2626—1992 与 GB 2626—2006 呼吸阻力要求对比表

	GB/T 2626—1992	GB 2626—2006
吸气阻力/Pa	简式：39.2 复式：49	350
呼气阻力/Pa	29.2	250
检测气流量/(L/min)	30	85

标准中还规定了面罩气密性、呼吸阀气密性、无效腔、视野、头带、镜片、部件连接或结合强力、可燃性以及制造商应提供的信息等技术要求，这些都是与产品使用性、安全性、功能性等密切相关的，对保障自吸过滤式防颗粒物呼吸器的使用安全和可靠性是十分必要的。

3.7.4　新型呼吸防护装备研究及发展前景

呼吸器过滤机理以及适合性研究将是未来我国呼吸器行业研究的主要发展方向，对于如何获得更高过滤效率、更低呼吸压降的过滤材料，同时过滤材料对于人体排出物，如汗液、呼出湿气的冷却液等具有更好的耐受性将逐渐受到关注。

呼吸器适合性的研究需要更多的中国人脸型基础数据积累，同时对于呼吸器的舒适性研究也将是未来呼吸器研发的重点方向。除了从呼吸器设计研发角度，呼吸器提供商建立良好的顾问性技术支持，对于呼吸器的使用企业与使用个体也将是巨大的利好，政府部门更是需要在这方面给呼吸器生产企业和使用企业搭建良好的沟通平台和纽带。

参 考 文 献

[1] 崔燕燕. 智能空气净化器项目开发中的交互设计与实现[D]. 济南：山东大学，2015.

[2] 贾瑶. 我国空气净化器市场分析及 HJP 新产品扩散策略研究[D]. 天津：天津大学，2014.

[3] 孙军世，叶翠平. 室内装修污染及空气净化[J]. 山西建筑，2009，35（9）：348-349.

[4] 曹晓润，边华英，杨戈，等. 新装修住宅室内空气污染的自然净化法治理[J]. 河南建材，2012，(3)：45-46.

[5] 李文迪. 装修过程及空气净化器对室内空气质量影响的实测分析[J]. 江西建材，2017，(20)：296-297.

[6] 韩昕倬，孟婉儿，黄晓峰. 北京冬季高中生家庭卧室空气质量研究[J]. 绿色科技，2017，(6)：68-72.

[7] 李泓冰，朱琳，崔国权，等. 哈尔滨市空气污染对小学生呼吸系统疾病的影响[J]. 中国学校卫生，2015，36（6）：884-886.

[8] 王慧燕. 室内空气污染对孕妇及胎儿健康的影响及预防[J]. 医学新知杂志，2008，18（5）：305-306.

[9] Hackley B，Feinstein A，Dixon J. Air pollution：Impact on maternal and perinatal health[J]. Journal of Midwifery Women's Health，2007，52（5）：435-443.

[10] Wieslaw J，Aleksander G，Agnieszka P，et al. Prenatal ambient air exposure to polycyclic aromatic hydrocarbons and the occurrence of respiratory symptoms over the first year of life[J]. European Journal of Epidemiology，2005，20（9）：775-782.

[11] Adgent M A. Environmental tobacco smoke and sudden infant death syndrome：A review[J]. Birth Defects Research. Part B，Developmental and Reproductive Toxicology，2006，77（1）：69-85.

[12] 张俊. 家用智能空气净化器的研究与设计[D]. 武汉：湖北工业大学，2017.

[13] 马克林. 塑料成型设备外观造型设计与环境关系研究[D]. 沈阳：东北大学，2011.

[14] 张力. 空气清新机用多翼离心风机的改进设计研究[D]. 西安：西北工业大学，2006.

[15] 李冬梅，黄元庆，张佳平，等. 几种常见气体传感器的研究进展[J]. 传感器世界，2006，12（1）：6-11.

[16] 祝艳涛，方正，罗建波，等. 甲醛气体传感器研究进展[J]. 中国测试技术，2008，34（1）：100-104.

[17] 周忠亮，康天放，鲁理平. 基于纳米二氧化锆与铂微粒复合修饰玻碳电极的甲醛传感器研究[J]. 分析测试学报，2010，29（2）：111-114.

[18] 刘世伟，华凯峰，苏怡，等. 空心纳米金在甲醛气体传感器中的应用研究[J]. 分析化学，2009，37（7）：1092-1096.

[19] 张春艳. PEI/PS 功能性多孔纳米纤维用作高性能甲醛传感器的研究[D]. 上海：东华大学，2011.

[20] 杨嘉伟，方正，潘义，等. 甲醛电化学传感器多孔气体扩散电极不同催化层结构与响应性能研究[J]. 化学学报，2011，69（1）：65-70.

[21] 张仁彦，张学鳌，贾红辉，等. 基于碳纳米管修饰电极的甲醛生物传感器[J]. 分析化学，2012，40（6）：102-107.

[22] 胡明江，马步伟，王忠. 基于 SnO_2-In_2O_3 复合纳米纤维的薄膜型甲醛传感器研究[J]. 分析化学，2014，42（1）：47-52.

[23] 何应飞. 甲醛 QCM 气体传感器的制备与特性研究[D]. 成都：电子科技大学，2015.

[24] 李筱昕. 基于 TiO_2 纳米空心球甲醛气体传感器的研究[D]. 大连：大连理工大学，2016.

[25] 王莹. 基于氧化物半导体的甲醛气体传感器制备及气敏性能研究[D]. 吉林：吉林大学，2016.

[26] 胡明江,吕春旺,杨师斌,等. 基于 CeO_2-Co_3O_4 纳米纤维的催化发光式甲醛传感器研究[J]. 分析化学,2017,45(11):1621-1627.
[27] 吕品,邱巍,岳成君,等. 电阻型半导体甲醛传感器研究进展[J]. 传感器与微系统,2016,35(12):1-5,10.
[28] 王永敏. 颗粒物传感器的性能测试与应用研究[D]. 北京:北京化工大学,2017.
[29] 杨永杰,张裕胜,杨赛程,等. 一种 $PM_{2.5}$ 检测传感器设计[J]. 传感器与微系统,2014,33(3):76-78.
[30] 周鑫. 光散射法 $PM_{2.5}$ 传感器的性能比较及优化[J]. 环境与健康杂志,2016,33(8):739-743.
[31] 白天奇,孙炎辉. 基于激光型 $PM_{2.5}$ 传感器的空气净化器设计[J]. 物联网技术,2016,6(11):30-33.
[32] 邢瑞庆. 纳米半导体氧化物 VOC 气体传感器研究[D]. 吉林:吉林大学,2016.
[33] 王广宁,高红,陈婷婷,等. 基于梳状分等级结构 ZnO 纳米带的快速响应 VOC 气体传感器[J]. 功能材料,2013,44(21):3204-3207.
[34] 钟铁钢,蒋芳,赵旺,等. NASICON 固体电解质 VOC 气体传感器研究[J]. 传感技术学报,2015,(12):1754-1759.
[35] 牛文成,俞梅,周雅光,等. 基于 In_2O_3 膜 HSGFET 型功函数 O_3 传感器的研究[J]. 南开大学学报(自然科学版),2002,35(2):19-22.
[36] 侯书勇,胡竹斌,管福鑫,等. 臭氧处理对石墨烯基 NO_2 气体传感器气敏性影响[J]. 传感器与微系统,2014,33(8):21-23.
[37] 杨秋月. 基于掺杂介孔 In_2O_3 气体传感器的研究[D]. 吉林:吉林大学,2017.
[38] 周煦成,李志华,邹小波,等. 基于聚苯胺-镍酞菁多孔渗透薄膜的氨气传感器[J]. 高等学校化学学报,2016,37(3):460-467.
[39] 吴其树. 沸石基氨气传感器的性能研究[D]. 宁波:宁波大学,2017.
[40] 冯侨华,马新甜,兰云萍,等. 纳米孔 Al_2O_3 修饰 Si 基氨气传感器设计[J]. 传感器与微系统,2015,34(8):106-109.
[41] 张敏,傅海威,丁继军,等. 基于熔融拉锥的高灵敏干涉型微光纤氨气传感器[J]. 光子学报,2018,47(3):170-175.
[42] 郑良军,程军,谢劲灿,等. 甲醛气体传感器研究进展[J]. 传感器与微系统,2016,35(7):1-4.
[43] 林艳波. 模块化家用空气净化器设计研究[D]. 大连:大连理工大学,2014.
[44] 崔晶晶. 基于不同类别过滤单元的空气净化器净化特性试验研究[D]. 上海:东华大学,2016.
[45] 朱鸿飞,姚路,倪会,等. 基于活性炭表面粘附效应的空气净化技术研究[J]. 环境工程,2017,(S2):192-195.
[46] 呼友明,夏金童,李劲,等. 室内净化空气用块状活性炭材料的吸附性能与抗压强度[J]. 机械工程材料,2011,35(10):66-69.
[47] 孙剑平,冯国会,班福忱,等. 活性炭和分子筛对甲醛气体吸附性能的比较[J]. 沈阳建筑大学学报(自然科学版),2010,26(6):1182-1185.
[48] 蔡志红,李彩亭,文青波,等. 改性粉煤灰对空气中甲醛的吸附研究[J]. 中南大学学报(自然科学版),2011,42(7):2156-2161.
[49] 陆正盛. 低温等离子体技术在环境工程中的研究进展[J]. 科技创新与应用,2017,(18):45.
[50] 潘孝庆,丁红蕾,潘卫国,等. 低温等离子体及协同催化降解 VOCs 研究进展[J]. 应用化工,2017,46(1):176-179.
[51] 古政荣,陈爱平,戴智铭,等. 活性炭-纳米二氧化钛复合光催化空气净化网的研制[J]. 华东理工大学学报,2000,26(4):367-371.
[52] 黄进,沈浩,林翎,等. 高效能空气净化器评价技术要求国家标准研究[J]. 标准科学,2017,(5):59-62,76.
[53] 丁萌萌. 空气净化器检测用环境试验舱研制及应用研究[D]. 北京:北京化工大学,2010.

[54] 张李盈. 家用空气净化器造型设计与创新[D]. 吉林: 吉林大学, 2014.

[55] 郑志辉, 向小军, 唐俊生, 等. 高效除 $PM_{2.5}$ 及智能清洗空调方案开发[C]. 2015 年中国家用电器技术大会论文集, 北京: 中国轻工业出版社, 2015.

[56] 白朝旭. 家用空调通过 IFD 装置去除 $PM_{2.5}$ 的技术研究[J]. 家电科技, 2014, (8): 58-60.

[57] 厚彩琴, 王向宁. 空调净化装置降解室内甲醛的实验研究[J]. 西华大学学报(自然科学版), 2008, 27 (6): 13-15.

[58] 中华人民共和国国家质量监督检验检疫总局, 中国国家标准化管理委员会. 家用和类似用途电器的抗菌、除菌、净化功能 空调器的特殊要求[S]. GB 21551.6—2010. 北京: 中国标准出版社, 2010.

[59] 毛华雄, 徐文华. 空调系统中使用静电净化器的探讨[J]. 洁净与空调技术, 2007, (1): 31-34.

[60] 张婧. 高层住宅集中新风系统及运行模式的研究[D]. 西安: 西安建筑科技大学, 2016.

[61] 李金辉. 新风系统原理、设计安装及未来展望[J]. 黑龙江科技信息, 2015, (13): 129.

[62] Kusuda T. Control of ventilation to conserve energy while maintaining acceptable indoor air quality[J]. ASHRAE Transactions, 1976, 82: 1169-1181.

[63] 任玉成. 中央新风系统自动控制研究[D]. 北京: 华北电力大学, 2016.

[64] Ke Y P, Mumma S A. Using carbon dioxide measurements to determine occupancy for ventilation controls[J]. ASHRAE Transactions, 1997, 103: 365-374.

[65] Martin H. Demand-controlled ventilation in vehicle parks[J]. Sense Air, 2001, 3: 25-31.

[66] Wachenfeldt B J, Mysen M, Schild P G. Air flow rates and energy saving potential in schools with demand-controlled displacement ventilation[J]. Energy and Buildings, 2007, 39 (10): 1073-1079.

[67] Haghighat P, Donnini G. Iaq and energy-management by demand controlled ventilation[J]. Environmental Technology Letters, 1992, 13 (4): 351-359.

[68] Warren B F, Harper N C. Demand controlled ventilation by room CO_2 concentration: A comparison of simulated energy savings in an auditorium space[J]. Energy and Buildings, 1991, 17 (2): 87-96.

[69] Mysen M, Berntsen S, Nafstad P, et al. Occupancy density and benefits of demand-controlled ventilation in Norwegian primary schools[J]. Energy and Buildings, 2005, 37 (12): 1234-1240.

[70] Ng M O, Qu M, Zheng P, et al. CO_2-based demand controlled ventilation under new ASHRAE Standard 62.1-2010: A case study for a gymnasium of an elementary school at West Lafayette, Indiana[J]. Energy and Buildings, 2011, 43 (11): 3216-3225.

[71] Lu T, Lv X S, Viljanen M. A novel and dynamic demand-controlled ventilation strategy for CO_2 control and energy saving in buildings[J]. Energy and Buildings, 2011, 43 (9): 2499-2508.

[72] 杨盛旭, 韩旭, 忻尚杰, 等. 新型需求控制通风方式研究[J]. 建筑热能通风空调, 1999, (4): 22-24.

[73] 耿世彬, 杨家宝. 基于室内空气品质的需求控制通风研究[J]. 建筑热能通风空调, 2003, 22 (5): 1-3.

[74] 甄肖霞. 通过控制二氧化碳含量来实现节能和优化空气质量[J]. 制冷, 2004, 23 (2): 67-70.

[75] Chao C Y H, Hu J S. Development of a dual-mode demand control ventilation strategy for indoor air quality control and energy saving[J]. Building and Environment, 2004, 39 (4): 385-397.

[76] 范晓伟, 童山中, 何大四. 会议室内 CO_2 浓度控制仿真研究[J]. 建筑节能, 2008, 36 (11): 61-63, 72.

[77] 柴代胜, 何大四, 范晓伟. 基于 CO_2 检测的新风量控制方法的改进[J]. 中原工学院学报, 2010, 21 (2): 23-27.

[78] 徐伟城. 独立新风系统对于医院门诊部的应用[D]. 广州: 广州大学, 2016.

[79] 王旭初, 陈士杰, 吴小辉. 杭州市公共场所集中式空调通风管道污染状况调查[J]. 浙江预防医学, 2007, 19 (8): 49-50.

[80] 严燕, 林阮群, 刘可, 等. 深圳市集中空调通风管道污染状况调查[J]. 中国热带医学, 2012, 12 (4): 509-510.

[81] 宋传斌,李杨,张磊. 智能型医用空气净化消毒机在医疗机构中的应用[J]. 医疗装备,2015,(7): 30-31.
[82] 李志富,邵伟,毛文奎,等. 医用空气净化消毒器研制与消毒效果观察[J]. 中国消毒学杂志,2009, 26 (3): 276-279.
[83] 崔树玉,赵克义,刘文杰,等. 医用空气净化消毒器消毒和净化效果评价[J]. 中国消毒学杂志,2008, 25 (4): 366-368.
[84] 陈威威. 北方地区高校教室内空气品质研究[D]. 哈尔滨:哈尔滨工程大学,2007.
[85] 王洪光. 西安地区高校教室室内热环境研究[D]. 西安:西安建筑科技大学,2005.
[86] 龚波. 教学楼风环境和自然通风教室数值模拟研究[D]. 成都:西南交通大学,2005.
[87] 赵亚敏. 北京市典型校园室内外 $PM_{2.5}$ 浓度水平及暴露特征评价[D]. 北京:首都经济贸易大学,2017.
[88] 刘萌萌,王晓丹,李智,等. 教室内新风系统效果检测与评价研究[J]. 资源节约与环保,2017,(10): 39, 41.
[89] 侯跃飞. 应用窗式净化通风器改善小学教室通风状况的研究[D]. 天津:天津大学,2016.
[90] 黄衍,夏冰,李旻雯,等. 中学教室内新风量指标探讨[J]. 暖通空调,2016, 46 (1): 12-16.
[91] 张文渊. 随弃式自吸过滤式颗粒物防护呼吸器汗液影响失效分析[D]. 上海:华东理工大学,2014.
[92] 丁松涛. GB 2626—2006《呼吸防护用品——自吸过滤式防颗粒物呼吸器》概述[J]. 中国个体防护装备,2007, (1): 33-37.

4 民用工程及作业用空气净化装备

4.1 典型工程用空气净化装置及设备

4.1.1 工程用空气净化装置分类及技术原理

工程用空气净化装置，按照应用对象划分，可以分为处理固体污染物用净化装置和处理气态污染物用净化装置；按照安装形式划分，可以分为固定式净化装置和移动式净化装置；按照运行方式划分，可以分为主动式净化装置和被动式净化装置[1]。

虽然工程用空气净化装置的类别、结构、功能、外形等呈现多元化，其包含的技术原理可以分为以下几种。

1) 吸附净化技术

吸附净化技术是常用的一类气态污染物去除技术。其原理是利用固态吸附剂对污染物选择性吸附，以达到移除空气中污染物的效果。常见的吸附剂材料有活性炭、木炭、分子筛、硅藻土、硅胶等。其中活性炭以其丰富的孔结构、巨大的比表面积成为应用最广泛且性能优异的一类吸附剂。在活性炭载体上，通过表面基团修饰或负载活性组分，可用于甲醛[2,3]、苯系物、VOC[4,5]、臭氧、氨气[6,7]等常见空气污染物治理。

2) 等离子体技术

等离子体被认为是除固态、液态和气态以外的第四种物质存在形态，其内含大量高能电子、正负离子、自由基等活性粒子，通常采用微波辐射、射频放电、电子束照射和高电场气体击穿等方式达到高电子密度的等离子体状态，而室内空气污染物治理由于其场合限制，常采用低温等离子体技术。低温等离子体又叫非平衡态等离子体，一般在等离子体形成过程中，电子能量达到 1~20eV，其他较大质量的粒子则温度较低接近室温状态，系统内粒子间能量分布远未达到平衡。低温等离子体引发的化学反应大致可以分为以下几个过程[8]：首先是皮秒级的电子雪崩，紧接着纳秒级不同能量状态的电子通过旋转激发、振动激发、激发、离解和电离等弹性碰撞形式将内能传递给气体分子，之后一部分以热量形式散发，另一部分则产生自由基等活性粒子；其次是微秒级的自由基及正负离子间的线性或非线性链反应；最后是毫秒到秒量级的分子间热化学反应。故而，等离子体技术多具有两类功能：一是其包含的大量电子和正负离子，在电场梯度的作用下，可与空气中的颗粒污染物发生非弹性碰撞，从而附着在上面，使之成为荷电离子，在外加电场力的作用下，被集尘极所收集，故而具有一定的杀菌、除尘功效[9,10]。二是利用等离子体中的大量高能电子、自由基等活性粒子，可对有毒、有害、难降解的污染物进行直接的分解去除。这一技术主要是通过两个途径实现：一是在高能电子的瞬时高能量作用下，打开某些有害气体分子的化学键，使其直接分解成单质原子或无害分子；二是在大量高能电子、离子、激发态粒子和氧自由基、氢氧自由基（自由基团带有不成对电子而具有很强的活性）等作用下，氧化分解成无害产物[8,11,12]。

3）光催化技术

光催化技术即在光触媒（催化剂）存在下，利用光源对催化剂的激发作用，促使污染物在催化剂表面降解达到治理的目的，常用于空气中甲醛、VOC 等有机污染物的治理。光催化剂原理是利用光波辐照材料表面（能量大于半导体带隙能），激发价带电子跃迁至导带，生成高活性电子-空穴对，吸附氧与电子空穴对发生作用，产生高化学活性游离基 OH，从而达到氧化 VOC 的目的。其对有机污染物的破坏作用，可用于杀菌消毒领域[13,14]。

二氧化钛（TiO_2）、氧化锌（ZnO）、氧化锡（SnO_2）、二氧化锆（ZrO_2）、硫化镉（CdS）等多种氧化物硫化物半导体均为常见的光触媒材料。其中 TiO_2 因其化学稳定性高、耐光腐蚀、氧化还原电位高等优点，使其成为光催化研究中最为活跃的材料[15,16]。

4）紫外线杀菌技术

紫外线杀菌技术针对空气中的微生物，利用 240～280nm 紫外线辐照，改变及破坏微生物的组织结构，破坏细胞或病毒的核酸结构和功能，导致核酸结构突变，生物体丧失复制、繁殖能力，从而达到消毒、杀菌的目的。该技术具有灭杀微生物微尘生物活性的功效但无收集和移除灭活后微尘的能力。在实际应用过程中，以紫外循环风消毒器或空气净化器为代表，多在其后加设空气过滤网以达到彻底移除的功效[17,18]。

5）过滤净化技术

过滤净化技术是指应用空气过滤设备控制粉尘微粒的污染，或通过空气循环过滤将空气中的悬浮颗粒物捕集下来，是一种物理拦截技术。空气过滤系统通过设置不同性能的过滤器，除去空气中的悬浮颗粒物（$PM_{2.5}$、PM_{10} 等）和微生物，以保证送入风量的洁净度要求，整个系统效率在于滤料的选择[19-21]。一般来说，滤料的种类主要有纤维滤料、复合滤料、功能性滤料等。从滤料的研究来看，空气过滤技术有以下几个发展趋势：合成纤维滤料向研膜滤料发展；在高效空气过滤和除尘应用中，覆膜滤料将逐渐取代普通合成纤维滤料；常规滤料向多功能的复合滤料、功能性滤料发展。其中复合滤料与功能性滤料是近年来兴起的研究热点。

6) 静电除尘技术

静电除尘技术是目前工业除尘应用较多的一类技术,其原理是含有粉尘颗粒的气体,在接有高压直流电源的阴极线(又称电晕极)和接地的阳极板之间所形成的高压电场中通过时,阴极发生电晕放电、气体被电离,此时,带负电的气体离子,在电场力的作用下,向阳极板运动,在运动中与粉尘颗粒相碰,使尘粒荷以负电,荷电后的尘粒在电场力的作用下,也向阳极板运动,到达阳极板后,放出所带的电子,尘粒则沉积于阳极板上,从而达到除尘净化的效果。

4.1.2 应用领域

4.1.2.1 城市地下交通系统

地铁站多数采用地下建筑结构,室内空气的更新速率慢,环境潮湿,过量的水蒸气凝聚在墙壁上导致微生物滋长,空气污染严重超标。地铁车站人流密集,空气受到病原微生物污染而可能引发空气传染病传播,引发病态建筑综合征,容易引起呼吸道感染和心血管等疾病,并出现黏膜和皮肤干燥以及疲倦、头痛、嗜睡等症状,还可能会造成交叉感染。研究资料表明,空调通风系统由于长期运行、清洁不当等原因,已经成为公共场所室内空气污染的主要原因之一。地铁一般建在人群密集的主干道,不可避免地受到汽车尾气的污染,如果再靠近工厂的话污染物有可能更严重,地面大气中的污染物会通过地铁的新风系统进入地铁。另外,地铁列车快速运行和制动过程中车轮与钢轨存在剧烈摩擦,导致钢铁中的铁元素和锰、铬及镍等其他微量合金元素在摩擦发热的情况下形成微小的颗粒散发到空气中。当这些微粒进入人体器官后就会在人体细胞中形成一种自由基,不仅会伤害人体的遗传机制,而且还会增加患癌概率。地铁内装修装饰材料中挥发出来的甲醛、苯、甲苯、三氯甲烷等,易被皮肤、黏膜吸收,干扰人体内分泌系统,具有遗传毒性。根据国内某省疾病控制中心对该省会城市地铁车站检测的资料显示,地铁车站的可吸入颗粒物粉末金属的体积质量最高值达到了 $106.2mg/m^3$,是国家标准的 700 多倍。甲醛、细菌、病毒等的含量均远远超出正常值[22]。人们在享受地铁便捷交通的同时,不得不接受因地铁环境质量差而对身体带来的伤害。因此,改善地下交通系统内空气品质势在必行,必须采取有效措施进行控制。

考虑地铁运行的经济性,目前国内地铁通风空调系统普遍采用的是部分新风系统的集中式中央空调系统。即在空调季节只补充系统总风量10%~15%的新风,而对室内空气不断地进行回风和送风循环。对空气的处理也只是采用传统的袋式过滤器进行初效处理,对可吸入颗粒物的净化效率极低,更不用说具有杀菌、消毒的功能了。

随着人们环保意识的加强,地铁的乘车环境开始被重视起来。特别是2003年SARS过后,国家及时出台了相关法律法规。国务院《公共场所卫生管理条例》及卫生部的卫生督发〔2006〕58号文《公共场所集中空调通风系统卫生规范》中,都对中央空调系统空气净化装置提出了相关要求。卫生部在2006年又出台了《公共场所集中空调通风系统卫生管理办法》。从此,地铁车站设置空调净化设备有了法律依据。在认识到地铁空气质量存在问题的严重性后,国内相关地铁公司和设计人员已在积极寻找解决问题的办法。

《公共场所集中空调通风系统卫生规范》对集中空调通风系统使用的空气净化消毒装置的性能要求如表4-1所示[23]。

表4-1 空气净化消毒装置性能要求

性能项目	条件	要求
装置阻力	正常送排风量	≤50Pa
颗粒物净化效率	一次通过	≥50Pa
微生物净化效率	一次通过	≥50Pa
连续运行效果	24h运行前后净化效率比较	效率下降<10%
消毒效果	一次通过	除菌率≥90%

下面以北京地铁6号线为例,主要介绍空气净化消毒技术在北京地铁6号线工程空调系统中的应用。

1) 工程概况

北京地铁6号线工程通风空调系统采用隧道通风系统与车站通风空调系统集成设置的闭式空调系统,系统开、闭式运行。通风空调系统由以下几部分组成:隧道及车站公共区通风空调系统(简称大系统)、车站设备及管理用房通风空调系统(简称小系统)、空调水系统、其他隧道通风系统(中间风井及射流风机)。本工程27座地下车站及2座中间风井均设通风空调系统,各站大系统均采用大型表冷器,换乘通道及换乘厅采用风机盘管;各车站区间采用柜式空调机组,小系统采用组合式空调机组和柜式空调机组。

2) 空气净化消毒装置的设计依据

中国卫生部2006年发布了《公共场所集中空调通风系统卫生管理办法》,并配套发布了《公共场所集中空调通风系统卫生规范》,对空气净化消毒装置的相关规定如下[23]:集中空调通风系统应当具备下列设施,空气净化消毒装置;当空气传播性疾病在本地区爆发流行时，公共场所经营者应当按照卫生行政部门的要求启动预防空气传播性疾病的应急预案。符合下列要求的集中空调通风系统方可继续运行：①采用全新风方式运行的；②装有空气净化消毒装置，并保证该装置有效运行的；③风机盘管加新风的空调系统，能确保各房间独立通风的。对不符合上述要求的集中空调通风系统应当立即停用，进行卫生学评价，并依照卫生学评价报告采取继续停用、部分运行或其他通风方式等措施。根据此办法及规范，重要公共场所集中空调通风系统应设置空气净化消毒装置。否则，当空气传播性疾病暴发流行时，大部分集中空调通风系统将不能运行。《家用和类似用途电器的安全 空气净化器的特殊要求》（GB 4706.45—2008）对空气净化器的电气安全和出口处臭氧浓度做了强制性要求和限定。《空气净化器》（GB/T 18801—2015）对产品相关技术参数（洁净空气量、净化寿命、净化能效等）做了较为全面详细的要求，并明确了实验方法和检验规则。根据《公共场所集中空调通风系统卫生规范》对空气净化消毒装置的卫生安全性要求，集中空调通风系统使用的空气净化消毒装置，原则上本身不得释放有毒有害物质，其卫生安全性应符合要求，臭氧允许增加量小于或等于 $0.10mg/m^3$，紫外线（装置周边 30cm 处）小于或等于 $5\mu W/cm^2$，总挥发性有机化合物小于或等于 $0.06mg/m^3$，可吸入颗粒物小于或等于 $0.02mg/m^3$。

3）空气净化消毒装置的工作原理及主要参数

北京地铁 6 号线空调系统采用了初效过滤器加蜂巢型电子式空气净化消毒装置[24]。

工作原理：该工程蜂巢型电子式空气净化消毒装置的工作原理是使颗粒物荷电改变运动方向而后捕获，在静电场的正负两极极板施加 12kV 的高压直流（正负极间场强最低为 7.5kV/cm），在等离子体灭菌区，空气的飘尘、污染物被迅速极化，进入集尘区，在电场力作用下被负极板吸附，高压电荷瞬间释放产生的能量将微生物细胞壁击穿，进而烧结碳化达到除尘灭菌的目的。如果尘埃未被负极板吸附，则在回压区受到一个和空气流动方向相反的作用力，将这些未被吸附的尘埃压回到集尘区进一步的吸附，这种结构的电场具有更强的吸附效果，是该工程蜂巢型电子式空气净化消毒装置具有高效净化能力的原因。

该工程蜂巢型电子式空气净化消毒装置本身不释放有毒有害物质，其卫生安全性符合《公共场所集中空调通风系统卫生规范》要求，臭氧允许增加量为 $0.008mg/m^3$，无紫外线（装置周边 30cm 处），总挥发性有机化合物没有增加，可吸入颗粒物没有增加。

4）设备结构

该工程蜂巢型电子式空气净化消毒装置采用蜂巢针棒状三区静电场，由等离子体极化灭菌区、集尘区、回压区组成（图 4-1）。

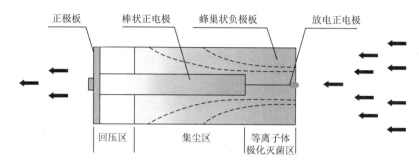

图 4-1 蜂巢型电子式空气净化消毒装置结构示意图[24]

5）结构特点

该工程蜂巢型电子式空气净化消毒装置集尘区采用蜂巢结构，集尘面积达到最大，空气阻力达到最小。放电端采用针棒结构，放电针尖经过光学磨圆，对空气进行电离，可产生高浓度的等离子体，集尘效率高，同时破坏电解质，彻底地杀死细菌。结构轻巧精细，外形美观大方，标准化模块设计，便于安装清洗，金属材质，坚固耐用，故障率低。电场加工精度高，电流小，电场强度大。

6）特殊性能

该工程蜂巢型电子式空气净化消毒装置对小至 $0.01\mu m$ 的气溶胶有极高的捕获效率，$0.01\sim0.3\mu m$ 粒径的污染气溶胶粒子，医学上称为"致病导弹"，可直达肺部深处通过肺泡交换，是造成现代疾病的罪魁祸首。该工程蜂巢型电子式空气净化消毒装置在将其抓捕的同时，也有效地降低了室内空气中有害气体的浓度，达到了除尘、杀菌、去除有害气体的多重净化功效。

7）技术优势

（1）高效率除尘净化。对通过净化电场的空气中的悬浮颗粒物进行电离，利用高压静电场使得空气中所有的悬浮颗粒物（最小至 $0.01\mu m$）附上正电，然后迅速被集尘板吸附，达到高效除尘净化的目的。

（2）高效率杀菌净化。放电电极在高压下产生等离子体，等离子体会迅速将空气中的细菌、病毒及尘螨等微生物的细胞核破坏并彻底杀死，残余物质被烧结同时被集尘板吸附，灭菌率高达99%以上，杜绝了细菌、病毒以及传染病毒利用地铁空调系统进行繁殖传播，杜绝了交叉感染。

（3）去除有害气体。针对室内的化学污染物和被新风系统引入的室外化学污染物以及汽车尾气等，电离区产生等离子体，具有氧化还原的作用，可以使空调系统空气中的有毒有害化学分子变成中性无毒的分子，彻底解决地铁空调系统中的空气污染问题。

（4）节约能耗。净化模块风阻小（平均阻力约为15Pa），净化模块消耗功率≤$50W/m^2$，电源电控箱消耗功率为30W。

（5）完善的自控、检测及显示系统。该工程蜂巢型电子式空气净化消毒装置有完善的自控系统及报警显示，可实现与空气处理机组同步控制，也可以与计算机控制系统联机工作，实现实时控制。

（6）清洗简便。净化模块集成量大（正负极间距11mm），清洗周期长（1～2年清洗一次），清洗工作简单易行，无须专业工人，集成后的模块可直接用自来水冲洗干净。

（7）经济实用。不同于其他过滤设备需要定期更换，本工程空气净化消毒装置内部采用金属材质，外部采用耐高温、耐高压且绝缘的聚氯乙烯材料，无耗材，一次投入，无须更换，使用寿命长达20年。

（8）安全性能高。该工程每套蜂巢型电子式空气净化消毒装置都有一套继电保护装置，当放电电流超过一定值时，控制电路在2s之内自动切断电源并发出超电流报警信号。该工程蜂巢型电子式空气净化消毒装置通过国家家电电器质量监督检验中心电器安全检测，检验结果符合国家标准要求，器具未放出有害射线或出现毒性或类似的危险，离子化装置产生的臭氧浓度未超过国家标准要求。

（9）高压静电对灰尘、细菌等有害物质进行电离，使其烧结碳化在集尘板上，断电后或者高风速下也不会产生二次污染。

近几年，随着大家对地铁空气环境的重视，针对地铁用空气净化器的研究层出不穷。例如，沈阳师范大学公开的一种地铁空气净化器[25]（图4-2），其工作原理是：电机、气流传感器、电磁阀、臭氧传感器、加热管、水温传感器、加热网和湿度传感器，这些元器件都与控制室内的控制台连接，位于控制室内的操作人员通过控制台来设定各个传感器的数值范围，在工作时通过鼓风机的转动将位于地铁站内的空气抽入过滤箱内，空气在进入过滤箱时，在过滤网的阻挡下，将对空气中的灰尘进行过滤，从而对空气起到初步净化作用。当过滤网上的灰尘越来越多，从而导致流入过滤箱内的空气减少，此时气流传感器将这一信号传给电机，电机转动将带动转轴转动，从而起到更换过滤网的作用。空气在经过鼓风机后进入消毒箱，位于消毒箱内的紫外线消毒灯将对空气进行杀菌消毒，接着空气在进入气体混合箱后，与气体混合箱内的臭氧结合，根据臭氧的化学性质，将与空气中的二氧化硫、一氧化碳、一氧化氮等有害气体发生反应，并且生成氧气，而位于气体混合箱内的臭氧浓度传感器能够很好地控制气体混合箱内臭氧的浓度。接着空气将进入水箱内，空气在进入水箱时，不仅可以让残留的臭氧与水发生反应，而且还可以消除之前反应所产生的三氧化硫、二氧化氮等有害气体，同时还可以提高空气的湿度。而位于水箱内的加热管将对水进行加热，为反应提供合适的温度，接着更好地控制空气中的湿度。因此，在空气经过干燥箱时，如果空气中的湿度过大，此时加热网将对空气进行干燥，使得空气的湿度达到合适的范围。最后空气到达活性炭的吸附层时，活性炭的吸附层将对空气进行彻底的净化。

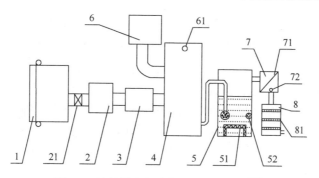

图 4-2 地铁用空气净化器结构示意图[25]

1. 过滤箱；2. 鼓风机；3. 杀菌箱；4. 气体混合箱；5. 水箱；6. 臭氧发生器；7. 干燥箱；8. 吸附箱；21. 气流传感器；51. 加热管；52. 水温传感器；61. 臭氧传感器；71. 加热网；72. 湿度传感器；81. 活性炭吸附层

目前国内地铁车站多采用集中式系统方案来净化空气，其存在空气输送距离长、净化效率低、能耗偏高、与车站结合性差等问题。基于此，中交铁道设计研究总院有限公司设计了一种应用于地铁车站的分布式空气净化系统[26]，如图4-3所示。该系统包括若干组空气净化设备和颗粒物浓度检测设备，其与车站站厅和站台内的立柱一一对应，即每根立柱对应一组空气净化设备和颗粒物浓度检测设备。该装置可以集中处理地铁车站乘客及工作人员所处区域的可吸入颗粒物，净化效率较高；地铁车站分布式空气净化系统处理的循环总风量及设备电耗，显著小于集中式空气净化系统，具有较高的节能性；同时设备布置灵活，与车站装修结合

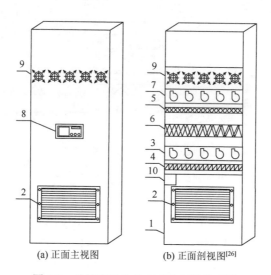

(a) 正面主视图　　(b) 正面剖视图[26]

图 4-3 地铁车站的分布式空气净化系统

1. 壳体；2. 进风口；3. 进风机组；4. 初级过滤网；5. 滤后处理模块；6. 次级过滤网；7. 出风机组；8. 操作面板；9. 出风口；10. 配电箱

性好。通过结合公共空间的结构立柱（圆形或矩形），在满足空间与装修要求的基础上，与部分结构立柱采用贴附式安装而组合形成立柱式空气净化设备集群。该设备集群可通过就地式分散处理可吸入颗粒物的方式，实现公共建筑超大空间内部空气的高效净化，形成宜于人员长期停留或集散的健康、舒适环境。

周云正为闭式系统、屏蔽门系统的地铁站台专门设计了一种空气净化设备[27]。它包括等离子体反应器、脉冲电源、风机组件、控制器、新风口、出风口和外壳等，见图4-4。

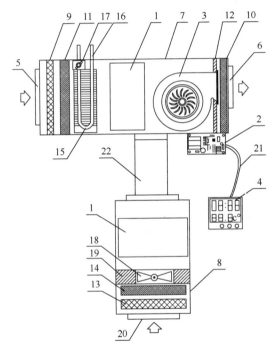

图 4-4 空气净化装置剖面示意图[27]

1. 等离子体反应器；2. 脉冲电源；3. 风机组件；4. 控制器；5. 新风口；6. 出风口；7，8. 外壳；9，10，13. 空气过滤器；11，14. 中效空气过滤器；12. 风机支架；15. 空调系统；16. 冷热水管；17. 温度调节阀门；18. 回风控制阀；19. 回风控制隔板；20. 回风口；21. 控制导线；22. 回风管道

等离子体反应器内设有正电极和负电极，正电极由若干条耐氧化的金属带平行排列制成一个组件，负电极由铝板或不锈钢板制成；还有若干条由铝棒或不锈钢条制成的阻止微放电导电轨，正电极是固定在阻止微放电导电轨上的。脉冲电源内半导体开关管 Q1 和脉冲升压变压器是按单端反激式逆变电路设置的。与现有技术相比，其微放电效应被阻止，使每根耐氧化的金属带在直流强电场中做稳定的电晕放电，获得高强度等离子体。与放电极是锯齿状或尖针状的处于尖端

放电状态相比，金属带正电极沿着带状四周均匀放电，获得的等离子体强度是锯齿状或尖针状的 2~4 倍。

4.1.2.2 地下停车场

近年来，随着城市经济的不断发展，城市汽车保有量逐年递增及土地需求增长和城市可用地有限性之间的矛盾越来越明显，各大城市主要以建设地下停车场来解决停车难的问题。但是地下停车场多为封闭半封闭结构，出于节省资金的考虑，大多数地下停车场都存在排风量严重不足的现象，再加上车辆往来频繁，进出停车场刹车、怠速及启动时排放了大量没有完全燃烧的尾气，这些污染物来不及扩散和稀释，经过长时间累积导致其浓度升高，易形成光化学烟雾等二次污染，危及人员健康与行车安全[28]。城市环境管理部门要对地下停车场空气污染问题进行全面分析，提出具体净化方法，构建良好的地下停车空间。

1）空气污染状况

要想寻找解决方案，首先需要了解地下停车场的空气污染物组成。汽车尾气是地下停车场的主要污染源，主要类别有碳烟微粒、CO、SO_2、碳氢化合物等。而汽车行驶过程中，也会产生大量的扬尘，增加空气中的有害气体含量，对外部环境产生严重污染。边靖等[29]对西安市某大厦地下停车场的空气质量进行了监测取样。该停车场面积为 $4420m^2$，停车位 245 个，监测项目主要包括：颗粒物（PM_{10}, $PM_{2.5}$）、CO、氮氧化物（NO_x）等。测试结果显示，大厦地下停车场各监测点 NO_x 日均值浓度变化范围为 0.228~$0.384mg/m^3$，平均为 $0.309mg/m^3$。大厦地下停车场出口处 CO 小时值为 1.16~$9.04mg/m^3$，平均为 $3.629mg/m^3$；日均值为 2.59~$4.37mg/m^3$，平均为 $3.3mg/m^3$。$PM_{2.5}$ 日均值为 0.038~$0.052mg/m^3$，平均为 $0.052mg/m^3$；PM_{10} 日均值为 0.077~$0.383g/m^3$，平均为 $0.172g/m^3$。细颗粒物比重为 16.67%~59.65%，平均为 36.81%。

近年来，针对地下停车场空气污染，尚未制定统一的标准。通常参照各类工业设计卫生标准或室内环境污染控制相关规范等，对地下停车场空气污染状况进行评定。分析污染物测定结果，可知各时段内污染物浓度已经远远高于标准限值。

2）净化策略

根据地下停车场内污染物浓度分布，CO、NO_x、PM_{10} 浓度较高，这三种污染物是造成关中地区灰霾现象、影响大气能见度的主要原因。以下的净化对策主要针对这三种污染物。目前，地下停车场的净化手段主要有污染源控制、通风稀释和复合净化三种[30]。其中污染源控制是最根本的手段，但是由于机动车拥有量的逐年递增，单独依靠污染源的控制难以实现对地下停车场污染物的净化处理。

通风稀释能够降低地下停车场内污染物浓度。构建地下停车场通风系统时，要增加换气次数和新风量，对地下停车场内的污染物进行有效稀释。而该种状况下，容易使能耗增加，有违时下倡导的节能环保理念。与此同时，如果室内环境比较差，增加新风量，反而会使地下停车场内的污染问题加剧。因此，采用通风稀释的方法，对地下停车场空气进行净化，效果不明显，无法达到良好的污染物控制效果[31]。

复合净化是指现有通风系统形式和主要运行参数保持不变，在通风系统中，对复合净化单元进行有效设置，或者将复合净化器单独设置在地下停车场内。具体实践中，要采用正确的方式，对复合净化单元的使用过程进行严格控制，依据实际污染物处理要求，对各功能处理段进行合理设置，使其顺序正确，以对地下停车场内的各类污染物进行单独处理或联合处理，依据标准要求，对污染物浓度进行合理控制，使其在限值范围内[32]。

当前，静电防尘、等离子、光催化等净化方法，在地下停车场空气污染净化中应用比较普遍。复合净化技术并不只是对各类净化方法进行单一的叠加，而是依据地下停车场空气污染状况及污染物类别，对各种净化方法进行有机组合，在空气污染治理中，实现优势互补，达到良好的空气净化质量，减少地下停车场内部空气污染物含量。

在实际工况内，对复合净化技术进行广泛应用，不仅要具备较高的净化效率，也要考量空气污染净化成本，减小设备阻力，使它的运行维护过程更加简单、便利，使设备处于安全、可靠的运行状态，不会产生二次污染，满足地下停车场空气污染治理要求，为人们营造最佳停车环境，提高人们的身心舒畅度，将因外部空气及环境导致的安全问题降到最低[33]。

环境部门和空气污染治理人员，要对以上诉求进行严格考量，依据现有净化技术的优缺点，对其进行合理搭配和应用。复合净化流程的确定，需兼顾污染物处理顺序及处理方法等。主要实施步骤如下：首先，采用静电除尘方法，将PM去除，产生等离子体；其次，将等离子和光催化进行同步应用，减少空气中的NO_x和CO含量[34]。

江苏瑞丰科技实业有限公司公开了一种地下停车场废气净化处理装置[35]，其结构包括进风口、高效过滤网、CO消除层、臭氧消除层、高效杀菌层、活性吸附层、风机、箱体和出风口（图4-5）。该装置工作原理为：地下停车场废气通过箱体内的风机吸入进风口，经过高效过滤网除去废气中的粉尘、漂浮物以及各种直径在2.5μm以上的固液颗粒物；初步净化的空气经风机送入后续净化单元，先后经过CO消除层、高效杀菌层（所述杀菌层是采用铝蜂窝、纤维蜂窝的蜂窝载体，蜂窝载体上喷涂杀菌液）、臭氧消除层和活性吸附层，依次清除废气中的CO、各种细菌、O_3、NO_x、SO_2和TVOC等有毒有害气体，净化后的气体由出风口排出，从而实现净化停车场废气的目的。该设备可有效改善地下停车场的空气品质，减少人为接触机动车尾气的概率,保证人们的身心健康。同时,该设备兼具结构简单、生产成本低和适用范围广泛等优点。

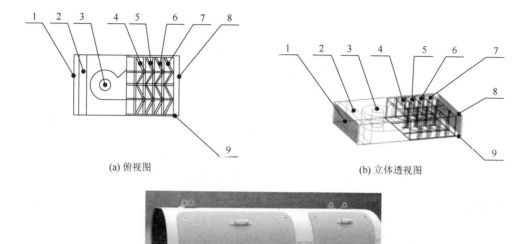

图 4-5 瑞丰地下停车场废气净化装置

1. 进风口;2. 高效过滤网;3. 风机;4. CO 消除层;5. 高效杀菌层;6. 臭氧消除层;7. 活性吸附层;8. 出风口;9. 箱体

4.1.2.3 博物馆

博物馆是征集、典藏、陈列及研究代表自然和人类文化遗产实物的场所,并对那些有科学性、历史性或者艺术价值的物品进行分类,为公众提供知识、教育和欣赏的文化教育的机构、建筑物、地点或者社会公共机构。

中国国家博物馆是世界上单体建筑面积最大的博物馆,也是中华文物收藏量最丰富的博物馆之一,整体规模在世界博物馆中位居前列。然而,近些年北方雾霾天气频繁出现,为了保证观众参观环境的舒适度和文物储存、展览环境的洁净度,解决雾霾天气时室内 $PM_{2.5}$ 污染值超标问题,国家博物馆在 2015 年年底成立了 $PM_{2.5}$ 治理小组,从技术和管理角度采取了一系列措施,提高空气质量,尤其是对 $PM_{2.5}$ 的治理。

1) 改进前空气净化方式及不足

国家博物馆主要通过空调机组过滤网净化空气。博物馆共有空调机组 173 台,新风机组 51 台,改造前全部采用无纺布框架过滤网。无纺布框架过滤网优点在于更换费用相对较低；市场上供应商多，有较大的选择空间；有一定的过滤效果。但是，其存在一定缺点：①对 $PM_{2.5}$ 过滤效果差，在雾霾天气下室内空气质量无法得到保障；②使用寿命短，需要每月清洗，同时 3 个月更换一次；③过滤效率低，容易造成换热器堵塞、管道道路积尘，从而使得换热器和通风管道清洗次数增多；④过滤网清洗麻烦，需要拆除统一送至水房高压清洗，在运送途中容易造成二次污染；同时，必须晒干后才能安装使用，因此，工作量大，造成人力及水资源的浪费。雾霾天气下，通过对室外及博物馆内部分展厅 $PM_{2.5}$ 进行检测，发现展厅及公共区域内空气大多处于超标状态。

室外空气进入到博物馆展厅内部需要经过四道关卡：外界空气首先流入风井和风道，经过最初吸附后空气进入空调机组，通过过滤网进行有效净化，随后进行冷却或加热以及加湿。最后，再通过管道输送到各个展厅。为了应对雾霾的频繁造访，改善展厅空气质量，国家博物馆分别从技术和管理角度采取了多种改进措施[36]。

2）治理 $PM_{2.5}$ 的新装置

室外空气通过风道进入空调机组，需要经过过滤网净化后才能送入展厅。因此，过滤网的选择直接影响了空气的过滤效果。国家博物馆为了改善展厅空气质量，调研了现阶段市场上较为成熟的解决 $PM_{2.5}$ 的方案，选取了其中六套，通过实验对比分析，选取性价比最高的过滤网材质。

表 4-2 列举了六套方案的具体优缺点。

表 4-2 六套方案的具体优缺点

编号	类别	优点	缺点	更换周期
方案一	3M 静电驻极体过滤器（初效+中效+高效）	过滤 $PM_{2.5}$ 效率高 无外接电源，无有害气体，无安全隐患 安装、更换、维护简单、便捷	费用高 阻力会变大	初效 15 天 中效 2 年 高效 6 个月
方案二	3M 静电驻极体过滤器（中效）	阻力最低，配合变频节省电能 可现场用吸尘器清洁 节省人力、水资源和清洗剂	过滤效率一般	2 年
方案三	新风口预加 G4 初效过滤网	安装费用低	影响消防进风 新风口需新增框架，新风口大小需定制 新风口需要爬梯进出，拆装不易	约半个月
方案四	电除尘加板式过滤器	过滤效率高 可配合现有效过滤网一起使用，也可单独使用，不影响过滤效率	消耗电能（每日用电约 $6kW·h$），存在安全隐患	
方案五	初效加袋式过滤器	—	—	初效 3 个月 袋式 4 个月
方案六	初效加高效板式过滤器	安装及运行费用低 过滤效果较高	—	初效 3 个月 板式 6 个月

3）性能测试

测试机组选用相同规格，送风量为 18700m³/h；所有测试工况定为：频率 50Hz，新风阀开启 100%，回风阀开启 100%。不同过滤网材质对 $PM_{2.5}$ 颗粒过滤性能测试数据如表 4-3 所示。

表 4-3 $PM_{2.5}$ 颗粒过滤性能测试数据

测试方案	材质	室外/(μg/m³)	送风口/(μg/m³)	过滤网阻力/Pa	单台安装费/元	单台年运行费/元
方案一	3M 初中高效	137	5	163	17884	25907
方案二	3M 中效	137	49	40	6310	3155
方案三	新风口加初效	137	77	—	1500	3900
方案四	电除尘加板式	158	5	150	20580	3380
方案五	初效加袋式	167	51	247	1390	4660
方案六	初效加板式	167	13	187	1570	3860

经过综合比较，国家博物馆选用了初效加高效 PP 纸过滤网。此方案在六套方案中性价比较高，且能保证在重度污染时送风空气质量达到国标的要求。方案六的过滤网由两层构成，外面是初效过滤纸，主要拦截空气中的大颗粒，里面是高效过滤纸，即 PP 纸，主要阻挡 $PM_{2.5}$。该方案与原有初效无纺布过滤网相比具有以下 4 大优点：①过滤效果大幅提升，可保证馆内空气质量达到国家标准；②性价比高，同原有初效过滤网相比不增加成本；③PP 纸过滤网不用运往机房清洗，节省人工搬运及防止沿途污染；④年节省清洗过滤网用水 800t。

改进过滤器之后，在雾霾天气下，当室外 $PM_{2.5}$ 浓度为 163~462μg/m³ 时，国家博物馆部分展厅的 $PM_{2.5}$ 浓度为 45~75μg/m³；当室外达到严重污染以上时，展厅仍能满足国家标准。但是，公共区域由于空间大、空气对流等原因部分区域仍存在超标问题，针对此问题需要继续研究解决方案。

文物储存柜、展柜等微环境中，室外空气污染物的输入、装饰材料释放污染物等导致二氧化硫、氮氧化物、臭氧、VOC、甲醛等处于一个比较高的水平，这些污染物会增加纸张酸度、加快颜料褪色、加剧纸张和纺织品老化以及增大金属腐蚀速度等。多种污染物相互之间产生的协同效应，会加速对文物的破坏作用。这些污染物协同温度、湿度、光线等物理因素，对文物产生了明显的或潜在的威胁。华东理工大学刘兆辅等[37]设计出一种馆藏文物保存环境组合式空气净化器，如图 4-6 所示。该装置将生物质净化与纳米光催化净化技术以及多种净化技术结合，污染物降解过程反应条件温和，无二次污染，结构简单，操作方便，更换和维修方便。其结构包括循环气泵、流量计、空气净化组合模块、程序控制模块、压力表、风扇和支撑滚轮。该款空气净化器的工作原理为：展柜中的空气经循环泵由净化器进气口进入空气净化器中，由流量计计量气体流量后通过空气净化组合模块，净化后的空气经压力表后回到展柜中。进出气口以及各处理单元接口均采用卡套式子母体快速接头与外部连接，光催化处理单元内安装两个荧光灯或紫外线灯。通过程序控制模块来控制净化装置的运行。

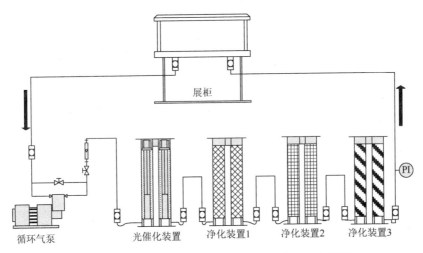

图 4-6 馆藏文物保存环境组合式空气净化器示意图[37]

4.1.2.4 医疗建筑

医疗建筑是一个患者数量多、人员流动量大、病菌等污染物集中的公共区域。有资料显示，医疗建筑中的致病菌是其他公共建筑中的几倍甚至几十倍，确保其中的空气质量对满足医疗服务功能、减少交叉感染具有重要意义。

2014 年新颁布的《综合医院建筑设计规范》（GB 51039—2014）中明确要求[38]：集中空调系统和风机盘管机组回风口必须设置初阻力小于 50Pa、微生物一次通过率不大于 10%和颗粒物一次集中通过率不大于 5%的过滤设备；当室外 PM_{10} 的年均值未超过现行国家标准《环境空气质量标准》（GB 3095—2012）中二类区适用的二级浓度限值时，新风采集口应至少设置粗效和中效两级过滤器，当室外 PM_{10} 超过年均值二级浓度限值时，应再增加一道高、中效过滤器。

目前空调系统在医疗建筑中已经被普遍使用，空调系统的污染已成为室内空气污染的主要来源。国内研究表明，空调系统中 80%以上的污染来自回风，因此加强回风除尘灭菌是一项必要的措施，采用中效及以上过滤器一般能达到第一条规定的要求，要达到第二条规定的要求，新风采集口处至少应配置 F7 级（欧标）过滤器。

根据多年来医疗建筑空调通风系统设计的实践经验，对于病房、医技、门诊等采用舒适性空调的场所，空调系统主要采用风机盘管加新风的形式，新风机组的余压一般为 200~250Pa，高静压型风机盘管机组的余压一般为 30~50Pa，而过滤式中效过滤器的初阻力一般为 60~80Pa，因而此种过滤器在风机盘管机组上基本无法使用，应用于新风机组也会对其服务半径造成较大影响，因此在舒适性空调系统中较少采用。为达到上述要求，目前，在舒适性空调系统中主要采用静电除尘式空气净化器和光触媒式空气净化器[39]。

与过滤式空气净化器相比，静电除尘式空气净化器具有初阻力小、积尘后阻力变化小、清洗后可反复使用的优势，可节省风机能耗及运行维护费用。静电除尘式空气净化器的过滤效率及阻力与其迎面风速密切相关，当迎面风速为 1.5~2.5m/s 时，其过滤效率基本与 F7 级中效过滤器的过滤效率相当。

静电除尘式空气净化器根据应用场所的不同主要分为风管式和回风口式两种。风管式主要用于新风采集口处，回风口式主要用于风机盘管回风口处。静电除尘式空气净化器本身有阻力，且需要定期清洗，用于风机盘管回风口处时，后期运行维护工作量较大，应谨慎使用。此外，静电除尘式空气净化器前端一般均配有金属板式初效过滤器，用于过滤较大颗粒物质，延长清洗周期。该初效过滤器的过滤级别以 G2/G3/G4（欧标）三种较为合适，建议设计或采购时注明过滤级别，保证静电除尘式空气净化器的总体净化效果。需要注意的是，处理室外进入的新风时，单级静电除尘式空气净化器对 PM_{10} 的过滤效果比较显著，而对 $PM_{2.5}$ 的过滤效果有限，如果对室内空气品质要求较高，可采取双级静电除尘式空气净化器或者与光触媒式空气净化器搭配使用，这样效果更好。

光触媒式空气净化器主要用于处理甲醛、苯及 TVOC 等以及杀灭细菌病毒，且不产生二次污染。其结构形式主要分为插入型、截面型、模块型三种。插入型的风阻可忽略不计，截面型的风阻一般不大于 10Pa，两者均适合安装在风机盘管回风口处，模块型主要用于组合式空调机组的空调箱内。

对于以洁净手术部为代表的洁净区域，空调系统一般采用全空气的形式（即末端只设风口，不设风机盘管），与舒适性空调相比，其对空气净化处理有着更为严格的要求。洁净度等级不同，对室内颗粒物及细菌浓度有不同的限值规定。为确保洁净区域保持稳定可靠的洁净度，规范规定洁净用房不得采用非阻隔式空气净化装置作为末级空气净化设施。因而，用于洁净区域的空调系统，一般只能采用过滤式空气净化器。

在医疗建筑的设计过程中，应根据各种空气净化器的特性，区分不同场所，合理选用空气净化产品，以便有效改善医疗建筑的室内空气品质，降低致病菌的传播风险，为医护人员及患者提供一个舒适安全的医疗环境。

住院病房床铺紧张是国内医院普遍存在的问题，一般有两个或更多的患者住在同一间病房，房间较为拥挤。加上外来人员进出病房频繁，如何防止交叉感染显得尤为重要。基于这种现状，韩秋萍[40]设计出结构简单、使用方便、消毒彻底、消毒温度可调的空气消毒灭菌装置，适用于医院、药品生产车间等场所，整体结构如图 4-7 所示。该装置的工作原理是：首先室外的新鲜空气通过引风筒的进气口、壳体外套层上端盖上的进气孔，进入红外线高温空气消毒器的内套层，经过红外线加热管高温消毒灭菌后的洁净空气，经过内套层下端盖上的出气孔进入内套层的下端盖和中套层之间的高温空气导流通道，然后在中套层和内套层之间的高温空气导流通道内由下向上流动，当流动到壳体外套层的上端盖时，改变方向后在壳体外套层和中套层之间的高温空气导流通道内由上而下流动，一直到壳体外套层下端的出气口处，接着进入冷却装置内，进入冷却装置后，经过 4 段换热结构的降温处理，当温度降至人体能够适应的区间后，再通过冷却装置的出气口均匀排入室内使用。而室内使用过的空气再通过循环泵送到相应的加热装置，使它们在加热装置中高温消毒 3~10s，然后排入大气中。

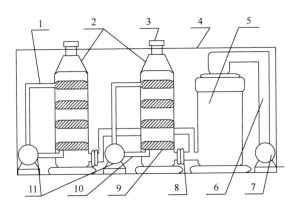

图 4-7　空气消毒灭菌装置整体结构示意图[40]

1. 循环管道；2. 冷却装置；3. 进气口；4. 壳体；5. 空气消毒器；6. 进气管道；7. 循环泵；8. 出气口；
9. 降温水网；10. 连接管道；11. 循环泵

戴路[41]发明的医院用空气净化装置，集除尘、杀菌、消毒、除味等功能于一体（图 4-8），可有效改善病房空气质量。在其运行时，病房中含有灰尘、细菌或异味的空气首先被吸入过滤室中，经多层过滤网过滤，除去颗粒粉尘。然后进入高温灭菌室内部，经高温进行初步灭菌，转而到达喷雾除尘室中，经水雾除去细微粉尘、杂质。再进入消毒室，利用消毒液进行消毒，随后经过除味室，除去空气中的异味和消毒后带有的消毒液味道，最后进入紫外灭菌室，经过多根紫外线照射灭菌灯管照射灭菌后排出洁净无菌的空气。

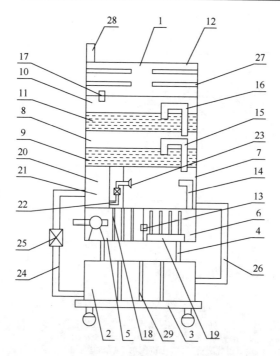

图 4-8 医院用空气净化装置示意图[41]

1. 净化箱；2. 废水回收箱；3. 可移动底座；4. 支杆；5. 过滤室；6. 高温灭菌室；7. 喷雾除尘室；8. 消毒室；9. 消毒液；10. 除味室；11. 弱碱水溶液；12. 紫外灭菌室；13. 第一输气管；14. 第二输气管；15. 第三输气管；16. 第四输气管；17. 第五输气管；18. 活性炭吸附过滤网；19. 电加热管加热装置；20. 喷雾装置；21. 蓄水箱；22. 喷淋管；23. 雾化喷淋头；24. 循环水管；25. 循环水泵；26. 排水管；27. 紫外线照射灭菌灯管；28. 排气管；29. 精密过滤网

  手术室内使用的空气净化消毒设备，除了必须满足净化效果佳这一指标，出风口的风量还不宜过大。范长城等[42]基于这点考虑，在现有医院用空气净化器基础上，设计出一款手术室专用的空气消毒器，如图4-9所示。由蜂窝状过滤装置、金属过滤网和光触媒过滤网组成了第一道过滤及消毒防线，去除了部分杂质和细菌。并且部分细菌和病毒通过重力沉降盘时，直接沉降在其中。此后消毒器内空气进入圆柱状吸风通道内，设置在其附近的紫外线消毒灯对空气进行二次消毒。最后，消毒过后的空气穿过活性炭过滤网和金属过滤网进入空气中，使得空气得以消毒和净化。圆柱状吸风通道内沿其轴方向还设有至少一根酒精管，每一根酒精管内装有医用酒精，且酒精管顶部位置处设有通孔，使得空气在进行紫外线消毒灯消毒的同时进行酒精消毒，提高空气洁净程度。该空气消毒器结构简单、使用方便，成本较低。重要的是，该设备在出风口位置处设置了圆柱状吸风通道，且活性炭过滤网之间还设有喇叭状吸风装置，减缓了从其出口吹至手术室内的风量，风速适宜，舒适性能较高。

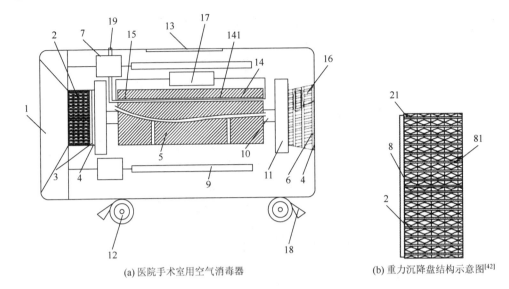

(a) 医院手术室用空气消毒器　　　　(b) 重力沉降盘结构示意图[42]

图 4-9　手术室专用空气消毒器

1. 喇叭状吸风装置；2. 蜂窝状过滤装置；3. 金属过滤网；4. 光触媒过滤网；5. 金属过滤网；6. 活性炭过滤网；7. 外壳；8. 重力沉降盘；9. 紫外线消毒灯；10. 转轴；11. 电机；12. 滚轮；13. 控制面板；14. 酒精管；15. 加热管；16. 蜂窝状过滤装置；17. 电机；18. 刹车装置；19. 密封盖；21. 过滤蜂窝孔；81. 重力沉降管单元；141. 通孔

　　谢天[43]博士对多种净化技术进行有机复合，研制出高效多功能空气净化机。其结构包括格栅型出风窗与进风窗、变频轴流风机、灭菌去味部件及箱体等，见图 4-10。灭菌部件主要由四大部件组成：不锈钢过滤网、活性炭纳米复合材料、静电除尘装置、TiO_2 光催化消毒装置。其主要运行原理为：室内不洁空气从空气净化机下部进风窗通过变频轴流风机吸入，首先折返式不锈钢过滤网过滤掉较大颗粒灰尘；进而剩下的空气颗粒物继续进入双区等离子电场，在电离区的高势场及脉冲电压的作用下，使流经该区域的空气中的各种物质包括细菌与飘尘，被激活成等离子体，受高频脉冲的高能量冲击，大部分细小灰尘等物质被极板吸附，部分有害气体分子打开化学键，细菌与极板因接触放电而被杀灭；经过双区等离子电场处理的空气继续进入纳米光催化反应腔，通过光催化反应将空气中的有毒有害气体及残留的细菌分解成二氧化碳、水及无机物质；基本洁净的空气最后通过活性炭纤维复合长效滤芯器将可能逃逸与残留的有毒有害气体最后进行吸附。在湖南省长沙市 5 家三级甲等医院中随机选择若干间不同楼层、朝向、容积的监护室病房作为实验场所，监测自制空气净化设备和 TA100 系列空气净化机对病房内颗粒物、甲醛和白葡萄球菌的净化效果。具体实验结果如表 4-4 所示。

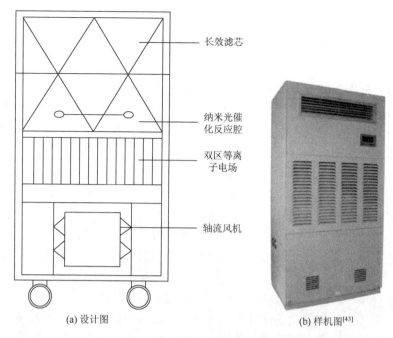

(a) 设计图   (b) 样机图[43]

图 4-10 高效多功能空气净化机

表 4-4 空气净化器具体实验结果

污染物	时间/h	自制机	TA100	空白对照
可吸入颗粒/(mg/m³)	0	0.27	0.3	0.29
	1	0.12±0.001	0.16±0.005	0.29±0.005
	2	0.05±0.001	0.07±0.001	0.28±0.004
甲醛/(mg/m³)	0	0.34±0.005	0.38±0.008	0.40±0.008
	1	0.11±0.001	0.27±0.005	0.39±0.007
	2	0.05±0.001	0.09±0.001	0.37±0.007
白葡萄球菌/(cfu/m³)	0	$(2.36±0.03)×10^5$	$(2.07±0.02)×10^5$	$(2.74±0.03)×10^5$
	1	$(2.54±0.003)×10^2$	$(9.00±0.005)×10^3$	$(2.08±0.05)×10^5$
	2	35.0±0.001	$(1.21±0.001)×10^3$	$(5.05±0.008)×10^3$

研究表明：自制机和 TA100 的 2h 可吸入颗粒降解率分别为 81.5%和 76.7%，超过《空气净化器》（GB/T 18801—2015）中净化效率大于或等于 50%的要求；2h 甲醛降解率分别为 85.3%和 76.3%，比文献报道的静电吸附类（19%）、物理吸附类（15%）和化学消除类（12%）高。其中白葡萄球菌杀灭率均高于 90%，符合卫生部 2002 年版《消毒技术规范》的要求，是较为理想的室内空气净化方法。

4.1.2.5 城市公厕

城市公厕作为城市基础设施之一，关系到人类的基本生理需求，是体现城市现代文明的重要标志，也展示了社会经济发展的程度和政府对人民生活细节的关注。世界公厕组织负责人杰克·西姆有一句名言，"厕所是一个国家竞争力的体现"。公厕环境的改善取决于国力的不断提升以及公众对更加文明生活的追求，公厕文化代表了一个国家和社会的文明程度，是一个城市的名片。

国内城市公厕的建设开展较晚，设计不完善、使用者素质普遍不高、管理能力跟不上，诸多因素共同导致国内公厕环境被大众所诟病。俗话说，一滴水中看大海，一粒沙里看世界。相信每个中国人都经历过公厕卫生条件脏乱差，而造成"急事"不能及时、方便解决的尴尬境地，倘若能将这些如厕问题有效解决，可是真正为民办实事。

公厕环境相对密闭、湿度大、空间小，为人类粪便中夹带的细菌、病毒、真菌和寄生虫等病原体创造了良好的滋生条件。这其中以致病性大肠杆菌、痢疾杆菌、沙门氏菌、金黄色葡萄球菌等最为常见。公厕人流量大，成为病菌传播的良好载体，容易引起疾病的爆发。而且国内公厕的臭味严重影响了使用体验，特别是炎热的夏天，卫生管理的难度更大。

针对公厕的臭味及脏乱差现象比较严重的现状，各种治理方法可谓轮番上阵，但见效甚微，总结起来，不外乎以下几种：①喷洒空气清新剂，即把一些化学合成的香味液体，通过某种设备或人工方式将其以雾状形式定时喷淋来掩蔽恶臭，其不能从根本上消除臭味。②香熏法，即在厕所内点燃檀香，依靠檀香燃烧散发出的浓烈香味掩蔽恶臭；檀香是化学产品，毫无疑问对人体有害。③抽气排味法，即在厕所内安装排风扇，以加大换风量来降低臭味，但效果差。④使用杀菌剂除臭，即使用漂白水、氯水等消毒用品进行除臭。此类方法只能短时间除臭，不能持久，反而会杀死有益微生物，破坏环境；氯水、漂白水是化学产品，具有腐蚀性，其有强烈的刺激性难闻气味，若吸入过量会令人感到不适。

可见，以上几种方法既不环保，又无法有效解决问题，甚至危害人体健康！从长远的使用效果来看，还是安装厕所除臭设备更为方便和有效，而且无须人工进行打理，节省人工成本。

1）主要污染物及危害

厕所中的主要污染物可分为病原菌和臭气。病原菌主要来自人类粪便，其中以致病性大肠杆菌、痢疾杆菌、沙门氏菌、金黄色葡萄球菌等最为常见。这些病菌可通过粪-口途径传播，对人体产生较大危害。例如，金黄色葡萄球菌为侵袭性细菌，能产生毒素，对肠道破坏性大，所以金黄色葡萄球菌肠炎起病急，中毒症状严重，主要表现为呕吐、发热、腹泻。患者体液损失多，会发生脱水、电解质紊乱和酸中毒症状，甚至休克。臭气则主要是由氨气、硫化氢、甲硫醇、甲硫二醇、乙胺、吲哚等有害物质组成的气体。以硫化氢为例，当空气中的硫化氢含量达到 30～40mg/m³ 时，人就会感到刺鼻、窒息，引起眼睛和呼吸道症状。当含量达到 50～70mg/m³ 时，会引起急慢性结膜炎。即使浓度较低，人长期接触也会发生慢性中毒反应，加上甲硫醇、乙胺、吲哚等有害气体的作用，时间久了，也会导致头痛、眩晕、困倦、乏力、精神萎靡、记忆力下降、免疫功能降低，并不同程度地引起神经衰弱和自主神经紊乱等症状。低浓度的氨能迅速对眼和潮湿的皮肤产生刺激作用，潮湿的皮肤或眼睛接触高浓度的氨气能引起严重的化学烧伤。急性轻度中毒的症状为流泪、畏光、视物模糊、眼结膜充血。氨进入气管、支气管会引起咳嗽、咯痰等症状，严重时会发生咯血及肺水肿，使人呼吸困难，咯白色或血性泡沫痰，双肺布满大、中水泡音。

2）公厕用除臭设备

黄宝腾[44]设计了一款厕所除臭装置，如图 4-11 所示。在使用过程中利用风机将卫生间存在的异味通过烟罩吸入，异味经过紫外线灯箱，利用紫外线杀菌灯对其进行第一次消毒处理；之后异味通过方管及弯头，进入除臭机中，对异味进行

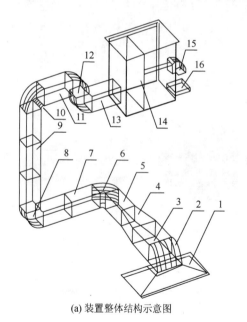

(a) 装置整体结构示意图

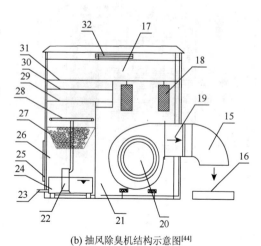

(b) 抽风除臭机结构示意图[44]

图 4-11　厕所除臭装置

1. 烟罩；2、6、8、10、12. 弯头；3. 紫外线灯箱；4. 变径接头；5、7、9、11、13. 方管；14. 除臭风机；15. 排风出口；16. 后缓冲水箱；17. 滤味箱；18. 活性炭吊篮；19. 风机连接管；20. 风机；21. 风机箱；22. 潜水泵；23. 加水口；24. 水箱；25. 进气口连接块；26. 雾化箱；27. 塑料环保球；28. 喷水装置；29、30、31. 滤板；32. 高压陶瓷能量装置

第二次处理,然后排放到后缓冲水箱中。异味经过两次处理,被处理得很彻底。此装置在消除卫生间异味的同时还能使空气得到净化。

其中抽风除臭机的工作原理为:在使用过程中,异味从进气口连接块进入雾化箱中,异味会从雾化箱的底部向上漂浮,穿过塑料环保球放置箱。事先将水箱加满水,同时将潜水泵开启,潜水泵会将水箱中的水吸至喷水装置中,由于喷水装置是穿过塑料环保球放置箱的,故喷水装置会向塑料环保球放置箱内部喷水。当异味穿过塑料环保球放置箱时,会经过水的一层过滤,然后再进入过滤层,由过滤层中的滤板进行分级过滤。随后进入滤味箱中,再由高压陶瓷能量装置中的高压陶瓷能量管进行净化,最后异味进入风机箱中,利用四个装有活性炭的活性炭吊篮进行再一次的过滤。通过上述层层过滤,异味已经被完全消除,最后通过排风出口排到后缓冲箱中的为干净清新的空气。

杨立新发明了一种小体型多功能的厕所用空气净化器[45],可安装于厕所墙壁上,达到除臭、净化空气的目的。该空气净化器的立体结构图如图4-12所示。净化器结构简单、体型小巧,利用HEPA过滤网、光触媒和负离子技术的共同作用,可以实现厕所空气的高效净化。同时增设了吹风机功能,克服了空气净化器功能单一的弊端,拓展了空气净化器的多功能性;该净化器自动化程度高,美观大方,具有装饰性。

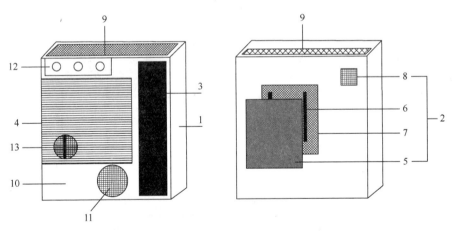

图4-12 多功能厕所用空气净化器立体结构示意图[45]

1. 壳体;2. 净化组件;3. 吹风机;4. 进风口;5. HEPA过滤网;6. 紫外线灯;7. 光触媒过滤网;8. 负离子发生器;9. 出风口;10. 前面板;11. 吹风机进风口;12. 控制面板;13. 香味发生器

陆伟华等[46]依托光催化技术设计出一款低成本的厕所专用除臭杀菌装置(图4-13)。空气从进风口吸入,直接或者是先经过第一挡板和壳体之间的第一空隙再进入壳体内部,壳体内的紫外线臭氧灯管会在流经的空气中产生微量的臭氧,这些微量的臭氧会直接经过出风口或者是先经过第二挡板和壳体之间的第二空隙再经由出风口扩散至厕所的每一角落,分解以及中和臭味。为了加强对空气的除臭杀菌作用,在固定架的前端安装光触媒片,光触媒片表面含有纳米氧化钛颗粒,当抽入空气流经壳体内的紫外线臭氧灯管和光触媒片时,空气中的细菌和病毒会同时被消灭掉。其中紫外线臭氧灯管优先采用双波长灯管,分别为185nm 臭氧输出波长和254nm 杀菌波长。因选用的是小功率低压紫外线臭氧灯管,臭氧输出在空气中的浓度远远低于国家规定的 0.1ppm/10h,所以对人类的健康是安全的。

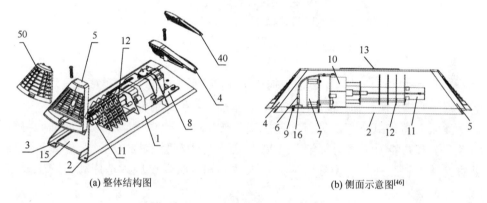

(a) 整体结构图 (b) 侧面示意图[46]

图 4-13 一种厕所专用除臭杀菌装置

1. 壳体;2. 背板;3. 螺孔;4. 出风面板;5. 进风面板;6. 电源线;7. 风扇;8. 固定架;9. 螺丝;10. 镇流器;11. 紫外线臭氧灯管;12. 光触媒片;13. 警示灯;15. 安装地脚;16. 电源插座;40. 第一盖板;50. 第二盖板

北京莱比特环保科技有限公司自主研发的第三代空气净化设备 LBT-G-C 型空气净化器,添加不同的净化药剂后可适用于办公室、卫生间、候车室等公共场所。药剂模块系统通过特殊载体结构将不同药剂模块组合起来,而送风系统有效地将除臭药剂内的药剂分子排送到除臭空间进行反应。内置的固体除臭剂分为两种,一种会与臭气组分中的 H_2S、NH_3 分子发生化学反应,将其转化为水、无机盐等,不会形成二次污染;另一种在空气中主要发生物理作用,起到清新空气、改善人们嗅觉环境的作用。北京朝阳区 101 座公厕和东城区环境卫生服务中心公厕除臭项目均采用了该产品(图 4-14)。

4.1.2.6 吸烟室

吸烟危害健康已是众所周知的事实。不同的香烟点燃时所释放的化学物质有所不同,但主要是焦油和一氧化碳等化学物质。香烟点燃后产生的对人体有害的物质大致分为 6 大类:①醛类、氮化物、烯烃类,对呼吸道有刺激作用;②尼古

图 4-14 北京部分公厕除臭用空气净化器

丁类，可刺激交感神经，让吸烟者形成依赖；③胺类、氰化物和重金属，均属毒性物质；④苯并芘、砷、镉、甲基肼、氨基酚、其他放射性物质，均有致癌作用；⑤酚类化合物和甲醛等，具有加速癌变的作用；⑥一氧化碳，减低红细胞将氧输送到全身的能力。我国每年有 100 多万人死于与吸烟相关的疾病，超过因艾滋病、结核和意外伤害所导致的死亡人数总和，吸烟已成为造成死亡的主要原因之一。

尤其在公共场所，吸烟不仅危害个人的健康还会对他人造成伤害，对周围的环境造成污染，在一些特殊的地方吸烟还有可能引发火灾，甚至引起爆炸事故。国内很多城市已经开始实施公共场所控制吸烟条例，为了使吸烟者和非吸烟者保持一种可控制的距离，要求在公共场所设置专门的吸烟室或吸烟区，违反条例的个人和单位将受到处罚。

然而，现有大部分吸烟室只是装有简单的排风机，而无净化功能。有些不具备净化功能的吸烟室容易存在烟雾滞留死角，室内空气更新效率低，净化系统简单难以消除异味或容易造成二次污染。李义[47]设计出一款更加符合空气动力学、可快速消除烟雾异味的具有高效空气净化功能的吸烟室，如图 4-15 所示。当吸烟者进入室体空间内，人体感应器会启动风机并高速运转几十秒后，风机进入烟雾传感器控制模式，烟雾浓度高时，运转速度加快。当吸烟者离开室体后，烟雾传感器会让风机停止运转进入待机模式。烟雾收集管道位于室体的上侧，管道具有若干与室体内的空间连通的收集孔，收集孔是贴着顶板四周开设的，使烟雾收集无死角，效果更佳。

王在坤[48]设计出一款结构紧凑、功能齐全、高度可调、安装稳定的吸烟室空气净化设备，如图 4-16 所示。该装置通过吸盘吸附在瓷砖上或者通过螺钉将第二固定板旋转连接到室内的屋顶或者墙壁。当需要调节装置的高度时，可以打开液

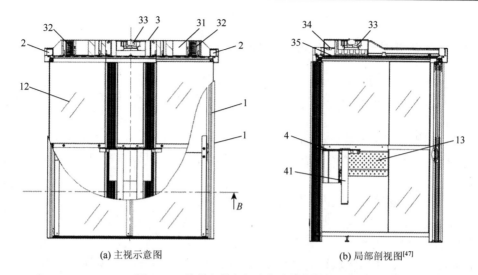

(a) 主视示意图　　　　　　　　(b) 局部剖视图[47]

图 4-15　具有高效空气净化功能的吸烟室

1. 室体；2. 收集管道；3. 烟雾净化系统；4. 吸烟台；12. 面板；13. 靠板；31. 过滤通道；32. 过滤单元；33. 风机；34. 电控单元；35. 烟雾传感器；41. 烟灰收集桶

压泵，此时液压油箱中的液压油通过单向阀到达液压缸，液压缸中的压力随之增大，在反作用力下壳体向下运动，实现高度的调节。打开电机，叶轮开始转动，将室内的烟气通过进气扇吸入壳体内部，此时烟气依次经过过滤网、等离子体过滤网和活性炭过滤网，净化后的空气从出气口排出。

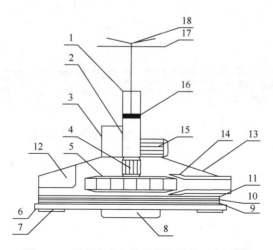

图 4-16　吸烟室空气净化设备结构示意图[48]

1. 液压缸；2. 单向阀；3. 液压油箱；4. 电机；5. 叶轮；6. 第一固定板；7. 进气扇；8. LED 照明灯；9. 过滤网；10. 等离子体过滤网；11. 活性炭过滤网；12. 蓄电池；13. 壳体；14. 风板；15. 液压泵；16. 活塞杆；17. 第二固定板；18. 吸盘

4.1.3 工程用空气净化装备性能评价

4.1.3.1 评价标准

工程用空气净化装备结构、款式、技术原理各不相同，对其性能的科学评价应基于应用场所空气的改善程度。具体的性能评价可以参考以下几类标准和规范。

1)《民用建筑工程室内环境污染控制规范》[49]

民用建筑工程根据控制室内环境污染的不同要求，划分为以下两类。Ⅰ类民用建筑工程包括住宅、医院、老年建筑、幼儿园、学校教室等；Ⅱ类民用建筑工程包括办公楼、商店、旅馆、文化娱乐场所、书店、图书馆、展览馆、体育馆、公共交通等候室、餐厅、理发店等。

民用建筑工程验收时，必须进行室内环境污染物浓度检测，其限量应符合表 4-5 的规定；室内环境污染物浓度检测点数应按表 4-6 设置。

表 4-5 民用建筑工程室内环境污染物浓度限量

污染物	Ⅰ类民用建筑工程	Ⅱ类民用建筑工程
甲醛/(mg/m^3)	≤0.08	≤0.1
氡/(Bq/m^3)	≤200	≤400
苯/(mg/m^3)	≤0.09	≤0.09
氨/(mg/m^3)	≤0.2	≤0.2
TVOC/(mg/m^3)	≤0.5	≤0.6

注：表中污染物浓度测量值，除氡外均指室内测量值扣除同步测定的室外上风向空气测量值。表中污染物浓度测量值的极限值判定，采用全数值比较法。

表 4-6 室内环境污染物浓度检测点数设置

房间使用面积/m^2	检测点数/个
<50	1
50~100	2
100~500	不少于 3
500~1000	不少于 5
1000~3000	不少于 6
≥3000	每 1000m^2 不少于 3

2）《室内空气质量标准》[50]

建筑物中人员主要停留空间的空气污染物浓度应符合现行国家标准《室内空气质量标准》（GB/T 18883—2002）的有关规定。该标准适用于住宅和办公建筑物，其他室内环境可参照本标准执行。表 4-7 给出了该标准规定的室内空气质量参数。

表 4-7　室内空气质量参数

污染物类别	单位	标准值	备注
二氧化硫	mg/m³	0.50	1h 均值
二氧化氮	mg/m³	0.24	1h 均值
一氧化碳	mg/m³	10	1h 均值
二氧化碳	%	0.10	日均值
氨气	mg/m³	0.20	1h 均值
臭氧	mg/m³	016	1h 均值
甲醛	mg/m³	0.10	1h 均值
苯	mg/m³	0.11	1h 均值
甲苯	mg/m³	0.20	1h 均值
二甲苯	mg/m³	0.20	1h 均值
苯并[a]芘	ng/m³	1.0	日均值
可吸入颗粒物	mg/m³	0.15	日均值
TVOC	mg/m³	0.60	8h 均指
菌落总数	cfu/m³	2500	仪器测定
氡	Bq/m³	400	年平均值

3）主动式空气净化产品性能评价标准

主动式空气净化产品从使用方式上可分为两类，一类是不带动力的集中空调用模块式空气净化装置，如各类空气过滤器；另一类是单体式空气净化装置，多为便携式空气净化器、具有净化功能的空调器。采用的技术主要集中在过滤材料及静电吸附、光催化和等离子技术上。具体性能评价标准如下。

《空气净化器污染物净化性能测定》（JG/T 294—2010）适用于民用建筑中使用的室内单体式空气净化器和安装在集中空调通风系统中的各类模块式空气净化器的性能测定。

该标准从以下几个方面对空气净化产品的性能做出标准化要求：①化学污染物净化效率。甲醛、苯、TVOC、氨等化学污染物净化效率应分别标示，在额定风量、额定初始污染物浓度下，在评价时间内净化效率不应小于 70%；模块式空气净化器应增加一次通过净化效率测试，一次通过净化效率不应小于 50%。②微生物净化效率。微生物净化效率不应小于70%；模块式空气净化器应增加一次通过净化效率测试，一次通过净化效率不应小于50%。③颗粒物净化效率。颗粒物净化效率不应小于50%；模块式空气净化器应增加一次通过净化效率测试，一次通过净化效率应符合GB/T 14295—2008的规定。④单体式空气净化器的测量点设在送风出口，模块式空气净化器的测量点设在0.3m处。臭氧增加量1h均值不应大于0.16mg/m³。⑤紫外线泄露量。空气净化装置周围30cm处的紫外线辐照值不得大于5μW/cm²。

《家用和类似用途电器的抗菌、除菌、净化功能 空气净化器的特殊要求》（GB 21551.3—2010）对家用和类似用途的具有除菌功能的空气净化器的卫生和功能要求如下：①空气净化器应符合GB 21551.1—2008中相关卫生安全性方面的要求；②空气净化器本身所产生的有害物质应符合表4-8中的要求；③在模拟现场和现场试验条件下运行1h，其抗菌（除菌）率大于或等于50%；④空气净化器的抗菌性能应达到GB 21551.2—2010中的相关要求；⑤空气净化器的净化材料应能够更换或再生、净化装置能够清洗和消毒。

表4-8 空气净化器产生有害物质要求

有害因素	控制指标
臭氧浓度（出风口5cm处）	≤0.10mg/m³
紫外线强度（装置周边30cm处）	≤5μW/cm²
TVOC浓度（出风口20cm处）	≤0.15mg/m³
PM_{10}浓度（出风口20cm处）	≤0.07mg/m³

其他标准，如《空气过滤器》（GB/T 14295—2008）、《高效空气过滤器》（GB/T 13554—2008）和《空气净化器》（GB/T 18801—2015）将在4.1.3.2节中详细介绍。表4-9总结了我国现行空气净化产品性能测评的相关标准和规范。

表4-9 我国现行空气净化产品性能测评相关标准和规范

标准号	名称	污染物	主要评价指标
GB/T 14295—2008	《空气过滤器》	颗粒物	计数/重效率
GB/T 13554—2008	《高效空气过滤器》	颗粒物	效率、透过率
GB/T 18801—2015	《空气净化器》	固态污染物（0.3μm以上）、气体污染物	洁净空气量、净化效能、净化寿命
JG/T 294—2010	《空气净化器污染物净化性能测定》	颗粒物、微生物、化学污染物	净化效率、净化寿命
APIAC/LM 01—2015	《室内空气净化器净化性能评价要求》	颗粒物、气态污染物、微生物	使用面积、$PM_{2.5}$洁净空气量、能源效率

4.1.3.2 评价方法

轻工业行业标准《室内空气净化产品净化效果测定方法》(QB/T 2761—2006)，是我国第一部室内空气被动式净化产品净化效果的测定方法。

民用建筑工程室内空气中甲醛的检测方法，应符合现行国家标准《公共场所卫生检验方法 第2部分：化学污染物》(GB/T 18204.2—2014)中酚试剂分光光度法的规定。或者也可以采用简便取样仪器检测方法，甲醛简便取样仪器应定期进行校准，测量结果在 $0.01\sim0.60mg/m^3$ 的不确定度应小于20%。当发生争议时，应以现行国家标准《公共场所卫生检验方法 第2部分：化学污染物》(GB/T 18204.2—2014)中酚试剂分光光度法的测定结果为准。民用建筑工程室内空气中氨的检测方法，应符合现行国家标准《公共场所卫生检验方法 第2部分：化学污染物》(GB/T 18204.2—2014)中靛酚蓝分光光度法。民用建筑工程室内环境中甲醛、苯、氨、TVOC 浓度的检测，对采用集中空调的民用建筑工程，应在空调正常运转的条件下进行；对采用自然通风的民用建筑工程，检测应在对外门窗关闭 1h 后进行。对甲醛、氨、苯、TVOC 取样检测时，装饰装修工程中完成的固定式家具，应保持正常使用状态。氡浓度的检测，对采用集中空调的民用建筑工程，应在空调正常运转的条件下进行；对采用自然通风的民用建筑工程，应在房间的对外门窗关闭 24h 以后进行。

根据《室内空气质量标准》(GB/T 18883—2002)的要求，表4-7中列举的空气污染物的检测方法如表4-10所示。

表4-10 室内空气中各种污染物的检验方法

污染物类别	检测方法	来源
二氧化硫	甲醛溶液吸收-盐酸副玫瑰苯胺分光光度法	GB/T 16128—1995 GB/T 15262—1994
二氧化氮	改进的 Saltzaman 法	GB 12372—1990 GB/T 15435—1995
一氧化碳	非分散红外法	GB/T 9801—1988
二氧化碳	不分光红外气体分析法 气相色谱法 容量滴定法	GB/T 18204.24—2014
氨气	靛酚蓝分光光度法 离子选择电极法 次氯酸钠-水杨酸分光光度法	GB/T 18204.25—2014 GB/T 14668—1993 GB/T 14669—1993 GB/T 14679—1993
臭氧	紫外分光光度法 靛蓝二磺酸钠分光光度法	GB/T 15438—1995 GB/T 18204.2—2014 GB/T 15437—1995

续表

污染物类别	检测方法	来源
甲醛	AHMT 分光光度法 酚试剂分光光度法 乙酰丙酮分光光度法	GB/T 16129—1995 GB/T 18204.2—2014 GB/T 15516—1995
苯	气相色谱法	GB/T 18883—2015 GB 11737—1989
甲苯、二甲苯	气相色谱法	GB 11737—1989 GB 14677—1993
苯并[a]芘	高效液相色谱法	GB/T 15439—1995
可吸入颗粒物	撞击式-称重法	GB/T 17095—1997
TVOC	气相色谱法	GB/T 18883—2015
菌落总数	撞击法	GB/T 18883—2015
氡	空气中氡浓度闪烁瓶测量法 径迹蚀刻法 双滤膜法 活性炭盒法	年平均值

4.1.3.3 现行标准中可能存在的问题

现行标准中，颗粒物产生方式导致颗粒物性质不同。GB/T 14295—2008 和 GB/T 13554—2008 使用气溶胶发生器产生颗粒物，而 GB/T 18801—2015、JG/T 294—2010 和 APIAC/LM 01—2015 均采用香烟烟雾作为颗粒污染物。室内空气中颗粒物从烹饪到室外大气来源多样，现行的颗粒物产生方式是否能体现净化器的实际应用效果，尤其针对来自室外大气的二次气溶胶的净化效果，有待进一步证实。而且，相关环境标准未能与空气净化器性能评价产生联动。比如，《室内空气质量标准》（GB/T 18883—2002）中仅规定了可吸入颗粒物的浓度，对时下热议的 $PM_{2.5}$ 并无提及；并且，空气净化器测评中使用粒子计数单位，而《室内空气质量标准》中使用质量浓度单位，二者浓度单位不统一，这就影响了空气净化器的实际测评和使用[51]。

4.2 典型作业用空气净化装置及设备

4.2.1 作业用空气净化装备分类及技术原理

4.2.1.1 高效过滤器送风口

高效过滤器送风口是空气净化系统的末端设备，包括了层流罩、风机过滤器单元、自净器等送风设备，这些送风设备因为赋予了专有名称，故在随后节次中依次介绍，本节只介绍应用非常广泛的常规高效过滤器送风口。

1）送风口结构

高效过滤器送风口是由高效过滤器和送风口组合而成，它还包括扩散板、压框等部件。高效过滤器装于送风口内，这里说的送风口，不是散流器送风口，也不是百叶送风口，而是由冷轧钢板制作成的箱形设备，经喷塑或烤漆处理表面，其上焊有吊环、螺杆或螺母、进风口法兰，在静压箱内还装有保温材料，如图 4-17 所示。

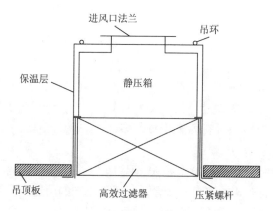

图 4-17　高效过滤器送风口

2）送风口分类

高效过滤器送风口有多种形式。

（1）带扩散孔板的送风口

扩散孔板的开孔孔径一般为 8mm，也有孔径为 6mm 的，孔径大小要与开孔率相配合，穿过圆孔的气流速度应适宜。扩散孔板呈凸形结构，对洁净气流的扩散效果好。

（2）带平面形扩散板的送风口

这种送风口的扩散板在一个平面上，周边开设斜向条缝出风口，中间开设孔径为 3mm 左右的圆孔组，根据作者所做的实测研究，其混合、扩散效果不如带扩散孔板的送风口好，故在净化空调工程设计中不应采用这种送风口。

（3）保温送风口

在洁净室中，夏季送风温度低于室内温度，而冬季一般都高于室内温度。为了保证送风参数符合设计要求，需对送风口的壁面进行绝热处理，即在高效过滤器送风口内的静压箱内壁面上粘贴符合要求的保温材料，在保温材料外表面再覆盖薄镀锌钢板，以防止保温材料掉尘。

(4) 上进风和侧进风送风口

上进风送风口要求有较大的安装空间，即在吊顶以上应留有较大的空间，其进风气流在静压箱内扩散较好，这种送风口适合于新建建筑或高层建筑。侧进风送风口，进风气流在静压箱内要转向，进风气流在静压箱内的扩散性能不及上进风送风口好，但其所需要的安装空间较小，吊顶夹层的净高度小到800mm也可以安装，故其适合于低层高建筑，特别是既有建筑改造成洁净室时非常适用。但进风口法兰应做成可拆卸式，否则不能够装入吊顶的安装孔内。

4.2.1.2 洁净工作台

洁净工作台也称超净台，它是在操作台面以上的空间局部形成无尘无菌环境的装置，是净化空调系统中游离于系统之外的一种净化设备。也就是说它的送风、回风不纳入净化空调系统，只是在洁净室内自循环。如果在非洁净室内使用超净台，它的粗效过滤器、高效过滤器寿命将缩短。目前，国产的洁净工作台均为单向流洁净工作台，规格型号有六七十种之多。

1) 结构与分类

洁净工作台的结构与类型紧密相关，把组成洁净工作台的各主要部件进行不同的排列，就得到不同形式的洁净工作台，服务于不同的用途。不管是哪种形式的洁净工作台，都是由风机、高效过滤器、粗效过滤器、壳体、台面、紫外线灯、照明灯、调压器、压差显示表等部件组成的。洁净工作台可以按照以下四种方法分类。

(1) 按气流组织划分

按气流组织分为非单向流式和单向流式。单向流式又可分为水平单向流和垂直单向流，如图4-18所示。水平单向流洁净工作台适宜进行小物件操作；垂直单向流则适合大物件的操作。

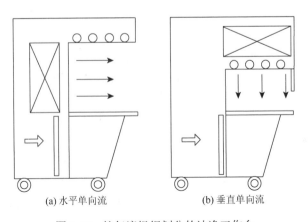

(a) 水平单向流　　　(b) 垂直单向流

图4-18　按气流组织划分的洁净工作台

（2）按排风方式划分

按排风方式可分为全循环式、直流式、前部排风式和全面排风式。全循环式洁净工作台主要用于产生污染极少或不产生污染的生产工艺场所，如图4-19（a）所示。该工作台操作区净化效果比直流式好，对台外环境影响小，但结构阻力大，振动噪声大，需要补充少量新风。直流式洁净工作台采用全新风，操作区净化效果比循环式差。前部排风式洁净工作台在工作台台面的前部设置了回风口，吸入台面排出的有害气体，如图4-19（b）所示，该工作台主要用于排风量大于等于送风量的场合。全面排风式洁净工作台是在台面上全面打孔进行排风的洁净装置，主要应用于排风量小于送风量的场所。

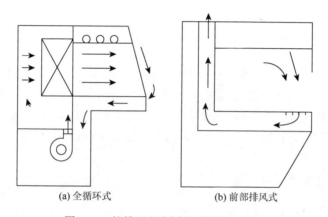

(a) 全循环式　　　　　　(b) 前部排风式

图4-19　按排风方式划分的洁净工作台

（3）按工艺要求划分

按工艺要求分为专用洁净工作台和通用洁净工作台。在通用洁净工作台上装上各种工艺专用装置即成为专用洁净工作台，如配有排水设备的清洗洁净工作台。

（4）按结构划分

按结构分为整体式和脱开式。为了减少振动，操作台面和箱体脱开的结构形式为脱开式。

2）结构原理

洁净工作台是设置在洁净室内或室外，可根据使用环境要求在操作台上保持高洁净度的局部净化设备。

如图4-20所示，新风或回风经预过滤器吸入，通过风机加压，将经高效空气过滤器过滤的洁净空气送至操作区。

洁净工作台的台面目前多采用不锈钢制作，除水平单向流的洁净工作台外，垂直单向流的洁净工作台台面上均开有条缝组或圆孔组出风口，这样可减弱垂直单向气流流线的弯曲，保证操作区的洁净度，否则所有的气流将过早地弯曲流向

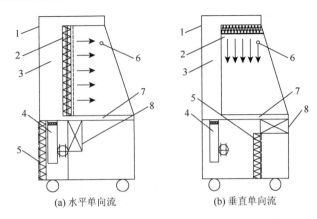

图 4-20 净化工作台
1. 外壳；2. 高效空气过滤器；3. 静压箱；4. 风机机组；5. 预过滤器；6. 日光灯；7. 台面板；8. 电器元件

操作口。在洁净工作台的操作空间内，都装有照明灯和紫外线灭菌灯。在使用洁净工作台时不得开启紫外线灭菌灯，只有其停用时，才可开启紫外线灭菌灯。洁净工作台的洁净度级别大多数是空态 100 级（209E），对于空态 209E10 级的洁净工作台，除采用超高效过滤器外，其密封措施应安全可靠。

4.2.1.3 洁净层流罩

层流罩是能将操作员与产品屏蔽隔离的设备之一，其主要用途是避免产品污染。从洁净室吸取的空气，经顶部增压舱里安装的风扇作用通过 HEPA 过滤垂直穿过操作区域，为关键区域提供 ISO 5（级别 100）的单向流空气。废气从下面排出，返回洁净室区域。

1）分类与结构

层流罩可分为有风机层流罩和无风机层流罩两类。有风机层流罩基本结构如图 4-21（a）所示，主要由预过滤器、风机、高效空气过滤器和箱体组成。有风机层流罩噪声较大，适用于对噪声要求不高、低层高建筑及改造工程；无风机层流罩如图 4-21（b）所示，由高效空气过滤器和箱体组成。从功能上来看就是一台大的高效过滤器送风口，与常规过滤器送风口不同之处在于出风口用阻尼孔板或格栅代替扩散孔板。进风来自空调系统，其安装方式有立式和悬吊式。

2）技术原理

为了保证操作区的洁净度，设有一种气幕式层流罩，如图 4-22 所示，或在层流罩下方设置一定高度的垂帘，其材质为塑料薄膜或有机玻璃等。

洁净层流罩将空气以一定的风速通过高效过滤器后，形成均流层，使洁净空气呈垂直单向流，从而保证了局部区域空气洁净度可达 100 级以上。

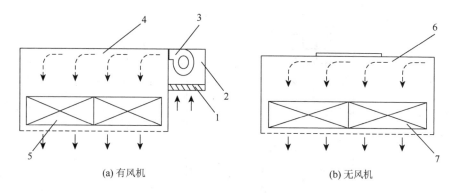

图 4-21 层流罩示意图

1. 预过滤器；2. 负压箱；3. 风机；4. 正压箱；5, 7. 高效空气过滤器；6. 箱体

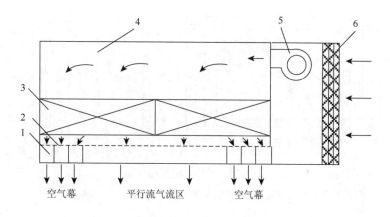

图 4-22 气幕式层流罩

1. 蜂窝形喷口；2. 阻尼层；3. 高效空气过滤器；4. 静压箱；5. 风机；6. 预过滤器

4.2.1.4 空气自净器

空气自净器是一种提供局部洁净工作环境的空气净化单元，由风机、粗效过滤器、高效过滤器、阻尼孔板、出风口、回风口及静压箱组成。结构简单，使用方便，是简易小面积的最佳理想净化设备。

1）分类与结构

（1）高效型空气自净器

高效型空气自净器由预过滤器、高效空气过滤器和风机组成，具有过滤效率高、在一定范围内造成洁净空气环境、使用灵活等特点，有移动式（图 4-23）、悬挂式（图 4-24）、风口式等形式。

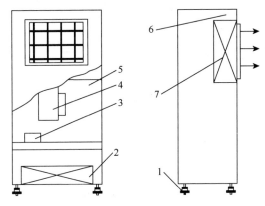

图 4-23 移动式空气自净器

1. 脚轮；2. 中效空气过滤器；3. 控制板；4. 风机；5. 负压箱；6. 正压箱；7. 高效空气过滤器

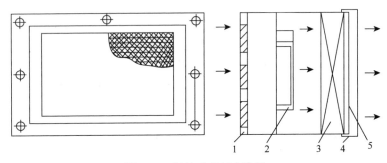

图 4-24 悬挂式空气自净器

1. 粗效空气过滤器；2. 风机组；3. 高效空气过滤器；4. 固定框；5. 压框

（2）静电空气自净器

静电空气自净器由预过滤器、静电过滤器和风机组成，具有体积小、噪声低、过滤效率较高等特点，可以置于洁净室的涡流区作为辅助净化设备使用，也可以单独使用。

2）工作原理

空气经无纺布、预过滤器过滤后，由小型多翼前向式离心风机压入静压箱，再经高效过滤器进行二级过滤。从出风面吹出的洁净气流通过净化工作区时，因具有一定的、均匀的断面风速，从而能将该工作区中的尘埃颗粒带走，形成高洁净度的工作环境。

4.2.1.5 空气吹淋室与传递窗

洁净室的人流通道、物流通道的布置有极其严格的要求，也就是说，人和物的进出须遵循规定的程序。在有些洁净室的人流通道上，需设置空气吹淋室，让人通过空气吹淋室的高速洁净气流吹掉洁净工作服上的尘埃,以防止洁净工作服上的尘埃污染洁净室。进入洁净室的物品应通过物流通道,为防止物品进入洁净室时带来污染,物品应通过传递窗来传递。

1) 空气吹淋室工作原理

空气吹淋室也称风淋室,主要由风机、预过滤器、喷嘴、互相连锁的门及控制系统组成。图4-25为双风机风淋室原理示意图。经过高效空气过滤器过滤的洁净空气从喷嘴喷出,吹落工作服上的灰尘,含尘空气经粗效过滤器被风机吸入,加压后流过高效空气过滤器再从喷嘴喷出,如此循环。风淋室都装有定时装置,工作人员按压启动按钮后,即可进入风淋室并关门吹淋,30~60s后风淋自动停止。

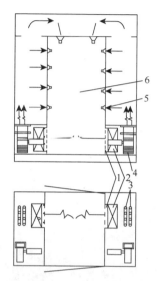

图4-25 双风机风淋室原理示意图

1. 预过滤器; 2. 风机; 3. 电加热器; 4. 高效空气过滤器; 5. 正压箱; 6. 均流板

2) 空气吹淋室分类

空气吹淋室一般情况按结构和作用方式分类。

(1) 按结构可分为小室式和通道式两种。小室式有单人式和双人式两种类型。小室式吹淋过程是间歇的,通道式吹淋过程是连续的。小室式吹淋效果较好,国内通常利用单人或双人小室式吹淋室。

(2) 根据作用方式的不同,分为喷嘴型和条缝型两种。喷嘴型吹淋室,喷嘴的喷射角度应调整到使射流方向与人身表面相切;条缝型吹淋室,应使条缝可旋转,角度达到90°。

3) 传递窗工作原理及结构

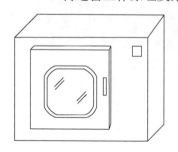

图4-26 普通传递窗示意图

传递窗是洁净室内外或洁净室之间传递物件的开口装置,它可以暂时隔断洁净气流,防止污染物传播。图4-26为普通传递窗的示意图,它实际上就是两个门连锁的小箱子。打开一个门,把欲传递的物体放入小箱子内。此时,另一个门不能打开,以防止污染物进入。当把门关上后,才能打开另一个门,取出物体。

当传递窗设置在洁净室和非洁净室之间时,即物体由非洁净室向洁净室传递,或由低洁净度区域向高洁净度区域传递时,这种传递窗不能完全阻止污染物进入洁净室。在这种情况下,应该设置洁净传递窗来传递物体,图4-27为洁净传递窗示意图。它实际上就是在普通传递窗内增设高效过滤器和风机,使传递窗内的空气形成自循环,当污染空气随着物体传递过程进入传递窗内时，通过洁净气流的稀释作用来消除污染。当在洁净室（或洁净度高的区域）内打开另一扇门时，就不会产生污染。

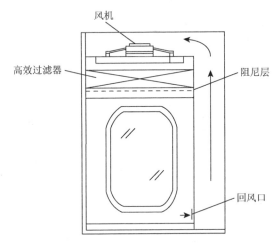

图 4-27　洁净传递窗示意图

有些被传递的物体表面可能有微生物等污染物，靠洁净气流的稀释作用是不能灭菌的。因此，需要对物体进行灭菌，这时就需装设灭菌式传递窗。灭菌式传递窗就是在传递窗内装设紫外线灭菌灯，当被传递的物体表面需灭菌时，可在关闭传递窗门后打开紫外线灭菌灯进行灭菌。

4.2.1.6　风机过滤器单元

与带风机的层流罩一样，风机过滤器单元也是由风机和高效过滤器等部件组成，只不过它的外形尺寸较层流罩小，且内部全部装设无隔板的高效过滤器。

如图 4-28 所示，风机过滤器单元主要由离心后倾式直驱风机组、无隔板高效过滤器、外壳、阻尼层等部件组成。外壳材料为不锈钢板、镀锌钢板或表面喷塑的冷轧钢板。其特点是结构紧凑、安装方便、噪声较大。若选用高性能风机，其噪声可小于 50dB（A），但当联片安装时，叠加噪声较大，不适用于噪声要求较高的场合，如洁净手术室等。风机过滤器单元多用于工业洁净室。

4.2.1.7　空气过滤器

空气过滤器是洁净空调系统中的关键设备，它的性能直接影响洁净空调系统的洁净度级别和空气净化效果，洁净空调系统必须选用合适的空气过滤器，并保证其运行可靠。

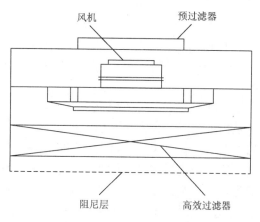

图 4-28 风机过滤器单元

1）过滤器性能指标

（1）过滤效率

过滤效率是空气过滤器最重要的指标，它是指在额定风量下，过滤前后空气含尘浓度之差与过滤前空气含尘浓度之比的百分数。过滤效率是衡量空气过滤器捕集尘粒能力的参数，也可以用穿透率来评价过滤器的质量。穿透率是指过滤后空气的含尘浓度与过滤前空气的含尘浓度之比的百分数，用它来评价高效过滤器的性能更直观一些。

（2）过滤器面速和滤速

过滤器面速是指过滤器的断面通过的气流速度（m/s），是反映过滤器的通过能力和安装面积的性能指标，可用式（4-1）表示：

$$u = \frac{Q}{F \times 3600} \quad (4\text{-}1)$$

式中，Q 为通过过滤器的风量，m^3/h；F 为过滤器的迎风截面积，m^2。

滤速反映滤料的通过能力（过滤性能），一般高效和超高效过滤器的滤速为 2～3cm/s，亚高效过滤器的滤速为 5～7cm/s。

（3）过滤器阻力

空气过滤器的阻力由两部分组成，一是滤料的阻力，二是过滤器结构的阻力。纤维过滤器的滤料阻力是由气流通过纤维层时的迎面阻力造成的，该阻力的大小与在纤维层中流动的气流状态有关。一般情况下纤维层中的气流为层流，因为纤维极细，滤速很小，故雷诺数 Re 也很小。

纤维过滤器的结构阻力是气流通过由过滤器的滤材和支撑材料构成的通路时产生的，以面风速为代表，一般达到 m/s 的量级，它通常比通过过滤层时的滤速要大。

空气过滤器的初阻力是指新制作的过滤器在额定风量状态下的空气流通阻力。空气过滤器在某一风量下运行，其流通阻力随着积尘量的增加而增大。一般当积尘量达到某一数值时，阻力增加较快，这时应更换或清洗过滤器，以确保净化空调系统的经济运行。

（4）过滤器容尘量

过滤器的容尘量是指过滤器的最大允许积尘量，是过滤器在特定试验条件下容纳特定试验粉尘的质量。一般情况下，过滤器的容尘量是指在一定风量下，因积尘而使阻力达到规定值（一般为初阻力的 2 倍）时的积尘量。

国际标准化组织指定了"AC 细灰"为试验粉尘（美国亚利桑那州荒漠地带某特定地点的浮尘），过滤器积尘后阻力的增加值与试验粉尘的大小有关。测试表明，当风量为 1000m^3/h，一般折叠泡沫塑料过滤器的容尘量为 200～400g；玻璃纤维过滤器为 250～300g；无纺布过滤器为 300～400g；高效过滤器为 400～500g。

2）过滤器结构原理

（1）泡沫塑料过滤器

泡沫塑料过滤器采用聚乙烯或聚酯泡沫塑料作为过滤层。泡沫塑料预先进行化学处理，将内部气孔薄膜穿透，使其具有一系列连通的孔隙。含尘空气通过时，由于惯性、扩散作用，使空气得以净化，其孔径一般为 200～300μm。

（2）纤维填充式过滤器

纤维填充式过滤器由框架和滤料组成，采用不同粗细的纤维作为填料，如玻璃纤维、合成纤维。常用的玻璃纤维过滤器，纤维填料层两侧用铁丝网夹持，每个单元由两块过滤块组成，尘粒由中间进入单元内，通过两侧的过滤层净化。

（3）纤维毡式过滤器

纤维毡式过滤器采用各种纤维（如涤纶、维纶等）做成的无纺布作为滤料，一般做成袋式或卷绕式。袋式纤维过滤器用无纺布滤料做成折叠式或 V 形滤袋，净化效率高，常作为中效过滤器；自动卷绕式过滤器用泡沫塑料或无纺布做成滤料，滤料积尘后，可自动卷动更新，到整卷滤料积尘后，取下更换。

（4）静电过滤器

静电过滤器采用电场产生的电力使尘粒从气流中分离出来，采用双区结构，由荷电区和收尘区组成。荷电区是一系列等距离平行安装的流线型管柱状接地电极，管柱之间安装电晕线，电晕线接正极；收尘区的集尘极用铝板制作，极板间距约 10mm，在极板间构成均匀电场，尘粒在荷电区获得正离子，随后进入收尘区，荷正电或负电的粉尘分别沉降在与其极性相反的极板上，需定期用水或油洗掉极板上的尘粒。静电过滤器的外形如图 4-29 所示。

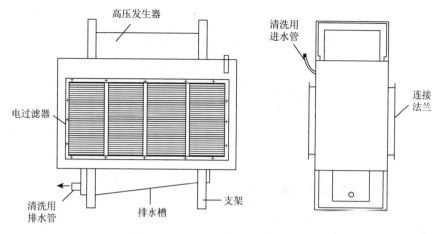

图 4-29 JKG-2A 型静电过滤器外形

3）过滤器分类

通常所说的过滤器是指空气尘粒过滤器，清除空气中气体污染物的过滤器则称为化学过滤器。根据不同的分类方法，对应着不同的称谓。

（1）按过滤效率可分为：①粗效空气过滤器。粗效空气过滤器主要用于新风过滤，过滤对象一般为大于 $5\mu m$ 的沉降性微粒以及各种异物，所以粗效空气过滤器的效率以过滤 $5\mu m$ 为准，其容尘量大、阻力小、价格便宜、结构简单。滤料多采用容易清洗和更换的金属网、泡沫塑料、无纺布、DV 化学组合毡等材料。②中效空气过滤器。中效空气过滤器可以作为一般空调系统的终端过滤器和净化空调系统中高效空气过滤器的预过滤器。它主要用于截留 $1\sim 10\mu m$ 的悬浮性微粒，效率以过滤 $1\mu m$ 为准，主要用于过滤新风及回风，以延长高效空气过滤器的寿命。滤料多采用中、细孔泡沫塑料或其他纤维滤料，如玻璃纤维毡、无纺布、复合无纺布和长丝无纺布等。③亚高效空气过滤器。亚高效空气过滤器既可以作为洁净室末端过滤器使用，根据要求达到一定的空气洁净等级，也可以作为高效空气过滤器的预过滤器，进一步提高和确保送风的洁净度，还可以作为净化空调系统新风的末级过滤，提高新风品质。它主要用于截留 $1\mu m$ 以下的微粒，其效率以过滤 $0.5\mu m$ 的微粒为准。亚高效空气过滤器主要用于过滤新风和作为三级过滤的末端过滤器，它必须在粗、中效空气过滤器的保护下使用。其滤芯一般采用玻璃纤维滤纸、棉短纤维滤纸。④高效空气过滤器。高效空气过滤器是洁净室最主要的末端过滤器，必须在粗、中效空气过滤器的保护下使用，以实现各级空气洁净度等级为目的。其主要用于过滤小于 $1\mu m$ 的尘粒，其效率习惯以过滤 $0.3\mu m$ 的微粒为准。滤料有玻璃纤维滤纸、石棉纤维滤纸和合成纤维三类。

（2）按使用目的可分为：①新风处理用过滤器。其用于洁净空调系统的新风处理，通常采用粗效、中效、亚高效过滤器。②室内送风用过滤器。其通常用于洁净空调系统的末端过滤，通常采用亚高效、高效、超高效或 ULPA＋化学过滤器或 HEPA＋化学过滤器。③排气用过滤器。为防止洁净室内产品生产过程中产生的污染物（包括各种有害物质，如有害气体、微生物等）对大气污染，常常在洁净室的排气管上设置性能可靠的排气过滤器，排气经过滤处理达到规定的排气标准后才能排入大气。④洁净室内设备用过滤器。这是指洁净室内通过内循环方式达到所需的空气洁净度等级使用的空气过滤器，一般采用高效、超高效或 HEPA＋化学过滤器或 ULPA＋化学过滤器等。

4.2.2 作业用空气净化装备性能评价

4.2.2.1 空气过滤器

国内外常用的空气过滤器性能检测试验方法如下。

1）质量法

过滤器安装在标准试验风洞内，上风端连续发尘，每隔一段时间，测量穿过过滤器的粉尘质量，由此得到过滤器在该阶段粉尘质量计算的过滤效率。采用该法的相关标准有中国 GB/T 14295—2008、美国 ANSI/ASHRAE 52.1—1992 和欧洲 EN 779：1993。质量法适用于粗效、中效空气过滤器效率检测。

2）比色法

在过滤器前后采样，含尘空气经过过滤纸，将污染的滤纸放在光源下照射，再用光电管比色计（光电密度计）测出过滤器前后滤纸的透光度；在粉尘的成分、大小和分布相同的条件下，利用光密度与积尘量成正比的关系，计算出过滤效率。比色法适用于中效空气过滤器的效率检测。

3）粒子计数器法

将含尘气流以很小的流速通过强光照明区，被测空气中的尘粒依次通过时，每个尘粒将产生一次光散射，形成一个光脉冲信号，根据光脉冲信号幅度大小与粒子表面大小成正比的关系，由光电倍增管测得粒子数及亮度，确定其过滤效率。粒子计数器法适用于洁净室高效空气过滤的检测试验。

对于粗效空气过滤器，可依据大于或等于 $5\mu m$ 的粒径档的过滤效率判断其优劣；对于一般的中效空气过滤器可用大于或等于 $2\mu m$ 的粒径档的过滤效率判断其优劣；对于高中效空气过滤器可采用大于或等于 $1\mu m$ 的粒径档的过滤效率判断其性能优劣；至于亚高效、高效空气过滤器可采用大于或等于 $0.5\mu m$ 的粒径档的过滤效率判断其性能的优劣。

4）邻苯二甲酸二辛酯法

将试验尘源为 $0.3\mu m$ 单分散相邻苯二甲酸二辛酯（DOP）液滴加热成蒸汽，

在特定条件下冷凝成微小液滴，去掉过大和过小的液滴后留下 0.3μm 左右的颗粒，雾状 DOP 进入风道，然后测量过滤器前后气样的浊度，由此判断过滤器对 0.3μm 粉尘的过滤效率。

DOP 法已经有 50 多年的历史，这种方法曾经是国际上测量高效空气过滤器最常用的方法。早期，人们认为过滤器对 0.3μm 的粉尘最难过滤，因此规定使用 0.3μm 粉尘测量高效空气过滤器的效率。

测量高效空气过滤器的 DOP 法也称热 DOP 法。与此对应的 DOP 法是指 Laskin 喷管（用压缩空气在液体中鼓气泡，飞溅产生雾态人工尘）产生的多分散相 DOP 粉尘。在对过滤器进行扫描测试时，人们经常使用冷 DOP 法。DOP 法源于美国，国际通行，其相关标准为美国军用标准 MIL-STD-282。

5）计数扫描法

测量仪器为大流量激光粒子计数器或凝结核计数器。用计数器对过滤器的整个出风面进行扫面检验，计数器给出每一点粉尘的个数和粒径。这种方法不仅能测量过滤器的平均效率，还可以比较各点局部效率。

计数扫描法是测试高效空气过滤器最严格的方法，用这种方法替代其他各种传统方法是大趋势。其相关标准有欧洲 EN 1882.1～1882.5：1998～2000，美国 IES-RP-CC 007.1—1992。

6）油雾法

尘源为油雾，"量"为含油雾空气的浊度，仪器为浊度计，以气样的浊度差别来判定过滤器对油雾颗粒的过滤效率。其相关标准有我国《高效空气过滤器性能试验方法 效率和阻力》（GB/T 6165—2008）和德国 DIN 24184—1990。

7）钠焰法

测试原理：试验尘源为单分散相氯化钠盐雾，"量"为含盐雾时氢气火焰的亮度，主要仪器为火焰光度计。盐水在压缩空气的搅动下飞溅，经干燥形成微小盐雾并进入风道。在过滤器前后分别采样，含盐雾气样使氢气火焰的颜色变蓝、亮度增加。以火焰亮度来判断空气的盐雾浓度，并以此确定过滤器对盐雾的过滤效率。国家标准规定的盐雾颗粒平均直径为 0.4μm，但对国内现有装置的实测结果为 0.5μm。欧洲对实际试验盐雾颗粒中粒径的测量结果为 0.65μm。其相关标准有英国 BS 3928—1969、欧洲 Eurovent 4/9 和我国《高效空气过滤器性能试验方法 效率和阻力》（GB/T 6165—2008）。

4.2.2.2 生物安全柜

生物安全柜的性能评价主要从以下几个方面入手[52]。

1）柜体防泄漏性

柜体防泄漏测试有两种方法，即压力衰减法和肥皂泡法。压力衰减法测试：将安全柜的前窗和排风口封闭，柜体内加压到 500Pa，保持 30min 后，测试柜内气压，防泄漏性能良好的安全柜内压力应不低于 450Pa。肥皂泡法测试：将安全柜的前窗和排风口封闭，沿安全柜压力通风系统的所有焊缝、套接处和封口处的外表面喷或涂刷肥皂溶液，同时柜内加压到 500Pa，观察是否有气泡产生。如果发生大的泄露，可通过轻微的气流感觉和声音发现。压力衰减法使用压力计或压力传感器系统测试，可以定量检测柜体的密封性，是测试柜体防泄漏最精确、要求最高的一种测试方法。肥皂泡法测试效果不如压力衰减法精确可靠。

2）高效过滤器完整性

高效过滤器主要起到过滤细菌、气溶胶和灰尘颗粒的作用，净化吹入安全柜工作区和排放出的气体。高效过滤器的完整性是安全柜检测的最重要指标。高效过滤器的检测需要气溶胶发生器和光度计两个专用设备。气溶胶发生器用以产生气溶胶颗粒，光度计用以测试高效过滤器的过滤效率。

（1）可扫描检测的过滤器。运行安全柜，去掉过滤器的散流装置和保护盖，安放气溶胶发生器，将气溶胶（其光散射强度至少应等于 10μg/L DOP 产生的光散射强度）导入安全柜，产生均匀分布的高效过滤器上游气流。光度计探头在过滤器下游距过滤器表面不超过 25mm，以小于 50mm/s 的扫描速率移动，使探头扫测过滤器的整个下游一侧和每个组合过滤片的边缘，扫测路线应略微重叠。围绕整个过滤器外围，沿组合过滤片和框架的连接处以及围绕过滤器和其他部件之间的密封处仔细扫测。所有检测点的漏过率不超过 0.01%。

（2）不可扫描检测的过滤器。对于经管道排气的安全柜，在下游气流的管道上钻一个直径大约 10mm 的孔，将带有硬管光度计探针插入孔中进行检测。检测点的漏过率不大于 0.005%。

3）噪声

打开安全柜的风机和照明灯，使用声级计测量安全柜前面中心水平向外 300mm、工作台面上方 380mm 处噪声；关闭风机和照明灯，测量相同位置背景噪声。安全柜的噪声不超过 67dB。

4）照度

在安全柜工作台面上，沿台面两内侧壁中心连线设置照度测量点，测量点之间的距离不超 300mm，与侧壁最小距离为 150mm；关掉安全柜的灯，使用照度计从一侧起依次在测量点测量背景照度，平均背景照度应在（110±50）lx；打开安全柜的灯，启动风机，依次在测量点测量照度。安全柜平均照度不应小于 650lx，每个照度实测值不小于 430lx。

5）振动

将振动仪的传感元件固定在工作台面的几何中心，测量安全柜正常工作时的总振动振幅。关闭安全柜的风机（室外风机工作），测定背景振动振幅。安全柜在频率 10Hz～10kHz 的净振动振幅（总振动振幅减背景振动振幅）不超过 5μm。

6）人员、产品与交叉污染保护

人员保护有 2 种检测方法：微生物法和碘化钾法。微生物法需制备枯草芽孢、杆菌芽孢，测试后要经过细菌培养，操作复杂，用时较长，不便于外出开展检测。碘化钾法是定义在 EN 12469：2000 上的，测试方法与微生物法相同，用碘化钾代替了细菌，可当场验证安全柜污染控制性能，操作性强，用时较短。

（1）微生物法。将盛有 $5×10^8～8×10^8$ 个/mL 的芽孢悬浮液的喷雾器放在安全柜内，喷雾器喷嘴的轴线在工作台面上方 360mm 处，喷嘴前端位于前窗操作口内 100mm 处，喷雾方向平行于台面且正对操作口；喷雾器的圆筒固定在台面上的中心，一端贴住工作区的后壁，另一端从操作口伸出安全柜至少 150mm，圆筒的轴线高于台面 70mm；6 个撞击采样器呈左右对称放置在柜前，6 个采样口正对安全柜；1 个阳性对照琼脂培养皿放在圆筒下；2 个狭缝采样器的采样口平面与台面平行，采样口的垂直轴线在安全柜前方 150mm 处，各距内侧壁 200mm；启动喷雾器，运行 5min。测试持续 30min。在无菌的条件下，用滤膜滤取所有撞击采样器的采样液体，将滤膜置于培养基上；有滤膜的培养基、对照培养皿和狭缝采样器的培养皿在 37.0℃下培养，培养到 24～28h 时检查计数，如果呈阴性，继续培养至总培养时间达 44～48h 时检查计数。Ⅱ级生物安全柜用枯草芽孢、杆菌芽孢进行实验，从全部撞击采样器收集的芽孢菌菌落数应不超过 10cfu/次，狭缝采样器的培养皿收集的芽孢菌菌落数应不超过 5cfu/次，对照皿应呈阳性（>300cfu）。

（2）碘化钾法。将气雾发生器放置在安全柜的工作台面上，使气雾发生器圆盘的中心位于仪器模拟臂的中心上，圆盘的边缘到安全柜平面开口的距离是 100mm，圆盘与安全柜开口上边缘平行。气雾发生器产生雾状的碘化钾微小液滴，安全柜外模拟臂上的 4 个空气采样器采集从安全柜内逃逸出的碘化钾微粒。采样结束后，取出采样器内的过滤薄膜，将薄膜放到 $PdCl_2$ 溶液中显色，计数薄膜上灰棕色的小圆点。Ⅱ级生物安全柜用碘化钾法测试，保护因子应不小于 $1×10^5$，即每个薄膜上灰棕色的小圆点数都应小于 62 个。重复实验 5 次，每次均应符合要求。

在产品保护中，在安全柜的工作台面上排满敞开的琼脂培养皿；圆筒固定在台面上的中心区，一端贴住工作区的后壁，另一端从前窗操作口伸出安全柜至少 150mm，圆筒的轴线高于台面 70mm；盛有 $5×10^6～8×10^6$ 个/mL 的芽孢悬浮液的喷雾器放在柜外，喷雾器喷射轴在安全柜中心并与操作口上沿平齐，喷雾器的喷嘴前端位于操作口外 100mm，喷雾方向平行于台面，正对操作口；一个阳性对照琼脂培养皿放在圆筒下；启动喷雾器，运行 5min。喷雾器关闭 5min 后盖上琼脂培养皿的盖子；将培养皿在 37.0℃下培养，培养到 24~28h 时检查计数，如果呈阴性，继续培养至总培养时间达 44~48h 时检查计数。Ⅱ级生物安全柜用枯草芽孢、杆菌芽孢进行实验，菌落数应不超过 5cfu/次，对照皿应呈阳性。

对于交叉污染保护，将盛有 5×10^4~8×10^4 个/mL 的芽孢悬浮液的喷雾器置于安全柜内，紧靠左侧内壁的中心，喷雾器喷射轴线在工作台面上 30~76mm 处，喷射方向平行于台面，正对对面的侧壁；两排对照培养皿位于喷嘴下方，距喷雾器所在侧壁 360mm 处放一排培养皿，距喷雾器所在侧壁 360mm 外放一排培养皿；启动喷雾器，运行 5min。15min 后盖上培养皿，在 37.0℃下培养。将喷雾器放于靠右侧内壁中央重复测量。培养基培养到 24~28h 时检查计数，如果呈阴性，继续培养至总培养时间达 44~48h 时检查计数。Ⅱ级生物安全柜用枯草芽孢、杆菌芽孢进行实验，菌落数应不超过 2cfu/次。

7) 下降气流流速

Ⅱ级安全柜下降气流流速应为 0.25~0.5m/s。下降气流流速应在标称值 ±0.015m/s。均匀下降气流的安全柜，各测量点实测值与平均流速相差均应不超过 ±20%或 ±0.08m/s。非均匀下降气流的安全柜各区域实测的下降气流流速应为其区域下降气流标称值 ±0.015m/s，各测量点实测值与其区域平均流速相差均应不超过 ±20%或 ±0.08m/s。

（1）均匀下降气流的安全柜。在工作区上方高于前窗操作口上沿 100mm 的水平面上，用风速仪多点测量穿过该平面的下降气流流速。测量区域边界与安全柜的内壁及前窗操作口的距离为 150mm；测量点最少应有 3 排，每排最少应有 7 个测量点，测量点等距分布，形成的正方形栅格不大于 150mm×150mm。

（2）非均匀下降气流的安全柜。在工作区上方高于前窗操作口上沿 100mm 的水平面上，用风速仪多点（测量点间距不大于 100mm）测量穿过该平面各区域的下降气流流速。

4.2.3 国内外作业用空气净化装备性能标准对比

4.2.3.1 洁净工作台

我国住房和城乡建设部标准定额研究所于 2010 年发布了洁净工作台的设计、制造及检测标准文件——《洁净工作台》（JG/T 292—2010），并于 2011 年 8 月 1 日起正式全面实施[53]。该标准不适用于生物安全柜，其他局部净化设备（洁净层流罩、洁净自净器等）可参照该标准进行检验。由于缺乏洁净工作台、生物安全柜两种产品的性能、选择、操作和维护等方面的知识，人们往往混淆这两种设备，其实两者之间是有本质区别的。工作状态下，生物安全柜操作空间保持负压，可防止操作对象（病原微生物）扩散造成人员伤害和环境污染，侧重于保护操作人员和周围环境，排风经高效空气过滤器过滤处理后排出。Ⅰ级生物安全柜无送风高效空气过滤器，不保护操作对象。Ⅱ、Ⅲ级生物安全柜配备送风高效空气过滤器，保护操作对象。工作状态下洁净工作台操作空间一般为正压，送风经高效空气过滤器过滤后送至操作空间，无排风高效空气过滤器，侧重于保护操作对象而不保护操作人员和周围环境。

《洁净工作台》（JG/T 292—2010）是我国第一部关于洁净工作台的产品标准，该标准的实现结束了我国长期以来在洁净工作台方面缺乏统一标准的局面。洁净工作台广泛应用于多个领域，如医疗卫生、农业、制药、军事、商检、兽医等，该标准的发布有利于统一我国洁净工作台的制造和检测标准，也有利于规范整个洁净工作台市场。

1）分类

洁净工作台的分类方法有多种：按气流流型分类，可分为竖直单向流洁净工作台、水平单向流洁净工作台和非单向流洁净工作台；按末级空气过滤器级别分类，可分为高效空气过滤器洁净工作台、超高效空气过滤器洁净工作台；按操作方式分类，可分为单面操作型洁净工作台、双面操作型洁净工作台；按洁净工作台操作区内与工作台所在环境之间的静压差分类，可分为正压洁净工作台和负压洁净工作台。

2）标记

洁净工作台的标记应结合洁净工作台分类进行，标准给出的标记方法如图4-30所示。

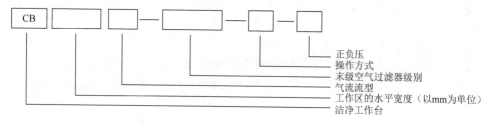

图4-30　洁净工作台型号规格表示方法

例如，工作区水平宽度为800mm，气流组织形式为水平单向流，空气过滤器为超高效空气过滤器，双面操作负压型的洁净工作台表示为CB1600H-ULPA-D-N。

3）洁净工作台材料要求

洁净工作台操作区台面、内侧壁板等的材料应能保持稳定的性能，满足机械强度和刚度要求，并具有防腐蚀和耐磨损、防火、防潮能力；洁净工作台均流层、外壁等材料应性能稳定，满足机械强度和刚度要求，并具有防腐蚀能力；洁净工作台前部透视窗的光学透视应清晰，清洁剂、消毒剂不应对其产生负面影响，宜采用防爆钢化玻璃、多层玻璃或强化玻璃；特种场合使用的洁净工作台所用材料由使用方与制造方合同规定；排风管道应采用耐腐蚀、结构稳定的管材。

4）洁净工作台主要结构特点

《洁净工作台》规定了洁净工作台箱体、台面、高效空气过滤器、均流层、电动机等主要结构部件要求，结构要求简述如下。

（1）箱体。箱体应有足够的强度和刚度，在整体稳定性好的前提下，重量应尽量减轻，接缝严密。根据需要，箱体底部可设支脚和带有自锁机构的万向轮。对防震要求较高的洁净工作台，一般底部不设支脚和万向轮。在操作区的工作面可做成独立于箱体的工作平台；单面操作型洁净工作台工作区内表面的三面壁板应满足操作工艺的需要，宜做成一体结构，壁板内表面应光滑，拼接处应密封；箱体的玻璃与金属连接部分应具有必要的密封措施；对可清洗负压风道的设计应方便清洁操作。在不拆卸系统装置的条件下，应对污染风道、静压箱、过滤器及内表面进行清洗或消毒。有特殊消毒要求的洁净工作台消毒时，空气进风门和排风口均应能封闭；在操作区内部安装气阀时，气阀与隐蔽管道间应密封连接；操作区内部电源插座应能防止试验操作中液体的飞溅，当采用防溅罩时，该防溅罩的材料性能应阻燃；洁净工作台的底部距地面应确保一定的清洁空间。

（2）台面。台面应具有足够强度和刚度，台面暴露部分不应用紧固螺钉，可拆卸台面或格栅的设计应满足徒手操作需要。在台面下具有进风功能的洁净工作台，其台面结构宜采用上、下双层结构，台面层可为格栅、孔板等通气设计，底层应为封闭设计。

（3）排风管道。对于有向室外排风要求的洁净工作台，排风管道应采用耐腐蚀、结构稳定的管材，排风管道与箱体的连接法兰应密封连接。

（4）高效空气过滤器。洁净工作台的高效空气过滤器，应采用符合 GB/T 13554—2008 标准中不低于 B 类的产品；高效空气过滤器安装位置应能有效地对整个空气过滤器进行扫描捡漏；操作区高效空气过滤器出风面应尽量与内侧持平，当出风面安装 1 个以上高效空气过滤器时，两过滤器之间应设导流或减少涡流装置；洁净工作台高效空气过滤器应最后安装，且应在拆完包装后立即安装，安装后应及时采取防护措施。

（5）预过滤器。预过滤器应选用符合 GB/T 14295—2008 标准中过滤效率不低于中效 2 型的过滤器；预过滤器安装在洁净工作台下部操作人员腿部位置时，其进风面积应足够大，使进风速度符合表 4-11 的要求。

（6）均流层。均流层作为洁净工作台内的均流设备，对操作区内的洁净度级别、风速均匀性等指标起到重要作用。均流层主要有板、网、织物等形式。宜选用开孔直径为 2～3mm、开孔率不低于 30% 的耐腐蚀均流层，或阻力不低于上述开孔板的网状阻尼层。

（7）风机。风机是洁净工作台的核心部件之一，是洁净工作台的原动力，对截面风速、噪声、洁净度等指标起重要影响作用。风机应采取隔震防震措施，当底座位于箱体底部时，宜采取软连接方式；风机出口与箱体同样应采用软连接；电机应有热过载保护装置，并能在 1.15 倍额定电压值的条件下稳定工作；具有风速调速器时，调速器允许的调速范围应是达到要求的气流速度所需的调速范围；当有排风机时，排风机与送风机应联锁，启用时应先启动排风机再启动送风机，关闭时应先关送风机再关排风机。

5）性能

JG/T 292—2010 对洁净工作台的外观、尺寸偏差、功能、性能进行了规定，给出了洁净工作台的风速、洁净度、噪声、照度、振动幅值等主要性能指标要求。

高效空气过滤器作为尘埃颗粒物进入洁净工作台操作区的最后一道防线，其自身性能及安装质量的优劣直接关系到洁净工作台能否符合要求。高效空气过滤器检漏测试是保证洁净工作台质量的必要措施之一。对于非单向流洁净工作台，风量是其重要的性能指标，该标准给出了洁净工作台换气次数范围及额定风量允许波动范围。

洁净度是洁净工作台的重要性能指标之一。一般而言，人们使用洁净工作台的主要目的是实现局部 ISO5 级洁净环境，而随着社会的发展，超高效空气过滤器在洁净工作台中的应用也越来越多，目的是实现优于 ISO5 级的局部洁净环境。该标准规定洁净工作台操作区洁净度级别根据使用的末级过滤器级别的不同而不同。

洁净工作台的性能应符合表 4-11 的具体规定。

表 4-11 洁净工作台的性能参数

参数名称	技术要求	单位	性能参数
扫描检漏	大气尘或人工尘	粒/L	≤3
	DOP 法检漏，穿透率	%	≤0.01
引射作用	大气尘或人工尘，下游离子浓度（≥0.5μm）	粒/L	≤10
	DOP 法检漏，穿透率	%	≤0.01
平均风速	单向流洁净工作台操作区平均风速	m/s	0.2~0.5
不均匀度	风速的相对标准偏差	%	≤20
进风风速	进风口设在洁净工作台操作人员腿部的进风口平均风速	m/s	≤1
风量	非单向流洁净工作台的换气次数	h^{-1}	60~120
	非单向流洁净工作台额定风量的波动范围	%	±20
空气洁净度	操作区的可能国企洁净度级别	级	洁净度 5 级（HEPA） 优于洁净度 5 级（ULPA）

续表

参数名称	技术要求	单位	性能参数
沉降菌浓度	操作区台面平均菌落数（只只用于生物洁净用途的工作台有此要求）	cfu/(皿·0.5h)	≤0.5
噪声	前壁板水平中心向外300mm，且高于地面1.1m处的整机噪声	dB	≤65
照度	操作区台面上的平均照度（无背景照明）	lx	≥300
振动幅度	操作区台面几何中心的垂直净振幅	μm	≤5
气流状态	操作空间垂直气流试验（垂直单向流洁净工作台）	—	气流流线应垂直于台面或出风面，不得有死角和回流
	操作空间水平气流试验（水平单向流洁净工作台）		气流流线应平行于台面或出风面，不得有死角和回流

4.2.3.2 生物安全柜

1) 国内生物安全柜标准分析

随着国内对生物制药行业的逐步重视，对生物危害控制的需要日益迫切，2005~2006年相继发布实施了两个专门针对生物安全柜的重要标准：来自建设部的JG 170—2005和来自国家食品药品监督局的YY 0569—2005。

我国建设部标准定额研究所于2005年发布了建筑工业行业标准——《生物安全柜》(JG 170—2005)，是我国第一部生物安全柜的专有标准，该标准的实施结束了长期以来我国在生物安全柜方面缺乏统一标准的局面。该标准主要参考美国NSF 49：2002和欧盟EN 12469：2000标准制定，同时也结合了一些相关生产厂家的设计制造经验。

中华人民共和国医药行业标准《Ⅱ级生物安全柜》(YY 0569—2011)由国家食品药品监督管理局提出，于2013年6月1日正式实施。该标准是在YY 0569—2005的基础上修改更新的。《Ⅱ级生物安全柜》标准同样也是参考国外标准制定的，从最初的2005版到进一步修订更新的2011版，修订后的标准更科学、更严谨、更权威。《Ⅱ级生物安全柜》也逐步成为目前国内权威性最高、应用最广泛的标准，甚至比国外的标准还要严格，与美国NSF 49：2016和欧盟EN 12469：2000一起成为世界最重要最权威的三大生物安全柜标准。

由于国内的两个标准非常接近，本节主要介绍《Ⅱ级生物安全柜》(YY 0569—2011)标准的相关内容，并对国内两个标准的具体差异进行补充说明。

(1) 生物安全柜材料要求

所有柜体和装饰材料应能耐正常的磨损，能经受气体、液体、清洁剂、消毒剂及去污操作等的腐蚀。材料结构稳定，有足够的强度，具有防火耐潮能力；所有工作区内表面和集液槽应使用不低于 300 系列不锈钢的材料制作；前窗玻璃应使用光学透视清晰、清洁和消毒时不对其产生负面影响的防爆裂钢化玻璃、强化玻璃制作，其厚度应不小于 5mm；高效过滤器以及外框应能满足正常使用条件下的温度、湿度、耐腐蚀性和机械强度的要求，滤材不能为纸质材料。滤材中可能释放的物质应不对人员、环境和设备产生不利影响。外框使用有一定刚度、强度的金属材料制作。

（2）生物安全柜结构特点

柜体方面，A1、A2 和 B1 型安全柜的所有污染部位均应处于负压状态或被负压区包围，B2 型安全柜的所有污染部位均应处于负压状态或被直接外排的负压区包围；安全柜裸露工作区内三面侧壁板应为一体成型结构，内表面的拼接处须做密封处理；安全柜裸露工作区内表面与外表面的三面壁板间的连接、底部负压风管外壁板与工作区外壁板间的连接，均应密封处理；安全柜工作区内所有的两平面交接处的内侧曲率半径应不小于 3mm，三平面交接处的内侧曲率半径应不小于 6mm；风机/电机维护和高效过滤器的拆装、更换应从安全柜的前部进行。除了风机、无孔密封或加套的线路和必要的风速传感器，其他可更换的电炉组件不能放置在空气污染区域。所有通过空气污染区域的线路要被密封，所有的插座需提供电炉过载保护。在用简单工具可以打开的盖板内的压力通风系统外区域，需永久贴上一张全部电路组件的接线图，还需提供关于起始电流、运行功率和电路要求的安装说明。

前窗操作口方面，前窗操作口的高度标称值应为 160～250mm。前窗开启与关闭应轻便，在行程范围内的任何位置不产生卡死现象，不应有明显的左右或前后晃动现象，滑动应顺畅。滑动前窗的构造应保证在悬挂系统出故障时不能脱落而给操作者带来危险。应具有报警系统和联锁系统以保证工作只能在规定的前窗操作口高度范围之内进行。滑动前窗及与其贴合的板之间、窗玻璃与框架之间及框架四周的连接处、压紧装置等，均应充分考虑系统的防泄漏。

电机方面，安全柜使用的电机应包括热保护装置，并能在 1.15 倍额定电压值的条件下稳定工作；可以调速且控制稳定，调速控制器应安装于可拆除或可锁控面板的背后。调速器允许的调速范围应达到适当的气流平衡所需的调速范围。

采样口方面，安全柜应预留高效过滤器上游气溶胶浓度测试的采样口。

此外，安全柜必须实时显示工作区的下降气流流速和流入气流流速，下降气流流速和流入气流流速应在下降气流流速和流入气流流速实测值的±0.025m/s 之间，并可以校准至实测值。气流流速显示分辨率至少为 0.01m/s。安全柜还必须具有一定的可清洁性。内部机件、暴露在内面以及其他易遭到溅出液或溢出液污染的内表面，应容易清洁。内部机件、暴露的内面和其他内表面，包括压力通风系统应能进行蒸汽或气体的消毒。最后，安全柜还需要具有一定的可消毒性，安全柜不需移动即可用非火星消毒剂进行熏蒸消毒。消毒时仅用金属板、塑料膜或密封胶带等密封进气口和排气口即可保证消毒气体不溢出安全柜外。如果安全柜配有压力密封阀，则该密封阀应适于消毒，并位于安全柜的洁净区域。

(3) 生物安全柜性能

①柜体防泄漏。安全柜加压到500Pa，保持30min后气压应不低于450Pa，或保持安全柜内气压在 (500±50) Pa 的条件下，压力通风系统外表面的所有焊接处、衬垫、穿透处、密封剂密封处在此压力条件下应无肥皂泡反应。

②高效过滤器完整性。可扫描检测过滤器在任何点的漏过率应不超过0.01%；不可扫描检测过滤器检测点的漏过率应不超过0.005%。

③噪声要求。安全柜的噪声应不超过67dB。

④照度要求。安全柜平均照度应不小于650 lx，每个照度实测值应不小于430 lx。

⑤振动要求。频率10～10kHz 的净振动振幅应不超过5μm（rms）。

⑥人员、产品与交叉污染保护要求。安全柜用 1×10^8～8×10^8 个/mL 的枯草芽孢、杆菌芽孢进行实验5min后（微生物实验），从全部撞击采样器收集的枯草芽孢、杆菌芽孢菌落形成单位（cfu）数量应不超过10。狭缝式空气采样器培养皿中枯草芽孢、杆菌芽孢计数应不超过5cfu，对照培养皿应呈阳性（当培养皿菌落计数大于 300cfu 时，则该培养皿呈阳性）。重复实验三次，每次实验均应符合要求。用 1×10^6～8×10^6 个/mL 枯草芽孢、杆菌芽孢进行实验5min后，在琼脂培养皿上的枯草芽孢、杆菌芽孢应不超过5cfu，对照培养皿应呈阳性。重复实验三次，每次实验均应符合要求。本系统用 1×10^4～8×10^4 个/mL 枯草芽孢、杆菌芽孢进行实验5min后，有些从实验侧壁到距此侧壁360mm范围内的琼脂培养皿中检出枯草芽孢、杆菌芽孢，并用作阳性对照。距被检测侧壁360mm外的琼脂培养皿的菌落数应不超过2cfu。从安全柜的左侧和右侧均各重复实验三次，每次实验结果均应符合要求。

⑦下降气流流速。安全柜下降气流平均流速应为 0.25～0.50m/s；安全柜的下降气流平均流速应在标称值±0.015m/s 之间。对后续生产的安全柜，若符合⑥的要求则保持安全柜的原型号和尺寸，下降气流平均流速应在下降气流标称值±0.025m/s 之间。均匀下降气流安全柜，各测量点实测值与平均流速相差均应不超过±20%或±0.08m/s；非均匀下降气流安全柜，厂家应明确各均匀下降气流区的范围和气流流速，各区域实测的下降气流平均流速值应在其区域下降气流标称值±0.015m/s 之间，各测点实测值与其区域的平均流速相差应不超过±20%或±0.08m/s。

⑧流入气流流速。安全柜的流入气流平均流速应在流入气流标称值±0.015m/s

之间。Ⅱ级 A1 型安全柜流入气流平均流速应不低于 0.40m/s，前窗操作口流入气流工作区每米宽度的流量不低于 0.07m³/s；Ⅱ级 A2、B1 和 B2 型安全柜流入气流平均流速应不低于 0.50m/s，工作区每米宽度的流量应不低于 0.1m³/s。

⑨气流模式。安全柜工作区内的气流应向下，应不产生旋涡和向上气流且无死点；气流不应从安全柜中逸出；安全柜前窗操作口整个周边气流应向内，无向外逸出的气流。安全柜的前窗操作口流入气流应不进入工作区。

⑩柜体抗变形。在安全柜背面顶端和侧面顶端中心施加 110kg 重量时，对面上端的形变位移应不超过 2mm。

⑪电机与风机。风机的电机应保证安全柜正常运行而不调整风机的速度控制，经过滤器的风压下降 50%，风机的风量应不增大，下降应不超过 10%。

从结构要求和性能要求两个方面分析《Ⅱ级生物安全柜》（YY 0569—2011）和《生物安全柜》（JG 170—2005）标准的具体差异。

安全柜都要求保证强度，《生物安全柜》标准建议板材厚度不宜小于 1.2mm，《Ⅱ级生物安全柜》标准则未规定具体数值，从可操作角度上说《生物安全柜》标准更明确，但《Ⅱ级生物安全柜》标准与国际标准更一致，强度不完全是靠厚度保证，需要结合后续一些稳定性测试来整体保证；对于安全柜的风道结构，《生物安全柜》标准没有要求，而《Ⅱ级生物安全柜》标准则做了规定，要求所有污染部位要处于负压状态或被负压包围，这样污染不会外泄，安全性更高。同时要求风机维护应从前部进行，日常维护需要更换的电路组件也不得安装在污染区域。安全柜日常的使用和维护非常重要，这样的要求也使得污染风险降到更低，且方便了维护，更适应用户实际安装环境。另外《Ⅱ级生物安全柜》标准还要求预留过滤器测试采样口，方便对过滤器进行检测，随时验证过滤器的有效性。

安全柜的前窗开口高度，《生物安全柜》标准确定为 200mm，而《Ⅱ级生物安全柜》标准要求是 160~250mm，与 EN 12469：2000 标准一致，而 NSF 49：2016 更是没有规定具体范围。门开高度大小对安全性有一定影响，同时又对操作使用便利性有影响，所以在能保证安全的情况下，门开高度可以根据厂商设计灵活变化。生物安全柜的安全性最重要的就是靠风速来保证，在风速显示报警方面，《Ⅱ级生物安全柜》标准的规定更详细具体，除了规定必须有风速显示外，而且要求波动超过±20%就要报警，而《生物安全柜》标准对此并没有规定，给安全带来一定隐患。其他方面，《生物安全柜》标准有个特别的要求，即安全柜如有开关遥控器，则应在 5m 范围内有效控制。《Ⅱ级生物安全柜》标准 2011 版增加了规定如安装有紫外灯，则需要保证安全，并且其辐射强度要不低于 400mW/m²。

垂直下降风速范围，《生物安全柜》标准规定是 0.25~0.4m/s，《Ⅱ级生物安全柜》标准规定是 0.25~0.5m/s，实际各个厂家在设计产品时都会选择一个最佳的风速值和垂直水平比，目标都是一样的，保证安全，实现三大保护，所以实质上区别并不大。噪声限值，《生物安全柜》标准要求小于或等于65dB，《Ⅱ级生物安全柜》标准要求小于或等于67dB，也与NSF 49：2016标准一致，而《生物安全柜》标准更加苛刻一点。光照要求，《Ⅱ级生物安全柜》标准规定了光照最小的点要大于或等于430Lux，国际标准也都有此规定，从一定程度上避免了工作区内光照的不均匀性，提高了使用者的舒适度感受，而《生物安全柜》标准没有规定。《Ⅱ级生物安全柜》标准同时规定了机器温升小于8℃，也保证使用者不会不适。另外，《Ⅱ级生物安全柜》标准与NSF 49：2016标准一样对安全柜的稳定性做了要求，包括抗倾倒、柜体抗变形、抗前倾要求，保证了安全柜的强度稳定性。

2）安全柜的我国标准与欧洲及美国标准的比较

对于安全柜的柜体结构、性能和测试方面，我国标准充分吸收了欧美标准的优点，采用的是两者中最严格的测试标准。本节将从以下几个方面介绍具体的差异。

（1）柜体结构

EN 12469：2000和NSF 49：2016都是以规范性能为基础，不是通过细节规格要求去规定生产商如何制作安全柜；相反，生产商拥有很大的自由去设计自己的安全柜，只要能符合性能测试标准就可以。而我国的YY 0569—2011则明确规定了安全柜的柜体结构的设计标准：Ⅱ级A2、B1、B2型安全柜的工作区均应该采用四面（左右两面、后部、底部）双层结构。三个类型安全柜的所有污染部位均应处于负压状态或被负压通道和负压通风系统包围。Ⅱ、Ⅲ级安全柜裸露工作区内三面侧壁板应为一体成型结构，内表面的拼接处必须做密封处理等。可以看出我国的YY 0569—2011标准相比欧美的标准更加明确规范了安全柜的柜体结构设计，更符合现在生物、化学等方面的实验要求。例如，力康（Heal Force）安全柜的工作区采用了三面不锈钢一体化的双层结构，在交界处采用了8mm的大圆角过渡处理，这样做的好处就是安全柜工作区的所有污染部位均没有藏匿危险因子的可能，所有试验产生的气溶胶粒子都会被负压气流吸进负压通风系统最后被过滤掉，也十分便于对柜体进行清洁和消毒。

（2）物理性能测试和合格标准

YY 0569—2011、EN 12469：2000和NSF 49：2016都详细规定了安全柜的各项测试方法和合格标准，三者的区别和联系介绍如下。

①人员、试验品和环境保护的微生物挑战测试。在对人员、产品和环境以及产品的防交叉污染保护项目测试中，三个标准的测试方法、合格标准基本相同，即用微生物挑战法来测试。但在人员保护测试中，我国的YY 0569—2011标准采用了同欧洲EN 12469：2000标准一样的，被认为是在常规微生物挑战测试基础上更为方便快捷的物理测试方案（KI-Discus测试）。这种测试方法可以在1min内完成检测，远远低于微生物法的48h以上的培养所需要的时间，这就使得安全柜的

生产厂家对出厂前的每台安全柜都进行检测变成了可能，保证了每台出厂产品的安全性，远远优于采用微生物挑战法对产品抽检的厂家。

②下降气流流速测试。下降气流流速对安全柜试验样品保护和交叉感染防护性能起到重要的影响，例如，气流流速太小将导致试验样品失去保护。YY 0569—2011 和 EN 12469：2000 都规定了Ⅱ级生物安全柜下降气流流速的许可范围为 0.25～0.5m/s，而 NSF 49：2016 没有给出任何下降气流流速要求。在下降气流流速的测试方法上，YY 0569—2011 则采用了和 NSF 49：2016 相似的方法（原理是一致的）。YY 0569—2011 和 NSF 49：2016 都规定了多个测试点，这代表更高的测量精度要求；其中 YY 0569—2011 使用的是热式风速仪，NSF 49：2016 使用的是温差式风速仪，而 EN 12469：2000 则没有对测量仪器的准确度和类型进行规定。同时，YY 0569—2011 和 NSF 49：2016 都通过规范有关测试仪器的精度和型号来提高测试的精度，并且 YY 0569—2011 还把安全柜的下降气流分为更细的均匀下降和非均匀下降两种模式，比 NSF 49：2016 的要求又提高一步。这说明在气流流速测试方面 YY 0569—2011 要优于美国的 NSF 49：2016，更优于欧洲的 EN 12469：2000。

③流入气流流速测试。在流入气流测试方面，YY 0569—2011 采用的标准同欧洲 EN 12469：2000 一样，通过外排气流估算流入气流流速，美国标准采用的是直接流入气流流速测试方法。这两种方法测试的原理虽然不同但结果一样。同时 YY 0569—2011、EN 12469：2000 和 NSF 49：2016 都对最低流入气流流速有规定。在这里比较 A2 型Ⅱ级生物安全柜和欧洲"普通型"Ⅱ级生物安全柜的要求：YY 0569—2011 和 NSF 49：2016 对 A2 型Ⅱ级生物安全柜的最低流入气流速率的要求是 0.5m/s，而 EN 12469：2000 对Ⅱ级生物安全柜的要求是 0.4m/s。

④高效过滤器完整性测试。YY 0569—2011 和 NSF 49：2016 都规定过滤器完整性测试中使用的是气溶胶喷发剂（如 DOP、PAO 等）；欧洲 EN 12469：2000 标准（使用一样的测试方法）使用另一种自然气溶胶（自然空气）的测试方法。香港力康生物医疗科技控股集团经过大量的研究表明使用自然气溶胶测试方法不能确保检测到所有漏隙。因为使用气溶胶发生器喷发产生的气溶胶颗粒，在发生器压力的作用下能很容易地抵达和扩散到安全柜内任何规定的位置，并且能使气溶胶均匀分布在柜内规定的位置，特别是能完全覆盖到高效过滤器和柜体结合的部位。而靠自然空气使气溶胶在柜内扩散的方法，由于柜内自然空气比较稳定，流动性和动力很差，所以气溶胶不会很均匀地扩散到柜内规定的部位，从而就可能有过滤器和柜体结合的部位没有被气溶胶完全覆盖的可能导致测试结果不精确。

⑤柜体泄漏的测试方法。在柜体泄漏的测试方法上，YY 0569—2011 采用了不同于欧美两个标准的压力衰减法，这个方法用到了压力计或压力传感器系统来显示柜内压力，可以定量地检测安全柜柜体的密闭性，非常具有说服力。而 NSF 49：

2016 规定利用皂泡法对所有安全柜进行检测，EN 12469：2000 规定为独立的认证实验室的检测项目，而不是要求厂家在出厂时进行检测。

⑥其他各类测试。在其他各个类型性能测试上，这三个标准基本采用了相同的测试方法，如电动机和风机性能测试、工作区温升测试、柜体稳定性测试（包括柜体抗翻倒、柜体抗变形、工作台面抗变形、柜体抗向前倾倒）等，这里就不再过多地描述。

总体而言，尽管这三种标准的实施时间和内容不尽相同，但是在大体上拥有很大的相似性。在一些关键测试方法上，我国的标准在吸收了欧美标准中最佳方法的基础上，又开发了更精确严密的测试方法，所以说我国安全柜检测标准是目前世界上最严格的标准。

4.2.3.3 空气过滤器

1）国内空气过滤器的质量和技术标准

根据空气过滤器的性能和应用，相关单位和组织制定了多个版本的产品质量标准，如《空气过滤器》(GB/T 14295—2008)、《高效空气过滤器》(GB/T 13554—2008)、《机车、动车用车体空气过滤器》(TB/T 3135—2006) 和《空调用空气过滤器》(JB/T 6417—1992) 等。受篇幅所限，本节主要介绍前两种针对空气过滤器的质量和技术标准。

（1）《空气过滤器》(GB/T 14295—2008)

该标准是中国建筑科学研究院负责起草，由中华人民共和国国家质量监督检验检疫总局、中国国家标准化管理委员会于 2008 年 11 月 4 日正式发布，替代了原来的《空气过滤器》(GB/T 14295—1993)。该标准适用于常温、常湿，包括外加电场条件下的通风、空气调节和空气净化系统或设备的干式过滤器。

该标准首先按照性能将过滤器分成 4 个大类：①粗效过滤器，又细分为粗效 1 型、粗效 2 型、粗效 3 型、粗效 4 型过滤器；②中效过滤器，分成中效 1 型、中效 2 型和中效 3 型过滤器；③高中效过滤器；④亚高效过滤器。

过滤器按规定程序批准的图纸和技术文件进行生产；框架或支撑体无凹凸疤痕、破损、外形完整规矩；静电空气过滤器单相额定电压不应大于 250V，三相额定电压不应大于 480V，额定频率应为 50Hz 的静电空气过滤器机组；静电过滤器应设置断电保护，保证在打开机组结构进行维修或维护时，其内部装置自动断电；静电空气过滤器为公众易触及的器具，其防触电保护应符合 GB 4706.1—2005 规定的 I 类器具的要求，即试验探棒不应触及带电和可能带电的部件。

材料包括滤料、黏结剂和密封胶。滤料效率、阻力、强度、容尘量等性能应满足同类过滤器性能要求，应符合国家颁布的卫生要求，并不产生二次污染；厚度、密度应均匀，不应含有硬块等明显杂物，表面不应有裂缝、空洞等外伤；可再生或可清洗的滤料，再生或清洗后的效率不应低于原指标的85%，阻力不应高于原指标的115%，强度仍应满足使用要求。对于黏结剂和密封胶，黏结剂的剪力强度和拉力强度应不低于滤料强度，其耐温耐湿应与滤料相同；密封胶应保证过滤器阻力在使用极限条件下，运行时不开裂、不脱胶，并且有弹性，其耐温耐湿应与滤料相同。

在结构要求上，当框架或支撑体既当作滤料支撑体又当作过滤器密封端面框架时应有强度和刚度的要求；当框架或支撑体仅作为滤料支撑体用时，允许有一定的变形，但是不能影响过滤器的安装和正常使用；滤芯与框架（或支撑体）压接应紧密，如用胶封，则黏结应牢固，无漏孔及脱开裂缝。黏结处、缝接处在撕裂试验后不开裂；框架（或支撑体）端面若有密封垫，密封垫应平整，具有弹性，与框架（或支撑体）黏结要牢固。

在性能要求方面，外形尺寸允许偏差见表 4-12。

表 4-12　外形尺寸允许偏差

外形	类别	粗效	中效	高中效	亚高效
端面	≤500	0~1.6	0~1.6	0~1.6	0~1.6
	>500	0~3.2	0~3.2	0~3.2	0~3.2
深度		—	—	—	+1.6 0
每端面两对角线之差	≤700	—	—	—	≤2.3
	>700	—	—	—	≤4.5

亚高效过滤器端面及侧板平面度应小于或等于 1.6mm。过滤器的效率、阻力应在额定风量下符合表 4-13 的规定；未标注额定风量，应按表 4-13 规定的迎面风速推算额定风量；在满足本标准规定的额定风量下的初阻力情况下，过滤器的初阻力不得超过产品标称值的 10%。

表 4-13　过滤器额定风量下的效率和阻力

性能类别	代号	风速/(m/s)	效率/%	初阻力/Pa	终阻力/Pa
亚高效	YG	1.0	99.9>E≥95	≤120	240
高中效	GZ	1.5	95>E≥70	≤100	200
中效 1	Z1		粒径≥0.5μm　70>E≥60		
中效 2	Z2	2.0	60>E≥40	≤80	160
中效 3	Z3		40>E≥20		

续表

性能类别	代号	风速/(m/s)	效率/%		初阻力/Pa	终阻力/Pa
粗效1	C1	2.5	粒径≥2.0	$E \geqslant 50$	≤50	100
粗效2	C2			$50 > E \geqslant 20$		
粗效3	C3		标准人工尘计重效率	$E \geqslant 50$		
粗效4	C4			$50 > E \geqslant 10$		

过滤器必须有容尘量指标，并给出容尘量与阻力关系曲线。过滤器实际容尘量指标不得小于产品标称容尘量的90%。在抗撕裂试验中及试验后不得有滤芯撕裂、框架移位或其他损坏。过滤器经振动试验后，效率和阻力仍应符合表4-13的规定。过滤器清洗后的效率不应低于原指标的85%，阻力不应高于原指标的115%，强度仍应满足使用要求。过滤器经过高温高湿储存后，阻力仍然满足表4-13的要求，效率不低于试验前的90%，且要求外观不滋菌，不生霉。臭氧发生浓度1h均值应低于0.16mg/m³。

（2）《高效空气过滤器》（GB/T 13554—2008）

该标准与《空气过滤器》（GB/T 14295—2008）同一天发布，适用于常温、常湿条件下送风及排风净化系统和设备使用的高效空气过滤器和超高效空气过滤器，不适用于军用、核工业及其他有特殊要求的过滤器。该标准从以下几个方面对高效空气过滤器的质量性能做出要求。

该标准按照不同的划分依据，高效空气过滤器分类见表4-14。

表4-14 高效空气过滤器规格及其代号

序号	项目名称	含义	代号
1	产品名称	高效空气过滤器	G
		超高效空气过滤器	CG
2	结构类别	有分隔板过滤器	Y
		无分隔板过滤器	W
3	性能类别	按效率、阻力高低分六类	A/B/C/D/E/F
4	耐火级别	按结构耐火级别分三级	1/2/3

材料选择本着适用经济的原则进行。各种材料的耐火性能应符合同类过滤器性能要求，所使用的材料和在过滤器制造、贮存、运输、使用环境中应保持性能稳定、不产尘。当有耐腐蚀要求时，所有材料都必须具有相应的防腐性能。

滤料的抗张强度应按GB/T 12914—2008规定的方法测定。其中用于有隔板过滤器的滤纸，其纵向大于或等于 0.3kN/m，横向大于或等于 0.2kN/m；而用于无隔板过滤器的滤纸，其纵向大于或等于 0.7kN/m，横向大于或等于 0.5kN/m。

当采用表 4-15 中涉及的材料时，应符合相关标准，并根据需要，采取相应的防锈或防腐措施。

表 4-15 边框材料的规格要求

序号	材料种类	厚度/mm	防锈/防腐	质量要求
1	冷轧钢板	1.0～2.0	镀锌、喷塑或采取其他防锈措施	GB/T 3274—2017
2	铝合金板	1.5～2.0	—	GB/T 3880.1—2012 GB/T 3880.2—2012
3	木板、胶合板	15～20	刷漆或相应防腐处理	GB/T 5849—2016 GB/T 9846—2015
4	不锈钢板	1.0～2.0	—	GB/T 3280—2015

有隔板过滤器的分隔板，可采用铝箔、塑料板、胶版印刷纸等；无隔板过滤器的分隔物，可采用热熔胶、玻璃纤维纸条、阻燃丝线等。用于高效及超高效过滤器分隔物的材料应满足：铝箔应符合 GB/T 3198—2010 的规定；采用纸隔板时，可采用表面经浸胶处理的纸隔板或 120g/m^2 的双面胶版印刷纸；采用塑料隔板时，耐温应不低于 50℃。

黏结剂用于滤料的拼接、修补及密封垫与框架的黏结，其剪力强度和拉力强度应高于滤料。密封胶用于滤芯与框架的密封，应能在常温、常压下固化，且能保证过滤器在 10 倍初阻力条件下运行时不开裂、不脱胶并具有弹性，黏结剂和密封胶的耐火性能应满足同类过滤器性能要求。当客户对过滤器产品中的有机物释气性能有特殊要求时，黏结剂与密封胶的释气性能应能满足客户要求。

密封垫硬度（用邵氏硬度 W 型硬度计测试）为 33±2，压缩永久变形≤60%（40% 130℃ 24）；当客户对于过滤器产品中的有机物释气性能有特殊要求时，密封垫的释气性能应满足客户要求。有隔板过滤器的滤芯固定在框架中时，分隔板应露出滤料褶纹 3～5mm，分隔板缩入框架端面 5～8mm。分隔板应平行于框架中心线，分隔板与中心线倾斜偏差不大于 6mm，且不得发生突变性偏差。滤料的褶纹和分隔板应垂直于框架的上下端板，从任一褶或分隔板的一端引一铅垂线，该褶或分隔板另一端偏离铅垂线不大于 9mm。褶纹和分隔板不应弯曲，从任一褶或分隔板两端连一直线检查，弯曲造成的偏离不大于 6mm。无隔板过滤器的滤芯固定在框架中时，滤料和分隔物应缩入框架端面 3～5mm。相邻褶幅高度偏差不大于 0.5mm。在 300mm 范围内分隔物的直线度偏差不大于 1mm。分隔物应与褶纹垂直，每条分隔物形成的直线与褶纹垂直度偏差不大于 2mm；分隔物间距的偏差不大于 3mm。

边框结构应坚固，应有足够的刚性和整体稳定性。边框的四个角和拼接处不得松动，黏结剂和密封胶不应脱胶、开裂，滤料在边框中不应松动和变形。边框边宽 15~20mm。对于边长小于 600mm 的过滤器，边框宽度宜大于或等于 15mm。对于边长大于或等于 600mm 的过滤器，框架边框宽度宜为 20mm。密封垫断面采用长方形（宽度宜大于 15mm 且不超出边框，厚度为 5~8mm）或半圆形，长方形断面密封垫的黏结面和密封面应去皮；密封垫用整体或拼接成型，拼接应在拐角处，拼接时宜采用 Ω 型或燕尾型连接等方式，连接处应用黏结剂黏结牢固。整个密封垫的拼接不应超过四处；密封垫与边框应黏结牢固，密封垫的内外边缘不得超过边框的内外边缘。对采用液槽密封方式的过滤器，过滤器边框的一面应沿周长设一圈刀口。固定过滤器的框架上根据过滤器密封面尺寸设一圈沟槽。安装时，将刀口插入填充非牛顿流体材料的沟槽中进行密封。非牛顿流体密封材料性能应保证在工作温度下不流淌、柔韧。刀口高度应与液槽深度相匹配，以保证密封的严密性。刀口高度、液槽深度由过滤器使用情况下的面风速或过滤器终阻力确定。

有分隔板的 A 类、B 类过滤器，每台过滤器的滤料允许有一个拼接接头；C~F 类过滤器的滤料不允许有拼接接头；用搭接方式拼接两块滤料，搭接宽度不应小于 13mm；每个修补面积一般不宜超过 2cm×2cm，修补的总面积不应超过过滤器端面净面积的 1%。在尺寸偏差方面，端面边长大于 500mm 时，其偏差为 0~3.2mm；边长小于或等于 500mm 时，其偏差为 0~1.6mm。过滤器每个端面的两对角线之差，当对角线长度大于 700mm 时，其偏差应小于或等于 4.5mm；当对角线长度小于或等于 700mm 时，其偏差应小于或等于 2.3mm。过滤器端面及侧板平面度应小于或等于 1.6mm；两端面平行度偏差应小于或等于 1.6mm。分隔板和褶纹应垂直于框架的上下端板，其上下端板垂线偏差应小于或等于 6mm。效率应按 GB/T 6165—2008 的要求进行检验，高效及超高效过滤效率应符合表 4-16、表 4-17 的规定。

表 4-16 高效空气过滤器性能

类别	钠焰法效率/%	20%额定风量下的钠焰法效率/%	初阻力/Pa
A	99.99>E≥99.9	无要求	≤190
B	99.999>E≥99.99	99.99	≤220
C	E≥99.999	99.999	≤250

表 4-17 超高效空气过滤器性能

类别	计数法效率/%	初阻力/Pa	备注
D	99.999	≤250	扫描检漏
E	99.9999	≤250	扫描检漏
F	99.99999	≤250	扫描检漏

若用户提出其所需 B 类过滤器不需检漏,则可按用户要求不检测 20%额定风量下的效率。各耐火级别过滤器所对应的滤料、分隔板及边框等材料的最低耐火级别见表 4-18 所示。

表 4-18 过滤器的耐火级别

级别	滤料的最低耐火级别	框架、分隔板的最低耐火级别
1	A2	A2
2	A2	E
3	F	F

2）空气过滤器的我国标准与欧洲及美国标准的比较

应用比较广的空气过滤器性能检测标准有中华人民共和国国家质量监督检验检疫总局和中国国家标准化管理委员会发布的《空气过滤器》(GB/T 14295—2008)、欧洲标准化委员会批准制定的《一般通风用空气微粒过滤器 过滤性能的测定》(EN 779：2012)、美国国家/美国采暖、制冷与空调工程师协会标准《一般通风用空气净化装置试验方法——计重法和比色法》(ANSI/ASHRAE 52.1—1992)和《通过粒度测试的去除效率一般通风用空气净化装置的方法》(ANSI/ASHRAE 52.2—2012)。

(1) 试验尘源

三个标准中,用于计重效率和容尘量试验的标准人工负荷尘都是由 72%的 ISO12103-A2 细灰、23%的炭黑和 5%的短棉绒组成,其粒径分布和化学性质也基本一致。但是用于计数效率试验的尘源和方法有所不同,详见表 4-19。

表 4-19 各标准计数效率用尘源和试验方法对比

项目	GB/T 14295—2008	EN 779：2012	ANSI/ASHRAE 52.2—2012
所用气溶胶	KCL	DEHS	KCL
发生装置	大粒径气溶胶发生器	Laskin 喷嘴	大粒径气溶胶发生器
粒径特点	多分散固相粒子	多分散雾化液滴	多分散固相粒子

续表

项目	GB/T 14295—2008	EN 779：2012	ANSI/ASHRAE 52.2—2012
粒径范围	0.3～10.0μm	0.2～3.0μm	0.3～10.0μm
测试粒径	≥0.5μm 和 ≥2.0μm	0.4μm	0.3～1.0μm、1.0～3.0μm 和 3.0～10.0μm
试验方法	平均颗粒计数法	平均颗粒计数法	最低效率计数法

评定空气过滤器过滤效率的试验方法大致分为两类，分别是计重法和计数法。这些方法都是在一定流量下以一定的浓度向被试过滤器入口发出污染物，但评定结果的方法差异较大。实际试验中，有粉尘的总质量、粉尘的颗粒数量的过滤效率；有针对某一典型粒径粉尘的过滤效率，有所有粒径粉尘的过滤效率；有粉尘试验全过程变化效率值的加权平均效率。因此，对同一只过滤器采用不同的方法进行测试，测得的效率值就会有不一样的含义。计重法主要用于测量粗效过滤器的过滤效率，计数法又分为最低效率计数法、平均颗粒计数法、最易穿透粒径（most penetration particle size，MPPS）法、计数扫描法。

（2）过滤器分级

不同的标准对空气过滤器的分级存在差异，按照国家标准 GB/T 14295—2008 的规定，除了粗效 3 级和粗效 4 级的空气过滤器以标准人工尘计重效率作为级别划分的依据，其他级别以其初始计数效率作为空气过滤器分级的依据。

按照欧洲标准 EN 779：2012 的规定，粗效过滤器以标准人工尘平均计重效率作为分级依据，中效过滤器则以达到终阻力时整个容尘过程对 0.4μm 粒子的平均效率作为分级依据；按照欧洲标准 EN 1822：2009 的规定，亚高效、高效和超高效过滤器以最易穿透粒径效率作为分级依据。

按照美国标准 ANSI/ASHRAE 52.2—2012 的规定，粗效过滤器（MERV1～MERV4）以人工尘平均计重效率或对 3.0～10.0μm 粒径范围平均计数效率小于 20%作为分级依据，中效过滤器则以达到终阻力时整个容尘过程对 0.3～1.0μm、1.0～3.0μm 和 3.0～10.0μm 3 个粒径档粒子的平均计数效率的最低值作为分级依据。以上三个标准对空气过滤器的分级详情分别见表 4-20 和表 4-21。

表 4-20 不同标准过滤器分级对比

标准	项目	亚高效	高中效1	高中效2	高中效3	中效1	中效2	中效3	粗效1	粗效2	粗效3	粗效4
GB/T 14295—2008 中国	尘源	≥0.5μm	≥0.5μm	≥0.5μm	≥0.5μm	≥0.5μm	≥0.5μm	≥0.5μm	≥2.0μm	≥2.0μm	标准人工尘	标准人工尘
	效率 E/%	95～99.9	70～95	—	—	60～70	40～60	20～40	≥50	20～50	≥50	10～50
	初阻力/Pa	≤120	≤100	—	—	≤80	≤80	≤80	≤50	≤50	≤50	≤50

续表

标准	项目	亚高效	高中效1	高中效2	高中效3	中效1	中效2	中效3	粗效1	粗效2	粗效3	粗效4
GB/T 14295—2008 中国	终阻力/Pa	240	200	—	—	160	160	160	160	160	100	160
EN 1822:2009 欧盟	尘源	0.4μm	0.4μm	0.4μm	0.4μm	0.4μm	0.4μm	0.4μm	—	—	—	—
	效率 E/%	—	≥95	90~95	80~90	60~80	40~60	—	≥90	80~90	65~80	50~65
	终阻力/Pa	—	450	450	450	450	450	—	250	250	250	250

表 4-21 ANSI/ASHRAE 52.2—2012 过滤器分级

分级	人工尘评价计重效率 E	各粒径组平均计数效率 E/%			终阻力/Pa
		第一组（0.3~1.0μm）	第二组（1.0~3.0μm）	第三组（3.0~10.0μm）	
MERV1	$E<65$	—	—	$E<20$	75
MERV2	$65≤E<70$	—	—	$E<20$	75
MERV3	$70≤E<75$	—	—	$E<20$	75
MERV4	$75≤E$	—	—	$E<20$	75
MERV5	—	—	—	$20≤E<35$	150
MERV6	—	—	—	$35≤E<50$	150
MERV7	—	—	—	$50≤E<70$	150
MERV8	—	—	—	$70≤E$	150
MERV9	—	—	$E<50$	$85≤E$	250
MERV10	—	—	$50≤E<65$	$85≤E$	250
MERV11	—	—	$65≤E<80$	$85≤E$	250
MERV12	—	—	$80≤E$	$90≤E$	250
MERV13	—	$E<75$	$90≤E$	$90≤E$	350
MERV14	—	$75≤E<85$	$90≤E$	$90≤E$	350
MERV15	—	$85≤E<95$	$90≤E$	$90≤E$	350
MERV16	—	$95≤E$	$95≤E$	$95≤E$	350

参 考 文 献

[1] 邓高峰. 室内空气质量及空气净化装置净化效果评价[D]. 北京：北京化工大学，2012.
[2] 姜良艳，周仕学，王文超，等. 活性炭负载锰氧化物用于吸附甲醛[J]. 环境科学学报，2008，28（2）：337-341.

[3] 王文超. 改性活性炭吸附甲醛的研究[D]. 青岛：山东科技大学，2006.
[4] 徐秋健，李欣笑，莫金汉，等. 吸附材料净化室内VOC性能评价研究[J]. 工程热物理学报，2011，32（2）：311-313.
[5] 张俊香. 负载Cu、Mn改性活性炭吸附VOCs的性能研究[D]. 西安：西安建筑科技大学，2014.
[6] 汤鸿，庞亚芳，李启东. 改性活性炭对氨和三甲胺的吸附特性研究[J]. 环境化学，2000，19（5）：431-435.
[7] 傅成诚，梅凡民，周亮. 柠檬酸改性对活性炭吸附氨气的研究[J]. 黑龙江科技信息，2008，（34）：46-48.
[8] 章旭明. 低温等离子体净化处理挥发性有机气体技术研究[D]. 杭州：浙江大学，2011.
[9] 王妍彦，张伟，班海群，等. 等离子体对空气消毒效果影响因素的研究[J]. 中国卫生检验杂志，2014，（10）：1463-1464.
[10] 杨宏丽，刘思茗，胡涛. 低温等离子体技术在口腔临床消毒中的应用[J]. 国际口腔医学杂志，2013，（4）：483-485.
[11] 姜华东. 脉冲调制等离子体处理挥发性有机物（VOCs）的实验研究[D]. 上海：东华大学，2014.
[12] 徐建华，孙亚兵，冯景伟，等. 低温等离子体技术净化室内VOCs的研究进展[J]. 四川环境，2011，30（3）：113-118.
[13] 杨旭东，许锋飞. 光催化杀菌技术在空调领域的研究和应用[J]. 建筑热能通风空调，2006，25（5）：11-16.
[14] 胡爱清，胡和平，段艳芳. 光催化空气消毒器杀菌效果试验研究[J]. 中国消毒学杂志，2007，24（4）：357-359.
[15] 邓双梅. 掺杂TiO_2纳米管光催化降解VOCs的实验研究[D]. 北京：北京建筑大学，2013.
[16] 唐峰. 光催化降解室内VOCs相关性研究[D]. 北京：清华大学，2010.
[17] 林军明，陆龙喜，盛斌，等. 高强度紫外线空气消毒器消毒效果研究[J]. 中国消毒学杂志，2011，28（5）：567-569.
[18] 赵立华，夏红，张丽娜，等. 紫外线循环风空气消毒器杀菌效果观察[J]. 中国消毒学杂志，2006，23（5）：440-441.
[19] 陈益武，相里梅琴. 室内颗粒状污染物与空气过滤器的确定[J]. 洁净与空调技术，2006，（1）：26-28.
[20] 谢慧祎. 高效空气过滤器及滤料杀菌效率评价方法的研究[D]. 天津：天津大学，2006.
[21] 邹志胜. 高效空气过滤器最易穿透粒径效率测试台的研制[D]. 天津：天津大学，2005.
[22] 冯平. 地铁车站空气净化设备的选择[J]. 城市轨道交通研究，2010，13（2）：80-82.
[23] 中华人民共和国卫生部. 公共场所集中空调通风系统卫生规范[S]. WS 394—2012. 北京：中国技术出版社，2012.
[24] 苏钢. 空气净化消毒技术在北京地铁6号线工程空调系统的应用[J]. 洁净与空调技术，2014，（4）：45-48.
[25] 李国德，李娜，武士威，等. 地铁空气净化装置[P]：中国，CN106492606A. 2017.
[26] 刘垚，史柯峰，徐秋健，等. 一种应用于地铁车站的分布式空气净化系统[P]：中国，CN206730703U. 2017.
[27] 周云正. 空气净化装置[P]：中国，CN201710702U. 2009.
[28] 王常婕. 地下停车场的空气污染及净化方法[J]. 化工管理，2017，（3）：147-149.
[29] 边靖，艾华，张磊. 地下停车场的空气污染及净化对策[J]. 山西建筑，2016，42（18）：186-187.
[30] 张寅平，张立志，刘晓华. 建筑环境传质学[M]. 北京：中国建筑工业出版社，2006.
[31] 朱奇玉，滕玥. 商业空间地下停车场环境质量评估及植物配置对策[J]. 上海商业，2014，（12）：50-53.
[32] 韩宗伟，王嘉，邵晓亮，等. 城市典型地下空间的空气污染特征及其净化对策[J]. 暖通空调，2009，39（11）：21-30.
[33] 沈洪，张美玲，王嘉. 城市地下空间空气净化处理探讨[J]. 建筑节能，2015，（10）：27-29.
[34] 潘柔彬，滕玥. 城市新型现代商业综合体停车场的植物设计[J]. 上海商业，2013，（8）：58-61.
[35] 杜峰. 地下停车场废气净化处理装置[P]：中国，CN203336719U. 2013.
[36] 代小娟. 谈国家博物馆在雾霾天气下展厅空气质量治理措施[J]. 智能建筑与智慧城市，2017，（2）：69-72.

[37] 刘兆辅,修光利,张大年,等. 馆藏文物保存环境多功能组合式空气净化器[P]：中国,CN201187847Y. 2009.
[38] 中华人民共和国住房和城乡建设部,中华人民共和国国家质量监督检验检疫总局. 综合医院建筑设计规范[S]. GB 51039—2014. 北京：中国计划出版社,2014.
[39] 霍亭,武兴斌,韩莉. 空气净化产品在医疗建筑中的应用[J]. 中国医院建筑与装备,2016,(8)：90-92.
[40] 韩秋萍. 医院空气消毒灭菌装置[P]：中国,CN202490218U. 2012.
[41] 戴璐. 一种医院用空气净化装置[P]：中国,CN106196541A. 2016.
[42] 范长城,魏明. 医院手术室用空气消毒器[P]：中国,CN105617438A. 2016.
[43] 谢天. 高效多功能空气净化设备的实验研究及在医院环境中的使用评价[D]. 中南大学,2011.
[44] 黄宝腾. 厕所除臭装置[P]：中国,CN107326990A. 2017.
[45] 杨立新. 一种厕所用多功能空气净化器[P]：中国,CN106855270A. 2015.
[46] 陆伟华,黄金青. 一种厕所专用的除臭杀菌装置[P]：中国,CN204411351U. 2014.
[47] 李义. 一种具有高效空气净化功能的吸烟室[P]：中国,CN206430266U. 2017.
[48] 王在坤. 一种吸烟室空气净化设备[P]：中国,CN107228413A. 2017.
[49] 中华人民共和国住房和城乡建设部,中华人民共和国国家质量监督检验检疫总局. 民用建筑工程室内环境污染控制规范[S]. GB 50325—2010. 北京：中国计划出版社,2010.
[50] 中华人民共和国国家质量监督检验检疫总局,卫生部. 室内空气质量标准[S]. GB/T 18883—2002. 北京：中国标准出版社,2002.
[51] 杨华,刘清珺. 浅谈室内空气净化产品及其测评标准[J]. 标准科学,2016,(7)：43-47.
[52] 马飞,熊陆平,武文军,等. 生物安全柜的性能检测[J]. 中国医疗设备,2011,26（10）：96-99.
[53] 中华人民共和国住房和城乡建设部. 洁净工作台[S]. JG/T 292—2010. 北京：中国标准出版社,2010.

5 畜牧业空气净化装备

5.1 畜牧业空气净化背景

5.1.1 我国畜禽场空气污染及危害分析

近年来，畜牧业发展迅速，极大地带动了社会经济的发展。但在畜牧业发展的同时，畜禽排放的粪便、尿液，以及饲养过程中产生的污水、饲料残渣、畜禽尸体、孵化残余物（蛋壳、死胚、绒毛、胎粪等）、各种疫（菌）苗使用后所产生的空瓶以及抗生素药物使用后所产生的瓶、袋包装物等，给禽舍动物自身生长环境及周围的生态环境带来了严重的影响。2017年2月国家统计局发布的《全国环境统计公报（2015年）》，提供了翔实的畜禽养殖污染情况数据。其中重点调查了131837家规模化畜禽养殖场，7578家规模化畜禽养殖小区。图5-1为各地区重点调查的规模化养殖场及养殖小区数量分布情况。

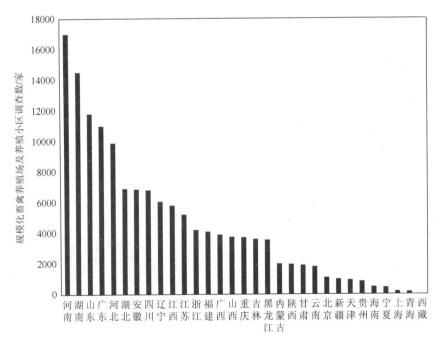

图 5-1 各地区重点调查规模化养殖场及养殖小区数量分布情况

畜禽养殖业带来的环境污染不仅限制了畜牧业的健康发展,还给人们的生活、工作以及健康带来了极其不良的影响。

据测定,一个饲养 10 万只鸡的工厂化养殖场,每天产生的鸡粪达 3600t。联合国粮食及农业组织 20 世纪 80 年代估测,全世界每年产生的鸡粪总量达 460 亿 t,这些鸡粪若处理不当,则是一个相当大的环境污染源。1 头猪日排泄粪尿按 6kg 计,是 1 个人每天所排粪尿量的 5 倍,年产粪尿约达 2.5t。成年猪每日粪尿中的 BOD(生化需氧量)是人类粪尿的 13 倍,若发生污染即可达到严重污染程度[1]。1998 年,我国生产的 5360 万 t 肉类主要为猪肉,年排泄粪尿总量中的 BOD 是全国人类粪尿的 11 倍,且随着我国养猪业的发展,其情况更加严重。随着人类生活水平的提高,对肉、蛋、奶的需求量不断增加,致使畜禽生产规模越来越大,现代化、集约化程度越来越高,饲养密度及饲养量急剧增加。畜禽饲养及活体加工过程中产生的大量排泄物和废弃物,对人类、其他生物以及畜禽自身生活环境的污染越来越突出。20 世纪 90 年代初,中国农业生态环境保护协会牧业生态环境考察组的报告资料显示,上海郊区饲养的畜禽每年产生的粪便量已突破 120 万 t,远远超过了工业废渣的排放量(66.311 万 t),也超过了全市居民生活废弃物的排放量(66.344 万 t)。

畜禽舍内空气污染的主要来源是畜禽自身,舍内动物不断地向其生活环境排放大量的有害物质,包括恶臭气体、病原微生物及粉尘颗粒物等,给自身及周围居民的生活环境带来不同程度的污染,不仅危害自身的健康生长且影响周围居民的生活质量。

1)恶臭气体污染及危害分析

畜禽养殖恶臭气体的产生,主要是两类物质,即碳水化合物和含氮/硫有机物。在有氧的条件下这两类物质分别分解为 CO_2、水和最终产物——无机盐类,不会有臭气产生。但当这些物质在厌氧的环境条件下,可分解释放出带酸味、臭鸡蛋味、鱼腥味、烂白菜味等特殊的刺激性气味。若臭气浓度不大、量少,可由大气稀释扩散到上空,不引起公害问题;若量大且浓度高,就会使人有厌恶感,给人们带来精神不愉快,影响人体健康[1]。畜禽舍、粪污的储存与处理场所(堆肥车间、污水池等)、饲料间、粪污施用区域是主要的畜禽恶臭污染来源,恶臭污染物质多达 200 多种,主要包括挥发性脂肪酸、酚类、醇类、醛类、酮类、酯类、胺类、硫醇类及含氮杂环化合物等有机成分[2],另外还包括 NH_3、H_2S 和挥发性有机化合物等有毒有害气体以及 CO_2 和 CH_4 等温室气体[3]。畜禽的粪尿经发酵分解可产生 NH_3、H_2S、硫醇、苯酚、对甲酚、吲哚、粪臭素等各类含氮或含硫的有机臭气物质,NH_3 和 H_2S 是恶臭物质的无机成分,其中对畜禽危害最大的恶臭物质也主要是 NH_3 和 H_2S[4, 5]。NH_3 由含氮有机物分解而来,是造成富营养化的重要成分,NH_3 的反应产物还是 $PM_{2.5}$ 的主要成分,欧洲大约 75% 的 NH_3 是由畜牧业生产排放的,美国55%的NH_3排放来源于畜禽养殖场,造成了严重的环境污染[6, 7]。NH_3能刺激黏膜,引起黏膜充血,喉头水肿,NH_3吸入呼吸系统后,可引起上呼吸道黏膜充血、支气管炎,严重者发生肺水肿、肺出血等。低浓度的NH_3可刺激三叉神经末梢,引起呼吸中枢的反射性兴奋。吸入肺部的NH_3,可通过肺泡上皮组织进入血液,引起血管中枢的反应,并与血红蛋白结合,置换氧基,破坏血液的运氧功能。如果短期吸入少量的NH_3,可被体液吸收,变成尿素排出体外。而高浓度的NH_3,可直接刺激体组织,引起碱性化学性灼伤,使组织熔解、坏死,还能引起中枢神经系统麻痹、中毒性肝病、心脏损伤等。空气中NH_3浓度为$37.5mg/m^3$时,能使兔的呼吸频率减慢,猪的增重滞缓;浓度为$75\sim150mg/m^3$时可引起猪摇头、流涎、喷嚏、食欲丧失。鸡对于NH_3特别敏感,即使在$3.75mg/m^3$浓度的NH_3的长期作用下,鸡的健康也会受到影响;在浓度为$15mg/m^3$时,可引起角膜结膜炎,使疫病发病率大大提高;在浓度为$37.5mg/m^3$时,能使呼吸频率下降,产蛋量减少。目前国内带仔母猪舍、鸡舍中NH_3浓度要求不超过$15mg/m^3$,猪舍(除带仔母猪舍外)要求不超过$20mg/m^3$。

畜禽体内未完全消化的含硫氨基酸降解以及微生物还原粪便中的硫酸盐,可以产生H_2S气体,畜禽粪便中H_2S浓度、pH、好氧菌或厌氧菌的发酵以及舍内温度和通风状况等因素都会影响H_2S的散发量[3, 8]。H_2S主要是刺激黏膜,当H_2S接触到动物黏膜上的水分时,很快就溶解,并与黏液中的钠离子结合生成硫化钠,对黏膜产生刺激作用,引起眼结膜炎,表现为流泪、角膜混浊、畏光等症状,同时引起鼻炎、气管炎、咽喉灼伤,以至肺水肿。经常吸入低浓度H_2S,可出现植物性神经紊乱,偶然发生多发性神经炎。H_2S在肺泡内很快被吸收进入血液内,氧化成硫酸盐或硫代硫酸盐等;游离在血液中的H_2S,能和氧化型细胞色素氧化酶中的三价铁结合,使酶失去活性,以致影响细胞的氧化过程,造成组织缺氧。所以长期处在低浓度H_2S的环境中,家禽体质变弱,抗病力下降,易发生肠胃病、心脏衰弱等;高浓度的H_2S可直接抑制呼吸中枢,引起窒息和死亡。H_2S浓度为$30mg/m^3$时,猪变得畏光,丧失食欲,神经质;浓度为$75\sim300mg/m^3$时,猪会突然呕吐,失去知觉,最后因呼吸中枢和血管运动中枢麻痹而死亡。H_2S对人类的危害也相当大,低浓度时即可引起慢性中毒,高浓度($900mg/m^3$)时,可直接抑制呼吸中枢,引起窒息死亡。我国规定畜禽舍空气中H_2S含量最高不得超过$15mg/m^3$。

反刍动物摄入饲料中的有机物在瘤胃内经某些微生物作用产生氢和CO_2,瘤胃内的厌氧微生物——喜甲烷菌以此为基质合成CH_4[9]。CH_4是反刍动物的能量代谢产物,也是造成温室效应的主要气体之一[10]。CO_2浓度通常被作为一项重要的空气污染程度指标,CO_2的含量表明了畜禽舍的通风状况和空气的污浊程度,当CO_2含量增加时,其他有害气体含量也可能会随着升高[11]。恶臭物质本身只能以气相进行分子扩散,但常常被吸附于悬浮微粒上,直径范围为 5~20μm 的微粒是畜舍臭气传播的主要原因,一旦含臭气的微粒被人们吸入,微粒就黏结在鼻孔、呼吸道的黏膜上,加强了闻到的臭味。畜禽场散发的恶臭气味令人厌倦,且伴随着病原微生物、悬浮颗粒物、寄生虫卵等有毒有害成分,威胁人畜的身心健康[12]。研究表明,由于粉尘粒子的存在,畜禽舍恶臭的扩散范围加大。如果去掉颗粒物,猪舍、氧化塘的采样气体几乎是无臭的。同样,NH_3 等有害气体以高浓度附着于粉尘上随气流传播,并随呼吸过程进入呼吸系统的各个部分,引起呼吸系统疾病。如果和 100ppm 的 NH_3 或者 35ppm 的 SO_2 相结合,粉尘能产生对结膜或鼻的刺激以及导致唾液的过度分泌[13]。

2) 病原微生物污染及危害分析

畜禽舍病原微生物在空气中是不能单独存在的,常常附着于大小不同的微粒上,以直径 6~20μm 的微粒为最多。大部分微生物正是借助于粉尘才能长时间的保持悬浮状态,并在环境中有较长的存活期,一般为数天或数周,有的甚至达数月或数年,随气流向四周传播。因此,病原体有充分的时间在畜禽舍积累,并达到惊人的数量。同时,舍内空气通过通风向外排放,也造成了排风区甚至整个畜禽场的污染。测试表明:机械通风鸡舍的排风区,细菌总数高达十几到二十几万个每立方米,尤其是纵向通风鸡舍,舍内的细菌总数与大肠杆菌数小于横向通风鸡舍,但排风区的细菌总数与大肠杆菌数却明显高于后者。按照空气清洁度标准,菌落数大于 4.8 万/m^3 为严重污染,排风区的菌落数远远超标,空气严重污染[13]。

畜禽场病原微生物对人类及畜禽的危害除了与微生物种类和浓度有关,还与微生物气溶胶大小有关[14]。微生物附着在固、液颗粒上进入空气形成微生物气溶胶,粒谱范围较广,为 0.002~30mm[15]。微生物气溶胶可以借助空气介质扩散和传输,颗粒的大小决定了其在空气中的悬浮时间、扩散距离和进入呼吸道的深度,从而引发人类急、慢性疾病(如传染病、过敏症或中毒)以及动植物疾病的流行传播[16-18]。畜禽许多重大烈性传染病的传播均为气源性传播,其病原微生物形成气溶胶后更容易扩散,并且传播距离很远。例如,1981 年口蹄疫病毒(FMDV)由法国布列塔尼地区通过空气传播到英格兰南部,导致英格兰口蹄疫爆发[19];2001~2002 年在美国由于空气传载炭疽引起多人死亡[20];肺炎克雷伯菌也可经空气传播等。同时,畜禽舍高浓度微生物气溶胶也与养殖人员的呼吸道过敏和哮喘症状相关[21, 22]。

细菌气溶胶在人和动物呼吸道不同部位的到达量,以每分钟吸入细菌的 cfu 表示,即由人或动物的呼吸量(m^3/min)乘以可到达小支气管及肺泡细菌含量求得。Anderson-6 级生物空气微生物采样器 I、II 级收集的细菌粒子(>6.0mm)可通过上呼吸道,III、IV 级收集的粒子(≤6.0mm)可沉着在小支气管或直接进入肺泡。柴同杰等[23]研究发现微生物气溶胶是舍内畜禽健康下降及舍间疾病传播扩散的主要因素。钟召兵等[24]研究了鸡舍、猪舍、牛舍空气细菌微生物粒径结构与分布规律，研究结果表明，鸡舍环境中气载需氧菌含量最高，猪舍次之，牛舍最低；空气细菌粒径分布均为第Ⅰ级最高，鸡舍空气粒径呈偏态分布，牛舍、猪舍分别在第Ⅲ级和第Ⅳ级出现第二个峰值。携带细菌可吸入微粒在猪舍环境中比例最大。在鸡舍、猪舍、牛舍中每天约有 6.1×10^5 cfu、4.7×10^4 cfu 和 3.6×10^4 cfu 气载细菌微生物可分别进入人和动物小支气管或直接进入肺泡，从而对人和动物健康构成潜在危害。黄藏宇等[25]研究了不同季节猪舍内微生物气溶胶变化及其空气动力学直径。结果表明，猪舍内气载需氧菌和大肠杆菌浓度在冬季密闭饲养条件下最高，气载需氧菌浓度是其他季节的 4～28 倍，夏季敞开式通风条件下最低。猪舍环境中约有 44.0%的气载需氧菌和 45.91%的大肠杆菌粒径大于 5μm 可进入人和猪的上呼吸道，从而对人和猪的健康构成潜在威胁。19.79%的气载需氧菌和 22.65%的大肠杆菌粒径小于 2μm，可直接侵入肺泡，严重威胁猪群和饲养管理人员的健康。

3）粉尘污染及危害分析

一般粉尘引发的空气污染通常被认为是工业化和城市化的后果，农业并没被当作主要的空气污染来源。然而，在畜禽养殖场，大量的粪尿等废弃物会产生氮和硫的氧化物、氨气、氯化氢等气相空气污染物，这些物质在空气中水蒸气的作用下反应生成水合物，成为液相的颗粒污染物，加之畜禽养殖场灰尘、细菌、孢子等在空气中的扩散，导致畜禽养殖场存在大量以颗粒相（固相、液相）存在的空气颗粒污染物[26-29]。

不同畜禽场的 PM 来源状况各有不同，如表 5-1 所示。畜禽场内 PM 主要来源于饲料、体表（包括禽类羽毛）、粪便等。饲料粉末飘散至空气中，并长时间飘浮，成为畜禽场 PM 的主要来源；体表 PM 包括了畜禽咳嗽、打喷嚏时带出的飞沫以及运动、蹭痒时脱落的皮肤或毛羽。当然畜禽场内的 PM 还有类似木屑垫料、畜禽粪便以及真菌孢子等形成的 PM[30,31]。畜禽生产系统中尤以禽舍和猪舍的 PM 排放率最大，在欧洲，禽舍和猪舍的 PM 排放分别占农业源 PM 排放的 50%和 30%[32]。对于猪舍，PM 主要来自于饲料和粪便，源于饲料的 PM 相对来说粒径较大[33]，源于粪便的 PM 相对来说粒径较小，这意味着动物将其吸入肺泡内的可能性更大，潜在危害也会更大。在家禽生产中，PM 的主要来源则是饲料、粪便、羽毛与其他垃圾。在多层养殖的禽舍内，皮屑、羽毛、排泄物、饲料、垃圾所产生的 PM 污染尤其严重[34]。畜禽场内 PM 的排放受多种因素的影响。畜禽场 PM 排放与畜禽舍结构、通风方式及其通风率、饲养管理活动、温湿度、光照、畜禽行为、畜禽生长阶段、体重、季节等因素相关[35,36]。畜禽场 PM 浓度和排放速率呈现出季节和时间的变化，PM 的浓度与相对湿度、温度和通风量成反比、与畜禽行为活性成正比[37-43]。

表 5-1 畜禽场内 PM 来源

动物种类	饲养方式	主要 PM 来源	贡献率/%
禽类	垫料养殖	垫料（包含粪便）	55~68
		羽毛	2~12
	笼养、皮带清粪	饲料	80~90
		羽毛	4~12
猪	垫料养殖	垫料（包含粪便）	>30
		饲料	>10
	部分漏缝地板	饲料	>10
		皮肤	>10

此外，畜禽舍空气中的污染物质之间会产生化学反应，形成有机或无机粒子，这些粒子被称为二次颗粒物。比如，畜禽舍内空气中的 NH_3 与酸性气体就容易发生化学反应形成无机盐粒子，这些粒子与粪便、饲料等污染源排放的 PM 的物理、化学性质完全不同，且粒径相对较小。因此畜禽舍内的 PM 有一部分也来源于二次颗粒物[44]。

畜禽场的 PM 与其他人为排放源的 PM 有 3 个不同的表现：PM 的浓度高出其他室内环境 10~100 倍、携带恶臭和污染气体、通常含有种类繁多的细菌和微生物而使其具有生物活性[45]。且畜禽场的 PM 具有物理、化学、生物三大特征，物理特征为 PM 浓度、粒径、形态及排放系数等；化学特征为 PM 中所携带的化学物质，包括有机碳/元素碳（OC/EC）、离子（如无机盐）和元素等；生物特征为 PM 中所携带的微生物，包括细菌、真菌、病毒等。畜禽场 PM 的物理特征中较为主要的是浓度和粒径分布，因此在对畜禽场 PM 进行研究时，PM 的浓度以及粒径是必须测量的 2 个指标。对于不同的畜禽场，PM 的浓度因不同动物种类有很大的不同，一般来说，PM 浓度最高的是禽类养殖场，其次是猪，最后是肉牛等的养殖场[46-50]。除了 PM 的浓度，不同动物舍粒径分布也是不同的[51]，如表 5-2 所示。

表 5-2 不同畜禽种类、不同粒径的 PM 在 TSP 中所占的比例

种类	$PM_{2.5}$	PM_5	PM_{10}	$>PM_{10}$
猪	8~12	4~14	40~45	55
肉鸡	9	—	58	42
蛋鸡	3	—	33	67
牛	—	17	—	—

PM 的排放速率（emission rate）也是畜禽场 PM 的一个主要特征。PM 的排放速率计算式为

$$E_{PM} = Q(P_{PMo} - P_{PMi}) \tag{5-1}$$

式中，E_{PM} 为畜禽舍 PM 排放速率；Q 为畜禽舍通风流量；P_{PMo}、P_{PMi} 为畜禽舍的排放处和入口处的 PM 质量浓度。

畜禽场 PM 的排放速率是畜禽场影响外界环境中 PM 的一个重要指标。PM 的排放速率会因畜禽舍大小的存栏量的不同而变化，为了比较不同种类和大小畜禽舍的 PM 排放，排放速率通常又会被转换成排放系数（排放因子）。Winkel 等[52]的研究表明，不同畜禽种类的畜禽舍的 PM 排放系数有很大不同，如表 5-3 所示。

表 5-3 不同畜禽种类畜禽舍的单位 PM 排放系数

种类	PM_{10} 排放系数	$PM_{2.5}$ 排放系数
禽类	2.20～12.00	0.11～2.41
猪	7.30～22.50	0.21～1.56
牛	8.50	1.65

畜禽场 PM 的化学成分与动物种类、饲养模式、清粪方式等有关。如猪舍和禽舍中的 PM 比牛棚的 PM 含有更多的氮元素和干燥物质，而牛栏中的 PM 会有更多的湿物质、矿物质和灰质[53]。

Radon 等[54]研究发现被动物吸入的 PM 会深入到动物的呼吸道，引发呼吸道疾病，如慢性支气管炎、哮喘等。Michiels 等[55]研究显示，在 PM 和 NH_3 的共同作用下，猪的日增重率、肺炎的发病率增加，甚至死亡率也会有所提高。Papanastasiou 等[56]研究发现 PM 的大小和表面积也决定了其对动物呼吸道炎症损伤及氧化损伤的程度。除了 PM 本身的作用，PM 携带的化合物和微生物也会对动物产生危害[57]。猪场中的 PM 携带有超过 50 种的化合物，这些附着在 PM 上的化合物如果进入更深层的呼吸道中会增强 PM 的生物刺激性，也增加了 PM 的潜在危害。畜禽 PM 对人体的主要危害就是呼吸道疾病[58]，特别是养殖场的工作人员，他们受畜禽场 PM 的影响患呼吸道疾病的概率更大[59]。文献[60]对呼吸病学及健康风险的研究表明 PM 与人的心肺功能失常也存在关系，而且在老人、小孩和患病群体中，PM 浓度的提高会显著提升死亡率。美国流行病学研究发现，糖尿病与 PM 之间存在着紧密联系[61]。畜禽场 PM 对人畜健康的影响研究现阶段多在于 PM 与人畜健康之间的联系或与某种疾病之间存在关系，但对于 PM 对人畜健康的影响机理还有待深入研究。当前仍欠缺大量的定量信息，以及 PM 问题严重程度、现有的和潜在的 PM 健康影响严重程度的众多不确定性。另外，畜禽舍 PM 吸附的 NH_3、恶臭化合物、致病性与非致病性微生物的影响有待评估。因此，

需要获取更全面、完善的 PM 特征信息以揭示畜禽场 PM 的暴露-效果关系和暴露-反应关系。

综上所述，畜禽场空气污染首先带来的危害是造成了疫病的传播。无论是恶臭气体还是病原微生物等有害物质，大多主要以 PM 为载体来进行传播。由于空气环流作用，大多数污浊空气仍停留在场区上空，成为其他畜禽舍进气的一部分，造成疫病的交叉感染。另外，畜禽场的空气污染直接影响周围环境空气质量。我国大多数规模化畜禽场位于城市郊区，畜禽场与周围居民区的距离较近。且大多数畜禽场未经处理就将污浊气体排入周围大气，其中的有害物质和臭气，严重影响居民区的环境空气质量。因此，畜禽场所带来的污染及危害主要表现在以下几个方面：①传播疾病。人畜共患病主要通过动物进行传播，而传播的载体为畜禽粪便。粪便中含有大量的病原菌和寄生虫卵，如果不能有效地进行处理，会导致病原菌以及寄生虫的大量繁殖，进而导致人畜共患病的发生，危害动物及人体的健康。且畜禽场的空气质量直接影响到畜禽防疫、健康和产品质量。②污染周围环境。畜禽排放的粪便是养殖场主要的污染源，如果随意排放，就会导致养殖场周围臭气熏天、细菌大量繁殖，严重影响周围居民的正常生活，同时限制了畜禽养殖业的进一步发展。③污染水体及土壤。畜禽的排泄物以及养殖场的污水中含有大量的营养元素，如氮、磷等，这些营养元素流入江流或渗入地下水中，会导致地表水富营养化，影响土壤质量，造成农作物徒长、倒伏、减产等。过量的营养元素还能污染地下水，导致水质不断恶化。人们食用被污染的江流中的鱼虾等水产动物，会直接危害身体健康[62]。④污染空气。畜禽排放的粪便中通常含有 NH_3、硫化氢、甲基硫醇等恶臭气体，这些气体不仅影响空气质量，还会刺激机体的嗅觉，引发呼吸道疾病，影响动物及人体的健康。

由畜禽场空气污染引起的畜禽疫病损失十分巨大，对畜禽养殖业产生直接经济影响。据有关方面统计，我国的蛋鸡全程死淘率达 25%~30%；猪的死亡率为 10%~12%。每年因疫病造成的直接经济损失达 260 多亿元，因疫病造成的畜禽生产性能降低、产品质量下降和饲料浪费等间接经济损失达 800 亿元以上，每年防治畜禽疫病所需经费达 100 亿元[13]。

5.1.2 畜牧业产固废及废气治理技术概要

畜禽生产场所的空气净化一般以控制 PM 浓度为途径，研究设计畜禽生产场所的空气净化技术及设备，改善畜禽舍内外的空气质量，主要工作内容为：净化畜禽舍空气，隔断疫病在场区的交叉感染，并减少畜禽生产对周围大气环境的污染，通过清除流入与流出畜禽舍空气中的 PM 来降低病原体、有害气体及臭气的传播。主要的净化技术可通过进气（源头）、舍内（过程）、排气（末端）等环节进行全程控制。

1）进气（源头）净化治理技术

畜禽舍空气中的部分微粒是由通风换气从舍外带进来的。对进气的除尘处理不仅可以减少舍内的粉尘浓度，更重要的是可以降低病原微生物在舍与舍之间的传播，同时也减少病原微生物在舍内的累积速度。对于幼畜禽来说，其特异性与非特异性抵抗力都较弱，只能抵御很小的病原体，病原积累期短，所以需要对进气进行净化。畜禽舍进气的主要净化技术是空气过滤。

过滤装置经常用于畜禽舍的进气除尘或对舍内空气进行循环过滤。过滤除尘与其他除尘技术相比，其主要特点是对呼吸性粉尘有较高的捕集效率，人们在不同的畜禽舍都进行过过滤除尘研究。新风系统也可以对畜禽舍的进风进行过滤处理，以去除外界空气中的 PM 以及其上携带的可能致病微生物，是一种源头控制技术。

对于饲料类源头，颗粒类饲料比粉类饲料更能降低 PM 浓度，但会额外增加饲料的成本。湿式喂养是从源头入手减少舍内 PM 浓度的一种方法。同时，采用精细喂养的喂料方式也能降低饲料的浪费率及其引发的 PM 污染。从饲料上控制粉尘的产生，费用低、操作简单，有较好的效果，而且还可以与其他除尘措施配合使用，提高除尘效果。目前，控制饲料粉尘主要有三个途径：改变饲料种类，使用饲料添加剂，使用饲料涂层。

2）舍内（过程）净化治理技术

猪舍的主要粉尘来源是饲料，鸡舍的主要粉尘来源是动物自身和垫草，因此畜禽舍大部分粉尘是在舍内形成的。畜禽场 PM 的过程净化控制技术是指饲养过程中对 PM 的控制，PM 的过程净化控制技术有除尘技术、通风调控、喷洒水（油）降尘及清粪技术等。控制舍内粉尘有两个好处：一是减少高浓度粉尘对人畜呼吸系统的危害；二是能同时减少排出气体的粉尘浓度，减少了对临近畜禽舍以及对大气环境的污染。

静电除尘是一种气体除尘技术，在冶金、化学等工业中用以净化提取或回收有用尘粒，在畜禽舍中使用静电除尘技术不仅能起到降尘的作用，还能杀死吸附在颗粒上或悬浮的微生物。对肉鸡舍使用空间静电系统，舍内 PM 浓度平均可降低 61%，NH_3 浓度平均降低 56%，微生物数量降低 67%，但电能的消耗过高[30]。Chai 等[63]将改进后的静电除尘技术用于禽舍内除尘，效率高达 79%。但静电除尘技术的运行成本较高，且由于高压，在操作上有一定的危险性。湿式除尘装置也用于畜禽舍内除尘。湿法除尘有较好的空气净化效果，它能同时去除水溶性的气体（如 NH_3、H_2S、CO_2 等），也无须频繁清洗除尘器。湿法除尘器能去除 40%的猪舍粉尘、25%的 NH_3、15%的 CO_2 及 15%的微生物。但是湿法除尘的耗水量大，而且存在污水处理和舍内湿度过大等问题。通风是一种传统的除尘方式。畜禽舍的通风主要分为自然通风和机械通风，是舍内空气质量的重要保障措施。合理的通风设计不仅能及时排出舍内污浊的空气，补入新鲜的空气，而且能对舍内的温湿度、有害气体浓度以及 PM 浓度起到良好的调控作用[64,65]。特别是在干燥的夏季，机械通风系统所带来的空气流动能有效地去除舍内的 PM。大部分研究表明，高通风率能有效降低舍内粉尘浓度。在断奶仔猪舍和育肥舍，将通风速率从最小升至最大，粉尘浓度可下降 61%。用油或水喷雾能使粉尘凝结降落，并黏在地面上，对总尘与呼吸性粉尘都有较好的效果。在畜禽舍内或者动物体表喷洒少量的水或者油，或者通过喷雾装置对舍内进行加湿处理，可以有效吸附舍内空气中的 PM 达到降尘的目的。Takai 等[66]研究表明，每天定次在猪舍喷洒一定浓度的含菜籽油的溶液，可以明显地降低 PM 浓度。但喷洒过量会增加舍内空气湿度，为微生物的滋生提供条件，且冬天喷洒液体会降低舍内温度，影响猪的健康生长。在养殖过程中，对畜禽粪便及时清理可减少粪便在舍内的暴露时间，改善舍内空气质量，对于舍内 PM 浓度也能起到有效的抑制作用。

3）排气（末端）净化治理技术

末端控制主要是针对向外排放环节进行的控制，可分为从舍内向舍外的排放以及从场区向环境的扩散，以减少微粒与气味对外界的污染，同时也降低疫病在场区的交叉感染。通常人们认为排气口的通风量大，含尘浓度高，在排气口除尘会花费很高的成本，所以应用很少。但近年来，出现了一些较为经济实用的排气口除尘技术。生物过滤器可以在机械通风式畜禽舍的排气口对排放出来的舍内空气进行过滤以及净化，通过微生物的作用达到除臭的目的，同时也可以过滤舍内空气中的 PM[67]。在畜禽舍外建造挡尘墙，能有效控制 PM 向外界排放。在畜禽场周边科学种植可以降低 PM 从场区向外界环境的扩散。

生物过滤器的原理是在排风机的后面设置水平式或垂直式的过滤间，借助排风机的压力使排出空气通过秸秆等生物质材料，清除排出气流中的微粒、有害微生物和恶臭。挡尘墙是现代畜禽舍环境研究中的一个热点问题。台湾已经有 200 多个鸡场的纵向通风舍使用挡尘墙来控制粉尘和臭味。挡尘墙的主要工作原理是：在风机排风气流附近设一个大的开放式沉降室，改变排出气流的方向与流速，使排出气流中的多数 PM 沉降在挡尘墙以内，这也同时清除了附着于 PM 上的恶臭化合物和病原微生物。与生物过滤器等畜禽舍排气处理技术不同，挡尘墙不存在压力损失，也没有通风换气的限制，尤其适用于排气集中于尾端的纵向通风舍。挡尘墙的投资运行费用很低，使用简单，且有相当好的空气净化效果。防护林也被用于畜禽舍排出空气的治理。一个设计与布局良好的防护林可以给粉尘和 VOC 提供非常大的过滤面积。而且和挡尘墙一样，防护林也可以增加紊流和垂直方向扩散，这些都使产生恶臭的化合物被稀释地更快。防护林带的费用非常的低廉，还能带来视觉享受，更适合作为其他恶臭处理技术的辅助措施配合使用。

4）畜禽场 PM 扩散模拟与影响评估

扩散模拟是评估畜禽场 PM 排放对环境影响的重要手段。PM 的扩散模型可以对 PM 的扩散规律进行预测，可以更好地根据其规律实行相应的措施。应用 PM 的扩散模型，了解 PM 的扩散规律，对于采取正确的净化措施、抑制 PM 扩散、降低 PM 的扩散影响有着积极的意义。

场区、场周边以及场所在区域的不同范围合适的 PM 扩散模型不同。基于计算流体动力学（CFD）的传播模型适用于场区内的 PM 扩散模拟，Choi 等[68]使用 CFD 技术对农场空气污染物的传播进行了模拟与仿真，得出通风系统和建筑布局是空气污染物扩散的关键影响因素。通过 CFD 的仿真模拟试验，可在建设初期为农场的建筑布局和通风设施提供宝贵的依据，尽早采取保护措施以最大限度减少污染物的危害。大气扩散模型 AERMOD 是一种稳态模型系统，常用于 50km 以下距离的污染物扩散模拟，适合畜禽场周边的 PM 扩散模拟，Hadlocon 等[69]使用 AERMOD 模型对鸡场的 PM 排放进行了模拟，评估了该鸡场周边空气中的 PM 浓度符合美国国家环境空气质量标准。而 CALPUFF 是一种非稳态的模型系统，适用于 50km 以上的 PM 模拟，可以模拟污染物在大气环境中的扩散、转化和清除过程，因此适合于养殖场所在区域的 PM 扩散模拟[70]。

5.2 畜牧业空气净化装备

目前，涉及畜禽舍空气中粉尘、恶臭、病原微生物的净化设备及系统主要有机械通风设备、喷雾除尘设备、湿法除尘设备、通风过滤设备、电除尘器、臭氧灭菌消毒器、紫外线灯等。

5.2.1 畜牧业粉尘净化治理装备介绍

畜牧业畜禽舍内颗粒物净化可以使用除尘设备，主要包括过滤式除尘器、电除尘器和湿式除尘器。过滤式除尘器是利用含尘气流通过过滤材料时，将粉尘分离捕集的装置；电除尘器具有高效的除尘作用，除尘效率在90%以上，由于空气中的细菌大多都吸附在尘埃颗粒上，所以通过减少空气中的微粒数量可相应地减少空气中的细菌、微生物等；湿式除尘器可有效地将直径为 0.1~20μm 的液态或固态离子从气流中除去，同时，也能脱除部分气态污染物。

李世才等[71]设计了一种畜禽舍空气净化器，主要采用湿式方式对畜禽舍空气进行净化，其工作原理如图 5-2 所示，利用水与空气进行充分接触，去除畜禽舍空气中的污染物[72,73]。

该空气净化器由轴流风机、水泵、喷嘴、紫外线灯、负离子发生器、壳体、栽培的植物等组成。空气由进风口进入，经过"洗—杀—调"后排出，得到净化处理。"洗"是指对空气进行水洗，畜禽舍中的氨气、硫化氢等污染物易溶于水，与水接触后可被水吸收,粉尘等颗粒物质在惯性碰撞等作用下被捕集。水泵抽取集水池中的水后由喷嘴喷出,在壳体内形成喷雾层,轴流风机位于壳体上部,下部设进风口,在轴流风机的作用下壳体内形成负压,空气由进风口吸入,与喷雾层的水充分接触,将空气中的氨气、硫化氢、粉尘等污染物吸收或吸附。"杀"是指为防止空气中的微生物污染,利用紫外线灯进行消毒处理,杀灭空气中的微生物。"调"是指在喷嘴处设置负离子发生器对空气进一步处理,并增加负离子浓度,调节空气质量。为降低水的污染,将空气净化中的喷雾和植物的喷雾栽培有机结合在一起,喷雾净化过程中吸收的污染物可被植物吸收利用,吸收后可得到净化。植物栽培还可吸收二氧化碳,美化环境。

田夫林等[74]设计了一种畜牧养殖空气净化装置如图 5-3 所示。

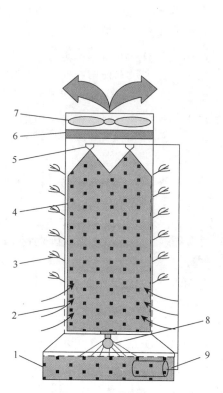

图 5-2 湿式除尘空气净化器工作原理图

1. 集水池; 2. 进风口; 3. 植物; 4. 塑料管; 5. 喷嘴; 6. 负离子发生器; 7. 排风扇; 8. 紫外线灯; 9. 水泵

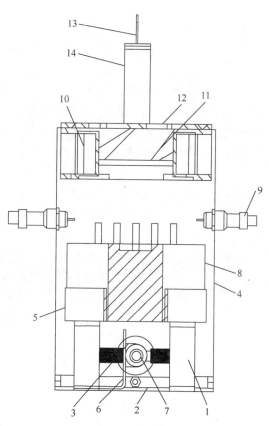

图 5-3 畜牧养殖空气净化装置

1. 支架; 2. 盖板; 3. 卡子; 4. 壳体; 5. 圆盘体; 6. L 形支板; 7. 益生菌液喷头; 8. 负离子发生器; 9. 接线座; 10. 风扇主体; 11. 风扇叶; 12. 防尘罩; 13. 挂钩; 14. U 形支架

该装置不仅能够除尘净化空气,而且能消灭有害病菌。装置主要包括壳体、负离子发生器、风机及益生菌液喷头。其中风机可强制吸入环境中的粉尘、毛发、氨气、硫化氢、二氧化碳等对空气质量有影响的物质,与负离子发生器产生的负氧离子结合,消除空气中的正电荷,过滤空气中的粉尘、毛发等;同时,利用益生菌液喷头添加净化空气的有益菌,利用高压喷雾多点喷头方式,把有益菌喷洒到动物棚舍的各个角落,达到喷雾无死角,增加空气中粉尘、毛发的重量,加快下沉速度,减少环境中的飘浮物,消除粉尘中有害细菌传染途径,改善环境空气质量,从而降低由于粉尘刺激的呼吸道发病率,改善动物肠道菌群环境,增强动物抵抗力。

5.2.2 畜牧业恶臭气体净化治理装备介绍

1) 生物过滤器恶臭气体净化治理装备

生物过滤法是应用较广泛的脱臭方法,最宜用于低浓度或中浓度的挥发性有机物(浓度为 50~1000mg/m^3)。它主要利用附着在滤料介质中微生物的新陈代谢活动,把恶臭和 VOC 等降解为 CO_2、水和无机盐,同时形成新的微生物。1964年,第一个生物过滤器首先在欧洲建成,20 年后,在德国投入使用和处于建设中的生物过滤器达 250 座。到 1992 年,荷兰 Clair Tech 公司的 Bioton(R)生物过滤器系统,用于处理含甲苯、乙酸乙酯、乙酸正丁酯、乙醇、异丙醇和丁醇的废气,至少建有 53 套系统。荷兰应用科学研究机构(TNO)和 VAM 废物处理公司的生物过滤材料 Vamfil,到 1987 年共用于 30 套生物过滤器装置。美国 Monsant 公司的 Dyna Zyme 生物过滤器可去除废气中的醇、醛、酮、甲苯、苯乙烯、H_2S 和硫醇等,恶臭物质去除率大于 99%,VOC 去除率大于 95%。

20 世纪 80 年代以来,国外已有各类微生物除臭装置和设备运用于冶金、石油、化工、屠宰、污水处理等实际工作场所,并取得了一定效果。但我国直到 90 年代初才开展实验室研究工作。

生物过滤反应装置主要由增湿器、循环水罐和生物过滤器等组成,如图 5-4 所示。

生物过滤反应装置的反应过程为:臭气首先经过一个增湿器去除气溶胶和固体颗粒,调温、调湿后,进入生物过滤器。生物过滤器内填充了附着微生物的滤料介质。臭气进入反应器后,污染物由气相扩散至固/液相表面的水膜被介质吸收,同时氧气也由气相进入水膜,最终污染物被微生物分解/转化为 CO_2、水和无机盐,同时形成新的微生物。微生物生长所需的营养物质由介质自身供应或通过外界添加。净化后的空气以扩散气流的形式离开滤床表面进入到大气中。生物过滤器中的高效生物填料具有良好的结构稳定性和透气性能,这可以保证经过长时间的运行压力后损失基本保持不变。

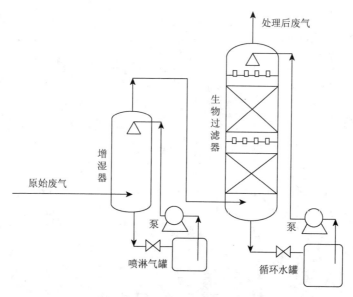

图 5-4 生物过滤反应装置示意图

生物滤池将致臭污染物降解成 CO_2 和水,没有二次污染,蒲施桦等[75]参考明尼苏达大学 Richard Nicolai 等提供的测试方法,设计了处理畜禽臭气的生物过滤器,其参数见表 5-4,试验装置如图 5-5 所示。

表 5-4 生物过滤器设计参数

项目	控制范围
过滤器填料体积(V_m)/m³	0.02～0.06
空床接触时间(EBCT)/min	1～3
过滤器的表面负荷(UAR)/(m/h)	60.0～17.1
填料高度(H_m)/m	0.02～0.07

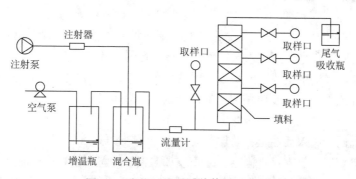

图 5-5 生物过滤器试验装置示意图

试验装置由生物反应器、底部补气系统、营养液喷淋循环系统、通风换气系统及温湿度检测辅助装置组成。生物过滤器的柱体采用PVC管材,直径为33cm,高125.5cm,填料高度为90cm。装置内装有活性炭、木屑、蚯蚓粪以及珍珠岩几种填料。过滤器的煤层填料采用网状的PVC隔板进行支撑,并在底部加铺一层砾石,能使气体在滤柱中均匀布气。在过滤器的顶部设置布水系统,配制营养液,一方面满足微生物的生长所需,另一方面能调节填料的湿度,并帮助填料表面的代谢产物通过底部的排水系统流出。应用试验表明:以蚯蚓粪+木屑+堆肥配的填料,在环境湿度55%~65%时NH_3去除率较高,最高可达到96.76%。此种填料配比受环境调控因素影响较多,在不明显影响去除率的情况下增加一定量珍珠岩等无机物,可减少运行成本。

陈敏等[76]设计了生物土壤滤体除臭装置,如图5-6所示。

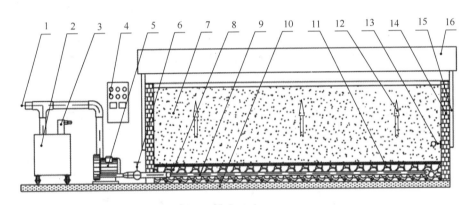

图5-6 生物土壤滤体除臭装置结构图

1. 进气口;2. 超声波加湿器;3. 水过滤器;4. 控制箱;5. 旋涡风机;6. 进气阀;7. 活性土壤滤层;8. 气体分布基质层;9. 布气管网;10. 土壤硬层;11. 隔离网;12. 层流方向;13. 湿度传感器;14. 砖墙;15. 支撑杆;16. 遮雨棚

该装置的关键部件参数和运行参数可被确定,并通过在气体分布基质层中增加布气网管方式提高臭气滤出效果。该生物土壤滤体除臭装置由土壤滤床及相应的供气系统等组成。畜禽舍产生的臭气经密闭设施,由进气口收集后经超声波加湿器、旋涡风机和进气阀进入布气管网。布气管网系镀锌管及其水暖配件构成的空气分布系统,置于土壤滤床的底部,周围是布满了砂砾的气体分布基质层。土壤滤床包括工程加固的土壤硬层和四周的砖墙,其内空间填充经特殊技术一次性配制的透气土壤介质,形成活性土壤滤层,含臭气体按层流方向自下而上穿过气体分布基质层和隔离网,进入活性土壤滤层,被转化为无味或较少气味的气体后排出。土壤滤床配置遮雨棚,靠支撑杆固定。超声波加湿器、加湿周期和风机流量、运行周期等参数均可在线或计算机设定,均由包括PLC监控系统在内的控制箱智能管理。

采用的活性土壤滤层配方为：草腐土 75%，珍珠岩 20%，黑炭 5%，滤层高度 1000mm，滤料表面负荷 15.5～22.0m^3/(m^2·h)，滤料湿度控制范围（52±3）%。生物土壤滤体除臭装置试验样机应用试验在养猪场进行，试验结果表明：主要恶臭物质 NH_3、CH_4 和 CO_2 去除率大于 95%；CO 和氮氧化物（以 NO_2 计）去除率大于 85%，与畜禽臭气共同扩散的 TVOC、PM_{10} 和 TSP 去除率大于 95%，系统排出气体的臭气浓度分别为 7.5～8.0，符合排放要求。

杨有泉等[77]基于节能减排与实践应用，将冬季畜禽舍生物过滤除臭设备的通风形式设计成密闭循环与间歇排放相结合型。当冬季气温过低（一般低于 10℃），养殖户需要紧闭门窗确保养殖舍温度时，舍内 NH_3 浓度容易升高，当浓度大于 10.0g/m^3 时，即可启动室内生物过滤器；当室内生物过滤器将空气循环系统中的恶臭污染物控制到一定程度，且室内外温差小于一定值时，可打开排气系统。排出循环系统的气体经过室外生物土壤滤体除臭装置进一步除臭。该工艺流程可以确保畜禽舍的臭气符合国家排放的标准（NH_3 浓度小于或等于 5.0mg/m^3，臭气浓度小于或等于 70mg/m^3），同时减少动物应激和"感冒"概率。

其控制工艺流程如图 5-7 所示，设置 2 个工况。工况 1：闭式循环工况。开启进气阀 D，关闭新风阀 A 和排气阀 C，位于猪舍末端的风机将舍内臭气先经过喷淋式加湿器加湿后，再送入室内生物过滤除臭装置。除臭装置内活性生物填料去除大部分 NH_3、H_2S、CH_4、N_xO_x（氮氧化物）、TVOC 等导致舍内空气污染的主要恶臭气体和温室气体释放物。除臭后的气体流经回风管路，从猪舍的前端进入舍内，周而复始，形成闭式循环工况。工况 2：间歇排放工况。开启排气阀 C 和新风阀 A，关闭进气阀 D 和加湿器内循环水系统，位于猪舍末端的风机将舍内臭气流经排气管路和超声波加湿机，送入室外生物土壤滤体除臭装置，去除臭气物质后达标排放。位于猪舍前端的新风口打开，舍外新鲜空气进入舍内。其畜禽舍生物过滤除臭装置结构如图 5-8 所示。

室内生物过滤除臭装置 12 设置于养殖舍 1 的末端，通过隔墙 3 与养殖区 2 隔离开。舍内臭气按层流方向 4，经进气口 19、喷淋式加湿器 5、输气管路 7、风机 22、进气阀 11 进入生物滤床。喷淋式加湿器配置循环水泵 21、循环水路 20 和喷淋器 6，对流经的臭气进行加湿处理。生物滤床床体 9 系钢结构件焊接而成，窗内底部设置是带若干布气孔的镀锌管及其水暖配件构成的布气管网 23，周围是布满了砂砾的气体分布层 24，含臭气体自下而上穿过气体分布层和隔离网 25，进入活性滤料层 13。滤层填料可由草腐土、珍珠岩和黑炭等按配方构成，流经的含臭气体被吸附在该滤层填料的表面和含水层中，为滤床中的微生物提供氧气，并作为微生物的养分而被消化利用，大量的 H_2S、CH_4、N_xO_x、TVOC 等主要恶臭气体和温室气体释放物因此被去除。

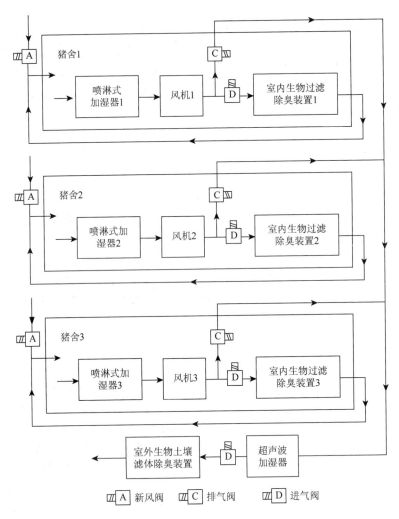

图 5-7　冬季畜禽舍臭气控制工艺流程图

在通常情况下，该装备开启进气阀 11，关闭新风阀 16 和排气阀 8，除臭后的气体流经回气接口 14 和回气管路 15，从养殖舍前端的回风口 17 进入舍内，周而复始，形成闭式循环工况。只有当室内生物过滤除臭装置将舍内恶臭污染物质控制到一定程度，且舍内外空气温度差较小时，才允许开启排气阀，关闭进气阀和喷淋式加湿器内循环水系统，风机将舍内臭气，流经排气管路 10、超声波加湿机 29 和进气阀 28，送入室外生物土壤滤体除臭装置 27，去除臭气物质后排放；同时，开启位于养殖舍前端的新风阀，舍外新鲜空气进入舍内，形成间歇排气与新风补给工况。该工况可以确保畜禽舍的臭气符合排放的要求，同时降低因温差变化过大或贼风侵扰而引发应激反应的概率。喷淋式加湿机和超

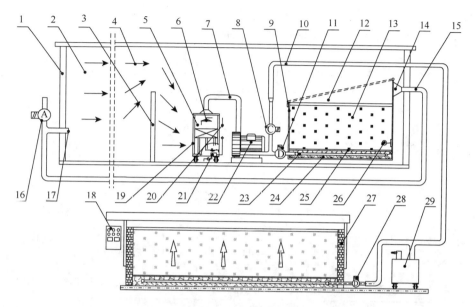

图 5-8 冬季畜禽舍生物过滤除臭装置结构

1. 养殖舍；2. 养殖区；3. 隔墙；4. 层流方向；5. 喷淋式加湿器；6. 喷淋器；7. 输气管路；8. 排气阀；9. 滤床床体；10. 排气管路；11. 进气阀；12. 室内生物过滤除臭装置；13. 活性滤料层；14. 回气接口；15. 回气管路；16. 新风阀；17. 新风口（回风口）；18. 控制箱；19. 进气口；20. 循环水路；21. 循环水泵；22. 风机；23. 布气网管；24. 气体分布层；25. 隔离网；26. 湿度传感器；27. 室外生物土壤滤体除臭装置；28. 进气阀；29. 超声波加湿器

声波加湿器均配置湿度传感器，加湿器的加湿量、加湿周期和风机流量、运行周期等参数均可在线或计算机设定，由包括 PLC 监控系统在内的控制箱 18 智能管理。

该装备实际应用结果表明：在活性滤料配方为草腐土 70%、珍珠岩 20%、黑炭 10%，滤层高 950mm，滤床表面负荷 $30.0m^3/(m^2 \cdot h)$，滤料湿度控制范围为 $(52\pm3)\%$ 情况下，室内生物过滤除臭装置持续运行 6h，猪舍内 NH_3 浓度可以控制在 $10.0mg/m^3$ 以内，除臭效果明显，也不与舍外空气交换，不会对舍内温度产生任何影响。

陈敏等[78]设计了能同时进行多个处理的生物过滤除臭试验装置，如图 5-9 所示。

基于活性滤料筛选试验和一系列相关的生物过滤除臭法研究的要求，除臭试验装置的主要设计参数和性能指标如表 5-5 所示[79-83]。

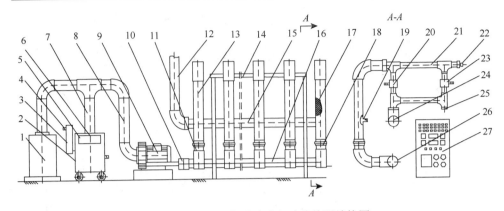

图 5-9 多功能生物过滤除臭试验装置结构图

1. 臭气源；2. 超声波加湿器；3. 水过滤器；4. 水接口；5. 湿度控制面板；6. 溢流口；7. 连接管路；8. 输气管路；9. 风机；10. 电加热器；11. 接口；12. 排气管；13. 试验柱；14. 机架；15. 排气汇集管；16. 进气分配管；17. 活性滤料；18. 试验柱外接口；19. 滤料温湿度探头；20. 气阀；21. 测试管路；22. 气体测试仪接口；23. 气阀；24. 排气接口；25. 气相色谱接口；26. 进气接口；27. 控制箱

表 5-5 生物过滤除臭试验装置的主要设计参数和性能指标

设计参数	指标	控制要求
试验柱单元数量/个	5～12	按需配置
试验柱内直径/mm	200	—
活性滤料层最大高度/mm	1100	—
加湿器类型	超声波加湿器	—
最大加湿量/(kg/h)	1.8	—
滤料湿度/%	55～85	在线可调，控制精度±3%
滤料温度/℃	20～38	在线可调，控制精度±1℃
风机流量控制方式	交流变频器	—
流量控制范围/(m³/h)	3.8～19.2	可调，自动控制
风机运行周期/h	0～24	连续任意可调，自动控制
风机功率/kW	0.37	—
气体取样要求	—	具有自身完整的气体取样接口和控制系统
操作要求	—	在线设定和调整应在控制箱前面板进行
气密系数	≤0.03	—
防护能力	—	系统应具备防腐、防锈、防挥发性气体能力
试验柱总成外廓尺寸/mm	3600×1250×1800	按9个试验柱配置
整机外廓尺寸（长×宽×高）/mm	5400×1250×1800	按9个试验柱配置
整机净机质量/kg	≤400	按9个试验柱配置

整套装置可配置 5～12 个试验柱单元，各单元主要性能参数基本保持一致，系统差异性很小；运行参数均由计算机设定调整，也可以在线调整后自动控制；试验柱密闭系统气密性好，具备防腐、防渗、防锈、防挥发性气体等防护性能，且装卸方便，便于供试活性滤料的更换。整机性能试验结果显示，各单元内活性滤料相对湿度（79.96±1.76）%，排气出口处臭气流量（0.525±0.01）L/min，NH_3 去除率（96.86±1.65）%，系统差异性很小。装置已用于除臭设备的试验研究，各项性能指标均达到设计要求。

白林等[84]利用 PVC 管设计的圆柱形生物过滤器研究了猪粪堆肥中添加珍珠岩、蚯蚓粪、锯末及添加降解 H_2S 和 NH_3 的优势菌群对 H_2S 和 NH_3 的去除效果。实验共设计了四组，A（作为对照组）：堆肥+锯末；B：堆肥+锯末+珍珠岩；C：堆肥+锯末+蚯蚓粪；D：锯末+珍珠岩+蚯蚓粪。各组均用锯末调节碳氮比例，使填料碳氮比（C/N）为（25～40）/1，加适量的水使混合填料的含水率调节到 60%（质量分数）。试验表明：用蚯蚓粪改良的猪粪堆肥对 H_2S 和 NH_3 的去除率显著高于传统猪粪堆肥的去除率，是很好的生物过滤器填料，有存活的蚯蚓。去除 H_2S 和 NH_3 的主要作用是填料的吸附、吸收和微生物的降解。

2）光触媒与高能光电除臭净化治理装备

光触媒通过紫外线照射后，激活材料表面吸附氧和水，形成强氧化性的氢氧自由基和活性氧，把空气中游离的有害物质如有害气体、有机物、细菌及病毒分解成二氧化碳和水[85]；禽舍光触媒高效空气净化器一般利用二氧化钛（TiO_2）光触媒结合紫外线、臭氧的生物效应原理设计而成。高能光电除臭设备利用不同波长的超短紫外线（UVC）光源使空气中产生臭氧和氧原子，并利用臭氧和氧原子的强氧化性，来高效去除空气中的有害物质等。

孙宏丽等[86]设计了禽舍光触媒高效空气净化器，主要由空气导入口和导出风口、导流回旋风道、谐振光源和控制电路等组成，其设计原理框图如图 5-10 所示。

其中导流回旋风道形成回旋风，风道内壁螺旋形扇叶片上喷涂高效 TiO_2 光触媒，中央放置多波段谐振光源（4 根管结构或多根管结构，可为 TiO_2 光触媒激发光管（280～380nm）、杀毒灭菌管（254nm）、臭氧灭菌管（185nm）），增加有害气体与光触媒的接触面积和接触时间，使之更有效地达到空气净化的目的。臭氧、紫外线和光触媒三者集于一体，用于禽舍空气净化，既有特异性、一致性，又有互补性和叠加性，针对性强，效率高。孙宏丽等利用此禽舍光触媒高效空气净化器在河北省某猪场进行了现场试验，检验结果显示：甲醛初始浓度为 $0.753mg/m^3$，净化 2h 后浓度为 $0.272mg/m^3$，2h 去除效率为 63.9%；氨初始浓度为 $1.85mg/m^3$，净化 2h 后浓度为 $0.225mg/m^3$，2h 去除效率为 87.8%；细菌总数初始浓度为 $5700cfu/m^3$，净化 2h 后细菌浓度为 $520cfu/m^3$，去除效率为 90.9%。禽舍光触媒高

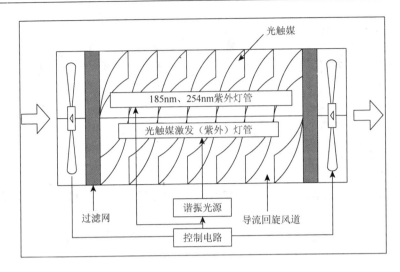

图 5-10 禽舍光触媒高效空气净化器设计原理框图

效空气净化器集光触媒的催化作用、紫外线杀菌作用、臭氧杀毒灭菌作用于一体，具有净化空气能力强、操作简便、适用范围广等优点。

徐鑫等[87]选用 AOS-80 光触媒空气净化机，该净化机有效整合紫外线照射消毒、臭氧杀菌和 TiO_2 光催化氧化技术，在试验鸡舍的屋架上按米字形均匀安装 6 台该净化机，测定了对照组和实验组鸡舍内有毒有害气体和空气细菌总数的浓度，判断其对冬季蛋鸡舍空气的净化效果。结果表明：2 栋鸡舍在适当通风条件下（使舍内温度维持在（15±0.1）℃），对照鸡舍和试验鸡舍的空气细菌总数平均浓度分别为 33.3cfu/L 和 10.6cfu/L（$P<0.01$），净化机使之降低 68.2%；NH_3 的平均浓度分别为 1.71mg/m^3 和 1.22mg/m^3（$P<0.01$），净化机使之降低 28.7%；H_2S 的平均浓度分别为 0.670mg/m^3 和 0.643mg/m^3（$P<0.05$），净化机使之降低 4.03%；蛋鸡平均周死亡率分别为 0.997%和 0.607%（$P<0.01$），净化机使之降低 39.1%。表明：舍内安装空气净化机能显著降低鸡舍空气细菌总数和有毒有害气体浓度，降低蛋鸡死亡率。

宁芳芳等[88]利用光触媒空气净化器对猪舍空气质量和猪生产性能的影响进行了研究。选用 36 头 60 日龄育肥猪，随机分成三组，每组 12 头，设 3 个重复。1 组作对照组，不使用空气净化器，2、3 组分别在 8：00～20：00 以及 20：00～8：00 使用空气净化器。NH_3 和微粒分两个阶段进行测定；微生物浓度在试验开始与结束时进行测定；并同时测定生产性能，试验期为 28d。结果表明：NH_3 和微粒浓度在两阶段中 2、3 组均低于 1 组（$P<0.05$），且 2 组的低于 3 组。猪舍空气中微生物数量 2 组显著低于 1 组（$P<0.05$）。生产性能方面，2 组、3 组与 1 组相比，日增重显著提高（$P<0.05$），而料重比（F/G）则显著降低（$P<0.05$），并

且 2 组 F/G 也显著低于 3 组（$P<0.05$）。表明：在猪舍内使用光触媒空气净化器可提高猪舍空气质量和猪的生产性能。

光电除臭仪也是利用光触媒原理去除空气中有害物质的一种仪器设备。杨立强等[89]研究了高能光电除臭设备和光电除臭仪对 NH_3、鸡舍空气的净化效果。图 5-11 和图 5-12 分别为高能光电除臭设备及光电除臭仪的工作原理示意图。

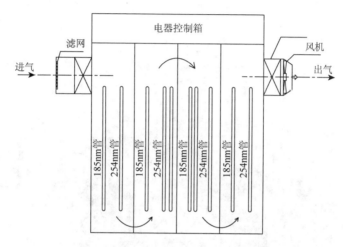

图 5-11　高能光电除臭设备工作原理示意图

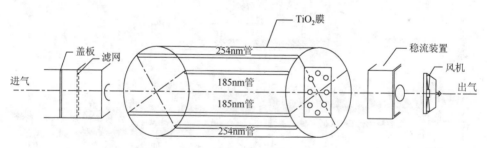

图 5-12　光电除臭仪工作原理示意图

研究表明：在无畜无禽状态下，高能光电除臭设备在 5.80mg/m³（高）、3.65mg/m³（中）、2.47mg/m³（低）的初始浓度下，运行 15min、30min 后，NH_3 的降解率分别为 52.33%、50.08%、51.68% 和 71.04%、66.47%、57.61%；光电除臭仪在 14.74mg/m³（高）、6.54mg/m³（中）、3.80mg/m³（低）的初始浓度下，运行 15min、30min 后，NH_3 的降解率分别为 38.89%、14.07%、23.95% 和 51.42%、48.74%、40.00%；在鸡舍试验期间，两种空气净化设备显著影响舍内的空气质量，使用高能光电除臭设备的舍内 NH_3、微粒浓度均显著低于使用光电除臭仪和没有任何净化设备的鸡舍（$P<0.05$）；在试验中期和后期，使用高能光电除臭设备的

舍内微生物数量也均显著低于使用光电除臭仪和没有任何净化设备的鸡舍（$P<0.05$）。高能光电除臭设备和光电除臭仪均能改善鸡舍空气质量，并且前者效果优于后者。

3）其他除臭净化治理装备

吴成狄[90]发明了一种畜牧养殖用空气净化装置，如图 5-13 所示。

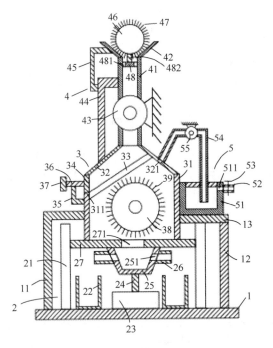

图 5-13　畜牧养殖用空气净化装置结构示意图

1. 底板；2. 气缸装置；3. 框体装置；4. 进气装置；5. 喷水装置；11. 第一支架；12. 第一支撑杆；13. 第一横杆；21. 过滤环；22. 收料箱；23. 气缸；24. 推动杆；25. 移动框；26. 第一管道；27. 第一挡板；31. 框体；32. 集气斗；33. 第一过滤网；34. 第一堵塞块；35. 第二支架；36. 第二横杆；37. 第一握持杆；38. 第一滚轮；39. 第一刷毛；41. 进气管；42. 进气斗；43. 风机；44. 第三支架；45. 第四支架；46. 滚球；47. 第二刷毛；48. 第三横杆；51. 水箱；52. 第二管道；53. 阀门；54. 第三管道；55. 水泵；251. 第一通孔；271. 第二通孔；311. 第三通孔；321. 第四通孔；481. 第四通孔；482. 第一竖杆；511. 第五通孔

装置由底板、气缸装置、框体装置、进气装置和喷水装置组成。底板上有第一支架、第一支撑杆及第一横杆；气缸装置包括过滤环、收料箱、气缸、推动杆、移动框、第一管道及第一挡板；框体装置包括框体、集气斗、第一过滤网、第一堵塞块、第二横杆、第一握持杆、第二支架、第一滚轮及第一刷毛；进气装置包括进气管、风机、进气斗、第三支架、第四支架、滚球、第二刷毛、第三横杆；喷水装置包括水箱、第二管道、阀门、第三管道及水泵。该设备结构简单，使用方便，能够对畜禽舍内的空气进行充分的净化。该净化装置使用时，首先在水箱 51 内放置净化水，启动水泵 55，使得水箱 51 内的水进入到第三管道 54 内，然后进入到集气斗 32 内，洒在第一轮滚 38 及第一刷毛 39 上。然后启动风机 43，使得畜牧舍内的空气进入进气斗 42，经过第二刷毛 47 的过滤后进入进气管 41 内，滚球 46 呈圆球状，并且由于第一竖杆 482 的设置使得滚球 46 不会堵塞在进气斗 42 上，进而可以使得外界的空气顺利进入进气管 41 内，并且第二刷毛 47 可以对进入的气体进行充分的过滤。然后气体进入集气斗 32 内，经过第一过滤网 33 的过滤后进入第一过滤网 33 的下方，其中体积较大的颗粒停留在第一过滤网 33 上，并且集中在滤网 33 的左端，因为第一过滤网 33 呈倾斜状。然后空气通过第一过滤网 33，从第四通孔 321 喷出且净化，并经过第一滚轮 38 上的第一刷毛 39 的过滤净化后进入下方，经过第二通孔 271 进入移动框 25 内，再经过第一管道 26 排出；同时水也进入移动框 25

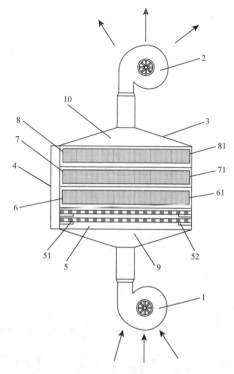

图 5-14　畜牧用空气净化循环系统结构示意图
1. 空气吸入装置；2. 空气吸出装置；3. 壳体；
4. 侧盖；5. 一级净化舱；6. 二级净化舱；
7. 三级净化舱；8. 四级净化舱；9. 第一除臭室；
10. 第二除臭室 51. 过滤网；52. 承载台；
61. 过滤棉；71. 活性炭吸附层；81. 纳米吸附层；

内，并且经过第一管道 26 进入收料箱 22 内，从第一管道 26 排出的气体经过过滤环 21 的过滤后排出。同时可以启动气缸 23，第一挡板 27 向下移动，使得从框体 31 排出的气体直接排出去，进而可以提高工作效率。该装置净化效率高，净化效果好，可以彻底地清除掉其中的臭味以及其中的杂质，使得排出的气体环保无污染。

薛仔昌[91]研制了一种畜牧用空气净化循环系统，由空气吸入装置、空气净化装置和空气吸出装置组成，如图 5-14 所示。

空气吸入装置将空气吸进空气净化装置进行净化处理，空气从底部依次进入第一除臭室、一级净化舱、二级净化舱及三级净化舱，先进行除臭，之后层层过滤和净化，将空气中的灰尘、杂质和颗粒过滤干净之后，再由空气吸出装置将干净的空气吸出，进入室内，以提供干净的空气使用。此设备能够改善养殖环境，提高空气质量，降低呼吸道传染性疾病的发生，有利于畜禽健康成长[92]。

电极网对空气放电可产生高能带电粒子和臭氧。空间直流电晕电场、高能带电粒子和臭氧一同对舍内空气中的带菌带毒粉尘、飞沫和畜禽舍中的固体、液体媒介表面的病原微生物进行净化和灭菌消毒，装置安装示意图见图 5-15。

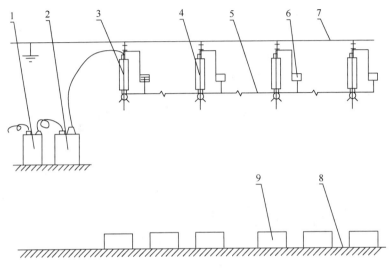

图 5-15 畜禽舍电净化灭菌消毒装置安装示意图
1. 时间控制器；2. 高压电源；3. 主支撑绝缘子放电架；4.3 个副支撑绝缘子放电架；5. 高压电极线；
6.4 个直流高压臭氧发生组件；7，9. 建筑结构；8. 畜禽舍地面[93]

目前应用广泛的 3DDF 系列禽舍空气电净化防病防疫系统就是一种净化空气与灭菌消毒的新设备。3DDF 系列装备包括 5 种型号，见表 5-6，每种设备均由高压电源、控制器、绝缘子或防污绝缘子、放电电极线组成。

表 5-6 3DDF 系列禽舍空气电净化防病防疫设备

型号	功率/kW	粉尘净化率/%	空气脱菌率/%	面积/m²	高度/cm
3DDF-600 型	0.180	40.0~99.4	40.0~94.3	500~600	≥250
3DDF-450 型	0.240	75.0~99.9	65.0~94.3	300~450	≥200
3DDF-300 型	0.130	75.0~99.9	65.0~94.3	150~300	≥200
3DDF-150 型	0.050	60.0~99.9	50.0~94.3	5~60	≥25
3DDF-60 型	0.015	60.0~99.9	40.0~94.3	5~60	≥25

该设备在禽舍内的设置一般分为养殖平面以上空间设置和粪道内的设置。养殖平面以上空间装设放电电极线是通过绝缘子固定在禽舍棚顶上的，并且距离舍内其他物体应在 0.4m 以上。高压电源向放电电极线供电后，放电电极线与建筑物表面和

地面之间便形成了空间电场,同时产生高能带电粒子和微量臭氧。粪道内放电电极线的布设应采用防污绝缘子与固定物隔开,并且距离舍内其他物体应在 0.4m 以上[94]。

李丽[95]对安装了 3DDF-450 型畜禽舍空气电净化自动防疫系统的鸡舍、牛舍和常规鸡舍、牛舍进行了对比试验。结果表明:试验鸡舍与对照鸡舍相比 NH_3 浓度降低 8.8%,PM_{10} 浓度降低 43.4%,粒子数降低 30.84%,试验鸡舍死淘率降低了 7.6 倍。消炎药用量:试验鸡舍 2 个月使用一次,对照鸡舍 1 个月使用一次,降低用药量 50%;消毒用药:对照鸡舍 15 天一次,试验鸡舍基本不用消毒,消毒用药量降低 90%。对照鸡舍在检测期间有大肠杆菌病情发生,试验鸡舍无疫病发生。试验牛舍与对照牛舍相比,NH_3 浓度降低 11.8%,PM_{10} 浓度降低 33%,粒子数降低 53.08%。

刘滨疆等[96,97]对鸡舍空气中携带各种病原微生物的粉尘和气溶胶以及 3DDF-600A/B 型畜禽舍空气电净化疾病预防系统(A 型系统与 B 型系统的差异在于 B 型系统增加了一套有害气体消除装置,其内装有化学物质)对鸡舍空气净化的效果进行了研究。结果表明:系统中的空间电极系列装置对粒径大于 5μm 的粉尘和气溶胶清除效率为 80%~100%,且粒径越大清除效率越高;鸡舍中粒径为 0.5~2.5μm 的粉尘质量仅占粉尘和气溶胶总质量的 10%~20%,系统中空间电极系列装置对这一粒径范围的粉尘和气溶胶的清除效率为 70%~80%。虽空间电极对粒径在 0.5μm 以下的粉尘和气溶胶的清除几乎无效,但这部分微粒很少携带病原微生物,且会保持悬浮状态随鸡的呼气排出。畜禽舍空气电净化疾病预防系统空间电极系列装置放电产生的臭氧和高能荷电粒子对鸡舍中的丁酸、吲哚、硫醇、粪臭素与水蒸气相互作用形成的气溶胶的封闭效率约为 50%,即鸡舍中有一半的有害气体被直流电晕电场封闭在粪便、墙壁中。在 B 型系统中由于增设有害气体消除装置,可使鸡舍中的有害及恶臭气体减少 70% 左右。试验还表明:在系统工作期间,鸡舍活动产生的可携带病原微生物的粉尘、飞沫等气溶胶随时都会被净化消除,使鸡舍保持清洁。在一般生产条件下,猪舍空气中所含微生物菌落数约为 3.0×10^5~1.0×10^6 个/m^3,鸡舍空气中所含微生物菌落数约为 2.0×10^5~8.0×10^7 个/m^3,而在系统启动 2~3min 后,猪舍空气中所含微生物菌落数减少了 77%~86%,鸡舍空气中所含微生物菌落数减少 82%~93%;系统正常工作 30d,猪舍、鸡舍空气中所含微生物菌落数平均为 20~200 个/m^3,鸡无任何病症出现。在畜禽舍中安装这种系统既可以高效率清除和杀死舍内空气中所含的普通病原菌,又可消除和杀死灰尘、飞沫传播的疫病病原菌,对重大疫病的预防有着重要的应用价值。

刘佳等[98]针对空气电净化技术在猪舍的应用进行了试验,发现在试验条件下,畜禽空气电净化系统能够明显降低 H_2S、恶臭气体浓度,有效吸附舍内可吸入颗粒物。

大成集团是亚洲太平洋地区集饲料、食品、餐饮、营养科技等多项事业于一体的国际性专业农畜食品集团。集团于1995年建立了3家从种鸡饲养、鸡苗孵化、饲料加工、肉鸡屠宰到熟食深加工的一条龙企业,年产饲料20万t,屠宰加工肉鸡4000万只,出口熟食1.6万t。2009年以后分别建设了3栋安装有3DDF-450型畜禽舍空气电净化自动防疫系统的环境安全型肉鸡舍,设备安装后空气灭菌率达到90%,畜禽成活率提高10%。大连凤栖园养鸡场组建于1984年,是集科研、开发于一体的大型养鸡企业,饲养蛋鸡4万多只,日产蛋量2000kg,年产蛋量为700多吨。全场实行封闭式管理,采取全进全出饲养方式,其鸡舍中也应用畜禽舍空气电净化防疫系统净化舍内环境质量,降低鸡舍疫病发生率,提高鸡群整体质量。华侨种猪场于2005年也开始实行环境安全型猪舍改建,先后在分娩舍、保育舍、母猪舍设置了畜禽舍空气电净化防疫系统、粪道等离子体除臭灭菌系统,建成了可以起示范推广作用的适宜广大中小养猪场的小投资环境安全型猪舍。使用畜禽舍空气电净化防疫系统后,猪舍的发病率及死淘率明显下降,同时治疗性兽药用量下降10%~78%[99]。伊犁地区巩留县畜牧业发展历史悠久,2010年也开始为蛋鸡舍安装电净化自动防疫系统及粪道等离子体除臭灭菌系统,得到了良好的示范带动辐射作用,到2011年共安装了6台3DDF-450型畜禽舍电净化自动防疫系统。实践证明,在通风风机开启的条件下,利用空间电场技术将微生物气溶胶日平均浓度降低30%,畜禽疫病的预防效率就可达到60%以上,微生物气溶胶日平均浓度降低50%。畜禽疫病预防效率就可高于90%。

4)其他病原微生物控制空气净化治理装备

赵永玉等[100]研制了一种畜牧养殖业空气净化装置,如图5-16所示。

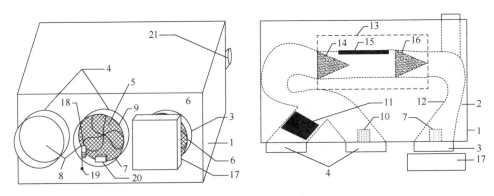

图5-16 畜牧养殖业空气净化装置

1. 外壳; 2. 内部结构; 3. 送风口; 4. 抽风机; 5. 保护网; 6. 扇叶; 7. 鼓风电机; 8. 开口; 9. 抽风扇叶; 10. 抽气电机; 11. 抽气泵; 12. 管道; 13. 空气净化器; 14. 倒锥形滤网; 15. 紫外灯; 16. 活性炭吸附过滤层; 17. 负离子发生器; 18. 荧光灯; 19. 开关; 20. 接槽; 21. 进风管道

该畜牧养殖业空气净化装置可以将养殖过程中产生的异味、细菌送入抽风口，经过层层净化和灭菌，再将处理合格的空气通过送风口送入动物生存的环境中，保证动物洁净的生存环境，从而减少动物感染细菌、生病的情况，提高畜牧养殖环境的空气质量。在抽风口设有两个抽风通道，风扇较节能但效果一般适用于长期使用，而抽气泵效率高，但是较费电，用于室内环境过差，在紧急处理情况下，根据情况选择抽风通道的使用，也可以在另一通道出现故障情况下，替代使用。送风口前段设有负离子发生器，增加空气中负离子数量，提高空气质量，使动物保持更加清醒舒适的状态。抽风扇叶的抽风口开口前段设有荧光灯，利用蚊虫的趋光性和随气流飞行的特点，驱赶夏天室内的蚊虫，提高动物的生存质量。抽风扇叶下方的接槽，用于接住被扇叶打落的蚊虫，方便处理。送风口后部在与空气净化器连接的管道之外，另设有进风管道，解决原来空气处理过程耗损时间引起室内空气含量不足、较为稀薄的问题。

陆怡倩等[101]发明了一种畜牧养殖的送风设备，该畜牧养殖的送风设备，设有温湿度传感器和空气质量传感器相互配合使用，对畜牧棚内的空气进行实时的监控；抽风机、通风管道和通风管道支管的相互配合，可以将外界的新鲜空气抽取至畜牧棚内，达到换取新鲜空气的作用并且通风管道支管进行独立排风，从而达到节约能源的效果，其净化装置结构示意图见图5-17。设有的空气净化装置，可以对外界空气进行过滤再使之流入畜牧棚内。

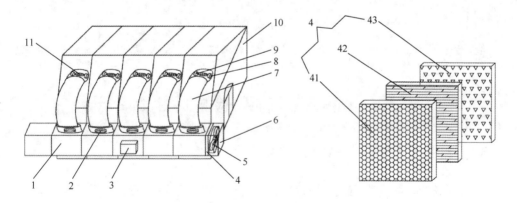

图5-17 畜牧养殖送风设备及内置空气净化装置结构示意图
1. 通风管道；2. 泄气阀；3. 控制装置；4. 空气净化装置；5. 抽风机；6. 进风口；
7. 通风管道支管；8. 温湿度传感器；9. 空气质量传感器；10. 畜牧棚；11. 加湿器；
41. 活性炭过滤层；42. 光氢离子净化层；43. 光触媒净化层

王日军等[102]研制了一种水禽笼养舍内环境控制系统，主要通过养殖过程进行舍内环境控制，对舍内有害气体、粉尘及细菌微生物进行监测与净化，强化温度、湿度及噪声的调节控制，全面做好水禽笼养环境调控工作。该系统主要包括立方体禽舍本体及其上部建造的梯形顶，梯形顶的侧面设有内外空气转换装置用来对禽舍内部进行气体交换，使禽舍内部气体保持新鲜；本体侧面中部设有禽舍排风装置，保持禽舍通风，并且作为空气交换侧面通道，禽舍内部底部设有禽舍内加热装置，用于控制禽舍内部温度，禽舍内部还安装有禽舍内温度指示与警报模块和禽舍内湿度指示与警报模块，用来控制禽舍内的温度和湿度以免家禽因温度不适或者湿度不适而发育减缓或者得病；禽舍顶部装有禽舍湿帘装置，用来配合调节湿度，在禽舍顶部还挂有若干空气净化和消毒装置，空气净化和消毒装置呈串珠状分布于禽舍内悬空挂置，用于净化和消毒，避免家禽得传染病。此水禽笼养环境控制系统如图 5-18 所示。

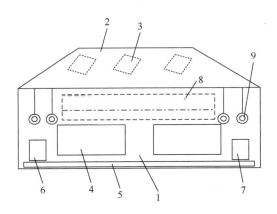

图 5-18 水禽笼养舍内环境控制系统结构示意图

1. 立方体禽舍本体；2. 梯形顶；3. 内外空气转换装置；4. 禽舍排风装置；5. 禽舍内加热装置；6. 禽舍内温度指示与警报模块；7. 禽舍内湿度指示与警报模块；8. 禽舍湿帘装置；9. 空气净化和消毒装置

5.3 畜牧业空气质量检测监测设备

5.3.1 畜牧场 PM 检测监测技术及设备

畜牧场的 PM 对人畜及环境危害的严重性已经逐渐被人们所认识，但由于其复杂性及多样性，政府及相关部门难以制定政策及法律对其浓度与排放进行限制和控制。因此，开展畜牧场 PM 的检测，了解掌握 PM 的构成是治理 PM 最为重要的前提。畜牧场 PM 的检测技术可以从物理、化学、生物三大特征入手，对 PM 进行全面的检测，了解其结构、成分，才能更好地对 PM 进行控制。

1）PM 浓度检测监测技术及设备

PM 浓度的检测方法主要为称量法和光学法。其中称量法得出的是质量浓度，即 PM 质量与空气体积之比；而光学法得出的是数量浓度，即 PM 数量与空气体积之比。PM 研究常用的是质量浓度，数量浓度可集合 PM 的密度及其形状等信息换算为质量浓度。

称量法将一定流量的空气通过采样器的滤膜，空气包含的 PM 就会被捕集在滤膜上，然后根据采样后滤膜增加的质量计算出单位体积空气 PM 的质量，即 PM 的质量浓度。对于不同粒径的 PM（如 PM_{10}、$PM_{2.5}$）检测，需要在采样器的收集系统上添加不同类型的切割头。当前畜牧场 PM 质量浓度检测使用较多的有微量振荡天平（TEOM）和 β 衰减 PM 监测仪（Beta gauge），两者都可以实现 PM 的自动、连续、精确监测[103-108]。两者的差异在于 TEOM 基于其独特的微量天平系统来对收集到滤膜上的 PM 质量变化进行测定[109]，而 Beta gauge 则基于 β 射线的衰减原则来对收集到滤膜上的 PM 质量变化进行测定[110]。

PM 浓度的光学检测主要有基于光学原理的便携式 PM 检测仪和光学粒子计数器等[111-113]，其监测的精确度相对于 TEOM 和 Beta gauge 要低一些。但这类检测仪器便于携带和操作，因此在对畜牧场 PM 的浓度检测中常被用到。

2）PM 的粒径分布检测监测技术及设备

PM 粒径分布（particle size distribution，PSD）也是 PM 的主要物理特征。PM PSD 检测分为空气动力学检测、光学检测及电子检测。

空气动力学检测主要包含级联撞击器及气动粒度仪。其中级联撞击器采用惯性去除原理将不同粒径的 PM 在不同的撞击阶段进行分离，从而对不同粒径范围的 PM 进行收集并最终计算其分布。但由于小微粒缺乏惯性力，因此大多被用于微米级 PM 中较大粒径的分布检测[114]。而气动粒度仪则能提供实时、高分辨率的 PSD 测量，测量范围为 $0.5\sim20\mu m$[115]。常志勇等[116]采用美国 MSP 公司生产的 MOUDI 110 微孔均匀沉积冲击式采样器（micro-orifice uniform deposit impactor，MOUDI）与 TSI 公司研制的 APS 3321 型空气动力学粒径谱仪（aerodynamic particle sizer，APS）2 种粒径仪对吉林省某开放式肉牛畜禽养殖场颗粒污染物实施了 3d 连续监测，监测期间该养殖场存栏肉牛 800 余头，采用圈栏开放式饲养，进行实时测量分析。通过 3d 的测量，空气颗粒污染物的几何平均直径都小于 $8\mu m$，发现 APS 的实时测量空气颗粒污染物的效果较好，能反映出空气颗粒污染物的变化情况，还可以通过几何平均直径、数量浓度和质量浓度这些指标从各个角度对颗粒污染物进行分析。

光学检测包括了光学粒子计数器和光散射粒度仪。光学粒子计数器可以检测 PM 的 PSD，但这种 PSD 不是空气动力学直径的 PSD，因此需要结合 PM 的密度和形状信息结果转换为空气动力学直径。光散射粒度仪能够提供广泛的粒径测量范围，但需要先收集 PM，而后进行粒径分析，且它和光学粒子计数器一样需要 PM 的其他信息来将粒径转换为空气动力学直径[115]。Gonzales 等[117]使用激光粒度分析仪（LS13320）对美国堪萨斯州的某肉牛饲养场排放的颗粒物进行了分析，结果表明其测得的几何平均直径与 MOUDI 测量的结果比较吻合，通过演算获得

的 PM_{10} 和 $PM_{2.5}$ 质量浓度与质量法测量仪测得的值也没有显著差异，但是 LS13320 需要通过其他仪器收集颗粒物样本，并在特定的溶剂内进行分析。

电子检测技术主要是电传感区技术，电传感区技术是应用电阻原理来测量电解质中的 PM 的 PSD。与光散射粒度仪一样，这种技术也需要提前采集 PM 的样体，但它能够提供高分辨率和重复性的个体 PM 的粒径评估。

3）PM 的化学特征检测监测技术及设备

PM 的化学特征主要是指 PM 的化学成分，是开展畜牧场 PM 来源分析的重要参数，从而为源头控制和减少 PM 的排放提供理论依据。畜牧场 PM 的化学成分主要为离子（SO_4^{2-}、NO_3^-、NH_4^+ 等）、元素（Al、Si、Fe 等）以及有机碳和无机碳，PM 的化学特征检测主要有离子色谱法、能量色散 X 射线光谱分析法和热光学分析法等。

离子色谱法主要用于测定各种离子的含量，原理是将改进后的电导检测器安装在离子交换树脂柱的后面，以连续检测色谱分离离子的方法。通过离子交换的方法分离出样品离子，再用检测器对样品离子进行检测响应。目前离子色谱法能测定下列类型的离子：有机阴离子、碱金属、碱土金属、重金属、稀土离子和有机酸，以及胺和铵盐等。Masiol 等[118]对威尼斯的 $PM_{2.5}$ 进行分季度采样，将样本溶于水后，用离子色谱法对溶液进行离子测定，并通过 PMF 模型对威尼斯的 $PM_{2.5}$ 成分（包括化合物和所含离子）进行分析。

能量色散 X 射线光谱分析法借助于分析试样发出的元素特征 X 射线波长和强度，根据波长测定试样所含的元素，根据强度测定元素的相对含量。根据 EDX 元素分析法原理，目前已经出现了相应的商品化的仪器，如能量色散 X 射线荧光分析仪（EDXRF）。Cambra-López 等[119]将高分辨率扫描电子显微镜和能量色散 X 射线荧光分析仪结合，通过分析得到了畜禽舍 PM 的形态和化学数据。

热光学分析法主要是通过加热的方法分离样品中的有机碳（OC）和元素碳（EC），再通过光学的方法分析测定两者的含量。相应的仪器有有机碳/元素碳分析仪，可以测定 PM 样品中的有机碳和无机碳含量。Li 等[120]曾对北卡罗来纳州动物养殖场内的大气 PM 中的碳进行测定，来估算二级有机碳浓度。

以上三种方法在分析之前都需要提前进行采样，采样设备以及分析方法如表 5-7 所示。

表 5-7 畜牧场 PM 的化学成分采样设备以及分析方法

分析内容	采样设备	分析方法
离子	带尼龙滤膜的颗粒物采样器	离子色谱法
元素	带特氟龙滤膜的颗粒物采样器	能量色散 X 射线光谱分析法
OC、EC	带石英滤膜的颗粒物采样器	热光学分析法

4）PM 的生物特征检测监测技术及设备

PM 的生物特征主要是指 PM 内所吸附的微生物，包括细菌、真菌、病毒等。PM 中的微生物样品采集，可以通过采样器抽取一定量空气进入吸收液，PM 携带的微生物分散于分散液中；取定量吸收液进行培养，再用微生物分析的方法对微生物的种属进行鉴别。Wang 等[121]使用玻璃撞击器对携带微生物的颗粒物样本进行了收集，并将菌落形态记录法、革兰氏染色法和代谢分析法结合使用来鉴定培养后菌落的类型。

而在微生物学上，对微生物分析常用的方法是 16S 核糖体分析。16S 核糖体分析利用序列测序的方法对细菌种属进行鉴定，可以用于未知样品的快速种属分析或为生化鉴定提供指导信息。对于难以获得纯培养的细菌，16S 核糖体分析是唯一可用的鉴定方法。Gerald 等[37]曾对畜禽舍的 PM 进行采集，通过培养基对 PM 内的微生物进行培养并使用 16S 核糖体分析后发现，畜禽舍内 PM 含有李斯特菌和大肠杆菌。

5.3.2 畜禽场恶臭气体检测监测技术及设备

畜禽场恶臭可用恶臭强度、恶臭浓度、容忍度、愉悦度和恶臭特征进行描述，一般用恶臭强度和恶臭浓度作为评价恶臭污染程度和扩散影响评估的指标。恶臭浓度是表示相对恶臭强度的指标，即恶臭气体用无臭气体进行稀释，稀释到刚刚好无臭时所需的稀释倍数（无量纲）。除此之外，畜禽场的评估还可以通过恶臭扩散模型和安全防护距离模型进行预测和评估。

5.3.2.1 恶臭成分和浓度检测监测技术及设备

目前，畜禽场现场恶臭污染气体检测方法主要可分为光学方法、化学方法。光学方法又可以分为常规光学方法和光谱学测量方法，前者通过测量光强变化来测量污染气体浓度，后者利用光谱分析仪获取污染气体光谱信息。

典型的光学方法有非分散红外光谱（nondispersive infrared，NDIR）、光声光谱（photoacoustic spectroscopy，PAS）、傅里叶变换红外光谱（fourier tranform infrared spectroscopy，FTIR）、差分吸收光谱（differential optical absorption spectroscopy，DOAS）和可调谐半导体激光吸收光谱（tunable diode laser absorption spectroscopy，TDLAS）等。近年来，光谱技术已广泛应用于畜禽场空气污染物成分和浓度的分析检测。

NDIR 被广泛用于 CO_2、CH_4、SO_2 和 HN_3 等气态污染物的监测，具有测定简便、快速、不破坏被测物质和能连续自动监测等优点。它是一种基于气体吸收理论的方法，当红外能量经过待测气态分子时将吸收各自特征波长的红外光，引起分子振动能级和转动能级的跃迁，产生红外吸收光谱，吸收光谱的峰值与气态物质浓度之间的关系符合朗伯-比尔定律，因此求出光谱光强的变化量就可以反演出待测气体的浓度。基于该原理商业化生产的分析仪有很多，如美国 Rosemount 公司 Binos4b 型非分散红外光谱气体分析仪、我国台湾泰仕电子工业股份有限公司 TES-1370 型非色散式红外线 CO_2 测试计和武汉四方光电科技有限公司 GASBOARD 红外气体分析仪。GASBOARD 主要采用在探测器前添加滤光片的方法，分别可用于检测 NH_3、CO_2 和同时在线检测 CH_4 与 CO_2，NH_3、CH_4、CO_2 检测精度分别为 ±1ppm、±5ppm 和±40ppm。Dekock 等[122]采用 Binos4b 型非分散红外光谱气体分析仪监测不同生长时期育肥猪舍 NH_3 的浓度，最后得出通过短时间周期性监测建立的 NH_3 排放模型最大误差小于 10%。徐鑫等[87]在研究 AOS-80 空气净化机对冬季蛋鸡舍空气的净化效果时，采用了 TES-1370 型非色散式红外线 CO_2 测试计测定 CO_2 的浓度，HL-200 型便携式气体检测仪测定 NH_3、H_2S 的浓度，效果较好。丁学智等[123]应用非分光红外探测技术，采用电调制红外光源探测器及单光束双波长技术，对反刍动物 CH_4 和 CO_2 污染气体排放进行了长期自动监测。黄华等[124]利用红外 CO_2 传感器 OEM6004 作为检测元件，开发了一套畜禽舍污染气体检测控制系统，系统测量精度为±40ppm，测量误差为±3%。史海山等[125]建立了测定反刍动物 CH_4 和 CO_2 浓度的密闭呼吸箱系统，此系统类似于代谢笼装置。呼吸箱内的空气通过橡胶软管由气泵抽入非分光红外分析仪，与计算机连接并能同步对 CH_4 和 CO_2 进行实时监测。基于该原理的商业化生产的分析仪器主要还有英国 SIGNAL 公司 7000FM 系列气体分析仪，该分析仪相较于上述其他仪器除了采用窄带滤光片还增加了气体过滤相关法非分散光谱分析技术，过滤相关法能够测量低量程气体并有效避免交叉干扰，能消除弱吸收气体如 CO 和高吸收气体 CO_2 交叉干扰，可检测成分有 CO、CO_2、CH_4、NO 和 SO_2，精度优于量程的±1%或±0.2ppm。英国 Servomex 公司 Xentra4100 气体分析仪，可检测成分为 CO_2、N_2O 和 CH_4。为了防止空气中 CO_2 干扰，将光源设置在密封空间中，并装有 CO_2 吸收剂，吸收剂可以吸收光源密封室中的 CO_2 气体[126]。红外光声光谱技术是基于红外吸收的能量转换，样品吸收红外入射光后产生热转换，热能传给样品周围的惰性气体，惰性气体吸热后膨胀产生压力波，这种压力波能被敏感的麦克风检测，最后被转换成光谱。每种气体在其光谱中，对特定波长的光具有较强的吸收作用，通过检测气体对光的波长和强度的影响，以确定气体的浓度[127]。丹麦 LumaSense 公司 INNOVA 型红外光声谱气体监测仪可以选择性地测量 NH_3、N_2O、CH_4、CO_2、C_2H_5OH 五种气体，探测范围视测试气体而定，精度在十亿分率（ppb）的范围内，够补偿测量时温度、水气和其他气体的干扰，是一种高度准确、可靠和稳定的定量气体现场监测器。Ngwabie 等[128]采用 INNOVA1312 光声多样气体分析仪对自

然通风奶牛畜舍的 NH_3、CH_4、CO_2 及 N_2O 气体进行检测，研究结果表明奶牛肠道发酵是 CH_4 产生的主要来源，而 NH_3 排放主要来源于粪便，随着动物活动增加，CH_4 排放量明显增加，NH_3 的排放量与畜舍的温度呈正相关，与 CH_4 呈负相关。叶章颖等[129]采用 INNOVA1312 光声多样气体分析仪对丹麦猪舍和液态猪粪便进行了 CH_4 气体排放测试，比较了 3 种粪坑内粪便高度（0.15m、0.40m、0.65m）、4 种通风量（211m^3/h、650m^3/h、1852m^3/h、3088m^3/h）、粪坑内有无挡板情况下冬季猪舍粪便贮存过程中 CH_4 排放通量。泮进明等[130]采用 INNOVA1412 红外光声谱气体监测仪对雏鸡舍内原位无动力生物滤器 NH_3 排放浓度进行了监测研究，该仪器 NH_3 检测精度为 0.2ppm。研究结果表明，以中药渣堆肥为基质的原位无动力生物滤器 NH_3 处理效果好，可应用于育雏舍污染气体控制。Ni 等[131]采用美国煤矿安全设备公司 MSA3600 型红外光声探测器对 8 个猪粪反应器内的不同稀释比例粪便 CO_2 排放进行了检测研究。该检测仪检测 CO_2 浓度范围为 0~10000ppm，检测精度为 1%读数或±100ppm，仪器优点在于采用了双频红外吸收光谱，可以校正水蒸气的干扰。研究发现猪粪便干物质含量是影响 CO_2 排放的主要影响因素。由于现场检测环境变化，采用光声光谱法检测技术在测量时容易受到其他干扰气体的影响，不同气体成分的谱线重叠和干扰仍需进一步研究。

利用 FTIR 对污染气体进行检测根据的是不同气体对不同波长的红外线具有选择性吸收特性，测量吸收光谱的位置和强度可以分别判别出气体的种类和被测气体的浓度。红外光源发出的光进入干涉仪后被分束器分成两束，分别经过动镜和定镜反射后形成干涉光，然后该干涉光通过气体样本并被样本选择性吸收后到达检测器，最后通过傅里叶变换对信号进行处理得到包含检测气体信息的红外吸收光谱图。该方法具有灵敏度高、响应速度快、测量范围大、稳定性好和可靠性好等优点，可以快速和连续监测[132]。美国 Thermo 公司 MIRAN SapphIRe 型便携式红外光谱气体分析仪采用单光束红外分光光度计，使用独特的红外分光镜在单一的单元里逐一精确地检测多种气体，分析仪波长发生器可根据检测的气体快速而精确地进行波长的选择，可检测成分为 NH_3、CO_2、CO、甲醛和有机挥发物质。张瑰等[133]采用 MIRAN SapphIRe 型便携式红外光谱气体分析仪对 NH_3、丙酮、丁酮、乙酸乙酯、氯仿、苯、甲苯、甲醇、乙醇和异丙醇等有害气体进行快速的在线检测，而大多数无机气体不适宜用此仪器。基于该原理开发的气体监测仪的优势在于能够监测较大区域范围的空气质量，比较适用于放牧场的温室气体监测过程。Bjorneberg 等[134]采用开路的傅里叶红外探测仪检测了美国爱达荷州奶牛场、蓄粪池及堆肥区域空气中 NH_3、CH_4 和 N_2O 气体成分含量。研究结果表明，N_2O 浓度随位置和季节变化的影响较小，每个监测周期牛栏区 NH_3 浓度是蓄粪池的 2~3 倍，而牛栏区 CH_4 浓度和排放速率有时会小于蓄粪池。基于该原理商业化生产的检测分析仪器主要有德国西门子股份公司 ULTRAMAT 23 型双光路的微流量红外气体分析器，其接收气室采用串联型结构可以消除干扰组分对测量结果的影响，在接收气室中，除填充待测组分外，还根据被测气体的组成填充一定比例的干扰组分，干扰组分在第一、二两层气室中对红外辐射的吸收而产生的压力作用方向相反，相互抵消，可检测成分为 CO_2、NO、SO_2 和 CH_4。美国 TELAIRE 公司 Telaire-7001 系列气体测量仪采用双光束、双波长红外式探测器，同时还具有新风量、温度、湿度等检测功能，仪器设置有标准气接口，可以非常方便地进行仪器校准。校准精度为±50ppm，检测范围为 0～10000ppm。

DOAS 技术以光学和光谱检测技术为基础，利用气体分子对紫外线、可见光辐射的特征吸收，使其在强度上和光谱结构上发生变化，通过分析吸收光谱就可以定性定量地分析待测气体的含量[135, 136]。而差分紫外吸收光谱（difference UV absorption spectra，DUVAS）是派生自 DOAS 技术的一种物质吸收光谱方法，它工作在很窄的紫外线频谱范围，将吸收光谱界定在 220～270nm 的近紫外区域，污染气体中各种硫化物、氮化物等在该波段均有明显的吸收峰，通过测量透射光的紫外吸收光谱并由此反演被测物质的体积分数[137, 138]。DOAS 技术是一种弱光谱检测技术，需要根据吸收光谱的变化快慢对光谱进行分解，只适用于具有窄带吸收结构的气体，系统对外部环境的要求相对较高，不同气体检测需要安装不同的光程和接收装置，操作烦琐。基于 DUVAS 检测方法，瑞典 Opsis 公司开发了 System 300 UV-DOAS-AR500 空气质量自动监测系统。该监测系统包括一台分析仪、发射器和接收器（组成测量光路），以及连接接收器到分析仪的光纤。AR500 型监测系统采用开路式紫外差分吸收光谱技术，可检测气体成分为 NH_3、SO_2、NO_2 和 O_3 等，可以连续多点监测，无须多点稀释法测量，整套分析系统结构简单，可移动部件少，没有泵、过滤器以及阀等机械式采样部件，无须采样系统。Secrest[139]采用一种带有 Czemy-Turner 分光计和 "ER-110" 级望远镜的 UV-DOAS-AR500 测定密苏里州和马里兰州猪场周围的 NH_3 浓度，比较了 UV-DOAS 和 FTIR 监测方法的检测效果，研究得出风向和大气稳定性会对 NH_3 排放产生影响的结论。Mount 等[140]采用 UV-DOAS 方法测定了奶牛场 NH_3 浓度，该系统检测限为 1 ppb。研究结果表明夏季蓄粪池 NH_3 浓度通常为 1ppm，畜栏区 NH_3 浓度通常为 10ppm。不同类型奶牛场污染气体的排放量、排放模型以及减排措施还需进一步研究。基于该原理商业化生产的检测分析仪器主要有美国 AIM 公司 AIM9060 开路式气体分析仪，采用开路紫外 DOAS 测量，可检测的气体有 NH_3、SO_2、NO_x 等。量程从 ppb 到百分比，精度为满量程的±2%，响应时间小于 10 ms。

TDLAS 技术利用半导体二极管激光器的可调谐和窄线宽特性，通过选择待测气体的某条吸收线可排除其他气体的干扰，实现待测气体浓度的快速在线检测，具有高灵敏、高选择性和快速响应等特点[141]。由于二极管激光器具有高单色性，因此可以利用气体分子一条孤立的吸收谱线对气体的吸收光谱进行测量，避免了其他光谱的干扰,该技术的缺点是调谐范围限制了可探测的气体种类[142]。加拿大 Boreal Laser 公司利用 TDLAS 技术生产了 GasFinder 开路气体探测仪可检测 NH_3、CO_2 和 H_2S 等污染气体,其中 NH_3 检测精度最高,可达 20ppb。Kyoung 等[143]采用开路式 TDLAS(OP-TDLAS)系统对集约化畜禽场的 CH_4 和 NH_3 排放量进行了测定。其中,监测单元由 GasFinder 2.0 安装在自动定位装置 Model-20 Servo 上的 OP-TDLS 系统、5 个反射镜、安装于桅杆气象站的风速和风向感应器以及计算机组成。感应器和计算机通过 RF401 型扩频的调制解调器进行连接,而自动定位系统则由一种综合性软件进行控制以便调整射到反射镜上的激光束的方向。Hensen 等[144]采用美国 Aerodyne Research 公司 TDLAS 检测仪研究了奶牛场从单位面积到整个养殖场的 CH_4 和 N_2O 污染气体排放规律,检测仪红外吸收光谱波长分别为 $1270cm^{-1}$ 和 $1271cm^{-1}$,CH_4 分辨率为 10ppb,N_2O 分辨率为 20ppb。Flesch 等[145]采用 TDLAS 技术进行了实验模型中 CH_4 气体浓度的测定。Worely 等[146]应用开路式可调谐激光光谱气体探测仪对乔治亚州肉鸡舍外部的 NH_3 浓度进行了检测。开路式激光采用单色光,红外光谱辐射吸收固定波长,这样的吸收光谱线对 NH_3 具有很好的选择性,可以避免 CO_2、CH_4 和水汽相互吸收干扰。Sharpe 等[147]应用可调谐激光光谱技术研究了养猪场氧化塘的 CH_4 排放,通过游艇将设备运到塘中测试位置,在塘面上从 0.315~1.26m 不同高度测量气温和风速。仪器采用美国坎贝尔公司 TGA100 分析仪,激光的红外光谱范围为 $3000\sim3025cm^{-1}$,仪器精度为 10ppb。该方法结合不同高度的风速和温度等来计算气体通量值,测试的范围大,并且不破坏粪污表面的自然状态。量子级联激光器与传统的二极管激光器具有不同的发光原理,它是在子带间跃迁基础上的一种新型激光器。激射波长可覆盖大部分中红外和部分远红外光谱区域。美国 Aerodyne Research 公司量子级联激光器光谱仪 Model QCL-TILDAS-76 可检测 CH_4、N_2O、NO、NO_2、CO、CO_2、NH_3 以及甲醛、乙烯,检测精度达到 ppb(1s 平均时间)。Schrieruijl 等[148]采用一个三维超声风速仪(型号 R3,Gill Instruments,Lymington,UK)和量子级联激光器(QCL)光谱仪(Model QCL-TILDAS-76,Aerodyne Resrearch Inc.,Billerica MA,USA)系统测量了 CH_4 和 N_2O 的浓度,采用坎贝尔 Csat C3 超声风速仪测量风向和 Licor 7500 开路式红外气体分析仪(LI-COR Lincoln,NE,USA)测定 CO_2 浓度。Kroon 等[149]应用量子多级激光光谱仪(Model QCL-TILDAS-76)结合三维声波测速仪(Model R3)对密闭空间和现场环境中的 CH_4 浓度进行了测定。

化学方法利用化学反应过程中颜色发生变化或发出声光信号等现象来测定气体的成分和浓度。污染气体监测的化学方法主要包括电化学、化学发光、气相色谱分析和质谱分析等方法。

电化学法气体检测的原理是利用物质的电化学性质测定待测气体浓度,根据化学反应所引起的离子量变化或电流变化来测量气体成分和浓度。为了提高选择性,采用隔膜结构，可以防止测量电极表面沾污和保持电解液性能，这种方法一般只能监测高浓度气体，对低浓度气体测量效果不好[150]。该方法具体又可以分为热催化法和电子晕法。热催化法利用气体在催化元件上氧化生热，使催化元件的阻值发生变化，由催化元件和电阻组成的惠氏电桥失去平衡，输出与气体浓度成正比的电信号，通过测量电信号的大小，达到气体浓度检测的目的[151]。Bicudo 等[152]采用美国 Arizona 公司 Jerome 631-X 型便携式 H_2S 分析仪对养猪场的 H_2S 污染气体进行了检测研究。仪器的内置气泵把空气抽入仪器中，空气中所有的 H_2S 都会吸附在仪器内置的黄金箔传感器上，传感器的电阻值按正常比例产生改变，然后通过计算，得到样品中 H_2S 的浓度。该方法的分析仪探测元件寿命短，不能检测高浓度 H_2S 等有害气体，而且检测参数单一，难以适应多种气体成分和多种环境参数的要求。金濯等[153]针对全封闭的蛋鸡舍结构特点和室内环境因子不同于外界环境等问题，设计开发了全封闭蛋鸡舍环境调控系统。该系统选用美国 FIGARO 公司生产的基于电化学检测原理的 TGS4160 型 CO_2 浓度传感器、MIC-NH_3 智能传感器和 M-100 型 H_2S 传感器等有害气体浓度监测传感器对有害气体浓度等环境因子进行智能监测和控制。德国德尔格有限公司 Dräger X-am 7000 便携式五合一检测仪可配电化学传感器或 2 个接触反应传感器或红外传感器或光离子传感器，可检测成分及检测范围为 CH_4、VOC、H_2S（0～100ppm）、CO（0～2000ppm）。其中，Dräger Pac IIIs（Dräger XS7）电化学传感器检测仪还可检测 NH_3，检测精度为 1ppm，检测范围为 0～200ppm。Wheeler 等[154]采用便携式监测单元（portable monitoring units，PMUs）检测了美国肯塔基州和宾夕法尼亚州商业化肉鸡养殖场的 NH_3 污染气体浓度。PMUs 包含两个相同的 Pac IIIs 电化学传感器检测 NH_3 浓度，检测范围为 0～200ppm，每 60s 记录一次 NH_3 浓度，通过新鲜空气冲洗传感器，以减少传感器连续暴露在 NH_3 环境中出现的饱和现象。电子鼻技术由气敏传感器阵列结合适当的模式识别算法，通过模拟生物嗅觉用于分析、识别和检测简单或复杂气体的成分和浓度[155-157]。澳大利亚 Sohn 等[158]建立了一套含有 24 个金属氧化物传感器、1 个温湿度传感器的电子鼻系统，采用偏最小二乘法（partial least square method）作为气体浓度计算算法。该系统精确有效地检测养殖场的气体排放浓度，可以实现全天候连续监控。Pan 等[159]研制开发了用于养殖场释放气体分析的电子鼻网络系统，在养殖场内部及周边分别放置可连续监测气体信息的电子鼻，通过无线传输获取各节点的实时信息，并计算和预测下风向气味实时传播状态，为气体管理提供了有效的参考数据。俞守华等[160]采用康尔兴 CPR-G3 NH_3 传感器检测 NH_3 浓度、康尔兴 CPR-G7 H_2S 传感器检测 H_2S 浓度，建立了基于 BP 神经网络的猪舍 NH_3 和 H_2S 混合有害气体定量检测模型。还有多家公司基于电化学检测原理生产了相关的气体检测仪。例如，美国 IST 公司开发了 IQ-1000 Mega-Gas 型万用气体检测仪，其利用固态传感器、电化学传感器和催化传感器，可检测成分及检测范围为 NH_3（0～500ppm）、CO_2

（0～1000ppm）、CH_4（0～1000ppm）、H_2S（0～50ppm）。北京吉华安泰科技有限公司 AT-NH_3 畜舍 NH_3 检测仪，检测精度为±10%量程，检测范围为 0～100ppm。美国 ESC 公司 Z-800XP 泵吸式 NH_3 检测仪利用传感器检测，分辨率为 0.1ppm，精度为±5%，检测下限为 0.1～200ppm。美国英思科公司 iTX 型六合一气体检测仪，采用催化燃烧检测原理，可检测多种气体。

化学发光法是指根据物质在化学反应过程中，其物质分子吸收化学能产生光的辐射现象，某些化合物分子吸收化学能后，被激发到激发态，再由激发态返回至基态时，以光量子的形式释放出能量，测量化学发光强度从而可以对物质的成分和浓度进行分析测定[161]。化学发光法灵敏度高，可达 ppb 级，甚至更低，选择性好，对于多种污染物质共存的大气，通过化学发光反应和发光波长的选择，可不经分离有效地进行测定[162]。Howard 等[163]应用美国 Teledyne-API 公司的 ML9841A 化学发光 NH_3 分析仪对奶牛场采集到的移动式烟雾腔中的 NH_3 浓度进行了检测，检测范围为 0～20ppm，最低检测浓度为 0.5ppb。美国赛默飞世尔科技有限公司 TEI-17i 型 NO-N_2O-NO_x 气体分析仪，以 O_3 为反应剂，可以测定 NO、NO_2、NO_x 和 NH_3 浓度，检测范围为 0～20ppm，检测精度为 ppb（0.5%量程），最小检测浓度为 1.0ppb（60s 平均时间）。Heber 等[164]采用 4 个美国赛默飞世尔 Model 17C 光化学 NH_3 分析仪对印第安纳州和伊利诺伊州猪场周围的 NH_3 排放进行了现场实时检测。Liu 等[165]采用美国赛默飞世尔 Model 17C 光化学 NH_3 分析仪研究了肉鸡动态流入式密闭系统中垫料对 NH_3 排放的影响和实验室控制条件下垫料含水量对 NH_3 排放的影响，检测 NH_3 的浓度。西班牙 SIR 公司 S-5012 型 NO-NO_2-NO_x 气体分析仪，可检测成分为 NO、NO_2、NO_x、NH_3，检测精度为±0.5%，检测范围为 0.4～20ppm。Pereira 等应用 S-5012 氮氧化物化学发光分析仪检测牛场 NH_3 和 NO 浓度，效果较好。该仪器分析 NH_3 时，和分析仪连接的热氧化剂（ECOTECH，model HTO-1000）需要加热到（680±5）℃。

气相色谱分析法具有高分离效率、高灵敏度、选择性强和应用范围广等特点，可以对异构体和多组分有机混合物进行定性和定量分析，是各种分离技术中效率最高和应用最广的一种方法[166]。美国赛默飞世尔科技有限公司 TEI Model 55i 气相色谱仪配置氢焰离子化检测器检测 CH_4、非甲烷碳氢化合物，量程可选，最低检出限为 CH_4 0.050ppm，非甲烷总烃 0.050ppm（以 C_3H_8 为标准，300s 平均时间），精度为 2.0%读数或 50ppb（以较大值为准）[167]。美国安捷伦科技有限公司 Agilent GC7890 型气相色谱仪配制火焰离子化检测器检测硫化物浓度，最小检测限<5pg carbon/sec。日本岛津公司 SHIMADZU GC-2014 型气相色谱仪同样配制 FID，可以检测常规有机气体污染物，如苯、甲苯、二甲苯及 TVOC 等，灵敏度为 3×10^{-12}g/s。董红敏等[168]采用美国惠普公司 HP6890 气相色谱仪测定了不同季节育肥猪舍的 CH_4 排放浓度和排放通量。高新星等[169]采用美国惠普公司生产的 HP6890 气相色谱仪对北京市北郊一个代表性猪场的 CH_4 排量进行了连续监测，

得出春夏交替期间蓄粪池 CH_4 排放的变化规律。谢军飞等[170]研究了不同堆肥处理猪粪温室气体的排放与影响因子，在猪粪堆体上设置密闭测定箱对污染气体进行取样。实验采用惠普公司生产的 GC-5890 ii 型气相色谱仪监测 CH_4 和 N_2O，国产的 GC-SP30A 气相色谱仪测 CO_2。樊霞等[171]为了考察不同粗饲料类型、日粮精粗饲料比、能量摄入水平等因素对肉牛 CH_4 排放量的影响，采用日本岛津公司 GC-14B 气相色谱仪对肉牛 CH_4 排放影响因素进行了试验研究。

虽然气相色谱分析法能较好地把样品组分分离开，并用灵敏的检测器把组分检测出来，但难以直接定性。气相色谱-质谱（GC-MS）联用技术是利用气相色谱法对混合物的高效分离能力和质谱法对纯化合物的准确鉴定能力而开发的分析方法。与 GC 相比，GC-MS 联用技术还能够监测尚未分离的色谱峰，测定 TVOC 中各组分的种类和浓度，且其灵敏度更高，分析结果准确可靠。近年来，气相色谱-质谱、色谱-红外光谱的联用，使气相色谱的强分离能力和质谱、红外光谱的强定性能力得到完美的结合。GC-MS 联用技术可用于分析烃类、醇类、酸类、芳香族化合物等其他 VOC 浓度。美国 PerkinElmer 股份有限公司的 Clarus600 GC-MS 气相色谱-质谱联用仪的检测器为全密封的长寿命光电倍增管。美国 MicroAnalytics 公司 TD-MDGC-MS-O 检测系统，由美国安捷伦科技有限公司气相色谱仪（Agilent 6890N GC/5973 MS，Wilmington，DE，USA）搭配 3200 型自动热脱附仪采样系统模型组成，该系统以气相色谱嗅觉与传统的 GC-MS 联用技术为基础平台，附加一个嗅觉端口和 FID。王玉军等[172]采用美国 Inficon 公司 HAPSITE-ER 便携式气相色谱-质谱联用仪和美国安捷伦科技有限公司 7890A/5975C 型气相色谱-质谱联用仪对畜禽粪便堆肥中的 VOC 进行了现场和实验室测定，其中，HAPSITE-ER 便携式气相色谱-质谱联用仪采用可控温取样探头取样。Schiffman 等[173]对北卡罗来纳州的猪场臭气采用 GC-MS 联用技术分析，发现了 VOC 和固定气体多达 331 种。而引起臭味的主要化合物包括 NH_3、H_2S、VOC、对甲酚、吲哚、粪臭素和二乙酰等，形成臭味的个组分中 NH_3 及它的衍生物含量较高。热吸附多维气相色谱质谱嗅觉仪以气相色谱嗅觉与传统的 GC-MS 为基础平台，气相色谱仪搭配自动热脱附仪采样系统模型，附加一个嗅觉端口和 FID。Zhang 等[174]应用热吸附多维气相色谱质谱嗅觉仪（TD-MDGC-MS-O）对奶牛场的臭气混合物进行了定性和定量分析研究。

5.3.2.2 恶臭强度检测监测技术

恶臭强度就是用数字等级或语言描述表示臭气强弱的一种表征恶臭特性的指标，通常以嗅觉法检测恶臭强度。恶臭强度的分级方法有三种：语言描述分级法、数值估算法、参考恶臭强度分级法[175]。其中语言描述分级法较为常用（如 0~4 级、0~5 级、0~6 级等），很多国家都采用 0~5 级，如美国新泽西州、新西兰惠灵顿、中国（表 5-8）、日本、韩国等，澳大利亚、德国等采用 0～6 级；0～4 级使用较少[176]。数值估算法因误差较大而很少使用。参考恶臭强度分级法[177]根据实际情况选择合适的"恶臭强度参考范围"OIRS 级数（表 5-9），不同等级对应不同浓度的正丁醇水溶液或稀释气体，然后对恶臭样品进行嗅辨判定，得出相应的恶臭强度等级。

表 5-8　恶臭强度 6 级表示

级别	嗅觉感觉
0	无臭
1	能稍微感觉到极弱臭味（检知阈值浓度）
2	能辨别出何种气体的臭味（确认阈值浓度）
3	能明显嗅到臭味
4	强烈臭味
5	强烈恶臭气味，使人感到恶心、头疼甚至呕吐

表 5-9　恶臭强度参考范围（6 级）

强度等级	正丁醇浓度/(mg/kg)	强度等级	正丁醇浓度/(mg/kg)
0	0	3	225
1	25	4	675
2	75	5	2025

随着计算机技术、光谱分析技术、传感器技术和无线通信技术等的发展，国内外畜禽场空气质量检测技术的研究有了很大的进步，国内外的研究学者已经开发研制出一些大型的畜禽场空气污染物的检测系统，可以现场检测畜禽场排放空气污染物的成分和浓度。国内目前用于畜禽场空气质量检测的仪器设备还很少，而且只能分析单一的污染气体，大多数还是依赖进口，自主研制开发可用于现场检测的仪器设备更少。开发畜禽场污染气体的检测技术和集成系统，以及可以同时检测各种空气污染物的检测仪器系统，将是今后畜禽场空气污染物检测仪器设备研究的一个发展方向。

5.3.2.3　恶臭污染的评估

畜禽场恶臭污染的扩散以及影响范围是对恶臭污染状况评价的主要指标，而畜禽场的规模、污染源的臭气排放值、气象及地形条件等因素直接影响恶臭污染的严重程度。此外，安全防护距离模型（setback model）是一种用于计算畜禽场与恶臭敏感区合理间距的简单模型。通过模型的模拟计算，得出相应的安全防护距离，为恶臭污染监督相关法规的制定提供可靠的依据[178]。

目前用于畜禽场恶臭扩散预测及其周边环境影响的大气扩散模型主要基于两种理论,即高斯烟羽模型和拉格朗日粒子模型。

高斯烟羽模型可分为稳态和非稳态烟团模型。稳态烟团模型有 ISCST-3 模型（EPA 推荐,1995~2006 年）、AERMOD 模型（EPA 推荐,2006 年至今）、AUS-PLUME 模型（澳大利亚）等;非稳态烟团模型有 INPUFF-2 模型、CALPUFF 模型。高斯烟羽模型针对工业污染源,工业源与农业源的气体污染扩散有一定差异,如表 5-10 所示。高斯稳态烟团模型只能预测一定时间段内的平均臭气浓度,忽视了恶臭浓度峰值,因此短距离的恶臭扩散模拟结果不准确。有些非稳态烟团模型可以预测污染源下风向的短期恶臭浓度,但需要提供同时段的气象数据,实施较困难,且成本较高[179]。

表 5-10 农业源恶臭与工业源气体污染物扩散差异[180]

差异性比较	农业源	工业源
污染源位置	靠近地面	高（排气筒）
烟羽上升是否明显	否	是
污染源面积	较大	较小
敏感区距离污染源距离	近	远
臭气排放率检测难易度	难	易
排放强度	弱	强

拉格朗日粒子模型可以模拟更加复杂（径向或水平面气象场）的大气扩散,如 WinTrax、FLEXPART、AUSTAL2000 等,德国标准已将 AUSTAL2000G 作为法规推荐的恶臭扩散模型。这类模型更适合用于模拟畜禽场的恶臭扩散,但是模拟对象过程复杂,效率较低,对计算机的要求较高。

20 世纪 80 年代,国外就开始研究运用恶臭扩散模型预测畜禽场下风向的恶臭浓度。由于缺乏足够的现场监测数据所以无法对扩散模型进行验证,而且现有的恶臭扩散模型本身具有限制性。目前主要运用安全防护距离模型来计算合理的防护距离,按其来源可分为两类:一类是基于养殖场信息（如污染源种类、数量、畜禽类型、恶臭排放率、恶臭减排技术）、气象及地形特征的简单计算模型,另一类是基于模型建立的恶臭安全防护距离模型。国外所有的模型如表 5-11 所示。

表 5-11 国外主要的安全防护距离模型概述

模型名称	理论依据	适用范围	模型基础
加拿大 MDS-Ⅱ模型[181]	经验公式	所有畜禽场	研究结果及经验
英国 W-T 模型[182]	经验公式	所有畜禽场	恶臭排放数据

续表

模型名称	理论依据	适用范围	模型基础
奥地利模型[183]	经验公式	猪场	恶臭排放数据
普渡模型[184]	经验公式	猪场	奥地利和 W-T 模型
明尼苏达州（OFFSET）模型	扩散模型	猪、牛、羊	INPUFF 模型
内布拉斯加模型[185]	扩散模型	所有畜禽场	AEERMOD 模型

由于参数选择及模型的差异，各种模型计算所得的安全防护距离差异很大。Guo 等将 5 种模型（奥地利模型、MDS-Ⅱ模型、普渡模型、W-T 模型和 OFFSET 模型）分别运用于 13 个养猪场，研究结果表明各种模型所得的安全防护距离的差异最高达 10 倍，MDS-Ⅱ模型的预测距离最小，奥地利模型的预测距离较小，普渡模型的预测距离较 W-T 模型短，OFFSET 模型得出的预测距离是一个范围[186]。应用模型进行恶臭污染评估尚处于探索阶段。现有的恶臭扩散模型都有各自的缺点，因此有必要开发适用于农业源恶臭气体排放特点的扩散模型。

关于恶臭检测的方法，目前国际上还没有统一的标准出台，因此对于各种恶臭减排技术、产品以及设计很难以固定的标准进行评估，对于不同的研究结果也很难在同一个平台上进行评估，在恶臭检测与分析方法上如何实现与国际接轨是亟待解决的问题。

5.3.3 畜牧场病原微生物检测监测技术及设备

畜牧场广泛存在着各种病原微生物微粒如细菌、病毒、支原体、衣原体、立克次氏体等，且这些微生物在空气中是不能单独存在的，常常悬浮于气体介质中，附着于大小不同的微粒上形成微生物气溶胶，随气流向四周传播，引起环境污染及气源性传染病的暴发流行，影响动物健康，同时危害人类。因此，针对畜禽舍环境中病原微生物气溶胶的研究对保障现代畜牧业健康发展意义重大。目前，可用于畜禽舍微生物气溶胶检测监测的方法很多，如微生物培养计数法、显微镜计数法、生物传感器技术、基因芯片技术、PCR 技术等。

微生物培养计数法是比较传统的微生物气溶胶检测方法，主要用于微生物气溶胶的定性检测与计数。一般用自然沉降或采样器把微生物采样到液体、固体或半固体的采样介质上，再经过培养繁殖生长成菌落后计数，然后进行分离和纯化，通过检测鉴定，确定为何种微生物。培养计数法只能检测经过培养能够繁殖的微生物而不能测定空气中不能培养和死亡的微生物。传统培养计数法只能在一定的条件下用于微生物的检测，难以反映真实的环境微生物状况，因此微生物培养计数法存在相当的局限性[187]。

显微镜计数法或称染色计数法,是通过将微生物 DNA 用特定染料进行染色后,借助显微镜进行观察的一种微生物检测方法。4′,6-二脒基-2-苯基吲哚(DAPI)染色法已被认为是一种标准的测定浮游微生物总量的方法,而且操作简单,计数准确[188]。刘敬博等[189]采用 DNA 染色后用直接镜检计数的方法来测定养殖环境内微生物气溶胶的浓度,得到较理想的结果。DAPI 染色后的直接荧光镜检计数操作简单,不论是活细胞,还是死细胞、残核细胞都可以被检测出来,可得到一个客观真实的数据,是对某环境中微生物总量检测较为敏捷、有效的方法[190]。

生物传感器是以生物学组件作为主要功能性元件,将特定的生物质浓度转换为电信号,并对其进行检测的仪器。当前的生物传感器因其识别元件不同,主要有酶传感器、免疫传感器、微生物传感器和组织传感器、细胞传感器、DNA 生物传感器等。2000 年,美军报道已研制出可检测葡萄球菌肠毒素 B、蓖麻毒素、土拉弗氏菌和肉毒杆菌等 4 种生物战剂的免疫传感器,检测时间为 3~10min,灵敏度分别为 10mg/L、50mg/L、5×10^5cfu/mL 和 5×10^4cfu/mL。还有人制成了检测霍乱病毒的生物传感器,该生物传感器能在 30min 内检测出低于 1×10^{-5}mol/L 的霍乱毒素[191]。该方法在较复杂的体系中能够进行快速连续监测,具有高选择性、高灵敏度、低成本等优点,可以用于检测具有多个信号识别位点的病原体。因此,生物传感器已成为最具潜力的微生物检测技术之一,并可应用到病原微生物气溶胶的检测监测之中。生物传感器法因其可对气溶胶微生物进行快速检测而在某些紧急情况下具有相当大的意义。

基因芯片(又称 DNA 芯片、生物芯片)技术采用原位合成或显微点样技术将大量(通常每平方厘米点阵密度高于 400)探针分子固定于支持物表面,然后与标记的样品分子进行杂交,通过检测每个探针分子的杂交信号强度,进而获取样品分子的数量和序列信息。基因芯片技术可实现对样品的高通量检测,所需检测时间短,特异性强。近年来基因芯片技术已成功应用于微生物如细菌、病毒、真菌的一些重要基因筛选检测、菌种鉴定研究等。曹三杰等[192]构建了 DV-IBV-AIV-IBDV 基因芯片,可同时检测家禽的几种主要气源性疫病病原体新城疫病毒(NDV)、鸡传染性支气管炎病毒(IBV)、禽流感病毒(AIV)和传染性法氏囊病病毒(IBDV),检测结果与 RT-PCR 方法基本一致。Lin 等[193]建立一种 oligo 基因芯片,可检测 9 种呼吸道病毒(包括流感病毒、呼吸道合胞病毒、腺病毒、冠状病毒、副流感病毒等)。李永强等[194]以黄病毒属的日本脑炎病毒(JEV)作为检测敏感性的模型,结合 PCR 技术,对基因芯片的敏感性进行了测定。其发现人兽共患病病毒基因芯片至少可以检测出 300ng 的随机 PCR 产物核酸量,对病毒的检测敏感性与特异 PCR 检测敏感性相当,表明该人兽共患病病毒芯片技术达到了较高的检测敏感性,利用基因芯片技术检测病毒性病原体是可行的。

PCR 技术对病原微生物气溶胶的检测，通过采样器采集空气中的微生物作样品，再经过 DNA 或 RNA 提取、PCR 扩增和凝胶电泳图谱分析等达到检测微生物的目的。该方法特异性强，操作简便、快速，尤其是最新发展的定量 PCR 的方法，不仅灵敏度高，检测速度快，还可以实现对 DNA 或 RNA 的绝对定量分析，在近几年的微生物气溶胶的研究中使用较多，有良好的应用前景。实时定量 PCR（qPCR）方法能够快速且精确地检测微生物气溶胶。Hospodsky 等[195]测定了 qPCR 在检测室内及其周围环境中检测气溶胶样品时的准确度、精密度及检测极限。Keswani 等[196]采用传统方法和实时定量 PCR 法对室内环境中的尘埃样本进行了快速检测，结果表明，简单的样本处理方法与 PCR 法相结合对于监测室内环境中真菌气溶胶的含量具有潜在作用。Fallschissel 等[197]用实时定量 PCR 检测和量化了禽舍空气中沙门氏菌属细胞浓度，结果表明，经过滤的沙门氏菌属细胞在过滤 20min 内死亡率为 82%，说明实时定量 PCR 对于检测和分析沙门氏菌属气溶胶具有特异性和可行性。

5.4 畜牧业空气污染物净化控制标准

5.4.1 畜牧业污染物排放政策分析

目前我国有关畜禽养殖业的环境管理现行政策法律法规，如表 5-12 所示。

表 5-12 我国畜禽养殖业环境管理的相关政策法规

政策法规及颁布年份	相关条款及规定
《中华人民共和国水污染防治法》（2008）	国家支持畜禽养殖场、养殖小区建设畜禽粪便、废水的综合利用或者无害化处理设施 畜禽养殖场、养殖小区应当保证其畜禽粪便、废水的综合利用或者无害化处理设施正常运转，保证污水达标排放，防止污染水环境
《中华人民共和国固体废物污染环境防治法》（1995）	从事畜禽规模养殖应当按照国家有关规定收集、贮存、利用或者处理养殖过程中产生的畜禽粪便，防止污染环境
《中华人民共和国畜牧法》（2005）	禁止在下列区域内建设畜禽养殖场、养殖小区：（一）生活饮用水的水源保护区，风景名胜区，以及自然保护区的核心区和缓冲区；（二）城镇居民区、文化教育科学研究区等人口集中区域；（三）法律、法规规定的其他禁养区域 省级人民政府根据本行政区域畜牧业发展状况制定畜禽养殖场、养殖小区的规模标准和备案程序
《中华人民共和国农业法》（1993）	从事畜禽规模养殖的单位和个人应对粪便、废水及废弃物进行无害化处理或者综合利用
《畜禽养殖污染防治管理办法》（2001）	畜禽养殖场应当保持环境整洁，采取清污分流和粪尿的干湿分离等措施，实现清洁养殖

续表

政策法规及颁布年份	相关条款及规定
《畜禽养殖业污染防治技术规范》（HJ/T 81—2001）	养殖场的排水系统应实行雨水和污水收集输送系统分离，在场区内外设置的污水收集输送系统，不得采取明沟布设 新建、改建、扩建的畜禽养殖场应采取干法清粪工艺，采取有效措施将粪及时、单独清出，不可与尿、污水混合排出，并将产生的粪渣及时运至贮存或处理场所，实现日产日清。采用水冲粪、水泡粪湿法清粪工艺的养殖场，要逐步改为干法清粪工艺 畜禽养殖过程中产生的污水应坚持种养结合的原则，经无害化处理后尽量充分还田，实现污水资源化利用 污水的消毒处理提倡采用非氯化的消毒措施，要注意防止产生二次污染物
《畜禽养殖业污染治理工程技术规范》（HJ 497—2009）	本标准指存栏数为 300 头以上的养猪场、50 头以上的奶牛场、100 头以上的肉牛场、4000 羽以上的养鸡场、2000 羽以上的养鸭和养鹅场
《畜禽规模养殖污染防治条例》（2014）	畜禽养殖场、养殖小区应当根据养殖规模和污染防治需要，建设相应的畜禽粪便、污水与雨水分流设施，畜禽粪便、污水的贮存设施，粪污厌氧消化和堆沤、有机肥加工、制取沼气、沼渣沼液分离和输送、污水处理、畜禽尸体处理等综合利用和无害化处理设施。已经委托他人对畜禽养殖废弃物代为综合利用和无害化处理的，可以不自行建设综合利用和无害化处理设施 未建设污染防治配套设施、自行建设的配套设施不合格，或者未委托他人对畜禽养殖废弃物进行综合利用和无害化处理的，畜禽养殖场、养殖小区不得投入生产或者使用 畜禽养殖场、养殖小区自行建设污染防治配套设施的，应当确保其正常运行 新建、改建、扩建畜禽养殖场、养殖小区，应当符合畜牧业发展规划、畜禽养殖污染防治规划，满足动物防疫条件，并进行环境影响评价。对环境可能造成重大影响的大型畜禽养殖场、养殖小区，应当编制环境影响报告书；其他畜禽养殖场、养殖小区应当填报环境影响登记表

畜禽的养殖环境直接影响畜禽肉的质量与安全。为了规范规模化畜禽场（鸡 5000 只，母猪存栏大于或等于 75 头，牛大于或等于 75 头，且设置有舍区、场区和缓冲区）的环境质量管理及卫生控制，农业部陆续颁布了《畜禽场环境质量标准》（NY/T 388—1999），此标准在畜牧环境行业中属于国内首次制定；《畜禽场环境质量及卫生控制规范》（NY/T 1167—2006）以及《无公害食品 畜禽饮用水水质》（NY 5027—2008）等农业行业标准。此外，我国还颁布了《畜禽养殖业污染物排放标准》（GB 18596—2001）、《畜禽场环境质量评价准则》（GB/T 19525.2—2004）等国家标准；还有山东省《畜禽养殖业污染物排放标准》（DB 37/534—2005）、浙江省《畜禽养殖业污染物排放标准》（DB 33/593—2005）以及广东省《畜禽养殖业污染物排放标准》（DB 44/613—2009）等地方标准。后来发布的国家环保标准和地方环保标准，都将定义的集约化养殖场/养殖区的规模降低，从而使更多的养殖场/养殖区纳入标准的适用范围内，以对其污染排放进行控制。例如，广东省和浙江省将规模化养殖场定义为大于或等于 200 头猪，广东省将规模化奶牛养殖场定义为大于或等于 20 头奶牛。

畜禽场空气环境质量应按照 NY/T 388—1999 的要求执行，具体要求见表 5-13。

表 5-13 畜禽场空气环境质量

序号	项目	单位	缓冲区	场区	禽（雏）	禽（成）	猪	牛
1	氨气	mg/m^3	2	5	10	15	25	20
2	硫化氢	mg/m^3	1	2	2	10	10	8
3	二氧化碳	mg/m^3	380	750	1500	1500	1500	1500
4	PM_{10}	mg/m^3	0.5	1	4	4	1	2
5	TSP	mg/m^3	1	2	8	8	3	4
6	恶臭	稀释倍数	40	50	70	70	70	70

畜禽场舍区空气环境质量卫生控制应按照 NY/T 1167—2006 的要求执行，主要有以下几个方面：①NH_3、H_2S、CO_2 和恶臭控制：采取固液分离与干清粪工艺相结合的设施，使粪、尿、污水及时排出，减少有害气体的产生；采取科学的通风换气方法，保证气流均匀，及时排出舍内的有害气体；在粪便和垫料中添加各种具有吸附功能的添加剂，减少有害气体的产生；合理搭配日粮和在饲料中使用添加剂，减少有害气体的产生。②舍内悬浮颗粒物和可吸入颗粒物控制：饲料车间和干草车间应远离畜舍且处于畜舍的下风向；提倡使用颗粒饲料或拌湿饲料；禁止带畜干扫畜舍或刷拭畜禽；翻动垫料要轻，减少尘粒的产生；适当进行通风换气，并在通风口设置过滤帘，保证舍内湿度，及时排出和减少颗粒物及有害气体。③场区和缓冲区空气环境质量及卫生控制：在畜禽场的场区和缓冲区内种植环保型的树木和花草，以减少尘粒的产生，并净化空气。畜禽场的绿化覆盖率应在 30% 以上。在场门和舍门处设置消毒池，人员和车辆进入时经过消毒池以杀死病原微生物。对工作人员的衣、帽和鞋等应经常性地消毒，对圈舍及设备用具应进行定期消毒。

畜禽舍生态环境质量应按照 NY/T 388—1999 的要求执行，具体要求见表 5-14。

表 5-14 畜禽舍生态环境质量

序号	项目	单位	禽		猪		牛
			雏	成	仔	成	
1	温度	℃	21~27	10~24	27~32	11~17	10~15
2	湿度（相对）	%	75		80		80
3	风速	m/s	0.5	0.8	0.4	1.0	1.0
4	照度	lx	50	30	50	30	50
5	细菌	个/m^3	25000		17000		20000
6	噪声	dB	60	80		80	75
7	粪便含水率	%	65~75		70~80		65~75
8	粪便清理	—	干法		日清粪		日清粪

畜禽场舍区生态环境质量的卫生控制应按照 NY/T 1167—2006 的要求执行，主要有以下几个方面：①温度和湿度的控制：在建设畜禽饲养场时，应保证畜禽舍的保温隔热性能，同时要合理设计通风和采光设施，可采用天窗或导风管等使畜禽舍的温度和湿度达到要求，也可采用喷淋与喷雾等方式降温。②风速控制：畜禽舍应采用机械通风或自然通风，通风时应保证气流均匀分布，尽量减少通风死角，舍外运动场上可设凉棚，使舍内风速能满足要求。③光照度控制：应安装采光设施或设计天窗，并根据畜种、日龄和生产过程确定合理的光照时间和光照强度。④噪声控制：应正确选址，避免外界干扰；选择和使用性能优良、噪声小的机械设备；也可在场区和缓冲区植树种草，以降低噪声。⑤细菌和微生物控制：应正确选址，远离细菌污染源；定时通风换气，破坏细菌生存条件；在畜禽舍门口设置消毒池。工作人员进入畜禽舍时必须穿戴经消毒过的工作服、鞋和帽等，并通过装有紫外线灯的通道；对舍区和场区环境应定期消毒；在疾病传播时应隔离或淘汰病畜禽，并进行应急消毒措施，以控制病原的扩散。

5.4.2 污染物达标排放关键指标

GB 18596—2001 标准中明确了适用标准的畜禽养殖场和养殖小区规模标准。此标准中的适用范围能对全国畜禽养殖的污染防治起到指导作用。根据 2005 年发布实施的《中华人民共和国畜牧法》的相关要求，由省级人民政府根据本行政区域畜牧业发展状况制定畜牧养殖场、养殖小区的规模标准和备案程序。目前，部分省级人民政府已经按照《中华人民共和国畜牧法》的要求，发布了有关畜禽养殖场、养殖小区规模标准和备案程序的规定，其中全国 31 省规定的标准，均比现行 GB 18596—2001 中适用的规模范围有所扩大。表 5-15 为国家标准和不同省份规定集约化畜禽养殖业恶臭污染物排放指标。

表 5-15 集约化畜禽养殖业恶臭污染物排放指标

国家/地区	臭气浓度（无量纲）标准值
国家标准	70
山东省	70
浙江省	60
广东省	60

从规模和排放限值来看，各省市都在 GB 18596—2001 的基础上不同程度地提高了恶臭污染物排放控制的要求。

5.4.3 国外畜牧业污染物排放法规

防治畜牧业污染已引起越来越多的国家和地区的重视,尤其是发达国家已经把畜牧业污染防治法规列入了国家法律范围之内。

美国制订了严格细致的法律体系防治养殖业污染,涉及行政管理、经济刺激和产业优化等各个领域,主要法规和要点内容见表 5-16。

表 5-16 美国畜禽养殖污染防治法规的要点

法律法规	具体内容
《清洁水法》	1977 年实施、1987 年修订,将集约型的大型养殖场看成点污染源,同时制定了非点源性污染防治规划,由各州自行监督实施《大型养殖场污染许可制度》
《2002 年农场安全与农村投资法案》	对实施生态环境保护措施的农牧民提供经济和技术支持,根据经营土地上所采取的环保措施多少以及这些措施的应用范围大小,奖励实施环保措施的农牧民以便达到最高环保标准
《水污法》	侧重于畜禽场建设管理,超过一定规模的畜禽场,建厂必须通过环境许可证
《动物排泄物标准》	针对大型养殖企业(1000 养殖单位),要求养殖场在 2009 年前必须完成氮管理计划
《2008 年农场法案》	要求项目 60%的资金支出用于解决饲养业造成的水土资源污染问题

欧盟成立以来,致力于改善农业生产环境,促进农业持续发展,不断增加控制养殖业污染的政策,并将其列于欧盟宏观战略政策范围内,确保政策的生命力。具体法律法规体系见表 5-17。

表 5-17 欧盟国际针对畜禽养殖污染防治法规的要点

国家	法律法规	具体内容
欧盟	《农村发展战略指南》(2013 年)	经过批准的项目和计划所需资金主要由欧洲农业发展基金提供,其中农业环保支付金额占全部农村发展项目/措施支付额的 2%
	《欧共体硝酸盐》	每年 10 月至来年 2 月禁止在田间放牧或将粪便排入农田
德国	《粪便法》	畜禽粪便不经处理不得排入地下水源或地面,畜禽排泄量与当地农田面积相适应,每公顷土地家禽的最大允许饲养量不得超过规定数量
	《肥料法》	规定了回用粪便于农田的标准
挪威	《水污染法》	规定在封冻和雪覆盖的土地上禁止倾倒任何牲畜粪肥,禁止畜禽污水排入河流
丹麦	《环保法》	确定畜禽最高密度指标,施入裸露土地的粪肥必须在 12h 内施入土壤中,在冻土或雪覆盖的土地上不得施用粪便,每个农场的贮粪能力要达到 9 个月的产粪量
	《规划法》	养殖不同动物的农场执行不同的标准,包括农场与邻居的距离、动物粪便、农场污物的收集处理方案、农场中耕地最小面积、施用动物粪便的种植作物的品种等

续表

国家	法律法规	具体内容
法国	《农业污染控制计划》	限制养殖规模和养殖特定区域，禁止在土地上直接喷洒猪粪，对于采取环保措施降低氮化物、硝酸盐等污染物排放的，给以一定的公共资助。农业经营单位的生产经营活动达到合同规定的环境标准，政府给予相应补贴
荷兰	《污染者付费计划》	按照粪便的排放量征税，征收标准为每公顷土地平均产生粪便低于125kg的免税，125~200kg的每公斤征收0.25盾，超过200kg的每公斤征收0.5盾。如果农场主将粪便出售给用户而使每公顷土地产生的粪便低于125kg或者将粪便出口的，其税率可以降低至0.15盾
英国	《污染控制法规》	粪便贮存设施距离水源至少100m，有4个月的贮存能力和防渗结构；畜牧业远离大城市，与农业生产紧密结合

日本政府对养殖场的环境污染防治制定了较为完善的资金管理机制，对养殖场建设进行宏观指导，具体法律法规见表5-18。

表5-18 日本针对畜禽养殖污染防治法规要点

法律法规	具体内容
《废弃物处理与消除法》	在城镇等人口密集地区，畜禽粪便必须经过处理，处理方法有发酵法、干燥或焚烧法、化学处理法、设施处理等
《防止水污染法》	规定了畜禽场的污水排放标准，即畜禽场养殖规模达到一定程度的养殖场排出污水必须经过处理，并符合规定要求
《恶臭防治法》	规定畜禽粪便产生的腐臭气中8种污染物的浓度不得超过工业废气浓度
《家畜排泄物》	一定规模以上的养殖户，禁止畜禽粪便在野外堆积或者直接向沟渠排放，粪便贮存设施的地面要用非渗透性材料

5.5 畜禽舍空气净化装备选择、使用与维护

畜禽舍环境控制主要涉及畜禽舍空气、固体、液体媒介的物理因素、化学因素、微生物因素的控制技术与装备。对三大环境因素的控制在创造畜禽舍内的良好环境、防病防疫方面具有重要意义。如果一个或几个因素不具备，就会引发各种疾病的发生，导致畜禽产品的药物污染，最终影响畜禽的生产力和经济效益。而这三大环境因素的控制依赖于一定的空气净化设备和资金的投入，因此畜禽养殖户或设施设计人员应对畜禽舍环境物理控制技术装备有比较深入的了解，对不同规模、不同畜种、不同饲养方式的养殖场选择合适的空气净化装备、合理使用、定期维护，以最少的投入换取最大的经济效益。

控制畜禽舍含尘量、臭气和微生物的装备选择主要有禽舍电净化防病防疫系统、机械通风设备、喷雾除尘设备、湿法除尘设备、通风过滤设备、喷雾消毒机、

臭氧灭菌消毒器、紫外线灯等。其中，①畜禽舍电净化防病防疫系统是一种全新环境预防设备，畜禽舍内空气中的粉尘、飞沫、"凝雾"会在系统启动后的瞬间被清除，降尘效率一般为98%以上，在随后系统的自动间歇工作状态中，畜禽舍内空气持续保持清亮状态，地上和舍外的粉尘不会飞扬和传入。该设备不会对舍内温度造成影响，也不会将舍内的污浊空气排到舍外而再次污染空气或传给相邻畜禽舍。②机械通风设备是一种常规设备，降尘效率一般为40%～60%，这种设备在夏季使用比较好。③喷雾除尘系统使用水和菜籽油的混合物喷洒，总尘质量浓度可降低50%～90%。④湿法除尘设备可除去舍内40%的粉尘。⑤通风过滤设备通过对舍内空气进行循环过滤可除去97%以上的粉尘，可降低微生物菌落数密度50%～60%。⑥电除尘器通过对舍内空气进行循环净化可除去80%以上的粉尘粒子，设备成本随风量的增大而增大，购置成本较高。⑦喷雾消毒机适合经常性全进全出的畜禽舍使用，不能对鸡舍进行实时杀菌消毒。⑧臭氧灭菌消毒器、紫外线灯都是利用臭氧进行灭菌消毒，用于畜禽舍适时灭菌消毒的臭氧灭菌消毒器、紫外线灯必须保证在距离畜禽0.5m内的臭氧浓度不超过0.12×10^{-6}时作用，时间不得超过15min，同时不得用于粉尘浓度长期超过$4.20mg/m^3$的畜禽舍环境中。

参 考 文 献

[1] 章雷. 规模化养猪场的环境污染与防治对策[J]. 猪业科学，2008，(8)：72-74.
[2] 赵辉玲，吴东，程广龙. 畜牧业生产中的恶臭及除臭技术的应用[J]. 饲料研究，2004，(1)：33-36.
[3] 杨桂芹，宁志利，刘显军，等. 减少鸡粪中臭味物质含量的措施[J]. 中国家禽，2006，28（10）：32-33.
[4] 周琼. 台湾畜牧场臭味污染的防治技术[J]. 台湾农业探索，2008，(3)：68-70.
[5] 布仁，红华. 环境因子对蛋鸡生产性能的影响[J]. 家畜生态学报，2001，22（2）：40-43.
[6] Anderson N, Strader R, Davidson C. Airborne reduced nitrogen: Ammonia emissions from agriculture and other sources[J]. Environment International, 2003, 29 (2-3): 277-286.
[7] Webb J, Menzi H, Pain B F, et al. Managing ammonia emissions from livestock production in Europe[J]. Environmental Pollution, 2005, 135 (3): 399-406.
[8] 安立龙. 家畜环境卫生学[M]. 北京：高等教育出版社，2004.
[9] Shortall O K, Barnes A P. Greenhouse gas emissions and the technical efficiency of dairy farmers[J]. Ecological Indicators, 2013, 29 (29): 478-488.
[10] 董红敏，李玉娥，陶秀萍，等. 中国农业源温室气体排放与减排技术对策[J]. 农业工程学报，2008，24（10）：269-273.
[11] 刘希颖，赵越. 畜舍中有毒有害气体对畜禽的危害及防治[J]. 饲料工业，2004，25（10）：58-60.
[12] Usa N C. Air emissions from animal feeding operations-current knowledge, future needs[R]. Washington: The National Research Council of National Academies, 2003.
[13] 耿如林，董保成. 浅论畜禽场的空气污染及其净化技术[J]. 科技资讯，2006，(25)：237-238.
[14] Reponen T, Willeke K, Ulevicius V, et al. Effect of relative humidity on the aerodynamic diameter and respiratory deposition of fungal spores[J]. Atmospheric Environment, 1996, 30 (30): 3967-3974.
[15] 于玺华. 现代空气微生物学[M]. 北京：人民军医出版社，2002.

[16] 武丽婧. 青岛及黄海生物气溶胶中微生物群落多样性研究[D]. 青岛：中国海洋大学，2014.

[17] 胡凌飞，张柯，王洪宝，等. 北京雾霾天大气颗粒物中微生物气溶胶的浓度及粒谱特征[J]. 环境科学，2015，(9)：3144-3149.

[18] Ho J，Duncan S. Estimating aerosol hazards from an anthrax letter[J]. Journal of Aerosol Science，2005，36(5-6)：701-719.

[19] Donaldson A I，Gloster J，Harvey L D，et al. Use of prediction models to forecast and analyze airborne spread during the foot-and-mouth disease outbreaks in Brittany，Jersey and the Isle of Wight in 1981[J]. Veterinary Record，1982，110（3）：53-57.

[20] Berry K，Colvin S，Blythe D，et al. Follow-up of deaths among U. S. postal service workers potentially exposed to bacillus anthracis-district of Columbia，2001-2002[J]. Mmwr Morbidity and Mortality Weekly Report，2003，52（39）：937-938.

[21] Ross M A，Curtis L，Scheff P A，et al. Association of asthma symptoms and severity with indoor bioaerosols[J]. Allergy，2000，55（8）：705-711.

[22] 阚海东，宋伟民，蒋蓉芳，等. 大气微生物污染对居民呼吸系统疾病影响的研究[J]. 中国公共卫生，1999，15（9）：817-818.

[23] 柴同杰，赵云玲，刘辉，等. 禽舍微生物气溶胶含量及其空气动力学研究[J]. 中国兽医杂志，2001，37（3）：9-11.

[24] 钟召兵，王宁. 养殖环境细菌微生物气溶胶粒径分布及其健康危害评估[J]. 中国动物检疫，2014，(11)：101-105.

[25] 黄藏宇，李永明，徐子伟，等. 猪舍内不同季节微生物气溶胶含量及其空气动力学分析[J]. 家畜生态学报，2016，37（11）：47-51.

[26] 蔡长霞. 畜禽环境卫生[M]. 北京：中国农业出版社，2006.

[27] Shepherd T A，Zhao Y，Li H，et al. Environmental assessment of three egg production systems-Part II. Ammonia，greenhouse gas，and particulate matter emissions[J]. Poultry Science，2015，94（3）：534-543.

[28] Bencs L，Ravindra K，De H J，et al. Mass and ionic composition of atmospheric fine particles over Belgium and their relation with gaseous air pollutants[J]. Journal of Environmental Monitoring，2008，10（10）：1148-1157.

[29] 阎波杰，潘瑜春. 规模化畜禽养殖场粪便养分数据空间化表征方法[J]. 农业机械学报，2014，45(11)：154-158.

[30] 刘会娟. 鸡舍内粉尘控制方法初探[J]. 畜牧与兽医，2013，45（10）：58-60.

[31] Zhao Y，Aarnink A J A，Jong M C M D，et al. Airborne microorganisms from livestock production systems and their relation to dust[J]. Critical Reviews in Environmental Science and Technology，2014，44（10）：1071-1128.

[32] The Europeans Environment Agency. Emep/Corinair atmospheric emission inventory guidebook[R]. Copenhagen：European Environment Agency，2007.

[33] Donham K J，Popendorf W，Palmgren U，et al. Characterization of dusts collected from swine confinement buildings[J]. American Journal of Industrial Medicine，1986，10（3）：294-297.

[34] Qi R，Manbeck H B，Maghirang R G. Dust net generation rate in a poultry layer house[J]. Transactions of the Asae，1992，35（5）：1639-1645.

[35] 陈峰. 笼养蛋鸡舍颗粒物与有害气体浓度研究[D]. 昆明：昆明理工大学，2014.

[36] 莫金鑫. 自动化超大规模蛋鸡舍粉尘组分及季节变化规律的研究[D]. 杨凌：西北农林科技大学，2013.

[37] Gerald C，McPherson C，McDaniel T，et al. A biophysiochemical analysis of settled livestock and poultry housing dusts[J]. American Journal of Agricultural and Biological Sciences，2014，9（2）：153-166.

[38] Cambra-López M，Hermosilla T，Aarnink A J A，et al. A methodology to select particle morpho-chemical

characteristics to use in source apportionment of particulate matter from livestock houses[J]. Computers and Electronics in Agriculture, 2012, 81 (2): 14-23.

[39] Huang Q, Mcconnell L L, Razote E, et al. Utilizing single particle Raman microscopy as a non-destructive method to identify sources of PM_{10}, from cattle feedlot operations[J]. Atmospheric Environment, 2013, 66 (2): 17-24.

[40] Perkins S L, Feddes J J R, Fraser D. Effects of sow and piglet activity on respirable particle concentrations[J]. Applied Engineering in Agriculture, 1997, 13 (4): 537-539.

[41] Costa A, Borgonovo F, Leroy T, et al. Dust concentration variation in relation to animal activity in a pig barn[J]. Biosystems Engineering, 2009, 104 (1): 118-124.

[42] Calvet S, Weghe H V D, Kosch R, et al. The influence of the lighting program on broiler activity and dust production[J]. Poult Sci, 2009, 88 (12): 2504-2511.

[43] Yao H Q, Choi H L, Lee J H, et al. Effect of microclimate on particulate matter, airborne bacteria, and odorous compounds in swine nursery houses[J]. Journal of Animal Science, 2010, 88 (11): 3707-3714.

[44] Roumeliotis T S, Hevst B J V. Investigation of secondary particulate matter formation in a layer barn[C]. Livestock Environment VIII, Iguassu Falls, 2008.

[45] Cambra-López M, Torres A G, Aarnink A J A, et al. Source analysis of fine and coarse particulate matter from livestock houses[J]. Atmospheric Environment, 2011, 45 (3): 694-707.

[46] Lai H T L, Aarnink A J A, Cambra-López M, et al. Size distribution of airborne particles in animal houses[J]. Agricultural Engineering International, 2014, 16 (3): 28-42.

[47] Joo H, Park K, Lee K, et al. Mass concentration coupled with mass loading rate for evaluating $PM_{2.5}$ pollution status in the atmosphere: A case study based on dairy barns[J]. Environmental Pollution, 2015, 207: 374-380.

[48] Bonifacio H F, Maghirang R G, Trabue S L, et al. TSP, PM_{10}, and $PM_{2.5}$ emissions from a beef cattle feedlot using the flux-gradient technique[J]. Atmospheric Environment, 2015, 101 (5): 49-57.

[49] Adell E, Moset V, Zhao Y, et al. Comparative performance of three sampling techniques to detect airborne Salmonella species in poultry farms[J]. Annals of Agricultural and Environmental Medicine Aaem, 2014, 21 (1): 15-24.

[50] Kaasik A, Maasikmets M, Aland A, et al. Concentrations of airborne particulate matter, ammonia and carbon dioxide in large scale uninsulated loose housing cowsheds in Estonia[J]. Biosystems Engineering, 2013, 114 (3): 223-231.

[51] Cambra-López M, Aarnink A J A, Zhao Y, et al. Airborne particulate matter from livestock production systems: A review of an air pollution problem[J]. Environmental Pollution, 2010, 158 (1): 1-17.

[52] Winkel A, Mosquera J, Koerkamp P W G G, et al. Emissions of particulate matter from animal houses in the Netherlands[J]. Atmospheric Environment, 2015, 111: 202-212.

[53] Hartung J, Saleh M. Composition of dusts and effects on animals[J]. Landbauforschung Völkenrode, 2007, 308: 111-116.

[54] Radon K, Weber C, Iversen M, et al. Exposure assessment and lung function in pig and poultry farmers[J]. Occupational and Environmental Medicine, 2001, 58 (6): 405-410.

[55] Michiels A, Piepers S, Ulens T, et al. Impact of particulate matter and ammonia on average daily weight gain, mortality and lung lesions in pigs[J]. Preventive Veterinary Medicine, 2015, 121 (1-2): 99-107.

[56] Papanastasiou D K, Fidaros D, Bartzanas T, et al. Monitoring particulate matter levels and climate conditions in a Greek sheep and goat livestock building[J]. Environmental Monitoring and Assessment, 2011, 183 (1-4): 285-296.

[57] Yang X, Wang X, Zhang Y, et al. Characterization of trace elements and ions in PM_{10}, and $PM_{2.5}$, emitted from animal confinement buildings[J]. Atmospheric Environment, 2011, 45 (39): 7096-7104.

[58] Andersen C I, von Essen S G, Smith L M, et al. Respiratory symptoms and airway obstruction in swine veterinarians: A persistent problem[J]. American Journal of Industrial Medicine, 2004, 46 (4): 386-392.

[59] Viegas S, Mateus V, Almeida-Silva M, et al. Occupational exposure to particulate matter and respiratory symptoms in Portuguese swine barn workers[J]. Journal of Toxicology and Environmental Health, 2013, 76(17): 1007-1014.

[60] Kim K H, Kabir E, Kabir S. A review on the human health impact of airborne particulate matter[J]. Environment International, 2015, 74: 136-143.

[61] Pearson J F, Bachireddy C, Shyamprasad S, et al. Association between fine particulate matter and diabetes prevalence in the U. S.[J]. Diabetes Care, 2010, 33 (10): 2196-2201.

[62] 冯兵健. 新形势下如何践行生猪屠宰检疫监管[J]. 畜牧兽医杂志, 2015, 34 (1): 77-78.

[63] Chai M, Lu M M, Tim K, et al. Using an improved electrostatic precipitator for poultry dust removal[J]. Journal of Electrostatics, 2009, 67 (6): 870-875.

[64] Tan Z C, Zhang Y H. A review of effects and control methods of particulate matter in animal indoor environments[J]. Journal of the Air and Waste Management Association, 2004, 54 (7): 845-854.

[65] Li H, Xin R, Bums T, et al. Effects of bird activity, ventilation rate and humidity on PM_{10} concentration and emission rate of a turkey barn[C]. Livestock Environment VIII, Iguassu Falls, 2008.

[66] Takai H, Moiler F, Iiversen M. Dust control in pig houses by spraying mpesoed oil[J]. Transactions of the ASAE, 1995, 38 (5): 1513-1518.

[67] Melse R W, Aw V D W. Biofiltration for mitigation of methane emission from animal husbandry[J]. Environmental Science and Technology, 2005, 39 (14): 5460-5468.

[68] Choi J S, Lee I B, Hong S W, et al. Aerodynamic analysis of air pollutants in pig farms using CFD technology[C]. The 17th World Congress of the International Commission of Agricultural and Biosystems Engineering, Québec City, 2010.

[69] Hadlocon L S, Zhao L Y, Bohrer G, et al. Modeling of particulate matter dispersion from a poultry facility using AERMOD[J]. Journal of the Air and Waste Management Association, 2015, 65 (2): 206-217.

[70] Holmes N S, Morawska L. A review of dispersion modelling and its application to the dispersion of particles: An overview of different dispersion models available[J]. Atmospheric Environment, 2006, 40 (30): 5902-5928.

[71] 李世才, 高子翔, 李森, 等. 畜禽舍空气净化器的设计[J]. 家畜生态学报, 2017, 38 (1): 52-54.

[72] 李韵谱, 吴亚西, 张爱军. 喷雾和气雾型空气净化产品室内空气净化效果评价方法研究[J]. 环境与健康杂志, 2007, 24 (10): 771-773.

[73] 何华均. SPF 鸡舍用水帘式空气净化降温装置[P]: 中国, CN202697462U. 2013.

[74] 田夫林, 王贵升, 于青海, 等. 畜禽养殖空气净化装置[P]: 中国, CN203837123U. 2014.

[75] 蒲施桦, 杨松全, 刘文, 等. 生物过滤器处理畜禽臭气效果研究[J]. 黑龙江畜牧兽医, 2015, (23): 100-102.

[76] 陈敏, 杨有泉, 邓素芳, 等. 畜禽养殖舍生物土壤滤体除臭装置[J]. 农业工程学报, 2012, 28 (7): 208-213.

[77] 杨有泉, 陈国平, 郭林伟, 等. 冬季畜禽养殖舍生物过滤除臭设备的研制[J]. 福建农业学报, 2013, (9): 919-924.

[78] 陈敏, 杨有泉, 邓素芳, 等. 生物过滤除臭试验装置的研究[J]. 农机化研究, 2012, 34 (3): 173-177.

[79] Elliott L F, Doran J W, Travis T A. A review of analytical methods for detecting and measuring malodors from animal wastes[J]. Transactions of the American Society of Agricultural Engineers, 1978, 21 (1): 130-135.

[80] 陆日明, 王德汉, 项钱彬, 等. 生物滤池填料及工艺参数去除鸡粪堆肥臭气效果研究[J]. 农业工程学报, 2008,

24（1）：241-245.

[81] 陈敏, 邓素芳, 杨有泉, 等. 受控密闭舱内红萍载人供氧特性[J]. 农业工程学报, 2009, 25（5）：313-316.

[82] 陈敏, 刘润东, 杨有泉, 等. 红萍湿养栽培供 O_2 装置研制[J]. 空间科学学报, 2010, 30（2）：185-192.

[83] 唐景春, 赵艳通. 恶臭污染的测定及评价方法[J]. 环境保护, 2001,（5）：27-29.

[84] 白林, 龚兰芳, 罗庆林, 等. 改进型生物过滤器对 H_2S 和 NH_3 混合气体去除效果的研究[J]. 农业环境科学学报, 2010, 29（1）：185-193.

[85] 黄绳纪, 陈城基. 光触媒在空气净化中的应用[J]. 广州化工, 2004, 32（3）：17-19.

[86] 孙宏丽, 杨景发, 闫其年, 等. 禽舍光触媒高效空气净化器的研制[J]. 环境与健康杂志, 2010, 27（3）：269.

[87] 徐鑫, 徐桂云, 吴中红, 等. AOS-80 空气净化机对冬季鸡舍空气的净化作用[J]. 中国畜牧杂志, 2009, 45（17）：47-51.

[88] 宁芳芳, 施正香, 荆凯凯, 等. 光触媒空气净化器对猪舍空气质量和猪生产性能的影响[J]. 家畜生态学报, 2015, 36（7）：47-50.

[89] 杨立强, 施正香, 赵芙蓉, 等. 不同空气净化设备对鸡舍空气净化效果的比较研究[J]. 中国畜牧杂志, 2017,（5）：127-131.

[90] 吴成狄. 一种畜牧养殖用空气净化装置[P]：中国, CN105664630A. 2016.

[91] 薛仔昌. 畜牧用空气净化循环系统[P]：中国, CN205897346U. 2017.

[92] 夏晓宁, 张玉玲, 姜连花. 浅议畜禽舍空气电净化自动防疫技术[J]. 农业开发与装备, 2012（5）：60.

[93] 刘滨疆, 刘东疆. 畜禽舍电净化灭菌消毒装置[P]：中国, CN2609910Y. 2004.

[94] 佟荟全, 张珈榕, 胡文元, 等. 电净化防疫防病系统的原理及在鸡舍上的应用[J]. 黑龙江畜牧兽医, 2015,（24）：103-105.

[95] 李丽. 3DDF-450 型畜禽舍空气电净化自动防疫系统在设施养殖中的试验示范[J]. 新疆农机化, 2014,（2）：41-42.

[96] 刘滨疆, 云晓俊. 3DDF-600A/B 型畜禽舍空气电净化疾病预防系统在鸡舍的应用[J]. 现代化农业, 2002,（2）：44-45.

[97] 刘滨疆. "集约化畜牧业疫病防制新方法"之三：畜禽舍电净化防病防疫系列装备[J]. 兽医导刊, 2004,（4）：16-17.

[98] 刘佳, 张丽丽, 吴迪梅, 等. 空气电净化技术在猪舍中的应用[J]. 北京农业, 2014,（36）：298-299.

[99] 刘显俊. 畜禽舍空气电净化防疫系统的应用研究[J]. 农业科技与装备, 2015,（4）：79-80.

[100] 赵永玉, 董伟峰, 崔昌林. 一种畜牧养殖业空气净化装置[P]：中国, CN203964206U. 2014.

[101] 陆怡倩, 颜孙莹, 赵芷慧. 一种畜牧养殖的送风设备[P]：中国, CN205124626U. 2016.

[102] 王日军, 孙国波, 秦豪荣, 等. 一种水禽笼养舍内环境控制系统[P]：中国, CN204907511U. 2015.

[103] Heber A J, Bogan B W, Ni J Q, et al. The national air emissions monitoring study：Overview of barn sources[C]. Livestock Environment VIII, Iguassu Falls, 2008.

[104] Purdue University. Quality assurance project plan for the national air emisisons monitoring study（barn component）[R]. West Lafayette：Purdue University, 2006.

[105] Joo H S, Ndegwa P M, Heber A J, et al. Particulate matter dynamics in naturally ventilated freestall dairy barns[J]. Atmospheric Environment, 2013, 69：182-190.

[106] Hayes M D, Xin H W, Li H, et al. Ammonia, greenhouse gas, and particulate matter concentrations and emissions of aviary layer houses in the Midwestern USA[J]. Agricultural and Biosystems Engineering, 2012, 56（5）：1921-1932.

[107] Razote E B, Maghirang R G, Murphy P, et al. Ambient PM_{10} concentrations at a beef cattle feedlot in Kansas[C].

ASABE International Symposium on Air Quality and Waste Management for Agricalture, Broomfield, 2007.

[108] Lin X J, Cortus E L, Zhang R, et al. Air emissions from broiler houses in California[J]. Transactions of the Asabe, 2012, 55 (5): 1895-1908.

[109] Li Q F, Wangli L, Liu Z, et al. Field evaluation of particulate matter measurements using tapered element oscillating microbalance in a layer house[J]. Journal of the Air and Waste Management Association, 2012, 62 (3): 322-335.

[110] CFR. Reference method for the determination of suspended particulate matter in the atmosphere (high-volume method) [Z]. Washington: US Government Printing Office, 2003.

[111] Maghirang R G, Puma M C, Clark P, et al. Dust concentrations and particle size distribution in an enclosed swine nursery[J]. Transactions of the Asae, 1997, 40 (3): 749-754.

[112] Roumeliotis T S, Dixon B J, Heyst B J V. Characterization of gaseous pollutant and particulate matter emission rates from a commercial broiler operation part II: Correlated emission rates[J]. Atmospheric Environment, 2010, 44 (31): 3778-3786.

[113] Roumeliotis T S, Dixon B J, Heyst B J V. Characterization of gaseous pollutant and particulate matter emission rates from a commercial broiler operation part I: Observed trends in emissions[J]. Atmospheric Environment, 2010, 44 (31): 3770-3777.

[114] Hinds W C. Aerosol Technology: Properties, Behavior, and Measurement of Airborne Particles[M]. New York: John Wiley and Sons, 1999.

[115] Mcclure J. Determination of particulate matter emissions from confinement animal housing[D]. Urbana: University of Illinois at Urbana-Champaign, 2009.

[116] 常志勇, 杨道, 慕海锋, 等. 基于粒径谱仪的畜禽养殖场空气颗粒污染物测量研究[J]. 农业机械学报, 2015, 46 (8): 246-251.

[117] Gonzales H B, Maghirang R G, Wilson J D, et al. Measuring cattle feedlot dust using laser diffraction analysis[J]. Transactions of the Asabe, 2011, 54 (6): 2319-2327.

[118] Masiol M, Squizzato S, Rampazzo G, et al. Source apportionment of $PM_{2.5}$, at multiple sites in Venice (Italy): Spatial variability and the role of weather[J]. Atmospheric Environment, 2014, 98: 78-88.

[119] Cambra-López M, Hermosilla T, Aarnink A J A, et al. A methodology to select particle morphochemical characteristics to use in source apportionment of particulate matter from livestock houses[J]. Computers and Electronics in Agriculture, 2012, 81 (2): 14-23.

[120] Li Q F, Wang L L, Javanty R K M, et al. Organic and elemental carbon in atmospheric fine particulate in animal agriculture intensive area in North Carolina: Estimation of secondary organic carbon concentration[J]. Open Journal of Air Pollution, 2013, 2 (1): 7-18.

[121] Wang L J, Li Q F, Keith E, et al. Biological characteristics of aerosols emitted from a layer operation in southeastern US[C]. ASABE Annual Meeting, Reno, 2009.

[122] Dekock J, Vranken E, Gallmann E, et al. Optimisation and validation of the intermittent measurement method to determine ammonia emissions from livestock buildings[J]. Biosystems Engineering, 2009, 104 (3): 396-403.

[123] 丁学智, 龙瑞军, 米见对, 等. 非分光红外 (NDIR) 技术测定反刍动物甲烷和二氧化碳研究[J]. 光谱学与光谱分析, 2010, 30 (6): 1503-1506.

[124] 黄华, 牛智有. 基于PIC18F2580的畜禽舍有害气体环境控制系统[J]. 测控技术, 2009, 28 (4): 49-52, 57.

[125] 史海山, 丁学智, 龙瑞军, 等. 舍饲绵羊甲烷和二氧化碳的日排放动态[J]. 生态学报, 2008, 28 (2): 877-882.

[126] 介邓飞, 泮进明, 应义斌. 规模化畜禽养殖污染气体现场检测方法与仪器研究进展[J]. 农业工程学报, 2015,

31（1）：236-246.

[127] 殷庆瑞，王通，钱梦路. 光声光热技术及其应用[M]. 北京：科学出版社，1999.

[128] Ngwabie N M, Jeppsson K H, Gustafsson G, et al. Effects of animal activity and air temperature on methane and ammonia emissions from a naturally ventilated building for dairy cows[J]. Atmospheric Environment，2011，45（37）：6760-6768.

[129] 叶章颖，李保明，张国强，等. 冬季猪舍粪便贮存过程中 CH_4 排放特征试验[J]. 农业机械学报，2011，42（4）：184-189，210.

[130] 泮进明，叶芳，刘艺青，等. 原位无动力生物滤器处理雏鸡舍氨气的试验研究[J]. 农业机械学报，2013，44（7）：204-209.

[131] Ni J Q, Heber A J, Sutton A L, et al. Effect of swine manure dilution on ammonia, hydrogen sulfide, carbon dioxide, and sulfur dioxide releases[J]. Science of the Total Environment，2010，408（23）：5917-5923.

[132] Griffith D W T, Bo G. Flux measurements of NH_3, N_2O and CO_2, using dual beam FTIR spectroscopy and the flux-gradient technique[J]. Atmospheric Environment，2000，34（7）：1087-1098.

[133] 张瑰，陈剑刚，谭爱军，等. 便携式红外气体分析仪在线快速检测几种有毒有害气体[J]. 中国卫生检验杂志，2008，18（8）：1530-1532.

[134] Bjorneberg D L, Leytem A B, Westermann D T, et al. Measurement of atmospheric ammonia, methane, and nitrous oxide at a concentrated dairy production facility in Southern Idaho using open-path FTIR spectrometry[J]. 2009 American Society of Agricultural and Biological Engineers，2009，52（5）：1749-1756.

[135] 崔厚欣，齐汝宾，张文军. 差分吸收光谱法大气环境质量在线连续监测系统的设计[J]. 分析仪器，2008，（1）：7-11.

[136] 朱燕舞，付强，谢品华. 北京冬季大气污染物的 DOAS 监测与分析[J]. 光谱学与光谱分析，2009，29（5）：1390-1393.

[137] 张学典，徐可欣. 基于 DOAS 方法烟道污染气体在线监测系统的设计[J]. 传感技术学报，2007，20（9）：1963-1966.

[138] 崔厚欣. 吸收光谱法在实际应用中的关键问题的研究[D]. 天津：天津大学，2006.

[139] Secrest A C D. Field measurement of air pollutants near swine confined-animal feeding operations using UV DOAS and FTIR[J]. Proceedings of SPIE-The International Society for Optical Engineering，2001，4199：98-104.

[140] Mount G H, Rumburg B, Havig J, et al. Measurement of atmospheric ammonia at a dairy using differential optical absorption spectroscopy in the mid-ultraviolet[J]. Atmospheric Environment，2002，36（11）：1799-1810.

[141] 王晓梅，张玉钧，刘文清，等. 可调谐二极管吸收光谱痕量气体浓度算法的研究[J]. 光学技术，2006，32（5）：717-719，722.

[142] 张潜，王立人，杨祥龙，等. 养殖场氨气检测方法研究现状[J]. 农业环境科学学报，2007，26（S1）：309-312.

[143] Kyoung S R, Patrick G H, Melvin H J, et al. Path integrated optical remote sensing technique to estimate ammonia and methane emissions from CAFOs[C]. International Symposium on Air Quality and Waste Management for Agriculture，Broomfield，2007.

[144] Hensen A, Groot T T, Wcmvanden B, et al. Dairy farm CH_4 and N_2O emissions, from one square metre to the full farm scale[J]. Agriculture Ecosystems and Environment，2006，112（2）：146-152.

[145] Flesch T K, Wilson J D, Harper L A. Deducing ground-to-air emissions from observed trace gas concentrations: A field trial with wind disturbance[J]. Journal of Applied Meteorology，2004，43（3）：487-502.

[146] Worely J W, Czarick M, Fairchild B D, et al. Monitoring of ammonia and fine particulates downwind of broiler houses[C]. In 2008 ASABE Annual International Meeting，Rhode Island，2008.

[147] Sharpe R R, Harper L A, Byers F M. Methane emissions from swine lagoons in southeastern US[J]. Agriculture Ecosystems and Environment, 2002, 90 (1): 17-24.

[148] Schrieruijl A P, Kroon P S, Hensen A, et al. Comparison of chamber and eddy covariance-based CO_2 and CH_4 emission estimates in a heterogeneous grass ecosystem on peat[J]. Agricultural and Forest Meteorology, 2010, 150 (6): 825-831.

[149] Kroon P S, Hensen A, Jonker H J J, et al. Suitability of quantum cascade laser spectrometry for CH_4 and N_2O eddy covariance measurements[J]. Biogeosciences Discussions, 2007, 4 (2): 1137-1165.

[150] Njagi J, Erlichman J S, Aston J W, et al. A sensitive electrochemical sensor based on chitosan and electropolymerized Meldola blue for monitoring NO in brain slices[J]. Sensors and Actuators B Chemical, 2010, 143 (2): 673-680.

[151] 黄为勇, 童敏明, 任子晖. 采用热导传感器检测气体浓度的新方法研究[J]. 传感技术学报, 2006, 19 (4): 973-975.

[152] Bicudo J R, Tengman C L, Jacobson L D, et al. Odor, hydrogen sulfide and ammonia emissions from swine farms in Minnesota[C]. Proceedings of the Water Environment Federation, Houston, 2000.

[153] 金灈, 曹元军. 封闭式蛋鸡舍环境控制系统的设计[J]. 农机化研究, 2009, 31 (9): 143-146.

[154] Wheeler E F, Casey K D, Gates R S, et al. Ammonia emissions from twelve U. S. broiler chicken houses[J]. Transactions of the Asae, 2006, 49 (5): 1495-1512.

[155] 方向生, 施汉昌, 何苗, 等. 电子鼻在环境监测中的应用与进展[J]. 环境科学与技术, 2011, 34 (10): 112-117.

[156] Nagai T, Tamura S, Imanaka N. Solid electrolyte type ammonia gas sensor based on trivalent aluminum ion conducting solids[J]. Sensors and Actuators B Chemical, 2010, 147 (2): 735-740.

[157] Ding B, Kim J, Miyazaki Y, et al. Electrospun nanofibrous membranes coated quartz crystal microbalance as gas sensor for NH_3, detection[J]. Sensors and Actuators B Chemical, 2004, 101 (3): 373-380.

[158] Sohn J H, Hudson N, Gallagher E, et al. Implementation of an electronic nose for continuous odour monitoring in a poultry shed[J]. Sensors and Actuators B Chemical, 2008, 133 (1): 60-69.

[159] Pan L, Yang S X. An electronic nose network system for online monitoring of livestock farm odors[J]. IEEE/ASME Transactions on Mechatronics, 2009, 14 (3): 371-376.

[160] 俞守华, 张洁芳, 区晶莹. 基于 BP 神经网络的猪舍有害气体定量检测模型研究[J]. 安徽农业科学, 2009, 37 (23): 11316-11317.

[161] Oh K S, Woo S I. Chemiluminescence analyzer of NO_x as a high-throughput screening tool in selective catalytic reduction of NO[J]. Science and Technology of Advanced Materials, 2011, 12 (5): 1425-1432.

[162] Pollack I B, Lerner B M, Ryerson T B. Evaluation of ultraviolet light-emitting diodes for detection of atmospheric NO_2 by photolysis-chemiluminescence[J]. Journal of Atmospheric Chemistry, 2010, 65 (2-3): 111-125.

[163] Howard C J, Yang W, Green P G, et al. Direct measurements of the ozone formation potential from dairy cattle emissions using a transportable smog chamber[J]. Atmospheric Environment, 2008, 42 (21): 5267-5277.

[164] Heber A J, Ni J Q, Haymore B L, et al. Air quality and emission measurement methodology at swine finishing buildings[J]. Transactions of the Asae, 2001, 44 (44): 1765-1778.

[165] Liu Z, Wang L, Beasley D, et al. Effect of moisture content on ammonia emissions from broiler litter: A laboratory study[J]. Journal of Atmospheric Chemistry, 2007, 58 (1): 41-53.

[166] Creek J A, Mcanoy A M, Brinkworth C S. Rapid monitoring of sulfur mustard degradation in solution by headspace solid-phase microextraction sampling and gas chromatography mass spectrometry[J]. Rapid Communications in Mass Spectrometry, 2010, 24 (23): 3419-3424.

[167] Jin Y, Lim T T, Ni J Q, et al. Emissions monitoring at a deep-pit swine finishing facility: Research methods and system performance[J]. Journal of the Air and Waste Management Association, 2012, 62 (11): 1264-1276.

[168] 董红敏, 朱志平, 陶秀萍, 等. 育肥猪舍甲烷排放浓度和排放通量的测试与分析[J]. 农业工程学报, 2006, 22 (1): 123-128.

[169] 高新星, 赵立欣. 规模化猪场甲烷排放通量测量与分析[J]. 农业工程学报, 2006, (S1): 256-260.

[170] 谢军飞, 李玉娥. 不同堆肥处理猪粪温室气体排放与影响因子初步研究[J]. 农业环境科学学报, 2003, 22 (1): 56-59.

[171] 樊霞, 董红敏, 韩鲁佳, 等. 肉牛甲烷排放影响因素的试验研究[J]. 农业工程学报, 2006, 22 (8): 179-183.

[172] 王玉军, 邢志贤, 张秀芳, 等. 便携式气相色谱-质谱联用仪现场测定畜禽粪便堆肥中挥发性有机物[J]. 分析化学, 2012, 40 (6): 899-903.

[173] Schiffman S S, Bennett J L, Raymer J H. Quantification of odors and odorants from swine operations in North Carolina[J]. Agricultural and Forest Meteorology, 2001, 108 (3): 213-240.

[174] Zhang SC, Cai LS, Caraway E A, et al. Characterization and quantification of livestock odorants using sorbent tube sampling and thermal desorption coupled with multidimensional gas chromatography-mass spectrometry/olfactometry (TD-MDGC-MS-O) [C]. 2008 ASABE Annual International Meeting, Rhode Island, 2008.

[175] Croix S. A review of the science and technology of odor measurement[R]. Lake Elmo: The Air Quality Bureau of the Iowa Department of Natural Resources, 2005.

[176] RWDI Air Inc. Final report odor management in British Columbia: Review and recommendations[R]. Vancouver: BC Ministry of Water, Land and Air Protection, 2005.

[177] Koskinen S, Vento S, Malmberg H, et al. Correspondence between three olfactory tests and suprathreshold odor intensity ratings[J]. Acta Oto-Laryngobogica, 2004, 124 (9): 1072-1077.

[178] Guo H Q, Jacobson L D, Schmidt D R, et al. Comparison of five models for setback distance determination from livestock sites[J]. Canadian Biosystems Engineering, 2004, 46: 617-625.

[179] Guo H Q, Yu Z, Lague C. Livestock odour dispersion modeling: A review[C]. The CSBE/SCGAB 2006 Annual Conference, Edmonton Alberta, 2006.

[180] Smith R J. Dispersion of odours from ground level agricultural sources[J]. Journal of Agricultural Engineering Research, 1993, 54 (3): 187-200.

[181] MacMillan W R, Fraser H W. Toward a science-based agricultural odour ontario: A comparision of the MDS and offset setback systems[C]. ASABE, North Carolina, 2003.

[182] Williams M L, Thompson N. The effects of weather on odour dispersion from livestock buildings and from fields[A]. Odour Prevention and Control of Organic Sludge and Livestock Farming, 1986: 227-233.

[183] Schauberger G, Piringer M. Guideline to assess the protection distance to avoid annoyance by odour sensation caused by livestock husbandry[C]. The Fifth International Symposium on Livestock Environment, Valencia, 1997.

[184] Lim T T, Heber A J, Ni J Q, et al. Odor impact distance guideline for swine production systems[J]. Proceedings of the Water Environment Federation, 2000: 773-788.

[185] Stowell R R, Koppolu L, Schulte D D, et al. Applications of using the odor footprint tool[C]. Biological Systems Engineering Conference Presentations and White Papers, Beijing, 2005.

[186] Chaoui H, Brugger M. Comparison and sensitivity analysis of setback distance models[C]. International Symposium on Air Quality and Waste Management for Agriculture, Broomfield, 2007.

[187] 方治国, 欧阳志云, 胡利锋, 等. 空气微生物研究方法进展与展望[J]. 环境工程学报, 2005, 1 (7): 8-13.

[188] Kepner R L, Pratt J R. Use of fluorochromes for direct enumeration of total bacteria in environmental samples:

Past and present[J]. Microbiological Reviews, 1994, 58 (4): 603-615.

[189] 刘敬博, 柴同杰, 苗增民, 等. 培养法和染色法对养殖环境中微生物气溶胶浓度的检测[J]. 动物医学进展, 2010, 31 (S1): 86-89.

[190] Porter K G, Feig Y S. The use of DAPI for identifying and counting aquatic microflora[J]. Limnology and Oceanography, 1980, 25 (5): 943-948.

[191] 杜茜, 李劲松. 微生物气溶胶污染监测检测技术研究进展[J]. 解放军预防医学杂志, 2011, 29 (6): 455-458.

[192] 曹三杰, 文心田, 肖驰, 等. 应用基因芯片技术检测禽4种主要疫病的研究Ⅱ. 检测基因芯片的构建及制备[J]. 中国兽医学报, 2007, 27 (3): 311-314.

[193] Lin B, Wang Z, Vora G J, et al. Broad-spectrum respiratory tract pathogen identification using resequencing DNA microarrays[J]. Genome Research, 2006, 16 (4): 527-535.

[194] 李永强, 康晓平, 王伟周, 等. 人兽共患病病毒基因芯片检测敏感性的测定[J]. 解放军医学杂志, 2009, 34 (2): 219-222.

[195] Hospodsky D, Yamamoto N, Peccia J. Accuracy, precision, and method detection limits of quantitative PCR for airborne bacteria and fungi[J]. Applied and Environmental Microbiology, 2010, 76 (21): 7004.

[196] Keswani J, Kashon M L, Chen B T. Evaluation of interference to conventional and real-time PCR for detection and quantification of fungi in dust[J]. Journal of Environmental Monitoring, 2005, 7 (4): 311-318.

[197] Fallschissel K, Kämpfer P, Jäckel U. Direct detection of Salmonella cells in the air of livestock stables by real-time PCR[J]. Annals of Occupational Hygiene, 2009, 53 (8): 859-868.

6 工业废气净化检测监测装备

6.1 废气中颗粒物检测监测装备

颗粒物是大气污染物中数量最大、成分复杂、性质多样、危害较大的一种物质，它本身可以是有毒物质，也可以是其他有毒有害物质在大气中的运载体、催化剂或反应床。在某些情况下，颗粒物与所吸附的气态或蒸汽态物质结合，会产生比单个组分更大的协同毒性作用。大气中的悬浮颗粒物，特别是细小颗粒对人体健康危害极大，各种呼吸道疾病的产生都与其密切相关。悬浮颗粒物对大气环境也有严重的影响，是灰霾形成的主要诱因，也可削弱太阳辐射使局部区域气候恶化等。监测大气中悬浮颗粒物的浓度，对于治理悬浮颗粒物、保护自然环境和人体健康十分重要。

大气中悬浮颗粒物（SP）有固体、液体两种状态，以细小颗粒形式分散在气流或大气中，直径范围从几十纳米（nm）到几百微米（μm），如烟、煤烟、尘粒、霾、烟气、粉尘、降尘等。直径在 10μm 以上的颗粒物能够依靠自身重力作用降到地面上，常称为降尘；直径小于 10μm 的颗粒物在空气中可以较长时间悬浮，能被人体吸入肺部，称为飘尘或可吸入颗粒物（IP）[1]。

6.1.1 典型颗粒物取样装置分类及应用范围

大气中的颗粒物根据其粒径的不同分为降尘与飘尘两类，相应的颗粒物采样器也分两类：一是总悬浮颗粒物采样器；二是飘尘（可吸入颗粒物）采样器。常用的总悬浮颗粒物采样器为大流量采样器、中流量采样器。常用的飘尘采样器为旋风分尘器、向心式分尘器、三级向心式分尘器、撞击式采样器、石英晶体 PM_{10} 测定仪、光散射法 PM_{10} 监测仪[2]。

6.1.2 颗粒物取样装置工作原理及计量标准

6.1.2.1 总悬浮颗粒物

总悬浮颗粒物（TSP）是指悬浮在空气中，空气动力学当量直径小于等于 100μm 的颗粒物。总悬浮颗粒物可分为一次颗粒物和二次颗粒物。一次颗粒物是指天然污染源和人为污染源释放到大气中直接造成污染的物质,如风扬起的灰尘、燃烧和工业烟尘。二次颗粒物是指通过某些大气化学过程所产生的微粒,如二氧化硫转化生成硫酸盐。

测定大气中的总悬浮颗粒物主要用重量法(GB/T 15432—1995)。

1)基本原理

通过具有一定切割特性的采样器,以恒速抽取定量体积的空气,空气中粒径小于100μm 的悬浮颗粒物被截留在已恒重的滤膜上。根据采样前后滤膜质量之差及采样体积,计算总悬浮颗粒物的浓度。滤膜经处理后,进行组分分析。其计算公式为

$$\text{TSP} = \frac{K(W_1 - W_0)}{Q_n \cdot t} \tag{6-1}$$

式中,W_1 为采样后滤膜的质量,g;W_0 为采样前滤膜的质量,g;t 为累计采样时间,min;Q_n 为采样器平均抽气流量,m³/min;K 为常数,大流量采样器 $K = 1 \times 10^6$,中流量采样器 $K = 1 \times 10^9$。

该方法适用于大流量或中流量总悬浮颗粒物采样器(简称采样器)进行空气中总悬浮颗粒物的测定,但不适用于总悬浮颗粒物含量过高或雾天采样使滤膜阻力大于10kPa的情况。该方法的检测限为 0.001mg/m³。当两台总悬浮颗粒物采样器安放位置相距不大于 4m、不少于 2m 时,同样采样测定总悬浮颗粒物含量,相对偏差不大于 15%。

2)采样

(1)滤膜准备

每张滤膜均不得有针孔或任何缺陷,将滤膜放在恒温恒湿箱中平衡 24h。在上述平衡条件下称量滤膜,大流量采样器滤膜称量精确到 1mg,中流量采样器滤膜称量精确到 0.1mg,记录滤膜质量 W_0。称量好的滤膜平展地放在滤膜保存盒中,采样前不得将滤膜弯曲或折叠。

(2)安放滤膜及采样

将已编号并称量过的滤膜绒面向上,放在滤膜支持网上,放上滤膜夹。对正,拧紧,使不漏气。安好采样头顶盖,设置采样器采样时间,启动采样。

取滤膜时,如发现滤膜损坏,或滤膜上的边缘轮廓不清晰、滤膜安装歪斜(说明漏气),则本次采样作废,需重新采样。

(3)尘膜的平衡及称重

将尘膜放在恒温恒湿箱中平衡 24h,称量并记录下滤膜质量 W_1。滤膜增重:大流量滤膜不小于 100mg,中流量滤膜不小于 10mg。

3)总悬浮颗粒物采样器

总悬浮颗粒物采样器按气流量大小又分为大流量(1.1~1.7m³/min)和中流量(50~150L/min)两种[2]。

(1) 大流量采样器

大流量采样器结构由滤膜夹、抽气风机、流量记录仪、计时器、控制系统及壳体等组成。滤膜夹可安装 20cm×25cm 的玻璃纤维膜，以 1.1~1.7m³/min 流量采样 8~12h。采样量达 1500~2000m³ 时，可用滤膜测定颗粒物中的金属、无机盐和有机物等。大流量采样器有 HVCl000N 型、HVCl000D 型、ZH000G 型等。

(2) 中流量采样器

中流量采样器工作原理与大流量采样器相似，只是采样滤膜夹面积比大流量采样滤膜夹面积小。我国规定采样滤膜夹有效直径为 80mm 或 100mm。用 80mm 滤膜采样时，流量控制在 7.2~9.6m³/h；用 100mm 滤膜采样时，流量控制在 11.3~15m³/h。中流量采样器有 TH-150 型、ZC-00 型、ZC-120E 型等。

6.1.2.2 自然降尘

自然降尘简称降尘，是指大气中自然降落于地面上的颗粒物，其粒径多在 10μm 以上。目前，普遍采用重量法（GB/T 15265—1994）测定降尘。

1) 基本原理

空气中可沉降的颗粒物沉降在装有乙二醇水溶液作收集液的集尘缸内，经蒸发、干燥、称重后，计算降尘总量和降尘中可燃物的量。

(1) 降尘总量的测定

用镊子将落入缸内的异物取出，用水将附着在异物上的细小尘粒冲洗下来，用淀帚把缸壁擦洗干净，将缸内溶液和尘粒全部转入烧杯中，在电热板上蒸发浓缩到 10~20mL，冷却后用水冲洗杯壁，应用淀帚把杯壁上的尘粒擦洗干净，将溶液和尘粒全部转移到已恒重的 100mL 瓷坩埚中，放在搪瓷盘里，在电热板上蒸干（不要迸溅），然后放入烘箱于（105±5）℃烘干，称量至恒重，此值为 W_1。降尘总量的计算公式为

$$m = \frac{W_1 - W_0 - W_e}{sn} \times 30 \times 10^4 \tag{6-2}$$

式中，m 为降尘总量，t/(km²·30d)；W_1 为降尘、瓷坩埚和乙二醇水溶液蒸发至干并在（105±5）℃下恒重的质量，g；W_0 为在（105±5）℃烘干的瓷坩埚质量，g；W_e 为与采样操作等量的乙二醇水溶液蒸发至干并在（105±5）℃下恒重的质量，g；s 为集尘缸缸口面积，cm²；n 为采样天数，准确到 0.1d。

(2) 降尘中可燃物的测定

将上述已测降尘总量的瓷坩埚放入马弗炉中，600℃灼烧 3h，待炉内温度降至 300℃以下时取出，放入干燥器中，冷却 50min，称重。再在 600℃下灼烧 1h，冷却、称重，直至恒重，此值为 W_2。将与采样操作同一批次、等量的乙二醇水溶

液放入 500mL 的烧杯中，蒸发浓缩至 10～20mL，然后转移至已恒重的瓷坩埚内，蒸发至干后，于（105±5）℃烘干，称量至恒重，减去瓷坩埚的质量 W_0，即 W_e；然后放入马弗炉中在 60℃下灼烧，称量至恒重，减去瓷坩埚的质量 W_b，即 W_d。其计算公式为

$$m_1 = \frac{(W_1 - W_0 - W_e) - (W_2 - W_b - W_d)}{sn} \times 30 \times 10^4 \quad (6\text{-}3)$$

式中，m_1 为可燃物质量，t/(km²·30d)；W_b 为瓷坩埚于 600℃灼烧后的质量，g；W_2 为降尘、瓷坩埚及乙二醇水溶液蒸发残渣于 600℃灼烧后的质量，g；W_d 为与采样操作等量的乙二醇水溶液蒸发残渣于 600℃灼烧后的质量，g；其他符号意义同上。

该方法适于环境空气中可沉降的颗粒物测定，其检出限为 0.2t/(km²·30d)。

2）采样

集尘缸在放到采样点之前，加入乙二醇 60～80mL，以占满缸底为准，加水量视当地的气候情况而定。譬如，冬季和夏季加 50mL，其他季节可加 100～200mL。加好后，罩上塑料袋，直到把缸放在采样点的固定架上再把塑料袋取下，开始收集样品。

按月定期更换集尘缸一次。在夏季多雨季节，应注意缸内积水情况，为防水满溢出，要及时更换新缸，采集的样品合并后测定。

6.1.2.3 可吸入颗粒物的测定

空气中粒径小于 10μm 的颗粒物称为可吸入颗粒物。测定可吸入颗粒物的方法有重量法（GB/T 17095—1997）、压电晶体振荡法、β 射线吸收法及光散射法[1]。

1）重量法

（1）基本原理

使一定体积的空气进入切割器，将粒径 10μm 以上的微粒分离，小于这一粒径的微粒随着气流经分离器的出口被阻留在已恒重的滤膜上。根据采样前后滤膜的质量差及采样体积，计算出 PM_{10} 浓度，以 mg/m³ 表示（m³指标准状况下，以下同），其公式为

$$c = \frac{(G_2 - G_1)}{V_t} \times 1000 \quad (6\text{-}4)$$

式中，c 为可吸入颗粒物浓度，mg/m³；G_1 为采样前滤膜的质量，g；G_2 为采样后滤膜的质量，g；V_t 为换算成标准状况下的采样体积，m³。

（2）切割器性能指标

①要求所用切割器在收集效率为 50%时的粒子空气动力学直径 $D_{50} = (10 \pm 1)$μm。

②要求切割曲线的几何标准差 $\sigma_g \leqslant 1.5$。
③在有风条件下（风速小于 8m/s）切割器入口应具有各向同性效应。
④所用切割器必须经国家环境保护主管部门（或委托的单位）校验标定。
(3) 采样系统的主要性能指标
①在同样条件下三个采样系统浓度测定结果变异系数应小于 15%。
②在采样开始至终了的时间内，采样系统流量值的变化应在额定流量的±10%以内。
(4) 采样
①采用合格的超细玻璃纤维过滤膜。采样前在干燥器内放置 24h，用感量优于 0.1mg 的分析天平称重，放回干燥器 1h 后再称重，两次质量之差不大于 0.4mg，为恒重。
②将已恒重好的滤膜用镊子放入洁净采样夹内的滤网上，牢固压紧。如果测定任何一次浓度，每次需更换滤膜；如测日平均浓度，样品采集在一张滤膜上。采样结束后，用镊子取出。将有尘面两次对折，放入纸袋，并做好采样记录。
③采样点应避开污染源及障碍物。如果测定交通枢纽处飘尘，采样点应布置在距人行道边缘 1m 处。
④如果测定任何一次浓度，采样时间不得少于 1h；测定日平均浓度间断采样时不得少于四次。
⑤采样时，采样器入口距地面高度不得低于 1.5m。
⑥采样不能在雨、雪和风速大于 8m/s 等天气条件下进行。
(5) 采样器
采样器由分样器、大流量采样器、检测器三部分组成。分样器又称分尘器、切割器，主要作用是把 10μm 以下的颗粒分离出来。分尘器按作用原理可分为旋风式、向心式、多层薄板式、撞击式等多种。它们又分为二级式和多级式，二级式采集 10μm 以下的颗粒物，多极式可分级采集不同粒径的颗粒物[3]。
①旋风分尘器
用二级旋风分尘器采样时（图 6-1），样气沿 180°渐开线高速进入旋风分尘器圆筒体，形成旋转气流，在离心力作用下，重量不同的颗粒物因不断与筒壁撞击落入大颗粒收集器内，细颗粒随气流沿排出管上升，被过滤器的滤膜捕集，从而把粗、细颗粒分开。分尘器是较精密的仪器，使用时要用标准颗粒发生器制备的标准粒子校准后方可使用。
②向心式分尘器
用向心式分尘器（多段式）采样时（图 6-2），当样气由小孔高速喷出时，样气所携带的颗粒由于大小不同，惯性也不同，颗粒的质量越大，流速越高，则惯性越大，形成了各种粒径的颗粒，各有自己 定的运动轨迹，大颗粒接近于中心轴线，

最先进入锥形收集器。小颗粒离中心轴线较远，随气流进入下一级。第二级的喷嘴口径和收集器入口也小，且距离变短，使小一些的颗粒被收集。第三级的喷嘴直径和收集器入口孔径比第二级还小，间距更短，收集的颗粒更细。经多级分离更细的颗粒到达采样器的最底部，被滤膜收集。图 6-3 为三级向心式分尘器的原理图。

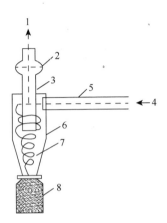

图 6-1　旋风分尘器原理图

1. 空气出口；2. 滤膜；3. 气体排出管；4. 空气入口；
5. 气体气管；6. 圆筒体；7. 旋转气流轨道；8. 大颗粒
　　收集器

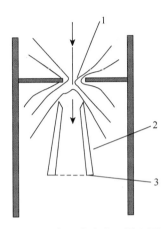

图 6-2　向心式分尘器原理图

1. 空气喷孔；2. 收集器；3. 滤膜

③撞击式采样器

用撞击式采样器（包括多段式）采样时（图 6-4），含尘的气样进入喷嘴后，

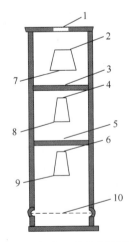

图 6-3　三级向心式分尘器原理图

1，3，5. 气流喷孔；2，4，6. 锥形收集器；
　7，8，9，10. 滤膜

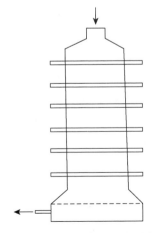

图 6-4　撞击式采样器原理图

由于通路截面积变小，流速加大，高速气流从喷嘴喷出，气流中的大颗粒由于惯性大，撞击在捕集板上而被收集；细小颗粒惯性小，随气流向下到第二级、第三级等。这种采样器设计为3~6级，也有8级的。采样器必须经过标准粒子发生器制备的标准粒子进行校准，方能使用。

2）压电晶体振荡法

石英谐振器测定飘尘颗粒物时，气样经粒子切割器剔除大颗粒物，而小于10μm的颗粒物进入测量气室。测量气室内有由高压放电针、石英谐振器及电极构成的静电采样器，使气样中的颗粒物在石英谐振器电极表面放电并沉积，除尘后的气样流经参比室后排出[4,5]。两振荡器频率之差（Δf）经信号处理系统转换成颗粒物浓度并在浓度显示屏幕上显示。测量石英谐振器集尘越多，振荡频率（f_1）降低也越多，二者具有线性关系，即

$$\Delta f = K\Delta m \tag{6-5}$$

式中，K 为由石英晶体特性和温度等因素决定的常数；Δm 为测量石英晶体质量增值，即采集的颗粒物质量，mg。

设大气中颗粒物质量浓度为 $\rho(\text{mg/m}^3)$，采样流量为 $q_v(\text{m}^3/\text{min})$，采样时间为 $t(\text{min})$，则

$$\Delta m = \rho q_v t \tag{6-6}$$

代入式（6-5），得

$$\rho = \frac{1}{K} \times \frac{\Delta f}{q_v t} \tag{6-7}$$

因实际测量时 q_v、t 值均已固定，故可改写为

$$\rho = A\Delta f \tag{6-8}$$

可见，通过测量采样后两石英谐振器频率之差（Δf），即可得知颗粒物质量浓度。

3）光散射法

光散射法测定原理基于悬浮颗粒物对光的散射作用，其散射光强度与颗粒物浓度成正比。由抽气风机以一定流量将空气经入口大粒子切割器抽入暗室，空气中 PM_{10} 在暗室中检测器的灵敏区与由光源经透镜射出的平行光作用，产生散射光，被与入射光成直角方向的光电转换器接收，经积分、放大后，转换成每分钟脉冲数，再用标准方法校正成质量浓度显示和记录。

6.1.3 常见颗粒物检测装置分类及工作原理

6.1.3.1 金属元素和非金属元素化合物的测定

样品预处理方法因组分不同而异，常用的方法有：①湿式消解法，即用酸溶

解样品，或将二者共热消解样品。常用的酸有盐酸、硝酸、硫酸、磷酸、高氯酸等。消解样品常用混合酸。②干灰化法，将样品放在坩埚中，置于马弗炉内，在400～800℃下分解样品，然后用酸溶解灰分，测定金属或非金属元素。为防止高温灰化导致某些元素的损失，可使用低温灰化，如高频感应激发氧灰化法等。③水浸取法，用于硫酸盐、硝酸盐、氯化物、六价铬等水溶性物质的测定。

1）铅

测定大气中颗粒铅的方法有火焰原子吸收分光光度法（GB/T 15264—1994）、双硫腙分光光度法。其中火焰原子吸收分光光度法测定铅快速、准确、干扰少；双硫腙分光光度法灵敏、准确、易于推广，但操作复杂、要求严格。下面仅介绍火焰原子吸收分光光度法。

用玻璃纤维滤膜采集的试样，经硝酸-过氧化氢溶液浸出制备成试样溶液。直接吸入空气-乙炔火焰中原子化，在283.3nm处测量基态原子对空心阴极灯特征辐射的吸收。在一定条件下，吸收光度与待测样中金属浓度成正比。

由式（6-9）计算空气中铅的含量

$$c = \frac{V(a-b)}{V_n \times 1000} \cdot \frac{s_t}{s_n} \tag{6-9}$$

式中，c为铅及其无机化合物（换算成铅）浓度，mg/m^3；a为试样中铅浓度，$\mu g/mL$；b为空白溶液中铅浓度，$\mu g/mL$；V为试样溶液体积，mL；V_n为换算成标准状态下的采样体积，m^3；s_t为试样滤膜总面积，cm^2；s_n为测定时所取滤膜面积，cm^2。

该方法适于环境空气中颗粒铅的测定。当用采样体积为$50m^3$进行测定时，最低检出浓度为$5\times10^{-4}mg/m^3$。在实验条件下，锑在波长217.0nm处有吸收干扰测定，但在283.3nm处，锑不干扰测定。

2）铍

铍可用原子吸收光谱法、桑色素荧光光谱法或气相色谱法测定。

原子吸收光谱法：用过氯乙烯滤膜采样，经干灰化法或湿式消解法分解样品并制成样品溶液，用高温石墨炉原子吸收分光光度计测定。当将采集$10m^3$气样的滤膜制成10mL样品溶液时，最低检出质量浓度一般可达$3\times10^{-10}mg/m^3$。

桑色素荧光光谱法：将采集在过氯乙烯滤膜上的含铍颗粒物用硝酸-硫酸消解，制成样品溶液。在碱性条件下，铍离子与桑色素反应生成络合物，在430nm激发光照射下，产生黄绿色荧光（530nm），用荧光分光光度计测定荧光强度进行定量。当采气$10m^3$的滤膜制成25mL样品溶液，取5mL测定时，最低检出质量浓度为$5\times10^{-7}mg/m^3$。

气相色谱法：采样滤膜用酸消解后，在一定pH条件下，以三氟乙酰丙酮萃取生成三氟乙酰丙酮铍，经SE-30色谱柱分离，用电子捕获检测器检测，以峰高定量。

3）六价铬

六价铬广泛应用分光光度法或原子吸收光谱法测定。

二苯碳酰二肼分光光度法：用热水浸取采样滤膜上的六价铬，在酸性介质中，六价铬与二苯碳酰二肼反应，生成紫红色络合物，用分光光度法测定，当采样 $30m^3$，取 1/4 张滤膜（直径 8~10cm）测定时，最低检出质量浓度为 $4\times10^{-5}mg/m^3$。

原子吸收光谱法：滤膜上的六价铬用三辛胺、甲基异丁基酮络合提取，于 357.9nm 处用原子吸收分光光度计测定。

4）铁

用过氯乙烯滤膜采样，经干灰化法或湿式消解法分解样品并制备样品溶液。在酸性介质中将高价铁还原为亚铁离子，与 4,7-二苯基-1,10-菲咯啉生成红色螯合物，对 535nm 光有特征吸收，用分光光度法测定。当将采集 $8.6m^3$ 气样的滤膜制成 100mL 样品溶液，取 5mL 测定时，最低检出质量浓度为 $2.3\times10^{-4}mg/m^3$。

还可以用原子吸收光谱法测定颗粒物中的铁元素。

5）砷

砷常用二乙基二硫代氨基甲酸银分光光度法、新银盐分光光度法或原子吸收光谱法测定。

二乙基二硫代氨基甲酸银分光光度法：用聚乙烯氧化吡啶浸渍的滤纸采样，样品用盐酸溶解无机砷化物，加入碘化钾、氯化亚锡和锌粒，将其还原成气态砷化氢，用二乙基二硫代氨基甲酸银-三乙醇胺-三氯甲烷吸收，并生成红色胶体银，于 510nm 处用分光光度法定量。当采样体积为 $5m^3$，取 1/2 张采样滤纸测定时，最低检出质量浓度可达 $1.6\times10^{-4}mg/m^3$。

新银盐分光光度法：按照二乙基二硫代氨基甲酸银分光光度法采样，滤膜用混合酸消解制成样品溶液，加入硼氢化钾（钠），产生新生态氢，将三价砷及五价砷还原为气态砷化氢，用硝酸-硝酸银-聚乙烯醇-乙醇混合溶液吸收，砷化氢将银离子还原成黄色胶体银，于 400nm 处用分光光度法测定。

原子吸收光谱法用碳酸氢钠甘油溶液浸渍的滤纸采样，混合酸消解，再在还原剂作用下生成 AsH_3，由载气带入石英管原子化器，测定对 193.7nm 特征光的吸收，标准曲线法定量。

6）硒

测定方法有紫外分光光度法、荧光光谱法等。前一方法便于推广使用，适合含硒量较高的样品；后一方法灵敏度高，适合含硒量低的样品。

两种方法均用纤维滤膜采样，样品经硝酸-高氯酸消解制成样品溶液。在 pH=2 的酸性介质中，四价硒与 2,3-二氨基萘（DAN）反应生成有色、发射强荧光的 4,5-苯并苯硒脑，用荧光分光光度计测定。激发光波长为 378nm，发射荧光波长为 520nm。当采样体积为 $200m^3$ 时，最低检出质量浓度为 $5\times10^{-5}\mu g/m^3$。

如果用紫外分光光度法测定，需在生成有色 4,5-苯并苊硒脑后，用环己烷萃取，于 378nm 处测定，当采气体积为 200m³ 时，最低检出质量浓度为 $5.5\times10^{-4}\mu g/m^3$。

7）铜、锌、镉、铬、锰、镍

将采集在过氯乙烯滤膜上的颗粒物用硫酸-干灰化法消解，制成样品溶液，用火焰原子吸收光谱法或石墨炉原子吸收光谱法分别测定各元素的浓度。除镉外，其他元素均未见明显干扰。测定镉时，可用碘化钾-甲基异丁基酮萃取分离后再测定。如选用石墨炉原子吸收光谱法测定，可使用氘灯扣除背景值，消除干扰。

6.1.3.2 有机化合物的测定

颗粒物中的有机组分种类多，多数具有毒性，如有机氯农药和有机磷农药、芳烃类和酯类化合物等。其中，受到普遍重视的是多环芳烃（PAHs），如菲、蒽、芘等达几百种，不少具有致癌作用。3,4-苯并芘（简称苯并[a]芘或 B[a]P）就是其中的一种强致癌物质，它主要来自含碳燃料及有机物热解过程中的产物。煤炭、石油等在无氧加热裂解过程中，产生的烷烃、烯烃等经过脱氢、聚合，可产生一定数量的苯并[a]芘，并吸附在烟气中的可吸入颗粒物上散布于空气中；香烟烟雾中也含苯并[a]芘。

测定苯并[a]芘的主要方法有荧光光谱法、高效液相色谱法、紫外分光光度法等。在测定之前，需要先进行提取和分离。

1）多环芳烃的提取

将已采集颗粒物的玻璃纤维滤膜置于索氏提取器内，加入提取剂（环己烷），在水浴上连续加热提取，所得提取液于浓缩器中进行加热减压浓缩后供层析法分离。还可以用真空充氮升华法提取多环芳烃。将采尘滤膜放在烧瓶内，连接好各部件，把系统内抽成真空后充入氮气，并反复几次，以除去残留氧气。用包着冰的纱布冷却升华管，然后开启电炉加热至 300℃，保持半小时，多环芳烃升华并在升华管中冷凝，待冷却后，用注射器喷入溶剂，洗出升华物，供下步分离。

2）多环芳烃的分离

多环芳烃提取液中包含它们的各种同系物，欲测定某一组分或各组分，必须进行分离，常用的分离方法有纸层析法、薄层层析法等。

（1）纸层析法。该方法选用适当的溶剂，在层析滤纸上对各组分进行分离。例如，分离苯并[a]芘时，先将苯、乙酸酐和浓硫酸按一定比例配成混合溶液，用其浸渍滤纸条后，将滤纸条用水漂洗、晾干，再用无水乙醇浸渍，晾干、压平，制成乙酰化滤纸。将提取和浓缩后的样品溶液点在离滤纸下沿 3cm 处，用冷风吹干，挂在层析缸中（图 6-5），沿插至缸底的玻璃棒加入甲醇、乙醚和蒸馏水（体积比为 4∶4∶1）配制的展开剂，至滤纸下沿浸入 1cm 为止。加盖密封层析缸，放于暗室中进行层析。在此，乙酰化试剂为固定相，展开剂为流动相，样品中的各组分经在两相中反复多次分配，按其分配系数大小依次被分开，在乙酰化滤纸的不同高度处留下不同组分的斑点。取出乙酰化滤纸，晾干，将各斑点剪下，分别用适宜的溶剂将各组分洗脱，即得到样品溶液。

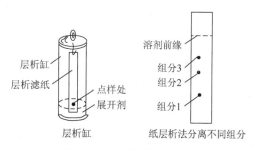

图 6-5　纸层析法示意图

（2）薄层层析法。薄层层析法又称薄板层析法。它将吸附剂如硅胶、氧化铝等均匀地铺在玻璃板（层析板）上，用毛细管将样品溶液点在距下缘一定距离处，然后将其以 10°~20° 的倾斜角放入层析缸中，使点样的一端浸入展开剂中（样点不能浸入），加盖后进行层析。在此，吸附剂是固定相，展开剂是流动相，样点上的各组分经溶解、吸附、再溶解、再吸附多次循环，在层析板不同位置处留下不同组分的斑点。取出层析板，晾干，用小刀刮下各组分斑点，分别用溶剂加热洗脱，即得到各组分的样品溶液。区分同一层析滤纸或层析板上不同斑点所分离的组分有两种比较简单的方法：一是若斑点有颜色或在特定光线照射下显色，可根据不同组分的特有颜色辨认；二是在点样的同时，将被测物质的标准溶液点在与样点相隔一定距离的同一水平线上，则与标准样品平行移动的斑点就是被测组分的斑点，这种方法不仅能辨认样品中的被测组分，还能对其进行定量测定。

3）苯并[a]芘的测定

（1）乙酰化滤纸层析-荧光光谱法。将采集在玻璃纤维滤膜上的颗粒物中的苯并[a]芘及有机溶剂可溶物质在索氏提取器中用环己烷提取，再经浓缩，点于乙酰化滤纸上进行层析分离，所得苯并[a]芘斑点用丙酮洗脱，以荧光光谱法测定。当采气体积为 $40m^3$ 时，该方法最低检出质量浓度为 $0.002\mu g/(100m^3)$。

多环芳烃是具有 π-π 电子共轭体系的分子，当受适宜波长的紫外线照射时，便吸收紫外线而被激发，瞬间又放出能量，发射比入射光波长稍长的荧光。以 367nm 波长的光激发苯并[a]芘，测定其在 405nm 波长处发射荧光强度 F_{405}；因为在 402nm、408nm 发射荧光的其他多环芳烃在 405nm 也发射荧光，故需同时测定 402nm、408nm 处的荧光强度（F_{402}、F_{408}），并按式（6-10）和式（6-11）分别计算标准样品、空白样品、待测样品的相对荧光强度（f）和颗粒物中苯并[a]芘的质量浓度：

$$f = F_{405} - \frac{F_{402} + F_{408}}{2} \tag{6-10}$$

$$C = \frac{f_2 - f_0}{f_1 - f_0} \cdot \frac{m \cdot R}{V_0} \tag{6-11}$$

式中，f_2 为待测样品斑点洗脱液相对荧光强度；f_0 为空白样品斑点洗脱液相对荧光强度；f_1 为标准样品斑点洗脱液相对荧光强度；m 为标准样品斑点中苯并[a]芘质量，μg；R 为提取液总量和点样量的比值；V_0 为标准状况下的采样体积，m³。

也可以将层析分离后的苯并[a]芘斑点直接用荧光分光光度计的薄层扫描仪测定。

（2）高效液相色谱法（HPLC）。高效液相色谱是在气相色谱基础上发展起来的。它与气相色谱的主要区别在于：气相色谱的流动相是惰性气体，分离主要取决于组分分子与固定相之间的作用力，而高效液相色谱的流动相是液体，分离过程的实现是组分、流动相和固定相三者间相互作用的结果；高效液相色谱一般可在室温下进行分离，固定相颗粒很细，流动相受到的阻力大，加上本身黏度高，必须用高压泵输送。高效液相色谱法的突出优点是可分离难挥发性、热稳定性差、离子型和相对分子质量大的有机化合物，是分离、分析多环芳烃类化合物的理想方法。

高效液相色谱分析流程如图 6-6 所示。贮液器中的流动相（载液）经脱气进入混合室混合后，用高压泵打入色谱柱。从进样口（阀）进样，被流动相带入分离柱进行分离。分离后的各组分依次进入检测器，将质量信号转换成电信号，再经放大送入记录仪记录各组分的色谱峰。为提高分离效果和分离速度，常以两种或两种以上极性不同的溶剂作流动相，按照一定程序连续地改变溶剂的配比，使

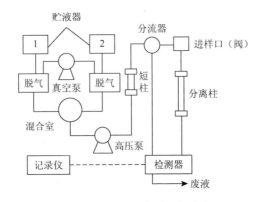

图 6-6 高效液相色谱分析流程

其极性强度按一定规律（线性或阶梯式的）变化，具有这种功能的部件称为梯度洗脱装置。为保护分离柱不被污染，常在分离柱前装一短柱，柱内填料与分离柱一样，但粒径稍大。常用的检测器有紫外光度检测器、荧光检测器、示差折光检测器和电导检测器等。紫外光度检测器（UVD）与紫外-可见分光光度计无异，有固定波长和可变波长两类。荧光检测器（FD）与荧光分光光度计相似，用紫外线或激光作激发光源。示差折光检测器（DRID）工作原理基于纯流动相的折光率与溶入被测组分的流动相折光率不同，将两者分别引入参比池和测量池，进行折光率比较而检测组分。

测定颗粒物中的苯并[a]芘的方法是将采集在玻璃纤维滤膜上的颗粒物中的苯并[a]芘于索氏提取器内用环己烷连续加热提取（或真空升华提取），提取液应呈淡黄色，若为无色，则需进行浓缩；若呈深黄或棕黄色，表示浓度过高，应用环己烷稀释后再注入高效液相色谱仪测定。色谱柱将样品溶液中的苯并[a]芘与其他有机组分分离后，进入荧光检测器测定。荧光检测器使用激发光波长为367nm，发射光波长为405nm。根据样品溶液中苯并[a]芘的峰面积或峰高、标准溶液中苯并[a]芘的峰面积或峰高及其质量浓度、标准状况下的采样体积，计算颗粒物中苯并[a]芘的质量浓度。当采样体积为 $40m^3$，提取、浓缩液为 0.5mL 时，方法最低检出质量浓度为 $2.5\times10^{-5}\mu g/m^3$。

6.1.4 国内外颗粒物检测相关标准

6.1.4.1 我国颗粒物相关标准

为贯彻《中华人民共和国环境保护法》和《中华人民共和国大气污染防治法》，保护环境，保障人体健康，防治大气污染，我国环境保护部与国家质量监督检验检疫总局联合发布《环境空气质量标准》（GB 3095—2012），并于 2016 年 1 月 1 日起在全国实施。表 6-1 与表 6-2 列出了我国颗粒物的环境质量标准。

表 6-1 国内环境空气污染物基本项目浓度限值

序号	污染物项目	平均时间	浓度限值		单位
			一级	二级	
1	SO$_2$	年平均	20	60	$\mu g/m^3$
		日平均	50	150	
		1h 平均	150	500	
2	NO$_2$	年平均	40	40	
		日平均	80	80	

续表

序号	污染物项目	平均时间	浓度限值 一级	浓度限值 二级	单位
2	NO_2	1h 平均	200	200	
3	CO	日平均	4	4	mg/m^3
		1h 平均	10	10	
4	O_3	日最大 8h 平均	100	160	
		1h 平均	150	200	
5	PM_{10}	年平均	40	70	$\mu g/m^3$
		日平均	50	150	
6	$PM_{2.5}$	年平均	15	35	
		日平均	35	75	

表 6-2 国内环境空气污染物其他项目浓度限值

序号	污染物项目	平均时间	浓度限值 一级	浓度限值 二级	单位
1	TSP	年平均	80	200	
		日平均	120	300	
2	NO_x	年平均	50	50	$\mu g/m^3$
		日平均	100	100	
		1h 平均	250	250	
3	Pb	年平均	0.5	0.5	
		季平均	1	1	
4	苯并[a]芘	年平均	0.001	0.001	
		日平均	0.0025	0.0025	

6.1.4.2 国外颗粒物相关标准

1）欧盟委员会

欧盟委员会于 2008 年 4 月 14 日通过了旨在提高欧盟空气质量的《环境空气质量指令》。根据该指令，到 2020 年，在城市地区，欧盟各成员国须在 2010 年的基础上平均降低 20%的 $PM_{2.5}$ 含量；到 2015 年将城市地区的可吸入颗粒物含量控制在年平均浓度 $20\mu g/m^3$ 以下。而就各成员国整体而言，可吸入颗粒物的含量必须控制在年平均浓度 25μg/m³ 以下的水平。上述目标最迟须在 2015 年达到，对于某些成员国则可在 2020 年达到。欧盟现行颗粒物大气质量标准如表 6-3 所示。

表 6-3 欧盟现行颗粒物大气质量标准

颗粒物	评价时间	数值	达标要求
PM_{10}，限值	日均值	50μg/m³	每年超过限值天数不能超过 35 天，2005 年 1 月 1 日开始执行
PM_{10}，限值	年均值	40μg/m³	2005 年 1 月 1 日开始执行
$PM_{2.5}$，限值	年均值	25μg/m³	2008 年 6 月 11 日可超标 20%，至第 2 年的 1 月 1 日及每年 1 月 1 日（以 12 个月为周期）等比例递减，至 2015 年 1 月 1 日容忍度为 0
$PM_{2.5}$，目标值	年均值	25μg/m³	2010 年 1 月 1 日开始执行
$PM_{2.5}$，限值	年均值	25μg/m³	2015 年 1 月 1 日开始执行
$PM_{2.5}$，限值	年均值	20μg/m³	2020 年 1 月 1 日开始执行

2）美国

美国环保局将颗粒物分为两类：第一类是直径为 2.5~10μm 的粗颗粒物；第二类是直径小于 2.5μm 的微粒物。2006 年，美国将 $PM_{2.5}$ 日均值调整为 65μg/m³，年均值为 15μg/m³。

3）世界卫生组织

世界卫生组织（WHO）于 2005 年制定了 $PM_{2.5}$ 的准则值为 10μg/m³，高于该值，死亡风险显著上升。同时，WHO 设立了三个过渡期目标值，第一阶段标准年均值为 35μg/m³，日均值为 75μg/m³；第二阶段标准年均值为 25μg/m³，日均值为 50μg/m³；第三阶段标准年均值为 15μg/m³，日均值为 37.5μg/m³。

除上述国家和组织外，日本、加拿大、澳大利亚、挪威、芬兰等国都颁布了各自国家空气质量指标。

6.1.5 颗粒物在线监测装备类别

6.1.5.1 物理特性在线监测

1）质量浓度

（1）微量振荡天平法

微量振荡天平法（TEOM）的测量原理是基于专利技术的锥形元件微量振荡天平原理[6, 7]。该锥形元件在一定流量环境中振荡，振荡频率由其物理特性、参加振荡的滤膜质量和沉积在滤膜上的颗粒物质量决定。仪器通过采样泵和质量流量计使环境空气以恒定的流量通过采样滤膜，颗粒物则沉积在滤膜上。测量出一定间隔时间的 2 个振荡频率,即可计算出相应的滤膜上的颗粒物质量,从而得到这段时间内的颗粒物质量浓度。这种方法监测 PM_{10} 通过了美国 EPA 认证。但由于该方法的准确性受相对湿度及颗粒物中易分解挥发组分含量的影响较明显,因此在采用该方法监测细颗粒物质量浓度时,需安装补偿模块,"补偿"易分解挥发组分的质量至细颗粒物质量浓度监测结果。在微量振荡天平法系统的进样管路中,加装冷凝湿度控制器,取代原加热除湿装置,也可达到较理想的细颗粒物监测性能。常见仪器有美国赛默飞世尔科技有限公司生产的 TEOM1400,TEOM1405(含单通道和双通道),以及 TEOM + 动态膜补偿(FDMS)系列等,武汉天虹环保产业股份有限公司生产的 TH-2000Z1 和安徽蓝盾光电子股份有限公司生产的 TEOM 大气颗粒物分析仪等。

(2) β 射线法

β 射线吸收式测量仪监测颗粒物质量浓度的工作原理是:β 射线在通过颗粒物时会被吸收,当能量恒定时,β 射线的吸收量与颗粒物质量成正比[8]。测量时,经过切割器,将颗粒物捕集在滤膜上,通过测量 β 射线的透过强度,即可计算出空气中颗粒物质量浓度。仪器可以间断测量,也可以进行自动连续测量。颗粒物对 β 射线的吸收与气溶胶的种类、粒径、形状、颜色和化学组成等基本无关。β 射线是由 ^{14}C 射线源产生的低能射线,安全耐用,其半衰期可达数千年,十分稳定。常见的仪器有美国赛默飞世尔科技有限公司生产的 FH62C-14、5014i、美国 Metone 公司生产的 BAM-1020、日本堀场贸易有限公司生产的 APDA-371、河北先河环保科技股份有限公司生产的 XHPM200E、武汉天虹环保产业股份有限公司生产的 TH-2000PM、杭州聚光科技股份有限公司生产的 BPM-200 和安徽蓝盾光电子股份有限公司生产的 LGH-01B 等。

(3) 光散射法

光散射法测量质量浓度是建立在微粒的 Mie 散射理论基础上的[9]。光通过颗粒物时,对于数量级与使用光波长相等或较大的颗粒,光散射是光能衰减的主要形式。光散射数字测尘仪的光源有可见光、激光及红外线灯,配合切割器,可以用来测量 PM_{10} 和 $PM_{2.5}$ 等。美国赛默飞世尔科技有限公司生产的 5030 颗粒物同步混合监测仪(SHARP)和法国 ESA 公司生产的 MP101M 均联合采用了 β 射线法和光散射法 2 种原理对颗粒物质量浓度进行在线测量。5030SHARP 在线监测 $PM_{2.5}$ 性能通过了美国 EPA 认证。

2) 数浓度

(1) 空气动力学粒径谱仪

空气动力学粒径谱仪(APS)的原理是:加速喷嘴气溶胶的采样气流,使不同粒径粒子由于惯性作用产生不同的加速度,导致其通过检测器的时间不同。粒子飞出喷嘴后,在检测区内直线通过两束平行激光,并产生单独的连续双峰信号,两峰间距离称为飞行时间。该时间与颗粒物的粒径一一对应。同时脉冲信号多少用于判定浓度。这种仪器可以同时实现颗粒物粒径和数浓度的监测[10]。常见仪器为美国 TSI 公司的 APS3320 和 APS3321 等。国内，如中国科学院安徽光学精密机械研究所，近年也研发出此类仪器，并逐步投入使用。

（2）颗粒物光学计数器

颗粒物光学计数器（OPC）测量单个颗粒物通过强光束所散射光线的数量来测定其大小。散射的光线被采集到光检测器后被转变为电信号，通过电压的脉冲与校正曲线进行比较获得颗粒物的尺寸分布。校正曲线通过测量已知化学成分和尺寸的球形颗粒物的电信号获得。采用具有代表性的颗粒物群作为标准可以获得被测颗粒物的尺寸分布。因此，这种方法可以同时监测颗粒物粒径和数浓度[11]。

仪器的设计和颗粒物的光学性质对于 OPC 测量的准确性至关重要。目前在 OPC 上使用的检测光源主要有两种：单色光即激光和白炽光即白光。由于激光光强比白炽光光强大，一般使用激光的 OPC 检测限可以达 50nm，而白炽光的 OPC 只可以检测到 300nm。目前商业化的 OPC 大部分采用激光作为光源。常见的 OPC 仪器如德国 Grimm Aerosol Technique 公司的 OPC1.108 系列仪器和中国科学院安徽光学精密机械研究所研发的单角度光学粒子计数器、双角度光学粒子计数器等。

（3）颗粒物凝结计数器及其与粒径筛分仪联用

颗粒物凝结计数器（CPC）可以检测大于某一粒径段的所有颗粒物的数浓度。CPC 一般和电迁移率分析仪（DMA）联合使用，被广泛应用于颗粒物数谱分布、吸湿性、挥发性的测量。

CPC 的工作原理是：首先，颗粒物通过充满正丁醇的饱和蒸汽云雾室，然后进入冷凝室。在此过程中很短的时间内颗粒物即可以长大到几微米，达到激光检测的范围。根据颗粒物通过激光束所产生的脉冲即可以间接计算出通过激光束颗粒物的个数。

单独使用 CPC，可以获得颗粒物的总数浓度，如美国 BMI 公司的 MCPC 气溶胶混合凝结核粒子计数器与 TSI 公司的颗粒物凝结计数器。CPC 与 DMA 联用，则同时还可以获得颗粒物数浓度粒径谱分布，常见的联用系统如美国 TSI 公司的 SMPS3936 等。美国 MSP 公司生产的宽范围颗粒物粒径谱仪（WPS）则同时联用了粒径筛分仪、CPC 与 OPC 监测技术。

（4）静电颗粒物计数仪及其与粒径筛分仪联用

法拉第筒静电颗粒物计数器（FCE）主要利用静电计计数带电的颗粒物。该计数仪主要配合 DMA 使用。粒径分级后的荷电细颗粒物气流进入法拉第筒，然后到达高灵敏度的静电计和放大器被计数。

由于需要冷凝液供给和很好地控制温度，CPC 的反应时间比较长，操作起来比较复杂。而 FCE 不需要预先让超细颗粒物长大，所以不需要冷凝媒介和温度控制，也没有光学或激光部件，在理论上不受颗粒物粒径大小的限制，实际运行中，将受到粒径筛分仪性能的影响。

采用这种原理的仪器有德国 Grimm Aerosol Technique 公司生产的法拉第筒静电颗粒物粒径扫描仪（SMPS + E）等。

3）吸湿性和挥发性

颗粒物吸湿性和挥发性的在线测量主要采用双差分电迁移率分析仪（TDMA）进行。TDMA 在一个系统中应用两套 DMA + CPC 依次进行测量（2 个 DMA 串联），可以测量气溶胶在特定条件下的性质，例如，吸湿性双差分电迁移率分析仪（HTDMA），可以测量颗粒物在不同相对湿度下的增长情况和混合状态；挥发性双差分电迁移率分析仪（VTDMA）可以测量颗粒物的挥发性[12]。

HTDMA 可以测量粒径范围为 20~450nm 的颗粒物的吸湿行为。工作流程为：

（1）通过第一个 DMA 选取单一粒径的颗粒物（DMA_1），一部分用 CPC 测量数浓度。

（2）经 DMA_1 选取的另一部分单一粒径颗粒物经过湿化，颗粒物的尺寸发生变化。

（3）经过湿化的颗粒物进入第二个 DMA（DMA_2）和 CPC 测量吸湿后颗粒物粒径谱分布。

经过 DMA_1 筛选的一路样品气在湿化器内吸湿长大。湿化器中相对湿度达到 85%，确保所有的颗粒物全部达到潮解点。湿化后的气溶胶直接进入 DMA_2 进行粒径分级。化学组分不同的颗粒物吸收水分量不等，表现为不同的吸湿性，颗粒物粒径的长大程度不同。

该系统的流量和相对湿度通过传感器进行调解和控制，保证流量和相对湿度的稳定性。近年来 HTMDA 被广泛地应用于气溶胶吸湿性的研究中[13]。国内部分高校和研究院所，如复旦大学和北京大学，已自主搭建颗粒物吸湿性测量系统，但主要用于实验室模拟研究。

VTDMA 与 HTDMA 设计原理大致相同，将 DMA_1 筛选后的颗粒物进行加热处理，确保具有一定挥发性或加热分解后产生挥发性组分全部挥发，然后通过第二个 DMA 对气溶胶样品分级和 CPC 测量。

6.1.5.2 化学组分在线测量

1）直接测量

（1）水溶性离子组分在线分析

气溶胶水溶性离子组分在线分析系统主要是将蒸汽喷射气溶胶捕集装置连续

或准连续收集的液化后的气溶胶样品采用阴、阳离子色谱进行水溶性无机阴阳离子组分的在线分析。

样品气体进入蒸汽喷射气溶胶捕集装置之前,需要将样品中的酸性和碱性气态污染物与气溶胶颗粒物进行分离,实现这种分离主要有两种方式:涂层吸收和扩散分离。涂层吸收即在仪器特定管路的内壁上涂附碱性/酸性涂层,使SO_2、HCl、HF、HNO_2、HNO_3等酸性气体和NH_3被去除,颗粒物随气流进入蒸汽喷射气溶胶捕集装置被液化收集。在线水萃取装置(particle into liquid sampler, PILS)气溶胶液化采样分析系统即采用这种方式[14]。扩散分离则基于湿式扩散管,利用气体分子与颗粒物惯性和扩散性的差异,使气态污染物被附着在扩散管管壁的吸收液吸收,而气溶胶则穿过扩散管到达蒸汽喷射气溶胶捕集区被液化收集。这种方式在实现颗粒物化学组分在线监测的同时,还可在线监测SO_2、HCl、HF、HNO_2、HNO_3和NH_3等气态污染物的浓度[15]。目前常见的有瑞士万通有限公司生产的在线气体组分及气溶胶监测系统(MARGA)、美国戴安公司生产的URG-9000系列在线离子色谱(URG-AIM)系统和北京大学自主研发的大气气态污染物和气溶胶连续在线收集与分析系统(GAC-IC)等。其中,MARGA已经获得美国EPA的认证。

(2)元素碳和有机碳在线分析仪

元素碳和有机碳(EC/OC)同时在线监测主要采用光热法。光热法可分为热光透射法和热光反射法。热光透射法大气EC/OC在线分析仪用恒定的流速把待测颗粒物采集到石英滤膜上;承载颗粒物样品的石英滤膜首先在纯氦气(He)的非氧化环境中逐级升温,致使OC被加热挥发(该过程中也有部分OC被炭化,即热解碳);此后样品在氦/氧(He/O_2)混合气环境中逐级升温,该过程中EC被氧化分解为气态氧化物。这两个步骤中所产生的分解产物都随着通过分析室的载气经过填充了二氧化锰的氧化炉被转化为CO_2后,由NDIR CO_2检测器定量检测。整个过程中都有一束激光照在石英滤膜上,这样在OC炭化时该激光的透射光强度会逐渐减弱,而在氦气切换成氦/氧混合气并加温时,随着热解碳和EC的氧化分解该激光的透射光会逐渐增强。当透射光的强度恢复到起始强度时,这一时刻就定义为EC/OC的分割点,也即该时刻之前检测到的碳量就定义为起始时的OC,而其后检测到的碳量则对应于起始时的EC[16]。热光反射法的原理与热光透射法相似,但采用的升温程序可能不同,同时是根据反射激光的强度而不是透射激光强度来分割EC和OC。

常见的此类仪器有美国Atmoslytic仪器公司生产的DRI系列EC/OC分析仪、Sunset Laboratory公司的EC/OC分析仪和中国科学院安徽光学精密机械研究所自主研发的AGHJ-OCEC-Ⅰ型碳分析仪、北京大学研发的在线EC/OC分析仪等。

(3)黑碳在线监测仪

黑碳气溶胶的监测原理主要有3种:光衰减法、光声法和激光诱导白炽光法。

光衰减法黑碳质量浓度监测仪是根据大气气溶胶光吸收特性和黑碳质量浓度存在相关性的原理研制的。这种黑碳质量浓度监测仪装有多角度吸收光度计,光度计测量前后反射半球区域内采样滤带上颗粒物对光的吸收和散射。其数据倒置运算法则可基于发射迁移理论,并且进一步考虑了沉积的气溶胶内部和气溶胶与采样滤带之间的多级反射[17]。美国赛默飞世尔科技有限公司的 5012 系列多角度光散射黑碳气溶胶分析仪和中国科学院安徽光学精密机械研究所研发的 BCA7 系列七波段黑碳气溶胶分析仪即采用了这种原理。

光声法黑碳质量浓度监测仪原理是:样品空气通过谐振器时,被调制成方波且具有与谐振器匹配的共振频率的激光束照射并吸收部分光能,导致谐振器中的气体被周期性地加热,加热气体的膨胀形成了一个压力波声源。根据方波激光加热的周期、产生的压力波声源的频率和激光的强度即可计算得到黑碳气溶胶的吸光系数和光散射系数,从而可以得到黑碳气溶胶的质量浓度[15]。采用光声法原理的有美国 DMT 公司生产的三波段光声黑碳监测仪等。

激光诱导白炽光法测量黑碳质量浓度的原理是强激光照射黑碳升温至汽化,发出可见的白炽光,其辐射强度与颗粒中黑碳的质量成正比[18]。基于此原理的单颗粒黑碳光度计可以同时获得黑碳质量浓度及其粒径分布。

(4)在线质谱仪

在线质谱仪是实现细颗粒物多种化学组分综合在线监测的有力手段。

气溶胶质谱(AMS)利用一套动力学透镜将颗粒物聚焦成很细窄的粒子束,这些粒子束进入一个高真空舱,这个高真空舱中的气体被泵以不同流速抽走。在高温、高真空条件下,在表面粗糙、被加热的钼片上超细颗粒物中的挥发性半挥发性组分首先挥发出来,然后在高能电子作用下离子化。这些离子被一个四极杆质谱进行化学成分分析。细颗粒物的空气动力学粒径是通过颗粒物的飞行时间,即旋转光束断路器打开的时间起至达到化学检测器的时间确定的。AMS 系统可以提供细颗粒物化学组成及其质量粒径谱分布。Zhang 等[18]利用 AMS 首次直接、实时在线观测了新粒子生成事件发生时超细粒颗粒物的化学组成。

Smith 等[19]利用美国明尼苏达大学设计的热解析-化学离子化质谱(TD-CIMS)首次对 6~15nm 颗粒物进行了实时粒径分级组分测定,发现硫酸盐和铵盐是新粒子最初的化学成分。该设备工作流程为:三路采样气流分别经三个同步的 DMA 筛分出目标粒径段的颗粒物后,汇合进入 TD-CIMS 的进样口,这些颗粒物中小部分(水平气路)由于静电作用沉降在 TD-CIMS 进样口的 Ni-Cr 金属丝上,当该金属丝上承载的超细颗粒物达到一定质量时,颗粒物随金属丝被调动到该系统反应管中被加热分解,并释放出其组分,这些被释放出来的分子迅速和反应管中 $H_3O^+(H_2O)_n$ 或者 $O_2^-(H_2O)_m$(n, m 一般为 1~6)结合,成为带电分子簇,这些带电分子簇在漂流管中碰撞解离开来,进入三极杆质谱分析其化学组成;

大部分颗粒物随气流被抽入垂直气路，部分经 DMA 粒径分级后，被颗粒物计数器测定其数浓度和数谱分布，另一部分被真空泵抽出。TD-CIMS 可以接近实时地测定 5~20nm 颗粒物的化学组成，其时间分辨率高于 20min。

2）间接推测

通过测量细颗粒物的物理特性，如吸湿性、挥发性或者增长因子，可以间接推断细颗粒物的化学组成。Sakurai 等[20]报道在亚特兰大城区利用 TDMA 测量 4~10nm 颗粒物的吸湿性和挥发性，结果显示 4~10nm 颗粒物具有很强的吸湿性和不挥发性。该结果结合 TD-CIMS 的测量结果提出 4~10nm 颗粒物主要由硫酸盐和铵盐组成。

Hämeri 等[21]利用 UFO-TDMA（ultrafine organic tandem differential mobility analyzer）测定超细颗粒物的溶剂增长因子，判断其组分中是否有有机物的参与。其工作流程为：第一个 DMA 从进气中筛分出想要测定粒径的细颗粒物，然后这些细颗粒物被导入含有某种溶剂（如正丁醇）、但不饱和的气流。第二个 DMA 与颗粒物计数器测定与不饱和蒸汽作用变化后的颗粒物大小。增长因子为蒸汽吸附后颗粒物直径除以原干颗粒初始直径，每种颗粒物组分有其独特的增长因子。根据测定颗粒物的增长因子和实验室标定时纯组分超细颗粒物的增长因子进行比较和相关处理，即可推测其化学组成。

3）单颗粒理化特性监测

单颗粒理化特性综合在线监测目前主要采用单颗粒飞行时间质谱。单颗粒飞行时间质谱仪利用空气动力学透镜作为颗粒物接口，利用双光束测径原理进行单颗粒气溶胶计数，利用飞行时间质谱原理进行化学成分的分子量鉴定，利用 Art-2a 方法进行颗粒物分类，从而实现了单颗粒气溶胶化学成分和粒径的同步检测[22]。目前仅有我国广州禾信仪器股份有限公司商业化生产该仪器。

美国 DMT 公司生产的单颗粒黑碳光度计可以在线测量细颗粒物中黑碳质量浓度及其粒径分布。进入仪器的气流中吸光、难熔的黑碳颗粒被一束强激光照射升温至汽化，发出可见的白炽光，其辐射强度与颗粒中黑碳的质量成正比。因此可以通过其白炽光辐射强度计算获得单个颗粒的黑碳含量，再累加出整个粒子群中的黑碳浓度[23]。该仪器利用激光诱导的白炽光来定量单个气溶胶颗粒的黑碳含量，具有灵敏度高、响应速度快和对黑碳选择性强等特性。

6.2 废气中有害气体检测监测装备

6.2.1 典型有害气体取样装置分类及应用范围

清洁的空气是人类和生物赖以生存的环境要素之一。在通常情况下，每人每日平均吸入 10~12m³ 的空气,在 60~90m³ 的肺泡面积上进行气体交换,吸收生命所必需的氧气,以维持人体正常生理活动[5]。

随着工业的迅速发展,特别是煤和石油的大量使用,将产生的大量有害物质和烟尘、二氧化硫、氮氧化物、一氧化碳、碳氢化合物等排放到大气中,当其浓度超过环境所能允许的极限并持续一定时间后,就会改变大气的正常组成,破坏自然的物理、化学和生态平衡体系,从而危害人们的生活、工作和健康,损害自然资源及财产、器物等。

在工业企业排放的废气中,排放量最大的是以煤和石油为燃料,在燃烧过程中排放的二氧化硫、氮氧化物、一氧化碳、二氧化碳等,其次是工业生产过程中排放的多种有机和无机污染物质[24]。

6.2.1.1 有害气体的采样

化学采样法是废气中有害气体的主要采样方法,其基本原理是通过采样管将样品抽到装有吸收液的吸收瓶或装有固体吸收剂的吸附管、真空瓶、注射器或气袋中,样品溶液或气态样品经化学分析或仪器分析测定污染物含量。采样装置如图 6-7 所示。

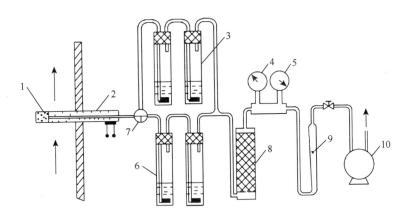

图 6-7 废气中气态污染物的采样装置

1. 烟道;2. 加热采样管;3. 旁路吸收瓶;4. 温度计;5. 真空压力表;6. 吸收瓶;7. 三通阀;8. 干燥器;9. 流量计;10. 抽气泵

便携式气态污染物采样器也可用于采集大气中气态和蒸汽态污染物,其采样流量为 0.5~2.0 L/min,工作原理如图 6-8 所示。商品化大气采样器一般可用交流、直流两种电源。

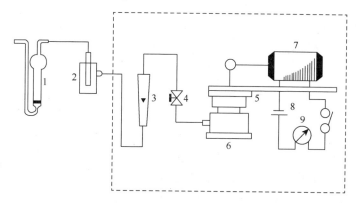

图 6-8 便携式气态污染物采样器工作原理图

1. 吸收管；2. 滤水阱；3. 流量计；4. 流量调节阀；5. 抽气泵；6. 稳流器；7. 电动机；8. 电源；9. 定时器

近年来，为研究大气污染物对人体健康的危害，已研制出多种个体剂量器。个体剂量器，就是由个人携带、可以随人的活动连续采样的仪器。其特点是体积小、质量轻、测定得出的污染物浓度可以反映人体实际吸入的污染物量。这种剂量器有扩散式、渗透式等，但都只能采集挥发性较大的分子状污染物。

扩散式剂量器由外壳、扩散层和收集剂三部分组成，其工作原理是空气通过剂量器外壳通气孔进入扩散层时，被收集组分分子也随之通过扩散层到达收集剂表面被吸附或吸收。收集剂为吸附剂、化学试剂浸渍的惰性颗粒物质或滤膜等。

6.2.1.2 采样方法的应用范围

采集气态和蒸汽态污染物常用溶液吸收法和填充柱吸附法。评价这些采样方法的应用效果常常用采样效率来表示。采样效率是指在规定的采样条件下（如流量、污染物浓度范围、采样时间等）所采集到的污染物量占其总量的百分数。通常有绝对比较法和相对比较法。

1) 绝对比较法

精确配制一个已知浓度 c_0 的标准气体，用所选用的采样方法采集标准气体，测定其浓度 c_1，则其采样效率为：

$$K = \frac{c_1}{c_0} \times 100\% \tag{6-12}$$

用这种方法评价采样效率是比较理想的。但由于配制已知浓度的标准气有困难，实际应用时受到限制。

2) 相对比较法

配制一个恒定浓度的气体样品（其待测污染物浓度不要求已知），然后用 2

或3个采样管串联起来采集所配制的样品，采样结束后，分别测定各采样管中污染物的含量，则采样效率：

$$K = \frac{c_1}{c_1 + c_2 + c_3} \times 100\% \tag{6-13}$$

式中，c_1、c_2、c_3分别为第一、第二、第三管中分析测得的浓度。

用这种方法评价采样效率，要求第二、第三管的浓度之和与第一管相比是极小的。只有这样才能保证3个管的浓度相加近似于所配气体浓度。而第二、第三管污染物浓度所占比例越小，说明采样效率越高，一般要求K值为90%以上。采样效率过低时，应更换采样管、吸收剂或降低抽气速度。

6.2.1.3 影响采样效率的主要因素

采样效率太低的方法和仪器不能选用，以采样效率90%以上为宜。为了获得确定的高采样效率，必须按照有关规定准确使用采样装置中的组件，特别需要精密校正流量、时间、温度、压力等测量元件，然后对采样装置进行整体调试。确定了采样方法和仪器之后，严格按照操作规程采样，是保证有较高的采样效率的重要条件。下面简要归纳几条影响采样效率的因素，以便正确选择采样方法和仪器。

1）根据污染物存在状态选择合适的采样方法和仪器

每种采样方法和仪器都是针对污染物的一个特定的存在状态而选定的。例如，以分子状态存在的污染物以分子状态分散于大气中，用滤纸和滤膜采集效率很低，而用液体吸收管或填充柱采样则可得到较高的采样效率。以气溶胶状态存在的污染物，不易被气泡吸收管中的吸收液吸收，宜用滤料法采样。又如，用装有稀硝酸的气泡吸收管采集铅烟，采样效率很低，而选用滤纸采样则可得到较好的采样效率。对于以气溶胶和蒸汽状态共存的污染物，要应用对两种状态都有效的采样方法，如浸渍试剂的滤料或环形扩散管与滤料组合采样法。因此，在选择采样方法和仪器之前，首先要对污染物做具体分析，分析它在大气中可能以什么状态存在，根据存在状态选择合适的采样方法和仪器。

2）根据污染物的理化性质选择吸收液、填充剂或各种滤料

用溶液吸收法采样时，要选用对污染物溶解度大的，或者与污染物能迅速起化学反应的溶液作为吸收液。用填充柱或滤料采样时，要选择阻留率大的，并容易解吸下来的填充剂或滤料。在选择吸收液、填充剂或滤料时，还必须考虑采样后所应用的分析方法。

3）确定合适的抽气速度

每一种采样方法和仪器都要求一定的抽气速度，若不在规定的速度范围内，

则采样效率将不理想。各种气体吸收管和填充柱的抽气速度一般不宜过大,而滤料采样则应在较高抽气速度下进行。

4)确定适当的采气量和采样时间

每个采样方法都有一定采样量的限制。如果现场浓度高于采样方法和仪器的最大承受量时,采样效率就不理想。例如,吸收液和填充剂都有饱和吸收量,达到饱和后,吸收效率会立即降低。滤料的沉积物太多,阻力显著增加,无法维持原有的采样速度,此时应适当减小采气量或缩短采样时间。反之,如果现场浓度太低,要达到分析方法灵敏度要求,则要适当增加采气量或延长采样时间。采样时间过长也会伴随着其他不利因素发生,而影响采样效率。例如,长时间采样,吸收液中水分蒸发,造成吸收液成分和体积变化;其他干扰成分也会大量被浓缩,影响分析结果;滤料的机械性能也会因为采样时间长而减弱,有时还会破裂。

6.2.2 有害气体取样装置工作原理及计量标准

工业废气排放有害气体的采样监测内容包括排放废气中有害物质的浓度、有害物质的排放量、废气排放量。有害物质浓度和废气排放量的计算,都采用现行监测方法中推荐的标准状态(温度为0℃,大气压力为101.325kPa)下的干气体体积表示。

工业废气排放源监测要求在生产设备处于正常运转状态下进行;因生产过程而引起排放情况变化的污染源,应根据其变化特点和周期进行系统监测。污染源有害物质的测定,通常是用采样管从污染源的管道中抽取一定体积的烟气,通过捕集装置将有害物质捕集下来,然后根据捕集的有害物质的量和抽取的烟气量,计算得出烟气中有害物质的浓度。根据有害物质的浓度和烟气的流量计算其排放量。这种测试方法的准确性很大程度取决于抽取烟气样品的代表性,这就要求正确地选择采样位置和采样点[24, 25]。

6.2.2.1 采样位置

在测定烟气流量和采集烟尘样品时,应尽量将采样位置设在烟囱或地面管道气流平稳的管段上,避开弯头、变径管、三通管及阀门等易产生涡流的阻力构件。一般原则是按照废气流向,将采样断面设在阻力构件下游方向大于6倍管道直径处或上游方向大于3倍管道直径处。即使客观条件难以满足要求,采样断面与阻力构件的距离也不应小于管道直径的1.5倍,并适当增加测点数量。采样断面气流流速最好在5m/s以上。此外,由于水平管道中的气流速度与污染物的浓度分布不如垂直管道中均匀，所以应优先考虑垂直管道。还应考虑采样地点的方便、安全，必要时应设置工作平台。

6.2.2.2 采样点及数目

烟道内同一断面上各点的气流速度和烟尘浓度分布通常是不均匀的，要根据烟道断面的形状、尺寸大小和流速分布情况确定采样点。

1) 圆形烟道

在选定的采样断面上，设置相互垂直的两个孔作为采样孔。将烟道断面分成一定数量的同心等面积圆环，沿着相互垂直的两个采样孔的中心线设4个采样点，如图6-9（a）所示。

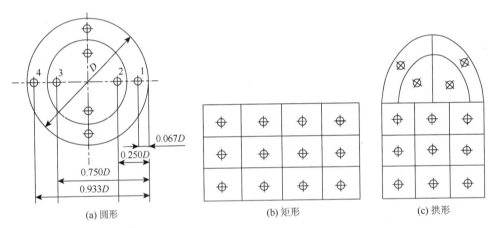

图6-9 圆形、矩形、拱形烟道采样点分布

若采样断面上气流速度较均匀，可设1个采样孔，采样点数减半。当烟道直径小于0.3m且流速均匀时，可在烟道中心设1个采样点。不同直径圆形烟道的等面积环数、采样点数及采样点距烟道内壁的距离见表6-4。

表6-4 圆形烟道的分环和各点距烟道内壁的距离

烟道直径/m	分环数/个	各测点距烟道内壁的距离（以烟道直径为单位）									
		1	2	3	4	5	6	7	8	9	10
<0.6	1	0.146	0.854								
0.6~1	2	0.067	0.250	0.750	0.933						
1~2	3	0.044	0.146	0.296	0.704	0.854	0.956				
2~3	4	0.033	0.105	0.194	0.323	0.677	0.806	0.895	0.967		
3~5	5	0.026	0.082	0.146	0.226	0.342	0.658	0.774	0.854	0.918	0.974

2）矩形（或方形）烟道

将烟道断面按图 6-9（b）分成一定数目的等面积矩形小块，各小块中心为采样点位置。根据烟道断面的面积按照表 6-5 所列数据确定采样点。

表 6-5　矩形烟道的分块和测点数

烟道断面积/m²	等面积小块长边长度/m	测点数
＜0.1	＜0.32	1
0.1～0.5	＜0.35	1～4
0.5～1.0	＜0.50	4～6
1.0～4.0	＜0.67	6～9
4.0～9.0	＜0.75	9～16
＞9.0	≤1.0	≤20

3）拱形烟道

拱形烟道可分别按圆形和矩形烟道的布点方法确定采样点，见图 6-9（c），采样点数量同圆形和矩形烟道的计算方法。

6.2.2.3　采样孔

常见采样孔的结构如图 6-10 所示。为了能将较大的烟尘采样装置插入烟道，采样孔的直径应不小于 75mm。当采集有毒或高温烟气，且采样点处烟道内呈正压状态时，为了防止高温或有毒气体外喷，保护操作人员的安全，采样点应设有防喷装置。

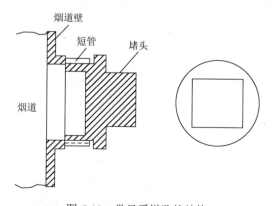

图 6-10　常见采样孔的结构

水平烟道内有积灰时，应扣除积灰部分的面积，按有效面积设置采样点。在能满足测压管和采样管达到各采样点位置的情况下，要尽可能地少开采样孔。采样孔的直径应满足采样管最小的直径。采样时，需将采样孔填实，以免环境空气进入而影响测定。

6.2.2.4 烟道气采样装置

烟道气采样对象物有烟尘和烟气，对应有烟尘采样和烟气采样装置。

烟尘采样装置由采样、冷凝、干燥、流量测量及采样动力等部件构成，还附有温度、压力、湿度等状态参数的仪表。使用这些状态参数来计算烟气的体积流量，从而得到烟尘浓度。

烟尘采样管必须能耐高温和耐腐蚀，常见的有玻璃纤维滤筒采样管和刚玉滤筒采样管，如图 6-11 所示。前者适用于 500℃ 以下的烟气，后者适用于 1000℃ 以下的烟气。采样管的头部装有采样嘴，为了不致扰动进气口内外的气流，采样嘴的前端都做成锐角形。夹持在采样管中的滤筒就是采集烟尘的捕集器。

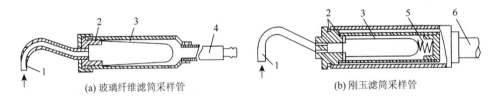

图 6-11　烟尘采样装置

1. 采样嘴；2. 密封垫；3. 滤筒；4. 连接管；5. 顶紧弹簧；6. 连接管

6.2.2.5 采样类型

采样类型包括移动采样、定点采样和间断采样。

1）移动采样

为测定烟道断面上烟气中烟尘的平均浓度，用同一个尘粒捕集器在已确定的各采样点上移动采样，在各点的采样时间相同，这是目前普遍采用的方法。

2）定点采样

为了解烟道内烟尘的分布状况和确定烟尘的平均浓度，分别在断面上每个采样点采样，即每个采样点采集一个样品，求出断面上烟尘的平均浓度。

3）间断采样

适用于有周期性变化的排放源，即根据工况变化情况，分时段采样，求出时间加权平均浓度。

6.2.2.6 采样记录

采样记录与实验室记录一样，也要引起高度的重视，否则会因记录不全而使一大批监测数据无法统计而作废。采样记录填写内容有污染物名称、采样点名称、采样编号、采样日期及时间、采样流量及体积、采样时的温度及压力、换算成标准状态下的体积、所用仪器、吸收液、采样时天气情况及周围情况、采样者、审核者签名等。

6.2.3 国内外有害气体检测技术标准

我国有害气体检测标准如表 6-6 所示。

表 6-6 我国有害气体检测标准汇总

项目名称	依据的方法、标准号（含年号）	监控浓度限值（非最大排放浓度）
一氧化碳	气相色谱法（《空气和废气监测分析方法》国家环境保护局（1990））	$0.2mg/m^3$
氮氧化物	盐酸萘乙二胺比色法（GB 8969—1988）	$0.01mg/m^3$
	Saltzman 法（GB/T 15436—1995）	$0.015mg/m^3$
二氧化氮	Saltzman 法（GB/T 15435—1995）	$0.015\sim2.0mg/m^3$
氨	纳氏试剂比色法（GB/T 14668—1993）	$0.5mg/m^3$
氰化氢	异烟酸-吡唑啉酮分光光度法（HJ/T 28—1999）	无组织排放：$2\times10^{-3}mg/m^3$ 有组织排放：$0.09mg/m^3$
臭氧	靛蓝二磺酸钠分光光度法（GB/T 15437—1995）	$0.03\sim1.200mg/m^3$
氟化物	石灰滤纸·氟离子选择电极法（GB/T 15433—1995）	$0.18\mu g/(dm^3\cdot d)$
	滤膜·氟离子选择电极法（GB/T 15434—1995）	$0.5\mu g/m^3$
	离子选择电极法（《空气和废气监测分析方法》国家环境保护局（1990））	$1\sim1000mg/m^3$
二氧化硫	甲醛吸收-副玫瑰苯胺分光光度法（GB/T 15262—1994）	$0.007mg/m^3$
	碘量法（HJ/T 56—2000）	$100\sim6000mg/m^3$
	定电位电解法（HJ/T 57—2000）	$15\sim14300mg/m^3$
铬酸雾	二苯基碳酰二肼分光光度法（HJ/T 29—1999）	无组织排放：$5\times10^{-4}mg/m^3$ 有组织排放：$5\times10^{-3}mg/m^3$

续表

项目名称	依据的方法、标准号（含年号）	监控浓度限值（非最大排放浓度）
硫化氢	亚甲基蓝分光光度法（《空气和废气监测分析方法》国家环境保护局（1990））	$0.001mg/m^3$
硫酸雾	二乙胺分光光度法（《空气和废气监测分析方法》国家环境保护局（1990））	$0.0005mg/m^3$
二硫化碳	气相色谱法（《空气和废气监测分析方法》国家环境保护局（1990））	$0.033mg/m^3$
氯气	甲基橙分光光度法（HJ/T 30—1999）	无组织排放：$0.03mg/m^3$ 有组织排放：$0.2mg/m^3$
氯化氢	离子色谱法（《空气和废气监测分析方法》国家环境保护局（1990））	$25\sim1000mg/m^3$
	硫氰酸汞分光光度法（HJ/T 27—1999）	无组织排放：$0.05mg/m^3$ 有组织排放：$0.9mg/m^3$
沥青烟	重量法（HJ/T 45—1999）	$1.7\sim2000mg$
汞	冷原子吸收法（《空气和废气监测分析方法》国家环境保护局（1990））	$0.01\sim30mg/m^3$
总烃	气相色谱法（GB/T 15263—1994）	$0.14mg/m^3$
甲烷	气相色谱法（《空气和废气监测分析方法》国家环境保护局（1990））	$0.14mg/m^3$
非甲烷总烃	气相色谱法（HJ/T 38—1999）	$0.12\sim32mg/m^3$
苯系物	气相色谱法（GB/T 14677—1993）	$1\times10^{-3}\sim2.0\times10^{-3}mg/m^3$
	气相色谱法（《空气和废气监测分析方法》国家环境保护局（1990））	苯、甲苯：$0.5mg/m^3$ 二甲苯、苯乙烯：$1.0mg/m^3$
硝基苯	气相色谱法（《空气和废气监测分析方法》国家环境保护局（1990））	$0.005mg/m^3$
	锌还原-盐酸萘乙二胺分光光度法（GB/T 15501—1995）	$6\sim1000mg/m^3$
有机硫化物	气相色谱法（《空气和废气监测分析方法》国家环境保护局（1990））	$2mg/m^3$
甲醛	乙酰丙酮分光光度法（GB/T 15516—1995）	$0.5mg/m^3$
	酚试剂分光光度法（《空气和废气监测分析方法》国家环境保护局（1990））	$0.01mg/m^3$
酚类化合物	4-氨基安替比林分光光度法（HJ/T 32—1999）	无组织排放：$0.03mg/m^3$ 有组织排放：$0.3mg/m^3$
	气相色谱法（《空气和废气监测分析方法》国家环境保护局（1990））	$0.012mg/m^3$
苯胺类	盐酸萘乙二胺分光光度法（GB/T 15502—1995）	$0.5\sim600mg/m^3$
光气	苯胺紫外分光光度法（HJ/T 31—1999）	无组织排放：$0.02mg/m^3$ 有组织排放：$0.4mg/m^3$
甲醇	气相色谱法（HJ/T 33—1999）	$2mg/m^3$

续表

项目名称	依据的方法、标准号（含年号）	监控浓度限值（非最大排放浓度）
乙醛	气相色谱法（HJ/T 35—1999）	4×10^{-2}mg/m³
氯苯类	气相色谱法（HJ/T 39—1999）	氯苯 0.05mg/m³ 1,4-二氯苯 0.10mg/m³ 1,2,4-三氯苯 0.11mg/m³
硫化氢	亚甲基蓝分光光度法（《空气和废气监测分析方法》国家环保局（1990））	0.001mg/m³

美国 EPA 烟气 SO_2 监测方法为过氧化氢-高氯酸钡-钍试剂法，德国方法为碘液吸收-硫代硫酸钠反滴定法，日本方法为过氧化氢-氢氧化钠中和滴定法、过氧化氢-乙酸钡-偶氮胂-III沉淀法。另外，在国外便携式仪器，例如，HORIBAPG-250 非分散红外吸收法测定 SO_2、CO 和 CO_2，化学发光法测定 NO_x，电化学法测定 O_3，可作为备用仪器。当安装在固定源上的烟气在线监测系统（CEMS）出现故障时，临时承担 CEMS 的监测任务。

标准的发布、检验手段的完善和仪器质量的提高，可有效增强使用仪器的信心，降低工作强度和提高效率。仪器检测越来越受到监测人员的欢迎，使用越来越广泛。而监测前、后用标准气体对仪器进行运行检查，进一步提高了测定结果的准确度和可靠性。

6.2.4 有害气体在线监测装备类别

6.2.4.1 SO_2 自动监测仪

1）工作原理

目前点式空气质量自动监测系统使用的 SO_2 自动监测仪广泛采用荧光发光法（也称紫外荧光法）。

基本工作原理：当紫外灯（也称锌灯）发出的紫外线经单色滤光片（光谱中心 214nm）进入反应室时，照射到反应室样气中的 SO_2 分子，SO_2 分子吸收光能，其电子能级发生变化，当电子跳变回原能级时发出较高波长的荧光，荧光的强度与 SO_2 浓度呈线性关系。该荧光经滤光片（光谱中心 250nm）聚焦到光电倍增管上，光电倍增管将光信号转换成相应变化的电流信号，经电子放大系统处理后输出浓度读数。

为克服因电压、温度波动和灯光强度变化使仪器输出产生漂移，在与紫外灯相对的位置上装有光电检测器，可输出信号，补偿因电压、温度波动和灯光变化产生的漂移。

在上述基本原理的基础上,根据紫外灯的不同,分为脉冲型紫外灯和非脉冲型紫外灯两大类。

脉冲型紫外灯的紫外线光谱中心波长为220nm,荧光光谱中心波长为330nm。脉冲型紫外灯发出明暗交替闪烁的紫外线,光电倍增管接收调制的光信号,可有效地防止干扰源对监测数据的影响。非脉冲型紫外灯发出连续的紫外线,使信号幅度有效增加,提高信噪比,多数厂家在光电倍增管前设计有光斩波器(或遮光器),形成调制的光信号[25-28]。

2)主要结构

SO_2自动监测仪主要由紫外灯、反应室、光电倍增管、碳氢去除器、光电检测器、抽气泵、高压电路(给光电倍增管提供高压电源)、放大电路、运算电路、显示电路、数模转换电路、RS232接口、颗粒过滤器、限流孔、风扇、温度传感器、压力传感器等多种部件组成(图6-12)。

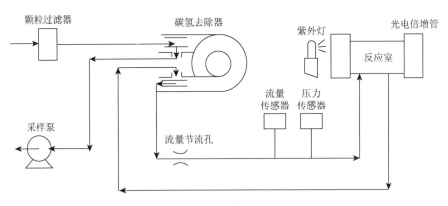

图6-12 SO_2自动监测仪工作原理

6.2.4.2 NO_2自动监测仪

1)工作原理

目前点式空气质量自动监测系统氮氧化物分析仪为物理仪器法,一台氮氧化物分析仪可同时监测氮氧化物、一氧化氮、二氧化氮三个项目。分析仪的基本工作原理基于化学发光原理。因此同一台仪器根据使用要求不同,既可称为二氧化氮监测仪,也可称为氮氧化物监测仪或一氧化氮监测仪。

化学发光法NO/NO_2分析仪于1976年在美国问世,该仪器利用NO与O_3产生化学发光反应的原理测定氮氧化物。仪器内部O_3发生器采集室内空气,经高压放电产生的O_3直接进入反应室。当含有NO的样品气和O_3在反应室内相遇时,就会立即发生化学反应生成激发态NO_2^*。

当 NO_2^* 回到基态时发射波长为 600～2400nm 的荧光，光谱主要集中在 1200nm 左右。该光经波长滤光片滤除杂散光到达光电倍增管，光电倍增管接收光能并将其转变为电信号，经放大器放大后以浓度的形式在仪器面板上显示。在与过量 O_3 充分反应的情况下，发光强度与进入反应室的 NO 量成正比。

臭氧发生器基本工作原理：当高压电（一般为 1300V）作用于臭氧发生器两极时，极板间将发生放电现象，此时放电空间流动的氧气在放电作用下发生电离分解反应，出现游离的氧原子，氧原子再与氧气反应生成臭氧并直接进入反应室。

样品气 NO_2 分析原理：由图 6-13 可见，样气路经电磁阀进入反应室，另一路经高温转换器（多数生产厂采用钼转换炉，DASIBI 公司采用特种活性炭），将样气中的 NO_2 转化成 NO，经电磁阀控制（24s 切换一次），与样气中原有的 NO 同时送到反应室发生化学发光反应。测出总的 NO 量即 NO_x 量后，减去首次测出的 NO 量即 NO_2 量。

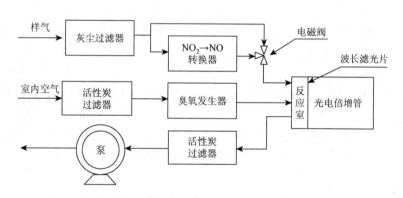

图 6-13 氮氧化物分析仪工作原理

2）主要结构

NO_2 自动监测仪主要由反应室、光电倍增管、碳氢去除器、光电检测器、抽气泵、高压电路（给光电倍增管提供高压电源）、放大电路、运算电路、显示电路、数模转换电路、RS232 接口、颗粒过滤器、限流孔、风扇、温度传感器、压力传感器等多种部件组成。

6.2.4.3 O_3 自动监测仪

O_3 自动监测仪的测定方法有分光光度法、化学发光法、紫外光度法等。我国的环境空气质量监测多采用紫外光度法。

1）紫外光度法测定 O_3 的原理

该原理基于 O_3 分子对波长为 253.7nm 的紫外线的特征吸收,后减弱的程度。其定量关系遵循朗伯-比尔定律。

O_3 在波长 253.7nm 处的吸光系数为 $a = 308 m^{-1} \cdot cm^{-1}$

当 $P_0 = 101.3kPa$ 且 $T_0 = 273K$ （0℃）时，

$$C_{O_3} = \frac{10^6}{al} \ln \frac{[i_0]}{[i]} \tag{6-14}$$

式中，C_{O_3} 为 O_3 浓度，ppm；l 为光程长度，cm；i_0 为样气中不含 O_3 时（经过选择性过滤器），测量得到的紫外能量；i 为当样气中含 O_3 时，测量得到的紫外能量。

样气以恒定流速进入紫外 O_3 分析仪的气路系统（测 O_3 样品光强时，气样交替或直接进入吸收池；测定空气值时，气样经过 O_3 涤出器再进入吸收池），O_3 样品通过吸收池时，由于 O_3 对 253.7nm 波长的紫外线有特征吸收，光检测器检测的光强度为 I；零空气样品（不会使 O_3 分析仪产生可检测响应的空气）通过吸收池时被光检测器检测的光强度为 I_0，可得到透光率值（I/I_0）。仪器的微处理系统根据朗伯-比尔定律求出 O_3 的浓度。

2）操作

接通电源，打开仪器主电源开关，预热并达到稳定。先对仪器进行校零，再用 O_3 发生器产生的不同浓度的 O_3 标准气体对其进行标点校准（标准 O_3 气体浓度为满量程的 80%）。然后，连接气体采样管进行测定（有自动程序设定的仪器，仪器的零点校准、标点校准以及采样会按自动设定的程序运行）。

6.3 放射性污染物检测监测装备

6.3.1 放射性污染物产生源及种类

6.3.1.1 自然界中存在的天然系列放射性核素

天然放射性核素是指存在于地表圈（土壤、岩石）、大气圈和水圈中的放射性核素，主要由铀系、钍系、氡、碳-14、钾-40 和铷-87 等组成。1896 年亨利·贝可勒尔发现铀（U）的化合物能不断自发地放射出某种人眼看不见的，但能使包在黑纸里的照相底片强力感光的射线。随后，1898 年居里夫妇又发现钋和镭也能发射出类似的射线。进一步研究发现，这种射线还可以电离气体并使荧光物质发光，此外还发现这种射线的性质不会随外界条件的影响而有所改变。把这种自发放射出射线的现象称为放射性现象,能够自发发生放射性现象的核素叫作放射性核素。原子序数在 84 以上的所有元素都有天然放射性,小于此数的某些元素如碳、钾等也有这种性质。放射性核素自发发射出射线转变成另一种核素的过程,叫作核衰变。常见的衰变形式有 α 衰变、β 衰变和 γ 衰变[29]。

6.3.1.2 大气层核武器实验爆炸后的沉降物

自 1945 年美国进行人类首次核爆炸试验,并在日本广岛和长崎投放两枚原子弹以来,美国、俄罗斯、法国、英国和中国等国家进行核爆炸试验研究已达两千多次。在进行大气层、地面或地下核试验时,核试验导致大量 ^{90}Sr($T_{1/2}$ = 28.8d)、^{137}Cs($T_{1/2}$ = 30.1d)和 ^{131}I($T_{1/2}$ = 8.3d)等 200 多种放射性核素释放到环境中。这些放射性核素到达平流层后,随降雨落到地面,然后在对流层停留较短时间后,再沉降到整个地球表面,沉降物中主要含有 ^{90}Sr、^{131}I、^{137}Cs、^{239}Pu 和 ^{240}Pu 等放射性核素。

6.3.1.3 核设施废物的正常排放和偶然的大量释放

据国际原子能机构(IAEA)官网最新数据,截至 2014 年 4 月 30 日,全球共有在役核电机组(反应堆)435 个(共 372751 MW),长期关停的核电机组(反应堆)2 个。核电站排放到环境中的放射性废物的正常排放,以及发生事故后的偶然大量排放,都会引起环境中放射量很大程度地增加。核电站在正常运行时产生的具有较强放射性的废水、废气和废渣,虽然经过适当的废气处理系统进行了处理,但也会对环境造成轻微污染。同时,一旦核电站或其他核反应堆发生偶然事故,就会向环境排放极强的放射性物质,产生不可预知的重度污染。例如,1986 年 4 月 26 日,苏联基辅附近的切尔诺贝利事故,向环境释放的裂变产物总量就达 5 兆居里。1979 年 3 月 28 日,美国宾夕法尼亚州三哩岛核电站发生事故,导致约 10 兆居里 ^{131}I 排入大气环境。

6.3.1.4 医疗、工农业、科研和采矿业等排放富集的天然放射性废料

放射性废料是指包含放射性物质的废料,一般产生于核裂变一类的核反应中。除此以外,来源还包括用于人体疾病诊断和治疗的放射性标记化合物,包含放射性核素制剂、工业放射性核素及在加工、使用的一些化石燃料(如煤、石油和天然气)或其他稀土金属和其他共生金属矿物的开采、提炼过程中浓缩的铀、钍、氡天然放射性核素。

6.3.2 放射性污染物取样装置类别、工作原理及应用范围

6.3.2.1 放射性沉降物的采集

沉降物包括干沉降物和湿沉降物，主要来源于大气层核爆炸所产生的放射性尘埃，小部分来源于人工放射性微粒。

对于放射性干沉降物样品可用水盘法、黏纸法、高罐法采集。水盘法用不锈钢或聚乙烯塑料制成的圆形水盘采集沉降物，盘内装有适量稀酸，沉降物过少的地区再酌情加数毫克硝酸锶或氯化锶载体。将水盘置于采样点暴露 24h，应始终保持盘中有水。采集的样品经浓缩、灰化等处理后，做总 β 放射性测量。黏纸法用涂一层黏性油的滤纸贴在圆形盘底部（涂油面向外），放在采样点暴露 24h，然后再将黏纸灰化，进行总 β 放射性测量。高罐法用不锈钢或聚乙烯圆柱形罐暴露于空气中采集沉降物。因罐壁高，故不必放水，可用于长时间收集沉降物。

湿沉降物是指随雨或雪降落的沉降物。其采集方法除上述方法外，常用一种能同时对雨水中核素进行浓集的采样器。如图 6-14 所示，此采样器由一个承接漏斗和一根离子交换柱组成。交换柱上下层分别装有阳离子和阴离子交换树脂，待收集核素被离子交换树脂吸附浓集后，再行洗脱，收集洗脱液进一步做放射性核素分离。也可将树脂从柱中取出，经烘干、灰化后制成样品做总 β 放射性测量。

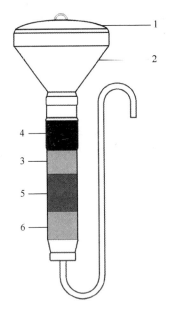

图 6-14 离子交换树脂湿沉降物采集器
1. 漏斗盖；2. 漏斗；3. 离子交换柱；4. 滤纸浆；
5. 阳离子交换树脂；6. 阴离子交换树脂

6.3.2.2 放射性气体的采集

在环境监测中采集放射性气体样品，常采用固体吸附法、液体吸收法和冷凝法。

固体吸附法应用固体颗粒作收集器。固体吸附剂的选择应首先考虑与待测组分的选择性和特效性，以使其他组分的干扰降至最少，利于分离和测量。常用吸附剂有活性炭、硅胶和分子筛等。活性炭是 ^{131}I 的有效吸附剂，因此混有活性炭细粒的滤纸可作为 ^{131}I 收集器；硅胶是 ^3H 水蒸气的有效吸附剂，如采用沙袋硅胶包自然吸附或采用硅胶柱抽气吸附。对气

态 ^{3}H 的采集必须先用催化氧化法将气态 ^{3}H 氧化生成氚化水蒸气后，再用上述方法采样。

液体吸收法是利用气体在液相中的特殊反应或气体在液相中的溶解而行的。具体方法可参见大气采样部分。为除去气溶胶，可在采样管前安装气溶胶过滤器。

冷凝法采用冷凝器收集挥发性的放射性物质。一般冷凝器采用的冷却剂有干冰和液态氮。装有冷阱的冷凝器适于收集有机挥发化合物和惰性气体。

6.3.2.3 放射性气溶胶的采集

采集方法有过滤法、沉积法、黏着法、撞击法和向心法等。最常用的是过滤法。过滤法简单，应用最广。采样设备由过滤器、过滤材料、抽气动力和流量计等组成。采样时抽气流速为 100～200L/min，气溶胶被阻挡在过滤布或特制微孔滤膜上。

6.3.2.4 其他类型样品的采集

水体、土壤、生物样品的采集、制备和保存方法与非放射性样品没有太大差别。采样容器可选用聚乙烯瓶或玻璃瓶，为防止放射性核素在储放过程中的损失需加入稀酸或载体、配位剂等。

6.3.3 放射性污染物检测装置分类及工作原理

放射性监测仪器的监测原理是根据辐射与物质的相互作用所产生的各种效应（电离、光、电或热）进行的观测和测量，例如，α、β、γ射线与物质相互作用时，发生某些物理、化学效应来间接进行观测和测量，基于这些效应可制成能观测核辐射的各类仪器称为核辐射探测器。常用的探测仪器有电离探测器、闪烁探测器和半导体探测器等[30]。

6.3.3.1 电离探测器

电离探测器是利用射线通过气体介质时，使气体发生电离的原理制成的探测器，它是通过收集射线在气体中产生的电离电荷进行测量的。常用的电离探测器有电离室、正比计数管和盖革计数管（GM 管）。电离室测量的是由于电离作用而产生的电离电流，适用于测量强放射性；正比计数管和盖革计数管则是通过测量由每一入射粒子引起电离作用而产生的脉冲式电压变化，从而对入射粒子逐个计数,适于测量弱放射性。以上三种探测器之所以有不同的工作状态和不同的功能,主要是因为对它们施加的工作电压不同,从而引起电离过程不同。

1) 电离室

这种探测器用来研究由带电粒子所引起的总电离效应,也就是测量辐射强度及其随时间的变化。由于这种探测器对任何电离都有响应,所以不能用于甄别射线类型。图 6-15 是电离室工作原理示意图。从结构上看,电离室是由一个充气的密闭容器、两个电极和两极间有效灵敏体积组成的。当有射线进入电离室时,则气体电离产生的正离子和电子在外加电场作用下,分别向两极移动,产生电离电流。电流越大,射线的强度也越大,利用这种关系进行定量。

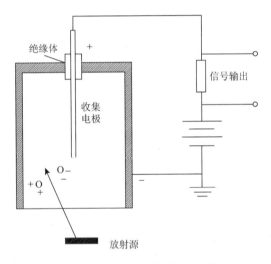

图 6-15 电离室工作原理示意图

电流与电压的关系如图 6-16 所示。开始时,随电压增大电流不断上升,待电离产生的离子全部被收集后,相应的电流达到饱和值,则电流不再增加,达饱和电流时对应的电压称为饱和电压,饱和电压范围（BC 段）称为电离室工作区。由于电离电流很微小（通常在 10~12A）,所以需要用高倍数的电流放大器放大后才能测量。

2) 正比计数管

正比计数管结构如图 6-17 所示,它实际上是一个圆柱形的电离室,以圆柱筒的金属外壳作阴极,在中央安放的金属细丝作阳极。这种探测器在图 6-16 所示的电流-电压关系曲线中的正比区（CD 段）工作。在此,电离电流突破饱和值,随电压增加继续增大。这是由于在这样的工作电压下,能使初级电离产生的电子在电场作用下向阳极加速运动,并在前进中与气体碰撞,使之发生次级电离,而次

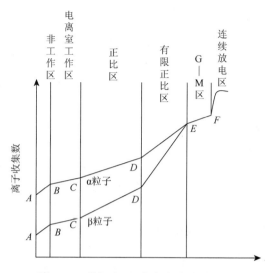

图 6-16 外加电压-电离电流关系曲线

级电离的电子又可能再发生三级电离,如此形成"电子雪崩"。最后到达阳极的电子数大大增加,这种过程称为"气体放大"。气体放大后电离总数与初始电离数之比称为气体放大倍数。正比区内,在一定电压下气体放大倍数是相同的(约为 10^4)。当工作电压超过正比区的阈电压时,气体放大现象开始出现,在阳极就感应出脉冲电压,脉冲电压的大小正比于入射粒子的初始电离能,利用这种关系进行定量。

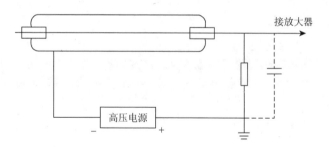

图 6-17 正比计数管结构示意图

正比计数管内充甲烷(或氩气)和碳氢化合物气体,充气压力同大气压;两极间电压根据充气的性质选定。这种计数管普遍用于 α 和 β 粒子计数,具有性能稳定、本底响应低等优点。因为给出的脉冲幅度正比于初级电离粒子在管中所消耗的能量,所以还可用于能谱测定,但要求的条件是初级粒子必须将它的全部能量损耗在计数管的气体之内。由于这个原因,它大多用于低能 γ 射线的能谱测量和鉴定放射性核素用的 α 射线的能谱测定。

3）盖革计数管

盖革计数管是目前应用最广泛的放射性探测器，它被普遍地用于监测 β 射线和 γ 射线强度。这种计数管对进入灵敏区域的粒子有效计数率接近 100%；它的另一个特点是，对不同射线都给出大小相同的脉冲（图 6-16 中 *EF* 段），因此不能用于区别不同的射线。

常见的盖革计数管结构如图 6-18 所示。它是一个密闭的充气容器，中间是作为阳极的金属丝，周围以金属筒或在玻璃筒内涂有金属物质作为阴极。窗可以根据探测器的射线种类不同用厚端窗（玻璃）或薄端窗（云母或聚酯薄膜）。管内充以氩气或氖气等惰性气体和少量有机气体（乙醇、二乙醚）。射线进入计数管内，引起惰性气体电离，形成的电流使原来加有的电压产生瞬时电压降，向电子线路输出，即形成脉冲信号。在一定的电压范围内，放射性越强单位时间内输出的脉冲信号越多，从而达到测量的目的。

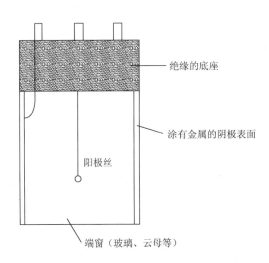

图 6-18　盖革计数管结构示意图

6.3.3.2　闪烁探测器

闪烁探测器是利用射线与物质作用发生闪光的仪器。它具有一个受带电粒子作用后其内部原子或分子被激发而发射光子的闪烁体。当射线照在闪烁体上时，便发射出荧光光子，并且利用光导和反光材料等将大部分光子收集在光电倍增管的阴极上。光子在灵敏阴极上打出光电子，经过倍增放大后在阳极上产生电压脉冲。此脉冲还是很小的，需再经电子线路放大和处理后记录下来。由于这种脉冲信号的大小与放射性的能量成正比，利用此关系进行定量。

该探测器可用于测量带电 α、β 粒子，不带电 γ 粒子、中子射线等。同时也可用于测量射线强度及能谱等。闪烁探测器工作原理如图 6-19 所示。常用的闪烁剂有碘化钠（用于测定 γ 射线）、硫化锌（用于测定 α 射线）和有机闪烁剂（如蒽被用于测定 β 射线）。用闪烁探测器来测量放射性能量，实际上是对脉冲高度进行分析。它可以制成各种闪烁谱仪。

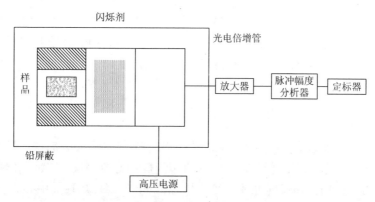

图 6-19 闪烁探测器工作原理示意图

6.3.3.3 半导体探测器

半导体探测器是近年来发展极迅速的一种核辐射探测器。它的工作原理是半导体在辐射作用下，辐射与半导体晶体相互作用时产生电子-空穴对。在电场作用下，由电极收集，从而产生电脉冲信号，再经电子线路放大后记录。由于产生电子-空穴对的能量较低，所以该种探测器具有能量分辨率高且线性范围宽等优点。因此，在放射探测中已被广泛地应用，制成各种类型的探测仪器。例如，用硅制成的探测仪器可用于 α 计数，α、β 能谱测定；用锗制成的半导体探测器可用于能谱测量，而且探测效率高，分辨能力好。我国现在已生产出各种型号的半导体探测器，如 GL-5、GL-20、GM-5、GM-30 等。

另外，还可利用照相乳胶曝光方法探测核辐射。因射线作用于照相乳胶上，就同可见光一样，产生一个潜在图像。射线与乳胶作用产生电子，电子使卤化银还原成金属银，在探测时，将含有放射性的样品，对准照相底片曝光，使底片显影，以曝光深浅来测定射线强度。

6.3.3.4 中子辐射监测仪

1）热中子辐射监测仪

热中子辐射监测仪广泛使用 BF_3 正比计数管作为探测器。由于大多这类仪器是以 cps 为刻度的，所以必须预先对热中子通量密度（注量率）与计数率的关系进行校正。为此，有一种方法是根据 BF_3 计数管内的 ^{10}B 浓度进行计算求出二者的关系。一般的做法是把监测仪放到一个确定的热中子场测出计数率。另外再用 Au 箔或 In 箔测出该处的热中子通量密度后进行校正。1m rein/h 的热中子相当于 $260n/(m^2·S)$ 热中子通量密度。

2）快中子辐射监测仪

一般来说，是把上述的热中子辐射监测仪的 BF_3 计数管插入石蜡等慢化剂中来测量快中子通量密度。另外一种方法是把 ZnS（Ag）闪烁体压制在有机玻璃中测量有机玻璃放出的反冲质子以确定快中子通量密度。

6.3.3.5 中子雷姆计数器

中子雷姆计数器是灵敏度可调，能测量与中子能量无关的剂量当量的测量仪器。其中的一种是用聚乙烯慢化的 LiI（Eu）闪烁辐射监测仪，它是把体积很小的（$\phi 4rnm \times 4rnm$）LiI（Eu）闪烁体放在直径为 30cm 的聚乙烯球的中心。一般说来，这种仪器测量剂量当量在 0.25～7.4MeV 范围内误差不超过±15%。灵敏度是每毫雷姆每小时几个 cpm，本底计数是几个 cpm。对 γ 射线的灵敏度也很低，即使在 2R/h 的 $^{60}Co\gamma$ 场中，也能测量中子。

还有一种一般称作安德森（Anderson）型的中子监测仪。这种仪器与长计数管一样是把 BF_3 计数管插入聚乙烯慢化体的中心。为了适当地降低慢中子和热中子的灵敏度，它用带有适当孔隙的含硼塑料把 BF_3 计数管包起来。这种仪器与用 LiI（Eu）晶体的仪器相比，体积稍小，重量轻，分辨 γ 射线的特性也非常良好。

6.3.3.6 表面污染检查仪

检查表面污染用的监测仪，按照辐射与探测器分类。这种多用途的仪器作为表面污染检查仪来使用，一般性能不太好。一般来说，这种仪器大多在有 γ 射线存在的场合使用，所以最好对 X、γ 射线的灵敏度要低。

由于 β 测量仪一般以 cpm 为刻度，所以，为了把表面污染的测量值表示为 $\mu Ci/cm^2$，必须预先在不同能量下对仪器进行刻度。然而，即使进行了刻度，也会由于被检查物体表面状态的不同而造成自吸收或反散射的不同，所以要做到测量准确是非常困难的。

检查 α 射线的仪器最好对 β 射线或 γ 射线不灵敏。在这点上，正比计数管、闪烁计数器型的仪器是优越的。在正比计数管中也有的是把空气作为电离气体的细长盒状的计数管（阳极由数条平行丝构成）。因不使用可燃气体，所以适合于有爆炸或火灾等危险的地方使用，而在湿度高的地方似乎故障较多。带有充满丙烷气体或 PR 气体的小型贮气罐的流气式表面污染检查仪，具有良好的性能。α 表面污染检查仪以 cpm 或 dpm 为刻度指示。

还有一种称为地面污染监测仪或地板污染监测仪的仪器是一种便于测量地面或地板污染的手推式仪器。探头有薄窗多丝流气式的，有用几支窗厚 $30mg/cm^2$ 的侧窗计数管并排组装起来的，或者是闪烁计数器型的。为了提高灵敏度，大多采用较大面积探头。

此外，手、足、衣服污染监测仪，是设在监测区门口等处，检查工作人员手足和衣服污染的仪器。工作人员站到测量台上，把手伸进测量探头，接通内部开关，停留适当时间，就可测手足的污染。根据计数值是在预先调好的危险水平之下还是之上，点亮"安全"或"危险"指示灯。探测器也可使用测量 α 射线的 ZnS 闪烁计数器或多丝正比计数管。简单的探头，大多省去了测量 α 射线污染的部分，而只用几支测量 β 射线的 GM 计数管。这种仪器检查衣服的污染可使用另外的探头，当把探头从本体上取下时，可以自动开机而使仪器处于测量状态。由于这时要测的是各种不同情况下污染的衣服，所以表头指示为计数率。

6.3.3.7 个人剂量监测仪

个人剂量监测仪是用于工作人员携带并测量体外受照剂量的测量仪器。这些测量仪器很多是在没有散射的理想条件下标定过灵敏度的，在实际使用时情况会有很大差别。例如，在胸部佩戴的笔形剂量计和胶片襟章，对从正面来的射线因人体散射而使测出的数值偏低，所以只从佩戴在胸部的剂量计算出正确的受照剂量是非常困难的。在快中子照射的情况下，人体是很好的慢化体，在人体表面附近的剂量比没有人体时的剂量要高百分之几十。这样的问区，在个人剂量测量中一直是存在的，目前还远远未能解决。这里仅从测量仪器的角度大致介绍如下。

1）笔形测量计

笔形测量计是采用小型电离室，预先用充电器把中心电极充到一定电位（几百伏）的累积型剂量计。接受射线照射后，因形成电离电流而放电。中心电极电位的下降与受照剂量成正比。用验电器测量电位的下降程度。把石英丝验电器装在仪器内作为验电器的，叫作直读式笔形剂量计。另外一种是插入充电读数器读出受照剂量的，叫作笔形电离室。前者具有在佩戴中可随时读出受照剂量的优点，后者一般比较坚固耐用，能量响应较好。大多数笔形剂量计的满刻度为 200mR，也有大剂量用的，满刻度为 25R 或 1000R。

热中子笔形电离室是把硼涂在电离室内壁上，利用 10B（n，α）反应所产生的 α 射线的电离作用测量热中子剂量的个人剂量计。灵敏度与能量的平方根大致成反比，对热中子可以测到 $0\sim108n/cm^2$（$0\sim120mrem$）。热中子笔形电离室对 γ 射线也是灵敏的，其测量范围在上述满刻度时是 10R 的水平。

笔形剂量计是测量微电量的仪器，在使用中必须十分小心。绝缘体的漏电成为本底放电增加的原因。一般本底放电，在 8h 内小于 6mR（对 γ 射线）。使用长期不用的笔形剂量计时，要预先充电后暂时放一下，有时如果不使绝缘物充分溶解，指示就会不稳定。这是由于绝缘物上的电荷分布未达到正常状态的缘故。另外，内部装有验电器的笔形剂量计，应经常在一定的角度上充电和读数，不然随着剂量计角度的不同，指示数值也往往不同。

2）胶片襟章

作为监测个人受照剂量用的胶片襟章，具有小型、牢固、价格便宜、能测量比较长时间的累积剂量、记录是永久性的等优点。胶片襟章的性能，一般说来不仅取决于胶片的特性，而且取决于胶片盒的结构和滤片，以及显影液、显影方法、黑度的测量方法等条件。即使是同一牌号的胶片，不同批量之间，灵敏度也有差别。加之胶片在保存过程中，灵敏度会降低并有潜像衰退现象，所以在显影时至少要准备两张同一牌号的胶片，其中一张是已知照射剂量（标准照射）的，另一张是作为曝光测量用的，必须把这两张胶片与待测胶片同时进行显影。

胶片襟章可把各种胶片与适当的滤片配合使用，以达到多种监测目的，所以胶片盒具有复杂的结构。在担心有中子照射的反应堆设施中，胶片盒内除装备胶片外，还要装入金、铟、硫等，根据其诱发放射性可以测量大剂量中子照射。

（1）X 射线

对于 X 和 γ 射线，裸的 X 射线用胶片的能量特性表明，在 $30k\sim50keV$ 处有一个峰，表示灵敏度高 $5\sim30$ 倍。这个峰可以被适当的滤片加以抑制，但对于比峰低的能量，灵敏度则急剧下降。因此，在低能范围（有效电压 $26\sim120kV$）内使用的 X 射线胶片襟章，采用带有数种滤片（其中一个是开窗的）的胶片盒，根据对应于各个滤片部分的黑度比，因能量响应的不同而不同的事实，可通过测出的这个黑度比求出入射 X 射线的能量响应，再根据对应于此能量响应的黑度求出剂量。

（2）硬 X 射线与 γ 射线

对有效电压大于 120kV 的 X 射线和 γ 射线，可以使用测 γ 射线的胶片。用铜、锡或镉滤片，对在低能范围内灵敏度的上升加以抑制，可以得到比较均匀的能量响应。此外，为了扩大可测剂量范围，往往把三片灵敏度不同的胶片放入同一个胶片盒内。用这种方法大致可测量 $10mR\sim100R$。

（3）β 射线

用于测 γ 射线的胶片也可以测 β 射线。测出只用约 $30mg/cm^2$ 的纸包起来的部分与用塑料（如 1.5mm 的乙酸纤维素）滤片遮蔽起来的部分黑度之差，由另外求出的刻度曲线算出。但在有低能 X 射线存在时，必须用另外的滤片求出低能 X 射线的贡献，然后再对消除这一影响的黑度进行处理。

(4) 热中子

用镉滤片盖住测 γ 射线的胶片，利用镉与热中子的 (n，γ) 反应所放出的 γ 射线，可以测量热中子。也就是说，在使用镉与锡滤片的情况下，由于对于 γ 射线来说同样产生照射黑度，所以由它们的黑度差可以探测热中子。例如，用 Fuji 型ⅢA 胶片，黑度为 1 时，相当于 $(2\sim3)\times10^8 n/cm^2$ 的水平。因为测中子的胶片对快中子也灵敏，所以，是根据加有镉滤片的部分和未加镉滤片的部分的径迹数之差测出热中子的。

(5) 快中子

根据测中子用的乳胶片中反冲质子的径迹数，可以测量快中子剂量。测量个人剂量用的 NTA 胶片，比测 γ 射线的胶片含有较多 AgBr。厚度为 30～50μm 的乳胶，对 β 射线与 γ 射线的灵敏度较低。用 500 倍的光学显微镜来数快中子在乳胶和基片上引起氢核反冲而形成的径迹。可识别的径迹长度约为 5μm，这相当于大约 0.5MeV 的中子能量。小于这个能量的中子，不能探测。这种方法的缺点是测量非常麻烦，不同测量者个人引起的误差也大。

3) 荧光玻璃个人剂量计

荧光玻璃个人剂量计具有体积小、牢固、不需要像胶片那样的显影处理、方向依赖性小等优点。由于所形成的荧光发光中心不因荧光测量而受影响，所以适合于测量某个时期内的累积剂量。此外，荧光玻璃经热处理（400℃，20min 或 370℃，1h）可以恢复到未使用时的特性。荧光玻璃可用来测量 β、X、γ 射线和热中子，因其体积小，可制成戒指之类的形状测量身体各部位的剂量，由于手上的油脂或尘埃在紫外线照射下也放出荧光而形成测量时的干扰，所以保持玻璃的清洁度是十分重要的。

4) 热释光剂量计

由于热释光剂量计（TLD）体积小、牢固、测量范围大，且能获得良好的能量响应，所以作为个人剂量计得到了广泛的应用。缺点是只限于一次读数。若一次读错，就不能重读；但经适当热处理，则可重复使用。可以用灵敏度高的 CaF_2（Dy）、CaF_2（Mn）、LiF（Mg）、Mg_2SiO_4（Tb）、$CaSO_4$（Tm）等作为发光元件，其中有的发光元件可以测到 1mR 以下。

有的发光元件封在小盒内，有的嵌入耐热树脂中做成棒或片，用专用读数设备进行测量。也有的是在发光元件中装上电热丝，读数时通电加热即可。对 X 射线和 γ 射线的能量响应，一般发光元件比胶片襟章要好。其他元件在低能时灵敏度升高，所以要放入适当的容器中使用。另外，由于含 ^6Li 和 ^{10}B 的元件对热中子有良好的灵敏度，所以，把 ^6LiF 和 LiF 组合起来使用，由二者测量值的差，可以分别得出热中子和γ射线的剂量。此外，正在试验用适当的慢化剂把 ^{6}LiF 或 ^{7}LiF 包起来，或利用人体对中子的慢化测量快中子剂量。

5）个人辐射报警器

迄今所讲过的个人剂量计都是工作结束后才测量照射剂量，因而在工作中往往接受意想不到的大剂量照射。个人辐射报警器就是为了防止这一点的仪器。这种仪器中有的是在工作中达到预先规定好的累积照射剂量就发出警报，有的是照射剂量率达到某一规定值就发出警报。

仪器里面有一个小型电离室，利用类似于动电容静电计的原理，照射剂量达到规定值就很快振荡而发出警报声。这种仪器体积小，报警水平可调，即使照射剂量未达到报警水平也能随时随地读出照射剂量。此外，还有的是在里面装有一个小 GM 计数管，GM 计数管的计数率一超过某个值就发出声音，或者是计数的累积值达到某个值就发出警报。

6.3.3.8 固定安装检测器

1）现场监测仪

在有反应堆、加速器或大剂量γ射线辐照装置的设施内，为了监视运行情况，保证操作人员的安全，在重要部位装有γ探头或中子探头进行监测。如条件许可，则可将这些信号集中在中央控制室，当剂量率超过预定水平时，就发出警报。

γ现场监测仪的探头主要使用电离室。为了扩大测量范围，有的仪器是使输出信号正比于剂量率的对数。

中子现场监测仪，分为测热中子的和测快中子的两种。测热中子的常用裸 BF_3 计数管；测快中子的，常用石蜡包起来的 BF_3 计数管。由于用石蜡包起来的 BF_3 计数管，多少也对热中子敏感，所以，为了只测快中子，有必要在石蜡外面再用镉或硼包起来。

2）环境辐射监测仪

作为原子能设施的设计标准，设施周围辐射剂量采用的数值要小于 5mrem/h，这就要加强低水平剂量的测量工作。但是环境本底为 10μR/h 左右，上述剂量率只不过是这个数值的 1/20。加之，天然辐射强度随气候和风向而变化，所以不仅要提高探测器的灵敏度和精确度，而且还要根据与时间变化和气象条件有关的能谱和方向性等，不断研究能把天然环境辐射与来自原子能设施的辐射分开的测量方法。

探测器主要可使用电离室与 NaI（Tl）闪烁探测器，为了提高电离室的灵敏度，使用充入几个大气压氩气的球形电离室。为了提高 NaI（Tl）探测器的能量响应，使用特殊的电子学线路和特殊的金属过滤片。

3）空气监测仪

空气监测仪是监测室内空气和排风口排出空气中附着在尘埃上的放射性物质的仪器。在同位素实验室、反应堆、铀之类核燃料处理厂等有污染空气的地方，空气监测仪是一种重要的仪器。由于空气中放射性污染的最大容许浓度很低、对 β 和 γ 辐射体要测到 $10^{-9} \sim 10^{-10} \mu Ci/cm^3$，对 α 辐射体要测到 $10^{-12} \sim 10^{-13} \mu Ci/cm^3$ 的水平，所以必须对大量空气集尘。

可采用的主要集尘法有滤纸法、静电集尘法和冲击法等。滤纸法是通过滤纸抽取空气的方法。这种方法抽气阻力稍大，但能把微尘收集在小面积上，便于测量，是最常用的方法。静电集尘法是将针状电极对向铝箔带，在电极上加上高压使发生电晕放电而把尘埃收集在铝箔带上。这种方法的抽气阻力小，集尘效率也相当好。冲击法是把空气喷射在涂着甘油之类的图片上的方法。这种方法难以获得大流量率，并且对小颗粒的微尘收集效率低。

滤纸式集尘器，有的是把滤纸固定，用一定的时间进行集尘；有的是用带状滤纸连续移动进行集尘。把收集了微尘的滤纸，依次用 GM 管（测 β、γ 射线）、正比计数管（测 α 射线）、闪烁计数器（测 α 射线或 β 射线或 γ 射线）等进行测量，记录下测量结果。由于 γ 辐射体通常伴有 β 射线，而探测 β 射线的灵敏度较高，所以没有必要使用 γ 射线探测器。

测量空气中的放射性粉尘时，必须特别加以注意的是，存在于空气中的天然氡气的衰变子体附着在微尘上而被收集下来。天然氡浓度随地点和气象条件的不同而不同，为 $10^{-14} \sim 10^{-12} \mu Ci/cm^3$ 水平。这个本底的影响而使微量人工放射性物质的测量受到了限制。氡的衰变子体的半衰期为 26.8min（RaB）。因此，移动滤纸式空气监测器通过安放探头，使其在集尘后适当时间再进行测量，就能减轻天然放射性的影响。

4）气体监测仪

放射性气体混在空气中时，不能用前面讲过的集尘方法测量。有这种危险存在时，有必要另外加以考虑。放出 β 射线和 γ 射线的主要气体有 ^{41}Ar、$^{14}CO_2$ 和 ^{3}H 等，这些气体的最大容许浓度比较高（$10^{-7} \sim 10^{-6} \mu mCi/cm^3$），可以用以下方法测量。

方法一是将被测气体引入电离室内，为了提高探测灵敏度，把干净空气引入另外一个同样的电离室内，根据 γ 射线和氡气造成的电离电流差，补偿本底。这样对 ^{41}Ar 等可以大概测到 $10^{-8} \mu mCi/cm^3$ 的水平。

方法二是把被测气体引入用铅之类的材料屏蔽起来的容器内，其中装有 GM 管或闪烁计数器。用这种方法可以测到 $10^{-6} \sim 10^{-7} \mu mCi/cm^3$ 的水平。

5）水监测仪

由于放射性物质在水中的最大容许浓度是 $10^{-5} \sim 10^{-7} \mu mCi/cm^3$ 的水平，所以监测仪至少需测到这个水平。然而 α 射线或 β 射线在水中的射程很短,在水中直接测量,要得到足够的灵敏度是困难的。特别是对放出 α 射线的样品,一定要把水蒸干后才能进行测量。排水监测仪有的是把探测器插入排水管中或贮存罐中连续测量排放水中的放射性浓度(液浸型),有的是取出一部分排放水作为样品引入铅屏蔽容器内进行测量(取样型)。后者有测 β 射线的和测 γ 射线的两种。

6.3.3.9 全身计数器

全身计数器是测量积存在人体内微量放射性物质的装置。主要是测量放出 γ 射线的连续核素,有时也利用 X 射线测量放出高能 β 射线的核素。探测器有的采用一个或几个比较大的 NaI(Tl)闪烁体或采用塑料闪烁体。用 NaI(Tl)晶体的全身计数器可以确定未知核素,缺点是几何效率较低(百分之几),测量时间较长(30~60min)。常使用 ϕ5in×4in 左右到 ϕ9in×4in 的 NaI(Tl)晶体。

为了降低天然本底计数,要把探测器和受检者放在用铁或铅制成的屏蔽室内。简单的全身计数器是把除探测器入射窗之外的周围部分和受检者的背面屏蔽起来,称为局部阴影屏蔽型全身计数器。

塑料闪烁体型的全身计数器,价格比较便宜,探测器可以做得很大,几何效率较高。由于闪烁体本身性质所决定,不可能进行能量的精密测量,所以只能用于已知核素的测量,或者用于甄别受到体内污染的人。

没有受到特殊污染的普通人体内,含有 γ 放射性为 10~15nCi 水平的 ^{40}K。最低可探测量取决于核素的能量,这个水平要比在一般情况下全身最大容许负荷量小得多。此外,在用 NaI 晶体作为探测器的情况下,在探测器上附加一个准直器,可以既能探测污染地点又能调查放射性核素在体内的分布状态。

全身计数器除用于研究体内放射性核素的新陈代谢或使用放射性物质诊断疾病等医学用途之外,在保健物理领域内,对于检查因意外事故造成的体内污染,也是非常有用的工具。

6.3.4 国内外放射性污染物检测技术标准

辐射防护标准是进行辐射防护的依据。各国根据国际辐射防护委员会(ICRP)的建议,结合本国实际情况制定了辐射防护标准。但随着有关科学技术的发展和资料的积累,辐射防护标准仍在不断修订[31]。

6.3.4.1 我国现行的辐射防护标准

1950 年,ICRP 提出最大容许剂量的概念,规定全身照射的最大容许剂量为 0.3 伦琴/周。局部照射(手、前臂、脚)为全身的 5 倍;1956 年对最大容许剂量标准做了修订,规定全身均匀照射的最大容许剂量为 5rem。

最大容许剂量的含义是:从现在积累的资料看,经受该剂量照射在人的一生中不会引起显著的躯体损伤和遗传效应。它是内外照射剂量的总和。

1974 年,我国制定了辐射防护标准,其中规定了最大容许剂量当量和限制,以及放射性物质的最大容许浓度和限制浓度,如表 6-7、表 6-8 所示。

表 6-7 我国辐射剂量标准

器官分类	受照射部位名称	职业性放射工作人员年最大容许剂量/(rem/a)	放射性工作场所相邻及附近地区工作人员和居民的年限制剂量当量/(rem/a)
第一类	全身、性腺、红骨髓、眼晶体	5	0.5
第二类	皮肤、骨、甲状腺	30	3
第三类	手、前臂、足、踝	75	7.5
第四类	其他器官	15	1.5

表 6-8 部分放射性核素的限制浓度和最大容许浓度

核素符号	露天水源的限制浓度		空气中最大容许浓度	
	Ci/L	Bq/L	Ci/L	Bq/L
^{3}H	3×10^{-7}	1.1×10^4	5×10^{-9}	1.9×10^2
^{14}C	1×10^{-8}	3.7×10^3	4×10^{-9}	1.5×1^2
^{24}Na	8×10^{-9}	3.0×10^2	1×10^{-10}	3.7
^{32}P	5×10^{-5}	1.9×10^2	7×10^{-11}	2.6
^{35}S	7×10^{-9}	2.6×10^2	3×10^{-10}	1.1×10^1
^{45}Ca	3×10^{-9}	1.1×10^2	3×10^{-11}	1.1
^{54}Mn	3×10^{-8}	1.1×10^3	4×10^{-11}	1.5
^{55}Fe	2×10^{-7}	7.4×10^4	9×10^{-11}	3.3×10^1
^{60}Co	1×10^{-8}	3.7×10^2	9×10^{-12}	0.33
^{65}Zn	1×10^{-8}	3.7×10^2	6×10^{-12}	2.2
^{85}Kr			1×10^{-8}	3.7×10^2
^{90}Sr	7×10^{-11}	2.6	1×10^{-12}	3.7×10^{-2}
^{90}Y	6×10^{-9}	2.2×10^2	1×10^{-10}	3.7

续表

核素符号	露天水源的限制浓度		空气中最大容许浓度	
	Ci/L	Bq/L	Ci/L	Bq/L
^{95}Zr	2×10^{-8}	7.4×10^2	3×10^{-11}	1.1
^{95}Nb	3×10^{-8}	1.1×10^3	1×10^{-11}	3.7
^{103}Ru	2×10^{-8}	7.4×10^2	8×10^{-11}	3
^{106}Ru	3×10^{-8}	1.1×10^3	5×10^{-10}	1.9×10^1
^{105}Rh	3×10^{-8}	1.1×10^3	5×10^{-10}	1.9×10^1
^{131}I	6×10^{-10}	2.2×10^1	9×10^{-12}	0.33
^{133}Xe			1×10^{-8}	3.7×10^2
^{137}Cs	1×10^{-9}	3.7×10^1	1×10^{-11}	0.37
^{144}Ce	3×10^{-9}	1.1×10^2	6×10^{-12}	0.22
^{147}Pm	6×10^{-8}	2.2×10^3	6×10^{-11}	2.2
^{198}Au	1×10^{-8}	3.7×10^2	2×10^{-10}	7.4
^{204}Tl	2×10^{-8}	7.4×10^2	2×10^{-11}	1.1
^{210}Pb	1×10^{-11}	0.37	1×10^{-11}	3.7×10^{-3}
^{210}Po	2×10^{-8}	7.4	2×10^{-13}	7.4×10^{-3}
^{220}Rn			3×10^{-10}	1.1×10^1
^{222}Rn			3×10^{-11}	1.1
^{226}Ra	3×10^{-11}	1.1	3×10^{-14}	1.1×10^{-3}
^{232}Th	1×10^{-11}	0.37	2×10^{-15}	7.4×10^{-5}
Th(天然)	1×10^{-11}	0.37	2×10^{-15}	7.4×10^{-5}
	0.1mg/L		0.02mg/m^3	
^{235}U	1×10^{-9}	3.7×10^1	1×10^{-13}	3.7×10^{-3}
^{238}U	0.05mg/L		0.02mg/m^3	
U(天然)	0.1mg/L		0.02mg/m^3	
^{237}Np	9×10^{-10}	3.3×10^1	4×10^{-15}	1.5×10^{-4}
^{239}Pu	1×10^{-9}	3.7×10^1	2×10^{-15}	7.4×10^{-5}
^{241}Am	1×10^{-9}	3.7×10^1	6×10^{-15}	2.2×10^{-4}
^{24}4Cm	2×10^{-9}	7.4×10^1	9×10^{-15}	3.3×10^{-4}
^{252}Cf	2×10^{-9}	7.4×10^1	6×10^{-15}	3.7×10^{-4}

需要注意的是,对与放射性工作场所非相邻地区的广大居民,第一类器官的限制剂量当量为职业放射性工作人员最大容许剂量当量的1/100。其他类别器官为

1/30；对于妇女和青年还有进一步的剂量限制。在生育年龄的妇女，最大容许剂量当量为 1.3rem/季或 5rem/a，在怀孕期间为 1rem/a；16～18 岁工作人员性腺剂量不得超过 1.5rem/a；未满 18 岁的在校学生，剂量限值为居民推荐值的 1/10；对于 16 岁以下的儿童还有进一步的限制：甲状腺剂量不得超过 1.5rem/a。应该指出，"最大容许剂量"的含义并不确切，且易引起误解，故 ICRP 现在已不再使用此名称，而改用"剂量当量限值"；同样，"最大容许浓度"已被"推定空气浓度"取代。

6.3.4.2　ICRP 关于辐射防护标准的建议

1977 年，ICRP 发表了第 26 号出版物，将辐射防护标准分为四种：基本限值、推定限值、管理限值和参考水平。其后又发表了 28 号、30 号出版物，做了补充和修正。表 6-9 给出了 ICRP 关于辐射防护标准的建议。

表 6-9　各类防护标准

标准分类			职业性个人/(mSv/a)	广大居民中个人/(mSv/a)
基本限值	机性效应	剂量当量限值　全身均匀照射	50	5
		不均匀照射	$\sum W_T H_T \leqslant 50$	$\sum W_T H_T \leqslant 5$
		次级限值　外照射	$H_{I, d} \leqslant 50$	
		内照射	$I_j \leqslant I_{j, 1}$	
		内外混合照射	$HI, d/50 + \sum I_j/I_{j, 1} \leqslant 1$	
	非随机性	眼晶体	150	50
		其他组织	50	
推定限值			包括：工作场所剂量当量指数率、空气污染、表面污染、环境污染等	
管理限值			由政府主管部门或单位主管部门制定，用于特定场所，如放射性废物的排放等、比推定限值严格	
参考水平		记录水平	1/10 限值	
		调查水平	1/30 限值	
		干预水平	不作规定	

表中 H_T 为组织 T 在一年中接受的剂量当量（mSv/a）；W_T 为相对危险度权重因子，等于组织 T 的随机性危险度与全身受到均匀照射时的总危险度之比（W_T 值见表 6-10）；HI, d 为年深部剂量当量指数（mSv/a）；I_j 为第 j 种放射性核素的年摄入量；$I_{j, 1}$ 为第 j 种放射性核素的年摄入量限值。

表 6-10 辐射效应危险度与相对危险度权重因子 W_T

组织	危险度/S	W_T
性腺	4×10^{-3}	0.25
乳腺	2.5×10^{-3}	0.15
红骨髓	2×10^{-3}	0.12
肺	2×10^{-3}	0.12
甲状腺	5×10^{-4}	0.03
骨表面	5×10^{-4}	0.03
其余组织	5×10^{-3}	0.30

6.3.5 放射性污染物在线监测装备类别

放射性探测器种类多，需根据检测目的、试样形态、射线类型、强度及能量等因素进行选择。表 6-11 列举了不同类型的常用放射性监测仪器。

表 6-11 各种常用放射性监测仪器

射线种类	监测仪器	特点
α	闪烁探测器	监测灵敏度低、探测范围大
	正比计数管	监测效率高、技术要求高
	半导体探测器	本底小、灵敏度高、探测面积小
	电流电离室	监测较大放射性活度
β	正比计数管	监测效率较高、装置体积较大
	盖革计数管	监测效率低、本底小
	半导体探测器	探测面积小、装置体积小
γ	闪烁探测器	监测效率高、能量分辨能力强
	半导体探测器	能量分辨能力强、装置体积小

参 考 文 献

[1] 冯启言. 环境监测[M]. 江苏：中国矿业大学出版社，2007.
[2] 刘绮，潘伟斌. 环境监测[M]. 广东：华南理工大学出版社，2005.
[3] 奚旦立，孙裕生. 环境监测[M]. 北京：高等教育出版社，2010.
[4] 矫彩山. 环境监测[M]. 黑龙江：哈尔滨工程大学出版社，2006.
[5] 金朝晖，李毓，朱殿兴. 环境监测[M]. 天津：天津大学出版社，2007.
[6] 岳玎利，周炎，钟流举，等. 大气颗粒物理化特性在线监测技术[J]. 环境科学与技术，2014，37（5）：

64-69.

[7] 张元茂, 郑叶飞. β射线衰减法与微量振荡天平法测定 PM_{10} 的比较[J]. 环境监测管理与技术, 2002, 14 (4): 21-23.

[8] 杨书申, 邵龙义, 龚铁强, 等. 大气颗粒物浓度检测技术及其发展[J]. 北京工业职业技术学院学报, 2005, 4 (1): 36-39.

[9] 邓芙蓉, 王欣, 吴少伟, 等. 三种空气颗粒物监测仪监测结果比较研究[J]. 环境与健康杂志, 2009, 26 (6): 504-506.

[10] 拓飞, 徐翠华. 用TSI3321APS分析大气气溶胶浓度和粒径分布[J]. 中国辐射卫生, 2009, 18 (4): 507-508.

[11] 顾芳, 杨娟, 王春勇, 等. 基于等效球形颗粒数的颗粒物质量浓度算法[J]. 光电子-激光, 2008, 19 (1): 87-91.

[12] Orsini D A, Wiedensohler A, Stratmann F, et al. A newmvolatility tandem differential mobility analyzer to measure the volatile sulfuric acid fraction[J]. Journal of Atmospheric and Oceanic Technology, 1999, 16 (6): 760-772.

[13] Cheng Y F, Eichler H, Wiedensohler A, et al. Mixing state of elemental carbon and non-light-absorbing aerosol components derived from in situ particle optical properties at Xinken in Pearl River Delta of China[J]. Journal of Geophisical Research, 2006, 111 (D20): 4763-4773.

[14] Orsini D A, Ma Y, Sullivan A, et al. Refinements to the particle-into-liquid sampler (PILS) for ground and airborne measurements of water soluble aerosol composition[J]. Atmospheric Environment, 2003, 37 (9): 1243-1259.

[15] Dong H B, Zeng L M, Hu M, et al. Technical note: The application of an improved gas and aerosol collector for ambient air pollutants in China[J]. Atmospheric Chemistry and Physics, 2012, 12 (3): 7753-7791.

[16] 胡敏, 邓志强, 王轶, 等. 膜采样离线分析与在线测定大气细粒子中元素碳和有机碳的比较[J]. 环境科学, 2008, 29 (12): 3297-3303.

[17] 伍德侠, 魏庆农, 刘世胜, 等. 大气黑碳气溶胶检测仪的研制[J]. 分析仪器, 2007, (2): 7-9.

[18] Zhang Q, Stanier C O, Canagaratna M R, et al. Insight into the chemistry of new particle formation and growth events in Pittsburgh based on aerosol mass spectrometry[J]. Environmental Science and technology, 2004, 38: 4797-4809.

[19] Smith J N, Moore K F, McMurry P H, et al. Atmospheric measurement of sub-20nm diameter particle chemical composition by thermal deposition chemical ionization mass spectrometry[J]. Aerosol Science and Technology, 2004, 38 (2): 100-110.

[20] Sakurai H, Fink M A, McMurry P H, et al. Hygroscopicity and volatility of 4-10 nm particles during summertime atmospheric nucleation events in urban Atlanta[J]. Journal of Geophysical Research-Atmospheres, 2005, 110 (D22): D22S04-1-10.

[21] Hämeri K, Väkevä M, Hansson H C, et al. Hygroscopic growth of ultrafine ammonium sulphate aerosol measured using an ultrafine tandem differential mobility analyzer[J]. Journal of Geophysical Research, 2000, 105 (D17): 22231-22242.

[22] Bi X H, Zhang G H, Li L, et al. Mixing state of biomass burning particles by single particle aerosol mass spectrometer in the urban area of PRD, China[J]. Atmospheric Environment, 2011, 45 (20): 3447-3453.

[23] 兰紫娟, 黄晓锋, 何凌燕, 等. 不同碳质气溶胶在线监测技术的实测比较研究[J]. 北京大学学报（自然科学版）, 2011, 47 (1): 159-165.

[24] 刘德生. 环境监测[M]. 北京: 化学工业出版社, 2008.

[25] 魏复盛. 空气和废气监测分析方法指南[M]. 北京：中国环境科学出版社，2006.
[26] 孙冠，骆骅，李杨. 化工企业废气治理研究进展[J]. 山东化工，2014，43（1）：46-47，49.
[27] 徐庆嫦. 工业废气污染治理技术综述[J]. 广州化工，2012，40（15）：186-187.
[28] 徐善存. 加强企业废气监测技术创新的研究[M]. 北京：北京交通大学出版社，2010.
[29] 祝汉民. 环境放射性研究现状[J]. 环境工程学报，1994，（6）：32-38.
[30] 江藤秀雄. 辐射防护[M]. 崔朝晖，译. 北京：原子能出版社，1986.
[31] 华跃进. 中国核农学通论[M]. 上海：上海交通大学出版社，2016.

7 工业废气净化装备

7.1 工业废气净化治理技术

工业废气，是指企业厂区内燃料燃烧和生产工艺过程中产生的各种排入空气的含有污染物气体的总称。这些废气有二氧化碳、二硫化碳、硫化氢、氟化物、氮氧化物、氯、氯化氢、一氧化碳、硫酸（雾）铅汞、铍化物、烟尘及生产性粉尘，它们排入大气，会污染空气。这些物质通过不同的途径进入人的体内，有的直接产生危害，有的还有蓄积作用，会严重危害人畜健康。从形态上分析，工业废气可以分为颗粒性废气和气态性废气。工业废气在排入大气前应采取净化措施处理，使之符合废气排放标准的要求。为了达到更好的净化效果，工业废气的净化技术应该因地制宜，本节将从以下几个方面介绍目前常用的几种工业废气净化技术。

7.1.1 固态污染物治理技术

在大气污染中，颗粒污染物是指沉降速度可以忽略的固体粒子、液体粒子或它们在气体介质中的悬浮体系。从大气污染控制的角度，按照其来源和物理性质，可分为如下几种：①粉尘。粉尘是指悬浮于气体介质中的小固体颗粒，受重力作用能发生沉降，但在一段时间内能保持悬浮状态。它通常由固体物质的破碎、研磨、分级、输送等机械过程，或土壤、岩石的风化等自然过程形成。颗粒的尺寸范围，一般为1~200μm。属于粉尘类的大气污染物的种类很多，如黏土粉尘、石英粉尘、煤粉、水泥粉尘、各种金属粉尘等。②烟。烟一般指由冶金过程形成的固体颗粒的气溶胶。它是熔融物质挥发后生成的气态物质的冷凝物，在生成过程中总是伴有诸如氧化之类的化学反应。烟颗粒的尺寸很小，一般为 0.01~1μm。烟的产生是一种较为普遍的现象，如有色金属冶炼过程中产生的氧化铅烟、氧化锌烟等。③飞灰。飞灰是指随燃料燃烧产生的烟气排出的分散得较细的灰分。④黑烟飞灰。黑烟飞灰是指随燃料燃烧产生的烟气排出的分散得较粗的灰分。⑤雾。雾是气体中液滴悬浮体的总称。在气象中指造成能见度小于1km的小水滴悬浮体。在工程中，雾一般泛指小液体粒子悬浮体，它可能是由于液体蒸汽的凝结、液体的雾化及化学反应等过程形成的，如水雾、酸雾、碱雾、油雾等。

我国的环境空气质量标准中，根据颗粒物直径的大小，将其分为总悬浮颗粒物和可吸入颗粒物。前者指悬浮在空气中，空气动力学当量直径小于或等于 100μm 的颗粒物。后者指悬浮在空气中，空气动力学当量直径小于或等于 10μm 的颗粒物。

针对大气中的固态污染物，已经开发出诸多净化处理技术，按照使用原理可做如下分类。

1）机械除尘技术

机械除尘技术是指依靠机械力进行除尘的技术，通常细分为以下三类。

（1）重力除尘技术

重力除尘技术是利用粉尘颗粒的重力沉降作用而使粉尘与气体分离的除尘技术。重力沉降除尘装置称为重力除尘器，又称沉降室。重力除尘的突出特点是利用地球的引力工作，不需要人为制造除尘力，因此它是最节能的除尘技术。它的优点是成本低，缺点是除尘效率低，一般只有 40%～50%，适于捕集大于 50μm 的粉尘粒子，通常用作预除尘。当气体由进风口进入重力除尘器时，气体流动通道断面积突然增大，气体流速迅速下降，粉尘便借本身重力作用，逐渐沉落，最后落入下面的集灰斗，经输送机械送出。

（2）惯性除尘技术

惯性除尘是利用气流中尘粒的惯性力被分离出来。在惯性除尘器中，主要是使气流急速转向，或冲击在挡板上再急速转向，其中颗粒由于惯性效应，其运动轨迹就与气流轨迹不一样，从而使两者获得分离。气流速度高，这种惯性效应就大，所以这类除尘器的体积可以大大减小，占地面积相对较小。对细颗粒的分离效率也大为提高，可捕集到 10μm 的颗粒。

（3）离心除尘技术

气流在做旋转运动时，气流中的粉尘颗粒会因受离心力的作用从气流中分离出来。利用离心力进行除尘的技术称为离心除尘技术。利用离心力进行除尘的设备称为旋风分离器。普通旋风分离器由进气管、圆柱筒体、锥体和排气管等组成。当含尘气体由进气管切向进入收尘器后，气流由直线运动变为圆周运动，此时旋转气体的绝大部分，沿筒壁呈螺旋形由上而下运动，一般称此为外涡旋。当旋转而下的外涡旋气流到达锥体时，因锥体的收缩沿角速度不断提高。当气流到达锥体下端某一部位时，即以同样的旋转方向从旋风管中部，由下反转向上，继续呈螺旋运动，即通常所说的内涡旋。

气流在做旋转运动时，气体中的粉尘在离心力的作用下被甩向筒壁，粉尘与筒壁相碰，便失去惯性力，在气流动量和重力的共同作用下，沿筒壁下落而进入灰斗。从进气管进入的另一小部分气体，则向旋风筒顶盖流动，然后沿排气管外侧向下流动。当到达排气管的下端时，即反转而上，随上升的中心气流，一同从排气管排出。这部分气体中的粉尘也和上旋气流中的粉尘一同被带出。该技术对大于 10μm 的粉尘有较高的分离效率，常常作为多级除尘系统的第一级。

2）袋式除尘技术

袋式除尘技术是指利用纤维性滤袋捕集粉尘的除尘技术。当含尘气体进入袋式除尘器通过滤料时，粉尘被阻留在其表面，干净空气则透过滤料的缝隙排出，完成过滤过程。过滤技术是袋式除尘器的基本原理，过滤方式主要有纤维过滤、薄膜过滤和粉尘层过滤。除尘机理是筛滤、惯性碰撞、钩附、扩散、重力沉降和静电等效用综合作用的结果。①筛滤效应：当粉尘的颗粒直径较滤料纤维间的空隙或滤料上粉尘间的孔隙大时，粉尘被阻留下来。②碰撞效应：当含尘气体接近滤料纤维时，气流绕过纤维，但 1μm 以上的较大颗粒由于惯性作用，偏离气流流线，仍保持原有的方向，撞击到纤维上，粉尘被捕集下来。③钩附效应：当含尘气流接近滤料纤维时，细微的粉尘仍保留在流线内，这时流线比较紧密。如果粉尘颗粒的半径大于粉尘中心到达纤维边缘的距离，粉尘即被捕集。④扩散效应：当粉尘颗粒极为细小时，在气体分子的碰撞下偏离流线做不规则运动，这就增加了粉尘与纤维的接触机会，使粉尘被捕集。⑤静电作用：如果粉尘与滤料的荷电相反，则粉尘易于吸附于滤料上，从而提高除尘效率，但被吸附的粉尘难以被剥落下来。

3）静电除尘技术

静电吸引现象形成了现代静电除尘技术的理论基础。其工作原理为含有粉尘颗粒的气体，在接有高压直流电源的阴极线（又称电晕极）和接地的阳极板之间所形成的高压电场通过时，由于阴极发生电晕放电、气体被电离，此时，带负电的气体离子，在电场力的作用下，向阳极板运动，在运动中与粉尘颗粒相碰，则使尘粒荷以负电，荷电后的尘粒在电场力的作用下，也向阳极板运动，到达阳极板后，放出所带的电子，尘粒则沉积于阳极板上，而得到净化的气体排出除尘器外。图 7-1（a）和（b）分别是管式电除尘器和板式电除尘器工作原理图[1]。

4）湿式除尘技术

湿式除尘是通过分散洗涤液体或分散含尘气流而生成的液滴、液膜或气泡，使含尘气体中的尘粒得以分离捕集的一种除尘技术。湿式除尘是尘粒从气流中转移到另一种流体中的过程。这种转移过程主要取决于三个因素：①气体和流体之间接触面积的大小；②气体和液体这两种流体状态之间的相对运动；③粉尘颗粒与流体之间的相对运动。当引风机启动以后除尘器内空气迅速排出，与此同时含尘气体受大气压的作用沿烟道进入除尘器内部，与反射喷淋装置喷出的洗涤水雾充分混合，烟气中的细微尘粒凝并成粗大的聚合体，在导向器的作用下，气流高速冲进水斗的洗涤液中，液面产生大量的泡沫并形成水膜，使洗涤液与含尘烟气有充分时间相互作用捕捉烟气中的粉尘颗粒。烟气中的二氧化硫具有很强的亲水性，在碱性溶液的吸收中和下，达到除尘脱硫的效果。净化后的烟气经三级气液

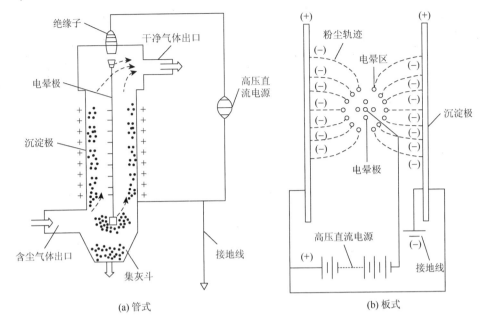

图 7-1 管式电除尘器和板式电除尘器工作原理[1]

分离装置除去水雾，由烟囱排入空中。污水可排入锅炉除渣机或排入循环水池，经沉淀、中和再生后循环使用，污泥由除渣机排出或由其他装置清出。

5）电袋复合除尘技术

电袋复合除尘技术是在一个箱体内安装电场区和滤袋区（电场区和滤袋区可有多种配置形式），将静电和过滤两种除尘技术复合在一起的除尘技术。其工艺原理如下：含尘烟气经过气流分布板的作用均匀进入电除尘部分，在收尘电场的作用下大部分粉尘荷电，在电场力作用下向收尘极移动并在收尘极板上去除带电性和沉积；经过电除尘处理后含有少量粉尘的烟气少部分通过多孔板进入袋收尘区，大部分烟气先向下部，然后由下而上地进入袋除尘区，粉尘被阻留在滤袋表面上，经过净化后的烟气经提升阀进入烟道排出。

6）陶瓷膜除尘技术

陶瓷膜是以氧化铝、氧化钛、氧化锆等材料经特殊工艺制备而成的多孔非对称膜。陶瓷膜过滤是一种"错流过滤"形式的流体分离过程：在压力作用的驱动下，原料气在膜管内流动，小分子物质透过膜，含大分子组分被膜截留，从而使流体达到分离、浓缩、纯化的目的。陶瓷膜过滤精度涵盖微滤和超滤，微滤膜的过滤孔径范围为 0.05～1.4μm，超滤膜过滤精度范围可为 10～50kDa。陶瓷膜过滤技术的突出特点是它的工作温度可高达 1000℃，并且在氧化还原等高温环境下具有很好的抗腐蚀性。该技术适用于高温气体除尘领域，可去除高温煤气中 99% 以上的尘粒。

一般认为存在两种陶瓷膜除尘机理：①表面过滤机理。流体中所含粒子由于粒径大于膜孔径而直接被膜孔壁所截留，另一部分粒子虽然粒径小于膜孔径，但由于相互之间的架桥搭接效应也被截留下来。当微孔膜过滤过程是表面过滤机理起作用时，被膜截留的粒子在膜的表面上形成滤饼层[2]。②深层过滤机理。与表面过滤不同，它是被分离流体中的粒子在膜孔隙中进行过滤的过程。这一过滤的特征是过滤作用产生于膜内部，膜中孔隙都具有从流经它的流体中截留粒子的可能性。由于被过滤粒子尺寸小于膜孔隙尺寸，所以当流体为层流时，必定有力作用于颗粒上，使其穿越流线与孔壁接触而被截留。对于气体中粒子的深度过滤，由于作用力的不同，截留作用可分为五种：重力沉降、静电沉积、碰撞力、拦截、扩散。

7.1.2 气态污染物治理技术

气态污染物是以分子状态存在的污染物。气态污染物的种类很多，总体上可分为以下几类：①硫氧化物。硫氧化物主要指 SO_2，它主要来自化石燃料的燃烧过程，以及硫化物矿石的焙烧、冶炼等过程。火力发电厂、有色金属冶炼厂、硫酸厂、炼油厂以及所有烧煤或油的工业炉窑等都排放 SO_2 烟气。②氮氧化物。氮和氧的化合物有 N_2O、NO、NO_2、N_2O_3、N_2O_4 和 N_2O_5，总起来用氮氧化物（NO_x）表示。其中污染大气的主要是 NO 和 NO_2。NO 毒性不太大，但进入大气后可被缓慢地氧化成 NO_2，当大气中有 O_3 等强氧化剂存在时，或在催化剂作用下，其氧化速度会加快。NO_2 的毒性约为 NO 的 5 倍。当 NO_2 参与大气的光化学反应，形成光化学烟雾后，其毒性更强。人类活动产生的 NO_x，主要来自各种工业炉窑、机动车和柴油机的排气，其次是硝酸生产、硝化过程、炸药生产及金属表面处理等过程。其中由燃料燃烧产生的 NO_x 约占 90%以上。③碳氧化物。CO 和 CO_2 是各种大气污染物中发生量最大的一类污染物，主要来自燃料燃烧和机动车排气。④有机化合物。有机化合物种类很多，从甲烷到长链聚合物的烃类。大气中的挥发性有机化合物（VOC），一般是 C1~C10 化合物，VOC 主要来自机动车和燃料燃烧排气，以及石油炼制和有机化工生产等。⑤硫酸烟雾。硫酸烟雾是大气中的 SO_2 等硫氧化物，在水雾、含有重金属的悬浮颗粒物或氮氧化物存在时，发生一系列化学或光化学反应而生产的硫酸雾或硫酸盐气溶胶。硫酸雾引起的刺激作用和生理反应等危害，要比 SO_2 气体大得多。⑥光化学烟雾。光化学烟雾是在阳光照射下，大气中的氮氧化物、碳氢化合物和氧化剂之间发生一系列光化学反应生产的蓝色烟雾（有时带些紫色和黄褐色）。其主要成分有臭氧、过氧乙酰硝酸酯、酮类和醛类等。光化学烟雾的刺激性和危害要比一次污染物强烈得多[3,4]。

常用的气态污染物回收治理技术主要包括吸附法、吸收法、催化法、冷凝法、等离子体法和生物法等。

1）吸附法净化技术

吸附法是目前处理 VOC 最常见的方法，特别适用于处理低浓度的 VOC。吸附法其原理是利用吸附剂巨大的比表面积，将废气中的有毒有害物质吸附使其净化，当吸附剂吸附饱和后，用蒸汽或热空气脱附，回收吸附质。与其他 VOC 治理技术相比，吸附法能选择性地分离其他过程难以分开的混合物，对低浓度有毒有害物质去除效率高，操作简便安全，无二次污染，并且经过处理后可以达到有机溶剂回收、吸附剂循环使用的目的。目前常用的吸附剂有活性炭、硅胶、活性氧化铝、沸石分子筛[5]。近年来，用活性炭纤维、活性炭纳米管[6]、碳化物衍生碳[7,8]、活性炭布[9]等处理 VOC 的方法引起了人们的关注。活性炭相对其他吸附剂有多种优点：它的孔径分布广，微孔发达，吸附过程快，能够吸附分子大小不同的物质，对苯类、乙酸乙酯、氯仿等 VOC 的吸附回收非常有效，非极性、疏水性的表面特性，使它对非极性物质的吸附有较好的选择性；并且活性炭原料廉价充足，制备工艺简单，易脱附再生，基于此，活性炭已被广泛用作吸附剂来处理低浓度、较大风量的中等相对分子质量（通常为 45~130）的 VOC[10]，尤其是磷酸法制备的木质颗粒活性炭，具有吸附容量大，脱附残余小，表面官能团丰富，制备工艺经济环保等优点，在国内外被大量用于 VOC 的治理。吸附法治理 VOC 工艺技术有变压吸附、变温吸附，两者联用的变温-变压吸附和变电吸附。当炭吸附达到饱和后，对饱和的炭床进行脱附再生；通入水蒸气加热炭层，VOC 被吹脱放出，并与水蒸气形成蒸汽混合物，一起离开炭吸附床，用冷凝器冷却蒸汽混合物，使蒸汽冷凝为液体。若 VOC 为水溶性的，则用精馏将液体混合物提纯；若为水不溶性，则用沉析器直接回收 VOC。因涂料中所用的"三苯"与水互不相溶，故可以直接回收。

2）吸收法净化技术

吸收法净化技术则是利用吸收液与污染物的特异性作用（如溶解、络合、化学反应等）以达到去除空气中污染物的目的。该技术是目前工业上治理尾气污染最为常用的一类技术，需针对污染气体组成进行吸收液调配，治理针对性较强。工业中有机尾气治理多采用增溶溶剂及表面活性剂等调配吸收液，而针对 NH_3、NO_x、SO_2、O_3、CO 等多采用反应型吸收液。

吸收法有着操作性强、投资小等优点，但是其尾气治理浓度范围较窄，对于极高浓度或极低浓度污染物治理效果较差，而最大的缺点是吸收液的回收利用问题，若没有配套回收技术，极易造成环境污染。

（1）石灰石/石灰-石膏湿法脱硫技术

石灰石/石灰-石膏湿法脱硫技术是当前国内外应用范围最广的烟气脱硫（flue

gas desulfurization，FGD）技术，它采用价廉易得的石灰石作为脱硫吸附剂，石灰石经破碎磨细成粉状，与水混合搅拌成浆液或直接与水混磨成浆液。在吸收塔内，吸收浆液与烟气接触混合，烟气中的二氧化硫与浆液中的碳酸钙以及鼓入的氧化空气进行化学反应被脱除，最终反应生成石膏。脱硫后的烟气经除雾器除去夹带出的细小液滴，经换热器加热升温后排入烟囱，脱硫石膏经脱水装置脱水后回收。一般认为，在吸收塔内发生 SO_2 的吸收、石灰石的溶解、亚硫酸根的氧化和石膏结晶等一系列复杂的物理化学过程。涉及的化学反应如下。

吸收：在吸收塔内的主要反应为

$$Ca(OH)_2 + SO_2 \longrightarrow CaSO_3 \cdot 0.5H_2O + 0.5H_2O$$

$$CaCO_3 + SO_2 + 0.5H_2O \longrightarrow CaSO_3 \cdot 0.5H_2O + CO_2 \uparrow$$

$$CaSO_3 \cdot 0.5H_2O + SO_2 + 0.5H_2O \longrightarrow Ca(HSO_3)_2$$

氧化：在氧化塔内，已生成的亚硫酸钙和亚硫酸氢钙氧化为硫酸钙，其反应为

$$2CaSO_3 \cdot 0.5H_2O + O_2 + 3H_2O \longrightarrow 2CaSO_4 \cdot 2H_2O$$

该技术的脱硫效率一般大于 95%，采取一定措施可达 98%以上；二氧化硫排放浓度一般小于 $100mg/m^3$，可达 $50mg/m^3$ 以下；单位投资为 150～250 元/kW；运行成本一般低于 1.5 分/(kW·h)。

（2）氨法烟气脱硫技术

氨法烟气脱硫技术的主要原理在于氨基物质（液氨、氨水、碳铵、尿素等）作吸收剂，在吸收塔内吸收液与烟气充分接触混合，烟气中的二氧化硫与吸收液中的氨以及鼓入的空气中的氧气进行化学反应从而被脱除，最终脱硫副产物为硫酸铵，硫酸铵经干燥、包装后，得到水分<1%的商品硫酸铵。

氨法脱硫工艺最早是由德国 Krupp Kroppers 公司在 20 世纪 70 年代开发的 Walther 工艺。目前国外主要的氨法脱硫技术有美国玛苏莱公司氨法、德国 bischoff 氨法、日本 NKK 氨法等。在我国，氨法脱硫技术首先用于硫酸行业，主要用于制酸尾气的吸收治理。在烟气脱硫领域，氨法的发展较迟缓。近年来，随着合成氨工业的不断发展以及氨法脱硫工艺自身的不断改进和完善，氨法脱硫工艺取得了较快的发展。国内江南环保、凯迪电力、北京博奇、云南亚太、华东理工大学、浙江大学等环保公司和高校也相继通过研发拥有了自主知识产权的氨法脱硫技术，并在氨逃逸控制、高硫煤的高脱硫效率、氨的高回收利用率等多方面取得了突破，使氨法烟气脱硫技术及其标准化、产业化取得了重大进展，整体技术达到国际先进水平。

该技术脱硫效率保持在 95%～99.5%，能保证出口二氧化硫浓度在 $50mg/m^3$ 以下，单位投资为 150～200 元/kW，运行成本一般低于 1 分/(kW·h)。该技术成熟、

稳定，脱硫效率高，投资及运行费用适中，装置设备占地面积小，适合燃用中高硫煤和有稳定氨源地区的钢铁烧结机和电站锅炉等应用，目前已经在化工行业、热电厂、发电厂、烧结机等中得到了工业化应用。

（3）海水烟气脱硫技术

海水烟气脱硫技术是目前世界上技术成熟、应用业绩较多的一种烟气脱硫工艺，其主要机理是利用海水作为脱硫吸收剂，在吸收塔内，烟气与海水充分接触混合，烟气中的 SO_2、酸性气体等被海水洗涤并溶解到海水中，与海水中的碱性物质发生中和反应，从而被脱除。海水之所以能作为脱硫剂，是由于其含有过量的可溶性的碳酸钙和碳酸钠，通常呈碱性。正常海水中含有约 3.5%的盐分，碳酸盐约占海水中盐分的 0.34%，海水不断与海底和沿岸的碱性沉淀物接触来维持海水中碳酸盐的平衡，河流不断地将可溶性的石灰石送入大海，海水中的这种成分使得海水具有大量吸收和中和 SO_2 的能力。烟气中的 SO_2 被海水吸收生成亚硫酸氢根离子（HSO_3^-）和氢离子（H^+），HSO_3^- 与氧（O_2）反应生成硫酸氢根离子（HSO_4^-），HSO_4^- 与 HSO_3^- 反应生成稳定的硫酸根离子和易于吹脱的 SO_2 和水。最终反应生成的 SO_2 通过曝气方式强制吹脱，使海水中的 SO_2 浓度降低，从而提高脱硫海水中的 pH 和 DO，以达到标准排入海里[11]。

该技术的脱硫效率一般大于 95%，可达 98%以上；SO_2 排放浓度一般小于 100mg/m³，可达 50mg/m³ 以下，海水排放 pH 大于 6.8、溶解氧 DO 大于 4mg/L；单位投资为 150～250 元/kW；运行成本一般低于 1.5 分/(kW·h)。该技术脱硫效率高、技术成熟、稳定、安全性高，基本无须维护或维护工作量很少，尤其适合于沿海布置的燃用中、低硫含量煤的火电机组。

海水脱硫技术也存在自身缺点[12]：只能应用于沿海地区，仅适用于处理中、低硫煤燃烧产生的烟气；海水恢复系统占地面积较大，海水介质的强腐蚀性对脱硫设备要求较高；脱硫后的海水呈酸性，腐蚀性更强，给材料提出了更高的要求；对海水是否产生长久影响尚需要长时间的考验。

（4）镁法烟气脱硫技术

镁法烟气脱硫技术是用氧化镁作为脱硫剂进行烟气脱硫的一种湿法脱硫方式，也称为氧化镁湿法烟气脱硫技术。氧化镁的脱硫机理与氧化钙的脱硫机理相似，都是碱性氧化物与水反应生成氢氧化物，再与二氧化硫溶于水生成的亚硫酸溶液进行酸碱中和反应，反应生成亚硫酸镁和硫酸镁，亚硫酸镁氧化后生成硫酸镁。其主要化学反应过程如下[13]。

氧化镁浆液制浆过程的化学反应为

$$MgO + H_2O \Longrightarrow Mg(OH)_2$$

$$MgO + 2CO_2 + H_2O \Longrightarrow Mg(HCO_3)_2$$

镁法烟气脱硫过程的基本化学反应为

$$Mg(OH)_2 + SO_2 \rightleftharpoons MgSO_3 + H_2O$$

$$Mg(HCO_3)_2 + SO_2 \rightleftharpoons MgSO_3 + H_2O + 2CO_2$$

$$MgSO_3 + H_2O + SO_2 \rightleftharpoons Mg(HSO_3)_2$$

$$MgO + Mg(HSO_3)_2 + H_2O \rightleftharpoons 2MgSO_3 + 2H_2O(MgO过量5\%)$$

$$2MgSO_3 + O_2 \rightleftharpoons 2MgSO_4$$

镁法烟气脱硫技术具有高脱硫效率，作业稳健，副产物可回收利用，资源丰富等优点。无论是用氧化镁还是氢氧化镁均可取得较高的脱硫效率，一般在95%以上；由于脱硫产物亚硫酸镁、硫酸镁均具有较高的溶解度，从而在系统中可避免结垢、堵塞等现象发生，使作业稳健安全顺畅；镁法脱硫可获得诸如亚硫酸镁、硫酸镁一类的副产物，前者可经煅烧生成氧化镁和 SO_2，氧化镁可返回系统循环使用，SO_2 去制酸或直接加工成亚硫酸镁用作造纸工业的调浆剂，后者可生产含硫镁肥；我国拥有丰富的镁质资源，且品质优良、价格低廉，能满足长期使用的需要，在原料方面无后顾之忧[14]。

（5）循环流化床烟气脱硫技术

燃煤电厂锅炉烟气脱硫技术一般分为三类：湿法脱硫、干法脱硫和半干法脱硫。我国大型火电厂烟气脱硫主要采用国外应用较成熟、业绩较多的石灰石/石膏法湿法脱硫工艺；但湿法脱硫工艺系统复杂、投资较大、占地面积大、耗水较多、运行成本较高，在一些应用场合并不是最佳选择。干法脱硫的烟气循环流化床工艺流程简单，不产生废水，占地较少，可靠性较高，初投资较低，脱硫效率可和湿法脱硫媲美等特点，具有广阔的应用前景[15]。

早在20世纪80年代中后期，德国 Lurgi 公司在原来用于炼铝尾气的处理技术基础上，开发了一种新的适用于锅炉和其他燃烧设备的干法烟气脱硫工艺，即循环流化床烟气脱硫工艺。循环流化床烟气脱硫原理经过脱硫剂的多次循环，使脱硫剂与烟气接触时间增加，一般可达30min以上，从而提高了脱硫效率和脱硫剂的利用率[16]。

循环流化床烟气脱硫技术是一种脱硫与除尘一体化的技术，在国内得到广泛的应用，市场占有率在干法脱硫中占据第一。本工艺直接采用消石灰 $Ca(OH)_2$ 作为脱硫吸收剂，烟气通过烟道入口进入吸收塔气流均布装置，经导流板和文丘里整流，均布后的气流进入吸收塔。吸收剂由吸收剂给料装置在扩散段加入吸收塔内，循环灰通过空气斜槽由扩散段进入吸收塔。工艺水也通过喷枪喷入吸收塔的文丘里段，烧结机飞灰、吸收剂和循环灰等固体颗粒在流化悬浮状态下激烈碰撞、摩擦，并与雾化水和烟气充分混合接触。烟气中的 SO_2、SO_3、HCl 和 HF 等酸性组分经过化学反应生成 $CaSO_4$、$CaSO_3$、$CaCl_2$ 和 CaF_2 等反应产物，具体反应过程如下[17]：

$$CaO + H_2O == Ca(OH)_2$$
$$SO_2 + H_2O == H_2SO_3$$
$$Ca(OH)_2 + H_2SO_3 == CaSO_3 \cdot 0.5H_2O + 1.5H_2O$$
$$CaSO_3 \cdot 0.5H_2O + 0.5O_2 + 1.5H_2O == CaSO_4 \cdot 2H_2O$$
$$Ca(OH)_2 + 2HCl == CaCl_2 + 2H_2O$$

3) 催化法净化技术

（1）选择性催化还原法

选择性催化还原（SCR）法是指在催化剂的作用下，利用还原剂（如 NH_3、液氨、尿素），有选择性地与烟气中的 NO_x 反应并生成无毒无污染的 N_2 和 H_2O。该方法首先由美国的 Engelhard 公司发现并于 1957 年申请专利，后来日本在该国环保政策的驱动下，成功研制出了现今被广泛使用的 V_2O_5/TiO_2 催化剂，并分别于 1977 年和 1979 年在燃油和燃煤锅炉上成功投入商业运用。SCR 技术对锅炉烟气 NO_x 控制效果十分显著、技术较为成熟，目前已成为世界上应用最多、最有成效的一种烟气脱硝技术。

在没有催化剂的情况下，上述化学反应只在很窄的温度范围内（850～1100℃）进行，采用催化剂后使反应活化能降低，可在较低温度（300～400℃）条件下进行。而选择性是指在催化剂的作用和氧气存在的条件下，NH_3 优先与 NO_x 发生还原反应，而不和烟气中的氧进行氧化反应。目前国内外 SCR 系统多采用高温催化剂，反应温度为 315～400℃。

SCR 技术具有以下特点：①NO_x 脱除效率高。据有关文献记载及工程实例监测数据，SCR 法 NO_x 脱除效率一般可维持在 70%～90%，一般的 NO_x 出口浓度可降低至 100mg/m³ 左右。②二次污染小。SCR 法的基本原理是用还原剂将 NO_x 还原为无毒无污染的 N_2 和 H_2O，整个工艺产生的二次污染物质很少。③技术较成熟，应用广泛。SCR 烟气脱硝技术已在发达国家得到较多应用。例如，德国火力发电厂的烟气脱硝装置中 SCR 法大约占 95%，在我国已建成或拟建的烟气脱硝工程中采用的也多是 SCR 法。④投资费用高，运行成本高。以我国第一家采用 SCR 脱硝系统的火电厂——福建漳州后石电厂为例，该电厂 600MW 机组采用日立公司的 SCR 烟气脱硝技术，总投资约为 1.5 亿人民币。除了一次性投资外，SCR 工艺的运行成本也很高，其主要表现在催化剂的更换费用高、还原剂（液氨、氨水、尿素等）消耗费用高等。

（2）选择性非催化还原法脱硝技术

选择性非催化还原（SNCR）法脱硝技术最初由美国 Exxon 公司发明并于 1974 年在日本成功投入工业应用。主要应用于火电厂锅炉烟气脱硝、工业锅炉烟气脱硝、城市垃圾焚烧炉烟气脱硝和其他燃烧装置烟气脱硝。在美国，SNCR 技术的首次商业应用是 1988 年加利福尼亚州的一家石油精炼厂的锅炉[18]。到今天，SNCR 技术的商业应用以及全尺度的示范工程已经运用于燃用各种燃料的所有类型的锅炉中。

SNCR 技术是一种不使用催化剂，在 850～1100℃下，在烟气中直接还原 NO_x 的工艺。SNCR 技术是把还原剂如氨气、尿素稀溶液等喷入炉膛温度为 850～1100℃的区域，该还原剂迅速热分解出 NH_3 并与烟气中的 NO_x 进行反应生成 N_2 和 H_2O。该方法以炉膛为反应器，可通过对锅炉进行改造实现。在炉膛 850～1100℃的温度范围内，在无催化剂作用下，氨或尿素等氨基还原剂可选择性地还原烟气中的 NO_x，基本上不与烟气中的 O_2 反应，主要反应如下[19]。

氨为还原剂：
$$NH_3 + NO_x \longrightarrow N_2 + H_2O$$

尿素为还原剂：
$$CO(NH_2)_2 \longrightarrow 2NH_2 + CO$$

当温度过高，超过反应温度窗口时，氨就会被氧化成 NO_x：
$$NH_3 + O_2 \longrightarrow NO_x + H_2O$$

同 SCR 工艺类似，SNCR 法的 NO_x 脱除效率主要取决于精确选取合适的温度反应区间；在这个反应区间找出还原剂合适的喷射浓度和喷射液滴直径，使还原剂喷射的覆盖面积相对大，与烟气充分均匀混合[20]。在不同负荷下，还原剂喷射量不同，浓度不同，反应停留时间不同，与烟气的混合程度也不同。同样，雾化颗粒粒径也不能过大过小。过大，不仅不能在短时间内完全反应，还会产生液滴，引起过热器爆管；过小，穿透性差，不利于与烟气的充分混合。

SCR 脱硝技术具有脱硝效率高，效果稳定等优点，但其投资和运行成本高。SNCR 脱硝技术具有系统简单、投资成本低、施工时间短等优点，反应中不会导致氧化、不易造成堵塞或腐蚀、无系统压力损失等。应用实践表明，目前该技术应用中还存在以下问题，如脱除效率较低；不同锅炉形式和负荷状态的温度窗口选择和控制较困难；还原剂耗量大；氨逃逸量较大，易于造成新的环境污染；如运行控制不当，用尿素作还原剂时还可能造成较多的氨气排放[21]。

（3）催化燃烧法

催化燃烧法是在较低温度（250～500℃）下，利用催化剂使 VOC 氧化分解为二氧化碳和水，并产生大量热的无焰燃烧技术，是典型的气-固催化反应。热力燃烧所需温度一般在 700℃以上，高温下 VOC 彻底分解，效率可达 95%～99%。与热力燃烧技术相比，催化燃烧法具有安全性好、能量消耗少、净化效率较高、无二次污染、适用范围广、更加经济等优点[22]。因此，在对节能与环保的要求日益迫切的形势下，催化燃烧法在治理 VOC 方面具有较强的发展潜力。催化燃烧反应的关键是选择合适的催化剂。对催化剂的要求是：活性高，特别要低温活性好，以便在尽可能低的温度下开始反应。燃烧反应是放热反应，释放出大量的热可使催化剂的表面达到 500～1000℃的高温，而催化剂容易因熔融而降低活性，所以要求催化剂能耐高温。

从1949年美国研制出世界上第一套催化燃烧装置到现在,这项技术已广泛地应用于油漆、橡胶加工、塑料加工、树脂加工、皮革加工、食品业和铸造业等部门,也用于汽车废气净化等方面。我国在1973年开始将催化燃烧法用于治理漆包线烘干炉排出的有机废气,随后又在绝缘材料、印刷工业等方面进行了研究,使催化燃烧法得到了广泛的应用。

4) 冷凝法净化技术

冷凝法是最简单的有机废气处理回收技术,从蒸汽状态转化为液体状态的过程通常被称为冷凝。冷凝法处理有机废气的工作原理是:根据物质在不同温度下具有不同饱和蒸汽压的性质,借降温或升压,使废气中有机组分的分压等于该温度下的饱和蒸汽压,则有机组分冷凝成液体而从气相中分离出来。

冷凝法回收VOC利用冷凝装置产生低温来降低VOC空气混合气的温度。当混合气进入冷凝装置时,VOC中具有不同露点温度的组分会依次被冷凝成液态而分离出来。冷凝法回收VOC技术简单,受外界温度、压力影响小,也不受气液比的影响,回收效果稳定,可在常压下直接冷凝,工作温度皆低于VOC各成分的闪点,安全性好;可以直接回收到有机液体,无二次污染;适用于常温、高湿、高浓度的场合。冷凝法处理有机废气对有害气体的去除程度,与冷却温度和有害成分的饱和蒸汽压有关。冷却温度越低,有害成分越接近饱和,其去除程度越高。但该方法不适合用于净化低浓度的有害气体,净化低浓度有害气体的方法建议选用活性炭吸附法或者光催化氧化技术。冷凝法目前主要用于回收气体中比较有价值的溶剂,而不仅仅是通过冷凝法来满足废气排放的达标问题。若要通过冷凝法来净化处理有机废气并达到符合规定的数值,则要求冷却温度非常低。例如,甲醇气体需要温度低于-80℃,而二氯甲烷气体则要求温度低于-100℃,这样操作成本也就有点过高,非常的不合算。因此,在对有机废气处理的净化中,冷凝法的采用主要是回收溶剂,并作为有机废气净化的一道预处理工序。

5) 等离子体法净化技术

等离子体是继固态、液态、气态之后的物质的第四态,当外加电压达到气体的着火电压时,气体被击穿,产生包括电子、各种离子、原子和自由基在内的混合体。放电过程中虽然电子温度很高,但重粒子温度很低,整个体系呈现低温状态,所以称为低温等离子体。

低温等离子体降解污染物的基本原理是在外加电场的作用下,介质放电产生的大量携能电子轰击污染物分子,使其电离、解离和激发,然后便引发了一系列复杂的物理、化学反应,使复杂大分子污染物转变为简单小分子安全物质,或使有毒有害物质转变成无毒无害或低毒低害的物质,从而使污染物得以降解去除[23]。

低温等离子体降解VOC主要包括气体离子间的再结合过程和气体分子的反

应[24]。一般气体放电等离子体可分为辉光放电、电晕放电、射频放电和微波放电，而用于处理挥发性有机物的主要是电晕放电。在外加电场的作用下，电极空间里的电子获得能量开始加速运动，电子在运动过程中和气体分子发生碰撞，结果使得气体分子电离、激发或吸附电子成负离子。电子在碰撞过程中，会出现3种情况，第一种是电离中性气体分子产生离子和衍生电子，衍生电子又加入到电离电子的行列维持放电的继续；第二种是与电子亲和力高的分子（如 O_2、H_2O 等）碰撞，被这些分子吸收形成负离子；第三种是和一些气体分子碰撞使其激发，激发态的分子极不稳定，很快回到基态辐射出光子，具有足够能量的光子照射到电晕极上有可能导致光电离而产生光电子，光电子有利于放电的维持。经过电子碰撞过后的气体分子，形成了具有高活性的粒子，这些活性粒子就对 VOC 分子进行氧化、降解反应，从而最终将有毒有害污染物转化为 CO_2 和 H_2O 等无毒无害物质。

低温等离子体工业废气处理成套设备和技术作为一种新型的气态污染物的治理技术是一个集物理学、化学、生物学和环境科学于一体的交叉综合性电子化学技术。该技术具有能很容易使污染物分子高效分解且处理能耗低等特点，是目前国内外大气污染治理中最富有前景、最行之有效的技术方法之一，其使用和推广前景广阔，为工业领域甲醛类有机废气及恶臭气体的治理开辟了一条新的思路。

6）生物法净化技术

低浓度工业废气的净化处理是当今国内外环境保护方面的难题之一。生物法净化技术就是专门为解决低浓度废气净化处理难题而开发的一项新兴技术。生物法具有处理效果好，投资和运行成本低，反应条件温和，无二次污染等优点，属于目前世界上工业废气净化领域的研究热点[25]。

生物法净化废气主要有三种形式：生物洗涤、生物过滤和生物滴滤。气态污染物的生物净化过程与废水生物处理技术的最大区别在于：气态污染物首先要经历由气相转移到液相或固相表面液膜中的传质过程，然后在液相或固相表面污染物被微生物吸附净化。

Ottengaf 依据传统的气体吸收双膜理论提出了生物膜净化的吸收-生物膜理论[26]。该理论认为，在生物膜表面有一层液膜，气体在液膜表面流过，在气液界面处有一附面层。在气液界面发生传质过程，气相中的污染物"溶解"入液膜，而后又从气-液界面处穿过液膜扩散到液膜与生物膜的界面处并与微生物作用。

我国学者依据 Ottengaf 的吸收-生物膜理论并结合相关研究成果，认为依据气体吸附理论和生化反应动力学原理来描述废气中低浓度挥发性有机物生物净化过程机理更为适宜，故提出吸附-生物膜新型理论，认为在生物膜表面不存在连续的液膜，生物膜直接与气膜相接[27]。

生物化学法净化处理低浓度挥发性有机废气一般要经历以下几个步骤：

(1) 废气中的挥发性有机物及空气中的 O_2 从气相本体扩散,通过气膜到达润湿的生物膜表面;

(2) 扩散到达生物膜表面的有机物及 O_2 被直接吸附在润湿的生物膜表面;

(3) 吸附在生物膜表面的有机污染物成分迅速被其中的微生物活菌体捕获;

(4) 进入微生物菌体细胞的有机污染物在菌体内的代谢过程中作为能源和营养物质被分解,经生物化学反应最终转化成为无害的化合物 CO_2 和 H_2O。

NO_x 是无机物,其构成中不含碳源。微生物净化 NO_x 时,适宜的脱氮菌在有外加碳源的情况下,利用 NO_x 作为氮源,将 NO_x 转化成最基本的无害的氮气,而脱氮菌本身获得生长繁殖,其中 NO_2 先溶于水形成 NO_3^-,被微生物还原为 N_2; NO 则被吸附在微生物表面后直接被微生物还原为 N_2。在此过程中加入有机物作为电子供体被氧化来提供能量,脱氮菌以 NO_3^- 和 NO_2^- 作为电子受体进行吸收并氧化有机物。

7.1.3 放射性污染物治理技术

大气环境中放射性污染除了部分来自宇宙射线与大气层中的核素发生反应产生的放射性核素,主要来源是生产和应用放射性物质的单位所排出的放射性废气,以及核武器爆炸、核事故等产生的放射性物质。

放射性物质可通过呼吸道、消解道、皮肤或黏膜等途径进入人体。由呼吸道吸入的放射性物质,其吸收程度与放射性核素的性质、状态有关,易溶性的吸收较快,气溶胶吸收较慢;被肺泡膜吸收后,可直接进入血液流向全身。由消解道食入的放射性物质,被肠胃吸收后,经肝脏随血液进入全身。可溶性的放射性物质易被皮肤吸收,特别是由伤口侵入时,吸收率很高。α、β、γ 射线照射人体后,常引起机体细胞分子、原子电离,使组织的某些大分子结构被破坏,例如,使蛋白质及核糖核酸或脱氧核糖核酸分子链断裂等而造成组织破坏。辐射损伤还会产生远期效应、躯体效应和遗传效应。远期效应是指急性照射后若干时间或较低剂量照射后数月或数年才发生病变。躯体效应是指导致受照射者发生白血病、白内障、癌症及寿命缩短等损伤效应。遗传效应是指在下一代或几代后才显示损伤效应。

含有放射性成分的工业废气在排入大气前,必须要经过特定的净化处理工艺去除其中的放射性成分或化学污染物。净化处理的方法主要有过滤法、吸附法、吸收法、蒸馏法、贮存衰变法等。为了提高净化效果,往往采用多种方法的综合处理流程[28]。

1) 短寿期核素滞留衰变

(1) 单流程滞留衰变

AP1000 堆型的核电站废气处理系统采用的是单流程常温活性炭滞留系

统[29, 30]，其流程图如图 7-2 所示。系统包括一台气体冷却器，一台汽水分离器，一个装有活性炭的保护床，两个串联使用的活性炭滞留床。废气首先经过气体冷却器冷却降温至 7.2℃，然后经汽水分离器除去大量水分，再通过活性炭保护床，从而避免异常的水汽夹带和化学污染对后续的活性炭滞留床产生影响。废气依次通过两级串联的活性炭滞留床，使放射性裂变产物吸附在活性炭上。滞留床出口气体经检验合格后引至烟囱。一般地，单台活性炭滞留床即可满足处理要求，即使其中某一台吸附器出现故障，系统仍然能正常运行。

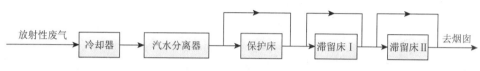

图 7-2 单流程常温活性炭滞留系统流程图[28]

（2）加压衰变贮存

核电站废气中除 ^{14}C、^{85}Kr 和 ^{3}H 外，其他核素的半衰期都很短。加压衰变贮存通过加压使废气在贮罐或衰变室内滞留足够长的时间，使短寿命的放射性气体自然衰变，从而降低放射性水平。M310 堆型核电站放射性废气处理系统采用衰变箱压缩贮存技术，典型代表有大亚湾、秦山一期、秦山二期、岭澳一期、岭澳二期、红沿河以及宁德等核电站[31]。加压衰变贮存工艺流程如图 7-3 所示。

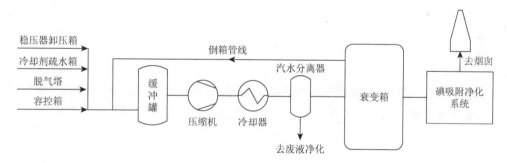

图 7-3 放射性废气加压衰变贮存工艺流程[28]

2）含核素碘的废气净化

核电站放射性废气中核素碘的含量较高，半衰期较长。放射碘属于亲甲状腺的高毒物质，极易通过呼吸道和食物迅速高度富集到人体甲状腺中，且裂变产额高、半衰期长，这类废气的肆意排放严重威胁人类健康，需要寻求安全可靠的处理方法。碘在放射性废气中以多种形态存在，主要有元素碘和甲基碘。除碘方法可大致归纳为两类：一类是液体吸收法；另一类是固体吸附法。

（1）液体吸收法

1982 年美国巴威尔核燃料后处理厂采用 HNO_3-$Hg(NO_3)_2$ 淋洗法去除废气中的碘元素[32]。1988 年国内唐静娟等对该技术进行了实验验证，结果表明，淋洗脱碘可作为吸附脱碘的前级除碘手段，可延长吸附材料的使用寿命，该方法脱碘效率高，操作范围广，但该方法对甲基碘的脱除效果不佳，且产生的放射性废液还需要后续处理，制约了湿法除碘技术的进一步发展。

此外，液体吸收后端需要配备相应的除湿除雾装置，以降低污染物夹带量[33, 34]。目前，用于除碘的湿法吸收方法包括 Iodox 洗涤法[35]、Mercurex 洗涤法[36]及碱洗法[37]，均是利用化学反应提高吸收速率。

（2）固体吸附法

常规吸附法除碘工艺如图 7-4 所示[38, 39]。含碘废气首先由预热器加热至约 50℃，经过高效过滤器Ⅰ除去气相中夹带的固体杂质，再依次穿过碘吸附器Ⅰ、Ⅱ，核素碘被吸附在吸附剂上，废气再通过高效过滤器Ⅱ，待脱除气相中夹带的吸附剂粉尘后，由引风机引至烟囱排放。系统由引风机提供输送动力，保证系统内部处于负压，避免泄漏风险。其中，对废气预热是该工艺的关键技术之一，目的是将废气的湿度降低，以提高吸附剂的吸附效率，延长使用寿命。

图 7-4 常规吸附法除碘工艺

除去核燃料后处理厂排气中碘的净化方法有：①滞留衰变法，滞留设备有贮罐、延迟管或滞留床等；②液体洗涤法，用液体吸收剂淋洗废气，使碘转入液相而除去，吸收剂有氢氧化钠、硫代硫酸钠和硝酸汞-硝酸的水溶液等；较好的洗涤法是埃奥多克斯（Iodox）流程，采用 20～22mol/L 的浓硝酸为淋洗剂，可将碘氧化成非挥发性的碘酸盐；③固体吸附法，用吸附剂吸附碘，常用的吸附剂有：用三亚乙基二胺或碘化钾浸渍过的活性炭、附银沸石、附银硅胶等。

3）含惰性核素 Kr 的废气净化

^{85}Kr 的半衰期为 10.76a，是核电站放射性废气中常见的待处理核素。乏燃料经过五年左右的冷却后，随着多数短寿命核素的衰变，废气中放射性惰性气体核素主要是 Kr，若吸入人体，会造成较强的内辐照，排放前对其净化处理十分重要。此外，^{85}Kr 在国民经济许多部门都有较好的利用价值，国内外一般采用活性炭吸附法和溶剂吸收法对废气中的 Kr 进行净化与回收[40-42]。

（1）活性炭吸附法

活性炭固体吸附剂从放射性废气中有选择性地将某些气分吸附于其表面，再通过温度控制，可将 Kr 分离出来。吸附法分低温吸附和常温吸附，其中，低温法有利于吸附，一般采用液氮降温。具体工艺流程可描述为：放射性废气经过两级串联填料碱洗塔，除去其中的氮氧化物和酸性气体，再由水环泵排经缓冲罐、旋风分离器、二次缓冲罐、冷凝器、硅胶塔除去废气中的水分及碱雾，再经预冷器降温后进入炭床，使 Kr 和部分 N_2 及 O_2 吸附在活性炭上，绝大部分 N_2、O_2 等杂质气体穿透过炭层后进入冷凝器作为冷源，而后排空。当炭层吸附饱和后，停止吸附，使炭层自然升温，进行分层解吸，首先解吸出的是低沸点的 N_2 及 O_2 等低沸点气分，并排空。当解吸气中的放射性浓度大于原废气放射性浓度时，将解吸气引至 CO_2 捕集 U 形管，以除去 CO_2 得到更纯的 Kr 产品。但该工艺约在-190℃的低温工况下运行，流程复杂，运行费用高，若预处理不当，容易造成活性炭层结冰堵塞，进一步恶化致使氮氧化物富集，引起爆炸。

（2）溶剂吸收法

氟利昂对核素 Kr 的选择性较高，通常作为溶剂吸收法的吸收剂[43]。氟利昂法吸收工艺流程如图 7-5 所示。该流程的核心设备是三个填料塔，放射性废气经压缩和冷却后进入吸收塔，在塔内气体与溶剂逆流接触，Kr 与一部分杂质气体被吸收，其余气体经塔顶除雾回收溶剂后排出。吸收富液进入分馏塔，利用闪蒸原理解吸出其中的共吸收杂气，并返回吸收塔气体入口，而分馏塔产生的浓缩剂进入解吸塔，塔顶解吸气再经过进一步纯化处理得到 Kr 产品，而塔底解吸贫液则返回吸收单元循环利用。氟利昂法的优点是制冷费用和溶解成本低、操作稳定。但该工艺设备复杂，处理低浓度含 Kr 废气时的成本偏高。

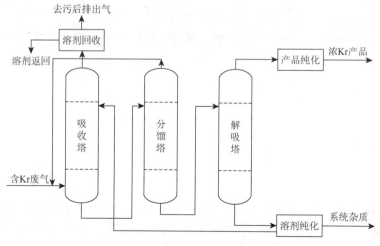

图 7-5 氟利昂法吸收工艺流程图[28]

4）放射性微粒的净化处理

来自核电站各工段的废气中，放射性微粒也是其重要组成部分，这些微粒大小不等，吸入后对人体危害极大。除微粒流程较常规吸附工艺增设了一套预处理系统，分为预处理、吸附分离和高效过滤。目前，较为常见的一套放射性微粒净化系统流程如图7-6所示。

图7-6 核电站常规放射性微粒净化系统流程

对含尘废气的预处理的三个基本作用：①去除其中的较大颗粒；②调节废气温度，降低湿度，减少腐蚀性气体；③降低微粒浓度，延长后续的高效过滤器的使用寿命。预处理的基本原理是利用惯性碰撞、扩散、静电吸引及重力沉降。常见的预处理方法包括：干法除尘（旋风分离、袋式除尘、电除尘及烧结金属过滤）、湿法除尘（文丘里洗涤、喷淋洗涤、鼓泡洗涤、液柱交叉流洗涤等）。而高效过滤则采用合成纤维或玻璃纤维作为过滤介质，充分利用并组合预处理基本方法，对微粒进行高效捕集，对微米级颗粒捕集效率接近100%，对于小于1μm的颗粒捕集效率也可达到99.96%。

7.2　工业废气净化治理材料研究现状

7.2.1　固态污染物治理材料

7.2.1.1　滤料

滤料是袋式除尘器用来制作滤袋的材料，是袋式除尘器的主要部件，其造价一般占设备费用的10%～15%。滤料需定期更换，从而增加了设备的运行费用。袋式除尘器的性能很大程度上取决于滤料的性能，如除尘效率、压力损失、清灰周期、环境适应性等都与滤料性能有关，因此正确选用滤料对于充分发挥除尘器的效能有着重要意义。

1）滤料的要求

性能良好的滤料应具备耐温、耐磨、耐腐蚀、效率高、阻力低、使用寿命长等优点，一般应满足下列要求：①容尘量要大，清灰后仍能保留"粉尘初层"，以保持较高的过滤效率；②滤布网孔直径适中，透气性能好，过滤阻力小；③滤布机械强度高，抗拉、抗皱折、耐磨、耐高温、耐腐蚀；④吸湿性小，易清灰；⑤制作工艺简单、成本低，使用寿命长。

滤料特性除了与纤维本身的性质有关，还与滤料表面结构有很大关系。料薄、表面光滑的滤料容尘量小，清灰方便，但过滤效率低，适用于含尘浓度低、黏性大的粉尘，采用的过滤速度不宜过高。料厚、表面起毛（绒）的滤料（如羊毛毡）容尘量大，粉尘能深入滤料内部，清灰后可以保留一定的容尘量，过滤效率高，可以采用较高的过滤速度，但必须及时清灰。到目前为止，还没有一种"理想"的滤料能满足上述所有要求，因此只能根据含尘气体的性质，根据具体情况选择最符合使用条件的滤料[44]。

2) 滤料的种类和特性

袋式除尘器采用的滤料种类较多，按滤料材质，可分为天然纤维、无机纤维和合成纤维；按滤料结构，可分为滤布和毛毡。

(1) 天然纤维滤料

天然纤维滤料主要是指由棉、毛、棉毛混纺和柞蚕丝做成的织物。天然纤维的表面呈鳞片状或波纹状，透气率很高，阻力小，容尘量大，易于清灰，价格较低，适合于净化没有腐蚀性、温度在70～90℃的含尘气体，过去是袋式除尘器的传统滤料纤维。然而，天然纤维最大的弱点是使用温度不能超过100℃，因此远不能适应现代工业对袋式除尘器的高标准和高要求。

(2) 无机纤维滤料

近年来，无机纤维的发展很快，其特点是能耐高温。目前，除了广泛使用的玻璃纤维滤料，有的已开始使用金属纤维。碳素纤维、矿渣纤维及陶瓷纤维滤料正在研究中。无机纤维的缺点是造价高，导致其应用受到一定的限制。

玻璃纤维有无碱、中碱和高碱三种，其特点是耐高温（最高使用温度为230～280℃）、吸湿性及延伸率小、抗拉强度大、耐酸性和过滤性能好、阻力低、造价低。用硅酮树脂、石墨和聚四氟乙烯处理过的玻璃纤维，其耐温性能、耐磨性能、抗弯性能和抗腐蚀性能得到很大改善，可在250℃长期使用。然而，玻璃纤维较脆、抗弯性差、不耐磨，不适合在含HF气体下使用，因而在应用上有局限性，不宜采用机械振打清灰。玻璃纤维多用于冶炼、炉窑等产生的高温烟气净化。

金属纤维滤料主要由不锈钢纤维制成，也有用金属纤维与一般纤维混纺制成的。金属纤维最大的优点是能耐高温，使用温度可达500～600℃，非常适宜在高过滤风速下处理高粉尘负荷的高温烟气。并且其过滤效率高、阻力小、易于清灰，而且耐磨性及耐腐蚀性好，其柔软性与锦纶相似。此外，还具有防静电、抗放射辐射等特性，寿命也较长。但因其造价极高，故应用很少。

(3) 合成纤维滤料

随着石油化学工业的发展，出现了合成纤维，具有许多天然纤维无可比拟的优点，因此很快被用来制作滤料，并逐渐取代天然纤维滤料。合成纤维的强度高、耐磨性好、耐温性及耐磨性优于天然纤维。目前使用较多的合成纤维滤料有聚酰胺、芳香族聚酰胺、聚酯、聚丙烯、聚丙烯腈、聚氯乙烯、聚四氟乙烯等。这些滤料性能各异，使用范围也各不相同。

聚酰胺的耐热性较差，长期使用温度不超过 85℃，耐磨性很好，但耐碱不耐酸，适合于磨损性很强的粉尘，如黏土、水泥熟料、石灰石等气体净化。聚丙烯腈的耐热性好，长期使用温度为 110~130℃，短期使用温度可达 150℃，其耐酸性好，耐磨性差，且不耐碱。聚四氟乙烯纤维是性能最为良好的一种合成纤维，在各种 pH 下的耐腐蚀性均较好，可在 220~260℃长期使用，短期耐温可达 280℃，其机械强度、抗弯性、耐磨性等也优于其他合成纤维，吸湿吸水性为零，表面非常光滑，清灰性能极佳，寿命长。但其造价较高，应用受到了限制。目前，在炭黑、化工、冶金工业中已陆续开始使用聚四氟乙烯纤维滤料。

为了提高袋式除尘器的适应性，人们一直在研制新型滤料，如覆膜滤料就是较新的一种。覆膜滤料是在针刺滤料或机织滤料表面覆以微孔薄膜制成，可实现表面过滤，使粉尘只停留在表面、容易脱落，即提高了滤料的剥离性。我国开发生产的覆膜滤料是用聚四氟乙烯微孔过滤膜与不同基材复合而成的，表面层很薄、很光滑、多微孔，具有极佳的化学稳定性，孔隙率高、耐酸碱抗腐蚀，不老化，摩擦系数极低，且适合的温度范围广（-180~260℃），过滤效率高，是高效袋式除尘器一种理想的滤料。目前我国滤布材料的加工、表面处理、后处理技术发展迅速，解决了耐高温、耐腐蚀、耐水解等问题，滤袋缝制技术和袋式整体技术也得到了提高，滤料的使用寿命在各种工艺条件下得到了大幅度延长[45, 46]。

7.2.1.2 陶瓷膜除尘材料

陶瓷膜是无机膜中的一种，属于膜分离技术中的固体膜材料，主要以不同规格的氧化铝、氧化锆、氧化钛和氧化硅等无机陶瓷材料作为支撑体，经表面涂膜、高温烧制而成。商品化的陶瓷膜通常具有三层结构（多孔支撑层、过渡层及分离层），呈非对称分布。多孔载体的作用是保证膜的机械强度，要求有较大的孔径和孔隙以增加渗透性，减少流体输送阻力。多孔载体的孔径一般为 1~20μm，孔隙率为 30%~65%。过渡层是介于多孔载体和活性分离层中间的结构，其作用是防止活性分离层制备过程中颗粒向多孔载体渗透，由于有过渡层的存在，多孔载体的孔径可以制备较大，因而膜的阻力小、膜渗透量大。根据需要，过渡层可以是一层，也可以是多层，其孔径逐渐减小，以与活性分离层匹配。活性分离层即膜，它通过各种方法负载于多孔载体或过渡层上，分离过程主要在这层膜上发生，分离层厚度一般为 3~10μm，孔径为 4nm~10μm，孔隙率为 40%~55%，其中应用最广泛的是孔径在 0.2μm 以上的陶瓷微滤膜。

根据支撑体的不同，陶瓷膜的构型可分为平板、管式、多通道三种。陶瓷膜由于耐酸碱、耐高温和在极端环境下的化学稳定性，又由于商品化的陶瓷膜孔径较小（通常小于 0.2μm），可以成功地实现分子级过滤，因此其主要用于对液态、气态混合物进行过滤分离，可以取代传统的离心、蒸发、精馏、过滤等分离技术，达到提高产品质量、降低生产成本的目标，在石油和化学工业等苛刻环境中具有广泛的应用前景。

相较于传统聚合物分离膜材料，陶瓷膜具有化学稳定性好、能耐酸、耐碱、耐有机溶剂；机械强度大，可反向冲洗；抗微生物能力强；耐高温；孔径分布窄、分离效率高等优点。在食品工业、生物工程、环境工程、化学工业、石油化工、冶金工业等领域得到了广泛的应用，其市场销售额以 30%的年增长率发展着。陶瓷膜的不足之处在于造价较高、无机材料脆性大、弹性小、给膜的成型加工及组件装备带来一定的困难等。

国内最早开展多孔陶瓷材料研究始于 20 世纪 70 年代初，山东工业陶瓷研究设计院先后采用一种热浇注成型工艺研制开发了石英质、刚玉质、铝矾土质等多孔陶瓷制品，具有良好的耐酸性和耐碱性，产品以管状制品为主，主要用于一些气体过滤和液体过滤等。进入 90 年代，该院采用涂层技术，又开发了一种具有孔梯度结构的陶瓷微滤膜过滤材料。这种陶瓷微滤膜过滤材料在原有刚玉质多孔陶瓷材料基础上，通过在材料外表面或内表面采用喷涂、浸渍、烧结技术涂覆了一层孔径 0.5～30μm、厚度 100～300μm 的均匀氧化铝膜过滤层。与传统多孔管陶瓷材料相比，这种具有孔梯度结构的陶瓷膜材料具有过滤精度高、过滤阻力小、清洗再生效果好等优点，实现了传统多孔陶瓷材料技术升级。

90 年代后期，随着国外陶瓷超滤膜、纳滤膜技术的发展，国内相关单位也开始开展了用于错流过滤的多通道陶瓷材料的研究开发工作。其中，南京工业大学研究团队，最早完成了多通道陶瓷微滤膜、超滤膜、纳滤膜的研究开发工作。这种多通道陶瓷膜材料主要是以高纯氧化铝（或刚玉砂）为原料，首先采用挤出成型工艺制备孔径为 3～5μm 的多通道（包括单通道、7 通道、19 通道、37 通道等）管状陶瓷膜支撑体，然后在支撑体通道内表面采用粒子烧结工艺或溶胶-凝胶工艺制备一层或多层膜过滤层，膜层孔径从 0.8μm 到几个纳米不等，膜层材料主要有氧化铝质、氧化钛质、氧化锆质或其复合材料。特殊的通道结构设计和光滑的膜表面进一步拓宽了产品应用领域。

进入 21 世纪以来，随着国家节能减排政策实施，高温气体净化技术对先进膜过滤材料的需要，具有耐高温、耐高压、过滤效率高、适用范围广的高温陶瓷膜材料引起国内重视。山东工业陶瓷研究设计院也在多年从事陶瓷膜材料研究开发基础上，从 20 世纪 90 年代末开始，开展了高温陶瓷膜材料的研究开发工作。先后采用热浇注成型工艺、挤出成型工艺以及等静压成型工艺完成了刚玉质、堇青石质以及碳化硅质陶瓷及陶瓷纤维复合膜材料的研究开发。其中以多孔堇青石陶瓷材料为支撑体，以莫来石-硅酸铝纤维为复合膜过滤层的堇青石质陶瓷纤维复合膜材料与其他多孔陶瓷材料相比，具有气孔率高、过滤阻力小、体积密度小、耐高温性能优良等优点，可用于 700℃ 以下各种高温气体（烟尘）净化，过滤精度小于 1μm，过滤阻力小于 2000Pa，净化后气体杂质浓度一般小于 10mg/(N·m^3)。产品可广泛应用于冶炼、建材、焚烧炉等高温烟尘净化领域。另一种高温陶瓷膜过滤材料为碳化硅基陶瓷纤维复合膜材料，它以先进的冷等静压近净尺寸成形工艺首先制备高温碳化硅陶瓷膜支撑体，以多晶莫来石短切纤维、刚玉砂等为原料，采用喷涂和烧结工艺在多支撑体表面形成一层均匀的陶瓷纤维复合分离膜层，膜层孔径可以控制在 5~20μm，厚度为 100~200μm。通过支撑体层和膜分离层不同孔结构设计，可以获得不同机械性能、不同微孔性能的高温膜分离材料。这种高温碳化硅基陶瓷纤维复合膜材料最高使用温度可以达到 900℃，工作压力可以达到几个兆帕，过滤精度可以达到 0.2μm，过滤后气体杂质浓度可以达到 5mg/(N·m^3) 以下。产品可广泛用于各种高温、高压气体净化，如煤化工领域高温粗煤气净化、多晶硅、有机硅、石油化工领域高温合成气净化等[47]。

7.2.2 气态污染物治理材料

1）吸附剂的研究现状

活性炭是目前净化 VOC 常用的吸附材料。活性炭的表面化学性质由活性炭表面官能团的种类和数量决定，表面化学性质差异影响活性炭的化学吸附性能。通过对活性炭进行表面化学改性，可以改变活性炭对 VOC 的吸附能力和吸附选择性[48]。Liu 等[49]的研究表明，氨化可以使活性炭表面碱性官能团增加，氧化可以使活性炭表面酸性官能团增加。通过对活性炭进行表面化学改性，可以改变活性炭对 VOC 的吸附能力和吸附选择性。Kim 等[50]研究了不同酸和碱浸渍改性椰壳活性炭对多种 VOC 的吸附性能，发现磷酸浸渍改性的活性炭对苯、甲苯、二甲苯等 VOC 吸附性能提高。刘耀源等分别利用 H_2SO_4/H_2O_2[51]、NaOH[52]改性玉米秸秆活性炭，发现用 H_2SO_4/H_2O_2 改性后的活性炭，降低了其对甲苯等弱极性、非极性物质的吸附量，而用 NaOH 改性能提高其对甲醛等极性物质的吸附能力。Li 等[53]用氨水浸渍改性活性炭，发现改性后的活性炭对邻二甲苯等疏水性 VOC 的吸附能力要强于酸改性。根据尺寸排斥理论，只有当活性炭的孔隙直径大于吸附质分子直径时，吸附质分子才能进入活性炭的孔道内[54]。研究发现吸附剂吸附效率最高时，吸附剂的孔径与吸附质分子直径的比值为 1.7~3.0[55]。大部分气态污染物的分子尺寸小于 2nm[56]，因此适合 VOC 吸附的活性炭的内孔道要以微孔为主，大于有效孔径的孔吸附作用甚微。Lillo-Ródenas 等[57]的研究发现小于 0.7nm 的微孔对苯和甲苯有很强的吸附能力。冀有俊等[58]研究发现 0.60～1.15nm 范围内的微孔为 CH_4 吸附的有效区间，大于此范围的孔在吸附过程中主要起通道作用。

活性炭纤维是一种多孔性纤维状吸附材料，在表面形态和结构上与活性炭有本质上的差别，主要存在大量狭窄而均匀的微孔，比表面积大，适当的活化条件可以使比表面积达到 $2325m^2/g$。其具有很高的反应活性，与其他元素反应形成支配表面化学结构的化学官能团，主要与氧形成含氧官能团，如羧基、酚羟基、羰基、内酯基，还存在少量含硫、磷、氮的官能团。活性炭纤维发达的孔结构和表面化学结构赋予其优异的吸附特性，吸附量大，是活性炭吸附速度的十几倍，脱附速度快，再生吸附能力强，吸附完全，特别适用于吸附去除低浓度有机物。

2）吸收剂的研究现状

石灰石-石膏是传统的脱硫吸收剂，但是该法的投资运行成本高，吸收设备易结垢及损耗，且副产物脱硫石膏的质地松软，附加值不高，易产生二次污染。新型吸收剂的开发是推动脱硫技术发展的基石。有机溶剂再生脱硫法是新兴的脱硫技术[59, 60]，该工艺利用有机胺溶剂的碱性吸收烟气中的酸性气体 SO_2，并利用解吸装置使 SO_2 从胺液中脱离出来，得到高纯度的饱和 SO_2，有机胺再生并循环使用，SO_2 可用来制硫酸或硫黄。有机胺吸收液具有较高的抗氧化性、热稳定性和化学稳定性；而且其选择性好，对烟气中 SO_2 浓度几乎没有限制。亚硫酸钠循环法，最早是由美国的 Wellman-Lord 公司开发出来的[61]。该工艺以亚硫酸钠为吸收剂，在低温条件下吸收烟气中 SO_2，生成亚硫酸氢钠。饱和溶液通过加热、分解重新产生 SO_2 可用于制硫酸或硫黄。由于水的蒸发而使亚硫酸钠结晶，亚硫酸钠结晶经溶解后再用作吸收剂循环使用，故称为"亚硫酸钠循环法"。

近年来，随着对离子液体的深入研究，国内外的研究者都发现离子液体对酸性气体如 CO_2、SO_2 和 H_2S 等具有良好的溶解性能。到目前，已经有越来越多的文献报道了离子液体能够高效率地脱除烟气中的 SO_2。与传统的吸收剂相比，离子液体具有多方面的优势，如离子液体可回收循环利用、所吸收的 SO_2 易解吸、对空气无污染等。目前，用于烟气脱硫的功能化离子液体有很多，按阳离子分类主要包括胍盐类离子液体、醇胺基离子液体、咪唑基离子液体、吡啶基离子液体、季胺基离子液体及季磷基离子液体等。

胍盐类离子液体是最早用于吸收 SO_2 研究的离子液体，Shang 等[62]合成了三种 1,1,3,3-四甲基胍为阳离子的离子液体，其阴离子酸分别是苯酚、三氟乙醇和咪唑。实验分别考察了这三种离子液体在 40℃下的物理性质，包括密度、黏度和导电率，并考察了其对 SO_2 的吸收和解吸的行为。其发现在 SO_2 分压为 101.3kPa、温度为 273K 的情况下，这三种离子液体均对 SO_2 表现出良好吸收效果,且是同时通过包括物理和化学作用进行吸收的,其中物理吸收所占的部分非常大。Wu 等[63]重点研究了以乳酸为阴离子的[TMG]L 离子液体,发现在 SO_2 分压为 8.104kPa、温度为 313K 的实验条件下,对 SO_2 的吸收量可达到 $0.978molSO_2/mol IL$;而当 SO_2 的分压为 101.3kPa 时,即当吸收纯 SO_2 时,则高达 $1.7mol SO_2/mol IL$。为了考察离子液体的选择性,该研究同时也考察了[TMG]L 对 CO_2 的吸收,发现吸收量同样非常小,这同样表明[TMG]L 对 SO_2 的吸收具有选择性。醇胺类的离子液体也是质子化的离子液体,对 SO_2 具有良好的吸收效果且可通过加热或气提的方式进行再生。Zhang 等[64]通过一步酸碱中和合成法合成了一系列的醇胺类离子液体,其中阳离子碱为乙醇胺、二乙醇胺和三乙醇胺,阴离子酸为甲酸、乙酸、乳酸。结果表明:这类离子液体对 SO_2 具有很好的吸收性,在压力为 101.3kPa、温度为 298.2K 时,每摩尔离子液体可吸收 0.4~0.52mol 的 SO_2。从相同温度压力条件下离子液体对 SO_2 的吸收量可以看出,SO_2 的吸收不仅与阳离子有关,与阴离子也有关系,且当阳离子相同时,吸收量随阴离子的变化为乳酸＞乙酸＞甲酸,当阴离子相同时,吸收量随阳离子的变化为乙醇胺＞三乙醇胺＞二乙醇胺。

3)催化剂的研究进展

选择性还原法最早是由日本的 Babcock Hitachi 和 Nitsubish Heavy Industries 开发的,以 $V_2O_5-TiO_2$ 为催化剂,此组分涂于挤条成形的蜂窝形块状陶瓷或金属制成的蜂窝形块状载体上,具有表面积大和压力降小的优点[65]。氮氧化物的分解反应是一个热力学上有利的反应,关键是如何找到一种合适的催化剂来有效地降低其高达 364kJ/mol 的活化能,从而在动力学上达到较快的反应速率。迄今为止人们研究所得的催化剂体系主要有贵金属催化剂、金属氧化物催化剂及分子筛催化剂。

贵金属催化剂主要有负载型 Pt、Pd、Rh、Ir 等,载体包括氧化铝、氧化硅、氧化钛及氧化锌等,其中以氧化铝载体效果最好,Rh/Al_2O_3 的活性最高,一般用浸渍法负载贵金属。贵金属系列催化剂活性高,低温活性好,抗硫中毒能力和抗水蒸气失活能力强,但其操作温度范围太窄,产物中有明显的 N_2O 生成,有强烈的氧阻抑现象,而且考虑经济效益,开发和研制汽车尾气的非贵金属催化剂均势在必行。金属氧化物催化剂包括三种:单金属氧化物、负载的金属及金属氧化物和钙钛矿型复合氧化物。其中以氧化铝及其负载的金属、金属氧化物活性较高,但是这类催化剂低温活性差,操作温度较高时(＞400℃)活性中等;空速较高时活性较低;可用的还原剂很多,对 SO_2 非常敏感、易中毒、高温老化后会因表面积损失而导致失活。分子筛系列催化剂是这一领域中研究最早和最多的催化剂,其中 Cu-ZSM-5 催化剂对烃类选择性还原 NO_x 有很高的活性和选择性,但在水蒸气存在下和高温时很容易失活,从而难以工业化。

7.2.3 放射性污染物治理材料研究现状

对碘的吸附而言，核工业中应用较多的吸附剂是附银或硝酸银的固体吸附剂，如银八面沸石、银丝光沸石、浸渍硝酸银硅胶、活性氧化铝、活性炭（浸渍 KI、PbI_2、CuI_2、$AgNO_3$ 或 TEDA）和浸渍银的有机聚合物等[66]。国内外对各类吸附剂对碘的吸附性能进行了大量研究。Hirano 等[67]发明一种连续、有效、安全的放射性含碘和碘甲烷废气处理工艺。根据二者在活性炭上吸附能力不同，先通过化学吸收将碘吸附，再用物理吸收来吸附碘甲烷。李启东等[68]通过实验筛选出同时吸附碘和碘甲烷的优选炭种为油棕炭，较优的浸渍剂配方为 2% TEDA（三亚乙基二胺）和 2% KI（碘化钾）溶液，TEDA 与甲基碘反应生成铵盐固定在炭上，但 TEDA 闪点低（约 190℃），浸渍量过高会降低吸附剂着火点，一般浸渍量不超过 5%；KI 去除碘的机理则主要是利用同位素交换原理[39]。纤维活性炭由于具有较高的吸附表面积，对单质碘的吸附性能优良，是一种有应用前景的吸附材料。叶明吕等[69]认为虽然活性炭具有良好的碘吸附性能，但废气中氮氧化物的存在容易引发燃烧爆炸事故，于是改用浸渍有 $AgNO_3$ 的硅胶来代替传统活性炭，实验考察了硅胶附银量、硅胶孔径、硅胶粒径等因素对吸附容量的影响，结果表明，采用附银量为 18%的硅胶作为吸附剂，单位质量硅胶可吸附碘量约 186.5mg，且银的利用率达 85.54%。卢玉楷等研究了不同类型的固体吸附剂对元素碘及碘甲烷的吸附特性，认为渗银 13X 分子筛价格偏贵，不宜作为碘吸附剂，而附载有 4%TEDA 的杏核炭是清除碘甲烷的优选吸附剂。单质碘的吸附剂应具备较高的比表面积，代表性的有中国科学院山西煤炭化学研究所研制的毡状纤维毯 AC-70，71 具有高比表面积和吸附量，且堆积密度小，气流阻力低，可作为一种有潜力的吸附材料[70]。随后实验考察了不同操作条件下杏核炭对单质碘的吸附特性，认为增大气相的相对湿度（大于 70%）和温度，均会降低吸附量[71]。由于废气中氮氧化物与活性炭接触容易发生燃烧爆炸，叶明吕等[72]研发了附银丝光沸石（AgX）无机吸附剂代替传统的活性炭吸附剂，实验研究表明，在进气碘浓度为 4×10^{-4}g/L，气速为 23cm/s，吸附温度为 130℃条件下，附银量为 15.2%的丝光沸石对单质碘的饱和吸附量可达 196.6mg（I）/g（AgX），银的平均利用率大于 86.5%，且水蒸气和氮氧化物对吸附特性没有显著影响，对碘去污系数可达 $10^3 \sim 10^4$。该吸附剂对甲基碘同样具有良好的吸附性能，饱和吸附量可达 224.2mg（I）/g（AgX），银的平均利用率大于 100%。

核素 Kr，从物化性质上看是单原子分子的惰性气体，无色无味，Kr 的密度是空气的 2.93 倍。^{85}Kr 是天然 Kr 的一种放射性同位素，它容易被橡胶、黏土、活性炭等多孔材料所吸附。固体吸附法技术成熟、设备简单，是国内外常用的方法。廖翠萍等[73]研究了椰壳活性炭对气冷堆 He 载气中 Kr、Xe 的吸附净化行为。其发现椰壳活性炭经过 2h 水蒸气活化和 900℃ 焖烧处理后，对 Kr 和 Xe 的吸附有了明显提升。实验结果显示净化温度在低温（液氮温度）下进行，效果良好；活性炭的目数为 5~10，容积流量为 1.8~3.0L/min（线速为 0.10~0.15m/s），吸附剂的层高为 200~800mm 时，有良好的吸附效果。陈莉云等[74]专门研究了低温下活性炭吸附分离 Kr 和 Xe 的方法。Kr 和 Xe 混合气在-78℃活性炭吸附柱上进行富集，根据 Kr、Xe 在活性炭柱上脱附条件的差异实现了 Kr 和 Xe 的分离。结果表明，Kr 和 Xe 的回收率均大于 90%，Kr 样品中 Xe 的去污系数达 10^4 以上，Xe 样品中 Kr 的去污系数达 10^3 以上。王亚龙等[75]研究了不同活性炭纤维（黏胶基、沥青基、颗粒型）在 201K 时对 Kr 的静态吸附等温线和吸附速度，测试结果表明由于吸附材料微孔结构和表面官能团的不同，相比于其他两种吸附剂，黏胶基活性炭纤维在同样条件下对 Kr 的平衡吸附容量更高，吸附速度也更快。倪依雨等[76]以椰壳为基材，制备了一种对 Kr、Xe 吸附选择性强、吸附系数高、强度高、使用寿命长的压水堆核电站高放废气常温延迟处理用活性炭。该活性炭强度大于或等于 98%，可保证 40 年不风化；总孔容积大于 $0.4cm^3/g$，微孔容积占总容积比大于或等于 78%，0.6~1.1nm 孔径分布比例大于或等于 42%，使得活性炭具有很大吸附容量，在延迟时间一定时可以相对减少延迟床的活性炭用量，从而减小延迟床的体积、占地面积，节约投资；6~12 目粒度分布大于 90%，可较好平衡过滤气流阻力及满足充分吸附两者关系，对 Kr 和 Xe 的吸附系数分别大于 39mL/g 和大于 491mL/g。

7.3　工业废气污染物净化治理装备

7.3.1　固态污染物治理装备

7.3.1.1　重力沉降室

重力沉降室是使含尘气流中的尘粒借助重力作用自然沉降来达到净化气体目的的装置。这种装置具有结构简单、造价低、施工容易（可用砖砌或用钢板焊制）、维护管理方便、阻力小（一般为 50~150Pa）等优点。但由于它体积大，除尘效率低，故一般只用于多级除尘系统中的第一级除尘。通过 7.1.1 节对重力沉降室沉降原理的理论分析可知，理论上沉降室的生产能力只与其沉降面积及尘埃的沉降速度有关，而与沉降室高度无关。因此，为了提高重力沉降室的生产能力，减小设备的体积，可将沉降室设计成扁平形，或在室内均匀设置多层水平隔板，构成如图 7-7 所示的多层沉降室[44]。

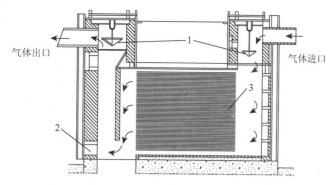

图 7-7 Howord 固定型多层沉降室
1. 锥形阀；2. 清灰孔；3. 隔板[44]

重力沉降室的设计计算主要是根据要求处理的气量和净化效率确定沉降室的尺寸。最关键的是选择适当的气流速度。气流速度小，分离效果好，但除尘器截面积较大；气流速度大，分离效果差，且易引起二次扬尘。因此，气流速度的选择还应注意沉降室中的气体流速应低于物料被重新带走的二次扬尘速度。

7.3.1.2 惯性除尘器

惯性除尘器是利用尘粒在运动中惯性力大于气体惯性力的作用，将尘粒从含尘气体中分离出来的设备。这种除尘器结构简单，阻力较小，但除尘效率较低，一般常用于一级除尘。惯性除尘器用于净化密度和粒径较大（捕集 10~20μm 的粗尘粒）的金属或矿物性粉尘，具有较高的除尘效率。对黏结性和纤维性粉尘，因其易堵塞，故不宜采用。惯性除尘器的捕集效率比重力沉降室高，但仍为低效除尘设备，也主要用于高浓度、大颗粒粉尘的预净化。

惯性除尘器种类很多，根据除尘原理大致可分为碰撞式和反转式两类。碰撞式惯性除尘器是利用一级或几级挡板阻挡气流前进，使含尘气流与挡板相接，借助其中粉尘粒子的惯性力使气流中尘粒分离出来，见图 7-8（a）。反转式惯性除尘器是通过改变含尘气流流动方向收集较细粒子的除尘器。图 7-8（b）中的多层隔板塔形除尘装置主要用于烟雾分离，它能补集几微米粒径的雾滴。为了进一步提高捕集更细小雾滴的捕集效率，可在净化气体出口端、塔的顶部装设一层填料层。

惯性除尘装置就其性能来看，对于碰撞式惯性除尘器，气流冲击挡板的速度越大，流出装置净化后的气体的气流速度越低，粉尘的携带量就越小，捕集效率就越高；对于反转式惯性除尘器，气流转换方向的曲率半径越小，转变次数越多，就越能分离细小尘粒。惯性除尘器用于净化密度和粒径较大的金属或矿物性物料

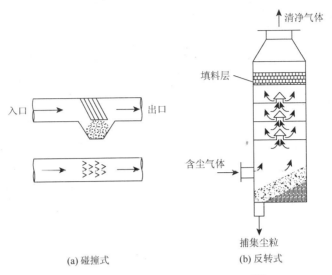

图 7-8 碰撞式和反转式惯性除尘器[44]

时具有较高的除尘效率。对黏结性和纤维性粉尘，则因易堵塞不宜采用。由于惯性除尘器的净化效率不高，故一般用于捕集 10~20μm 的粗尘粒。

7.3.1.3 旋风除尘器

旋风除尘器是利用旋转的含尘气体所产生的离心力，将粉尘从气流中分离出来的一种干式气-固分离装置。旋风除尘器是工业中应用比较广泛的除尘设备之一，多用作小型燃煤锅炉消烟除尘和多级除尘、预除尘的设备。其除尘原理与反转式惯性除尘器类似。但惯性除尘器中的含尘气体只受设备的形状或挡板的影响，简单地改变了流线方向，只作半圈或一圈旋转；而旋风除尘器中的气流旋转不止一圈，旋转流速也较大。因此，旋转气流小的粒子受到的离心力比重力大得多。对于小直径、高阻力的旋风除尘器，离心力比重力大几千倍；对大直径、低阻力旋风除尘器，离心力比重力大 5 倍以上。所以，用旋风除尘器从含尘气体中除去的粒子比用重力沉降室或惯性除尘器除去的粒子要小得多。

但也应当指出，旋风除尘器压力损失一般比重力沉降室和惯性除尘器高，如高效旋风除尘器的压力损失竟达 1250~1500Pa。此外，这类除尘器不能捕集小于 5μm 的粉尘粒子。

1）旋风除尘器的构造及工作原理

如图 7-9 所示，旋风除尘器由带锥形的外圆筒、进气管、排气管（内圆筒）、圆锥筒和贮灰箱的排灰阀等组成。排气管插入外圆筒形成内圆筒，进气管与外圆相切，外圆筒下部是圆锥筒，圆锥筒下部是贮灰箱。

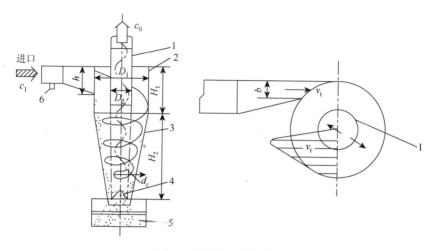

图 7-9 旋风除尘器的构造
1. 内圆筒；2. 外圆筒；3. 圆锥筒；4. 排灰阀；5. 贮灰箱；6. 测压口

当含尘气流以 14~25m/s 的速度由进气管进入旋风除尘器时,气流将由直线运动变为圆周运动。由于受到外圆筒上盖及内圆筒壁的限流,气流被迫做自上而下的旋转运动,通常把这种运动称为外旋气流。气流在旋转过程中产生较大的离心力,尘粒在离心力的作用下,逐渐被甩向外壁。接触到外壁的尘粒失去惯性而在重力的作用下沿外壁面下落,进入贮灰箱。旋转下降的外旋气流在到达锥体时,因受到圆锥形收缩的影响而向除尘器中心汇集。根据"旋转矩"不变原理,其切向速度不断提高。气流下降到一定程度时,开始返回上升,形成一股自下而上的旋转运动,即内旋气流。内旋气流不含大颗粒粉尘,所以比较干净,经排气管(内圆筒)向大气排出。但是,由于内、外两旋转气流的互相干扰和渗混,容易把沉于底部的粉尘又带起,其中一部分细小的粒子又被带走,这就是防尘器的二次扬尘现象。为减少二次扬尘,提高除尘效率,在圆锥体下部往往设置阻气排尘装置。

2)影响旋风除尘器性能的因素

在旋风除尘器结构尺寸中,主要影响因素有旋风除尘器的直径、高度、气体进口和排气管形状与大小[77]。

旋风除尘器的直径越小、旋转半径越小,气流运动给予粉尘粒子的离心力越大,旋风除尘器的除尘效率也就越高,相应的流体阻力也越大。但过小的筒体直径,会由于旋风除尘器器壁与排气管太近,使较大直径颗粒有可能反弹至中心气流而被带走,使除尘效率降低。另外,筒体太小容易引起堵塞,尤其是对于黏性物料。因此,一般筒体直径不宜小于 150mm,工程上常用的旋风除尘器的直径(多管式旋风除尘器除外)是在 200mm 以上。

一般来说,外形细长的旋风除尘器比短粗的旋风除尘器的除尘效率高。旋风除尘器的高度增加，不仅可以使进入筒体的粉尘粒子停留时间增长，有利于分离，而且能使尚未到达排气管的颗粒有更多的机会从旋流核心中分离出来，减少二次夹带，以提高除尘效率。足够长的旋风除尘器，还可避免旋转气流对灰斗顶部的磨损。但是，过长的旋风除尘器会占据较大的空间，增加流体的流动阻力。因此，对于筒体高度的取值，一般认为性能较好的旋风除尘器直筒部分的高度为其直径的 1~2 倍。

旋风除尘器进口形式主要有 4 种：螺旋面进口、渐开线进口、切向进口及轴向进口。不同的进口形式有着不同的性能、特点和用途。轴向进口常用于小型旋风除尘器，如多管式旋风除尘器。就性能而言，试验表明，以蜗壳形结构的入口性能较好，蜗壳与筒体相切面角度以气流旋转 180°后与筒体外缘相切为宜。进口管可以制成矩形和圆形两种形式，但由于圆形进口管与旋风除尘器筒壁只有一点相切，而矩形进口管其整个高度均与筒壁相切，故一般多采用矩形进口管。

7.3.1.4 静电除尘器

静电除尘器的基本工作原理是气体中的尘粒通过高压静电场时，与电极间的正、负离子和电子碰撞而荷电或在离子扩散运动中荷电，带上正负电荷的尘粒在电场力的作用下向异性电极运动并积附在异性电极上，再通过振打等清灰方式使电极上的灰尘落入灰斗中，从而达到除尘的目的。

静电除尘器通常包括本体和电源两大部分。本体部分是个庞然大物，它让处理对象通过并进行悬浮粒子分离。静电除尘器本体部分大致可分为内件、支撑部件和辅助部件。内件部分包括阳极系统、阳极振打、阴极系统、阴极振打四大部件，这是静电除尘器的核心部件，也是静电除尘器的心脏部分。支撑部件包括壳体、顶盖、灰斗、灰斗挡风、进出口封头、低梁、尘中走道、气流均布装置等。辅助部件包括走梯平台、顶部支架、灰斗电加热、灰斗料位计、钢支部等。根据被处理气体的流量、性状和环境保护的不同需求，出现了不同类型的静电除尘设备。通常根据气体流动方式、阳极板形式、清灰方式等进行分类。

1）根据气体流动方式分类

根据气体流动方式可以分为立式和卧式两种：①立式静电除尘器一般做成管筒状，垂直安装，含尘气体通常自下而上流过除尘器。立式静电除尘器具有占地面积小，除尘效率高等优点。但是立式不容易做成大容量静电除尘器，多用于烟气量小，粉尘易于捕集的场合。②含尘气体沿水平方向流过，并且完成除尘过程的静电除尘器称为卧式静电除尘器。卧式适用于处理烟气量大的场合，是工业除尘常用的一种除尘器。

2）根据阳极板形式分类

根据阳极板的结构形式，静电除尘器可分为管式静电和板式静电除尘器。①管式静电除尘器。管式静电除尘器就是在金属圆管中心放置阴极线，而把圆管的内壁作为收尘极的表面。如图 7-10 所示为简单管式静电除尘器的基本结构。在实际使用中往往根据烟气量的大小，采用多管并列的方法，组合成较大型的管式静电除尘器。管式静电除尘器一般多为立式，适用于处理气流量较小或捕集气体中液滴的场合，如用于高炉烟气净化和炭黑制造部门等。②板式静电除尘器。板式静电除尘器的阳极板由一系列平行的金属薄板组合而成。阳极线均匀分布在两平行阳极板构成的通道内。除尘器的长度根据除尘器对除尘效率的要求来确定。板式静电除尘器由于几何尺寸灵活，可制成各种大小，以适应不同处理风量的需要，因此在除尘工程中得到广泛采用。

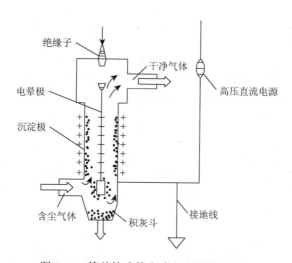

图 7-10　简单管式静电除尘器的基本结构

3）根据清灰方式分类

根据清灰方式的不同，静电除尘器可分为干式和湿式两种。①干式静电除尘器是通过机械振打、电磁振打等方法敲击极板框架，使沉积在极板表面的粉尘振落完成清灰过程的静电除尘器。这种清灰方式处理简单，便于回收有经济价值的粉尘。但这种清灰方式易使沉积于阳极板上的粉尘再次扬起而进入气流中，造成二次扬尘，致使除尘效率有所降低。目前，工业用静电除尘器多采用干式。②湿式静电除尘器。湿式静电除尘器是采用溢流或均匀喷雾等方法使阳极板表面经常保持一层水膜，当粉尘到达阳极板表面时，顺着水流走，从而达到清灰的目的。如图 7-11 所示，湿法清灰降低了尘粒的比电阻，完全避免了二次扬尘，故除尘效率很高，同时由于没有振打设备，工作也比较稳定。另外，由于水对烟气的冷却作用，使烟气量减少，如烟气中有 CO 等易爆气体，用水冲洗则可减少爆炸危险。但是净化后烟气含湿量较高，会对管道和设备造成腐蚀。另外，还需要对产生的泥浆进行处理，配置相应的设备。高炉炉气净化和转炉炉气净化时用湿式静电除尘器。

此外，大型电除尘器普遍采用干式、板式和卧式的综合型静电除尘器。图 7-12 为单电场干式、板式和卧式的综合型静电除尘器。该除尘器的阳极采用 480C 型极板，阴极采用新 RS 线型。阴、阳极振打采用侧向重锤振打方式。进出除尘器的烟气管道采用水平布置。进口端设置气流分布板，改善电场的气流分布。除尘器内部设有尘中走道，便于检修人员进入检修维护。灰斗中的灰通过底部的螺旋输灰机排出。整流变压器采用户外型，安装于除尘器顶部。综合型静电除尘器可以把电场当作模块，通过电场的串联、并联的组合，以满足不同烟气处理量和除尘效率的要求。综合静电除尘器集中了干式、板式和卧式静电除尘器的特点，主要有以下几个方面：①具有较好的模块特性，能满足大容量烟气处理场合和较高的环保要求，特别适合大型火力发电厂、钢铁厂等排放的烟气。②采用板式阳极，可以节省耗钢量。板式极板由机器轧制而成，便于大规模机器化生产，有利于降低成本。③卧式静电除尘器便于检修维护，操作维护方便。

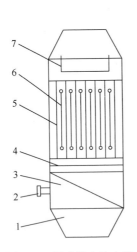
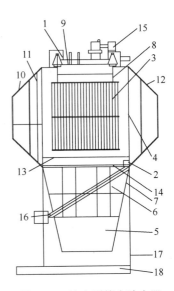

图 7-11 湿式静电除尘器
1. 灰斗；2. 烟气入口；3. 导流板；4. 气流分布板；
5. 阳极板；6. 阴极板；7. 喷水管

图 7-12 综合型静电除尘器
1. 阳极系统；2. 阳极振打；3. 阴极系统；4. 阴极振打；
5. 灰斗及排灰机构；6. 灰斗挡风；7. 底梁；8. 内顶；
9. 外顶盖；10. 进口封头；11. 进口气流分布板；
12. 出口封头；13. 壳体；14. 尘中走道；15. 高压引入及电加热；16. 走梯平台；17. 钢支架；18. 检修平台

7.3.1.5 袋式除尘器

袋式除尘器是一种高效干式除尘器，依靠的是纤维滤料做成的滤袋，更主要的是通过滤袋表面上形成的粉尘层来净化空气。其除尘效率高，特别是对微细粉尘也有较高的效率，一般可达99%以上。如果所用滤料性能好，设计、制造和运行均得当，则其除尘效率甚至可以达到99.9%。但由于所用滤布受到温度、腐蚀性等限制，其只适用于净化腐蚀性小，温度低于300℃的含尘气体。烟气温度也不能低于露点温度，否则会在滤布上结露，使滤袋堵塞。袋式除尘器不适用于黏结性强、吸湿性强的含尘气体净化。近年来随着滤料、滤袋形状，滤布耐温、耐腐蚀和清灰技术等方面的不断发展，以及自动控制和检测装置的使用，袋式除尘器得到了迅速发展，已成为各类高效除尘设备中最具竞争力的一种除尘设备[78]。

图 7-13 为简易袋式除尘器的结构示意。袋式除尘器的组成主要包括含尘气体进口、滤袋室、清灰装置、排灰装置、净化气体出口等。含尘气体从下部进入除尘器，通过并列安装的滤袋，粉尘被截留捕集于滤料上，透过滤料的清洁气体从排气口排出。随着粉尘在滤袋上的积聚，含尘气体通过滤袋的阻力也会相应增加。当阻力达到一定数值时，要及时清灰，以免阻力过高，造成除尘效率下降。

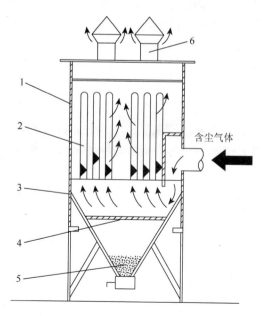

图 7-13　简易袋式除尘器结构示意图[78]
1. 外壳；2. 滤袋；3. 花板；4. 拉筋；5. 灰斗；6. 排气口

袋式除尘器的常用滤料由棉、毛、人造纤维等加工而成，滤料本身网孔较大，一般为 20~50μm，表面起绒的滤料为 5~10μm，新鲜滤料的除尘效率较低。因而，袋式除尘器在开始使用时，主要依靠滤料纤维产生的筛滤、拦截、碰撞、扩散以及静电吸引等作用，将粉尘粗粒阻留在滤料上，并在网孔间产生"架桥"现象，逐渐在滤袋表面形成一层粉尘初层，袋式除尘器的过滤作用则主要是依靠这个初层及以后逐渐堆积起来的粉尘层进行的。初层形成后，除尘效率随之提高，滤布只不过起着形成粉尘初层和支撑它的骨架作用，但随着粉尘在滤袋积聚，滤袋两侧的压力差增大，会把有些已附在滤料上的细小粉尘挤压过去，使除尘效率下降。另外，若除尘器压力过高，还会使除尘系统的处理气体量显著下降，影响生产系统的排风效果。除此，除尘器阻力达到一定数值后，要及时清灰。

就袋式除尘技术目前的水平来看，它的过滤效果很好，而且通过检测其过滤效果可以达到环保标准。但目前最难解决的问题是如何将除尘设备的阻力控制在人工控制范围内。通过机器运行仔细观察结果，不难发现造成袋式除尘系统运行效果不佳的根本所在，大多数是因为清灰效果不够好，因此阻力上升就成了问题。从以上方面分析，袋式除尘系统成败的决定性因素是"清灰"。清灰效果的好与不好也决定着各种指标，包括效率、除尘器的阻力、除尘器的运行经济、滤材的使用寿命。清灰不能过分，即尽量在不破坏粉尘初层的基础上进行清灰，否则会引起除尘效率显著下降。一般清灰后的一段时间内，对粉尘的捕集效率会有瞬间的下降，直至新的完整的粉尘初层形成之后，才能使除尘器达到高效。

7.3.1.6 湿式除尘器

湿式除尘器是利用含尘气体与液体（一般为水）相互接触，借助液滴和尘粒的惯性碰撞、扩散及其他作用而把尘粒从气流中分离出来的设备。湿式除尘器可以有效地将直径为 0.1~20μm 的液态或固态粒子从气流中除去，同时，也能脱除部分气态污染物。其具有设备投资少、结构简单、除尘效率较高、设备本身一般无活动部件、操作及维修方便、占地面积小等优点。该设备能够同时进行有害气体的净化、烟气的降温冷却和增湿，特别适用于处理高温、高湿和有爆炸危险的气体。此外，在操作时能有效防止粉尘的二次扬尘。但是，采用湿式除尘器在使用中要消耗一定量的水（或液体），不利于副产品的回收，应特别注意设备和管道的腐蚀以及污水和污泥的处理问题。湿式除尘器大多以水为媒介物，因此适用于非纤维性的、能受冷且与水不发生化学反应的含尘气体，不适用于处理黏性粉尘、含有憎水性和水硬性粉尘的气体。

湿式除尘器结构类型种类繁多，不同设备的除尘机制不同，能耗不同，使用的场合也不同。目前，对湿式除尘器尚无公认的分类方法，通常是按除尘机制进行分类。根据湿式除尘器除尘机制的不同,可将其大致分为七种不同的结构形式,如图 7-14 所示。图 7-14(a)为喷雾式洗涤除尘器,图(b)为旋风式洗涤除尘器,图(c)为贮水式冲击水浴除尘器,图(d)为板式塔洗涤除尘器,图(e)为填料塔洗涤除尘器,图(f)为文丘里洗涤除尘器,图(g)为机械动力洗涤除尘器。

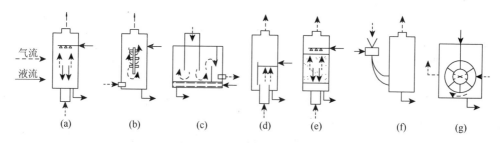

图 7-14 常见七种类型的湿式除尘器

在湿式除尘器中,气体中的粉尘粒子是在气液两相接触过程中被捕集的。接触表面的形式及捕尘体的大小,对除尘效率有着重大影响。湿式除尘器中含尘气流与洗涤液的接触大致有液滴、液膜、气体射流和气泡几种形式。当含尘气体向液体中分散时,例如,在板式塔洗涤除尘器中,将形成气体射流和气泡形状的气液接触表面,气泡和气体射流即捕尘体。粉尘粒子在气泡和气体射流捕尘体上沉降。当洗涤液体向含尘气体中分散时,如在重力喷雾塔洗涤器中,将形成液滴气液接触表面,气体中粉尘粒子在液滴捕尘体表面上沉降。

有些湿式除尘器是以气泡、气体射流或液滴为两相接触表面的;但也有些湿式除尘器,如填料塔洗涤除尘器和离心式洗涤除尘器,气液两相接触表面为液膜,液膜是这类除尘器的主要捕尘体,粉尘粒子在液膜上得到沉降。

表 7-1 列出了几种常见的除尘器的主要接触表面及捕尘体的形式。

表 7-1 几种常见的除尘器的主要接触表面及捕尘体形式

除尘器名称	气液两相接触表面形式	捕尘体形式
重力喷雾洗涤除尘器	液滴外表面	液滴
离心式洗涤除尘器	液滴与液膜表面	液滴与液膜
贮水式冲击水浴除尘器	液滴与液膜表面	液滴与液膜
动力除尘器	液滴与液膜表面	液滴与液膜
文丘里洗涤除尘器	液滴与液膜表面	液滴与液膜
填料塔洗涤除尘器	液膜表面	液膜
板式塔洗涤除尘器	气体射流及气泡表面	气体射流及气泡
活动填料塔洗涤除尘器	气体射流、气泡和液膜表面	气体射流、气泡和液膜

应当指出，表 7-1 中所列的各种除尘器的接触表面和捕尘体的形式是这种湿式除尘器最有特征的接触表面和捕尘体的形式，对许多类型的湿式除尘器来说，含尘气流与洗涤液的接触表面不只有一种类型的接触表面和捕尘体，而是有两种或两种以上的接触表面形式。

7.3.1.7 陶瓷膜除尘器

陶瓷膜除尘器由具有两个端面和外周面并隔开隔壁形成有多个从一个端面一直贯穿到另一个端面的被净化流体的主流路的多孔质体和配置在主流路的内壁面的过滤膜所构成。通过一个端面侧的开口部流入主流路，被净化流体透过过滤膜以及多孔质体的内部来进行净化，并作为净化流体从多孔质体的外周面被取出；或者通过多孔质体的外周面流入，被净化流体透过多孔质体内部以及过滤膜来进行净化，并作为净化流体从主流路的至少一个端面侧的开口部被取出。

国外陶瓷膜除尘器的发展优先于我国，已有了比较完整的示范化运营经验并且进入了商业化运营阶段。由于过滤除尘性能受众多因素的影响，陶瓷膜除尘器的过滤除尘性能尚须进一步的研究。在理论研究方面，国外学者采用数值模拟的方法对粉尘的捕集和粉尘层的形成、粉尘层的破裂以及脉冲反吹过程等进行了研究。但这种方法不确定因素多，计算量大，得到的结果比较粗糙。

在试验研究方面，国外已经取得了很多成果[79,80]。芬兰赫尔辛基技术大学对由 5 根膜管组成高温试管式过滤器，进行了 500h 的试验，采用 4MPa 的高压氮气反吹，含尘浓度在 333～750mg/kg·W 变化时，出口浓度为 0.8～8.3mg/kg·W，操作稳定。德国 Schumacher 公司的小型高温过滤器采用 DIA-Schu-malithF40 过滤元件，进行了 8800h 的性能实验，重点考查了过滤元件的材料性能，证明性能可靠。在英国 Grimethorpe PFBC 电站，美国电力研究协会（EPRI）建立了 1 台高温过滤器，内装 137 根 DIA-Schumalith F40 过滤元件，在温度为 780～850℃，压力为 0.72～1.05MPa、过滤速度为 0.01～0.08m/s 的工况下累计运行了 2000h 以上，运行结果表明，过滤元件与管板的连接、脉冲阀以及反吹清洗系统是影响过滤器长周期运转的关键因素[81]。1992 年美国电力公司（AEP）在 Ohio Tidd PFBc 电站的一条旁路管线上建了 1 台试管式过滤器，共有 384 根过滤元件，1992～1994 年，累计运行 4744h，检查发现，过滤元件的损坏主要由过滤器飞灰架桥引起，尤其是当飞灰粒径较小时架桥更为严重，并且反吹非常困难；当飞灰平均粒径为 27μm 时，基本上没有出现架桥现象。

美国能源部在亚拉巴马州建立的一个燃煤动力示范工程，在该装置上对 Schulnacher、Pall 等 11 家公司的滤管进行了性能对比试验，在 785℃温度下运行了 5000h，结果表明，以黏土烧结的碳化硅滤管，由于黏结相的变化，易产生蠕变和氧化。因此，为提高滤管的高温性能，可以通过改变黏结剂的性能和采用其他的烧结方法来达到目的，例如，碳化硅的晶化 RsIC，或者采用碳化硅晶粒的自黏结[82]。

在我国，陶瓷膜除尘器用于过滤除尘的研究处于起步阶段。目前只有东南大学、西安交通大学、中国石油大学、南京工业大学、北京化工大学等单位对陶瓷过滤器进行了研究。西安交通大学高铁瑜等对于刚性陶瓷过滤元件的过滤机理进行了深入的研究[83]，分析了影响过滤效率的主要因素，并深入分析了组成陶瓷膜过滤介质的陶瓷颗粒尺寸对过滤介质压降、渗透率和过滤效率等性能的影响。中国石油大学姬忠礼等对陶瓷过滤器用脉冲反吹气体引射器的静态和动态性能进行了比较深入的研究[84]；同时他们还对陶瓷过滤元件外的瞬态流场进行了研究[85]，得出了与过滤性能有关的因素。

7.3.2 有机废气污染物治理装备

7.3.2.1 吸附法关键设备及工艺流程

吸附法还可分为吸附—水蒸气再生—冷凝回收净化工艺、吸附—热再生—催化燃烧净化工艺、吸附—水蒸气再生—溶剂回收净化工艺，其中，吸附—水蒸气再生—冷凝回收工艺是目前最为广泛使用的回收技术。吸附—水蒸气再生—冷凝回收工艺的主要设备为吸附塔、冷却器、水分离器等。该法利用粒状活性炭、活性炭纤维或沸石等吸附剂的多孔结构，将废气中的有机物捕获；当废气通过吸附床时，其中的有机物被吸附剂吸附在床层中，废气得到净化。吸附剂的价格较高，需要对其进行脱附再生，循环使用。当吸附剂吸附达到饱和后，通入水蒸气加热吸附床，对吸附剂进行脱附再生，有机物被吹脱放出，并与水蒸气形成蒸汽混合物一起离开吸附床。用冷凝器冷却蒸汽混合物，使其冷凝为液体。若有机溶剂为水溶性的，则使用精馏法，将液体混合物分离提纯；若为水不溶性的，则用分离器直接分离回收 VOC。具体工艺流程如图 7-15 所示。

7.3.2.2 催化燃烧法关键设备及工艺流程

工业 VOC 废气催化燃烧的基本工艺很简单，VOC 废气依次经过换热器、加热器、反应器后排放。在催化氧化反应器内，VOC 被彻底氧化为 CO_2 和 H_2O。但该工艺需要废气排放稳定、没有粉尘、VOC 浓度适中、没有催化剂毒性物质，有适宜的催化剂等。实际上，石化工业 VOC 废气排放情况十分复杂，对这些废气

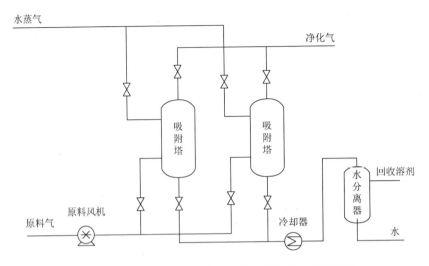

图 7-15　吸附—水蒸气再生—冷凝回收净化工艺流程图

进行催化氧化处理，需要根据废气特点，开发适宜的预处理技术，从而形成成套处理工艺。

以工业橡胶尾气 VOC 净化为例，采用"冷凝—除雾—催化氧化"净化工艺，具体工艺流程图如图 7-16 所示[86]。"冷凝—除雾—催化氧化"净化工艺的主要设备为冷凝器、油雾捕集器、换热器、加热器、催化反应器等。热塑性丁苯橡胶（SBS）后处理单元有 3 种尾气排放：闪蒸汽、产品风力输送排放气、热风干燥排放气。闪蒸汽主要由水蒸气和环己烷组成，回收价值很高；后两种尾气主要是空气，含有环己烷和己烷等烃类物质，尾气的总烃浓度为 5000~20000mg/m^3。闪蒸汽首先经过两级冷凝，分别用循环水冷凝回收凝结水、用低温盐水冷凝回收环己烷，产生的不凝气与其余尾气混合，经过除雾器去除填充油雾和粉尘后再进行催化氧化处理。产生的高温净化气用于 SBS 物料的热风干燥。

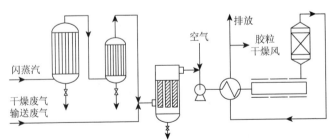

图 7-16　橡胶尾气"冷凝—除雾—催化氧化"净化工艺流程图

7.3.2.3 等离子体法关键设备及工艺流程

等离子体就是处于电离状态的气体，其英文名称是 plasma，它是由美国科学家 Langmuir 于 1927 年在研究低气压下汞蒸气中的放电现象时命名的。等离子体由大量的电子、离子、中性原子、激发态原子、光子和自由基等组成，但电子和正离子的电荷数必须相等，整体表现出电中性，这就是"等离子体"的含义。等离子体通常可以分为高温和低温等离子体。目前对低温等离子体的作用机理研究认为是粒子非弹性碰撞的结果。

常见的产生等离子体的方法是气体放电，根据放电产生的机理、气体的压强范围、电源性质及电极的几何形状，气体放电等离子体主要分为以下几种形式：①辉光放电；②电晕放电；③介质阻挡放电；④射频放电；⑤微波放电。而能在常压下产生低温等离子体的只有电晕和介质阻挡放电两种形式。

图 7-17 是一种等离子体反应器结构图，其缸体分别由绝缘的硼硅酸盐玻璃或石英和尾端件组成。缸体通过环形槽与尾端件相连，通过 O 形环来密封。反应器用夹具组合起来，尾端件是圆锥体形式，上、下尾端件的圆锥角是不相同的。上尾端件比下尾端件要小一些。与尾端件放在一起的是可替换的电极针。电极针与

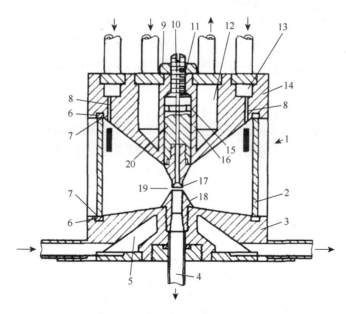

图 7-17 等离子体反应器结构图

1. 反应器；2. 缸体；3. 下端件；4. 下端轴通道；5. 冷却通道；6. 环形槽；7. O 形槽；8. 输入管；9. 螺母；10. 通道；11. 螺杆；12. 冷却通道；13. 增压室；14. 上端尾件；15. O 形密封圈；16. 孔；17. 上电极针；18. 下电极针；19. 空隙；20. 塞

尾端件具有相同的圆锥角度。上电极针不直接与上尾端件旋在一起，而是与上尾端件相连的缸体塞相旋。塞与孔之间用 O 形环相连达到密封。两电极之间的空隙可以通过螺杆和螺母来调整，电极针的终端是很尖的环形口。上尾端件有一个冷却通道，周围有很多输入管，其中反应气体可以通入反应器中。输入管与增压室相连，气体介质以旋涡运动形式进入反应器。上尾端件、缸体塞和电极针都有轴通道，另一反应气体可以通过此通道进入反应器。同样下尾端件和电极针也有一个轴通道，反应的产物可以从此通道抽出。尾件是由不锈钢做成的，电极针可用不锈钢做成，也可用钨钢做成。从反应源发出的微波辐射进入反应器，在两电极针头之间形成很高微波能量区，等离子体在此区域产生。

等离子体废气处理装置具有如下特点：可以在常温常压下处理废气；可以在废气流速达 15m/s 的状态下工作；获得大体积等离子体区域，可以高速大量处理废气，每小时可处理 2000m³ 以上；能源利用率高，为 7W/(m²·h)左右；处理废气范围广，不但适用 H_2S、CS_2 等废气的处理，还可用于烃类、SO_2、芳香烃类、氟利昂等废物的处理。另外，其还可与催化剂协同，降低其他有机污染物。

7.3.3 无机废气污染物治理装备

7.3.3.1 含氮类废气治理装备

工业氮氧化物的排放具有产生量大、排放集中的特点，氮氧化物的污染具有范围大、污染强度高的特点，如不及时治理，对大气环境造成的污染则不可估量。工业氮氧化物主要源于以燃煤为主要能源的工业，如火力发电厂、水泥厂、钢铁行业等[87]。氮氧化物主要有一氧化氮、二氧化氮、三氧化二氮、四氧化氮等多种形式，其中对人体健康危害最大的是二氧化氮，它能够破坏呼吸系统，可引起支气管炎和肺气肿。氮氧化物浓度较大时对人体的毒性很大，它可与血液中的血红蛋白结合生成亚硝酸基血红蛋白或高铁血红蛋白，从而降低血液输氧能力，引起组织缺氧，甚至损害中枢神经系统。另外，大气中的氮氧化物和挥发性有机物达到一定浓度后，在太阳光照射下，经过一系列复杂的光化学反应，可生成臭氧，形成"光化学烟雾"。光化学烟雾是一种具有强烈刺激性的淡蓝色烟雾，可使空气质量恶化，对人体健康和生态系统造成损害[88]。

目前，工业上最为广泛的氮氧化物治理技术主要有选择性催化还原（SCR）脱硝技术、选择性非催化还原（SNCR）脱硝技术、SCR/SNCR 联合技术[89]。

1）选择性催化还原法脱硝技术关键设备及工艺流程

SCR 法是目前世界上应用最多、最为成熟且最有成效的一种烟气脱硝技术，脱硝效率可达 70%～90%，氮氧化物排放浓度可降至 100mg/m³ 左右。SCR 脱硝技术,是指常压下,向含有氮氧化物和具有适宜温度的烟气中喷入约5%的气氨,并使其混合均匀、流经装有催化剂的反应器,进行NO_x与NH_3的选择性还原反应而生成无害的N_2和H_2O。

SCR脱硫技术工艺流程图如图7-18所示,首先,液氨由汽车运送到储氨罐储藏,液氨通过蒸发器中的蒸汽、热水,被减压蒸发输送至氨气蒸发罐,通过鼓风机向氨气、空气混合器中鼓入与氨量成一定配比的空气,其作用是稀释纯氨气,增加反应塔中的氧含量。经稀释的氨气通过喷射系统中的喷嘴被注入烟道格栅中,与原高温烟气混合后进入反应塔,在催化剂的作用下,烟气中的氮氧化物与氨气发生化学反应[90]。

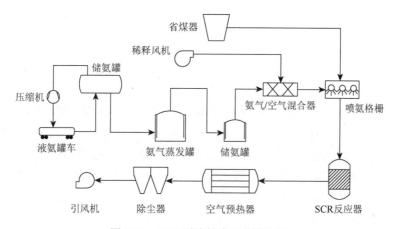

图 7-18　SCR脱硫技术工艺流程图

SCR脱硫技术关键设备有氨水供应系统、氨喷射系统、烟道系统、SCR催化反应系统等[91]。

氨水供应系统包括压缩机、卸料装置、氨气蒸发罐、氨罐、稀释槽等。用压缩机和卸料装置把氨水从槽车卸到氨水贮罐里。氨水由自身的压力进入氨气蒸发罐,被从余热锅炉抽来的烟气加热后蒸发。经蒸发的氨水进入缓冲罐,缓冲罐的出口压力足够将氨水送入氨气/空气混合器。氨气流量控制阀安装在氨水贮罐和氨气蒸发罐之间,以保持缓冲罐的操作压力。在氨水贮灌和蒸发器之间装设水喷淋系统。用氮气对氨系统设备及管道进行吹扫。当氨管道被氮气吹扫后,废水被收集到稀释槽中,由废水泵排到厂区废水处理系统。

氨喷射系统。氨水从氨水供应系统进入蒸发器,被来自循环风机的烟气加热蒸发,形成氨气/烟气混合气体进入喷氨格栅,充分混合后被均流喷入反应器。采用SCR技术的脱硝装置,对进入催化剂的烟气温度有一定的要求,一般要求控制在300~400℃温度范围,当机组负荷较低时,烟气温度就不能满足脱硝喷氨的要求，必须停止向烟道内喷氨，相当于脱硝装置退出运行，停止喷氨的最低烟气温度为 250℃。

由于机组低负荷运行时，SCR 烟气脱硝系统的入口烟气温度低于最低喷氨温度，会导致 SCR 系统无法喷氨运行。因此，烟道系统设置省煤器及省煤器旁路烟道，两路不同温度的烟气进入静态气体混合箱，以获得更适合参与 SCR 反应温度的烟气。

SCR 催化反应系统包括反应器、催化剂。反应器设一层催化剂，其 NO_x 脱除率在化学寿命期内大于 50%。烟气经过与氨气均匀混合后流经反应器，反应器入口设置整流器，反应器主要包括钢结构桁架、反应器壳体、整流器、催化剂模块等。当催化剂活性降低后，需更换催化剂。催化剂结构一般有蜂巢型、平板型和波纹板型三种。催化剂是 SCR 系统中的主要设备，其成分组成、结构、寿命及相关参数直接影响 SCR 系统脱硝效率及运行状况。

SCR 脱硝技术具有以下优点[92]：反应温度较高，可选择的催化剂种类较多；在 SCR 工艺中，温度是非常重要的影响因素，烟气在 280～420℃ 温度范围内进入反应器，在此温度区间内催化剂具有良好的活性，不需要再提升烟气温度，就可得到较高的氮氧化物脱除效率；该技术早已完成工业化运用，并且已有 20 年的运行经验，是目前火电厂烟气脱硝广泛采用的工艺。但也存在其自身缺点[93]：烟气中含有大量的 SO_2，催化剂可以使部分 SO_2 氧化，生成难处理的 SO_3，并可能与烟气中的氨生成腐蚀性很强的硫酸铵（或者硫酸氢铵）盐物质，容易腐蚀后续的空气预热器和静电除尘器；催化剂反应器布置在省煤器和空气预热器之间，烟气未经除尘器即进入催化剂反应器，催化剂寿命易受影响；SCR 系统长时间运行后，催化剂会磨损，并且被很多重金属元素污染直至失效，失效后的催化剂不能直接掩埋，必须进行无害化处理，从而增加了污染物处置费用。

2）选择性非催化还原法脱硝技术关键设备及工艺流程

氨水加注车里的氨水通过氨水加注泵输入到氨水储罐。给料分配模块将储罐中的氨水与空气混合，控制还原剂的流量。还原剂通过氨水喷射模块进入 SNCR 反应模块，喷射模块可调节雾化颗粒粒径，使还原剂与烟气充分混合反应。在适宜的温度下，还原剂氨水与烟气在 SNCR 反应模块中反应生成无害的氮气和水。SNCR 烟气脱硝技术工艺流程示意图见图 7-19。

SNCR 烟气脱硝技术的关键设备有以下五种，分别为 SNCR 反应模块、氨水储存及供应模块、给料分配模块、氨水喷射模块、水消防模块以及包括采暖、通风、除尘及空调在内的其他功能模块[94]。

SNCR 反应模块是指未经脱硝的烟气与 NH_3 混合后在合适的温度区域产生反应的功能区域。在 SNCR 反应区内，通过均匀喷入还原剂，在合适的温度范围内使烟气中的氮氧化物与 NH_3 产生反应生成 N_2 与 H_2O，从而达到除去烟气中氮氧化物的目的。

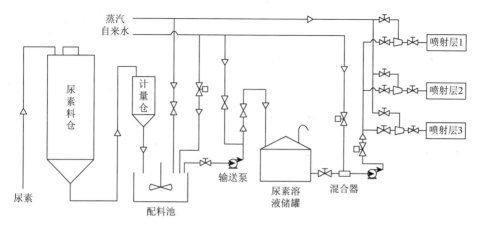

图 7-19 SNCR 烟气脱硝技术工艺流程图

氨水储存及供应模块包括氨水运输车、卸氨泵、氨水储罐和氨气缓冲罐。除此之外，氨水供应系统还设置有废水收集排放池，通过氨水储罐或氨气缓冲罐的安全阀收集罐里低浓度的氨水和消防冷却喷淋废水。废水沉淀后通过排污泵返回到氨水储罐搭配使用，实现废水的循环利用。

给料分配模块的主要功能是实现氨水的分配、压缩空气的混合以及还原剂的流量控制。用来测量和控制正常运行时需要的氨水量的组件被装配在给料分配模块中，并配有一个控制阀和一个流量变送器，用来自动控制喷枪的氨水溶液总流量。除此之外，给料分配模块还包括手动阀门、气动控制阀门和玻璃浮子流量计，可以方便灵活地控制每根喷枪的实际流量，以便获得更加均匀的流场分析。

氨水喷射模块的功能是实现还原剂与烟气均匀、充分混合，并在故障时迅速手动投退。考虑到喷枪喷嘴的雾化效果对系统脱硝效率的影响，采用机械雾化或空气雾化以提高喷枪的雾化效果。同时喷头的介质雾化角度大于 130°，以扩大还原剂喷出时与烟气的接触面积，提高反应率。

水消防模块以及包括采暖、通风、除尘及空调在内的其他功能模块的功能是保证设计的脱硝系统在可靠、安全、高效的运作环境中实现脱硝功能。

3) 吸收法关键设备及工艺流程

氨气，分子式为 NH_3，是一种无色气体，有激烈的影响气味，是典型的有毒有害工业废气。其易溶于水，常温常压下 1 体积水可溶解 700 倍体积氨，水溶液又称氨水。氨是一种碱性物质，它对接触的皮肤组织有腐蚀和刺激作用，可以吸收皮肤组织中的水分，使组织蛋白变性，并使组织脂肪皂化，破坏细胞膜结构。空气中的氨污染主要来源于合成氨生产的弛放气和尿素造粒塔的高空排放尾气，其他来源有焦炉煤气、氨冷冻罐排气、硝酸装置尾气以及工业生产中设备的跑、冒、滴、漏等。

吸收法净化含氨废气工艺图如图 7-20 所示。吸收氨气的容器为板式塔，又称塔盘，板式塔中气液两相接触传质的部位，决定塔的操作性能，通常主要由以下三部分组成。

（1）气体通道。为保证气液两相充分接触，塔板上均匀地开有一定数量的通道供气体自下而上穿过板上的液层。气体通道的形式很多，它对塔板性能有决定性影响，也是区别塔板类型的主要标志。筛板塔塔板的气体通道最简单，只是在塔板上均匀地开设许多小孔（通称筛孔），气体穿过筛孔上板式塔并分散到液层中。

（2）溢流堰。为保证气液两相在塔板上形成足够的相际传质表面，塔板上须保持一定深度的液层，为此，在塔板的出口端设置溢流堰。塔板上液层高度在很大程度上由堰高决定。对于大型塔板，为保证液流均布，还在塔板的进口端设置进口堰。

（3）降液管。降液管是液体自上层塔板流至下层塔板的通道，也是气体与液体分离的部位。为此，降液管中必须有足够的空间，让液体有所需的停留时间。

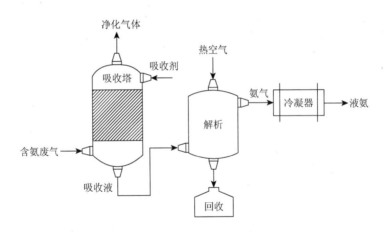

图 7-20　吸收法净化含氨废气工艺图

4）催化氧化法关键设备及工艺流程

催化氧化技术处理含氨废气的原理是利用金属氧化物催化剂可以选择性催化生成氮气，同时抑制生成氮氧化物的反应，从而使氨氧化成无污染物质。图 7-21 显示了催化氧化法净化含氨废气工艺图。催化氧化法的关键设备为预处理器、换热器、电加热器、催化反应器等。换热器吸收净化后气体的热量传给未经催化的废气，催化反应器设置有多层催化剂。采用催化氧化法处理含氨工业废气的具体工艺流程是：废气经过预处理器有效去除灰尘等微细颗粒物，作为冷流进入换热器被净化的高温尾气预热，使其升至一定温度；预热后的废气经过电加热器升温至催化剂正常工作温度范围，使含氨工业废气通过催化床，在一定温度范围及停留时间条件下，氨气被选择性催化氧化为氮气和水；该高温净化尾气作为热流再进入换热器预热入口废气[95]。

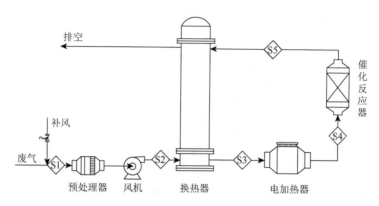

图 7-21　催化氧化法净化含氨废气工艺图

7.3.3.2　含硫类废气治理装备

我国工业的能源依赖性较强，具有高能耗、高排放的特征，伴随工业的快速发展，环境影响日益严重，其中 SO_2 是最主要的工业废气之一。SO_2 的环境影响巨大，排放到大气中后会形成酸雾或硫酸盐气溶胶，并最终氧化形成酸雨。酸雨会导致土壤酸化，加速土壤中含铝的原生和次生矿物风化而释放大量铝离子，形成植物可吸收的铝化合物，导致植物中毒死亡。此外酸雨还会加速土壤中矿物元素流失，改变土壤结构，导致土壤贫瘠，影响植物发育，并诱发植物病虫害。SO_2 还会损害人体健康，其与大气中的烟尘有协同作用，当大气中 SO_2 体积浓度大于 $0.2\mu L/m^3$，烟尘质量浓度大于 $0.3mg/L$ 时，可使呼吸道疾病发病率增高，并导致慢性病患者的病情恶化[96]。

目前，我国 SO_2 控制技术主要有石灰石/石灰-石膏湿法、循环流化床半干法、氨法、海水法、活性焦（炭）吸附法、旋转喷雾干燥法、炉内喷钙尾部烟气增湿活化法、密相干塔法、镁法、有机胺法等烟气脱硫技术。其中，石灰石/石灰-石膏湿法脱硫技术是火电、钢铁、工业锅炉等领域应用最为广泛的烟气脱硫技术[97]。

1）石灰石/石灰-石膏湿法烟气脱硫技术关键设备及工艺流程

石灰石/石灰-石膏湿法烟气脱硫技术工艺是最为成熟的烟气脱硫技术，国内外已有数百套装置投入商业运行，在脱硫市场上占有份额超过 80%。任何煤种均可采用这种脱硫方式，脱硫率高（≥95%），单塔处理量大，对高硫煤、大机组更具有适用价值。采用石灰或石灰石作为吸收剂,成本低廉并且易得,所得产物石膏可以作为建筑材料。

石灰石/石灰-石膏湿法烟气脱硫技术基本工艺流程如图7-22所示。锅炉烟气经除尘器除尘后,通过加压风机、烟气换热器(GGH)(可选)降温后进入吸收塔。在吸收塔内烟气向上流动且被向下流动的循环浆液以逆流方式洗涤。循环浆液则通过喷浆层内设置的喷嘴喷射到吸收塔中,以便脱除 SO_2、SO_3、HCl 和 HF,与此同时在"强制氧化工艺"的处理下反应的副产物被导入的空气氧化为石膏($CaSO_4·2H_2O$),并消耗作为吸收剂的石灰石。循环浆液通过浆液循环泵向上输送到喷淋层中,通过喷嘴进行雾化,可使气体和液体得以充分接触。每个泵通常与其各自的喷淋层相连接,即通常采用单元制。在吸收塔中,石灰石与 SO_2 反应生成石膏,这部分石膏浆液通过石膏浆液泵排出,进入石膏脱水系统。脱水系统主要包括石膏水力旋流器(作为一级脱水设备)、浆液分配器和真空皮带脱水机。经过净化处理的烟气流经两级除雾器除雾,在此处将清洁烟气中所携带的浆液雾滴去除。同时按特定程序不时地用工艺水对除雾器进行冲洗。进行除雾器冲洗有两个目的,一是防止除雾器堵塞,二是冲洗水同时作为补充水,稳定吸收塔液位。

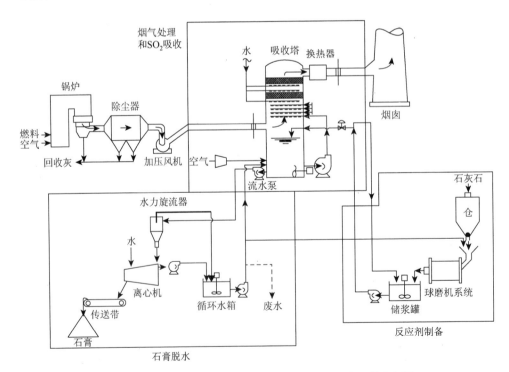

图 7-22 石灰石/石灰-石膏湿法烟气脱硫技术基本工艺流程图

在吸收塔出口，烟气一般被冷却到 46~55℃，且为水蒸气所饱和。通过 GGH 将烟气加热到 80℃以上，以提高烟气的抬升高度和扩散能力。最后，洁净的烟气通过烟道进入烟囱排向大气[98]。

石灰石/石灰-石膏湿法烟气脱硫工艺的关键设备有吸收剂制备与供应系统、吸收塔系统、石膏脱水系统、烟气系统、废水处理系统、事故排放系统、工艺水、工业水系统、控制系统和电气系统[99]。可根据具体工业工程，结合工厂具体情况，设计适合的工艺流程图。

（1）吸收剂制备与供应系统。浆液制备通常分湿磨制浆与干粉制浆两种方式，不同的制浆方式所对应的设备也各不相同，至少包括以下主要设备：磨机（湿磨时用）、粉仓（干粉制浆时用）、石灰石浆液箱、搅拌器、石灰石浆液输送泵等。浆液制备系统的任务是向吸收系统提供合格的石灰石浆液。通常要求粒度为 90%小于 325 目。

（2）吸收塔系统。吸收塔系统的主要设备是吸收塔，它是石灰石/石灰-石膏湿法烟气脱硫设备的核心装置，系统在塔中完成对 SO_2、SO_3 等有害气体的吸收。湿法烟气脱硫吸收塔有许多种结构，如填料塔、湍球塔、喷射鼓泡塔、喷淋塔等，其中喷淋塔因为具有脱硫效率高、阻力小、适应性好、可用率高等优点而得到较广泛的应用，因而目前喷淋塔是石灰石/石膏湿法烟气脱硫工艺中的主导塔型。喷淋塔内部由除雾器、喷淋层、搅拌器、氧化喷枪等设备组成。

（3）石膏脱水系统。石膏脱水系统设计形式：均采用二级脱水处理形式。石膏脱水系统组成：石膏排出泵、石膏旋流器、真空皮带脱水机（含水环真空泵、滤布冲洗水系统、滤饼冲洗水系统）等设备。

一级脱水采用石膏旋流处理：由石膏排出泵将吸收塔内石膏混合浆液（浓度为 12%~18%）送至石膏旋流站，处理后溢流返回吸收塔，底流（浓度为 40%~50%）送至二级脱水设备，二级脱水设备通常采用真空皮带脱水机，将水力旋流器一级脱水后的石膏浆液进一步脱水至含固率达到 90%以上，自由水分低于 10%Wt 的成品石膏外运。

（4）烟气系统。烟气系统包括烟道（原烟道和净烟道）、烟气挡板、密封风机、脱硫增压风机（现好多电厂已取消此风机，脱硫阻力由引风机克服）和 GGH（现好多电厂已取消 GGH，采用烟囱防腐工艺）等关键设备。吸收塔入口烟道及出口至挡板的烟道，烟气温度较低，烟气含湿量较大，容易对烟道产生腐蚀，需进行防腐处理。

（5）废水处理系统。废水处理系统设有中和、沉淀、絮凝反应箱、澄清池、压滤机、加药设备等，主要是将石灰石/石灰-石膏湿法烟气脱硫系统的 Cl^- 含量降低后排放，处理出水一般要求 COD 指标达到二级排放标准。中和处理采用石灰处理，主要使沉淀后的泥渣便于脱水处理。

(6) 事故排放系统。事故排放系统主要由事故浆罐、区域浆池及排放管路组成。事故排放系统可以采用地上式、地下式。采用地下式时，一般采用混凝土结构，设置顶进式搅拌器，搅拌效果较差，占地较大，且不易彻底排空；采用地上式时，一般采用钢结构形式，设置侧进式搅拌器，在寒冷地区需要采取保温措施。设置地坑，用于吸收塔、事故浆液罐的排空及现场冲洗收集回用。

(7) 工艺水、工业水系统。为有效地利用水资源，可以根据工艺要求采用分质供水形式，分为工艺水系统和工业水系统。工业水系统水质较好，主要用于设备冷却水、制浆用水、药品配制用水、脱水设备滤布冲洗用水等；工艺水系统可以采用厂内回用水，主要用于设备及管道的冲洗。一般石灰石/石灰-石膏湿法烟气脱硫系统的水量消耗主要为烟气蒸发携带，其余小部分为废水排放消耗。

(8) 控制系统。控制方式采用集中控制方式，石灰石/石灰-石膏湿法烟气脱硫技术及辅助系统设一个集中控制室，控制系统采用分散控制系统（DCS）。主要功能系统包括数据采集系统（DAS）、顺序控制系统（SCS）、模拟量控制系统（MCS）、电气控制系统（ECS）和烟气连续排放监测系统（CEMS）。分析测量采用多组气体分析仪，测量信号进入DCS并在石灰石/石灰-石膏湿法烟气脱硫技术控制室中进行监测和控制。一般系统进出口各设置一套CEMS系统，用于系统的运行监控调节。

(9) 电气系统。脱硫系统电源由机组6kV厂用段引接，采用单元制接线。每套脱硫系统由相应机组的A、B段各引1回电源，1回工作，另1回备用。

2) 氨法烟气脱硫技术关键设备及工艺流程

氨法烟气脱硫技术是世界上商业化应用的脱硫方法之一。该工艺既可高效脱硫又可以部分脱除烟气中的氮氧化物，副产物为硫酸铵，实现资源回收利用，是控制酸雨和二氧化硫污染最为有效和环保的湿法烟气脱硫技术[100]。氨法烟气脱硫技术属于气液反应，适用于高含硫的烟气处理，脱硫效率高，可以变废为宝。对机组负荷变化有较强的适应性，运行可靠性好，无结垢问题发生。当装置周围80km内有可靠的氨源时，经过技术经济和安全比较后，宜使用氨法工艺，并对副产物进行深加工利用。从经济方面来看，该法是目前已有回收法烟气脱硫技术中最好的。但是，在生产实践中，氨法烟气脱硫技术存在三大难题，具体包括系统频繁堵塞、设备严重腐蚀和时常生产不出硫酸铵产品等，从而困扰该技术的进一步发展和推广[101]。

氨法烟气脱硫基本工艺流程如下：锅炉排出的烟气通过引风机增压后进入氨法烟气脱硫系统，引风机用于克服整个烟气脱硫系统的压降。烟道上设有挡板系统，便于烟气脱硫系统非正常运行时烟气进入烟囱。烟气通过引风机进入脱硫系统。脱硫系统主要分为脱硫塔和氧化槽。脱硫塔主要分为吸收区和除雾区。烟气向上与塔内喷淋管组向下喷出的悬浮液滴亚硫酸铵或硫酸铵液逆流接触，发生传质和吸收反应，脱除烟气中的SO_2和SO_3，形成亚硫酸铵或亚硫酸氢铵。脱硫后的烟气经除雾器去除烟气中夹带的液滴后从塔顶直排。吸收液由循环泵送至氧化槽，利用鼓入空气中的氧将亚硫酸铵氧化成硫酸铵。利用烟气中的热量使硫酸铵中的水蒸发过饱和而析出硫酸铵结晶。硫酸铵浆液通过旋流器脱水提浓后进入离心机，最后通过振动流化床干燥后得到硫酸铵产品[102]。

氨法烟气脱硫技术工艺流程如图 7-23 所示，氨法烟气脱硫的核心设备有脱硫塔、循环泵、旋流器、离心机、干燥机、包装机[103]。脱硫塔是氨法烟气脱硫的核心设备，脱硫塔集气液传质、化学吸收、氧化、结晶等多种化工单元功能于一体，具有较高操作弹性和较高的脱硫功能。脱硫塔一级、二级循环泵为离心泵，泵的壳体采用全金属，叶轮和入口轴套采用双向钢作材料。每个塔共配置 3 台一级循环泵，每台泵可将硫酸铵溶液以足够的压力送到塔内的吸收段。每个塔设置 2 台二级循环泵，一运一备，正常情况下将塔内的硫酸铵溶液泵入塔内浓缩段的喷淋层。旋流器是分离分级设备，常用离心沉降原理。当待分离的两相混合液以一定压力从旋流器周边切向进入旋流器内后，产生强烈的三维椭圆形强旋转剪切湍流运动。由于粗颗粒与细颗粒之间存在粒度差，其受到的离心力、向心浮力、流体曳力等大小不同，受离心沉降作用，大部分粗颗粒经旋流器底流口排出，而大部分细颗粒由溢流管排出，从而达到分离分级目的。离心机的主要功能是离心脱水，脱水后硫酸铵固体含水率小于或等于 4%。干燥机干燥脱水后的硫酸铵固体。包装机包装生产的硫酸铵产品。

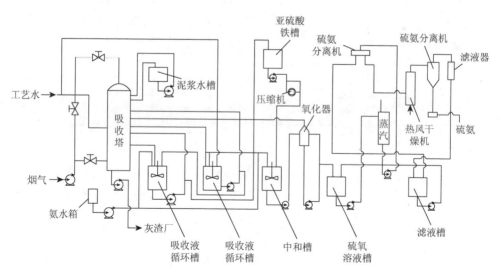

图 7-23 氨法烟气脱硫技术工艺流程图

3) 镁法烟气脱硫技术关键设备及工艺流程

镁法烟气脱硫技术最早由美国开米科基础公司（Chemico-Basic）于 20 世纪

60年代开发成功。70年代后,费城电力公司(PECO)与Ducon、United & Constructor合作研究氧化镁再生法脱硫工艺,经过几千小时的试运行之后,在3台机组上(其中2个分别为150MW和320MW)投入了规模的FGD系统和两个氧化镁再生系统。上述系统于1982年建成并投入运行,1992年后停运了硫酸制造厂,直接将反应产物硫酸镁进行销售[104]。

镁法烟气脱硫基本工艺流程如下:将氧化镁水化制成氢氧化镁浆液,用泵循环到吸收塔内,烟气中的SO_2与氢氧化镁接触吸收,生成含结晶水的亚硫酸镁和少量硫酸镁,净化后的烟气由吸收塔上方排出。亚硫酸镁浆液在氧化风机的作用下氧化形成硫酸镁溶液,脱硫塔里的反应浆液经过板框压滤机提取液体,再经过蒸发、结晶、离心,最终形成七水硫酸镁,干燥包装后送入副产品库。具体工艺流程如图7-24所示。

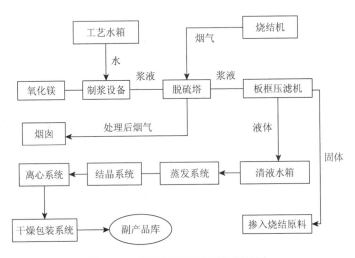

图7-24 镁法烟气脱硫工艺流程图

镁法烟气脱硫技术关键设备有浆液制备系统、吸收塔、副产物处理系统[105]。

(1)浆液制备系统。氧化镁粉在粉仓经破袋处理后落入下方的制浆地坑,在地坑中与该厂的工艺水搅拌混合,熟化后形成氢氧化镁浆液,再由输送泵输送到氢氧化镁储蓄罐中备用。根据脱硫过程的实际运行状况,浆液通过输送泵到达脱硫塔底部的浆液池。

(2)吸收塔。吸收塔采用先进可靠的空塔喷淋结构。烟气从烧结机引风机引出,再由烟气增压风机升压后从脱硫塔底部进入塔内,自下而上流动,塔底浆液池内的氢氧化镁浆液则由浆液循环泵输送至脱硫塔的顶部,自上而下流动,二者形成逆流,发生化学反应,洗涤SO_2等有害气体。氢氧化镁浆液制备系统制成的脱硫剂通过浆液泵送入吸收塔,与循环浆液一起进入喷淋层。浆液在喷淋嘴的作用下形成细的雾状液滴，在塔内与烟气进行充分的气液接触。液滴在下降过程中吸收 SO_2，表面趋于饱和时停止吸收。被吸收的 SO_2 与脱硫剂在悬浮过程中反应生成亚硫酸镁，在浆液搅拌器的作用下，亚硫酸镁浆液在氧化风机的作用下氧化形成硫酸镁溶液。净化后的烟气由吸收塔上方排出。吸收塔顶部设有除雾器，目的是防止浆液中的水滴被净化后的烟气带出吸收塔，以保证排出的烟气含水量在 $75mg/Nm^3$ 以下[①]。

（3）副产物处理系统。浆液池底部的硫酸镁密度＞1280g/mL 时，将被排出至板框压滤机，经压滤后的固体直接落入地坑，之后掺入烧结原料使用；经过压滤机后的硫酸镁清液进入三效蒸发结晶装置，经蒸发、结晶、离心等工艺，最终形成七水硫酸镁，干燥包装后送入副产品库。

4) 海水法烟气脱硫技术关键设备及工艺流程

近年来，国内对海水法烟气脱硫技术展开了大量研究，取得了一定成果[106]。但工程实例尚少，目前有深圳西部电厂、青岛电厂和漳州后石电厂三家单位建成了海水法烟气脱硫装置，均采用国外技术。其中，前两家电厂采用 ABB 公司技术，漳州后石电厂的海水法烟气脱硫装置由日本富士水化株式会社设计。目前，华能日照电厂两台 350MW 机组海水法烟气脱硫装置开始进行可行性研究，并由日照市环境监测站对海水水质现状进行监测。

中国首台海水法烟气脱硫装置的示范工程，投资 2.1 亿元，引进挪威 ABB 公司设备和技术，于 1998 年在深圳妈湾（西部）电厂 4 号机组（300MW）建成投运。该系统采用电厂海水循环冷却水排水作为脱除剂，用量约为循环水量的 1/6，大的吸收剂量和气液相传质界面保证了对烟气中 SO_2 的充分吸收，每小时处理烟气量可达 110 万 m^3。运行情况显示，该系统各项性能指标均达到或超过了设计值，系统脱硫率稳定在 92% 以上。根据 4 号机组烟气脱硫系统脱硫前后 SO_2 排放量及 SO_2 减排量情况，脱硫效果十分显著。在 4 号机组海水法烟气脱硫装置成功使用的基础上，西部电厂 5、6 号机组海水法烟气脱硫项目又投入运行，全套装置国产化率约为 65%。5、6 号海水法烟气脱硫系统吸取了 4 号机组的经验，增加空气喷嘴覆盖面积，减少了曝气池的面积，使投资大幅度下降，各项性能指标优于 4 号机组[107]。

海水法烟气脱硫技术工艺流程图如图 7-25 所示。来自锅炉或者其他窑炉的原烟气先经除尘，之后通过烟气热交换器（GGH）冷却后进入吸收塔，被喷淋而下的海水洗涤，烟气中的 SO_2 被海水吸收，净烟气经 GGH 加热后排放。吸收 SO_2 后的酸性海水在曝气池中与海水混合，同时向曝气池内鼓入大量的压缩空气，使酸性海水中不稳定的 SO_3^{2-} 氧化成稳定的 SO_4^{2-}，并使海水的 pH、溶解氧、COD 等指标达到排放标准后排入大海[108]。

---

① Nm^3 是非法定单位，表示标准立方米。

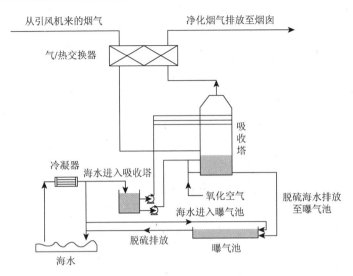

图 7-25 海水法烟气脱硫技术工艺流程图

海水法烟气脱硫技术如图 7-25 所示，主要由烟气系统、吸收塔系统、供排海水系统、海水恢复系统四部分组成[109]。

（1）烟气系统。原烟道作为旁路烟道，并在其上设置有烟气旁路挡板。正常运行时旁路烟道上的挡板门关闭，海水法烟气脱硫系统进出口挡板门开启。海水脱硫系统停止运行时旁路烟道上的挡板门开启，海水法烟气脱硫系统进出口挡板门关闭，烟气直接进入烟囱，保证脱硫系统停运检修时主机组运行不受影响。进入海水法烟气脱硫系统的烟气通过增压风机增压后，送入 GGH 降温，有利于提高脱硫效率，从吸收塔底部自下而上流经吸收塔与从上而下的碱性海水逆向接触，大部分烟气中的 SO_2 与海水反应后到达吸收塔下部，吸收塔出口的烟气经除雾后进入 GGH 加热升温至 70℃以上经烟囱排入大气。调节旁路挡板和脱硫系统的进出口挡板的关系，保证锅炉压力在正常波动范围内；吹扫和清洗 GGH，保证有一个较好的换热效果，解决增压风机和进出口挡板启停联锁问题。

（2）吸收塔系统。吸收塔是 SO_2 吸收系统的主要设备，塔体外壳可以为钢筋混凝土或钢结构，形状为正方形或圆形，塔内装有填料，烟气一般自塔底部进入向上流经填料层，在此与海水以逆流方式接触。海水自吸收塔上部引入，经过填料层的海水能与烟气充分接触，从而获得高的 SO_2 吸收率，吸收塔的脱硫效率大于 90%。洗涤烟气后的酸性海水在吸收塔底收集并排出塔外。

（3）供排海水系统。对于沿海电厂而言，脱硫用海水取自凝汽器出口循环冷却水虹吸井，部分冷却海水经升压泵送至吸收塔顶部用于洗涤烟气，吸收塔排水与其余海水混合后进入曝气池，之后排入大海。

(4)海水恢复系统。海水恢复系统又称海水处理厂,每台机组设置一座曝气池,每座曝气池共设置2台50%曝气风机,包括进水道、混合池、曝气池、排水道、曝气风机等。大量来自虹吸井偏碱性海水与吸收塔排出的酸性海水在混合池中混合。通过提高曝气风机的压力,向曝气池内鼓入大量的空气,使流来的酸性海水和碱性海水充分混合,同时使海水中溶解氧逐渐增加,将易分解的亚硫酸盐氧化成稳定的硫酸盐,同时使排水的pH得到恢复,处理后的海水pH、COD等达到排放标准后排入大海。

5)循环流化床半干法烟气脱硫技术关键设备及工艺流程

循环流化床半干法烟气脱硫技术已应用于国内多家电厂,使用最大容量为600MW。应用电厂包括山西省华能榆社电厂、河北马头电厂、河北滦河电厂、山东华泰电厂、广州恒运电厂、国电长源第一发电有限责任公司、国电大武口发电厂、徐州华润电力有限公司等。国内建设和运行表明:循环流化床半干法烟气脱硫技术的一次投资较高,但低于湿法脱硫系统的投资。2003年电厂脱硫由于技术全部依靠引进,一次投资较高,在300~600元/kW。以后随着技术引进程度的降低,国产化程度的提高,一次投资显著下降,目前一次投资已降至100~200元/kW。根据国内运行电厂的运行数据统计显示,脱硫在电价中的成本为0.02元/(kW·h)左右[110]。

循环流化床半干法烟气脱硫技术基本工艺流程为:从锅炉空预器出口的高温原烟气,经烟道从底部进入吸收塔进行反应净化,净化后的含尘烟气从吸收塔顶部侧向排出,然后转入袋式除尘器进行气固分离。经除尘器捕集下来的固体颗粒,通过除尘器灰斗下的脱硫灰再循环系统返回吸收塔,灰中的剩余吸收剂继续参加反应,如此循环。反应后的脱硫副产物排至脱硫副产物仓,再通过罐车或二级输送设备外排,经脱硫袋式除尘器净化后的烟气经引风机排往烟囱。工艺流程如图7-26所示[111]。

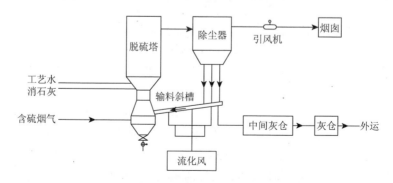

图7-26 循环流化床半干法烟气脱硫技术工艺流程图

循环流化床半干法烟气脱硫技术工艺如图 7-26 所示，其关键设备主要包括烟气系统、SO_2 吸收系统、吸收剂制备系统、脱硫后除尘系统、物料循环系统、工艺水系统和控制系统[112]。

（1）烟气系统主要包括烟气挡板门、进风烟道、出风烟道和再循环烟气烟道。脱硫系统正常运行时，进风烟气挡板门和出口烟气挡板门开启，烟气通过进口烟气挡板门进入吸收塔进行反应，反应后烟气经过出口烟气挡板门输送到烟囱排放到大气中。烧结风量正常稳定的时候，再循环烟气烟道关闭；烧结风量变化剧烈的时候，再循环烟气烟道挡板门开启，补充稳定进风烟道的烟气量，避免烟气变化剧烈，导致出现"塌床"，影响系统正常运行。

（2）SO_2 吸收系统的作用是脱除烟气中的 SO_2 和 SO_3，系统的核心设备就是脱硫吸收塔，SO_2 和 SO_3 的吸收反应主要在吸收塔内完成。本吸收塔采用空塔结构，吸收效果好、操作简单、维修方便、塔内构件简单、造价成本较低。吸收塔内部不存在物料堆积的"死角"，避免物料沉积，导致吸收塔"黏壁"，影响吸收塔正常的运行。

（3）吸收剂制备系统主要包括消石灰粉料仓、螺杆称重、气力输送设备。消石灰粉从料仓通过螺杆称重后，通过气力输送设备输送入吸收塔的文丘里段，和烟气中的 SO_2 进行反应。

（4）脱硫后除尘系统主要是位于吸收塔之后的除尘器，烟气经吸收塔脱硫之后，烟气中携带的物料、粉尘以及反应产物进入除尘器后，物料沉积收集起来，可以进入物料循环系统重新进入吸收塔循环反应，或者通过气力输送设备输送入灰仓，清洁烟气则通过除尘器后进入烟囱排入大气。

（5）物料循环系统包括输料斜槽、流化风等设备。未反应完全的吸收剂经除尘器收集之后，通过输料斜槽重新送入吸收塔进行反应，使塔内实际的吸收剂的量远远满足脱硫所需要的量，可以提高塔内脱硫反应的效率，也可以避免吸收剂的浪费。

（6）工艺水系统主要包括工艺水箱、喷枪等设备。吸收塔内需要注入冷却降温水，使烟气温度降低、含湿量增高，加快脱硫吸收反应的进行。

（7）控制系统主要包括配电系统、照明系统和脱硫 DCS 控制系统。系统中主要的测量仪表有压力表、料位计等。

6）克劳斯法关键设备及工艺流程

克劳斯法这种方法被应用的最早也最为广泛。此法用 H_2S 作为原料，通过在克劳斯燃烧炉中燃烧，与排出尾气中的一部分 H_2S 发生氧化反应生成 SO_2 再与硫化氢（此时是进气中的）作用生成硫黄。脱硫的原理是首先燃烧空气，再将三分之一的空气氧化成 SO_2，最后才是克劳斯反应，此过程要在 2~3 个催化剂床中进行，反应过程如下[113]：

$$2H_2S + O_2 = 2S + 2H_2O$$
$$2H_2S + 3O_2 = 2SO_2 + 2H_2O$$
$$2H_2S + SO_2 = 3S + 2H_2O$$

克劳斯法的关键设备为反应器、冷凝器、液硫捕集器、再热炉等。冷凝器的作用是把反应器生成的元素硫冷凝成液，液硫捕集器设置在冷凝器出口，功能是从冷凝器出口尽可能回收液硫和硫雾沫。

具体工艺流程如图7-27所示。将三分之一的酸性气体通入反应炉，加入空气使其燃烧生成SO_2，而其余三分之二酸性气体走旁路，绕过燃烧室，与燃烧后的气体汇合，混合后温度约为230℃，进入废热锅炉里的催化剂床层反应，可处理H_2S含量为35%左右的酸性气体。再进入一段的冷凝器，用低压锅炉给水进一步冷却至160℃左右，使硫继续冷凝通过液硫捕集器将硫雾滴捕集后，进入再热炉将温度升至反应适宜的温度225℃后，进入反应器进行第二次克劳斯反应。反应后气体再经二段冷凝器用锅炉水冷却至150℃左右，经液硫捕集器分离液硫，由二段再热炉升温至215℃后进入反应器进行第三次克劳斯反应。从反应器出来的气体为245℃进入第三段冷凝器冷却至150℃，经液硫捕集器冷凝分离其中的液硫，分离液硫后的尾气由尾气风机加压后排往锅炉装置进一步处理。该法除酸性气体回收硫的纯度较高（99.8%）。

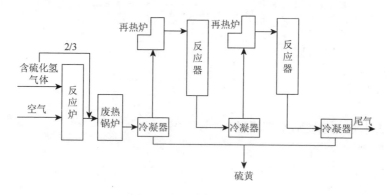

图7-27 克劳斯法工艺流程图

7）生物法关键设备及工艺流程

微生物分解法是利用微生物菌群（光合硫细菌、丝状硫细菌与硫杆菌）的相互作用，将硫化物通过生物化学过程转化为单质硫加以回收。在20世纪80年代初就开始研究采用此法处理净化废气。微生物氧化硫化氢的反应式如下[114]：

$$2H_2S + O_2 = 2S + 2H_2O$$
$$2S + 3O_2 + 2H_2O = 2H_2SO_4$$

生物滴滤池被认为是介于生物滤池和生物洗涤塔之间的处理技术。废气中的污染物的吸收和生物降解同时发生在一个反应装置内。如图 7-28 所示，滴滤池内填充粗碎石、塑料、陶瓷、聚丙烯小球、木炭、颗粒活性炭等比表面积大的惰性填料，填料只起生物生长载体的作用，其空隙率比生物滤池的要高，使用寿命长，阻力小。含可溶性无机营养液的液体从池上方均匀地喷洒在填料上，液体自上而下流动，然后由塔底排出并循环利用。废气由塔底进入生物滴滤池，在上升的过程中与湿润的生物膜接触而被净化，净化后的气体由池顶排出[25]。

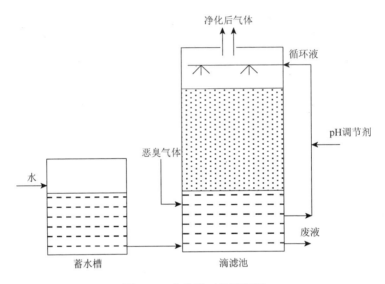

图 7-28　生物法工艺流程图

7.3.4　放射性污染物治理装备

在核电站正常运行和维修期间，核电站会产生放射性的废气。其中含氢废气来源于一回路反应堆冷却剂，主要包含放射性气态同位素氪和氙，还包括氢气和氮气。由于这部分废气放射性水平较高，所以必须经过严格处理后才能向外界排放。对于含氢废气，目前主要有以下两种处理工艺：一是衰变箱加压贮存工艺。该工艺具有系统结构简单、处理工艺成熟等优点，但是由于系统中设置了大量的废气衰变箱和压缩机，这些设备体积庞大且高压易导致气体泄漏，会造成放射性的非受控释放。二是常规活性炭延滞处理工艺。该工艺具有设备占用空间小、操作相对简单的特点，但是废气仅依靠上游气源压力通过整个系统，导致系统运行压力较低，吸附剂对气体的吸附系数较小，因此放射性废气的衰变时间较短；同时，该工艺不适合处理气体流量较大的废气，适用范围相对较窄。

针对常规活性炭延滞处理工艺吸附剂吸附系数较小、废气处理流量较低的缺点，于世昆等发明了一种可用性更强、处理效果更好的核电站放射性废气处理系统[115]，如图 7-29 所示。该套系统的工作原理为：上游系统排出的放射性废气首先经进气管线输入第一气体缓冲罐，第一气体缓冲罐收集放射性废气并对气流的压力进行缓冲平衡，同时起到初步的疏水作用；经第一气体缓冲罐缓冲压力、初步疏水后的放射性废气，依次流入气体冷却器和气水分离器，气体冷却器对废气进行冷却，以便于气水分离器进一步去除气体中携带的水分；经气水分离器干燥后的放射性废气流入第二气体缓冲罐进一步缓冲平衡压力后，通过压缩机将气流压力增大至 20k～200kPa（表压）；经压缩机加压后的放射性废气先由压力监测仪表、温度监测仪表以及第一气体取样管线进行参数监测，若气体的压力、温度、湿度和氢气氧气浓度都合格，则流入前置保护床以除去气体中携带的过量水分和化学污染物；经前置保护床过滤后的放射性废气首先由温度监测仪表、湿度监测仪表进行参数监测，若气体的温度、湿度等参数都合格，则流入吸附床，吸附床中的吸附剂对废气中的放射性核素氪和氙进行动态吸附，在此过程中，废气的放射性得到充分地衰变，通常已经满足排放要求；气体在流经前置保护床和吸附床之间的管线、不同吸附床床体之间的连接管线以及吸附床下游的管线时，都经第二气体取样管线取样并进行氪、氙、碘、微粒和氚的浓度以及气体湿度分析，以核实前置保护床和吸附床对气体的处理效果；经吸附床处理后的废气沿管线流经放射性监测控制装置，放射性监测控制装置对废气的放射性活度进行监测，若气体满足排放要求，则通过电厂烟囱将气体向外界排放。

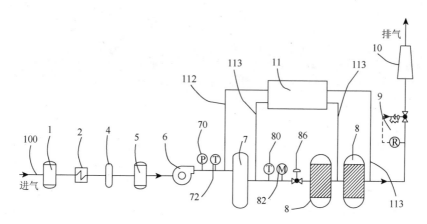

图 7-29 核电站放射性废气处理系统结构示意图[115]

1. 第一气体缓冲罐；2. 气体冷却器；4. 气水分离器；5. 第二气体缓冲罐；6. 压缩机；7. 前置保护床；8. 吸附床；9. 放射性监测控制装置；10. 电厂烟囱；11. 气体浓度分析包；70. 压力监测仪表；72, 80. 温度监测仪表；82. 湿度监测仪表；86. 控制阀门；100. 进气管线；112, 113. 取样管线目前国内外对放射性废气处理工艺主要采用加压贮存的方式。加压浓缩使得废气的放射性活度浓度有所增高，长时间贮存过程中有放射性泄漏的风险，而且增加了操作人员辐射防护和屏蔽的难度和成本。鉴于此，刘羽等发明了一种安全性高、空间占用少的核电站放射性废气处理装置[116]（图 7-30），以降低放射性泄漏的风险以及操作人员辐射防护的难度。该装置运行时，放射性废气首先进入硅胶干燥床进行干燥，废气夹带的水汽被硅胶吸收，达到进一步的干燥作用；干燥后的废气进入活性炭滞留床，通过活性炭的选择性吸附作用对废气中的放射性惰性核素进行滞留，在吸附—脱吸—再吸附的动态吸附过程中，惰性核素逐步与氢气、氮气等载气分离，短寿命充分衰变，放射性水平得以降低。放射性活度检测合格后的废气可通过电厂通风系统的烟囱排放。

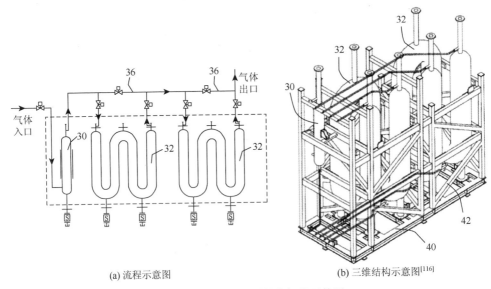

(a) 流程示意图　　　　　　(b) 三维结构示意图[116]

图 7-30　核电站放射性废气处理装置

30. 硅胶干燥床；32. 活性炭滞留床；36. 备用支管；40. 底座；42. 支撑元件

为了降低核工业废气净化系统氢爆风险和活性炭滞留床易燃和易失效等风险，提高系统运行的包容性和安全性，刘羽等[117]又设计出一种安全性和可用性更强的核电站放射性废气处理系统，见图 7-31。其对上游各系统容器进行循环吹扫，并利用氢氧复合器降低吹扫废气中的氢气含量，再采用衰变箱处理上游各系统容器所产生的过量废气中的放射性物质。废气处理系统的工作流程为：来自上游各系统容器的吹扫废气经过气体干燥器冷却干燥后，由氢氧测量柜测量氢浓度和氧浓度，并根据测量结果通过氢气注入管线和氧气注入管线将气体的氢氧浓度调节至合适的化学计量比，然后进入氢氧复合器进行复合；氢氧复合完成后，气体经气体冷却器冷却,并由氢氧测量柜进行测量,保持复合后气体中的氢氧浓度分别低于 0.3%和 0.1%;氢氧复合后的气体进入废气压缩机,经过压缩后的气体通过气体干燥器进行干燥,并直接进入或经减压站减压后进入 TEP 系统设备的气空间进行吹扫,从而将放射性物质置换出后再进入 TEP 系统进行处理。由于上述整个过程构成了一个闭式循环的吹扫回路,因此在系统正常运行期间基本没有废气排入环境中。该装置的优点如下:①氢氧复合工艺可有效降低回路中的氢气浓度,避免氢气积聚带来的氢爆安全风险,同时降低氢气后的气体可继续复用,重新进入上游各系统容器的气空间进行循环吹扫,从而大大降低了电站放射性气体的排放量;②氢氧复合后采用加压衰变箱处理废气,此技术不仅具有运用成熟、结构简单、操作便利等优点,而且在上游废气参数和废气量波动较大时都有较好的包容性,能够有效避免活性炭易燃易失效的问题,可用性较高,同时也避免了产生难处理的放射性二次固体废物,有利于节省建造和运行成本。

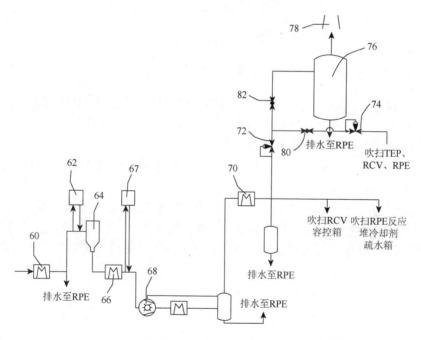

图 7-31　核电站放射性废气处理系统的结构示意图[117]

60,70. 气体干燥器;62,67. 氢氧测量柜;64. 氢氧复合器;66. 气体冷却器;68. 废气压缩机;72,74. 减压站;76. 衰变箱;78. 烟囱;80,82. 开关

高效碘吸附器是核空气净化系统中一个重要的关键净化单元。国内碘吸附器大体分为筒式、平板式、折叠式和抽屉式。图 7-32 为抽屉式碘吸附器,与安装框架配合,可以单台或多台并联使用来满足各种规模的核空气净化系统的要求[118]。吸

附器由框架、多孔板、面板、盖板、氯丁海绵橡胶密封垫等组成。框架由薄不锈钢板冲压成型，吸附器的壳体全部用 $1Cr_{18}Ni_9Ti$ 不锈钢制作。因为污染空气中含有腐蚀性气体，在吸附碘的同时也吸附这些腐蚀性气体，即使很微量的 NO_2 或 SO_2 被吸附，遇到水汽后就会出现腐蚀。另外一些像次碘酸之类的气态碘化合物也会腐蚀壳体，所以如用碳钢材料制作吸附器，使用不久便被腐蚀坏了。吸附器与安装框架之间的密封垫用耐热、耐辐照的氯丁海绵橡胶。通过无损伤泄漏试验方法进行试验，发现其泄漏率小于 0.005%，满足美国标准泄漏率小于 0.01%的指标。

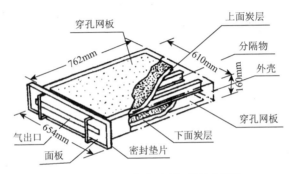

图 7-32　抽屉式碘吸附器构造图[118]

为了保障核电站安全运行及吸附净化效率，开发了专用的碘吸附器。在碘吸附器生产过程中如何振实核级活性炭是保证碘吸附器净化效率的主要因素之一。传统的碘吸附器活性炭装填振实问题沿用气动振动床技术来解决，由于气动振动耗能大，振幅也大，频率低，可操控性差，还可能对核级活性炭造成新的破碎，因而对碘吸附器的稳定性产生较大的影响。随着市场对产品质量稳定性的要求越来越高，气动振动已不能满足大批量生产的一致性问题，并且伴随着生产粉尘大，劳动强度大等问题的日益突出，急需一种新振动床来替代原有设备。丘丹圭等[119]设计了一种能耗低、可升降并滚动移动、具有除尘功能的碘吸附器活性炭装填振动床（图 7-33），包括用于设置碘吸附器壳体的振动床面，振动床面设置在支架上，振动床面下方设置振动电机，振动床面与支架之间设置减振弹簧。该装填振动床采用电机振动，振幅可调，频率可选；同时具有气动升降和滚动移动设施，在振动时将壳体放于床面上进行振动，振实后可将振实主体升起，利用滚动设施将振实主体平移至压实装配平台；在振动床面下方设置负压除尘设施，能自动清除装填振动过程中产生的粉尘，从而净化生产环境。

Nakhutin 等[120]曾建立了活性炭床层吸附放射性含碘废气的吸附动力学模型，计算与实验结果表明，放射性组分浓度在炭层入口附近迅速降低，随后浓度变化缓慢，不同放射性组分吸附特性不一，导致放射性组分浓度沿吸附层分布呈现出不同的阶段。但实际应用中，由于吸附器中炭层的老化中毒主要发生在气体入口

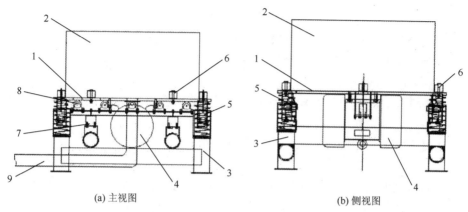

图 7-33 碘吸附器活性炭装填振动床

1. 振动床面；2. 壳体；3. 支架；4. 振动电机；5. 减振弹簧；6. 限位轮；7. 升降气缸；8. 滚轮；9. 排尘吸气管

附近，穿透率在床层前段（起保护床层作用）下降平缓，深床段（吸附效率高）则比较陡峭[39]。结合表 7-2 可见，深床层吸附器有一定的优越性，是国际上吸附器结构研究的发展趋势。

表 7-2 碘吸附器的比较

型号	结构类型	特点	适用场合
LX500 型	筒式	内装柱状煤基活性炭，体积大，风量小	去除化学毒气，在核空气净化系统中逐渐被淘汰
DL150 型	平板式	过滤和吸附部件组装在一起，装填椰果壳炭，结构紧凑	风量小的系统，如核潜艇
DX1700-Ⅰ型	折叠式	体积小，风量大，炭层薄	同位素生产车间或小风量系统
核级高效碘吸附器	抽屉式	炭层较厚，便于集中安装，可以组装成各种风量的吸附器排	核电站空气净化系统

7.4 工业废气净化装备运行管理与维护

7.4.1 机械除尘器的运行管理和维护

7.4.1.1 机械除尘器的运行管理

1）稳定运行参数

对机械除尘器而言，如果运行参数偏离设计参数太远，则难以达到预期的除尘效果。

除尘器入口气体流速是一个关键参数。对于尺寸一定的除尘器，入口气速增大，不仅处理量可提高，还可有效提高分离效率，但压降也随之增大。当入口气速提高到某定值后，效率可能会随之下降。一般常用的入口气速为 14～20m/s，浓度高和颗粒粗的粉尘入口气速应更小一些。

处理气体的温度对除尘器性能也有重要影响。因为气体温度升高，一方面气体黏度变大，使颗粒受到的向心曳力加大，于是分离效率会下降；另一方面是气体的密度变小，使压降也变小。所以高温条件下运行的除尘器，应有较大的入口气速和较小的截面气速。

含尘气体的入口质量浓度对分离过程也有不可忽视的影响。浓度高时，大颗粒粉尘对小颗粒粉尘有明显的携带作用，并表现为效率提高。但是影响效率的因素特别复杂，所以至今没有入口质量浓度对效率影响的计算表达式。对机械式除尘而言，出口质量浓度不会随入口质量浓度的增加成比例增加。

2）防止漏风

机械除尘器漏风有 3 种部位：除尘器进出口连接法兰处、除尘器本体、除尘器卸灰装置。引起漏风的可能原因有：①除尘器进出口连接法兰处的漏风主要是由于连接件使用不当引起的，如螺栓没有拧紧、垫片不够均匀、法兰面不平整等。②除尘器本体漏风的原因主要是磨损，对旋风除尘器和惯性除尘器而言，本体磨损是经常发生的。特别是灰斗因为含尘气流在旋转或冲击除尘器本体时磨损特别严重，根据现场经验当气体含尘质量浓度超过 $10g/m^3$，在三个月内可能磨坏 3mm 厚的钢板。③机械除尘器卸灰装置的漏风是除尘器出现漏风的主要原因。卸灰阀大部分是机械自动式，这些阀严密性较差，稍有不当，即产生漏风。

除尘器一旦漏风将严重影响除尘效率，据估算，旋风除尘器灰斗或卸灰阀漏风 1%，除尘效率下降 5%；惯性除尘器灰斗或卸灰阀漏风 1%，除尘效率下降 10%。

3）预防关键部位磨损

除尘器壳体的内部沿着纵深方向气流给壳壁以相当大的冲击。在这个冲击区产生最大的纵向磨损。横向磨损是沿着壳体壁有一条或几条圆圈形磨损。在圆筒和圆锥部分，任何圆周焊缝或法兰连接都可能产生断续流动和不同的金属硬度。因此，在制造与装配时应注意保证连接处的内表面真正光滑并同心。

旋风除尘器圆锥部分直径逐渐减小，所以通过单位面积金属表面的灰尘量和流动速度都逐渐增加。这就使圆锥部分比圆筒部分磨损更严重。如果排尘口堵塞，或灰斗装得过满，妨碍正常排尘，则圆锥部分旋转的灰尘特别容易磨损圆锥。倘若这种情况继续下去，磨损范围就上升到除尘器壁越来越高的位置。

防止磨损的技术措施包括：①防止排尘口堵塞。防止堵塞的方法主要是选择优质卸灰阀，使用中加强对卸灰阀的调整和检修。②防止过多的气体倒流入排尘口。使用卸灰阀要严密，配重得当，减轻磨损。③应经常检查除尘器有无因磨损而漏气的现象,以便及时采取措施。可以利用蚊香或者香烟的烟气靠近易漏风处,仔细观察有无漏气。④尽量避免焊缝和接头。必须要有的焊缝应磨平,法兰连接应仔细装配好。⑤在灰尘冲击部位使用可以更换的抗磨板,或增加耐磨层,如铸石板、陶瓷板等。也可以用耐磨材料制造除尘器。例如,以陶瓷制造多管除尘器的旋风子;用比较厚或优质的钢板制造除尘器的圆锥部分。

7.4.1.2 机械除尘器的维护

在机械除尘器的维护中应注意防止除尘器的磨损、腐蚀和堵塞等。预防和减轻磨损的措施有:①防止排灰口堵塞,确保排灰通畅;②防止过多的气体倒流入排灰口处;③选择适当的进气速度,防止速度过大;④在含尘气流剧烈冲击部位使用可以更换的抗磨板;⑤采用耐磨衬里,如气体内壁衬以铸石板、陶瓷板敷设耐磨涂料或选择耐磨性较好的钢材等;⑥经常注意检查除尘器有无因磨穿而出现漏气现象,并及时采取修补措施。

除尘器的积灰堆聚往往是造成堵塞的重要原因之一。而造成壁面积灰的主要原因是尘粒带有水分,或除尘器壁面因水汽冷凝而潮湿。其消除的办法应采用隔热保湿,或对除尘器壁加热,以保持粉尘干燥。

为了保证除尘器的正常运行和技术性能,在停运时必须进行下列检查:①消除附着的粉尘,清除风道和灰斗内堆积的粉尘;②修补磨损和腐蚀引起的穿孔,并将修补处打磨光滑;③检查各结合部位的气密性,必要时更换密封材料;④有保温时要检查、修复隔热保温设施,以保证含尘气体中水汽不凝结;⑤检查排灰锁风装置的动作和气密性,并进行必要的调整;⑥检查输灰装置。

7.4.2 袋式除尘器的运行管理和维护

7.4.2.1 袋式除尘器的运行管理

袋式除尘器运行时,定时记录除尘器的进出口压差、除尘器前的压力、入口气体温度、主要电机的电压和电流等各项参数。若除尘系统设有气体流量仪表,应定时记录气体流量。若未设气体流量仪表,可根据上述记录的各参数判断流量变化与否;进而判断系统运转是否正常。当除尘器进出口压差与正常值相差很大时,应查找原因,及时排除可能的故障。当除尘器入口气体温度超过限定值时,紧急冷风阀自动打开混入冷风或停止系统阴风,以防止因超过滤袋的耐热限度而烧坏滤袋;在相反情况下,应注意防止温度低于露点温度而导致水分在除尘器内凝结,防止水蒸气冷凝对滤袋造成堵塞是确保袋式除尘器正常运行的条件之一,通常要求进入袋式除尘器的烟气温度应高于烟气露点温度 20℃以上。运行过程中应尽量减少漏入系统的空气量，消除滤料的静电效应，防止可燃气体可能引起的燃烧或爆炸。经常注意排气含尘情况。若除尘系统设有含尘浓度检测仪表或漏袋检测仪表，应按时检测并能够做好记录。若未设检测仪表，则应按时观察烟气出口的颜色，并据以判断是否排气超标。

7.4.2.2 袋式除尘器的维护

设备点检是对设备维护的一种新式管理方法，目前尚无国家标准和行业标准。不同企业对不同设备可能有不同的设备点检方法，下面介绍某钢铁企业袋式除尘器的点检要点，如表 7-3 所示。

表 7-3 袋式除尘器点检要点

部位	项目	点检内容	点检标准
滤室差压计	各室滤袋	压差显示	滤袋阻力≥2000Pa
	差压计管道	阻塞状况	管道无阻塞，差压计准确
	橡皮管	是否老化	无损坏、老化、漏气或脱落
	滤袋室	积灰	无积灰
		滤袋脱落	无脱落
	脉冲阀	漏气	电磁阀磁化、膜片无破损、低气压
	一次、二次风阀	密封件	无脱落
	双层卸灰阀	漏气	无漏气、密封无脱落
	差压计本体	是否正常	①U 形差压计液位鲜明 ②定期加显示液
		精度	计量确认良好，定期送检
滤袋	状况	破损	无破损、袋根部无撕裂和脱线
		夹箍状态	良好
		松紧度	符合规定要求
		袋帽磨损	无异常磨损
	倾向管理	压力差	更换滤袋
		滤袋室积灰	无明显积灰
双重阀	阀体	开闭状态	正常
	阀板	损坏、变形	无损坏、变形
	阀杆轴封	密封情况	无漏气、漏灰
	气动推杆	动作状态	正常，无漏气、磨损，关闭到位
	密封垫	损坏情况	无脱落、损坏

续表

部位	项目	点检内容	点检标准
双重阀	气缸软管	漏气、老化	无漏气、老化
	润滑	给脂状态	自动给脂良好
	电磁阀	工作状况	动作正常
一次风阀	风阀	开闭状况	关闭到位
二次风阀	阀板	损坏变形	无损坏和变形
	气缸	动作	动作正常、无漏气和磨损
	密封垫	损坏状况	无脱落和破坏
	胶管	漏气、老化	无老化、无漏气
	电磁阀	漏气、老化	无老化、无漏气
灰斗卸料器	料位计	信号	信号发出正常
	卸料器	状态	运行正常,无异物卡住
脉冲阀	阀体	运行状态	开闭灵活
	膜片	老化、磨损	无老化、磨损
	脉冲控制仪	状态	准确可靠、可调整

注:运转中点检内容为各类阀门、排灰装置、管道、差压计等设备和检测仪器。

7.4.3 静电除尘器的运行管理和维护

7.4.3.1 静电除尘器的运行管理

静电除尘器投运前应提前 4h 将全部电加热,应将全部的振打装置和下部的输排灰装置启动并正常运行。静电除尘器投运前应先通烟气加热电场,当电场内部温度高于烟气露点温度后才能向电场内送电。当烟气中含有一氧化碳等可燃气体时,应确认其在安全范围内才能向电场送电。确认全部控制均已选择在自动。确认全部的检查门和人孔门均已关闭。按负载试运行的要求向电场供电,并观察一、二次电压、电流是否正常,电气设备有无异常现象。观察各振打装置是否正常运行,各输灰装置、锁风装置是否运行正常。观察工况参数是否正常,观察烟囱的排放情况是否达到要求。以上各项的观察应在控制室和现场分别进行,投运后一般应连续观察以上各项半小时以上,确认均工作良好才可进入日常巡查程序。

7.4.3.2 静电除尘器的维护

日常维护的主要任务是消除设备、管道、人孔门等处的漏风,调节好系统的风量和风压,排除一切可能产生故障的隐患。静电除尘器的维护检修包括以下内容:①静电除尘器外壳,包括壳体、进出口喇叭、灰斗等,此外还包括一些必要的检查门。静电除尘器外壳的所有焊缝应密封,所有的检查门均应开关灵活,且必须密封良好,检查漏气可以用风速仪,或用一薄纸片在门缝处移动,若纸被吸引则就是漏气,发现漏气后应开门检查密封材料是否完好,其破坏后应及时更换。定期清扫除尘器壳体各部位的积灰,定期向检查部门的回转部位及丝杆上足润滑油,以保证转动灵活。②极板、极线,静电除尘器的极板、极线是其有效除尘的关键零部件,应定期检查其是否变形,极距是否在要求的范围之内,若发现异常应及时处理并修复。③极板、极线传动,极板、极线传动由振打锤、振打轴、传动链、链轮、减速机及电机等组成,是保证有效振打清灰的重要手段,应经常检查振打锤是否松动或脱落,振打轴及传动部位的转动是否灵活,动作应可靠无误,减速机及电机工作是否正常,并应定期检查减速机的润滑是否良好,符合要求。④极线吊挂及绝缘件,定期检查绝缘子和绝缘套管,并用干布将其表面擦拭干净,用 2000V 的摇表测定高压线路的绝缘电阻,其值不得小于 100MΩ。⑤高压电源,定期检查高压电源及蒸馏装置是否工作正常,电压、电流是否能达到正常值。⑥卸灰阀,定期检查卸灰阀动作是否正常,电压、电流是否能达到正常值。⑦除尘器灰斗,不允许有异物特别是大块物料落入卸灰阀内,每次除尘器检修后,在排灰阀工作前必须从灰斗上检查孔检查卸灰阀,确认无异物方可启动。⑧接地电阻,每年测定一次除尘器的接地电阻,其值不得大于 3Ω。

7.4.4 湿式除尘器的运行管理和维护

7.4.4.1 湿式除尘器的运行管理

湿式除尘器种类和构造相差较大,运行管理各不相同。贮水式除尘器在运行前首先要调整贮在除尘室内的水位。因为其除尘效果是依靠水膜来捕集粉尘的,所以一定要在充分确信水膜的形成状态之后再通烟气,投入运行。贮水除尘器在除尘室内存有一定量的水,此时控制水位高低是关键,是影响除尘效果的决定因素。由于是循环使用,所以补给水量很小。另外,因为洗涤排烟时洗涤水往往是酸性的,所以为了防止装置被腐蚀,必须在运行过程中随时或连续地测定其 pH。贮水式除尘器停止工作时,首先要关闭给水阀门,而后停止吸风机,关闭放水阀。此外,当贮水式除尘器装置长期停运时,要完全放出除尘室灰槽处的积水,如有可能,要用碱加以中和,以防止设备的腐蚀。淋水式除尘器通过喷雾喷嘴供给洗涤水,然后通以烟气投入运行。淋水式除尘器给水量、压力和耗电量均已载于生产商提供的使用说明书的性能曲线上,所以必须参考这些参数来运行。当给水量超过规定水量时,将使电动机过负荷,不得超过规定的水量。淋水式除尘器停止工作时,首先停止排烟发生设备,还要维持给水并使除尘器运行一段时间,以进行排烟的置换,并洗去附着在设备上的粉尘。另外,附着在喷嘴上的粉尘,也要在停运期间认真加以清除,以免成为下一次启动的障碍。压水式除尘器启动时,首先从喉部供给洗涤水,然后通过排烟投入运行。与其他湿式除尘器一样,为了发挥高的除尘性能,要尽可能降低烟气温度来使用。因此,要充分注意排烟冷却装置的烟气温度再投入运行。压水式除尘器运行时,在粉尘比较细、粉尘浓度较高、粉尘有黏着性、排烟温度较高的情况下,文丘里除尘器的液气比设定较大,因此,需注意粉尘的性状和烟气温度,经常以与之相适应的液气比来运行。喉部的烟气速度很高,因而喉部的磨损剧烈。压水式除尘器停止时,文丘里除尘器和气液分离器在排烟发生设备停运之后还要继续在空气负荷下运行片刻,把附着的粉尘和酸性洗涤水完全排出之后再使之停止。此外,在长期停运期间,必须要用碱性溶液来中和,以防止腐蚀。

7.4.4.2 湿式除尘器的维护

湿式除尘器的常见故障是设备腐蚀、磨损及给水喷嘴的堵塞等。在设备停运时,应检查设备腐蚀情况,对腐蚀部位进行修补,或更换备件。应经常注意除尘器挡板磨损情况,磨损严重时要及时更换。给水喷嘴的堵塞是经常发生的,维护中除优先选用不堵塞喷嘴外,还要对堵塞进行清理。为避免喷嘴堵塞还要注意循环水中不能有过多杂质,注意补给新水。贮水式除尘器的除尘系统工作时,应使通过机组的风量保持在额定风量左右,且尽量减少风量的波动。经常注意各检查门的严密,根据机组的运行经验,定期地冲洗机组内部和自动控制装置中液位仪上电极杆上的积灰,在通入含尘气体时,不允许在水位不足的条件下运转,更不允许无水运转。经常保持自动控制装置的清洁,防止灰尘进入操作箱,发现自动控制系统失灵时,应及时检修,当水位过高(大于40mm)、过低(小于10mm)时,应及时检查水位控制装置,查明原因,排除故障。

淋水式除尘器的供水量必须均匀,水量过小会影响除尘效果,淋水式除尘器要经常检查喷嘴使用情况,喷嘴净化水硬性粉尘时会造成结垢堵塞,应当尽量避免。为了避免喷嘴磨损可选用无堵塞型喷嘴。除尘器运行中可能出现喷嘴磨损的情况,喷嘴磨损的典型特点为喷嘴的流量增加,并伴有喷雾形状的普通破坏。椭圆形喷嘴口的平面扇形喷雾喷嘴磨损,会受到喷雾形状变窄的影响。对于其他喷雾形状的喷嘴类型,喷雾分布受损害而没有本质上改变覆盖面积。喷嘴流量的增加有时能通过设备工作压力的下降而识别,并应当及时更换喷嘴。

7.4.5 SCR脱硝装置的运行管理和维护

7.4.5.1 SCR脱硝装置的运行管理

启动前，应对液氨储存与稀释排放系统、液氨蒸发系统、稀释风机系统、循环取样风机系统、吹灰器、SCR烟气系统进行全面检查，保证各系统符合启动相关要求。

液氨储存与稀释排放系统管理要求包括：①氨区系统电气系统投入应正常；②仪表电源应正常，特别是双电源切换；③仪用空气压力应达到系统运行要求；④吹扫用氮气应准备到位，质量符合要求；⑤消防水系统、消防报警应投入正常；⑥氨区液氨存储和氨气制备区域的氨气泄漏检测装置报警值设定完毕，工作应正常；⑦氨稀释槽、氨罐内部应清洁；⑧压力、温度、液位、流量等测量装置应完好并投入；⑨在上位机上检查确认系统连锁保护应100%投入；⑩氨系统应用氮气置换或抽真空应处理完毕，氧含量达到要求。

液氨蒸发系统及其气氨缓冲系统管理要求包括：①液氨蒸发器、氨缓冲罐内部应清洁，人孔封闭完好；②加热蒸汽具备投入条件；③氨罐具备供氨条件；④安全阀一次阀门及其他阀门应处于正确位置。

稀释风机系统管理要求包括：①稀释管道、加热器内部应清洁；②喷氨格栅完好，喷嘴齐全、无堵塞；③压力、压差、温度、流量等测量装置应完好并投入；④加热蒸汽及其输水系统应具备投入条件；⑤稀释风机润滑油应正常，且具备启动条件。

循环取样风机系统管理要求包括：①循环取样风机进出口管道内部应清洁；②压力测量装置应完好；③烟气在线分析仪、氨逃逸检测仪应完好，并具备投入条件；④设备周围清洁，无积水、积油及其他杂物；⑤循环取样风机润滑油应正常。

蒸汽吹灰系统管理要求包括：①蒸汽管道吹扫应干净，符合规范要求；②压力、温度、流量等测量装置应完好；③吹灰器进、退应无卡涩，限位开关调整完毕；④设备周围清洁，无积水、积油及其他杂物；⑤吹灰器固定支架与平台距离应合理，无碰撞。

SCR反应器系统管理要求包括：①烟气挡板、循环取样风机、稀释风机、烟道膨胀节、吹灰器完好。②喷氨格栅喷嘴应齐全、完好、无堵塞。③催化剂及密封系统安装检查应合格。④导流板、整流器、混合器应完好。⑤烟道应无腐蚀泄漏，膨胀节连接牢固、无破损；入孔门、检查孔关闭严密。⑥氨泄漏报警系统应投入正常。

7.4.5.2 SCR 脱硝装置的维护

SCR 脱硝装置的检查维护通则包括：①转机各部、地脚螺栓、联轴器螺栓、保护罩等连接状态应满足负荷正常运行要求，测量及保护装置、工业电视监控装置齐全并投入运行；②设备外观完整，部件和保温齐全，设备及周围应清洁、无积油、积水及其他杂物，照明充足，栏杆平台完整；③各箱、罐的人孔、检查孔和排浆阀应严密关闭，各备用管法兰严密封闭；④所有阀门、挡板开关灵活，无卡涩现象，位置指示正确；⑤转机运行时，无撞击、摩擦等，异声电流表指示不超过额定值，电动机旋转方向正确；⑥电动机电缆头及接线、接地线完好，连接牢固，轴承及电机测温装置完好并正确投入。SCR 脱硝装置的检查维护主要关注以下几个系统。

1) 尿素热解制氨系统

检查尿素筒仓料位正常，筒仓外形完整，下料管道连接紧密无漏点，筒仓顶部覆盖完整，没有发生漏水的隐患。筒仓除尘风机运行时无异音，振动正常。尿素筒仓活化风供应正常，管道连接完好，无漏点。尿素溶液制备过程中，检查尿素溶解罐搅拌器运行平稳无异音，电机晃动幅度正常。罐顶排气风机运行正常，确保罐内负压。除盐水供水量与电动门开度相对应，未发生堵塞现象。溶解箱加热蒸汽管道无撞击、泄漏，换热器工作正常，疏水器工作正常，疏水可以正常流回疏水箱。尿素混合泵密封严密，无漏水现象，泵冲洗水排放门关闭严密。混合泵出口压力维持在 0.2MPa 以上，并且无剧烈波动现象，否则进口堵塞或汽化。检测尿素储罐外形完整，箱体连接管道无泄漏，各测点连接紧固。储罐加热蒸汽管道无撞击、泄漏，换热器与疏水器工作正常。尿素循环泵入口滤网空气门关闭严密，无泄漏，滤网切换把手上下位置一致，循环泵出口管沿程手动门开关状态与时机运行方式一致。尿素循环泵变频器工作正常，泵出口压力与变频器输出相对应，检查尿素溶液供应管线伴热正常，储罐温度维持在 43℃ 以上，回流温度维持在 40℃ 以上。尿素热解系统的燃油管道无漏油，油泵运行正常，油盘内无杂物。

2) 液氨储存与制备系统

检查氨系统的周围，查看"严禁烟火"的牌子是否完好，各管路有无裂缝及连接部有否泄漏，有无异常振动，有无漏氨，集控氨检漏器无报警，就地无刺鼻的氨味。检查液氨卸料压缩机系统的曲轴箱油压、曲轴箱油位、压缩机进出口压力、气液分离器排液是否正常。液氨蒸发器、氨气缓冲罐、氨气吸收罐完整无泄漏，蒸发器与稀释槽液位正常。工业水自动喷淋装置的压力正常，处于"自动"状态。废水池液位正常，废水泵投自动，否则手动启泵排水。氨吸收罐液位正常，氨水泵投自动，否则手动启泵排水。检查氨流量控制阀的动作是否正常，填料压盖处是否有泄漏，氨流量控制阀前的压力表指示是否正常。检查氨流量计的状态是否正常，安装填料的部位等有无泄漏，指示是否正常。检查注氨分配管的显示节流孔板压差的流体压力计指示是否正常，管路有无异常，有无氨的泄漏。

3）反应器系统

反应器本体严密无漏烟，膨胀指示正常，声波吹灰器运行正常，压缩空气管道无漏气或堵塞现象。蒸汽吹灰器连接完好，无漏气，无过压现象。在线检测（分析）仪表运行正常。

7.4.6 燃煤烟气湿法脱硫设备的运行管理和维护

7.4.6.1 湿法脱硫设备的运行管理

脱硫设备的稳定运行除了要满足正常的要求，还有一些参数要跟随锅炉负荷或者烟气参数的变化而随时进行调节，以保证脱硫系统的安全、经济运行。

1）烟气系统调节

烟气系统的调节主要是指增压风机入口压力的调节。其作用是随着锅炉负荷的变化和整个脱硫烟气流程阻力的变化，来增加或者减少增压风机的出力，从而维持主机和 FGD 系统的稳定运行。

如果在手动状态，运行人员通过比较压力设定值和压力实际值的偏差，然后手动改变导叶的开度来抵消压力变化。必须注意：每次操作只能导致较小的输出变化，否则可能引起被调量的大幅度波动。

2）吸收塔系统的调节

吸收塔浆液 pH 是 FGD 系统中最重要的参数之一。系统脱硫效率的保持和提高，都是通过控制 pH 来实现的。影响 pH 的因素很多，如烟气流量的变化、烟气中 SO_2 浓度的变化、石灰石品质的变化、石灰石浆液密度的变化等。常用的调节手段是利用调节阀的开度来控制石灰石浆液的流量。所需的石灰石浆液量是根据烟气流量、原烟气 SO_2 浓度、所要求的脱硫率、石灰石浆液密度以及吸收塔浆液所要维持的 pH 计算得到的。

为了维持吸收塔内部合适的浆液浓度，保证脱硫效率和系统安全运行，需要从吸收塔底部定期排放浓度较高的石膏浆液。如果石膏浆液浓度过高，可能造成堵塞和磨损，同时对脱硫的效果也会造成影响。如果石膏浆液浓度过低，可能加大钙硫比，造成浪费。

3）湿式球磨机系统的调节

稀释水作用是将磨机出口石灰石浆液进行稀释，达到设计值或者一个合适的值,以便浆液经过石灰石旋流器的分离后能够产生各方面指标均合格的石灰石浆液。如果密度值偏高,则适当增加稀释水的流量,反之则减小稀释水的流量。

球磨机循环箱是一个很重要的参数,如果液位太高,则浆液容易溢流;反之,则浆液泵的出口压力会降低很多。目前,国内现场调试时可通过稀释水控制液位或者通过溢流器控制液位。

4)石膏脱水系统的调节

压力是旋流器能否正常工作的重要条件,但在实际中往往被忽视。如果压力值过高,一方面对旋流器的磨损太严重,另一方面底流、溢流的成分不合要求。如果没有安装压力自动控制器,可以通过手动阀来实现压力调控。

维持皮带脱水机滤布上面滤饼的厚度是保证石膏含水量的重要条件。如果滤饼厚度过薄,则脱水效果不好;如果滤饼厚度过厚,则真空度过高,可能使真空泵过载。通过调节脱水机电机变频器的频率来调整皮带机的运动速度,可以维持石膏滤饼厚度在合适值。一般滤饼厚度为 15~30mm 为好。

7.4.6.2 湿法脱硫设备的维护

为保证机组和 FGD 装置的正常运行,湿法脱硫设备要进行适当的维护与保养,需经常维护的项目有:①热工、电气、测量及保护装置、工业电视监控装置齐全并正确投入;②设备外观完整,部件和保温齐全,设备及周围应清洁,无积油、积水、积浆及其他杂物,照明充足,栏杆平台完整;③各箱、罐、池及吸收塔的人孔、检查孔和排浆阀应严密关闭,各备用管座严密封闭,溢流管畅通;④所有阀门、挡板开关灵活,无卡涩现象,位置指示明确;⑤所有联轴器、三角皮带防护罩完好,安装牢固;⑥转机各部油质正常、油位指示清晰,并在正常油位,检查孔、盖完好,油杯内润滑油脂充足;⑦电动机冷却风进出口畅通,入口温度不高于 40℃,进出口风温差不超过 25℃,外壳温度不超过 70℃,冷却风干燥;⑧所有皮带机都不允许超出力运行,第一次启动不成功应减轻负荷再启动,仍不成功则不允许连续启动,必须卸去皮带上的全部负荷后方可启动,并及时汇报值长、专工。

湿法脱硫设备的维护主要关注以下几个系统。

1)烟气系统

检查密封系统正确投入,且密封气压力应高于热烟气压力 500Pa 以上,密封气管道和烟道应无漏风、漏烟现象,烟道膨胀畅通,膨胀节无拉裂现象。脱硫装置停运检修时须关闭原烟气及净烟气挡板。

2)增压风机

增压风机密封烟气系统及轮毂加热器正确投入,增压风机本体完整,人孔门严密关闭，无漏风或漏烟现象。静叶调节灵活，增压风机滑轨及滑轮完好，滑动自如，无障碍。增压风机基础减震装置无严重变形，当油过滤器前后压差过高时，则应切换为备用油过滤器运行。如果油箱油温高于 55℃，应查明原因。若油的流量低，必须对油路及轴承进行检查。如果油箱油温低于 10℃，投入油箱电加热运行。

3）烟气换热器

处理后的烟气温度必须保持或高于 76℃，顶部导向轴承箱和底部支持轴承箱的油质良好、油温正常、油位正常。烟气再热器处理烟气和未处理烟气侧的压降不超过设计值，否则必须立即对再热器换热元件进行吹灰或高压水冲洗，静电除尘器后的灰分不得超过 200mg/m³（标况下），吸收塔出口雾气浓度不得超过 75mg/m³（标况下）。原烟气入口温度不超过 160℃，否则必须停车并隔离脱硫设备直到温度降到正常为止。

4）吸收塔

吸收塔本体无漏浆及漏烟、漏风现象，其液位、浓度和 pH 应在规定范围内。除雾器差压正常，除雾器冲洗水畅通，压力在合格范围内，除雾器自动冲洗时，冲洗程序正确。侧进式搅拌器轴封良好，检漏管无漏浆现象，氧化空气喷枪冲洗水应严密关闭。应控制吸收塔出口烟温低于 60℃ 运行，以免损坏除雾器。

5）泵

泵的轴封应严密，无漏浆及漏水现象。泵的出口压力正常，出口压力无剧烈波动现象，否则进口堵塞或汽化。泵的进口压力过大，应及时调整箱罐池的液位正常，以免泵过负荷。如果泵的出口压力过低，应切换为备用泵运行，必要时通知检修处理。

6）制浆系统

称重皮带机给料均匀，无积料、漏料现象，称重装置测量准确。制浆系统管道及旋流器应连接牢固，无磨损和漏浆现象。若旋流器泄漏严重，应切换为备用旋流器运行，并通知检修处理。保持球磨机最佳钢球装载量，若磨机电流比正常值低，应及时补加钢球。球磨机进、出料管及滤液水管应畅通，运行中应密切监视球磨机进口料位，严防球磨机堵塞。大齿轮喷淋装置喷油正常，空气及油管道连接牢靠，不漏油不漏气。若油箱油位不正常升高时，应及时通知检修检查冷却水管是否破裂；反之，可能油管破裂或管路堵塞。若筒体附近有漏浆，应通知检修检查橡胶瓦螺丝是否松脱，是否严密或存在其他不严密处。球磨机转速不能达到额定转速或太快达到额定转速时，应通知检修检查液力联轴器内的油量；禁止球磨机长时间空负荷运行。

7）脱水系统

检查浆液分配管（盒）进料均匀，无偏斜，石膏滤饼厚度适当，出料含水量正常且无堵塞现象，脱水机走带速度适当，滤布张紧度适当，清洁、无划痕。脱水机所有托辊应能自由转动，应及时清除托辊及周围固体沉积物，滤布冲洗水流量为 $7m^3/h$，真空和风靡水流量为 $2m^3/h$，滤饼冲洗水流量为 $7m^3/h$，滑道冲洗水流量为 $1.7m^3/h$，脱水机运转时声音正常，气水分离器真空度正常。真空泵冷却水流量正常，一般为 $10m^3/h$。

7.4.7 循环流化床烟气脱硫设备的运行管理和维护

7.4.7.1 循环流化床烟气脱硫设备的运行管理

循环流化床烟气脱硫装置的运行、维护及安全管理除应执行本规范外，还应符合国家现行有关强制性标准的规定。未经当地环境保护行政主管部门批准，不得停止运行脱硫装置。由于紧急事故造成脱硫装置停止运行时，应立即报告当地环境保护行政主管部门。脱硫装置运行应在满足设计工况的条件下进行，并根据工艺要求，定期对各类设备、电气、自控仪表及建筑物进行检查维护，确保装置稳定可靠地运行。脱硫装置使用燃料的含硫量不得在超过设计燃料含硫量的条件下长期运行。

根据电厂管理模式特点，对脱硫装置的运行管理可成为独立的脱硫车间或其他管理方式。脱硫装置的运行人员宜单独配置。当电厂需要整体管理时，也可以与机组合并并配置运行人员。但电厂至少应设置 1 名专职脱硫技术管理人员。电厂应对脱硫装置的管理和运行热暖进行定期培训，使管理和运行人员系统掌握脱硫设备及其他附属设施正常运行的具体操作和应急情况的处理措施。运行操作人员上岗前还应进行专业培训。电厂应建立脱硫系统运行状况、设施维护和生产活动等记录制度，运行人员应按照电厂规定坚持做好交接班制度和巡视制度，保证脱硫装置的正常运行。

7.4.7.2 循环流化床烟气脱硫设备的维护

脱硫装置的维护保养应纳入全厂的维护保养计划中。电厂应根据脱硫装置技术负责方提供的系统、设备等资料指定详细的维护保养规定，维修人员应根据保养规定定期检查、更换或维修必要的部件，同时维修人员应做好维护保养记录。

参 考 文 献

[1] 王纯. 除尘工程技术手册[M]. 北京：化学工业出版社，2016.
[2] 郑领英，工学松. 膜技术[M]. 2 版. 北京：化学工业出版社，2000.

[3] Zaitan H, Marie H M, Valdés H. Application of high silica zeolite ZSM-5 in a hybrid treatment process based on sequential adsorption and ozonation for VOCs elimination[J]. Journal of Environmental Sciences, 2016, 41 (3): 59-68.

[4] Mohamed E F, Awad G, Andriantsiferana C, et al. Biofiltration technology for the removal of toluene from polluted air using Streptomyces griseous[J]. Environmental Technology, 2015, 131 (10): 1197-1207.

[5] 汪涵, 郭桂悦, 周玉莹, 等. 挥发性有机废气治理技术的现状与进展[J]. 化工进展, 2009, 28 (10): 1833-1841.

[6] Joung H J, Kim J H, Oh J S, et al. Catalytic oxidation of VOCs over CNT-supported platinum nanoparticles[J]. Applied Surface Science, 2014, 290 (4): 267-273.

[7] Wang H, Zhu T, Fan X, et al. Adsorption and desorption of small molecule volatile organic compounds over carbide-derived carbon[J]. Carbon, 2014, 67 (1): 712-720.

[8] Shahtalebi A, Farmahini A H, Shukla P, et al. Slow diffusion of methane in ultra-micropores of silicon carbide-derived carbon[J]. Carbon, 2014, 77: 560-576.

[9] Ramos M E, Bonelli P R, Cukierman A L, et al. Adsorption of volatile organic compounds onto activated carbon cloths derived from a novel regenerated cellulosic precursor[J]. Journal of Hazardous Materials, 2010, 177 (1): 175-182.

[10] Das D, Gaur V, Verma N. Removal of volatile organic compound by activated carbon fiber[J]. Carbon, 2004, 42 (14): 2949-2962.

[11] 杨志忠. 海水烟气脱硫技术及其在电站上的工程应用[J]. 动力工程, 2008, 28 (4): 612-615.

[12] 张军. 海水烟气脱硫技术及其在火电厂的工程应用[D]. 成都: 西南交通大学, 2007.

[13] 姚洪猛, 崔爱臻. 镁法烟气脱硫技术的应用[J]. 山东电力技术, 2007, (2): 56-58, 62.

[14] 郭如新. 镁法烟气脱硫技术国内应用与研发近况[J]. 硫磷设计与粉体工程, 2010, (3): 16-20, 54.

[15] 李忠华, 薛建明, 王小明, 等. 循环流化床烟气脱硫技术分析及工程应用[J]. 电力科技与环保, 2010, 26 (2): 50-52.

[16] 王忠喜, 高霞红. 循环流化床烟气脱硫技术及其环境经济可行性探讨[J]. 污染防治技术, 2007, (2): 64-67.

[17] 白昌先. 新环保标准下循环流化床烟气脱硫的应用[J]. 现代工业经济和信息化, 2016, 6 (4): 13-15.

[18] 常剀. 选择性非催化还原(SNCR)技术在流化床锅炉烟气脱硝的工程应用[D]. 上海: 上海师范大学, 2013.

[19] 周国民, 唐建成, 胡振广, 等. 燃煤锅炉SNCR脱硝技术应用研究[J]. 电站系统工程, 2010, 26 (1): 18-21.

[20] 陈海杰. 选择性非催化还原法(SNCR)高效脱硝技术在650MW级W型火焰炉上的应用[J]. 科技与创新, 2016, (24): 20-22.

[21] 汤煜佳. 锅炉烟气脱硝技术应用现状及分析[J]. 科技经济导刊, 2017, (27): 120.

[22] Rivas B D, López-Fonseca R, Sampedro C, et al. Catalytic behaviour of thermally aged Ce/Zr mixed oxides for the purification of chlorinated VOC-containing gas streams[J]. Applied Catalysis B Environmental, 2009, 90 (3): 545-555.

[23] Schmid S, Jecklin M C, Zenobi R. Degradation of volatile organic compounds in a non-thermal plasma air purifier[J]. Chemosphere, 2010, 79 (2): 124-130.

[24] Sakiyama Y, Barekzi N. Special issue on nonthermal medical/biological applications using ionized gases and electromagnetic fields[J]. IEEE Transactions on Plasma Science, 2012, 37 (11): 2267-2268.

[25] 杨慎文, 袁健, 马兆丽, 等. 用生物法处理废气的探讨[J]. 环境科学导刊, 2010, 29 (z1): 64-66.

[26] 孙石, 黄兵, 黄若华, 等. 生物法净化挥发性有机废气的吸附-生物膜理论模型与模拟研究[J]. 环境科学, 2002, 23 (3): 14-17.

[27] 孙珮石, 王洁, 孙悦, 等. 吸附-生物膜理论对生物法净化气态污染物的研究[J]. 武汉理工大学学报, 2007,

29（10）：42-46.

[28] 祝杰，李文钰，陈先林，等. 浅谈核电放射性废气净化技术[J]. 广东化工，2016，43（20）：124-126，115.

[29] 闫凤鸣. 化学生态学[M]. 北京：科学出版社，2011.

[30] 李永国，梁飞，张渊，等. 活性炭滞留放射性惰性气体应用与影响因素研究现状[J]. 辐射防护，2015，35（2）：112-116，122.

[31] 李永国，张计荣，梁飞，等. 不同堆型核电站放射性废气处理系统工艺流程差异分析[J]. 环境工程，2015，(S1)：424-426.

[32] 唐静娟，茅云，唐志华，等. 硝酸-硝酸汞淋洗法去除动力堆元件后处理过程废气中碘的研究[J]. 核科学与工程，1988，(1)：6-7，43-48.

[33] Zhu J, Ye S C, BAI J, et al. A concise algorithm for calculating absorption height in spray tower for wet limestone-gypsum flue gas desulfurization[J]. Fuel Processing Technology, 2015, 129: 15-23.

[34] 祝杰，吴振元，叶世超，等. 喷淋塔液滴粒径分布及比表面积的实验研究[J]. 化工学报，2014，65（12）：4709-4715.

[35] 刘玉珠，刘卉. 气态放射性碘捕集方法研究进展[J]. 辐射防护通讯，1996，(6)：29-32.

[36] 岳龙清，罗德礼. 捕集气体中放射性碘用固体吸附材料研究进展[J]. 材料导报，2012，26（z2）：285-289.

[37] Ali M, Yan C, Sun Z, et al. Study of iodine removal efficiency in self-priming venturi scrubber[J]. Annals of Nuclear Energy, 2013, 57（5）: 263-268.

[38] 于承泽，刘春秀，张宝善，等. 含碘废气治理设施工艺设计与运行效果研究[J]. 原子能科学技术，1998，32（S1）：52-56.

[39] 贾明. 我国除碘技术的研究和应用现状[J]. 辐射防护通讯，1992，(4)：18-23.

[40] Liu J, Thallapally P K, Strachan D. Metal-organic frameworks for removal of Xe and Kr from nuclear fuel reprocessing plants[J]. Langmuir the Acs Journal of Surfaces and Colloids, 2012, 28（31）: 11584-11589.

[41] Wang Q, Xiong S, Xiang Z, et al. Dynamic separation of Xe and Kr by metal-organic framework and covalent-organic materials: A comparison with activated charcoal[J]. Science China Chemistry, 2016, 59（5）: 643-650.

[42] Banerjee d, Cairns A J, Liu J, et al. Potential of metal-organic frameworks for separation of xenon and krypton[J]. Accounts of Chemical Research, 2015, 48（2）: 211-219.

[43] 罗上庚. 放射性废物处理与处置[M]. 北京：环境科学出版社，2007.

[44] 姜凤有. 工业除尘设备设计、制作、安装与管理[M]. 北京：冶金工业出版社，2007.

[45] 刘世朋，周相宙，李大伟. 袋式除尘技术治理$PM_{2.5}$污染的优势分析[J]. 环境科学与技术，2013，36（S1）：233-235.

[46] 刘彬. 我国袋式除尘技术研究及应用现状[J]. 安全与环境工程，2011，18（6）：53-55，67.

[47] 侯立红. 多孔陶瓷及陶瓷膜过滤材料国内发展现状及问题分析[J]. 现代技术陶瓷，2015，36（4）：46-49.

[48] 许伟，刘军利，孙康. 活性炭吸附法在挥发性有机物治理中的应用研究进展[J]. 化工进展，2016，35（4）：1223-1229.

[49] Liu Y, Li Z, Shen W. Surface chemical functional groups modification of porous carbon[J]. Recent Patents on Chemical Engineering, 2008, 1（1）: 27-40.

[50] Kim K J, Kang C S, You Y J, et al. Adsorption-desorption characteristics of VOCs over impregnated activated carbons[J]. Catalysis Today, 2006, 111（3）: 223-228.

[51] 刘耀源，邹长武，刘莎，等. H_2SO_4/H_2O_2改性玉米秸秆活性炭对甲苯吸附性能的影响[J]. 科学技术与工程，2014，14（23）：126-129.

[52] 刘耀源，邹长武，李晓芬，等. 玉米秸秆活性炭制备与 NaOH 改性对甲醛吸附的影响[J]. 炭素技术，2014，33（3）：6-9.

[53] Li L, Liu S, Liu J. Surface modification of coconut shell based activated carbon for the improvement of hydrophobic VOC removal[J]. Journal of Hazardous Materials，2011，192（2）：683-690.

[54] Yin C Y, Aroua M K, Wan M A W D. Review of modifications of activated carbon for enhancing contaminant uptakes from aqueous solutions[J]. Separation and Purification Technology，2007，52（3）：403-415.

[55] 古可隆. 活性炭的应用（一）[J]. 林产化工通讯，1999，(4)：37-40.

[56] Nowicki P, Wachowska H, Pietrzak R. Active carbons prepared by chemical activation of plum stones and their application in removal of NO_2[J]. Journal of Hazardous Materials，2010，181（1）：1088-1094.

[57] Lillo-Ródenas M A, Cazorla-Amor S D, Linares-Solano A. Behaviour of activated carbons with different pore size distributions and surface oxygen groups for benzene and toluene adsorption at low concentrations[J]. Carbon，2005，43（8）：1758-1767.

[58] 冀有俊，杨钊，贺彬艳，等. 甲烷吸附量与活性炭孔隙结构关系的研究[J]. 天然气化工（C1 化学与化工），2014，(4)：10-12.

[59] 李喜玉. 可再生胺法烟道气脱硫吸收解吸一体化[D]. 广州：华南理工大学，2011.

[60] 杨志平，邓先和，李喜玉. 可再生胺法用于烟道气脱硫吸收解吸一体化的研究[J]. 环境工程，2012，30（4）：66-69.

[61] 蒋利桥，陈恩鉴. 可回收硫资源的烟气脱硫技术概述[J]. 工业锅炉，2003，(1)：4-6.

[62] Shang Y, Li H, Zhang S, et al. Guanidinium-based ionic liquids for sulfur dioxide sorption[J]. Chemical Engineering Journal，2011，175（1）：324-329.

[63] Wu W, Han B, Gao H, et al. Desulfurization of flue gas: SO_2 absorption by an ionic liquid[J]. Angewandte Chemie International Edition，2010，43（18）：2415-2417.

[64] Zhang Z, Wu L, Dong J, et al. Preparation and SO_2 sorption/desorption behavior of an ionic liquid supported on porous silica particles[J]. Industrial and Engineering Chemistry Research，2009，48（4）：2142-2148.

[65] 张琳，张秀玲，代斌，等. 催化脱除大气污染物 NO_x 研究进展[J]. 低温与特气，2000，18（4）：7-10.

[66] Zhou J, Hao S, Gao L, et al. Study on adsorption performance of coal based activated carbon to radioactive iodine and stable iodine[J]. Annals of Nuclear Energy，2014，72（5）：237-241.

[67] Hirano M, Takeshima M, Saito T, et al. Process for decontaminating gas containing radioactive iodine[P]: United States，US4045539. 1977.

[68] 李启东，何燧源，高震，等. 核空气净化用活性炭的研制及其性能测试——Ⅰ. 国产浸渍活性炭的制备和筛选[J]. 林产化学与工业，1982，(2)：22-29.

[69] 叶明吕，茅云，唐静娟，等. 动力堆核燃料后处理过程废气中碘的去除的研究——吸附放射性碘用的附银硅胶的制备和筛选[J]. 核技术，1985，(2)：65-68.

[70] 卢玉楷，高家禄，尹远淑，等. 放射性碘-131 废气净化研究Ⅰ. 不同固体吸附剂对元素碘和碘甲烷的吸附研究[J]. 原子能科学技术，1987，(2)：167-172.

[71] 卢玉楷，高家禄，尹远淑，等. 放射性碘-131 废气净化研究Ⅱ. 吸附条件对吸附剂吸附性能影响的研究[J]. 原子能科学技术，1987，(2)：173-179.

[72] 叶明吕，唐静娟，丁旭，等. 附银丝光沸石对气载放射性碘的吸附特性的研究[J]. 核化学与放射化学，1991，13（3）：169-175.

[73] 廖翠萍，郑振宏，施福恩，等. 吸附法净化高温气冷堆 He 载气中 Kr、Xe 的研究[J]. 核技术，2001，24（6）：509-514.

[74] 陈莉云, 张昌云, 武山, 等. 低温下活性炭吸附分离 Kr 和 Xe[J]. 原子能科学技术, 2013, 47（3）: 334-336.

[75] 王亚龙, 张海涛, 王旭辉, 等. 活性炭纤维在低温下对 Kr 的静态吸附[J]. 核化学与放射化学, 2004, 26（4）: 243-245.

[76] 倪依雨, 王鑫, 谈遗海, 等. 核电厂放射性废气处理系统专用活性炭的性能研究[J]. 核安全, 2014, 13（3）: 73-77.

[77] 吴爱军. 通风与除尘技术[M]. 重庆: 重庆大学出版社, 2015.

[78] 张殿印, 姜凤有, 冯玲. 袋式除尘器运行管理[M]. 北京: 冶金工业出版社, 1993.

[79] Lozza G. Combined-cycle power stations using clean-coal technologies: Thermodynamic analysis of full gasification versus fluidized bed combustion with partial gasification[J]. Journal of Engineering for Gas Turbines and Power, 1996, 118（4）: 737-748.

[80] 章名耀, 刘前鑫, 范从振. 增压流化床燃烧联合循环发电技术发展概况[J]. 东南大学学报, 1990, 20（2）: 97-105.

[81] Fry J, Jones G. Water treatment[P]: European, EP1735246 A1. 2006.

[82] 刘名郑, 刘家臣, 高海, 等. 先进陶瓷连接的新技术——坯体连接技术[J]. 陶瓷学报, 2003, 24（3）: 164-167.

[83] 高铁瑜, 张建英, 徐廷相. 陶瓷过滤介质的颗粒尺寸对过滤性能的影响[J]. 西安交通大学学报, 2002, 36（5）: 482-485.

[84] 姬忠礼, 刘隽人. 陶瓷过滤管用扩压管式引射器脉冲喷吹系统的研究[J]. 化工机械, 1997,（1）: 6-9.

[85] 姬忠礼, 丁富新, 孟祥波, 等. 陶瓷过滤器滤管外瞬态流场[J]. 化工学报, 2000, 51（2）: 165-168.

[86] 赵磊, 王筱喃, 王新, 等. 石化 VOC 废气深度净化技术开发及工业应用[J]. 环境工程, 2016,（S1）: 569-571, 579.

[87] 张燕, 王硕, 王博. 燃煤工业锅炉氮氧化物的排放控制技术[J]. 中国环保产业, 2011,（3）: 40-43.

[88] 杜娟. 浅谈氮氧化物对大气的污染及处理技术[J]. 科技创新与应用, 2013,（9）: 89.

[89] 姚治华, 张玲, 杜娟. 钢铁工业氮氧化物污染防治途径研究[J]. 环境科学与管理, 2015, 40（3）: 71-74.

[90] 杨泽伦. SCR 烟气脱硝工程设计原则和关键设计技术[J]. 中国电力, 2015, 48（4）: 27-31.

[91] 郭延磊, 王绪书. SCR 烟气脱硝技术设计工艺分析[J]. 产业与科技论坛, 2014, 13（19）: 33-34.

[92] 郭永华. 烟气温度对 SCR 脱硝催化剂的影响[J]. 能源研究与利用, 2013,（4）: 38-40.

[93] 吴金泉. 浅谈 SCR 烟气脱硝工艺特点[J]. 海峡科学, 2011,（5）: 22-24.

[94] 黄鹏程, 林雪, 陈长卿, 等. 水泥窑炉 SNCR 烟气脱硝工艺设计[J]. 中国环保产业, 2017,（1）: 39-41.

[95] 李宝荣, 宁永森, 向三明, 等. 催化氧化法处理含氨工业废气的应用探索[J]. 化工环保, 2016, 36（4）: 449-453.

[96] 刘睿劼, 张智慧. 中国工业二氧化硫排放趋势及影响因素研究[J]. 环境污染与防治, 2012,（10）: 100-104.

[97] 高翔. 工业烟气（脱硫、脱硝、除尘）污染防治可行技术案例汇编[M]. 北京: 中国环境出版社, 2016.

[98] 林海. 浅析石灰石-石膏法脱硫工艺设计[J]. 能源与节能, 2012,（11）: 110-111.

[99] 朱礼想. 石灰石-石膏湿法脱硫工艺技术探讨与实践[J]. 价值工程, 2015,（13）: 79-82.

[100] 史永永, 李海洋, 张慧, 等. 氨法烟气脱硫技术研究进展[J]. 磷肥与复肥, 2012, 27（5）: 6-9.

[101] 屈战成, 张进华, 段付岗. 我国氨法烟气脱硫技术存在的三大难题及建议[J]. 硫磷设计与粉体工程, 2015,（2）: 1-5, 11.

[102] 蔡震峰. 氨法烟气脱硫技术综述[J]. 现代化工, 2012,（8）: 9-10.

[103] 宋立华. 火力发电厂氨法烟气脱硫技术研究[D]. 天津: 天津大学, 2009.

[104] 董广前, 王洁. 镁法烟气脱硫技术与应用前景展望[J]. 无机盐工业, 2005, 37（1）: 11-12.

[105] 孙祥超, 朱哲, 商平. 镁法脱硫技术在荣程钢铁公司的应用[J]. 资源节约与环保, 2014,（7）: 13-14.

[106] 骆锦钊. 海水法烟气脱硫排水水质的估算和分析[J]. 电力科技与环保, 2007, 23（1）: 19-22.

[107] 陈坚军,王冠华. 海水烟气脱硫技术研究进展[J]. 广东化工,2010,37(6):74-75.
[108] 王思粉,冯丽娟,李先国. 浅析我国海水烟气脱硫技术及改进[J]. 热力发电,2011,40(1):4-7,18.
[109] 周超炯. 海水烟气脱硫技术研究[J]. 化学工程与装备,2009,(9):163-164.
[110] 李忠华,柏源. 烟气循环流化床脱硫技术分析研究[J]. 广东化工,2010,37(1):95-97.
[111] 林驰前. 干法脱硫实现超低排放的控制优化措施[J]. 节能与环保,2016,(5):66-69.
[112] 徐智英,李学金,葛园琴. 循环流化床脱硫技术在烧结烟气净化中的应用[J]. 环境科学,2011,24(z2):21-23.
[113] Mora-Mendoza J L,Chacon-Nava J G,Gonzlez-Nez M A,et al. Influence of turbulent flow on the localized corrosion process of mild steel with inhibited aqueous carbon dioxide systems[J]. Corrosion,2002,58(7):608-619.
[114] 李李,曹煜,林璠,等. 国内外处理硫化氢的研究现状[J]. 广州化工,2015,(8):27-29.
[115] 于世昆,白婴,刘昱,等. 核电站放射性废气处理系统[P]:中国,CN104143368A. 2014.
[116] 刘羽,唐邵华,霍明,等. 核电站放射性废气处理装置[P]:中国,CN105355249A. 2015.
[117] 刘羽,牛俐珺,潘跃龙. 核电站放射性废气处理系统[P]:中国,CN102969037A. 2012.
[118] 王建民,钱英谆. 核级高效碘吸附器[J]. 中国核科技报告,1989,(S3):843-852.
[119] 丘丹圭,史英霞,侯建荣,等. 碘吸附器活性炭装填振动床[P]:中国,CN103129978A. 2011.
[120] Nakhutin I E,Smirnova N M,Laushkina G A,et al. Adsorption of radioactive iodine vapor from air[J]. Soviet Atomic Energy,1969,26(4):449-450.

8 工业废气治理装备评价

8.1 工业废气治理质量标准

8.1.1 废气排放指标类别及内涵

工业是推进人类社会发展的基础动力，同时也推动了生产力的发展。但随之而来的废气污染始终是困扰人类的一大难题。工业生产过程中会产生各种废气、废水、废渣，这些工业生产废物排放到自然环境中无疑会对环境造成危害，其中工业废气的排放量及影响是最大的。工业废气，是指企业厂区内燃料燃烧和生产工艺过程中产生的各种排入空气的含有污染物气体的总称。这些废气有二氧化碳、二硫化碳、硫化氢、氟化物、氮氧化物、氯、氯化氢、一氧化碳、硫酸（雾）铅汞、铍化物、烟尘及生产性粉尘。从形态上可以将工业废气划分为颗粒性废气和气态性废气。关于污染物具体特性、产生源及危害的描述详见1.1.1节。

2016年世界卫生组织发表报告称，空气污染每年会导致全球800万人死亡，空气污染已成为人类健康所面临的最大环境风险，造成了巨大的社会代价。研究显示，中国已经成为世界上每年因空气污染而致人死亡数目最高的国家，大气污染防治刻不容缓。其中，工业废气排放是造成大气污染和破坏的罪魁祸首之一。废气直接排放到空气中会随着大气流动扩散，势必会对大气循环、土壤、水源以及人类健康造成严重甚至不可逆转的危害。如何治理工业废气成为现代工业生产中必须予以高度重视的问题。多年的实践证明，只有从整个区域大气污染状况出发，统一规划并综合运用各种防治措施，才可能有效地控制大气污染。因此在国家层面推行空气清洁政策，显得十分必要。只有提高工业废气污染防治技术，限制排放危害性大、量大的废气，才能实现工业的良性可持续发展。

我国于1973年颁布，1974年1月正式试行《工业"三废"排放试行标准》。这项标准是中国第一次环境保护会议筹备小组办公室主持制订的。制订原则是，以《工业企业设计卫生标准》为依据，参考世界各国排放标准，结合本国实际情况，力求做到既能防止危害，又在技术上可行。标准对工业污染源排出的废气、废水和废渣（简称"三废"）的容许排放量、排放浓度等做出了明确规定。废气排放标准对5种工业部门定出13类有害物质的容许浓度和排放量。这些有害物质分别是二氧化硫、二硫化碳、硫化氢、氟化物、氮氧化物、氯、氯化氢、一氧化碳、硫酸雾、铅、汞、铍化物、烟灰和生产性粉尘。

1982 年我国首次发布了具有强制执行力的《环境空气质量标准》。该标准规定了环境空气功能区分类、标准分级、污染物项目、平均时间及浓度限值、监测方法、数据统计的有效性规定及实施与监督等内容。各省、自治区、直辖市人民政府对该标准中未作规定的污染物项目，可以制定地方环境空气质量标准。该标准于 2012 年进行第三次修订。

为保护和改善环境，防治大气污染，保障公众健康，推进生态文明建设，促进经济社会可持续发展，全国人民代表大会常务委员会于 1987 年 9 月 5 日正式发布《中华人民共和国大气污染防治法》，并与 2015 年 8 月完成第四次修订。最新的大气污染防治法从以下几个方面做了修改完善：一、强化地方政府责任，加强考核和监督。二、坚持源头治理，推动转变经济发展方式，优化产业结构和布局，调整能源结构，提高相关产品质量标准。三、着力解决燃煤、机动车船等大气污染问题。实现了从单一污染物控制向多污染协同控制，从末端治理向全过程控制、精细化管理的转变。四、加强重点区域大气污染联合防治，完善重污染天气应对措施。五、加大对大气环境违法行为的处罚力度，取消 50 万元罚款封顶。

国家在控制大气污染物排放方面，除了制定综合性排放标准，还有若干行业性排放标准共同存在。在我国现有的国家大气污染物排放标准体系中，综合性排放标准与行业性排放标准实行不交叉执行，即若干行业执行各自的行业性国家大气污染物排放标准，其余均执行综合性排放标准。行业性国家大气污染物排放标准将在 8.1.2 节具体介绍。

8.1.2 国内不同来源工业废气排放标准

1) 锅炉大气污染物排放标准[1]

鉴于我国锅炉炉型众多、量大面广，制定一个全国统一的严格标准可操作性不强，新标准综合考虑环境管理需求和环保标准体系建设，确定基于成熟的最佳可行污染防治技术制定较为严格的国家排放标准。同时，还考虑各地对地方环境质量管理的需求，在标准中明确地方省级人民政府根据各自情况可依法制定更严格的地方排放标准。两级排放标准体系将共同构成我国锅炉行业的排放标准体系。

排放限值确定采用如下的原则：①严格控制燃煤锅炉新增量，加速淘汰燃煤小锅炉，降低燃煤锅炉大气污染物排放量；推动清洁能源的使用。②一般地区向现行的地标排放限值看齐；重点地区实施特别排放限值，采用年最先进的技术和措施满足达标排放。③重点解决颗粒物排放的问题，推广使用先进的袋式除尘和静电除尘技术；兼顾二氧化硫治理，采用高效的湿法脱硫技术；促进低碳燃烧技术发展；将汞污染物控制逐步纳入排放管理。

10t/h 以上在用蒸汽锅炉和 7MW 以上在用热水锅炉自 2015 年 10 月 1 日起，10t/h 及以下在用蒸汽锅炉和 7MW 以下在用热水锅炉自 2016 年 7 月 1 日起执行表 8-1 规定的排放限值。

表 8-1 在用锅炉大气污染物排放浓度限值　（单位：mg/m³）

污染物项目	限值			污染物排放监控位置
	燃煤锅炉	燃油锅炉	燃气锅炉	
颗粒物	80	60	30	烟囱或烟道
二氧化硫	400	300	100	
氮氧化物	400	400	400	
汞及其化合物	0.05	—	—	
烟气黑度（林格曼黑度，级）	—	≤1	—	烟囱排放口

注：位于广西壮族自治区、重庆市、四川省和贵州省的燃煤锅炉执行该限值。

自 2014 年 7 月 1 日起，新建锅炉执行表 8-2 规定的大气污染物排放限值。

表 8-2 新建锅炉大气污染物排放浓度限值　（单位：mg/m³）

污染物项目	限值			污染物排放监控位置
	燃煤锅炉	燃油锅炉	燃气锅炉	
颗粒物	50	30	20	烟囱或烟道
二氧化硫	300	200	50	
氮氧化物	300	250	200	
汞及其化合物	0.05	—	—	
烟气黑度（林格曼黑度，级）	—	≤1	—	烟囱排放口

重点区域锅炉执行表 8-3 规定的大气污染物排放限值（执行特别排放限值的地域范围、时间，由国务院环境保护主管部门或省级人民政府规定）。

表 8-3 大气污染物排放限值　（单位：mg/m³）

污染物项目	限值			污染物排放监控位置
	燃煤锅炉	燃油锅炉	燃气锅炉	
颗粒物	30	30	20	烟囱或烟道
二氧化硫	200	100	50	

续表

污染物项目	限值			污染物排放监控位置
	燃煤锅炉	燃油锅炉	燃气锅炉	
氮氧化物	200	200	150	
汞及其化合物	0.05	—	—	
烟气黑度（林格曼黑度，级）	—	≤1	—	烟囱排放口

注：对锅炉排放废气的采用，应根据监测污染物的种类，在规定的污染物排放监控位置进行，有废气处理设施的，应在该设施后监测。排气筒中大气污染物的监测采用按 GB 5468—1991、GB/T 16157—1996 或 HJ/T 397—2007 规定执行。

2）生活垃圾焚烧污染控制标准[2]

据《2015 年城市建设统计年鉴》统计，2015 年全国城市生活垃圾清运量达到 1.91 亿 t，其中焚烧量为 6175.5 万 t，焚烧处理率已达到 34%。焚烧厂数量从 2001 年的 36 座增加到 2015 年的 220 座。这说明焚烧技术在我国垃圾处理中的分量越来越重。2/3 以上的焚烧厂集中在东部地区，广东、山东、江苏位居前三名。我国目前的焚烧厂主要以炉排炉和流化床炉为主。近年来国家高技术研究发展计划项目（863）和科技支撑项目等国家科技项目均有针对性研究课题对焚烧技术进行研究，且焚烧和污染物排放控制技术在应用中得到了很大提高。上述发展对污染物排放标准提出了新的要求，GB 18485—2001 已难以反映和适应新需求，逐渐暴露出了其在垃圾焚烧污染物控制方面的缺陷，因此需要在对国内焚烧技术发展和应用现状进行深入研究并充分吸收现有研究成果的基础上，形成了新标准 GB 18485—2014，以适应新形势的需要。

自 2016 年 1 月 1 日起，现有生活垃圾焚烧炉排放烟气中污染物浓度执行表 8-1 规定的限值；自 2014 年 7 月 1 日起，新建生活垃圾焚烧炉排放烟气中污染物浓度执行表 8-4 规定的限值。

表 8-4 生活垃圾焚烧炉排放烟气中污染物限值

污染物项目	限值	取值时间
颗粒物	30mg/m^3	1h 均值
	20mg/m^3	日均值
氮氧化物	300mg/m^3	1h 均值
	250mg/m^3	日均值
二氧化硫	100mg/m^3	1h 均值
	80mg/m^3	日均值
氯化氢	60mg/m^3	1h 均值
	50mg/m^3	日均值

续表

污染物项目	限值	取值时间
汞及其化合物（以 Hg 计）	0.05mg/m³	测定均值
镉、铊及其化合物（以 Cd + Tl 计）	0.1mg/m³	测定均值
锑、砷、铅、铬、钴、铜、锰、镍及化合物	1.0mg/m³	测定均值
二噁英类	0.1ng TEQ/m³	测定均值
一氧化碳	100mg/m³	1h 均值
	80mg/m³	日均值

3）火电厂大气污染物排放标准[3]

2015 年我国全社会用电量 55500 亿 kW·h，全国火力发电厂发电量 40972 亿 kW·h，贡献度高达 73.8%。全国火电装机容量 9.9 亿 kW，设备平均利用小时 4329h，火电厂基本建设投资完成额达到 1396 亿元。

尽管目前火电占领了电力的大部分市场，但是"和谐社会""循环经济"等概念的出现让人们不得不面对火力发电带来的烟气、粉尘污染问题。据统计，2012 年，我国火电行业排放的二氧化硫、氮氧化物约占全国二氧化硫、氮氧化物排放总量的 42%、40%。同时，火电行业还排放了烟尘 151 万 t，约占工业排放量的 20%～30%。治理雾霾，提高火电行业排放标准势在必行。为了促进火力发电行业的技术进步和可持续发展，环境保护部科技标准司组织制定了《火电厂大气污染物排放标准》（GB 13223—2011），具体内容如下。

现有火力发电锅炉及燃气轮机组（自 2014 年 7 月 1 日起）、新建火力发电锅炉及燃气轮机组（自 2012 年 1 月 1 日起）执行表 8-1 规定的烟尘、二氧化硫、氮氧化物和烟气黑度排放限值。自 2015 年 1 月 1 日起，燃煤锅炉执行表 8-5 规定的汞及其化合物污染物排放限值。

表 8-5　火力发电锅炉及燃气轮机组大气污染物排放浓度限值　（单位：mg/m³（烟气黑度除外））

燃料和热能转化设施类型	污染物项目	适用条件	限值	污染物排放监控位置
燃煤锅炉	烟尘	全部	30	烟囱或烟道
	二氧化硫	新建锅炉	100	
		现有锅炉	200	
	氮氧化物（以 NO₂ 计）	全部	100	
	汞及其化合物	全部	0.03	
以油为燃料的锅炉或燃气轮机组	烟尘	全部	30	
	二氧化硫	新建锅炉及燃气轮机组	100	

续表

燃料和热能转化设施类型	污染物项目	适用条件	限值	污染物排放监控位置
以油为燃料的锅炉或燃气轮机组	二氧化硫	现有锅炉及燃气轮机组	200	烟囱或烟道
	氮氧化物（以 NO_2 计）	新建锅炉	100	
		现有锅炉	200	
		燃气轮机组	120	
以气为燃料的锅炉或燃气轮机组	烟尘	天然气锅炉及燃气轮机组	5	
		其他气体燃料锅炉及燃气轮机组	10	
	二氧化硫	天然气锅炉及燃气轮机组	35	
		其他气体燃料锅炉及燃气轮机组	100	
	氮氧化物（以 NO_2 计）	天然气锅炉	100	
		其他气体燃料锅炉	200	
		天然气燃气轮机组	50	
		其他气体燃料燃气轮机组	120	
燃煤锅炉，以油、气体为燃料的锅炉或燃气轮机组	烟气黑度（林格曼黑度）/级	全部	1	烟囱排放口

注：①位于广西壮族自治区、重庆市、四川省和贵州省的火力发电锅炉执行该限值。②采用 W 形火焰炉膛的火力发电锅炉，现有循环流化床发电锅炉，以及 2003 年 12 月 31 日前建成投产或通过建设项目环境影响报告书审批的火力发电锅炉执行该限值。

重点地区的火力发电锅炉及燃气轮机组执行表 8-6 规定的大气污染物排放限值（执行特别排放限值的地域范围、时间，由国务院环境保护行政主管部门规定）。

表 8-6　火力发电锅炉及燃气轮机组大气污染物排放限值　（单位：mg/m^3（烟气黑度除外））

燃料和热能转化设施类型	污染物项目	适用条件	限值	污染物排放监控位置
燃煤锅炉	烟尘	全部	20	烟囱或烟道
	二氧化硫	全部	50	
	氮氧化物（以 NO_2 计）	全部	100	
	汞及其化合物	全部	0.03	
以油为燃料的锅炉或燃气轮机组	烟尘	全部	20	
	二氧化硫	全部	50	
	氮氧化物（以 NO_2 计）	燃油锅炉	100	
		燃气锅炉	120	
以气为燃料的锅炉或燃气轮机组	烟尘	全部	5	
	二氧化硫	全部	35	

续表

燃料和热能转化设施类型	污染物项目	适用条件	限值	污染物排放监控位置
以气为燃料的锅炉或燃气轮机组	氮氧化物（以 NO_2 计）	燃气锅炉	100	烟囱或烟道
		燃气轮机组	50	
燃煤锅炉，以油、气体为燃料的锅炉或燃气轮机组	烟气黑度（林格曼黑度）/级	全部	1	烟囱排放口

以上标准适用于使用单台出力 65t/h 以上除层燃炉、抛煤机炉外的燃煤发电锅炉，各种容量的煤粉发电锅炉，单台处理 65t/h 以上燃油、燃气发电锅炉，各种容量的燃气轮机组的火电厂，单台处理 65t/h 以上采用煤矸石、生物质、油页岩、石油焦等燃料的发电锅炉，参照标准中循环流化床火力发电锅炉的污染物排放控制要求执行。整体煤气化联合循环发电的燃气轮机组执行标准中燃用天然气的燃气轮机组排放限值。上述标准不适用于各种容量的以生活垃圾、危险废物为燃料的火电厂。

4）炼钢工业大气污染物排放标准[4]

自 2012 年 10 月 1 日起，新建企业执行表 8-1 规定的大气污染物排放限值；自 2005 年 1 月 1 日起，现有企业全部执行表 8-7 的规定。

表 8-7 炼钢工业大气污染物排放限值　（单位：mg/m^3（二噁英类除外））

污染物项目	生产工序或设施	限值	污染物排放监控位置
颗粒物	转炉（一次烟气）	50	车间或生产设施排气筒
	铁水预处理（包括倒罐、扒渣等）、转炉（二次烟气）、电炉、精炼炉	20	
	连铸切割及火焰清理、石灰窑、白云石窑焙烧	30	
	钢渣处理	100	
	其他生产设施	20	
二噁英类（ng TEQ/m^3）	电炉	0.5	
氟化物（以 F 计）	电渣冶金	5.0	

根据环境保护工作的要求，在国土开发密度已经较高、环境承载能力开始减弱，或环境容量较小、生态环境脆弱，容易发生严重环境污染问题而需要采取特别保护措施的地区，应严格控制企业的污染物排放行为，在上述地区的企业执行表 8-8 规定的大气污染物排放限值。执行特别排放限值的地域范围、时间，由国务院环境保护行政主管部门或省级人民政府规定。

表 8-8　炼钢工业大气污染物排放限值　（单位：mg/m³（二噁英类除外））

污染物项目	生产工序或设施	限值	污染物排放监控位置
颗粒物	转炉（一次烟气）	50	车间或生产设施排气筒
	铁水预处理（包括倒罐、扒渣等）、转炉（二次烟气）、电炉、精炼炉	15	
	连铸切割及火焰清理、石灰窑、白云石窑焙烧	30	
	钢渣处理	100	
	其他生产设施	15	
二噁英类（ng TEQ/m³）	电炉	0.5	
氟化物（以 F 计）	电渣冶金	5.0	

5）水泥工业大气污染物排放标准[5]

水泥工业是我国国民经济发展的重要基础产业，广泛应用于土木建筑、水利、国防等工程，为改善人民生活，促进国家经济建设和国防安全起到了重要作用。进入 21 世纪以来，水泥产业规模迅速扩张，2016 年年产量已经达到 24.03 亿 t。

"十二五"期间，大型水泥熟料生产线安装脱硫脱硝综合治理设施和大型高效袋式除尘设施等，主要污染物排放浓度及强度明显下降。水泥工业已经成为改善城市环境的重要产业之一。随着我国经济发展和生态文明建设的推进，国家对节能降耗、环境保护的要求越来越高，"十三五"规划对水泥工业绿色发展提出了更高的要求。

为了保护环境，防治污染，促进水泥工业生产工艺和污染治理技术进步，环境保护部科技标准司制定了如下标准。该标准中更是首次将汞排放与 SO_x、NO_x 和颗粒物并列为水泥工业限制排放的污染物之一。

新建企业自 2014 年 3 月 1 日起，现有企业自 2015 年 7 月 1 日起，其大气污染物排放控制按 GB 4915—2013 标准执行，具体排放限值见表 8-9。

表 8-9　现有与新建水泥企业大气污染物排放限值　（单位：mg/m³）

生产过程	生产设备	颗粒物	二氧化硫	氮氧化物（以 NO_2 计）	氟化物（以总 F 计）	汞及其化合物	氨
矿山开采	破碎机及其他通风生产设备	20	—	—	—	—	—
水泥制造	水泥窑及窑尾余热利用系统	30	200	400	5	0.05	10[①]
	烘干机、烘干磨、煤磨及冷却机	30	600[②]	400[②]	—	—	—
	破碎机、磨机、包装机及其他通风生产设备	20	—	—	—	—	—
散装水泥中转站及水泥制品生产	水泥仓及其他通风生产设备	20	—	—	—	—	—

注：①适用于使用氨水、尿素等含氨物质作为还原剂，去除烟气中氮氧化物。②适用于采用独立热源的烘干设备。

重点地区企业执行表 8-10 规定的大气污染物排放限值（执行特别排放限值的地域范围、时间，由国务院环境保护行政主管部门规定）。

表 8-10　现有与新建水泥企业大气污染物排放限值　　（单位：mg/m³）

生产过程	生产设备	颗粒物	二氧化硫	氮氧化物（以 NO_2 计）	氟化物（以总 F 计）	汞及其化合物	氨
矿山开采	破碎机及其他通风生产设备	10	—	—	—	—	—
水泥制造	水泥窑及窑尾余热利用系统	20	100	320	3	0.05	8[①]
水泥制造	烘干机、烘干磨、煤磨及冷却机	20	400[②]	300[②]	—	—	—
水泥制造	破碎机、磨机、包装机及其他通风生产设备	10	—	—	—	—	—
散装水泥中转站及水泥制品生产	水泥仓及其他通风生产设备	10	—	—	—	—	—

注：①适用于使用氨水、尿素等含氨物质作为还原剂，去除烟气中氮氧化物。②适用于采用独立热源的烘干设备。

对于水泥窑及窑尾余热利用系统排气、采用独立热源的烘干设备排气，应同时对排气中氧含量进行监测，实测大气污染物排放浓度应可换算为基准含氧量状态下的基准排放浓度，并以此作为判定排放是否达标的依据。其他车间或生产设施排气按实测浓度计算，但不得人为稀释排放。

另外，水泥工业企业的物料处理、输送、装卸、储存过程应当封闭，对块石、黏湿物料、浆料以及车船装卸料过程也可采取其他有效抑尘措施，控制颗粒物无组织排放。自 2014 年 3 月 1 日起，水泥工业企业大气污染物无组织排放监控点浓度限值应符合表 8-11 规定。

表 8-11　大气污染物无组织排放限值　　（单位：mg/m³）

污染物项目	限值	限值含义	无组织排放监控位置
颗粒物	0.5	监控点与参照点总悬浮颗粒物 1h 浓度值的差值	厂界外 20m 处上风向设参照点，下风向设监控点
氨	1.0	监控点处 1h 浓度平均值	监控点设在下风向厂界外 10m 范围内浓度最高点

注：适用于使用氨水、尿素等含氨物质作为还原剂，去除烟气中氮氧化物。

除储库底、地坑及物料转运点单机除尘设施外，其他排气筒高度应不低于 15m。排气筒高度应高出本体建筑物 3m 以上。水泥窑及窑尾余热利用系统排气筒周围半径 200m 范围内有建筑物时，排气筒高度还应高出最高建筑物 3m 以上。

6）陶瓷工业污染物排放标准[6]

陶瓷工业在我国国民经济中居重要一席，陶瓷产量已经连续多年位居世界第一。然而陶瓷行业本身属于高能耗、高污染行业，生产过程中消耗大量矿产资源和能源，产生的废气、废水、废渣、粉尘等对环境造成严重污染。在一些陶瓷产业密集度高、经济发达地区，陶瓷行业对空气、土地等环境污染现象尤为严重。

针对陶瓷工业发展过程中带来的环境污染问题，国家相关部门根据陶瓷工业的生产工艺及污染治理技术特点，制定了陶瓷工业企业大气污染物排放限值标准。新建企业从 2010 年 10 月 1 日起，现有企业从 2012 年 1 月 1 日起，其大气污染物排放控制按 GB 25464—2010 标准执行（该标准不适用于陶瓷原辅材料的开采及初加工过程的水污染物和大气污染物排放管理），具体排放限值见表 8-12。

表 8-12 陶瓷工业企业大气污染物排放限值　　（单位：mg/m³）

生产工序	原料制备、干燥		烧成、烤花		监控位置
生产设备	喷雾干燥塔		辊道窑、隧道窑、梭式窑		
燃料类型	水煤浆	油、气	水煤浆	油、气	
颗粒物	50	30	50	30	
二氧化硫	300	100	300	100	
氮氧化物（以 NO₂ 计）	240	240	450	300	
烟气黑度（林格曼黑度，级）	1				车间或生产设施排气筒
铅及其化合物			0.1		
镉及其化合物			0.1		
镍及其化合物			0.2		
氟化物			3.0		
氯化物（以 HCl 计）			25		

产生大气污染物的生产工艺和装置必须设立局部或整体气体收集系统和集中净化处理装置。所有排气筒高度应不低于 15m（排放氯化氢的排气筒高度不得低于 25m）。排气筒周围半径 200m 范围内有建筑物，排气筒高度还应高出最高建筑物 3m 以上。

7）石油炼制工业污染物排放标准[7]

截至 2016 年底，我国炼油能力为 7.5 亿 t/年。炼油总产能仅次于美国居世界第二位，是近十年来世界炼油能力增长最快的国家，而且炼油企业规模化水平逐年提高。

在原油初加工过程中，会同时产生大量的废水、废气和废渣，对周围环境造成极大的污染。石油炼制过程中的加热、冷却、冷凝、物理分离及化学反应贯穿全过程，加热产生的燃烧废气，工艺过程排出的不凝挥发气体也贯穿整个炼油过程。炼油厂废气的主要特点有污染物毒性大、与原油品质相关、大部分可回收。

随着环境保护法律法规的逐步完善和国民环保意识的不断增强，国家相关部门首次发布了《石油炼制工业污染物排放标准》（GB 31570—2015），旨在促进石油炼制工业的技术进步和可持续发展。具体大气污染物排放限值如下。

新建企业从 2015 年 7 月 1 日起，现有企业从 2017 年 7 月 1 日起，其大气污染物排放控制按 GB 31570—2015 标准执行，见表 8-13。

表 8-13　石油炼制工业企业大气污染物排放限值　（单位：mg/m^3）

污染物项目	工艺加热炉	催化裂化催化剂再生烟气①	重整催化剂再生烟气	酸性气回收装置	氧化沥青装置	废水处理有机废气收集处理装置	有机废气排放口②	污染物排放监控位置
颗粒物	20	50	—	—	—	—	—	
镍及其化合物	—	0.5	—	—	—	—	—	
二氧化硫	100	100	—	400	—	—	—	
氮氧化物	150 180③	200	—	—	—	—	—	
硫酸雾	—	—	—	30④	—	—	—	
氯化氢	—	—	30	—	—	—	—	车间或生产设施排气筒
沥青烟	—	—	—	—	20	—	—	
苯并[a]芘	—	—	—	—	0.003	—	—	
苯	—	—	—	—	—	—	4	
甲苯	—	—	—	—	—	—	15	
二甲苯	—	—	—	—	—	—	20	
非甲烷总烃	—	—	60	—	—	120	去除效率≥95%	

注：①催化裂化余热锅炉吹灰时再生烟气污染物浓度最大值不应超过表中限值的 2 倍，每次持续时间不应大于 1h。②有机废气中若含有颗粒物、二氧化硫或氮氧化物，执行工艺加热炉相应污染物控制要求。③炉膛温度≥850℃的工艺加热炉执行该限值。④酸性气体回收装置生产硫酸时执行该限值。

根据环境保护工作的要求，在国土开发密度已经较高、环境承载能力开始减弱，或大气环境容量较小、生态环境脆弱，容易发生严重大气环境污染问题而需要采取特别保护措施的地区，应严格控制企业的污染排放行为，在上述地区的企业执行表 8-14 规定的大气污染物特别排放限值。执行大气污染物特别排放限值的地域范围、时间，由国务院环境保护主管部门或省级人民政府规定。

表 8-14 大气污染物特别排放限值　　　（单位：mg/m³）

污染物项目	工艺加热炉	催化裂化催化剂再生烟气①	重整催化剂再生烟气	酸性气回收装置	氧化沥青装置	废水处理有机废气收集处理装置	有机废气排放口②	污染物排放监控位置
颗粒物	20	30	—	—	—	—	—	
镍及其化合物	—	0.3	—	—	—	—	—	
二氧化硫	50	50	—	100	—	—	—	
氮氧化物	100	100	—	—	—	—	—	
硫酸雾	—	—	—	5③	—	—	—	
氯化氢	—	—	10	—	—	—	—	车间或生产设施排气筒
沥青烟	—	—	—	—	10	—	—	
苯并[a]芘	—	—	—	—	0.003	—	—	
苯	—	—	—	—	—	—	4	
甲苯	—	—	—	—	—	—	15	
二甲苯	—	—	—	—	—	—	20	
非甲烷总烃	—	—	30	—	—	120	去除效率≥97%	

注：①催化裂化余热锅炉吹灰时再生烟气污染物浓度最大值不应超过表中限值的 2 倍，且每次持续时间不应大于 1h。②有机废气中若含有颗粒物、二氧化硫或氮氧化物，执行工艺加热炉相应污染物控制要求。③酸性气体回收装置生产硫酸时执行该限值。

8）炼焦工业污染物排放标准[8]

炼焦是指炼焦煤在隔绝空气条件下加热到 1000℃左右（高温干馏），通过热分解和结焦产生焦炭、焦炉煤气和其他炼焦化学产品的工艺过程。炼焦生产是现代钢铁工业的一个重要环节。

随着国内及世界钢铁工业迅猛发展，其对炼焦产品的需求急剧增长，投资日趋升温，行业产能迅速扩张。但是炼焦产业资源消耗高，生产排放大，特别是排放物中有害物质多，造成严重的资源浪费和环境污染，对国民经济健康可持续发展带来巨大压力，从而也阻碍了炼焦产业的快速发展。

为了加快调整炼焦产业结构，使焦化企业向环保型、现代化方向发展，国家环保相关部门在 1996 年发布的炼焦工业污染物排放标准基础上，对炼焦企业污染物排放限值、监测和监控要求做出了修订。新标准中对大气污染物排放限值的具体内容如下。

现有企业自 2015 年 1 月 1 日起，新建企业自 2012 年 10 月 1 日起执行表 8-15 规定的大气污染物排放限值。

表 8-15 炼焦企业大气污染物排放限值　　　　（单位：mg/m³）

污染物排放环节	颗粒物	二氧化硫	苯并[a]芘	氰化氢	苯	酚类	非甲烷总烃	氮氧化物	氨	硫化氢	监控位置
精煤破碎、焦炭破碎、筛分及转运	30	—	—	—	—	—	—	—	—	—	
装煤	50	100	0.3μg/m³	—	—	—	—	—	—	—	
推焦	50	50	—	—	—	—	—	—	—	—	
焦炉烟囱	30	50① 100②	—	—	—	—	—	500① 200②	—	—	
干法熄焦	50	100	—	—	—	—	—	—	—	—	
粗苯管式炉、半焦烘干和氨分解炉等燃用焦炉煤气的设施	30	50	—	—	—	—	200	—	—	—	车间或生产设施排气筒
冷鼓、库区焦油各类贮槽	—	—	0.3μg/m³	1.0	—	80	80	—	30	3.0	
苯贮槽	—	—	—	—	6	—	80	—	—	—	
脱硫再生塔	—	—	—	—	—	—	—	—	30	3.0	
硫胺结晶干燥	80	—	—	—	—	—	—	—	30	—	

注：①机焦、半焦炉。②热回收焦炉。③待国家污染物检测方法标准发布后实施。

企业边界任何 1h 平均浓度执行表 8-16 规定的浓度限值。

表 8-16 炼焦炉炉顶及企业边界大气污染物浓度限值　　　　（单位：mg/m³）

污染物项目	颗粒物	二氧化硫	苯并[a]芘	氰化氢	苯	酚类	苯可溶物	氮氧化物	氨	硫化氢	监控位置
浓度限值	2.5	—	2.5μg/m³	—	—	—	0.6	—	2.0	0.1	焦炉炉顶
	1.0	0.50	0.01μg/m³	0.024	0.4	0.02	—	0.25	0.2	0.01	厂界

9）合成革与人造革工业污染物排放标准[9]

人造革、合成革产品是天然皮革的替代材料。日本曾经是全球人造革最大的生产国，并在 20 世纪 90 年代达到生产量高峰。90 年代后，伴随人力成本和环境成本的提升，以及中国市场的开放，全球人造革生产中心逐步向中国大陆转移。目前我国已经成为世界第一大人造革生产和消费中心，占据世界总产量的 80%以上。然而人造革、合成革行业属于高污染行业，产品在制备过程中，涉及大量低沸点有机溶剂的使用，废气排放成为行业的主要污染之一。为了更好地建设"美丽中国",我国环保相关部门首次制定并发布了《合成革与人造革工业污染物排放标准》(GB 21902—2008),其中合成革与人造革工业企业大气污染排放限值如下所示。

现有企业自2010年7月1日起,新建企业自2008年8月1日起执行表8-17规定的大气污染物排放限值。

表8-17 合成革与人造革工业企业大气污染物排放限值　（单位：mg/m³）

污染物项目	生产工艺	限值	污染物排放监控位置
DMF	聚氯乙烯工艺	—	—
	聚氨酯湿法工艺	50	车间或生产设施排气筒
	聚氨酯干法工艺	50	车间或生产设施排气筒
	后处理工艺	—	—
	其他	—	—
苯	聚氯乙烯工艺	2	车间或生产设施排气筒
	聚氨酯湿法工艺	—	—
	聚氨酯干法工艺	2	车间或生产设施排气筒
	后处理工艺	2	车间或生产设施排气筒
	其他	2	车间或生产设施排气筒
甲苯	聚氯乙烯工艺	30	车间或生产设施排气筒
	聚氨酯湿法工艺	—	—
	聚氨酯干法工艺	30	车间或生产设施排气筒
	后处理工艺	30	车间或生产设施排气筒
	其他	30	车间或生产设施排气筒
二甲苯	聚氯乙烯工艺	40	车间或生产设施排气筒
	聚氨酯湿法工艺	—	—
	聚氨酯干法工艺	40	车间或生产设施排气筒
	后处理工艺	40	车间或生产设施排气筒
	其他	40	车间或生产设施排气筒
VOC	聚氯乙烯工艺	150	车间或生产设施排气筒
	聚氨酯湿法工艺	—	—
	聚氨酯干法工艺	200（不含DMF）	车间或生产设施排气筒
	后处理工艺	200	车间或生产设施排气筒
	其他	200	车间或生产设施排气筒
颗粒物	聚氯乙烯工艺	10	车间或生产设施排气筒
	聚氨酯湿法工艺	—	—
	聚氨酯干法工艺	—	—
	后处理工艺	—	—
	其他	—	—

厂界无组织排放执行表 8-18 规定的限值。

表 8-18　合成革与人造革企业厂界无组织排放限值　　（单位：mg/m³）

序号	污染物项目	限值
1	DMF	0.40
2	苯	0.10
3	甲苯	1.00
4	二甲苯	1.00
5	VOC	10.00
6	颗粒物	0.50

8.1.3　国外不同来源工业废气排放标准

1）美欧日水泥行业大气污染物排放限值

美国关于水泥行业大气污染物排放控制的标准有两种，一种是针对常规污染物的新源特性标准（new source performance standards，NSPS），列入联邦法规典 40 CFR 60 Subpart F[10]（表 8-19）；另一种是针对 189 种空气毒物的危险空气污染物国家排放标准（national emission standards for hazardous air pollutants，NESHAP），列入联邦法规典 40 CFR 63 Subpart LLL[11]（表 8-20）。无论是 NSPS，还是 NESHAP，它们均是基于污染控制技术而制定的，只是对应污染物不同，选择的控制技术也不同，例如，NSPS 是基于最佳示范技术，而 NESHAP 则是基于最大可达控制技术，显然后者更加严格[12]。

表 8-19　美国水泥工业 NSPS

受控设施/工艺	污染物	现有源改建	2006.16 以后新建、重建	说明
水泥窑（包括窑磨一体机）	PM	0.07lb/t（～14mg/m³）	0.02lb/t（～4mg/m³）	1lb≈0.454kg，按每吨熟料 2000～2500m³ 烟气量计算
	NO_x	1.5lb/t（～300mg/m³）	1.5lb/t（～300mg/m³）	30d 滑动平均
	SO_2	0.4lb/t（～80mg/m³）	0.4lb/t（～80mg/m³）	30d 滑动平均
熟料冷却机	PM	0.07lb/t	0.02lb/t	
原料干燥机；原料磨；水泥磨；原料、熟料及水泥产品贮库；输送系统转运点，包装；散装水泥装卸系统等	不透光率	10%	10%	

表 8-20 美国水泥工业 NESHAP

受控设施/工艺	污染物	现有源	2009.5.6 新建	说明
水泥窑（包括窑磨一体机）	PM	0.07lb/t（~14mg/m³）	0.02lb/t（~4mg/m³）	1lb≈0.454kg，按每吨熟料 2000~2500m³ 烟气量计算
	二噁英/呋喃（D/F）	0.20ng/m³ 或者 0.40ng/m³	0.20ng/m³ 或者 0.40ng/m³	以等当量毒性计，7%含氧 如果在 PM 控制装置入口处，温度不超过 204℃
	汞	55lb/MMt（10μg/m³）	21lb/MMt（4μg/m³）	
	总碳氢	24ppmvd（47mg/m³）或总有机 HAP 12ppmvd	24ppmvd（47mg/m³）或总有机 HAP 12ppmvd	以丙烷计，7%含氧
	HCl	3ppmvd（5mg/m³）	3ppmvd（5mg/m³）	7%含氧
熟料冷却机	PM	0.07lb/t	0.02lb/t	
原料干燥机	总碳氢	24ppmvd（47mg/m³）或总有机 HAP 12ppmvd	24ppmvd（47mg/m³）或总有机 HAP 12ppmvd	以丙烷计
原料磨；水泥磨；原料、熟料及水泥产品贮库；输送系统转运点；包装；散装水泥装卸系统等	不透光率	10%	10%	

美国标准主要采用"单位产品排放量"作为反映污染源环境特性的指标，一般是通过连续排放监测系统（CEMS）获得 30d 的滑动平均值（rolling 30-day average）。在最新版的标准中，由于颗粒物控制的浓度很低，CEMS 在低 PM 浓度下的测量不确定性问题难以克服，现已将 PM 测定改为手工方法，取 3 次测量结果（每次 1h）的平均值，但同时建立了颗粒物连续参数监测系统（PM CPMS）用于日常监管[13]。利用水泥窑焚烧处置危险废物执行 40 CFR 63Subpart EEE 危险废物焚烧的 NESHAP[14]。

为了配合欧盟工业排放指令（2010/75/EU）以及许可证制度的实施，根据各成员国和工业部门信息交流的成果，欧盟委员会出版了相关行业最佳可行技术（BAT）参考文件。水泥行业 BAT 文件最早发布于 2001 年 12 月，最新的文件于 2013 年 4 月发布[15]，相应 BAT 排放要求见表 8-21。以欧盟发布的 BAT 评估结论和建议的排放控制水平为依据，各成员国结合本国的法律传统以及工业污染控制实践，将其转化为本国的标准。

表 8-21 欧盟水泥行业 BAT 排放指标

污染物	排放源	BAT 相关排放水平	说明
颗粒物	水泥窑	$<10\sim20\text{mg/m}^3$	—
	冷却、粉磨	$<10\sim20\text{mg/m}^3$	—
	其他产尘点	$<10\text{mg/m}^3$	—
NO_x	预热器窑	$<200\sim450\text{mg/m}^3$	①窑况良好时,可实现$<350\text{mg/m}^3$;200mg/m^3仅三家工厂有过报道 ②如果采用初级措施/技术后,$NO_x>1000\text{mg/m}^3$,则 BAT 排放水平为 500mg/m^3
	立波尔窑、长窑	$400\sim800\text{mg/m}^3$	基于初始排放水平和氨逸出率
SO_2	水泥窑	$<50\sim400\text{mg/m}^3$	与原料中 S 含量有关
NH_3	水泥窑	$<30\sim50\text{mg/m}^3$	控制 SNCR 脱硝过程的氨逃逸
HCl	水泥窑	$<10\text{mg/m}^3$	—
HF	水泥窑	$<1\text{mg/m}^3$	—
PCDD/F	水泥窑	$<0.05\sim0.1\text{mg/m}^3$	—
Hg	水泥窑	$<0.05\text{mg/m}^3$	—
Cd + Tl	水泥窑	$<0.05\text{mg/m}^3$	—
As + Sb + Pb + Cr + Co + Cu + Mn + Ni + V	水泥窑	$<0.5\text{mg/m}^3$	—

日本大气污染物排放标准的综合性特征非常明显,基本是按污染物项目统一规定排放限值,其中一些项目(如烟尘、NO_x、VOC 等)进一步区分了源类,类似我国的《大气污染物综合排放标准》。其排放标准包括两种情况。

一是对于二氧化硫,按各个地区实行 K 值控制,同时配合燃料 S 含量限制。K 值标准是基于大气扩散模式,根据 SO_2 环境质量要求、排气筒有效高度确定 SO_2 许可排放量。K 值与各个地区的自然环境条件、污染状况有关,需要划分区域确定 K 值。

二是对于烟尘、粉尘(含石棉尘)、有害物质(Cd 及其化合物、Cl_2、HCl、氟化物、Pb 及其化合物、NO_x)、挥发性有机化合物(VOC)、28 种指定物质,以及 234 种空气毒物(其中 22 种需要优先采取行动,目前完成了苯、三氯乙烯、四氯乙烯、二噁英 4 项),由国家制定统一的排放标准[16]。表 8-22 为日本水泥工业执行的大气污染物排放标准。

表 8-22　日本水泥工业执行的大气污染物排放标准

项目	颗粒物	SO_2	NO_x
排放限值	一般地区 100mg/m³ 特殊地区 100mg/m³	K 值法	$250/350 \times 10^{-6}$（500/700mg/m³）
监测要求	①烟气量大于 4 万 m³/h，每 2 个月至少监测一次 ②烟气量小于 4 万 m³/h，每年监测 2 次以上	SO_2 排放量大于 10m³/h 时需要监测： ①总量规制地域内的特定工厂开展日常性监测 ②总量规制地域外的工厂每 2 个月至少监测一次	①烟气量大于 4 万 m³/h 时，总量规制地域内的特定工厂开展日常性监测；总量规制地域外的工厂每 2 个月至少监测 1 次 ②烟气量小于 4 万 m³/h 时，每年监测 2 次以上

2）欧美火电厂大气污染物排放限值

随着全球经济一体化的发展和我国加入世界贸易组织，电力设计企业进入了一个国际性的竞争激烈的市场。在环境保护领域，欧盟建立起了比较成熟和完善的技术和管理体系，其对火电厂烟气排放的规定 DIRECTIVE 2010/75/EU 得到了世界各国的广泛认可；我国的《火电厂大气污染物排放标准》（GB 13223—2011）尽管已处于国际较为先进水平，但并未得到国际社会的广泛接纳和认可。

在欧洲国家中，德国率先制订《大型燃烧装置法》（GFAVO），该法于 1983 年生效。2010 年 11 月 24 日欧洲议会和欧盟理事会发布了 2010/75/EU 指令，自 2016 年 1 月 1 日起全面生效，并替代欧盟 2001 年出台的《大型燃烧企业大气污染物排放限制指令》（2001/80/EC）[17,18]。该指令将火电厂划分为两类[19]：第一类为在 2013 年 1 月 7 日之前取得许可证，或业主在该日期之前已经提交了许可证申请材料，最迟在 2014 年 1 月 7 日投入运行的电厂；第二类为除第一类电厂以外的其他电厂。第一类电厂自 2016 年 1 月 1 日起执行规定的烟气排放限值；第二类电厂自 2013 年 1 月 7 日起执行规定排放限值。具体排放指标如表 8-23 所示。

表 8-23　欧盟燃煤电厂 BAT 排放指标　　（单位：mg/m³）

污染物项目	机组容量/MW	燃料	限值
NO_x	50~100	木炭、褐煤及其他固体燃料	300（粉煤 450）
		生物质能和泥煤	300
		液体燃料	450
	100~300	木炭、褐煤及其他固体燃料	200
		生物质能和泥煤	250
		液体燃料	200
	>300	木炭、褐煤及其他固体燃料	200
		生物质能和泥煤	200
		液体燃料	150

续表

污染物项目	机组容量/MW	燃料	限值
SO$_2$	50~100	木炭、褐煤及其他固体燃料	400
		生物质能	200
		泥煤	300
		液体燃料	350
	100~300	木炭、褐煤及其他固体燃料	250
		生物质能	200
		泥煤	300
		液体燃料	250
	>300	木炭、褐煤及其他固体燃料	200
		生物质能	200
		泥煤	200
		液体燃料	200
粉尘	50~100	木炭、褐煤及其他固体燃料	30
		生物质能和泥煤	30
		液体燃料	30
	100~300	木炭、褐煤及其他固体燃料	25
		生物质能和泥煤	20
		液体燃料	25
	>300	木炭、褐煤及其他固体燃料	20
		生物质能和泥煤	20
		液体燃料	20

美国火电厂国家排放标准包括两部分[20]，一是针对常规污染物排放的新源绩效标准（NSPS），二是针对危险空气污染物的国家危险空气污染物排放标准（NESHAP）。针对不同区域的不同源，分别制定了国家、地方、源等分层次的排放标准，这其中以国家行业排放标准最为重要。美国逐源确定的排放标准也是一种基于技术的排放标准，但其与环境空气质量的关系更为密切。以火电行业新源绩效标准（NSPS，Subpart Da）为例，包括了适用范围、术语和定义、PM、SO$_2$、NO$_x$排放限值、NO$_x$和CO的替代标准、商业示范许可证、需遵守的条款、排放监测、合规性确定程序和方法、报告要求、记录保存要求12部分[21, 22]。其中的核心部分是排放限值，以及与限值对应的监测、记录和报告要求，具体排放限值要求见表8-24和表8-25。

表 8-24 美国火电厂排放标准燃煤发电锅炉大气污染物排放限值

污染物	建设类型	煤型	排放限值	平均取值周期
PM	2005.3.1 之前新建或改扩建		13ng/J（0.03lb/MMBtu）热输入 不透明度 20% 不透明度 27%（安装有 CEMS 装置）	不透明度 6min；滑动 30d
	2005.2.28～2011.5.4 新建或者改扩建		18ng/J（0.04lb/MWh）总能量输出 或 6.4ng/J（0.015lb/MMBtu）热输入	
	2011.5.3 之后新建或改扩建		11ng/J（0.090lb/MWh）总能量输出 或 12ng/J（0.097lb/MWh）能量净输出 *启停期间另作规定	
SO$_2$	2005.2.28 之前新建或改扩建	固态	520ng/J（1.20lb/MMBtu）热输入，90%脱除率 260ng/J（0.6lb/MMBtu）热输入，70%脱除率 180ng/J（1.4lb/MWh）能力总输出 65ng/J（0.15lb/MMBtu）热输入	绩效限值滑动 30d；脱除率 24h
	全部	固体溶剂精炼煤（SRC-I）	520ng/J（1.20lb/MMBtu）热输入，85%脱除率	
		无烟煤	520ng/J（1.20lb/MMBtu）热输入	
	非本土地区	固态	520ng/J（1.20lb/MMBtu）热输入	
	2005.2.28～2011.5.4 新建	—	180ng/J（1.4lb/MWh）能量总输出，95%脱除率	
	2005.2.28～2011.5.4 重建	—	180ng/J（1.4lb/MWh）能量总输出 65ng/J（0.15lb/MMBtu）热输入，95%脱除率	
	2005.2.28～2011.5.4 改建	—	180ng/J（1.4lb/MWh）能量总输出 65ng/J（0.15lb/MMBtu）热输入，90%脱除率	
	非本土地区，2005.2.28～2011.5.4 新建或改扩建	固态	520ng/J（1.20lb/MMBtu）热输入	
	2011.5.3 之后新建、重建	—	130ng/J（1.0lb/MWh）能量总输出 140ng/J（1.2lb/MWh）能量净输出，97%脱除率	
	2011.5.3 之后扩建	—	180ng/J（1.4lb/MWh）能量总输出 或 90%脱除率	
	非本土地区，2011.5.3 之后新建或改扩建	固态	520ng/J（1.2lb/MMBtu）热输入	
NO$_x$	1997.7.10 之前新建或者改扩建		210ng/J（0.5lb/MMBtu）热输入	30d 滑动平均
		采自 Dakota 或 Montana 的褐煤超过 25%	340ng/J（0.8lb/MMBtu）热输入	
		采自 Dakota 或 Montana 的褐煤小于 25%	260ng/J（0.6lb/MMBtu）热输入	

续表

污染物	建设类型	煤型	排放限值	平均取值周期
NO$_x$		次烟煤	210ng/J（0.5lb/MMBtu）热输入	
		烟煤、无烟煤、其他煤型	260ng/J（0.6lb/MMBtu）热输入	
	1997.7.9～2005.3.1 新建		200ng/J（1.6lb/MWh）能量总输出	
	1997.7.9～2005.3.1 重建		65ng/J（0.15lb/MMBtu）热输入	
	2005.5.28～2011.5.4 新建		130ng/J（1.0lb/MWh）能量总输出	
	2005.5.28～2011.5.4 重建		130ng/J（1.0lb/MWh）能量总输出 47ng/J（0.11lb/MMBtu）热输入	30d 滑动平均
	2005.5.28～2011.5.4 改建		180ng/J（1.4lb/MWh）能量总输出 65ng/J（0.15lb/MMBtu）热输入	
	2005.5.28～2011.5.4 新建或改扩建的 IGCC		130ng/J（1.0lb/MWh）能量总输出 190ng/J（1.5lb/MWh）能量总输出 （联合循环燃烧涡轮机）	
	2011.5.3 之后新建、重建		88ng/J（0.7lb/MWh）能量总输出 或 95ng/J（0.76lb/MWh）能量净输出	
	2011.5.3 之后改建		140ng/J（1.1lb/MWh）能量总输出	
	2011.5.3 之前新建或者改扩建		参照执行氮氧化物（NO$_x$）标准"1997.7.10 之前新建或者改扩建"	
NO$_x$ 和 CO	2011.5.3 之后新建		140ng/J（1.1lb/MWh）能量总输出 或 150ng/J（1.2lb/MWh）能量净输出	
	2011.5.3 之后新建或重建	燃煤比例超过 75%	160ng/J（1.3lb/MWh）能量总输出 或 170ng/J（1.4lb/MWh）能量净输出	
	2011.5.3 之后改建		190ng/J（1.5lb/MWh）能量总输出	

表 8-25　美国火电厂排放标准燃煤发电锅炉危险空气污染物排放限值

受控单元	建设类型	污染物类别及排污限值/(mg/(kW·h))	监测方法
非低级原生煤燃煤发电机组	2011.5.3 之前新建、改建、重建	PM　40.5	每个周期至少采样 4dscm
		或总无 Hg 金属　0.027	每个周期至少采样 4dscm
		或单一金属：锑 0.0036、砷 0.00135、铍 0.00027、镉 0.00018、铬 0.00315、钴 0.0009、铅 0.009、锰 0.0018、镍 0.018、硒 0.0225	每个周期至少采样 3dscm
		HCl　4.5	
		汞　0.00135	CEMS
	2011.5.3 之后新建、改建、重建	PM　135	每个周期至少采样 1dscm
		或总无 Hg 金属　0.225	每个周期至少采样 1dscm

续表

受控单元	建设类型	污染物类别及排污限值/(mg/(kW·h))	监测方法
非低级原生煤燃煤发电机组	2011.5.3 之后新建、改建、重建	或单一金属：锑 0.0036、砷 0.009、铍 0.0009、镉 0.00135、铬 0.00135、钴 0.0036、铅 0.009、锰 0.0225、镍 0.018、硒 0.027	每个周期至少采样 3dscm
		HCl　9	
		汞　0.00585	30d 周期 LEE 检测，Hg CEMS 或吸收剂捕捉监测系统
		0.00495	90d 周期 LEE 检测，Hg CEMS 或吸收剂捕捉监测系统
低级原生煤燃煤发电机组	2011.5.3 之前新建、改建、重建	PM　40.5	每个周期至少采样 4dscm
		或总无 Hg 金属　0.027	每个周期至少采样 4dscm
		或单一金属：锑 0.0036、砷 0.00135、铍 0.00027、镉 0.00018、铬 0.00315、钴 0.0009、铅 0.009、锰 0.0018、镍 0.018、硒 0.0225	每个周期至少采样 3dscm
		HCl　450	
		汞　0.018	Hg CEMS 或吸收剂捕捉监测系统
	2011.5.3 之后新建、改建、重建	PM　135	每个周期至少采样 1dscm
		或总无 Hg 金属　0.225	每个周期至少采样 1dscm
		或单一金属：锑 0.0036、砷 0.009、铍 0.0009、镉 0.00135、铬 0.00135、钴 0.0036、铅 0.009、锰 0.0225、镍 0.018、硒 0.027	每个周期至少采样 3dscm
		HCl　9	
		汞　0.0018	30d 周期 LEE 检测，Hg CEMS 或吸收剂捕捉监测系统

3）欧美生活垃圾焚烧排放烟气中污染物限值

垃圾发电作为新能源的一类，既有传统电站项目利用热能转化过程生产电能的特点，更具有解决城市垃圾因填埋而带来的占用土地，污染地下水源，留下安全隐患等诸多缺点的作用，越来越成为海外项目开发的热点。垃圾本身成分复杂，有毒有害物质较多，因而在热转化过程中会出现较多的污染物。各国政府也都针对这些污染物制定了适合本国国情的排放标准。

欧盟标准《欧盟垃圾焚烧污染物排放标准 DIRECTIVE_2000》适用于焚烧厂和联合焚烧厂。处理的对象主要为产生于家庭的垃圾，也包括产生于商业、工业和公共机构中性质和成分类似于产生于家庭垃圾的垃圾，不包括下列来源：①来源于农业和林业的植物垃圾；②来源于食品加工工业的植物垃圾，且产生的热量被回收利用；③来源于原浆生产和原浆造纸的纤维性植物垃圾，且是建在生产地点的联合焚烧厂，且产生的热量被回收利用；④木材垃圾，使用木材防腐剂和涂料而可能包含卤化有机化合物或者重金属的木材垃圾除外,特别是来源于建筑和工地废渣的木材垃圾;⑤软木垃圾;⑥放射性垃圾;⑦受欧盟 90/667 标准控制且不违背其未来修订的动物尸体;⑧产生于考察和开发石油天然气的离岸装置的垃圾,且在船上焚烧[23]。

8.1.2 节提到的我国标准中主要包含了颗粒物,氮氧化物,二氧化硫,氯化氢,汞及其化合物,镉、铊及其化合物,锑、砷、铅、铬、钴、铜、锰、镍及其化合物,二噁英类,一氧化碳共 9 类。欧盟标准在我国标准之上增加了对烟气中未燃尽的气态有机物以及 HF 的限值,见表 8-26。

表 8-26 欧盟生活垃圾焚烧排放烟气中污染物限值

污染物	欧盟	
	限值	取值时间
颗粒物/(mg/m^3)	30	半小时均值
	10	日均值
NO$_x$/(mg/m^3)	400	半小时均值
	200	日均值
SO$_2$/(mg/m^3)	200	半小时均值
	50	日均值
HCl/(mg/m^3)	60	半小时均值
	10	日均值
CO/(mg/m^3)	100	半小时均值
	50	日均值
TOC/(mg/m^3)	20	半小时均值
	10	日均值
汞/(mg/m^3)	0.05	测定均值
镉+铊/(mg/m^3)	0.05	测定均值
铅及其他/(mg/m^3)	0.5	测定均值
二噁英/(ngTEQ/m^3)	0.1	测定均值
氟化氢/(mg/m^3)	1	测定均值

美国标准主要分为四类,是联邦政府针对不同类型的垃圾焚烧厂所分别设定的。其对象分别为大型市政垃圾焚烧炉(大于 250t/d)、小型市政垃圾焚烧炉(35~250t/d)、商业和工业固体废弃物焚烧炉以及其他类焚烧炉(包括小于 35t/d 处理能力的生活垃圾焚烧炉和位于公共设施内的垃圾焚烧炉)[23]。

美国标准中,对于重金属的排放分类有所不同。我国和欧盟标准中镉、铊及其化合物为一类，而美国标准中镉单独作为一类，且没有对铊的排放限值；我国和欧盟的标准中锑、砷、铅、铬、钴、铜、锰、镍及其化合物为一类，而美国标准中仅给出了铅的排放限值，并无其他 7 类的排放值，见表 8-27。

表 8-27 美国垃圾焚烧污染物排放限值

污染物	市政垃圾焚烧炉		商业和工业固体垃圾焚烧炉	
	30～250t/d	>250t/d	OSWI	CISWI
颗粒物/(mg/m^3)	24	20	—	70
NO_x/(mg/m^3)	308	370	211	797
SO_2/(mg/m^3)	85.7	85.7	8.5	57.1
HCl/(mg/m^3)	40.7	40.7	21	101
CO/(mg/m^3)	67	—	40	210
Hg/(mg/m^3)	0.08	0.05	0.074	0.47
Cd/(mg/m^3)	0.02	0.01	0.018	0.004
Pb/(mg/m^3)	0.2	0.14	0.226	0.04
二噁英/(ng/m^3)	13	13	33	—

比较欧盟和美国标准（>250t/d），欧盟标准在颗粒物，HCl、SO_2、NO_x 三项中较美国标准严格，分别为后者的 71.4%、34.5%、82%。而在 Hg，镉、铊及其化合物，锑、砷、铅、铬、钴、铜、锰、镍及其化合物三项中美国标准严于欧盟标准，限值分别为后者的 72%、14%、20%。对于重金属的排放，考虑到美国标准中仅以镉和铅单列，实际增加值可能会更大。目前美国标准中尚未涉及对 CO 排放的要求。

4）欧盟、日本钢铁行业大气污染物排放标准

钢铁工业是重要的基础工业部门，是发展国民经济与国防建设的物质基础。与此同时，钢铁工业也是高耗能、高污染、资源型产业。随着环保要求的不断提高，废气污染防治是钢铁行业污染防治工作的重中之重。严格排放标准的制定是环境保护的重要宏观手段。

欧盟于 2010 年正式发布了统一的工业排放指令，该指令将工业生产活动划分为 6 个大类共 38 个行业。钢铁行业 BAT 最新文件发布于 2012 年 3 月[24]。以欧盟发布的 BAT 评估结论和建议的排放控制水平为依据，各成员国结合本国的法律传统以及工业污染控制实践，将其转化为本国的标准。在钢铁行业 BAT 文件中，针对烧结、焦化、炼铁、炼钢等工序的不同排污环节，不同 BAT 技术均提出相应的建议排放值。

作为一个本土不产铁矿石的国家，日本的钢铁产量和质量却都是世界领先的。

日本大气污染物排放标准的综合性特征非常明显,基本是按污染物项目统一规定排放限值,其中一些项目(如烟尘、NO_x、VOC 等)进一步区分了污染源,类似我国的《大气污染物综合排放标准》[25]。

烧结工序是钢铁企业污染物排放负荷最大的工序,欧盟、日本烧结工序大气污染物排放标准见表 8-28[26]。

表 8-28 烧结工序大气污染物排放标准对比

生产工序或设施	污染物项目		限值/(mg/Nm³)		
			欧盟	日本	
			BAT	一般	特殊
烧结机机头	颗粒物	袋式除尘	1~15	200	100
		静电除尘	20~40		
	二氧化硫	袋式除尘	350~500	需计算	
		RAC(活性炭)	100		
	氮氧化物		120~500	220ppm	
	氟化物		—	10~20	
	二噁英类	袋式除尘	0.05~0.2ngTEQ/Nm³	0.6 pgTEQ/m³	
		静电除尘	0.2~0.4ngTEQ/Nm³		
烧结机机尾带式焙烧机机尾其他生产设备	颗粒物		200	100	

由表 8-28 可见,烧结工序的大气污染物主要来自于烧结机机头的排放。欧盟标准根据采用的脱除工艺设定了不同的限值标准。从 8.1.2 节中可知,我国设置了新建工厂、现有工厂和特别排放限值。从数值上来看,对于新建企业排放的要求比现有企业要求提高了 33%~67%。针对烧结机机头排放的颗粒物,我国的特别排放限值标准是日本特别标准的 40%。

欧盟焦化工序大气污染物排放标准见表 8-29。

表 8-29 欧盟焦化工序大气污染物排放标准

序号	污染物排放环节	污染物项目	限值/(mg/Nm³)	
1	精煤破碎、焦炭破碎、筛分转运	颗粒物	10~20	
2	装煤系统焦炉室	颗粒物	50	
3	推焦	颗粒物	防尘罩	20
			袋式除尘器或其他	10
			移动熄焦车	20

续表

序号	污染物排放环节	污染物项目	限值/(mg/Nm³)	
4	焦炉烟囱	颗粒物	1～20	
		二氧化硫	200～500	
		氮氧化物	10年以上工厂 500～650	
			10年内工厂 300～500	
5	熄焦	颗粒物	干法熄焦 CDQ	20
			湿法熄焦	25g/t
			稳定淬火 CSQ	10g/t

从表 8-29 可知，破碎、筛分、装煤、推焦和熄焦各工序排放污染物，我国标准与欧盟 BAT 标准水平相当。但焦炉烟囱排放污染物浓度限值有较大差异，其中值得关注的是氮氧化物特别排放限值，我国标准为 150mg/Nm³，欧盟的最低标准在 300mg/Nm³ 以上。

欧盟和日本炼铁、炼钢工序大气污染物排放标准分别见表 8-30 和表 8-31。

表 8-30　炼铁工序大气污染物排放标准

生产工序或设施	污染物项目	限值/(mg/Nm³)		
		欧盟	日本	
		BAT	一般	特别
热风炉	颗粒物	10	50	30
	二氧化硫	200	需计算	
	氮氧化物	100	100 ppm	
原料系统、煤粉系统	颗粒物	20		
高炉出铁场	颗粒物	1～15		

表 8-31　炼钢工序大气污染物排放标准

污染物项目	生产工序或设施	限值/(mg/Nm³)			
		欧盟	日本		
		BAT	规模	一般	特别
颗粒物	转炉（一次烟气）	干式除尘 10～30	>4万 Nm³	100	50
		湿式除尘 50	<4万 Nm³	200	100
	混铁炉及铁水预处理转炉二次烟气、电炉、精炼炉	袋式除尘 1～10			
		静电除尘 20			

续表

污染物项目	生产工序或设施	限值/(mg/Nm³)			
		欧盟	日本		
		BAT	规模	一般	特别
颗粒物	连铸切割及火焰清理、石灰窑、白云石窑焙烧			100 ppm	
	钢渣处理	10~20			
二噁英类 (ngTEQ/Nm³)	电炉	0.1		0.6pgTEQ/m³	
氟化物	电渣冶金	1~15		10~20	
汞	电炉	0.05			

转炉一次烟气排放颗粒物，欧盟标准分为干式和湿式除尘，干式除尘比湿式除尘低40%；日本标准按转炉烟气大小分别界定了排放限值，两者相差两倍。最低值与我国新建和特别排放限值相同，最高值高于我国现状值的两倍。转炉二次烟气排放颗粒物与欧盟标准相近。

8.1.4 国内外工业空气净化装备能效分析

自 2012 年启动实施"百项能效标准推进工程"以来，我国目前共针对重点用能产品先后制定了 60 余项能效强制性国家标准，主要涉及家用电器、照明设备、商用设备、工业设备、电子信息产品和交通工具等领域。通过标准实施，提高了我国终端用能产品的能效市场准入门槛，逐步淘汰了成本效益差和浪费能源的产品；同时，通过发挥节能标准的倒逼和引领作用，对推广高效节能产品、推动节能技术进步、提高节能管理水平、加快产业结构调整和优化升级、促进节能减排、积极应对气候变化、确保实现节能减排目标都发挥了积极作用。

工业空气净化装备的能效评估是依据能量平衡、无聊平衡的原理，测量、统计分析企业的能源利用状况，包括企业基本情况调查，数据搜集与审核汇总，典型系统与设备的运行状况调查，能源与物料的盘存查账以及现场检测等内容，对企业生产经营中的投入产出情况进行全方位的封闭统计，分析各个因素（或环节）影响企业能耗、物料水平的程度，从而排查出存在的浪费问题和节能潜力，并分析问题产生的原因，有针对性地提出整改措施。

1）除尘器能效分析

工业除尘器属于环保设备。其中，电除尘器和袋式除尘器是工业粉尘治理的两种主要传统设备。除尘器设备自身在运行过程中，除了完成除尘的主要环保功能之外，同时也属于高耗能环保设备，其生产、运行和维护都消耗着越来越多的能源。因此，终端用能产品的能效标准不仅需关注企业的主要大型生产设备，还要关注那些重大、关键环保设备的能耗问题，须保证环保设备首先是节能的设备，由此也迫切需要针对这些环保设备制定相关的强制性能效标准对其能耗加以规范。除尘器能效标准是我国环境污染防治专用设备领域研制的首个能效标准。通过标准的实施，向市场提供既性能可靠，又节约能源的除尘器设备。只有这样，才能更好地规范我国除尘器产品的市场竞争秩序，一方面提高除尘器能效准入门槛，另一方面支撑能效"领跑者"和环保"领跑者"制度的实施。

中国标准化研究院通过对重点行业除尘器能耗数据的调研、采集、汇总和分析[27]，计算出各类除尘器比电耗的数值，并最终划分、确定出除尘器的能效等级。除尘器能效等级分为 3 级，其中 1 级能效最高。

其中，电力行业燃煤锅炉用各等级除尘器的比电耗应不高于表 8-32 的规定。水泥回转窑用各等级袋式除尘器在对应出口烟气含尘浓度值条件下的比电耗应不高于表 8-33 的规定；水泥回转窑用各等级电袋复合除尘器的能效限定值应不高于表 8-34 的规定。

表 8-32 燃煤锅炉除尘器能效等级

能效等级	电除尘器				袋式除尘器			电袋复合除尘器			
	出口烟气含尘浓度 C_{out}/(mg/m³)	比电耗/($\times 10^{-3}$ kW·h/m³)			出口烟气含尘浓度 C_{out}/(mg/m³)	比电耗/($\times 10^{-3}$ kW·h/m³)		出口烟气含尘浓度 C_{out}/(mg/m³)	比电耗/($\times 10^{-3}$ kW·h/m³)		
		机组等级				机组等级			出口烟气含尘浓度 C_{in}/(g/m³)		
		300MW	600MW	1000MW		300MW	600MW		$C_{in} \leq 30$	$30 < C_{in} \leq 60$	$C_{in} > 60$
1	$20 < C_{out} \leq 30$	0.23	0.22	0.21	$20 < C_{out} \leq 30$	0.26	0.25	$20 < C_{out} \leq 30$	0.20	0.22	0.23
	$15 < C_{out} \leq 20$	0.27	0.26	0.25	$10 < C_{out} \leq 20$	0.27	0.26	$10 < C_{out} \leq 20$	0.22	0.24	0.25
	$C_{out} \leq 15$	0.33	0.31	0.30	$C_{out} \leq 10$	0.29	0.28	$C_{out} \leq 10$	0.23	0.25	0.26
2	$20 < C_{out} \leq 30$	0.28	0.27	0.26	$20 < C_{out} \leq 30$	0.30	0.29	$20 < C_{out} \leq 30$	0.24	0.26	0.27
	$15 < C_{out} \leq 20$	0.34	0.32	0.31	$10 < C_{out} \leq 20$	0.32	0.31	$10 < C_{out} \leq 20$	0.26	0.28	0.29
	$C_{out} \leq 15$	0.40	0.38	0.37	$C_{out} \leq 10$	0.35	0.34	$C_{out} \leq 10$	0.27	0.29	0.30
3	$20 < C_{out} \leq 30$	0.59	0.56	0.54	$20 < C_{out} \leq 30$	0.41	0.40	$20 < C_{out} \leq 30$	0.43	0.45	0.46
	$15 < C_{out} \leq 20$	0.71	0.67	0.65	$10 < C_{out} \leq 20$	0.43	0.42	$10 < C_{out} \leq 20$	0.45	0.47	0.48
	$C_{out} \leq 15$	0.82	0.78	0.76	$C_{out} \leq 10$	0.46	0.45	$C_{out} \leq 10$	0.46	0.48	0.49

续表

能效等级	电除尘器				袋式除尘器			电袋复合除尘器			
	出口烟气含尘浓度 C_{out}/(mg/m^3)	比电耗/($\times 10^{-3}$kW·h/m^3)			出口烟气含尘浓度 C_{out}/(mg/m^3)	比电耗/($\times 10^{-3}$kW·h/m^3)		出口烟气含尘浓度 C_{out}/(mg/m^3)	比电耗/($\times 10^{-3}$kW·h/m^3)		
		机组等级				机组等级			出口烟气含尘浓度 C_{in}/(g/m^3)		
		300MW	600MW	1000MW		300MW	600MW		$C_{in} \leq 30$	$30 < C_{in} \leq 60$	$C_{in} > 60$
备注	以上比电耗数值为煤种除尘难易性为"一般"，入口烟气含尘浓度 $C_{in} \leq$ 30mg/m^3 时；当煤种除尘难易性为"较易"或"较难"时，比电耗值应分别乘以 0.9 或 1.1 的修正系数；当电除尘器的入口烟气含尘浓度大于 30mg/m^3 时，比电耗值应乘以 1.1 的修正系数				当机组容量扩容后，仍按照未扩容前的机组容量进行考核			机组大小对比电耗的影响很小，故按不同的入口浓度对比电耗进行划分			

表 8-33 水泥回转窑袋式除尘器能效等级

能效等级	出口烟气含尘浓度值 C_{out}/(mg/m^3)	比电耗/($\times 10^{-3}$kW·h/m^3)	
		窑头	窑尾
1	$20 < C_{out} \leq 30$	0.21	0.23
	$C_{out} \leq 20$	0.22	0.25
2	$20 < C_{out} \leq 30$	0.24	0.26
	$C_{out} \leq 20$	0.25	0.28
3	$20 < C_{out} \leq 30$	0.28	0.32
	$C_{out} \leq 20$	0.30	0.35

表 8-34 水泥回转窑电袋复合除尘器能效等级

能效等级	出口烟气含尘浓度值 C_{out}/(mg/m^3)	比电耗/($\times 10^{-3}$kW·h/m^3)			
		窑头		窑尾	
		$2500 \leq$ 产能 < 5000	产能 ≥ 5000	$2500 \leq$ 产能 < 5000	产能 ≥ 5000
1	$20 < C_{out} \leq 30$	0.20	0.18	0.26	0.24
	$10 < C_{out} \leq 20$	0.24	0.22	0.30	0.28
	$C_{out} \leq 10$	0.26	0.24	0.32	0.30
2	$20 < C_{out} \leq 30$	0.24	0.22	0.30	0.28
	$10 < C_{out} \leq 20$	0.28	0.26	0.34	0.32
	$C_{out} \leq 10$	0.30	0.28	0.36	0.34

续表

能效等级	出口烟气含尘浓度值 Cout/(mg/m³)	比电耗/($\times 10^{-3}$ kW·h/m³)			
		窑头		窑尾	
		2500≤产能<5000	产能≥5000	2500≤产能<5000	产能≥5000
3	20<Cout≤30	0.40	0.38	0.49	0.47
	10<Cout≤20	0.45	0.43	0.54	0.52
	Cout≤10	0.48	0.45	0.57	0.55

钢铁行业中烧结半干法脱硫用各等级袋式除尘器在对应出口烟气含尘浓度条件下的比电耗应不高于表 8-35 的规定。

表 8-35 烧结半干法脱硫袋式除尘器能效等级

能效等级	出口烟气含尘浓度值 Cout/(mg/m³)	比电耗/($\times 10^{-3}$ kW·h/m³)	
		循环流化床法	旋转喷雾干燥法
1	20<Cout≤30	0.42	0.41
	Cout≤20	0.43	0.42
2	20<Cout≤30	0.49	0.46
	Cout≤20	0.51	0.48
3	20<Cout≤30	0.60	0.53
	Cout≤20	0.63	0.56

除尘器比电耗是按照式（8-1）计算得到

$$C = W/Q \tag{8-1}$$

式中，C 为除尘器比电耗，kW·h/m³；W 为除尘器单位时间电耗，kW·h/m³；Q 为除尘器单位时间处理的工况烟气量，m³/h。

电除尘器的单位时间主要电耗包括电除尘器阻力电耗、电除尘器高压供电设备单位时间电耗、电除尘器低压用电设备单位时间电耗；袋式除尘器的单位时间主要电耗包括袋式除尘器的阻力电耗、袋式除尘器的清灰电耗；电袋复合除尘器的单位时间主要电耗包括电袋复合除尘器阻力电耗、空压机系统单位时间电耗、高压供电设备单位时间电耗、绝缘子加热器单位时间电耗。

除尘器阻力电耗按照式（8-2）计算：

$$W_r = \frac{Q \times \Delta P}{1000 \times 3600 \times 0.85} \tag{8-2}$$

式中，W_r 为除尘器阻力电耗，kW·h/h；Q 为除尘器单位时间处理的工况烟气量，

m³/h；ΔP 为除尘器压力降，Pa；0.85 为除尘系统引风机、传动设备等引起的综合效率系数。

袋式除尘器清灰电耗按式（8-3）计算：

$$W_{dc} = 60 L_{袋} \times k \times \frac{n \times (t_w + t_i)}{m \times T} \quad (8-3)$$

式中，$L_{袋}$ 为袋式除尘器的清灰耗气量，m³/min；k 为每立方米的压缩空气电耗，计算取值为 0.115 kW·h/m³；n 为脉冲阀数量，个；m 为同时喷吹的脉冲阀数量，个；t_w 为电脉冲宽度，s；t_i 为脉冲间隔，s；T 为袋式除尘器的清灰周期，s。

电袋复合除尘器空压机系统单位时间电耗按式（8-4）计算[28]：

$$W_{ac} = q \times L_{电袋} \quad (8-4)$$

式中，q 为空压机机组输入功率，kW/(m³/min)；$L_{电袋}$ 为电袋复合除尘器单位时间所需压缩空气耗气量，m³/min。

能效限定值是为实施高耗能产品淘汰制度而制定的，属于强制性指标，是国家允许产品的最低能效值，是国家淘汰高耗能产品的依据，低于该值的产品则属于国家明令淘汰的高耗能、低能效产品，应禁止流入市场。

除尘器能效标准与已颁布实施的除尘器相关产品质量标准、性能测试方法标准、安全标准等保持了良好的衔接，并形成一套相互配套、有机联系、科学完整的标准系列，将在我国重点行业节能减排的监督与管理工作中发挥重要作用。

2）SCR 脱硝系统能耗特性分析

氮氧化物是工业废气污染物中的一种，能够诱发光化学烟雾，导致温室效应。氮氧化物的主要排放源是火电厂，目前普遍采用的脱硝技术是 SCR（选择性催化还原）。SCR 的主要原理是在催化剂的作用下，喷入还原剂氨或尿素，把烟气中的 NO_x 还原成氮气和水。

SCR 脱硝系统中的主要设备有 SCR 反应器、稀释风机、卸料压缩机、废水泵等，SCR 脱硝系统中主要设备的能耗特性可以分为两部分：一是脱硝设备引起的系统能耗的变化，在该变化过程中，主要考虑三个因素，其一是 SCR 反应器，其二是烟道引起的阻力，其三是设备对尾部排烟温度的影响；二是脱硝设备引起的附加能耗，脱硝系统中最主要的就是电耗和热耗，引起电耗的主要设备是稀释风机和卸料压缩机，引起热耗的主要设备是液氨蒸发器和蒸汽吹灰器。

脱硝系统会增加烟气系统的阻力，并影响着机组负荷和烟气流量等参数。所以，当烟气系统阻力增加时，引风机的电能也随之增加。在 SCR 脱硝系统中，属于间断使用设备的是卸料压缩机和废水泵，一般情况下，卸料压缩机的开启次数为 2 次/月，废水泵的开启时段为液氨稀释槽达到液氨最大吸收量时。总体来说，在 SCR 脱硝系统中，耗电量最大的两种设备就是稀释风机和引风机[29]。

(1) 稀释风机能耗模型

在 SCR 脱硝装置中，通常采用 NH_3 稀释空气比来估算稀释风量，计算公式如下：

$$V_{air} = \frac{95}{5} \times q_{vNH_3} \tag{8-5}$$

式中，V_{air} 表示稀释空气的体积流量；q_{vNH_3} 表示 NH_3 的体积流量。根据风机轴功率还可以计算出稀释风机效率，计算公式如下：

$$N = \frac{V_{air} \times P}{1020 \times 3600 \times \eta} \tag{8-6}$$

式中，N 表示稀释风机轴功率，kW；V_{air} 表示稀释风机的入口流量，m^3/h；P 表示稀释风机全压，Pa；η 表示稀释风机效率。

(2) 引风机能耗模型

增加脱硝系统后，会降低 SCR 烟道和 SCR 反应器内部的压力，所以需要增加引风机的功率来补偿压力损失。增加引风机功率按照式（8-7）计算得到

$$\Delta P = \frac{Q_2 \times P_2}{1020 \times 3600 \times \eta_2} - \frac{Q_1 \times P_1}{1020 \times 3600 \times \eta_1} \tag{8-7}$$

式中，Q 表示引风机入口流量；P 表示引风机全压。

引风机一般可以分为两种，一种是动叶可调轴流式风机，另一种是静叶可调轴流式风机。引风机的性能曲线图是由多条曲线组合而成的，每一条曲线包含着很多的参数，如全压、效率、体积流量等。当引风机运行时，引风机的曲线就会随不同流量的变化而组成曲线簇。

引风机效率和烟气流量的关系如式（8-8）所示：

$$\eta = -4.6475 \times 10^{-6} \left(\frac{q_{rg}}{3600}\right)^2 + 0.00458 \left(\frac{q_{vg}}{3600}\right) - 0.3181 \tag{8-8}$$

引风机增加功率按式（8-9）计算：

$$\Delta P = \frac{[(t+273)/273] \times p_i \times q_{vg}}{1020 \times 3600 \times \eta} \tag{8-9}$$

式中，t 表示引风机工作温度，℃；p_i 表示安装脱硝设备后系统的降压，Pa。

(3) 蒸汽附加煤耗模型

燃煤电厂一般通过改造机组来加装 SCR 脱硝系统，而 SCR 脱硝系统中使用的蒸汽来源于蒸汽母管，从而会影响机组的热经济性。为了优化机组的热经济性，就需要计算蒸汽的附加煤耗，该模型的建立需要根据具体的加热器型号。加热器按照结构可以分为两类：一类是表面式加热器；另一类是混合式加热器。以 600MW 火电机组 SCR 脱硝系统为例[30]，进行脱硝设备的能耗计算，具体结果见表 8-36。

表 8-36 600MW 火电机组 SCR 脱硝设备消耗电能和附加煤耗

项目	电耗/kW	备注	单位	附加煤耗数值
引风机	工况增加电耗	连续运行设备，压降为 1000Pa	g/(kW·h)	0.4325
稀释风机	18.5	连续运行设备，一备一用	g/(kW·h)	0.0114
卸料压缩机	11	间断运行设备，只在卸氨时开启，开启次数为 2 次/月	g/(kW·h)	0.00018
液氨蒸发蒸汽			g/(kW·h)	0.0359
吹灰蒸汽			g/(kW·h)	0.0149
总附加煤耗			g/(kW·h)	0.51396

3）湿法脱硫系统能耗分析

发电行业既是优质电能的创造者，同时也是大气污染物排放大户。国家出台的"十一五""十二五"规划纲要将节能减排提升为我国经济社会发展的重大战略任务，发电行业已经成为国家实施节能减排、降耗增效政策的重要目标。

石灰石-石膏湿法烟气脱硫技术是国内外大型燃煤电厂应用范围最广、成熟度最高的脱硫技术。该套系统结构复杂，有近百个设备同时运行，典型系统由吸收剂制备系统、烟气系统、吸收塔本体系统、石膏脱水系统、工艺水系统和脱硫废水处理系统 6 个子系统组成。

下面以我国华北地区某 300MW 火电厂脱硫系统为例进行能效分析[31]。根据我国节能监测和能效评估相关政策法规，结合对湿法脱硫系统的工作原理和用能特点的分析，全面考虑在保证脱硫效率的前提下系统运行的能效水平的影响因素，通过深入分析各项因素影响程度的大小、基础数据的可监测性以及评估过程的可操作性，最终选取了能效指标、运行指标和环保指标这 3 个一级指标，8 个二级指标构成的综合能效评估指标体系，对应关系如图 8-1 所示。

脱硫系统电耗占比是单位时间脱硫系统厂用电量与燃煤机组发电量的比例。在保证出口烟气 SO_2 排放浓度符合标准的情况下，脱硫系统电耗占比越低，能效水平越高。脱硫系统电耗占比计算公式为

$$\mu = \frac{Q_{FGD} \times 10000}{Q_{all}} \times 100\% \tag{8-10}$$

式中，μ 为脱硫系统电耗比，%；Q_{FGD} 为脱硫系统单位时间脱硫系统厂用电量，kW·h；Q_{all} 为火电厂总发电量，万 kW·h。

火电厂脱硫系统能效评估指标体系是一个灰色系统。灰色综合评价法主要依据以下数学模型：

$$R = EW \tag{8-11}$$

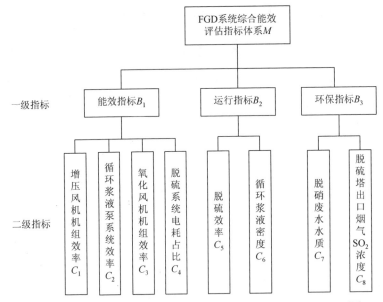

图 8-1 300MW 燃煤机组湿法脱硫系统综合能效评估指标体系[32]

式中，$R =[r_1, r_2, \cdots, r_m]^T$ 为参与能效评估的 m 个燃煤机组脱硫系统的综合评价结果向量；$W =[\omega_1, \omega_2, \cdots, \omega_n]^T$ 为 n 个评价指标的权重向量，其中 $\sum_{j=1}^{n}\omega_j = 1$；$E$ 为各指标的评判矩阵，计算公式为

$$E = \begin{bmatrix} \zeta_1(1) & \zeta_1(2) \cdots & \zeta_1(n) \\ \zeta_2(1) & \zeta_2(2) \cdots & \zeta_2(n) \\ \vdots & \vdots & \vdots \\ \zeta_m(1) & \zeta_m(2) \cdots & \zeta_m(n) \end{bmatrix} \qquad (8-12)$$

式中，$\zeta_i(k)$ 为第 i 个脱硫系统的第 k 个评价指标值与第 k 个指标最优值的关联系数。

各评价指标通常具有不同的量纲和数量级，须对最优指标集和原始数据指标集按式（8-13）进行无量纲化处理，以减少随机因素的干扰。设第 k 个指标的原始数值为 j_k^i，则可以用式（8-13）将式（8-12）中的原始数值变成无量纲值，$C_i(k) \in (0, 1)$。

$$C_i(k) = \frac{j_k^j - \min j_k^j}{\max j_k^j - \min j_k^j} \qquad (8-13)$$

式中，$i = 1, 2, \cdots, n$；$k = 1, 2, \cdots, m$。

然后根据灰色系统理论，把规范后的数列 $B_i(k) = \{C_i(1), C_i(2), \cdots, C_i(m)\}$ 作为参考数列，将最优指标集转化为 $B_0(k) = \{C_0(1), C_0(2), \cdots, C_0(m)\}$ 作为被比较数列，用关联分析法分别求得第 i 个脱硫系统第 k 个评价指标值与第 k 个指标最优值的关联系数，即

$$\zeta_i(k) = \frac{\min_i \min_k \cdot |C_{i(k)} - C_{0(k)}| + \rho \max_i \cdot \max_k \cdot |C_{i(k)} - C_{0(k)}|}{|C_{i(k)} - C_{0(k)}| + \rho \max_i \cdot \max_k \cdot |C_{i(k)} - C_{0(k)}|} \quad (8-14)$$

式中，$\rho \in (0, 1)$，一般取 $\rho = 0.5$。由 $\zeta_i(k)$ 得到式（8-12）的矩阵 E。

为保证脱硫系统能效评估工作进度的可行性和高效性，一般采用层次分析法确定各评估指标的权重。因层次分析法已得到广泛应用，受本章节篇幅所限，在这里对该方法不展开具体介绍。

以 5 台 300MW 燃煤机组的石灰石-石膏湿法脱硫系统为对比评估对象[32]，根据层次分析法计算能效评估指标体系的指标权重，得到的结果如表 8-37 所示。

表 8-37　2×300MW 机组湿法脱硫系统能效评估指标权重

一级指标	权重	二级指标	权重
能效指标	0.517	增压风机机组效率	0.201
		循环浆液泵系统效率	0.066
		氧化风机机组效率	0.013
		脱硫系统电耗占比	0.237
运行指标	0.132	脱硫效率	0.103
		循环浆液密度	0.029
环保指标	0.351	脱硫废水水质	0.028
		脱硫塔出口烟气 SO_2 浓度	0.323

根据表格中的原始数据，利用式（8-13）对 8 个指标进行指标的规范化处理，将原始数值变成无量纲值。然后根据表 8-38 确定最优参考数列，最后根据式（8-14），把规范化后的数列 $B_i(k) = \{C_i(1), C_i(2), \cdots, C_i(m)\}$ 作为参考数列，将最优指标集作为被比较数列，计算每个燃煤机组脱硫系统各能效指标关联系数结果，最后计算甲醛关联度，即综合能效评估结果。$r_A = 0.754$，$r_B = 0.504$，$r_C = 0.626$，$r_D = 0.345$，$r_E = 0.468$，从最终的评价结果可知，5 个 300MW 燃煤机组湿法脱硫系统能效水平由高到低依次为：A＞C＞B＞E＞D。

表 8-38　FGD 系统综合能效评估原始数据

单位	能效指标				运行指标		环保指标	
	增压风机机组效率/%	循环浆液泵系统效率/%	氧化风机机组效率/%	脱硫系统电耗占比/%	脱硫效率/%	循环浆液密度/(kg/m³)	脱硫废水水质	脱硫塔出口烟气 SO_2 浓度/(mg/Nm³)
电厂 A	66.00	54.90	65.70	1.64	96.35	1136	0.80	94
电厂 B	69.50	62.20	68.70	1.79	97.09	1229	0.52	97

续表

单位	能效指标				运行指标		环保指标	
	增压风机机组效率/%	循环浆液泵系统效率/%	氧化风机机组效率/%	脱硫系统电耗占比/%	脱硫效率/%	循环浆液密度/(kg/m³)	脱硫废水水质	脱硫塔出口烟气SO₂浓度/(mg/Nm³)
电厂C	76.50	68.70	64.70	1.80	96.84	1210	0.69	96
电厂D	55.00	48.80	64.70	2.15	97.07	1010	0.72	99
电厂E	47.50	52.50	58.00	1.91	95.58	1098	0.51	95
最优值	76.50	68.70	68.70	1.64	97.09	1098	0.80	94

8.2 工业废气净化设备市场准入

8.2.1 工业废气净化现状及发展趋势

当前，我国经济社会呈现出从高速增长转为中高速增长，经济结构优化升级，从要素驱动、投资驱动转向创新驱动，环境承载能力已达到或接近上限，环境保护面临着诸多挑战。在面临世界经济深度调整、保护主义抬头、国际绿色贸易壁垒增大、国际履约任务繁重等形势下，国内高污染、高消耗、低附加值产业仍占很大比重，发展模式粗放等问题仍然在一些地区具有"锁定效应"，传统发展模式和路径转型难度大。我国已进入环境高风险期，区域性、布局性、结构性环境风险更加突出，环境事故呈高发频发态势，守住环境安全底线的任务尤为艰巨[33]。

电力行业是大气污染物最主要的释放源，过去10多年全国范围内的烟气治理取得了一定的成效，烟尘、二氧化硫和氮氧化物的排放量均有所减少，尤其是电力行业燃煤电厂已执行"超低排放"的行业标准。根据中国环境保护产业协会日前发布的《脱硫脱硝行业2016年发展报告》得知[34]：2015年全国煤电超低排放改造助力电力行业减排成效显著，烟尘、二氧化硫、氮氧化物与此前排放峰值相比，分别下降了93.3%、85.2%、82.0%。

统计显示，在各大重污染行业中二氧化硫的污染贡献率已由2006年的59%降至2014年的39.2%，非电行业的污染贡献比重显著提升。而2014年我国钢铁和建材行业烟（粉）尘排放量约占工业烟（粉）尘排放总量的54.5%（电力行业占比约21.5%），因此大气污染进一步减排的潜力将主要来自于非电领域。

2015年12月，国务院常务会议及《全面实施燃煤电厂超低排放和节能改造工作方案》要求东、中、西部有条件的燃煤电厂分别在2017年底、2018年底、

2020年底前实现超低排放。即在基准样含量6%条件下，烟尘、二氧化硫、氮氧化物排放浓度分别不高于10mg/m³、35mg/m³、50mg/m³，燃煤机组平均除尘、脱硫、脱硝分别达到99.95%、98%、85%以上[35]。

2016年底，环境保护部发布《关于实施工业污染源全面达标排放计划的通知》，要求到2017年底，钢铁、火电、水泥、煤炭、造纸、印染、污水处理厂、垃圾焚烧厂8个行业达标计划实施取得明显成效，到2020年底，各类工业污染源持续保持达标排放[36]。

国务院印发的《"十三五"节能减排综合工作方案》，明确了"十三五"节能减排工作的主要目标和重点任务[37]，全国化学需氧量、氨氮、二氧化硫、氮氧化物排放总量分别控制在2001万t、207万t、1580万t、1574万t以内，比2015年分别下降10%、10%、15%和15%。全国挥发性有机物排放总量比2015年下降10%以上。同时强化节能环保标准约束，严格行业规范、准入管理和节能审查，对电力、钢铁、建材、有色、化工、石油石化、船舶、煤炭、印染、造纸、制革、染料、焦化、电镀等行业中，环保、能耗、安全等不达标或生产、使用淘汰类产品的企业和产能，要依法依规有序退出。因此在全国火电行业污染物排放进一步削减的困难加大以后，新的减排增量主要来自于非电行业。

我国火力发电发电量对全社会用电量的贡献度高达73.8%。截至2015年底，我国6000kW及以上燃煤电厂的总装机量为9.9亿kW，脱硫和脱硝装机容量分别为8.2亿kW和8.5亿kW，渗透率分别为83%和86%。目前脱硫市场已趋于稳定，2013年后脱硫机组的装机容量增速一直维持在10%以下；燃煤电厂脱硝设施的建设主要集中在2009~2015年，预计2016年后增速将下滑至10%以内。现行燃煤电厂颗粒物、二氧化硫和氮氧化物的超低排放浓度限值分别是5mg/m³、35mg/m³和50mg/m³，排放标准已基本没有进一步提升的空间，2017~2018年全国超低排放改造结束以后，燃煤电厂大气污染物减排的增量与新增投资的关联性不高，而主要来自于强监管的背景下，电厂实现达标排放。

根据国家能源局和环保部的统计数据，2015年全国完成超净排放改造1.4亿kW，2016年目标完成2.5亿kW的改造，由于北京、河北等地区先于全国其他地区启动超净排放改造，因此假设全国2015年前已完成1亿kW装机的改造，则2017年后的改造空间约为3.4亿kW，对应的市场空间为340亿~510亿元。

中商产业研究院调研数据显示，2015年我国大气污染治理行业规模超过1300亿元，其中脱硫产业规模约187亿元，脱硝产业规模约750亿元，除尘产业规模约430亿元。且随着国家大气污染法规标准越来越严格，未来5~10年将是我国大气污染治理的重点时期，市场容量将继续保持在10%左右的增幅。

从上述系列政策的引导方向中不难发现，火电超低排放改造、废脱硝催化剂处理处置、燃煤工业锅炉大气污染治理、非电重点行业除尘脱硫脱硝及第三方专业化治理等方向将成为"十三五"除尘脱硫脱硝行业发展的重要趋势。结合行业现状，对"十三五"除尘脱硫脱硝行业发展趋势判断如下。

1）火电行业除尘脱硫脱硝

（1）火电超低排放改造

实现超低排放改造是未来几年火电行业的发展方向，按照近两年火电超低排放改造推进速度，我国火电厂超低排放改造工作预计将在"十三五"期间完成，随后将迎来火电行业超低排放装备不断淘汰更新的发展阶段。火电厂实现超低排放不仅能够改善我国大气环境质量，还能增强我国火电企业的国际竞争力、为国内其他非电行业实现大气污染治理提供指引。

火电厂超低排放工艺路线的选择需要根据情况具体分析判断，一般为除尘脱硫脱硝等单元工艺的组合，为节省成本提高效率，对原有工艺单元进行改造升级是比较便捷的选择，当然也可引入全新工艺来达到目标。目前，烟尘超低排放一般通过增加湿式电除尘器实现，也可将电除尘器升级改造为低温电除尘器或电袋复合除尘器，还可采用电凝并技术、高频电源技术、旋转电极式电除尘技术等提高电除尘效率；脱硝超低排放一般通过增加催化剂层数实现；脱硫超低排放则一般通过原有工艺增效（增加喷淋层、串联脱硫塔、优化气液流场反应条件等）来实现。目前，逐步成熟的超低排放工艺路线已经为超低排放的迅速推进奠定了坚实基础。

从目前一些燃煤机组超低排放典型项目来看，五大电力集团及神华集团采用的超低排放工艺差异较大，但是总体上可以大致区分为以干式超低排放技术为中心和以湿式超低排放技术为中心的两条超低排放工艺路线。前者典型的技术路线是低 NO_x 燃烧 + SCR/SNCR + DSC-M 干式超低排放工艺（含脱硫除尘脱汞）。该技术是在烟气循环流化床干法脱硫除尘一体化技术上开发出来的超低排放技术，通过升级除尘器、吸收剂制备系统和控制系统，原有脱硫系统几乎维持不变，即可实现超低排放。以湿式超低排放技术为中心的排放工艺主要技术路线是采用低 NO_x 燃烧器 + SCR/SNCR + 低温电除尘器 + 湿法烟气脱硫工艺 + 湿式电除尘器，该路线比较接近于日本火电发电污染治理技术路线，在其基础上进行了国产化优化，部分取消了 MGGH 尾端的烟气再热系统。

（2）脱硫废水零排放

《火力发电厂废水治理设计技术规程》规定火电厂脱硫废水必须实现零排放。零排放，其字面含义为工业化产品生产过程中废弃物为零，是指无限减少污染物的排放量直至为零的活动。而在处理污染物的过程中，如果不对最终的固体结晶盐进行处理，无疑又产生了新的固体污染物，"零排放"也便成了偷换概念后的伪命题。目前国内鲜有真正实现脱硫废水"零排放"的电厂，因此脱硫废水"零排放"市场空间巨大，估计"十三五"期间脱硫废水处理市场在 1000 亿元左右。

目前国内外脱硫废水主要采用化学沉淀法处理,但是经过化学沉淀法处理达标后,废水中仍含有高浓度的溶解性固体,主要包括氯化物等,很难回收利用,一般采取直接排放的方法处置。然而将处理后的废水直接排放,不仅浪费水资源,同时由于废水含盐量较高,也会造成土壤和水体理化性质的改变。蒸发法也是废水零排放处理中常用的方法之一,该方法可以回收水资源和结晶盐。然而对于燃煤电厂来说,由于脱硫废水盐分较复杂,仅靠单纯的蒸发实现"零固废"外排是非常困难的,如果不对废水进行分盐处理,最终得到的固体杂盐将作为固体危废进行处置。

以国电汉川电厂三期扩建工程脱硫废水深度处理项目为例,该项目是全国首例百万机组且实现资源化利用的脱硫废水零排放工程。由国电北京朗新明环保科技有限公司南京分公司 EPC 总包,合众高科(北京)环保技术股份有限公司负责项目蒸发结晶工艺段设计、成套设备供货和技术服务。该项目脱硫废水经预处理软化、分盐及浓缩减量后,进入 MVR 蒸发结晶系统,这部分浓盐水中的溶质以氯化钠为主,浓盐水量约为 8t/h,蒸发出的结晶盐经流化床干燥处理后自动打包,最终产品为纯度高于 97.5%的袋装氯化钠,达到《工业盐》(GB/T 5462—2015)标准所规定的精制工业盐二级标准。该项目的实施,可为企业年节水 28 万 t,减少 6960t 固体废弃物的产生。与传统技术相比,MVR 蒸发结晶系统更节能、更环保,较传统多效蒸发器节省约 60%以上的运行成本。国电汉川电厂脱硫废水零排放项目的成功实施,不但实现了真正意义的废水零排放,而且还实现了循环经济,具有很大的推广意义。

(3)失活脱硝催化剂再生及废催化剂处置

SCR 脱硝催化剂的使用年限一般为 3~5 年,在未来几年,将会有大量脱硝催化剂陆续达到使用年限失活。目前,2012 年前安装的脱硝催化剂已达到使用年限,开始进入更新阶段,估计总量约 10 万 m^3,估计到 2018 年需要更新的脱硝催化剂将达到 25 万 m^3。直接采用全新脱硝催化剂更新失活脱硝催化剂成本较高,目前已有失活脱硝催化剂再生技术储备,因此可以再生失活脱硝催化剂后继续投用,直至催化剂再生效益已没有吸引力后,再将废催化剂作为危险废物进行处理处置。

失活脱硝催化剂的再生技术可使催化剂活性恢复到新鲜催化剂的 90%以上,从而有效延长催化剂的使用寿命、降低更换新鲜催化剂的成本,并减少废催化剂的处置费用和给环境带来的二次污染,实现资源的可循环利用。目前在失活催化剂再生过程中,还存在 SO_2 氧化率较高、废水处理、部分不能再生和最终废催化剂的最终处理处置等问题,需积极开发废催化剂的处理处置技术。

"十三五"期间,失活脱硝催化剂的再生和废脱硝催化剂的处理处置必然成为热点。废脱硝催化剂属于危险废物,大量废弃脱硝催化剂的产生将对我国环境质量形成巨大压力,其妥善处理处置必须稳步推进。

2）燃煤工业锅炉除尘脱硫脱硝

火电大气污染治理之后，燃煤工业锅炉将成为大气污染治理的主战场。我国中小型燃煤工业锅炉量大面广，广泛应用于供热、化工、冶金、造纸、印染、食品、医药等行业。污染最严重的中小型燃煤锅炉每年消耗了我国25%的煤炭，其大气污染物排放占我国燃煤污染物排放总量比例高达60%。与电力行业改造不同，由于工业锅炉往往单体容量小，在其后端加装脱硫脱硝装置需要根据具体情况确定治理工艺路线，还需考虑经济性，在这种情况下，燃煤替代也是重要路线。

3）非电行业除尘脱硫脱硝

非电行业主要包括冶金、建材、玻璃、石化、化工等行业，非电行业除尘脱硫脱硝也是完成大气污染减排、改善环境质量的重要方面。随着我国电力环保水平逐步达到国际水平，大气污染治理工作的重心也将逐步向非电重点行业倾斜。"十三五"期间钢铁工业排放标准将大幅收紧，烧结机头颗粒物、炼铁颗粒、烧结机头二氧化硫等主要污染物排放标准将分别降低60%、92%、90%，预计未来钢铁行业烧结烟气净化技术会选择同时脱硫脱硝一体化技术。其他行业的除尘脱硫脱硝工作也将稳步推进。

4）除尘设备发展趋势

我国静电除尘技术目前已经成熟应用，技术水平也达到国际先进水平，在火电厂等高温烟气除尘治理应用领域得到广泛应用。但是受限于除尘机理，其除尘效率难以再进一步提升，只能够控制其排放浓度在$100mg/m^3$左右。此外，烟尘比电阻变化会影响其除尘效率，使得烟尘排放浓度得不到精确控制。在我国对烟气污染控制要求不断提升的背景下，静电除尘技术很难满足新需求与新挑战。

袋式除尘技术尽管起步较晚，但是也取得了一定的发展，袋式除尘器技术也不断地完善。随着滤料技术、清灰技术、配件技术等相关技术的发展，袋式除尘设备性能也得到了有效提升。袋式除尘过滤的烟尘排放浓度已经可以达到$5mg/m^3$，能够有效满足我国对烟气污染控制的要求，因此目前发展较快，应用应该也逐渐广泛。

此外，还存在着一种电改袋及电袋复合式技术。这主要是由于传统的静电除尘设备不能满足排放要求，而企业在不愿意投大量成本购置新袋式除尘技术时，就不得不将静电除尘设备改造为袋式除尘设备。这样的技术称为"电改袋"技术，以及"电袋复合式除尘"技术。目前这种技术也在逐渐兴起，能够帮助企业尽可能节省成本的同时，达到排放要求。

如今，国内外除尘设备主要朝以下几个方面发展。

（1）高烟气处理量。当前，工艺设备朝大型化发展，相应需处理的烟气量也大大增加。如 500t 平炉的烟气量达 $50×10^4 m^3/h$ 之多，600MW 发电机组锅炉烟气量达 $2.3×10^6 m^3/h$，没有大型除尘设备是不能满足要求的。国外电除尘器已经发展到 500~600m^2，大型袋式除尘器的处理烟气量每小时可达几十万到数百余万立方米，上万条滤袋集中在一起形成"袋房"，扁袋占用空间少，这种除尘装置正得到迅速发展。

（2）提高现有高效除尘器性能。国内外对电除尘器的供电方式、各部件的结构、振打清灰、解决高比电阻粉尘的捕集等方面做了大量研究工作，从而使电除尘器运行可靠，效率稳定。对于袋式除尘器着重于改进滤料及其清灰方式，使其适宜高温、大烟气量的需要，扩大应用范围。湿式除尘器除了继续研究高效文丘里管除尘器外，主要研究低压降、低能耗以及污泥回收利用设备。

（3）发展新型除尘设备。宽间距或脉冲高压电除尘器、环形喷吹袋式除尘器、顺气流喷吹袋式除尘器等，都是近 20 年来发展起来的新型除尘设备。多种除尘机理共同作用的新型除尘设备也进展迅速，如带电水滴湿式洗涤器、带电袋式除尘器等。此外，还有利用高压水喷射、高压蒸汽喷射的除尘设备。但燃煤电厂的煤越磨越细，煤的含硫量越来越低，排放标准越来越严格，开发高效、低耗的新型除尘器已势在必行。

（4）重视除尘机理研究。很多工业发达国家都建立了能对多种运行参数进行大范围调整的试验台，研究现有各种除尘设备的基本规律、计算方法，作为设计和改进设备的依据。另外，探索一些新的除尘机理，试图应用到除尘设备中去。电子计算机技术也逐步渗入到除尘技术领域，使除尘设备的研究和应用提高到一个新的水平。

5）脱硫技术发展趋势

目前世界上应用最广泛的脱硫技术是烟气湿法脱硫，其中石灰石/石灰-石膏法工艺具有技术成熟、效率较高、运行可靠、操作简单、烟气中的粉尘对脱硫过程影响小，以及原料来源丰富、成本低廉等优点，其装机容量占现有工业脱硫装置总容量的 85%。但是，目前我国大型烟气脱硫装置一般采用国外低 pH 浆液空塔喷淋技术，运行过程液气比高、pH 低、投资及维护成本高。除此之外还存在吸收剂消耗量大、生成物难处理、易产生二次污染、易积垢堵塞等问题。除了湿法脱硫工艺，应用最广的就是半干法脱硫技术，占市场份额的 10%。

目前，催化还原脱硫技术是科研领域的热点方向，具有广阔的工业化市场应用前景。催化还原脱硫是在催化剂作用下，利用还原剂直接将烟气中的 SO_2 还原为单质硫。CO、H_2、CH_4、C 是催化还原过程中的主要还原剂。总体来看，催化还原工艺克服了湿法、干法及半干法脱硫过程中产生的二次污染、设备腐蚀和投资、运行成本过高的缺陷。直接催化还原脱离不存在废物处理的麻烦，还可以得到单质硫黄。这既降低了脱硫成本,避免了潜在的二次污染,还回收了硫黄,符合绿色经济的发展要求。目前催化还原脱硫技术还处在研究阶段,限制其工业化应用的主要因素有:①催化剂的活化温度较高,带来较高的能耗;②烟道气中存在的氧气不利于催化反应的进行,甚至会导致催化剂失活。因此,如何获得活性高、活化温度低的催化剂,将是未来催化还原技术的研究重点[38]。

6) 脱硝技术发展趋势

选择性催化还原(SCR)脱硝技术是目前世界上最成熟、实用业绩最多的一种烟气脱硝工艺。以 NH_3 为还原剂,在催化剂的作用下,H_2、CO 和 NH_3 等还原剂与 O_2 共同作用,将氮氧化物还原成 N_2 和 H_2O。SCR 技术能够达到较好的脱硝效果,在美国、日本和欧洲大部分国家得到广泛推广。但是该技术也存在着投资和运行成本居高不下、催化剂寿命短等缺点。

低温化是降低运行成本的有效方法之一。低温 SCR 的温度窗口一般为 120~300℃,反应器一般布置在脱硫装置和除灰装置之后,无须对锅炉本体做改动。烟气不需要加热,通过反应器的烟气具有低温、低硫和低尘的特性,解决了催化剂的堵塞、磨损问题。系统由氨储罐、氨蒸发器、氨缓冲罐、稀释风机、氨/空气混合器、喷氨格栅、混合单元和催化剂组成。相比于传统中高温 SCR 反应器,低温 SCR 反应器整体体积减小、热损小,进入反应器的烟气无须预热;催化剂用量减少 30%,而且寿命延长,一次性投资成本节约 30% 以上。

另外,我国目前煤燃料具有高灰、高重金属的属性特点,尽早研发出具有自主知识产权的 SCR 催化剂和能够在低温环境下运行的催化剂势在必行。

8.2.2 标准制定与产品认证

工业废气治理装备归属于环境保护产品大类下面的一种。为了规范环保产品的生产,促进产品节能降耗、防止二次污染、提高产品安全性和可靠性,我国环境保护部科技标准司组织有关方面的专家收集国家政策、法律、法规,国内外相关产品标准,国内外企业产品生产及使用的有关资料;分析国内产品生产技术水平和发展趋势,产品应用和需求的现状及趋势。根据选择的产品基本要求和性能要求的要素,拟定相应的检验项目,组织相关产品检测机构按照预先拟定的检验项目,选择一定数量、不同生产规模的企业进行产品检验。已有有效检测报告的,可直接采用已有报告。汇总分析检验结果,并与国外同类产品进行比较,考虑国际产品技术发展趋势,确定出既符合国内设计和生产技术水平,又能达到国家环境保护要求(包括清洁生产、节能减排、可持续发展等方面)的技术要素、指标和试验方法等。同时鼓励积极采用或引用国外先进产品标准,对所采用或引用标准中的技术要素、指标及其试验方法,根据我国实际情况和需要,如需做合理调整时，应该经过产品试验验证。最后，根据不同用途的环境保护产品提出产品的基本要求和性能要求。

1) 工业废气吸收净化装置 (HJ/T 387—2007)[39]

(1) 适用范围

适用于处理风量为 150~20000m^3/h，去除气态或气溶胶态污染物的工业废气吸收净化装置。

(2) 基本要求

①污染物为腐蚀性气体的净化装置，应选用抗腐蚀材料制造或按 HGJ 229—1991 进行防腐蚀处理和验收；

②净化装置应设置吸收填料的清洗设施；

③净化装置应配备饱和吸收溶液的再生处理系统。再生处理工艺应节能、节水、无二次污染。需要外排的废水应符合 GB 8978—1996 或用户所在地的排放标准。

(3) 性能要求

①净化装置对每种污染物的净化效率应不小于表 8-39 规定的数值；

表 8-39 污染物的最低净化效率

序号	污染物	净化效率/%
1	硫酸雾	90
2	氯化氢	90
3	铬酸雾	95
4	二氧化碳	90
5	氮氧化物	80
6	氟化物	90
7	氰化氢	95
8	有机污染物	95

②净化装置的压力损失不大于 2kPa，高压文丘里氏吸收器不受此项限制；

③净化装置的焊缝、管道连接处等均应严密，不得漏气；

④净化装置运行噪声应不大于 85dB (A)；

⑤净化装置主体的大修周期不小于一年。

(4) 安全要求

①装置应防火、防爆、防漏电和防泄漏；

②装置本体主体的表面温度不高于 60℃；

③需控制温度的单元应设置温度指示装置、超温声光报警装置及应急处理系统；

④需控制压力的单元应设置压力指示和泄压装置，其性能应符合安全技术的有关要求；

⑤污染物为易燃易爆气体时，应采用防爆风机和电机；

⑥由计算机控制的装置应同时具备手动操作功能。

2）工业废气吸附净化装置（HJ/T 386—2007）[40]

（1）适用范围

适用于处理风量为 50~20000m³/h，去除气态或气溶胶态污染物的工业废气吸附净化装置。

（2）基本要求

①污染物为腐蚀性气体的净化装置，应选用抗腐蚀材料制造或按 HGJ 229—1991 进行防腐蚀处理和验收。

②吸附剂应符合国家有关标准，并有由国家相应检验机构出具的质量检验合格证书。气体通过吸附剂时不得产生新的污染物。

③吸附剂的脱附再生工艺应不产生二次污染。

（3）性能要求

①吸附装置净化效率不低于 90%；

②吸附装置的压力损失不大于 2kPa，高压文丘里氏吸收器不受此项限制；

③吸附装置的焊缝、管道连接处等均应严密，不得漏气；

④吸附装置运行噪声应不大于 85dB（A）；

⑤吸附装置主体的大修周期不小于一年。

3）工业有机废气催化净化装置（HJ/T 389—2007）[41]

（1）适用范围

适用于处理风量为 50~20000m³/h，去除气态或气溶胶态污染物的工业废气吸附净化装置。

（2）基本要求

①污染物为腐蚀性气体的净化装置，应选用抗腐蚀材料制造或按 HGJ 229—1991 进行防腐蚀处理和验收；

②催化剂应有质监部门出具的合格证明，并满足：使用温度为 200~700℃，并能承受 900℃ 短期高温冲击；空速大于 $10000h^{-1}$；正常工况下使用寿命应在一年以上。净化设备的预热温度一般在 250~350℃，不得超过 400℃。

（3）性能要求

①吸附装置净化效率不低于 97%；

②吸附装置的压力损失不大于 2kPa，高压文丘里氏吸收器不受此项限制；

③吸附装置的焊缝、管道连接处等均应严密，不得漏气；

④吸附装置运行噪声应不大于 85dB（A）；

⑤吸附装置主体的大修周期不小于一年。

（4）安全要求

①装置应防火、防爆、防漏电和防泄漏；

②装置本体主体的表面温度应不大于80℃；

③装置进气口应设有浓度冲稀装置，进入催化床的污染物浓度不应超过其爆炸下限的25%；

④催化床应设置温度报警装置，当温度达到设定值时，应能发出声光报警信号；

⑤催化床应设置防爆泄压装置；

⑥过滤器应设置压差计；

⑦过滤器前应设置旁通排风管，当净化装置发送故障或工作结束时应能有效地把废气暂时排空；

⑧过滤器后应设置阻火器，并能有效地防止火焰通过；

⑨预热室应设置温度报警器或与通风系统共联锁；

⑩净化装置电器回路的绝缘电阻应不小于500MΩ；

⑪控制箱与各被控设备之间的连接线必须有金属软管保护；

⑫应采用防爆风机、电机和电控柜。

4）工业粉尘湿式除尘装置（HJ/T 285—2006）[42]

（1）适用范围

适用于各种工业粉尘湿式除尘装置（燃煤锅炉及工业炉窑烟气的湿式除尘装置除外）。

（2）基本要求

①装置所用的钢材应符合 GB/T 699—2015 的规定，必要时需采取有效的防腐、耐磨措施；

②装置焊接件的加工制造应符合 JB/T 5943—1991 的规定；

③装置的未注尺寸公差应符合 GB/T 1804—2000 的规定；

④装置钢制部件表面喷漆应符合 JB/T 5946—1991 的规定。

（3）性能要求

①湿式除尘装置的技术性能应符合表 8-40 的规定；

表8-40 湿式除尘装置的技术性能

类别	循环水利用率/%	液气比/(L/m³)	阻力/Pa	除尘效率/%	漏风率/%	烟气含湿量/%
第Ⅰ类	85%	≤2.0	≤1000	≥80	<5	≤8
第Ⅱ类			≤2500	≥95		
第Ⅲ类		≤3.0	≤4000	≥97		

②除尘装置排气口粉尘最高允许排放浓度和排放速率应符合 GB 16297—1996 或 GB 4915—2013 的相关规定；

③除尘装置应与设备同步运行，其连续正常运行时间不小于三年；

④除尘装置的废水应循环使用。

5）湿式烟气脱硫除尘装置（HJ/T 288—2006）[43]

（1）适用范围

适用于各类湿式烟气脱硫除尘装置，玻璃钢制湿式烟气脱硫除尘装置的技术性能可参照本标准执行；不适用于花岗岩脱硫除尘装置。

（2）分类

第Ⅰ类：利用锅炉自身产生的碱性物质作为脱硫剂，降低烟气中二氧化硫排放浓度的脱硫除尘装置。该类装置不适用于燃用燃料含硫量高于 0.7% 的锅炉。

第Ⅱ类：指通过添加化学脱硫剂（碱性物质）降低烟气中二氧化硫排放浓度的脱硫除尘装置。

（3）基本要求

①脱硫除尘装置所用的钢材应符合 GB/T 699—2015 及 GB/T 3077—2015 的规定，并应采取有效的防腐耐磨措施；

②脱硫除尘装置焊接件的加工制造应符合 JB/T 5943—1991 的规定；

③脱硫除尘装置的未注尺寸公差应符合 GB/T 1804—2000 的规定；

④脱硫除尘装置表面喷漆应符合 JB/T 5946—1991 的规定。

（4）性能要求

①第Ⅰ类和第Ⅱ类产品的技术性能应分别符合表 8-41 的规定；

表 8-41 脱硫除尘装置的技术性能

类别	循环水利用率/%	脱硫效率/%	除尘效率/%	阻力/Pa	液气比/(L/m^3)	漏风率/%	烟气含湿量/%
第Ⅰ类	≥85%	>30	≥95%	<1400	<2	<5	≤8
第Ⅱ类	≥85%	>80	≥95%	<1400	<1	<5	≤8

注：对第Ⅱ类脱硫除尘装置，脱硫效率应控制碱液的 pH 在 8~10 测定。

②二氧化硫和烟尘的排放浓度应符合 GB 13271—2014 的规定；

③脱硫除尘装置的工艺废水应循环利用；

④脱硫除尘装置应与生产设备同步运行，在正常工况下连续正常运行时间应不小于三年。

6）分室反吹类袋式除尘器（HJ/T 330—2006）[44]

袋式除尘器作为高效去除颗粒物的设备，可以大幅度降低烟（粉）尘的排放量,并对粒径 PM$_{2.5}$ 以下的细颗粒物有较高的捕集效率,同时还对汞、二噁英等有毒有害物质具有一定的脱除作用。其广泛适用于电力、建材、冶金、化工、轻工等行业的除尘、原料及副产品回收工程,在一些重点工业行业的应用比例有所提升,应用比例分别为:钢铁约 95%,水泥约 80%,铝约 90%,有色金属约 70%,垃圾焚烧 100%,火电约 10%。袋式除尘器是解决我国烟(粉)尘排放的重要技术装备之一,具有出口浓度低,不受粉尘特性影响的优势,但也存在系统阻力大、能耗高等缺点。

(1) 基本要求

①除尘器的制造质量应符合 JB/T 8534—2010 中第 4.4～4.15 条的规定;
②除尘器花板应符合 JB/T 8534—2010 中第 4.16.1 条和第 4.16.2 条的规定;
③除尘器滤袋应符合 HJ/T 327—2006 的规定;
④除尘器滤袋框架应符合 HJ/T 325—2006 的规定;
⑤除尘器吊挂装置应符合 JB/T 8534—2010 中第 4.16.6 条的规定;
⑥除尘器的安装应符合 JB/T 8471—2010 的规定。

(2) 性能要求

除尘器的主要技术性能指标应符合表 8-42 的规定。

表 8-42 除尘器主要性能

项目	技术指标
除尘效率/%	>99.5
漏风率*/%	<5
设备阻力/Pa	<2000
耐压强度/Pa	≥4000(正压) ≥6000(负压)

* 漏风率是除尘器净气室内平均负压为 2500Pa 时的数据。

(3) 试验方法

①除尘器性能试验方法按 GB/T 6719—2009 的规定进行。
②除尘器的漏风率在正常过滤条件下(不清灰)测试,当净气室内实测平均负压偏离 2500Pa 时,按式(8-15)计算:

$$\varepsilon = 50 \times \varepsilon_1 / \sqrt{P} \tag{8-15}$$

式中,ε 为漏风率,%;ε_1 为实测漏风率,%;P 为净气室内实测平均负压,Pa。

③用于几何尺寸检验的工具,精度等级应不低于 2 级,直线度检验用拉线法。

④焊缝密封性采用煤油渗透检验。被检验焊缝长度不得小于焊缝总长的50%，且应包含各类焊缝。

⑤漆膜厚度采用漆膜厚度仪检验，漆膜厚度检验在每平方米中不少于两个点。漆膜附着力用黏度法检验，用锋利的保险刀片，在漆膜上划夹角为60°的"×"，深至金属，然后贴专用胶带（聚酯胶带），使胶带贴紧漆膜，迅速将胶带扯起，如刀痕两边漆膜被黏下的宽度最大不超过2mm为合格。检测点不少于10个，80%以上检验点合格即判定为整体合格。

7）脉冲喷吹类袋式除尘器（HJ/T 328—2006）[45]

（1）基本要求

①除尘器的制造应符合JB/T 8532—2008第4章的相应规定。

②脉冲阀应符合HJ/T 284—2006的规定。

③脉冲控制仪工作应符合JB/T 5915—2013的规定。

④在保证装置气密性的前提下，按规定进行喷吹试验，每一个阀正常连续动作不得少于10次。

⑤除尘器的滤袋应符合HJ/T 327—2006的规定。

⑥除尘器的滤袋安装必须垂直于固定花板，滤袋框架应符合HJ/T 325—2006的规定。

⑦有喷吹管的除尘器，喷吹管安装时，喷孔所喷出气流的中心线应与滤袋中心一致，其位置偏差小于2mm。

⑧除尘器所配外购件必须有合格证明，所有零部件必须检验合格后方可进行装配。

⑨除尘器钢制平台、扶梯、栏杆应符合GB 4053.1～GB 4053.3—2009的规定。

⑩除尘器涂装质量应符合JB/T 8532—2008的规定。除锈方法和等级应符合GB/T 8923.1—2011的规定，当使用喷丸或抛丸除锈时，其除锈等级不低于Sa_2，当使用钢刷或动力工具除锈时，除锈等级不低于St_2。

⑪除尘器的滤袋安装应符合JB/T 8471—2010的规定。

（2）性能要求

除尘器的主要性能指标应符合表8-43的规定。

表8-43　脉冲喷吹类袋式除尘器的主要技术性能指标

项目	逆喷	顺喷	环隙	对喷	气箱	长袋
除尘效率/%	>99.5					
设备阻力/kPa	<1.2	<1.4	<1.2	<1.5	<1.5	<1.5
漏风率/%			≤3			≤4
过滤风速/(m/min)	1～2		1.5～3		1～2	

8) 电除尘器（HJ/T 322—2006）[46]

近年来，深化治理 $PM_{2.5}$ 的迫切需求推动了现有除尘装备的升级改造、新除尘技术的研发和应用。静电除尘器仍是我国火电行业的主要除尘装备，应用比例占 75%以上，且正在大规模进行提效改造以适应火电厂大气污染物排放新标准的要求，并拓展了其在工业锅炉等其他领域的应用。

（1）适用范围

该标准适用于火力发电、冶金、有色、建材、化工等行业使用的干式电除尘器。

（2）基本要求

①电除尘器的主要零部件（包括底梁、立柱、大梁、阳极板、阴极线、阴极框架）应符合 JB/T 5910—2013、JB/T 5911—2016 及相关国家标准的规定；

②电除尘器主要零部件图样上未注尺寸公差的极限偏差按 JB/T 5910—2013 中 6.1.3 条的表 1 执行；

③电除尘器主要零部件图样上形位公差未注公差值按 GB/T 1184—1996 的规范执行。

（3）性能要求

①除尘器本体压力降＜300Pa；

②电除尘器本体漏风率＜5%；

③电除尘器的除尘效率应达到设计保证值。

9) 燃煤烟气脱硝技术装备（GB/T 21509—2008）[47]

该标准适用于燃煤锅炉选择性催化还原法（SCR）烟气脱硝采用的技术装备。燃气、燃油、垃圾和生物质燃烧以及冶金化工行业的尾气需要采用 SCR 烟气脱硝技术装备时可以参考执行。

技术性能要求如下：

（1）氨逃逸不大于 $2.28mg/m^3$（标准状态，干基，过剩空气系数 1.4）；

（2）SO_2/SO_3 转化率小于 1%；

（3）效率和装备压力降等参数满足设计要求，氮氧化物排放达到国家环保部门规定；

（4）主体设备设计使用寿命不低于锅炉的剩余使用寿命；

（5）装备可用率保证在 95%以上。

8.3 工业废气治理装备经济效益

8.3.1 脱硫工程

案例一：石灰石/石灰-石膏湿法脱硫（武汉钢电股份有限公司 2×200MW 机组烟气脱硫工程）

该项目是原国家环保总局《两控区酸雨和二氧化硫污染防治"十五"计划》的重点火电脱硫项目,也是武钢集团公司节能减排的重要举措之一。本工程应用从Marsulex公司引进的石灰石/石灰-石膏湿法脱硫技术。采用两炉一塔的设计方案,在确保系统稳定的同时,既降低了工程造价又节约了占地面积,工艺流程图如图8-2所示。工程于2006年4月开工,2007年8月完成测试。工程地址位于武汉市青山区火官村钢电特1号,设计单位为中钢集团天澄环保科技股份有限公司。

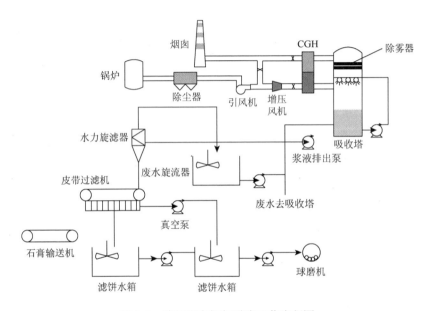

图8-2 武汉钢电烟气脱硫工艺流程图

该项目主要的工艺设备是吸收塔,这是烟气吸收系统的核心装置。吸收塔为逆流式喷淋塔,此类吸收塔采用设计为喷淋、吸收和氧化为一体的单塔,其中包括塔壳体、喷淋组、喷嘴及所有内部构件、吸收塔搅拌器、除雾器及冲洗构件、塔体防腐、保温紧固件及外部钢结构框架、平台扶梯等。

吸收塔设4个喷淋层。在每个喷淋层配有大量喷嘴,喷淋角保持一定比例的重叠度;烟气夹带的浆液被喷淋系统下游的除雾器收集。除雾器可在锅炉任何工况下运行,间断自动冲洗。保证除雾器无结垢;除雾器系统至少由两级组成,材质为阻燃聚丙烯材料,吸收塔采用就地强制氧化浆液的方法完成亚硫酸钙的氧化;塔体的设计尽可能避免形成死角,同时采用搅拌措施来避免浆池中浆液沉淀。

该项目脱硫系统入口烟气量$1638000m^3/h$,脱硫效率96.5%。项目的经济效益分析见表8-44。

表 8-44 武汉钢电 2×200MW 机组烟气脱硫工程经济效益分析

费用组成	项目	数量	单价	年费用/(万元/年)
设备投资	设备折旧			887
运行成本	石灰石	7200t/a	200 元/t	144
	耗电量	1200 万 kW·h/a	0.5 元/kW	600
	耗水量	228000m³/a	0.4 元/m³	9.12
	人工	8 人	3.5 万元/人	28
	维修			140
副产物收入	石膏销售	14400t/a	10 元/t	−14.4
排污费	减少 SO_2 排污费	4373t/a	630 元/t	−275.5
合计				1518.22

该工程总投资费用为 14000 万元，每年的设备折旧费为 887 万元（按 15 年使用年限计算）。项目运行后，每年可减少 SO_2 排放 4373t，节约排污费 275.5 万元。同时，脱硫副产物——石膏，可用于生产建筑石膏，每年从中可获利 14.4 万元。不考虑设备折旧的话，该项目每年的运行成本为 631.22 万元。

案例二：氨气烟气脱硫（潍坊钢铁集团 2×230m² 烧结烟气脱硫项目）

该项目为两台 230m² 烧结烟气脱硫工程，利用氨水吸收烟气中的 SO_2，同时洗涤烟气中的烟尘等，吸收液进行除尘、除重金属后将硫酸铵溶液送至硫酸铵后处理装置，通过蒸发结晶工艺制造硫酸铵成品化肥外销。工程地址位于山东省潍坊市，设计方为江苏新世纪江南环保股份有限公司。

该套脱硫装置分为烟气系统、脱硫循环系统（含除灰系统）、氧化空气系统、脱硫剂输送或供给系统、工艺水系统、检修排空系统等。生产过程中无废水排放，设备冷却水可以循环使用，管道阀门冲洗水收集返回脱硫系统继续使用。装置于 2010 年 4 月投入运行。

该项目的经济效应分析见表 8-45。

表 8-45 潍坊钢铁集团 2×230m² 烧结烟气脱硫项目经济效应分析

费用组成	项目	年费用/(万元/年)
运行成本	氨水	2434
	工艺电耗	644
	工艺水耗	137
	维修	80
	工资福利	90
排污费	减少 SO_2 排污费	−2158
合计		1430

潍坊集团 $2\times230m^2$ 烧结烟气脱硫项目总投资为 3200 万元，每年的设备折旧费为 203 万元（按 15 年使用年限计算）。项目运行后，潍坊集团每年可以减少 SO_2 排放 19897t，减少烟尘排放 1336t，SO_2 年排污费减少额为 2158 万元。该装置每年的运行费用为 3385 万元，相比脱硫前，潍坊集团用于脱硫的运行费用为每年 1227 万元。

8.3.2 脱硝工程

案例一：SCR 脱硝技术（华能金陵电厂 $2\times1030MW$ 超超临界燃煤发电机组烟气脱硝装置）

该项目采用 SCR 脱硝技术，该技术是一种燃烧后氮氧化物控制工艺，整个工程包括将还原剂氨均匀喷入到烟气中，含有氨气的烟气通过装有专用催化剂的反应器，在催化剂的作用下，氨气同氮氧化物发生分解反应，转化成无害的氮气和水蒸气。SCR 脱硝技术是目前世界上最成熟、实用业绩最多的一种烟气脱硝工艺。该项目每台机组装设两台脱硝反应器，布置在省煤器之后、空预器之前的空间内。脱硝装置按 2+1 布置，即两层运行一层备用，催化剂采用蜂窝式。脱硝装置入口采用垂直长烟道布置，喷氨栅格布置在入口垂直烟道内。本工程脱硝装置共分为两个区：氨区和反应器区，工艺流程图如图 8-3 所示。

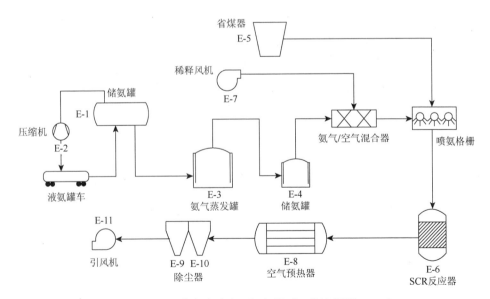

图 8-3 华能金陵电厂烟气脱硝工艺流程图

华能金陵电厂 $2\times1030MW$ 超超临界燃煤发电机组烟气脱硝装置建设成本约

8000万元，年运行成本1765万元。脱硝出口氮氧化物浓度为60mg/m^3，脱硝效率达到80%，装置运行后每年减少氮氧化物排放5400t，经济效益分析总结见表8-46。

表8-46 华能金陵电厂2×1030MW燃煤发电机组烟气脱硝装置经济效应分析

项目	年耗量	年成本/万元
SCR系统电耗	702000kW·h	24.6
引风机SCR电耗	7800000kW·h	273
蒸汽	1108t	5.5
还原剂	2262t	566
催化剂折旧		800
设备维修		60
人员工资		36
合计		1765

案例二：SNCR脱硝技术（杭州杭联热电有限公司CFB锅炉SNCR烟气脱硝系统）

SNCR主要原理是在没有催化剂的作用下，向850～1050℃高温烟气中喷射氨或者尿素等还原剂，与烟气中的氮氧化物反应生成氮气。由于SNCR脱硝系统设备简单、造价相对低廉、改造方便、不存在反应器堵塞等问题，特别适宜在发展中国家推广使用。

杭州杭联热电有限公司CFB锅炉SNCR烟气脱硝系统可以分为如下几个部分：公用系统（含干尿素储存、尿素溶液配制及储存、制备输送供给系统），尿素溶液稀释系统和尿素计量分配及喷射系统。工程规模为3×75t/h＋3×130t/h的CFB锅炉SNCR烟气脱硝系统，工艺流程图见图8-4，于2012年6月投入运行。工程地址位于浙江省杭州市，设计方为浙江百能科技有限公司。

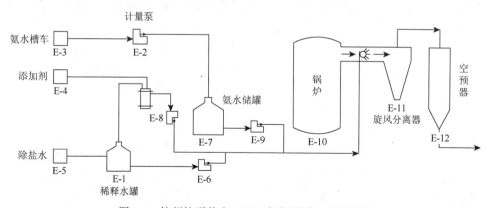

图8-4 杭州杭联热电SNCR烟气脱硝工艺流程图

该厂共有 6 台循环流化锅炉，脱硝系统效率≥60%，按氮氧化物初始值 330mg/m³ 减排到 100mg/m³，年运行时间 7200h 计算，可实现氮氧化物的年减排总量为 1236t。根据脱硝运行成本的计算，折合每吨 NO_x 脱除成本约为 3300 元，经济效益分析总结见表 8-47。

表 8-47 杭州杭联热电有限公司 CFB 锅炉 SNCR 烟气脱硝系统经济效益分析

规模	项目	年耗量	单价	年费用/万元
单套锅炉容量 75t/h	20%氨水	597.6t	800 元/t	47.8
	工艺水	1929t	5 元/t	0.97
	电	72000kW·h	0.5 元/(kW·h)	3.6
	添加剂	3t	2400 元/t	0.72
合计				53.09
单套锅炉容量 130t/h	20%氨水	936t	800 元/t	74.88
	工艺水	3816t	5 元/t	1.908
	电	72000kW·h	0.5 元/(kW·h)	3.6
	添加剂	5t	2400 元/t	1.2
合计				81.588

8.3.3 除尘工程

案例一：袋式除尘技术（上海外高桥电厂 330MW 机组电改袋除尘改造项目）

袋式除尘技术是一种干式滤尘技术，适用于捕集细小、干燥、非纤维性粉尘。其工作原理是利用滤袋对含尘气体进行过滤，颗粒大、比重大的粉尘经过重力沉降落入灰斗，含有较细小粉尘的气体在通过滤料时，粉尘被阻留，使气体得到净化。该技术烟气处理能力强、除尘效率高、排放浓度低，同时还具有稳定可靠、能耗低、占地面积小等特点。袋式除尘技术的处理烟气量为 10 万~300 万 m³/h，入口温度要求低于 260℃，排尘浓度≤50mg/m³，设备阻力为 1200~1500Pa。

该项目属于除尘改造提效项目，将 330MW 燃煤机组原电除尘设施改造为直通导流袋式除尘装置。改进后的袋式除尘器，设置气流分布板、导流板和导流通道，含尘气体水平进入袋式除尘器，经进口喇叭、气流分布板、导流板和导流通道进入中集箱，经滤袋过滤后，再水平排出，从而表现出结构简单、流程短、流动顺畅、流动阻力低的特点，以达到降低能耗、提高除尘效率、防止冲刷损坏滤袋的目的，结构图见图 8-5。该项目于 2010 年 4 月开工，同年 6 月竣工投入使用。

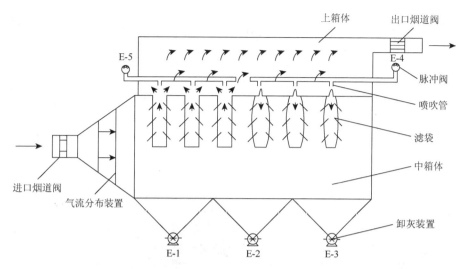

图 8-5 直通式脉冲袋式除尘器结构原理图

根据上海市环境监测中心的监测报告，该项目平均出口粉尘排放浓度为 13.2mg/m³，装置运行阻力低于 1000Pa，PM_{10} 的捕集效率大于 99.5%，能耗比常规袋式除尘器降低约 30%，比电除尘器降低 10%。该项目总投资约 1800 万元，其中设备费 942 万元。从目前投运实况来看，水、电、粉、气、管理、维修等运行费用约为 101.6 万元/年。每年可节省排污费 275.28 万元、标准煤 576t，该项目的实际经济净效应为 546.88 万元/年。

案例二：电袋复合除尘技术（河南新密电厂二期扩建工程 2×1000MW 机组配套电袋复合除尘器）

电袋复合除尘技术是在一个箱体内安装电场区和滤袋区，将静电和过滤两种除尘技术复合在一起的除尘技术。该技术成熟稳定，实现电除尘和袋式过滤除尘两种不同机理收尘方式的有机功能集成，具有除尘效率高、结构紧凑、占用场地少且不受粉尘特性影响等特点，且可实现电袋复合除尘器前级电除尘和后级袋式除尘共用同一壳体，非常适合现有电厂的提效改造。

河南新密电厂二期扩建工程 2×1000MW 机组配套电袋符合除尘器项目位于河南省中部新密市，工程业主是郑州裕中能源有限责任公司，工程设计方为福建龙净环保股份有限公司。

实际运行中，锅炉烟气从空气预热器出来后，分三路进入单台除尘器，除尘器内部三个通道采用隔墙板分隔，通道之间是完全独立的。电袋复合除尘器工作时，烟气首先经过进口喇叭（内含三层气流均布板），在气流分布板的作用下，均匀进入电场区；烟气中的烟尘在电场区荷电并大部分（80%～95%）被捕集，少量荷电烟尘随烟气进入滤袋区，并被滤袋拦截在外表面上；被电极和滤袋捕集的烟尘通过清灰落入灰斗中，纯净的气体从滤袋内腔流入上部的净气室，通过提升阀，汇入到出口烟道中。除尘器每个通道进口设电动挡板门，出口设提升阀，可以实现单个通道的隔离检修。另外，电场区上部设置旁路烟道，在爆管、烟温超限等异常工况时，可以打开旁路阀，关闭提升阀，从而有效保护滤袋，提高设备的安全性能。工艺流程如图8-6所示。

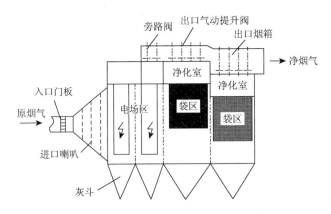

图8-6 河南新密电厂二期扩建工程2×1000MW机组配套电袋复合除尘器结构原理图

经西安热工研究院有限公司测试，该机组出口排放浓度为 26mg/m³，运行阻力小于1100Pa；经清华大学工业锅炉及民用煤清洁燃烧国家工程研究中心测试，该项目电袋捕集细颗粒物的效率达到99.89%。同比电除尘器（含引风机能耗）节能20%；总体技术达国内先进水平，设备大型化达国际领先水平。

该项目总体投资8500万元，其中设备购置费8300万元，占总投资的98%，设计费及调试服务费170万元。按年运行8000h计算，电量消耗11925000 kW·h，费用477万元；设备维修费50万元，运行费用总计527万元。

参 考 文 献

[1] 环境保护部，国家质量监督检验检疫总局. 锅炉大气污染物排放标准[S]. GB 13271—2014. 北京：中国环境科学出版社，2014.

[2] 环境保护部，国家质量监督检验检疫总局. 生活垃圾焚烧污染控制标准[S]. GB 18485—2014. 北京：中国环境科学出版社，2014.

[3] 环境保护部，国家质量监督检验检疫总局. 火电厂大气污染物排放标准[S]. GB 13223—2011. 北京：中国环境科学出版社，2011.

[4] 环境保护部，国家质量监督检验检疫总局. 炼钢工业大气污染物排放标准[S]. GB 28664—2012. 北京：中国环境科学出版社，2012.

[5] 环境保护部，国家质量监督检验检疫总局. 水泥工业大气污染物排放标准[S]. GB 4915—2013. 北京：中国环境科学出版社，2013.

[6] 环境保护部,国家质量监督检验检疫总局. 陶瓷工业污染物排放标准[S]. GB 25464—2010. 北京:中国环境科学出版社, 2010.

[7] 环境保护部,国家质量监督检验检疫总局. 石油炼制工业污染物排放标准[S]. GB 31570—2015. 北京:中国环境科学出版社, 2015.

[8] 环境保护部,国家质量监督检验检疫总局. 炼焦化学工业污染物排放标准[S]. GB 16171—2012. 北京:中国环境科学出版社, 2012.

[9] 环境保护部,国家质量监督检验检疫总局. 合成革与人造革工业污染物排放标准[S]. GB 21902—2008. 北京:中国环境科学出版社, 2008.

[10] Environmental Protection Agency. Standards of performance for portland cement plants (40 CFR 60 Subpart F) [S]. 2010.

[11] Environmental Protection Agency. National emission standards for hazardous air pollutants from the portland cement manufacturing industry[S]. 2002.

[12] 江梅,李晓倩,纪亮,等. 国内外水泥工业大气污染物排放标准比较研究[J]. 环境科学, 2014, 35 (12): 4752-4758.

[13] US Environmental Protection EPA. National emission standards for hazardous air pollutants for the portland cement manufacturing industry and standards of performance for portland cement plants[J]. Federal Register, 2013, 78 (29): 10006-10054.

[14] US Environmental Protection EPA. Subpart EEE-National emission standards for hazardous air pollutants from hazardous waste combustors[S]. 1998.

[15] Scalet B M. Best available techniques (BAT) reference document for the production of cement, lime and magnesium oxide[R]. Seville: European IPPC Bureau, 2013: 341-354.

[16] 张国宁,郝郑平,江梅,等. 国外固定源VOCs排放控制法规与标准研究[J]. 环境科学, 2011, 32 (12): 3501-3508.

[17] 陈牧. 欧盟国家燃煤电厂环保政策及技术路线分析[J]. 电力科技与环保, 2012, 28 (2): 7-10.

[18] 环境保护部大气污染防治欧洲考察团. 欧盟污染物总量控制历程和排污许可证管理框架——环境保护部大气污染防治欧洲考察报告之二[J]. 环境与可持续发展, 2013, (5): 8-10.

[19] Directive 2010/75/EU of the European parliament and of the council of 24 November 2010 on industrial emissions (integrated pollution prevention and control) [S]. 2010.

[20] 宋国君,赵英煚,耿建斌,等. 中美燃煤火电厂空气污染物排放标准比较研究[J]. 中国环境管理, 2017, 9 (1): 21-28.

[21] 盛青,武雪芳,李晓倩,等. 中美欧燃煤电厂大气污染物排放标准的比较[J]. 环境工程技术学报, 2011, 1 (6): 512-516.

[22] 董文彬,朱林,朱法华. 中美两国火电厂NO_x控制政策比较研究[J]. 环境科学与管理, 2008, 33 (2): 13-17.

[23] 刘汝杰,戴仪,屠健. 国内外垃圾焚烧排放标准比较[J]. 电站系统工程, 2017, 33 (1): 21-23.

[24] Remus R, Roudier S, Aguado-Monsonet M A, et al. Best available techniques (BAT) reference document for iron and steel production[R]. Jrc Working Papers, 2013.

[25] 环境保护部. 大气污染物综合排放标准[S]. GB 16297—1996. 北京:中国标准出版社, 1996.

[26] 姜琪,岳希,姜德旺. 我国与欧盟、日本钢铁行业大气污染物排放标准对比分析研究[J]. 冶金标准化与质量, 2015, 53 (3): 18-22.

[27] 黄进,林翎,郦建国,等. 重点行业除尘器能效限定值及能效等级国家标准研究[J]. 标准科学, 2017, (6): 77-81.

[28] 黄进, 林翎, 赵跃进, 等. 电袋复合除尘器能效标准研究[J]. 标准科学, 2014, (4): 30-35.
[29] 左松伟. 大型火电机组 SCR 脱硝系统能耗特性研究[D]. 北京: 华北电力大学, 2012.
[30] 刘光明. 600MW 火电机组 SCR 脱硝系统能耗特性研究[J]. 中文信息, 2015, (9): 265-266.
[31] 史梦洁. 石灰石-石膏湿法脱硫系统综合能效评估方法研究[D]. 北京: 华北电力大学, 2014.
[32] 刘剑. 燃煤机组湿法脱硫系统能效评估方法研究[J]. 电气应用, 2013, (S2): 91-94.
[33] 环境保护部. 国家环境保护"十三五"环境与健康工作规划[EB/OL]. http://www.ndrc.gov.cn/fzgggz/fzgh/ghwb/gjjgh/201707/t20170719_854971.html[2017-2-23].
[34] 中国环境保护产业协会脱硫脱硝委员会. 我国脱硫脱硝行业 2016 年发展综述[J]. 中国环保产业, 2017, (12): 5-18.
[35] 环境保护部, 国家发展和改革委员会, 国家能源局. 全面实施燃煤电厂超低排放和节能改造工作方案[R]. 2015.
[36] 环境保护部. 关于实施工业污染源全面达标排放计划的通知[R]. 2016.
[37] 国务院. "十三五"节能减排综合工作方案[R]. 2017.
[38] 梁东东, 李大江, 郭持皓, 等. 我国烟气脱硫工艺技术发展现状和趋势[J]. 有色金属（冶炼部分）, 2015, (4): 69-73.
[39] 国家环境保护总局. 环境保护产品技术要求 工业废气吸收净化装置[S]. HJ/T 387—2007. 北京: 中国环境科学出版社, 2007.
[40] 国家环境保护总局. 环境保护产品技术要求 工业废气吸附净化装置[S]. HJ/T 386—2007. 北京: 中国环境科学出版社, 2007.
[41] 国家环境保护总局. 环境保护产品技术要求 工业有机废气催化净化装置[S]. HJ/T 389—2007. 北京: 中国环境科学出版社, 2007.
[42] 国家环境保护总局. 环境保护产品技术要求 工业粉尘湿式除尘装置[S]. HJ/T 285—2006. 北京: 中国环境科学出版社, 2006.
[43] 国家环境保护总局. 环境保护产品技术要求 湿式烟气脱硫除尘装置[S]. HJ/T 288—2006. 北京: 中国环境科学出版社, 2006.
[44] 国家环境保护总局. 环境保护产品技术要求 分室反吹类袋式除尘器[S]. HJ/T 330—2006. 北京: 中国环境科学出版社, 2006.
[45] 国家环境保护总局. 环境保护产品技术要求 脉冲喷吹类袋式除尘器[S]. HJ/T 328—2006. 北京: 中国环境科学出版社, 2006.
[46] 国家环境保护总局. 环境保护产品技术要求 电除尘器[S]. HJ/T 322—2006. 北京: 中国环境科学出版社, 2006.
[47] 中华人民共和国国家质量监督检验检疫总局, 中国国家标准化管理委员会. 燃煤烟气脱硝技术装备[S]. GB/T 21509—2008. 北京: 中国标准出版社, 2008.